从·入·门·到·精·通·系·列

新手学 AutoCAD 建筑设计经典案例完全精通

柏松 刘旭东 主编

- 内容精炼实用、容易掌握
- 全程图解教学、一看就会
- 特色教学体例、轻松自学
- 附赠超值光盘、视频教学

上海科学普及出版社

图书在版编目（CIP）数据

新手学 AutoCAD 建筑设计经典案例完全精通 / 柏松　刘旭东主编. — 上海：上海科学普及出版社，2014.4

（从入门到精通系列）

ISBN 978-7-5427-5957-3

Ⅰ.①新…　Ⅱ.①柏…　②刘…　Ⅲ. ①建筑设计—计算机辅助设计—AutoCAD 软件　Ⅳ.①TU201.4

中国版本图书馆 CIP 数据核字（2013）第 288736 号

策　　划　胡名正

责任编辑　刘湘雯

新手学 AutoCAD 建筑设计经典案例完全精通

柏松　刘旭东　主编

上海科学普及出版社出版发行

（上海中山北路 832 号　邮政编码 200070）

[illegible] http://www.pspsh.com

各地新华书店经销			北京市燕山印刷厂印刷
开本 787×1092	1/16	印张 19	字数 306000
2014 年 5 月第 1 版			2015 年 4 月第 2 次印刷

ISBN 978-7-5427-5957-3　　定价：39.80 元

ISBN 978-7-89418-032-2/G.27（附赠 DVD 光盘 1 张）

内 容 提 要

本书为一本 AutoCAD 建筑设计案例精通实战手册，书中从新手的角度，介绍了建筑设计的基础知识和 AutoCAD 软件的入门操作，还通过大量典型案例的实战演练，帮助读者完全精通 AutoCAD 建筑设计绘图方法，从新手成为 AutoCAD 建筑设计高手。

全书共分为 13 章，具体内容包括：建筑设计新手入行、AutoCAD 快速入门、配套设施构件绘制、公共设施构件绘制、建筑平面图设计、建筑立面图设计、建筑剖面图设计、建筑详图设计、建筑水电工程图设计、建筑总平面图设计、建筑景观图设计、建筑鸟瞰图设计，以及规划效果图设计，让读者融会贯通、举一反三，逐步精通使用 AutoCAD 2014 绘制建筑设计图纸的方法。

本书结构清晰、语言简洁，尤其适合有一定 CAD 软件基础，并希望通过大量典型实例演练提高的建筑及环境设计等相关行业人员，同时也可作为高等院校相关专业、各类 AutoCAD 建筑设计培训班学员的学习参考书。

前　言

AutoCAD 2014 在建筑设计领域的应用非常广泛，受到广大从业者的一致好评，为了让大家能够快速掌握使用 AutoCAD 2014 绘制建筑设计图纸的方法，我们经过精心策划，面向广大 AutoCAD 建筑设计人员编写了这本《新手学 AutoCAD 建筑设计经典案例完全精通》，本书以案例实战的方式展现建筑设计的魅力，帮助读者轻松入门，让大家快速成为 AutoCAD 建筑设计绘图高手。

本书特色

作为一本面向 AutoCAD 建筑设计人员的典型案例手册，《新手学 AutoCAD 建筑设计经典案例完全精通》具有以下几大特色：

1. 内容精练实用、容易掌握

本书在内容和知识点的选择上更加精练、实用且浅显易懂；在结构安排上逻辑清楚、由浅入深，符合读者循序渐进、逐步提高的学习规律。

首先精选适合初学者快速入门、轻松掌握的必备知识与技能，再配合相应的实例操作与技巧说明，阅读轻松、易学易用，起到事半功倍、一学必会的效果。

2. 全程图解教学、一看就会

本书使用“全程图解”的讲解方式，以图解方式将各种操作直观地表现出来，并配以简洁的文字对内容进行说明，更准确地对各知识点进行演示讲解。初学者只需“按图索骥”地对照图书进行操作练习和逐步推进，即可快速掌握常用 AutoCAD 绘图操作的丰富技能。

3. 特色教学体例、轻松自学

我们在编写本书时，非常注重初学者的认知规律和学习心态，每章都安排了“章前知识导读”、“重点知识索引”、“效果图片赏析”等特色栏目，并将平时工作中总结的 AutoCAD 软件的使用方法与操作技巧，以“专家指点”的形式呈现给读者，让大家可以方便、高效地学习，必将学有所成。

4. 附赠超值光盘、视频教学

本书随书赠送一张超值的多媒体 DVD 教学光盘，由专业人员精心录制了本书重点操作案例的操作视频，并伴有语音讲解，读者可以结合书本，也可以独立观看视频演示，像看电影一样进行学习，让整个过程既轻松又高效。

此外，光盘中还提供了书中案例所涉及的相关素材与效果文件，方便大家上机练习实践，达到举一反三、融会贯通的学习效果。

内容编排

本书为一本 AutoCAD 建筑设计案例精通实战手册，书中从新手的角度，介绍了建筑设计的基础知识和 AutoCAD 软件的入门操作，还通过大量典型案例的实战演练，帮助读者完全精通 AutoCAD 建筑设计绘图方法，从新手成为建筑设计高手。

全书共分为 13 章，具体内容包括：建筑设计新手入行、AutoCAD 快速入门、配套设施构件绘制、公共设施构件绘制、建筑平面图设计、建筑立面图设计、建筑剖面图设计、建筑详图设计、建筑水电工程图设计、建筑总平面图设计、建筑景观图设计、建筑鸟瞰图设计，以及规划效果图设计，让读者融会贯通、举一反三，逐步精通使用 AutoCAD 2014 绘制建筑设计图纸的方法。

适用读者

本书结构清晰、语言简洁，尤其适合有一定 AutoCAD 软件基础，并希望通过大量典型实例演练提高的建筑及环境设计等相关行业人员，同时也可作为高等院校相关专业、各类 AutoCAD 建筑设计培训班学员的学习参考书。

编者信息

本书由柏松和刘旭东主编，参与编写的人员还有江雄、谭贤、罗林、刘嫔、苏高、宋金梅、曾杰、罗磊、李龙禹、刘志燕、孙秀芬、郭领艳等，在此对他们的辛勤劳动深表感谢。由于编写时间仓促，书中难免存在疏漏与不妥之处，恳请广大读者来信咨询并指正，联系网址：http://www.china-ebooks.com。

版权声明

本书及光盘中所采用的图片、模型、音频、视频和赠品等素材，均为所属公司、网站或个人所有，本书引用仅为说明（教学）之用，特此声明。

编　者

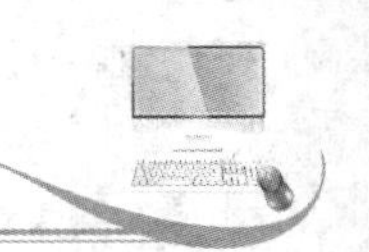

目 录

Chapter 01

章前知识导读

建筑设计师在重视其个性与内涵的同时，更主要的是为人们创造生活和工作的环境。本章将全面介绍建筑设计相关的内容，如建筑设计概述、建筑设计师的执业范畴、职业义务、建筑设计基础知识、建筑设计规则以及建筑透视、建筑表现，让读者对建筑师与建筑文化历史有一定的了解。

建筑设计新手入行

重点知识索引

- 建筑设计概述
- 建筑设计师的能力结构
- 建筑设计基础知识
- 建筑图设计规则
- 建筑图设计风格

效果图片赏析

1.1 建筑设计概述

建筑伴随着人类社会的进步而成长、发展、繁荣起来。从早期洞穴而居到搭建楼宇，直至今日高耸的摩天大楼，建筑的发展就是人类社会由初级向高级发展的文明史。

建筑一词含义较广，并非一般辞典上简单的解释能够说明，而是需要依据其使用领域的实际含义来确定。建筑诞生的初始是人类为自己提供避灾护身的场所，当人类逐步完善建筑的基本功能后，便有意识地对建筑形式进行创造，并且对建筑的需求也逐步走向了更高层次的美学追求。

建筑是个笼统的概念，建筑的内涵构成了一个庞大的系统。作为研究对象，首先要区分其系统中建筑主体与建筑客体两类不同性质的概念。建筑主体作为非本学科领域的主要对象，涉及业、界、署三类；建筑客体作为本学科领域的主要对象，则涉及了术、物、学三类。

术主要指建筑活动，如建筑技术、建筑艺术、建筑机械、建筑方法；物是指建筑对象，如建筑设计、建筑类型、建筑功能、建筑形象；学是指建筑学科、学术、学问，涵盖建筑生产、使用全过程，如建筑专业、建筑教育、建筑思想、建筑理论。术、物、学的内涵完整，三者密不可分，是建筑作为本学科领域主要对象的三大基础概念系统。

显而易见，建筑是一门独特的艺术，没有哪一类艺术可以和建筑一样，与人类的活动如此密不可分。建筑作为人类生存的场所，为人类生存提供必需的物质条件。同时，人类又对建筑形式进行了创造与革新，寄托了新的精神意义。建筑与美学的关系从而也变得密不可分。建筑是设计师与使用者交流的载体，通过建筑本身，设计师与使用者形成了对话，进而形成了一件艺术作品的作者与观众的关系。

美籍华裔建筑大师贝聿铭说：“建筑是有生命的，它虽然是凝固的，可在它上面蕴含着人文思想。”其实，在我国古代很多学者对建筑就已经有了这种模糊的认识。

老子曰：“埏埴以为器，当其无，有器之用；凿户牖以为室，当其无，有室之用……”。老子在《道德经》中虽未对建筑直接界定其内涵，但老子用空间的概念强调了建筑对于人具有使用价值，不是围成空间的壳，而是空间本身。当然，要围成一定的空间就必须使用各种物质材料，并按照一定的工程结构方法把这些材料凑拢起来，但这些都不是建筑的目的，而是达到目的所采用的手段。

另外，在中国古代哲学、科学中，建筑思想就开始萌芽，在《易系辞》中有写到“上古穴居而野处”；《孟子滕文公》谈到“下者为巢，上者为营窟”；《韩非子五蠹》中提到“上古之世，人民少而禽兽众，人民不胜禽兽虫蛇，有圣人作，构木为巢，以避群害”；《礼记》中记载“昔者先王未有宫室，冬则居营窟，夏则居缯巢”；汉代王莽时曾下令“宅不树艺者为不毛，出三夫之市”等。

1.2 建筑设计师的能力结构

每个行业的人员都必须具备一定的能力结构，作为一名建筑设计师更不例外。一名真正的建筑设计师应该具备以下 3 个能力结构。

1.2.1 建筑设计师的执业范畴

设计师在注册建筑师后，执行的执业范畴有建筑设计、建筑设计技术咨询、建筑物调查与鉴定、对本人主持设计的项目进行施工指导和监督以及国务院行政主管部门规定的其他业务。

注册建筑师执行业务，应当加入建筑设计单位，建筑设计单位的资质等级及其业务范围，由国务院建设行政主管部门规定。一级注册建筑师的执业范围不受建筑规模和工程复杂程度的限制，二级注册建筑师的执业范围不得超越国家规定的建筑规模和工程复杂程度。注册建筑师执行业务，由建筑设计单位统一接受委托并统一收费。因设计质量造成的经济损失，由建筑设计单位承担赔偿责任；建筑设计单位有权向签字的注册建筑师追偿。

1.2.2 建筑设计师的职业义务

注册建筑师应当遵守法律、法规和职业道德，维护社会公共利益；保证建筑设计的质量，并在其负责的设计图纸上签字；保守在执业中知悉的单位和个人的秘密；不得同时受聘于两个以上建筑设计单位执行业务；不得准许他人以本人名义执行业务等义务。

1.2.3 建筑设计师的知识领域

建筑，作为“石头的史诗”，社会生活的一个重要领域，忠实地记载了当时的科学技术水平和社会文化心理。而建筑师，作为社会的个体和建筑的创造者，其思想、行为、经历反映了建筑设计师所属的民族和所处时代的社会特色。每个建筑设计师都会因为其阅历、生活环境、世界观，对所谓的民族形式做出自己特有的诠释。除此之外，建筑设计师还应对以下建筑方面知识有所了解。

- 中外建筑、室内装饰基础知识：中外建筑简史、室内设计史概况、室内设计的风格样式和流派知识、中外美术简史。
- 艺术设计基础知识：艺术设计概况、设计方法、环境艺术、景观艺术。
- 人体工程学知识：人体工程学的基础知识。
- 绘图知识：建筑绘图基础知识。
- 写作知识：应用文写作基础知识。
- 计算机知识：计算机辅助设计基础知识。
- 相关法律、法规知识：劳动法、建筑法、著作权法、建筑内部装修防火规范、合同法、产品质量法、标准化法和计算机软件保护条例等相关知识。

1.3 中国建筑设计师申报条件

以上对建筑设计师的能力结构进行了基本的概述，下面简单讲述一下注册建筑设计师的申报条件，让大家对建筑设计师有更多的了解。

1.3.1 执业道德

建筑设计师肩负着社会、道德和文化的责任感。一个好的建筑设计师要对投资方、消费者和社会负责。设计最根本的原则是为社会服务，建筑设计师在设计前必须考虑投资方的需求、政府的需求、场地的需求、市场的需求。

在一个项目开发过程中，第一要自觉树立全心全意为居住者服务的思想；第二争取使自己的作品成为今天市场的样板和未来后人的宝贵遗产；第三认识到自己设计楼盘本身就是一次展示设计师自身社会道德和文化力量的过程及机会。一件好的设计作品，将体现出设计师的思想水平、价值取向以及道德力量。

1.3.2 学历及资历

按照不同的领域和设计内容，对建筑设计职业资格认证共分两级：一级注册建筑师和二级注册建筑师。

1. 一级注册建筑师

申请参加一级注册建筑师，必须具备以下学历和资力条件。

- 取得建筑学硕士以上学位或者相近专业工学博士学位，并从事建筑设计或者相关业务两年以上。
- 取得建筑学学士学位或者相近专业工学硕士学位，并从事建筑设计或者相关业务 3 年以上。
- 具有建筑学专业大学本科毕业学历并从事建筑设计或者相关业务 5 年以上，或者具有建筑学相近专业大学本科毕业学历并从事建筑设计或者相关业务 7 年以上。
- 取得高级工程师技术职称并从事建筑设计或者相关业务 3 年以上，或者取得工程师技术职称并从事建筑设计或者相关业务 5 年以上。
- 不具备前四项规定的条件，但设计成绩突出，经全国注册建筑师管理委员会认定达到前四项规定的专业水平。

2. 二级注册建筑师

申请参加二级注册建筑师，必须具备以下学历和资力条件。

- 具有建筑学或者相近专业大学本科毕业以上学历，从事建筑设计或者相关业务两年以上。
- 具有建筑设计技术专业或者相近专业大专毕业以上学历，并从事建筑设计或者相关业务 3 年以上。
- 具有建筑设计技术专业4年制中专毕业学历，并从事建筑设计或相关业务5年以上。
- 具有建筑设计技术相近专业中专毕业学历，并从事建筑设计或相关业务 7 年以上。
- 取得助理工程师以上技术职称，并从事建筑设计或者相关业务 3 年以上。

1.4 中国建筑设计师资格证书

由于建筑的领域和设计内容不同，国家对建筑设计职业资格认证共分两级：一级注册建筑师和二级注册建筑师。

1.4.1 一级注册建筑师

一级注册建筑师的注册，由全国注册建筑师管理委员会负责，考试采用滚动管理，共

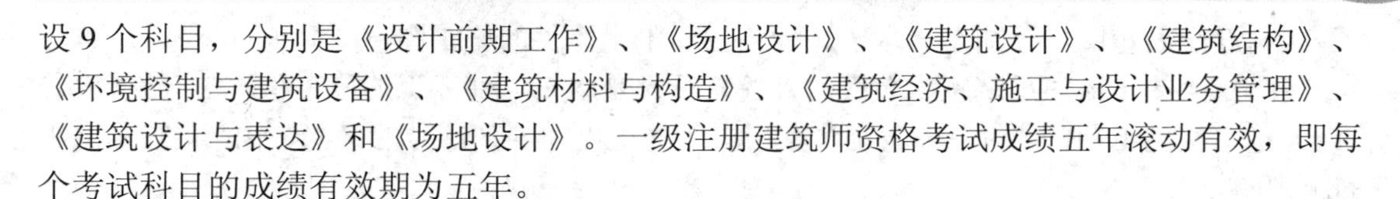

设 9 个科目，分别是《设计前期工作》、《场地设计》、《建筑设计》、《建筑结构》、《环境控制与建筑设备》、《建筑材料与构造》、《建筑经济、施工与设计业务管理》、《建筑设计与表达》和《场地设计》。一级注册建筑师资格考试成绩五年滚动有效，即每个考试科目的成绩有效期为五年。

1.4.2　二级注册建筑师

二级注册建筑师的注册，由省、自治区、直辖市注册建筑师管理委员会负责。二级注册建筑师执业资格考试设《建筑构造与详图》、《法律、法规、经济与施工》、《建筑结构与设备》和《场地与建筑设计》4 个科目。二级注册建筑师资格考试成绩两年滚动有效，即每个考试科目的成绩有效期为两年。

1.5　建筑设计基础知识

建筑是人们用土、石、木、钢、玻璃、芦苇、塑料、冰块等一切可以利用的材料，建造的构筑物。建筑的本身不是目的，建筑的目的是获得建筑所形成的“空间”。广义上来讲，园林也是建筑的一部分。在建筑学和土木工程的范畴里，建筑是指兴建建筑物或发展基建的过程。

1.5.1　建筑设计的概念

建筑设计是指建筑物在建造之前，设计者按照建设任务，把施工和使用过程中可能存在或发生的问题，事先做好通盘的设想，拟定好解决这些问题的办法和方案，并用图样和文件表达出来。它也是备料、施工组织工作和各工种在制作和建造过程中互相协作的依据。

广义的建筑设计是指一个建筑物或建筑群所要做的全部工作。随着科技的发展，各种高科技成果在建筑上的利用越来越深入，因此，设计通常涉及给排水、供暖、空调、电气、煤气、消防、自动化控制管理、结构学以及建筑声学、光学、热工学、工程估算和园林绿化等方面知识，在设计过程中也需要各种专业技术人员的密切配合。

但通常所说的建筑设计，是指“建筑学”范围内的工作。它所要解决的问题，包括建筑物内部各种使用功能和使用空间的合理安排，建筑物与周围环境、与各种外部条件的协调配合，内部和外表的艺术效果，各个细部的构造方式，建筑与结构、建筑与各种设备等相关技术的综合协调，以及如何以更少的材料、更少的劳动力、更少的投资、更少的时间来实现上述各种要求。其最终目的是使建筑物做到适用、经济、坚固、美观。

1.5.2　认识家装施工图

家装绘图是指专门绘制室内外家装型图纸，如绘制各类家装构件、配件，绘制室内各个功能空间的施工图纸，以及建筑的平面图、立面图、剖面图等。其作用是将设计师头脑中感性的东西用标准的、规范的、技术性的方式表现出来，通过图纸，准确地传达给工程施工人员。也就是说，家装施工图是设计师和工程施工人员之间的桥梁。

家装施工图图纸有以下 6 种。

- 土建结构图：该图是房屋在未进行装潢之前的原始框架结构图。
- 室内平面布置图：该图反映了室内的布置特征。

- 灯光天花图：该图是为木工、油漆工和电工提供的施工图。
- 立面图：该图反映室内装潢的外貌特征，是木工、油漆工的施工图。
- 电气施工图：该图中一般包含家用电器的配电和外部信号的接入等图形，它是电工的施工图。
- 给排水施工图：该图主要针对安装冷、热水管道，是管道工的施工图。

专家指点

在进行家装施工图纸的设计时，首先需要用 AutoCAD 绘制出供土建、木工、油漆工、水电工使用的施工图纸，然后利用三维制作软件绘制供设计和评估的效果图。

1.5.3 认识建筑施工图

建筑施工图，主要是表达建筑的规划位置、外部造型、内部布局、室内外装修、细部结构及施工要求等内容，包括建筑总平面图、建筑平面图、建筑立面图、建筑剖面图和建筑详图。

在绘制标准建筑图形时，首先要了解建筑物的规模、复杂程度、分类，然后根据当地的地形、风向和标高等进行综合分析，得出建筑物的走向、设计程序和形体的表达方式等内容。

建筑物按其使用功能通常可以分为工业建筑、民用建筑和农业建筑三大类，其中民用建筑又分为居住建筑和公共建筑。

- 居住建筑主要是供人们休息、生活起居的建筑物，如住宅、宿舍、旅馆等。
- 公共建筑是指提供人们进行政治、经济、文化、科学技术等交流活动所需要的建筑物，如商场、学校、医院等。

1.5.4 了解经典室内设计图

在绘制建筑图形时，为了能更清晰地体现图形的特征，常常需要用不同的图来表现。一套完整的家装施工图包括土建结构图、室内平面图、室内立面图、灯光天花图、电气施工图、室内透视图以及给排水设施图等。

下面将分别介绍 5 种经典室内设计图。

1. 室内平面图

室内平面图是室内设计的基础，有了整个平面图，才可以放样、定位，所有的细部设计也必须依照平面图的尺寸来绘制。如果设计师对实际尺寸不了解，把家具画得太大或太小，将导致比例失调；若强行放置，则会造成不真实的视觉效果。室内平面图主要反映室内设施的安装位置，如下图所示。

2. 室内立面图

立面图是施工过程中的施工依据，根据立面施工图尺寸大小来对造型进行现场的制作；立面图反映了整个室内的设计风格和效果，用来描述室内主要装饰面的外形图，如电视背景图等主装饰墙体，它可以表示出某一墙体垂直方向上的装饰情况，如装饰物样式、摆放位置、墙体的装饰材料等，如下图所示。

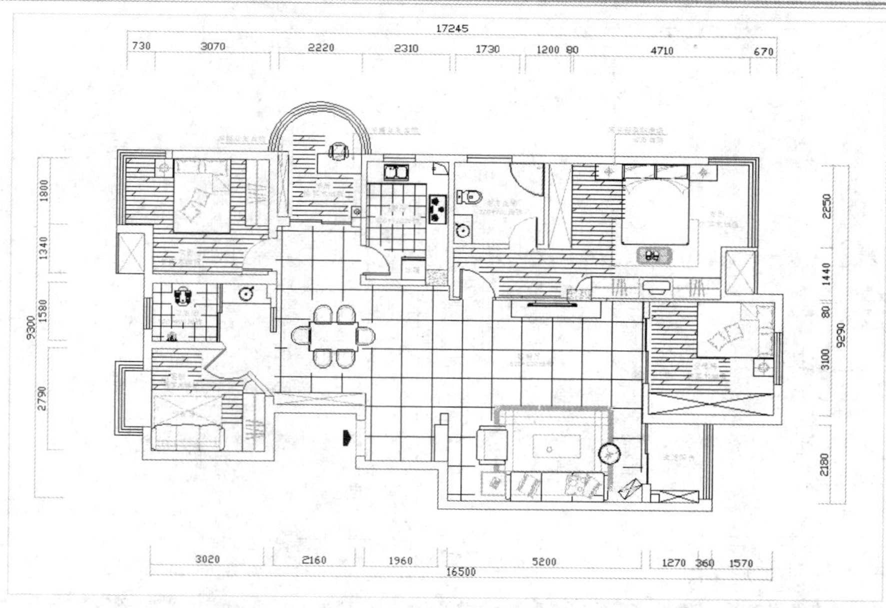

室内平面图

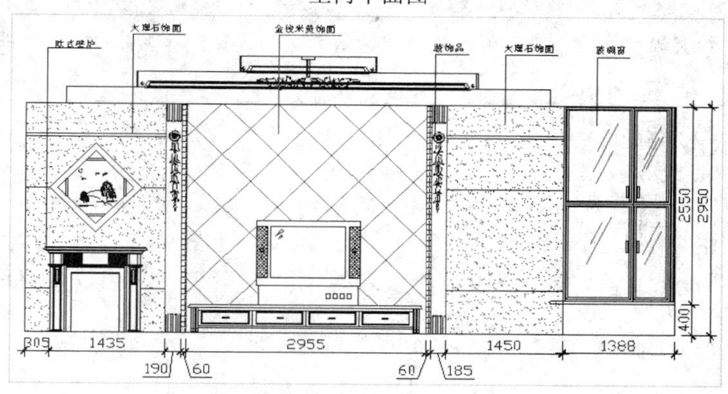

室内立面图

3. 电气施工图

一张家庭装潢的电气施工图，需要绘制的内容包括住宅的所有电气设施及电气线路，一般包括强电和弱电两部分。其中，弱电比较简单，主要是电话、有线电视和电脑网络，其终端设置比较简单，电气线路也比较简单；而强电部分的内容就相对比较多，分照明系统和配电系统两部分，其中照明系统包括灯具、电气开关和电气线路，配电系统主要是插座和电气线路，如下图所示。

4. 室内透视图

透视图是运用几何学的中心投影原理绘制出来的。它用点和线来表达物体造型和空间造型的直观形象，具有表达准确、真实、完全符合人们视觉印象中造型和空间形象的特点，是表达设计者设计构思和设计意图的重要手段。透视图是表现技法的基础，是彩色透视效果图的造型轮廓和底稿。室内透视图是以一个点为视点，由该点引出室内物体的位置，从而绘制出符合人类视觉印象的图形，如下图所示。

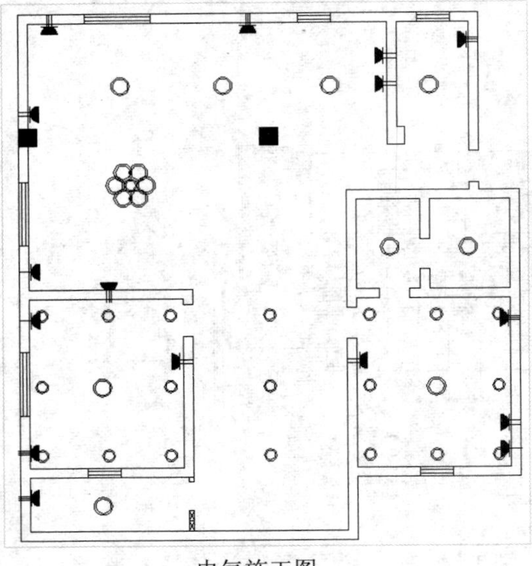

电气施工图

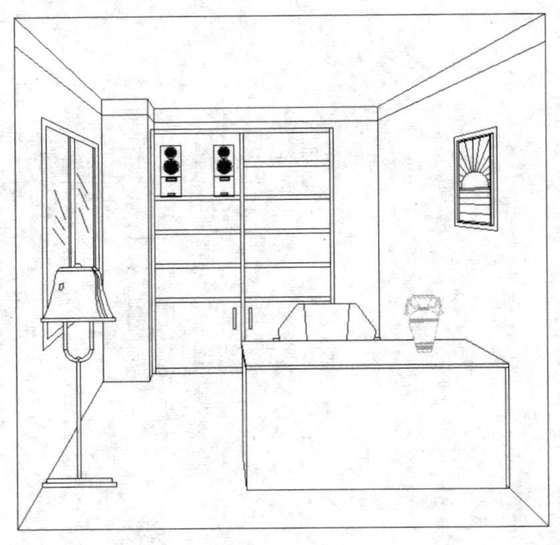

室内透视图

专家指点

在透视图的绘制过程中除了要了解作图原理和法则之外，还需多加练习，在运用中掌握它的规律变化。

5. 给排水设施图

在家庭装潢中，管道有给水（热水和冷水）和排水两部分。因为排水管为预埋管，土建时已经完成，用户不必另行设计和安装。对于给水，开发商给出一个冷水接口，由用户自行设计和安装用水设施。给水图中有冷水和热水两个系统，分为给水平面图和给水系统图，如下图所示。

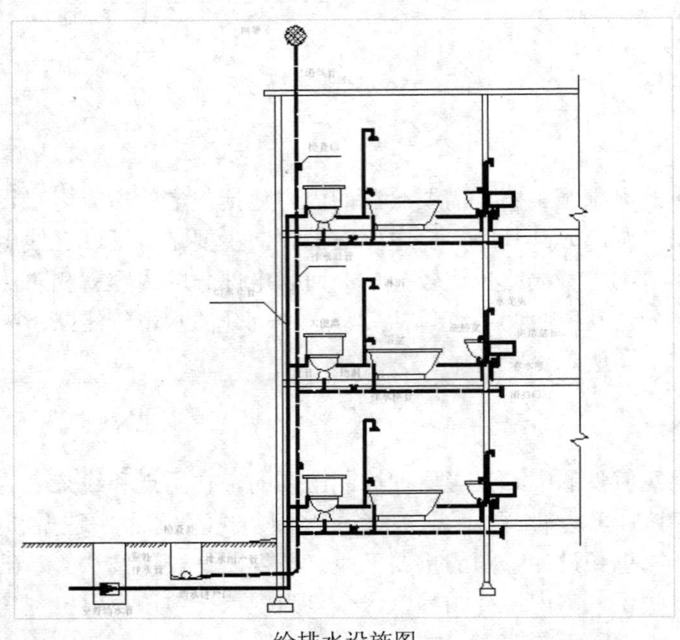

给排水设施图

1.5.5 了解经典室外设计图

一套完整的建筑施工图包括建筑总平面图、建筑平面图、建筑立面图、建筑剖面图、建筑详图、结构平面布置图、结构构件详图以及建筑给排水图等。

下面介绍 5 种经典室外设计图纸的相关知识。

1. 建筑总平面图

建筑总平面图是表明一项建设工程总体布置情况的图纸。它是在建设基地的地形图上，把已有的、新建的和拟建的建筑物、构筑物以及道路、绿化等按与地形图同样比例绘制出来的平面图，主要表明新建平面形状、层数、室内外地面标高，新建道路、绿化、场地排水和管线的布置情况，并表明原有建筑、道路、绿化等和新建筑的相互关系以及环境保护方面的要求等。由于建设工程的性质、规模及所在基地的地形、地貌的不同，建筑总平面图所包括的内容有的较为简单，有的则比较复杂，必要时还可分项绘出竖向布置图、管线综合布置图、绿化布置图等，如下图所示。

2. 建筑立面图

建筑立面图主要表现建筑的外貌形状，反映屋面、门窗、阳台、雨篷、台阶等的形式和位置，建筑垂直方向各部分高度，建筑的艺术造型效果和外部装饰做法等。根据建筑型体的复杂程度，建筑立面图的数量也有所不同，一般分为正立面、背立面和侧立面，也可按建筑的朝向分为南立面、北立面、东立面、西立面，还可以按轴线编号来命名立面图名称，这对平面形状复杂的建筑尤为适宜。在施工中，建筑立面图主要用作建筑外部装修的依据，如下图所示。

建筑总平面图

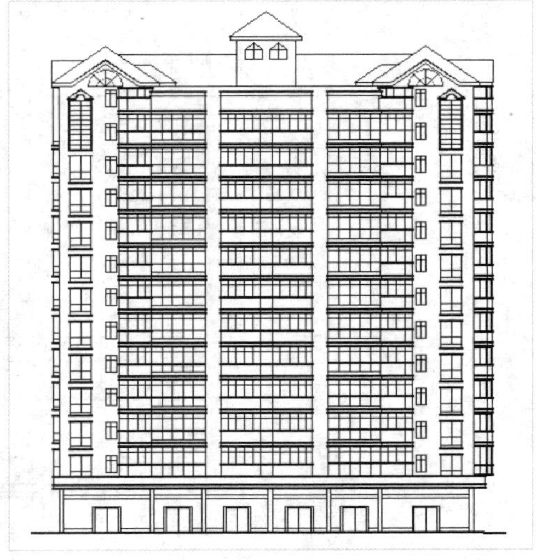

建筑立面图

3. 建筑剖面图

沿建筑宽度方向剖切后得到的剖面图称横剖面图；沿建筑长度方向剖切后得到的剖面图称纵剖面图；将建筑的局部剖切后得到的剖面图称局部剖面图。建筑剖面图主要表示建

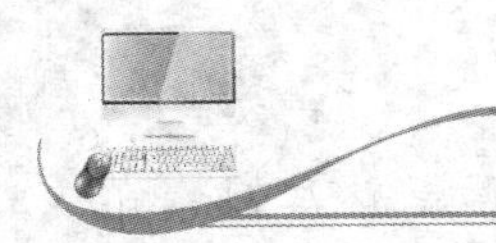
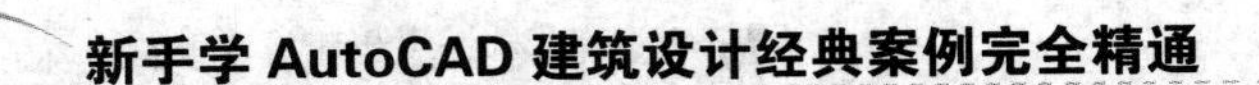

筑在垂直方向的内部布置情况，反映建筑的结构形式、分层情况、材料做法、构造关系及建筑竖向部分的高度尺寸等，如下图所示。

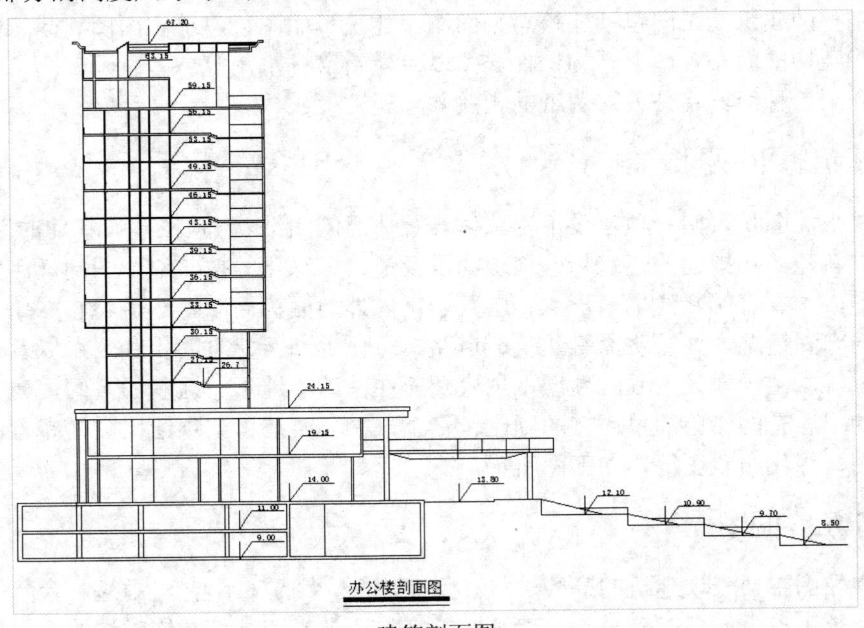

建筑剖面图

4. 建筑详图

建筑详图是指当房屋某些细小部位的处理、做法或使用的材料等在建筑平面图、立面图或剖面图中难以表达清楚时，使用较大比例绘制这些局部构造的图形，如下图所示。

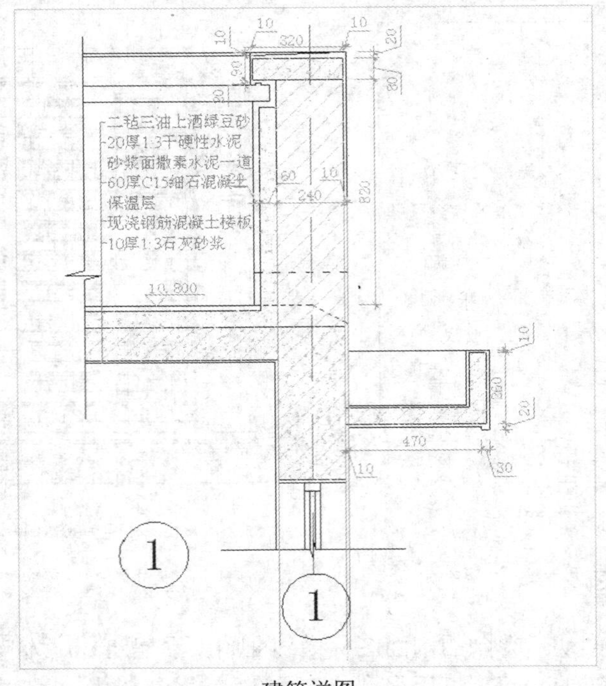

建筑详图

5. 建筑给排水图

建筑给排水图主要包括给排水平面布置图和给排水系统轴测图，如下图所示。

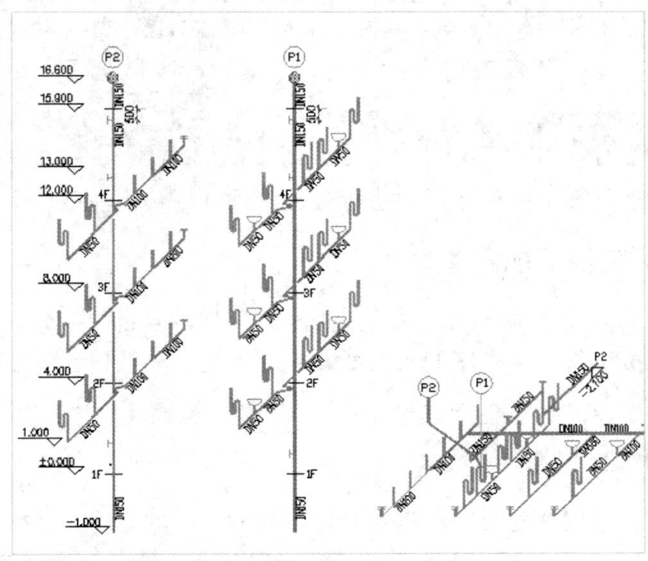

建筑给排水图

1.5.6 AutoCAD 在建筑中的应用

随着时代的发展和社会的进步，人们的生活水平也越来越高，表现最明显的就是住房环境的不断改善，随之家装和建筑市场也日益繁盛，建筑设计和绘图人员日趋紧俏。

AutoCAD 是建筑设计中最常用的计算机辅助绘图软件，使用它可以边设计图形边修改，直到满意，再利用打印设备出图，从而在设计过程中不再需要绘制很多不必要的草图，大大提高了设计的质量和工作效率。AutoCAD 2014 在建筑方面的应用主要表现在以下 6 个方面。

- 在 AutoCAD 2014 中，用户可以方便地使用绘图命令绘制轴线、墙体、柱子等建筑图形，其改进的创建与编辑三维对象还有助于创建和修改三维实体、使用三维建模等。
- 当某一张图纸上需要绘制多个相同的图形时，利用其强大的复制、偏移和镜像等功能可以快速地绘制出其他对象。
- 国家建筑标准对建筑图形的线条宽度、文字样式等均有明确的规定，利用 AutoCAD 2014 能够完全满足这些标准要求。
- 在建筑行业中可以大量地运用 CAD 软件对建筑基础、承载梁和钢结构等进行静动态分析，如结构体变位示意图、断面受力分布图等；还可以进行钢材检验、断面设计最佳化和钢结构的焊接设计等。
- 当用户设计系列建筑物时，可以方便地通过已有图形修改派生出的新图形。

当用户绘制一个项目时，可以通过图纸集管理器管理该项目的图纸，这样可以清晰明了地查看该项目的所有图纸，查找和修改都非常的便捷。用户还可以通过 Web 共享设计信息到创建帮助，将建筑设计产品推向市场的大量图形演示中，利用 AutoCAD 中产生的新标准能帮助用户获得更大的成功。

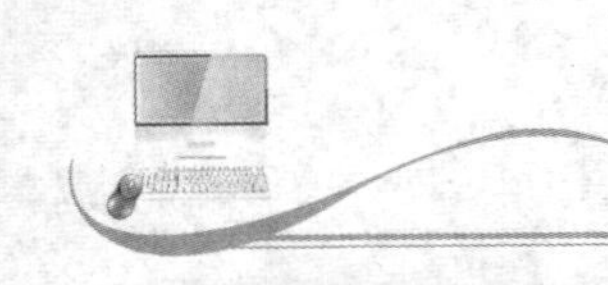

1.6 建筑图设计规则

一套完整的建筑施工图，其内容和数量繁多，而工程的规模、复杂程度等的不同都会导致图样数量和内容的差异。为了准确地表达建筑物的设计，除了设计图样的数量和内容应完整，还应该制定设计规则以便设计人员遵守。

1.6.1 管理建筑图形文件

对于绘制好的建筑图形文件还需要进行分类管理，用户需注意以下几个方面。

1. 建筑图形文件的命名

建筑图形文件的命名必须有统一的格式规定。通常，制定的命名规则应便于文件的分类和分层管理，如按工程项目有序的“图纸编号”命名、按“图纸编号-施工图名”命名和按各种类型的前缀命名等。

2. 建筑图形文件的格式

在建筑绘图中，常用的建筑图形格式有以下 4 种。

- 图形文件：AutoCAD 2014 的图形文件采用 DWG 格式。随着 AutoCAD 版本的不断升级，图形文件存储的内部格式也不同，高版本的 AutoCAD 文件可以兼容低版本的图形文件，但在打开它们时会修改其内部格式，使其符合当前版本的要求。
- 样板文件：在创建新图形文件时，AutoCAD 2014 会使用一个样板图（Template Drawing）对新建图形文件进行初始化设置，以此作为绘制新图形的基础。样板图存储着图形的所有设置，既有绘图环境的设置，如图层、颜色等；也有某些图形元素，如图纸尺寸、图框等。此外，在样板图中还包含一些符合国际标准、国家标准和行业标准的样板，用户可以根据需要选择样板。
- 标准文件：为维护图形文件的一致性，可以为图层、文字样式、线型和标注样式定义标准，然后将它们保存为标准文件。根据标准文件，可以将一个或多个图形文件同标准文件关联起来，然后检查这些图形，以确保它们符合标准。标准图形的创建首先是为图层、文字样式、线型和标注样式创建标准，然后以 DWS 格式保存文件。
- 图形交换文件：图形交换文件的格式为 DXF，它是图形文件的 ASCII 或二进制表示形式，主要用于在程序之间共享图形数据。

3. 设置建筑图形的保存路径

设计过程中产生的各种图形文件，应按图形类别和层次分别保存在不同的路径下。一般按照工程项目创建一个总文件夹，然后再根据图纸类别创建子文件夹，设计人员应该在指定文件夹下存放和读取文件。如果使用局域网进行设计，需要预先设置权限来限定不同人员可访问的路径和权利。

1.6.2 建筑绘图中的投影

将物体置于第一象限内的投影法叫做第一角法，在绘制建筑图形时，一般应在图纸的

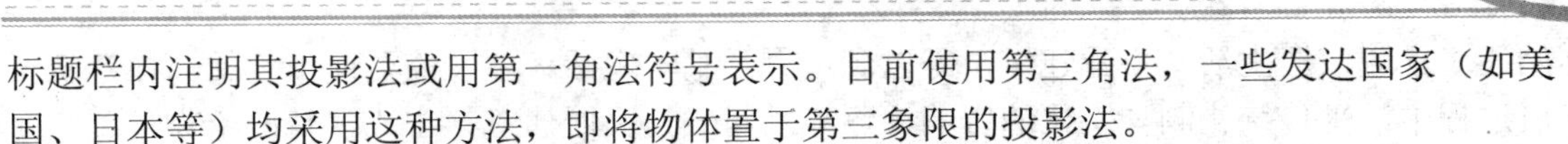

标题栏内注明其投影法或用第一角法符号表示。目前使用第三角法，一些发达国家（如美国、日本等）均采用这种方法，即将物体置于第三象限的投影法。

在剖视图中，剖面区域都要用填充表示，以便区分物体的空心部分。当剖面线倾斜时，剖面线则要与水平线成 30° 或 60° 角，以不与物体的外形线平行或垂直为原则。如果两个部位都需要剖切，组合剖视图时两剖面方向必须相反。

1.6.3 建筑绘图的查看原则

建筑看图是绘制各类工程图技术人员必须掌握的技能。看图的重点在于正交视图的阅读，看图所需的能力与用户对投影原理的了解有很大的关系。

在看图的过程中，必须先对图中的细节和组成部分逐一了解，当对整个图形具备完整的概念后，再将各个部分连接起来，就能熟练地了解整个建筑物的形状。增强看图能力，除了要将所学的知识灵活运用外，还应该增加绘图和练习。可以通过以下 3 种方法来增强看图能力。

- 熟悉所学专业的各种视图及画法。
- 分析并掌握图纸中各图形的关系。
- 分析不太了解或较复杂的部分，找出各点、线、面在视图上所呈现的关系，以助于研究各个建筑物的正确形状。

1.7 建筑图设计风格

建筑风格体现创作中的艺术特色和个性。从人类对建筑及环境的创造、构建历史来看，建筑与环境形式的形成有着一定的规律，从无意识的建构到有意识的规范，再到新的突破。

1.7.1 中西方建筑风格

建筑创造初始是因地制宜地无意识搭建，用来满足生活、生产基本需求，进而在一定时期内形成了相应的地域性建筑风格传统。

1. 中国传统建筑

中国传统建筑形成以木构架为主的结构体系，并以砖、石、土材相配合，形成一种特有的组合体。建筑中多以装饰手法和艺术表现，主要有圆雕、浮雕、砖雕、彩画、壁画、编织物、书画、金属饰件等。装饰纹样的题材多样，深入生活的各个层面，内容丰富，装饰的部位有梁柱、屋脊、马头山墙、檐口等。建筑的用色大胆、丰富、醒目，强调与环境的配合协调。在寺庙建筑中多用黄色墙体，掩映在绿水青山中，体现出浓郁的宗教气氛。在青藏高原的寺庙、宫殿中，建筑色彩尤为鲜艳夺目，在茫茫荒漠的景色中，突出了中国传统建筑对环境的控制力和影响力。

中国具有五千多年深厚的建筑文化传统，中国古代传统建筑在世界建筑史上写下了辉煌的篇章。从先秦时期起到明清，在传统哲学影响下，形成了较为完善的传统建筑体系，并沿着系统的脉络发展，各个时期的建筑类型构成了中国传统建筑的多彩画卷。

先秦时期是人类从原始社会向高级社会发展的过程。随着人类的发展和进化，人类开始逐步摆脱穴居生活。搭建建筑，是以满足人类基本生活、生产需要而出现的。在建筑发展过程中，受传统礼制与文化的影响，逐步发展成为民居建筑与官式建筑两个类型。

秦朝是中国第一个统一的封建国家。在短短十几年的统治期间动用几十万人，完成了一系列前所未有的工程，其中包括长城、阿房宫、秦始皇陵和遍布全国的驰道。为抵御外来侵略，建筑有明显防御性特性，并出现具有代表性特征的高台建筑，下图所示为长城。

汉朝时期，承袭秦制，国力强盛，在建筑方面也有很大的成就。汉长安是一座功能区分明确、格局基本完整的都城。王莽执政时按照周礼兴建了明堂、辟雍和九座宗庙，以后又建有灵台。在建筑中把阴阳五行学说和儒家传统礼制观念融汇其中，寓意丰富，象征性极强。东汉——打虎亭画像石墓，石门上布满云纹，并刻有青龙、白虎、朱雀、玄武等纹样，画像石刻有市俗生活场景，如下图所示。

秦朝的长城

东汉的石门

魏晋南北朝是中国历史上一个政局动荡、民族文化融合的时期。文化思想活跃与交汇导致建筑艺术的发展，佛教、道教的风行促进了各类佛教、道教建筑的涌现。同时，在继承秦汉建筑的基础上吸收印度和西域的艺术元素，丰富了建筑内容，为今后的建筑发展奠定了基础。北魏——云岗第 20 窟大佛，整躯造像雄伟豪迈、浑厚朴实，象征着处于上升时期的拓跋民族的气势，如下图所示。

隋唐时期，社会逐步繁荣稳定，中国传统建筑风格逐步走向成熟。在继承前人和借鉴外来文化的同时，确立了完整的中国建筑体系。唐朝——小雁塔，原为 15 层，经多次地震，现仅存 13 层，其外轮廓收分明显，呈现出和缓的曲线，如下图所示。

北魏的云岗大佛

唐朝的小雁塔

宋元之际，受《营造法式》影响，建筑形成较规范、系统的体系，建筑技术逐步成熟，风格趋向定型，达到了中国传统木构建筑的高峰。北宋建筑的隆兴寺，此寺平面布局采取中轴对称式，沿中轴线布置山门、摩尼殿、戒台、大悲阁等。大悲阁是隆兴寺中最高大也是最重要的建筑，阁内供奉着千手观音铜像，下图所示为隆兴寺。

明清时期，建筑环境的创造也达到了前所未有的高度，中国的传统园林、明清家具都体现出了这一点，下图所示为明代圈椅。

北宋的隆兴寺

明代圈椅

明清以后，中国传统建筑已不单单承载着功能的需要，建筑走向了繁荣，下图所示为北京紫禁城外景。

北京紫禁城外景

建筑发展到今天，现代科技与先进的建筑技术，使建筑师天马行空的想象和一些雕塑性的建筑，都能化成真实。但新潮风格没有特定的解释，还需由现代建筑师共同找寻，使建筑形态更广，更具流动性，打破传统框架。下图所示为美籍华人设计的香港中银大厦，当时这座大厦是香港第一高楼，建筑面积是诺曼•福斯特设计的香港汇丰银行的两倍。

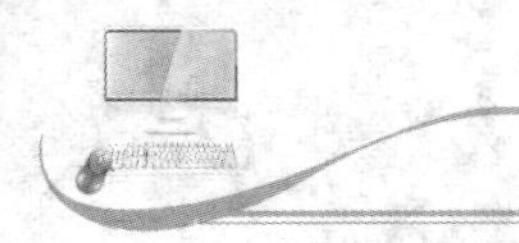

香港中银大厦

2. 西方传统建筑

与中国传统建筑相对应的是西方传统建筑，它走了一条与中国建筑不同的发展道路。从古希腊、古罗马帝国时期起，西方建筑主要以石料砌筑为主，并受当地宗教、文化影响，形成了较为明显的地域与时代特征。

中世纪时期，欧洲处于奴隶制彻底崩溃和封建制形成的时期。这一时期早期基督教与拜占庭建筑同时发展起来，建筑类型主要是基督教教堂。罗马风建筑和哥特式建筑则是西欧封建社会初期和盛期的建筑。威斯敏斯特教堂就是属于英国风格的哥特式建筑，如下图所示。

威斯敏斯特教堂

当欧洲其他地方正流行罗马风建筑的时候，威尼斯的圣马可教堂却成为拜占庭建筑风格在欧洲的经典之作。平面采用希腊十字式布局，而且几乎是两个方面长度完全相等的正十字，上面有五个穹窿，布局合理，十分美观。

文艺复兴运动的产生，造就了大量的艺术家、设计师。其建筑最明显的特征是抛弃中世纪时期的哥特式建筑风格，倡导复兴古希腊、古罗马时期的建筑风格，是欧洲建筑史上继哥特式建筑之后出现的另一种建筑风格。后传播到欧洲其他地区，形成带有各自特点的各国文艺复兴建筑。而意大利文艺复兴建筑在文艺复兴建筑中占有最重要的位置，下图所示为意大利圣母百花大教堂。

意大利圣母百花大教堂

现代主义建筑是20世纪中叶在西方建筑界居主导地位的一种建筑，这种建筑的代表人物主张建筑师摆脱传统建筑形式的束缚，大胆创造适应于工业化社会的条件和要求的崭新的建筑，具有鲜明的理性主义和激进主义的色彩，又称现代派建筑，下图所示为西班牙著名建筑设计师卡拉特拉瓦设计的雅典奥林匹克综合体育场。

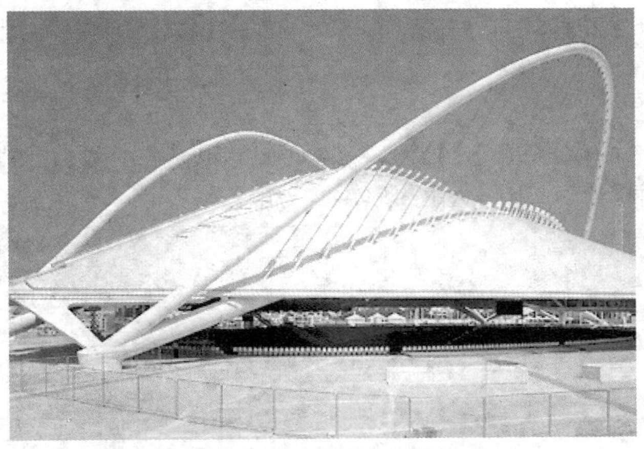

雅典奥林匹克综合体育场

1.7.2 建筑环境风格

随着人类社会的进步，建筑摆脱了宗教、政治的影响、束缚，建筑在空间上得到了极大的发展，建筑风格走向了多元化，各种功能类型的建筑体现了不同的风格、样式，从建筑环境上，大体可以分为办公、广场、博览、教育科研、旅馆、交通和住宅等建筑风格。

1. 办公建筑

办公建筑是满足人们办公独立和集合的建筑，通过不同的建筑风格和公司形象，设计不同的建筑外观，下图所示为深圳保利大厦效果图。

深圳保利大厦效果图

2. 广场建筑

广场建筑主要是为市民提供良好的户外活动空间，满足节假日休闲、交往、娱乐的功能要求，兼有代表一个城市的文化传统、风貌特色的作用。因此，常选址于代表一个城市的政治、经济、文化或商业中心地段，有较大的空间规模，下图所示为宁波商业广场。

3. 博览建筑

博览建筑的主要表现建筑有博物馆、纪念馆等，其建筑代表一个地区、城市的文化，具有博大精深的学说理论，下图所示为电影博物馆效果图。

宁波商业广场

电影博物馆效果图

4. 教育科研建筑

教育科研建筑是满足现代教育科研的需要，培养学生具有健康的体魄、丰富个性的空间，是积极向上、充满知识和趣味的大课堂。其建筑环境应寓教于绿、寓教于乐，创造良好的人文环境、自然环境，下图所示为软件园区科研楼效果图。

软件园区科研楼效果图

5. 旅馆建筑

旅馆建筑是解决人流集散、提供短暂逗留休息的适宜场所。根据不同需求可分为度假旅馆和商务旅馆等。其建筑需求足够大的空间，下图所示为富东丽晶酒店效果图。

富东丽晶酒店效果图

6. 交通建筑

交通建筑是城市中主要人流和车流集散点场所，如飞机场、火车站、码头等交通枢纽站，其主要作用是在足够的空间里解决人流、车流的集散，具有交通组织和管理的功能。

交通建筑一般设在人流大量聚集的车站、码头、飞机场等处，提供高效便捷的交通流线、人流疏散功能，下图所示为火车站效果图。

火车站效果图

7. 住宅建筑

住宅建筑其规模通常比较小，随着时代的进步，人类生活水平的不断提高，需求的多样性，造就了各种不同形式的住所，并与其周围的植物绿化、四季花卉、山石水景、构筑物、园林小品等构成要素形成亲切宜人的生态小气候，如下图所示。

住宅建筑效果图

1.8 建筑图设计透视

建筑透视图是设计师用来表达设计意图、思想的一种表现形式，同时也是传达设计师情感以及体现整个艺术设计构思的一种视觉语言。建筑透视图的优点是空间表现力丰富、艺术性强，易于被大家理解和接受，能够较为真实地在画面中展现设计师预想的空间设计创意方案，是一种常用的建筑表现方式。

1.8.1 透视学的历史

透视图是一种通过科学观察，根据近大远小的基本规律将三维空间的形体转换成具有立体感的二维空间画面的绘画手法。由于一般大众缺乏空间的预想能力，即使能看懂平面图、立面图，亦预想不出最后完成的效果，透视效果图便能反映室内空间的直观效果，易于交流，设计的方案常常能够凭借图形的形象，表述设计师的设计创意，所以透视图在室内设计中占有重要的地位，是室内设计制图的一项重要内容。

早在中国东晋时代的一些画论中，就记载了如何运用透视规律进行绘画的论述。

在南朝时期，画家宗炳在《画山水序》中论证了描绘景物缩小透视的基本原理，其中有记载“竖划三寸，当千仞之高；横墨数尺，体百里之回”。

唐代诗人、画家王维在《山水论》中写过“远人无目，远树无枝，远山无石，隐隐如眉，远水无波，高与云齐”，其中描绘了景物近大远小，近的清楚、远的模糊的虚实关系，是对透视原理精确的总结。

北宋画家郭熙在《水泉高致》中说过“山有三远，自下而仰其巅曰高远；自前而窥其后曰深远；自近而望其远曰平远。高远之势突兀，深远之意重叠，平远之致冲融”，全面地归纳了景物与视点视觉的关系，对作画取景角度方位及构图效果远近高低不同的透视变化，均一一作了概括的论述。

从以上的论述来看，中国的传统绘画中使用透视来表现绘画毫无疑义，历史悠久。

在 14、15 世纪意大利文艺复兴时期，已有较完善的透视作图法，至今已有 600 年历史。文艺复兴盛期的意大利美术家、自然科学家、工程师列奥纳多•达•芬奇多年的实践总结，使建筑学、光学、教学等原理与绘画艺术融为一体，形成了系统的透视法则，将当时的绘画表现水平发展到一个新阶段。到了 19 世纪，经过艺术教育家反复实践，以及透视技法更加完善，透视学被列为学习绘画及平面造型艺术不可缺少的一门基础技法理论课程。

在俄国，美术教育家契斯卡科夫认为“表现任何立体都是由若干个变了形的透视平面组成，各种景物必须用透视原理统一在一个空间里”。根据历史的记载，历代中外画家及美术教育家都鲜明地强调透视原理在绘画中的重要性。透视是通过长期艺术实践，反复探讨，逐步磨练积累，从感性认识到理性认识的质的飞跃，为后人作画提供了丰富而宝贵的经验。

1.8.2 一点透视

人们在日常生活所接触的物体中，以六面立方体为基本形状的较为普遍，不论桌椅、床柜等小型家具还是大型的房屋建筑等物体，形状各异但均由一个或数个立方体组合而成，就是结构极复杂的机器也是由若干个大小不等的立方体组成，因此，在为大家讲透视技法时，均以立方体为例，这种一点透视的特点是在描绘画面中具有整齐对称、平展稳定、庄重严肃、层次分明、场景深远、一目了然的构图特点，如下图所示。

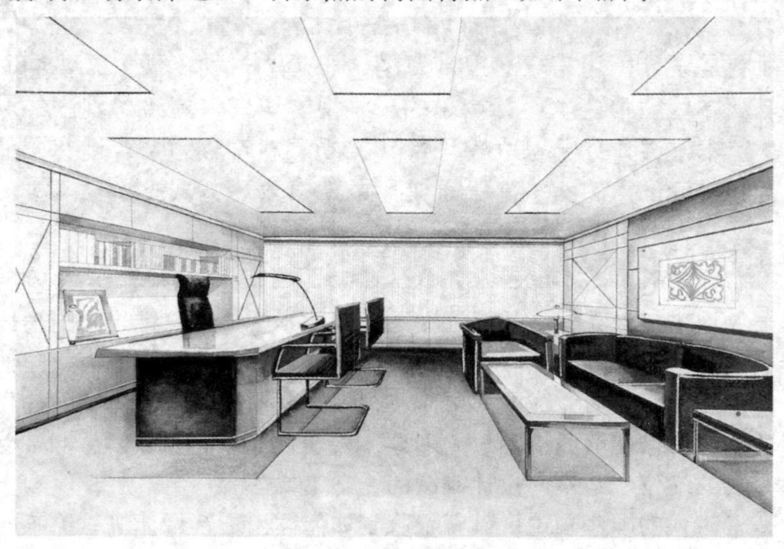

以立方体为例的透视

当画面平行建筑或建筑空间的主要墙面，即平行建筑物的高度方向和长度方向，画面产生一个消失点（灭点）所得投影图就是一点透视，如下图所示。一点透视也称平行透视。

在一点透视中，不同的消失点，产生的各种变化效果也不同。当消失点偏左时，主要表现右侧墙面；当消失点偏右时，主要表现左侧墙面；当消失点偏上时，主要表现地面；当消失点偏下时，主要表现顶面，效果如下图所示。

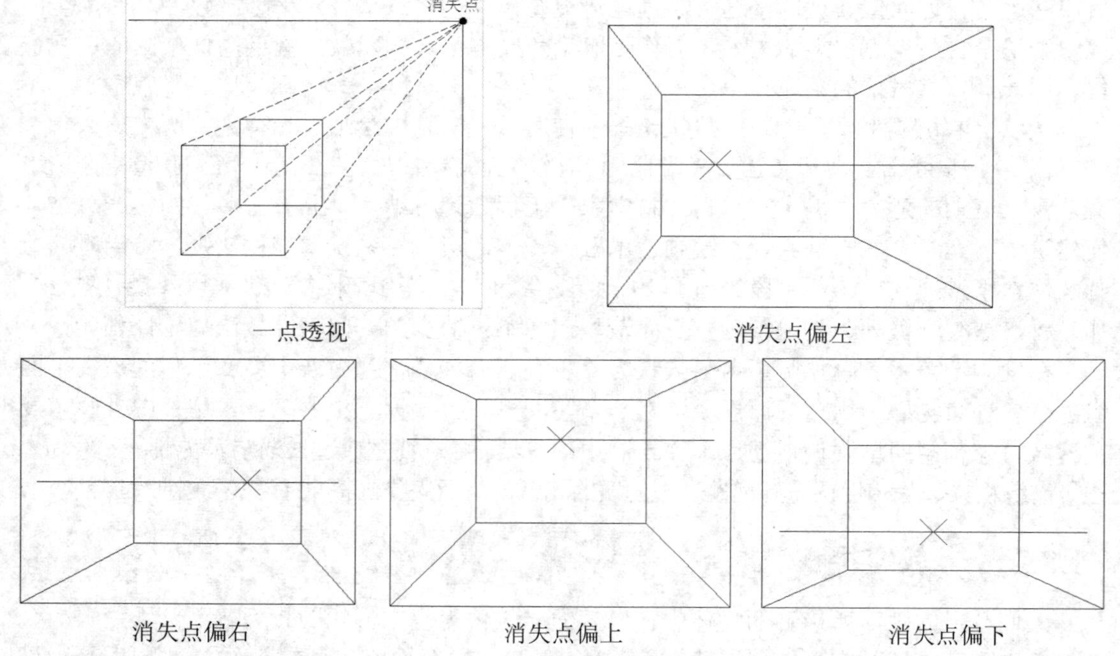

一点透视　　消失点偏左

消失点偏右　　消失点偏上　　消失点偏下

在一点透视各种位置变化的画法中，作图时容易忽略以下 4 个问题。

- 各种物体消失点不统一。
- 物体的平面未画平，后方或侧方高于另一方。

- 应有透视变化的面没有透视变化，不该有变化的却有了变化。
- 几种物体消失点不在同一条视平线上。

以上这些忽略的问题，均会使形体画不准确，影响画面取得良好、完整的效果。

1.8.3　两点透视

当形体与画面成一定角度，平行线组向两个方向消失在视平线上，产生两个消失点，所得透视就是两点透视，如下图所示。两点透视也称成角透视。

两点透视的效果比较自由、形式灵活、变化多样，反映空间比较接近真实感，有助于表现复杂的场景及丰富的人物情节活动，可巧妙地处理人、景、物相互之间各种不同部位的关系，对室内的局部处理和空间某一角的表现较合适，建筑外观表现图中常采用此透视法，如下图所示。

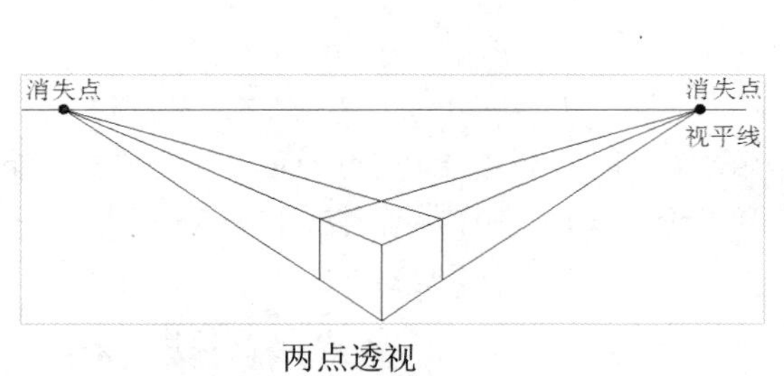

两点透视

采用两点透视法的建筑外观表现图

在绘制中要注意配合不同的设计主题内容，选择合适的画面视平线、消失点，渲染出赏心悦目的空间气氛，达到预想的设计效果。两点透视是大家在写生中必然遇到的及创作过程中经常采用的一种构图处理方法。

1.8.4　三点透视

凡是一个平面与水平地面成一边低一边高的倾斜情况时，这种倾斜面表现在画面中的变线消失于天点或地点的作图方法称为三点透视。三点透视也称为倾斜透视，它又分为向上倾斜和向下倾斜，下图所示为向上倾斜。

向上倾斜的三点透视

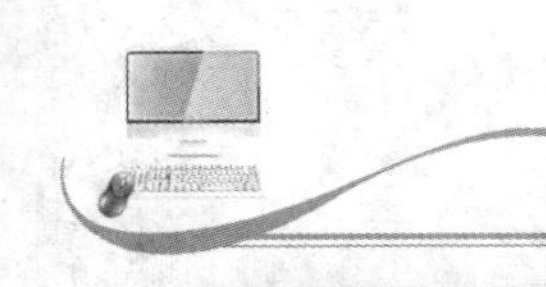

1.9 建筑图设计表现

建筑图形的表现形式多种多样，人们的审美情趣随着时间的推移也在不断地发生变化，任何一种画法由于工具的限制都不能做到十全十美，都是具有自己独特的优势，同时也存在着一些局限性。本节通过手绘和高科技计算机两种截然不同的工具，对建筑的表现做一些基本介绍。

1.9.1 建筑手绘表现

由于文化背景、地理位置，以及使用的工具等不同，建筑手绘表现手法多种多样，表现的意图和设计者的思想也别具一格。

1. 水彩表现

水彩表现的特点能够运用退、晕等多种技法表现，水彩颜料透明，可以进行多次渲染，如下图所示。

2. 彩铅表现

彩铅表现的特点是线条挺拔有力，浓淡随意，能够表现出十分严谨、丰富的空间结构，如下图所示。早在 20 世纪 50、60 年代，中国透视图就是由彩铅表现的。

水彩表现

彩铅表现

3. 水粉表现

进入 20 世纪 70 年代末期，水粉画法以色彩艳丽、明亮、厚重、柔润为特点，具有较强的覆盖力、易于修改、刻画深入等优点，具备很强的可塑性，如下图所示。

水粉画可以吸取水彩画薄画技法，水色淋漓、轻盈流畅，一气呵成；也可以采用油画的厚实画法，层层深入，反复推敲。作为一个独立的画种，水粉画也有自己的使用工具和材料，有着自己的表现技法。使用水粉画颜料绘制效果图，绘画技巧性强，但由于色彩的干、湿变化大，初学者极难掌握，因而对使用者的绘画基础要求较高。

4. 喷绘表现

从 20 世纪 80 年代后期开始，随着改革开放的不断深入，大量国外优秀的设计手法的书籍进入了中国图书市场，其中透明水色、喷绘以及马克笔等画法受到了人们的青睐。

水粉表现

喷绘的画法特点是画面细腻、丰富、变化微妙、真实感强，具有独特的表现力和现代感，十分容易被客户接受。但同时喷绘的面积过多，掌握不好，有时又容易给人留下缺乏艺术、商业气息过浓的印象。

5. 透明水色表现

由于人们对事物的好奇，对视觉的享受越来越挑剔，水粉、喷绘等厚重的画法不再吸引大家，透明水色的出现仿佛一缕清风，给人们带来耳目一新的感受。

透明水色表现的优点是画面色彩明快，比水彩更为透明艳丽，空间造型的结构轮廓表达清晰，适合于表现各种结构变化丰富的空间环境。绘图者在较短的时间内，可以通过实用、简便的绘图方法和工具，让画面达到预想的最佳效果。

一般在对外的工程设计、投标中，需要掌握这种表现技法，在有限的时间内取得方案优选的主动权。

6. 综合表现

因为透明水色表现在细部的刻画上不够深入、画面感觉缺乏深度、颜色不易修改等缺点，于是人们将彩铅、水粉、喷绘、透明水色等画法结合起来，形成一种综合的表现技法，从现在来看，综合表现技法相对比较成熟、全面，也更容易让人们接受。

1.9.2 建筑计算机表现

计算机绘图近些年逐渐流行，并且显示了自身强大的功能优势，可以对图样进行绘制、编辑、输出以及图库管理。目前，用于个人计算机的绘图软件很多，例如，Autodesk 公司推出的 AutoCAD 辅助设计软件和该公司旗下的 Discreet 公司开发的 3ds Max 三维制作软件，以及 Adobe 公司推出的 Photoshop 图像处理软件，它们在建筑设计领域中各占据着不可替代的地位。

AutoCAD 软件主要用于绘制平面图、立面图、剖面图、详图等，如下图所示。

专家指点

建筑计算机绘图能够更准确地表现出建筑的外形结构，直观地模拟现实的手法，制作出逼真的效果图，极具观赏性。

Photoshop 软件主要对输出的设计图形进行视觉效果和内容细节的优化，使用该软件制作出的效果如下图所示。

用 AutoCAD 绘制的建筑立面图

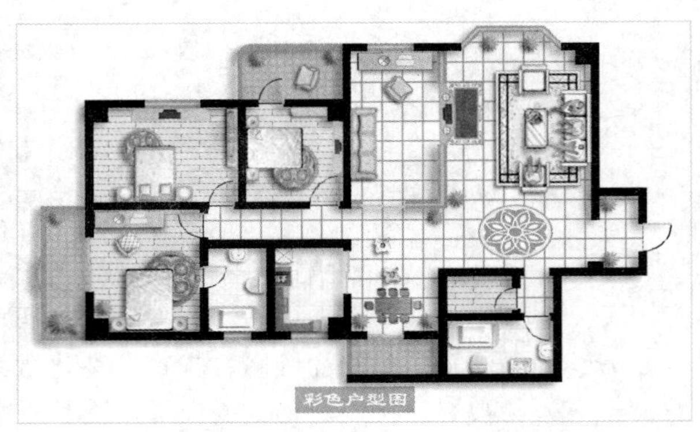

用 Photoshop 绘制的彩色户型图

3ds Max 软件着重改善室内灯光、场景以及添加适当的装饰物，更逼真地表现装修设计的实际效果，下图所示是先使用 3ds Max 软件进行三维建模，然后使用 Photoshop 进行后期处理之后的效果。

用 3ds Max 和 Photoshop 制作出的建筑效果图

计算机绘图技术和行业标准越来越成熟，其写实、逼真的特点受到了人们的青睐，对手绘表现也产生了极大的冲击，主要原因在于以下三个方面：第一，通过计算机绘图可以表现其他效果图技法所不具备的功能。计算机绘图主要的优点有材质表现清晰，透视准确，更加接近于真实现状，同时可以做成动画，更全面、细致地展现设计构思，丰富了渲染图的表现力。

第二，在当今的数字化社会中，许多商业行为并不都是当面谈判，有时是依靠远距离的通信设备及时准确地传递给对方并得到回复。计算机便具备这一条件，绘图者只需联网，便可和客户进行信息沟通。

第三，计算机绘图与其他技法相比，最大的优点是便于修改，在已完成的图形基础上可以进行形体、材质、色彩等的再选择和再改造。计算机绘图既方便设计师优化设计方案，同时也有助于多角度地展示设计构思，使绘图者和客户之间有相互沟通、陈述各自意见的机会，让双方的合作更加密切，达到预期的效果。

计算机绘图也不能说是建筑效果图发展的最终方向，其在图形显示上比较呆板，同时，在数字化社会的今天，虽然保存和修改是计算机绘图最大的优点，但从其他方法来说，这也是计算机绘图所存在的巨大危机。这种现象在室内设计行业方面尤为突出。例如，一张已完成的图纸经过稍微的改动，就会出现在空间相似的另一项工程设计中。因此，计算机绘图将如何保证图纸的专有性和独立性，是现今面临的一个问题。

● 读书笔记

Chapter 02

章前知识导读

AutoCAD是Autodesk公司开发的一款绘图软件，是目前市场上使用率非常高的辅助设计软件，广泛应用于室内装潢、建筑、机械等设计领域，可以帮助用户实现各类图形的绘制。

AutoCAD快速入门

重点知识索引

- **感受** AutoCAD 2014 **最新界面**
- **体验** AutoCAD 2014 **新增功能**
- **掌握** AutoCAD 2014 **常用操作**
- **设置建筑绘图系统参数**
- **建筑绘图设置和辅助设置**

效果图片赏析

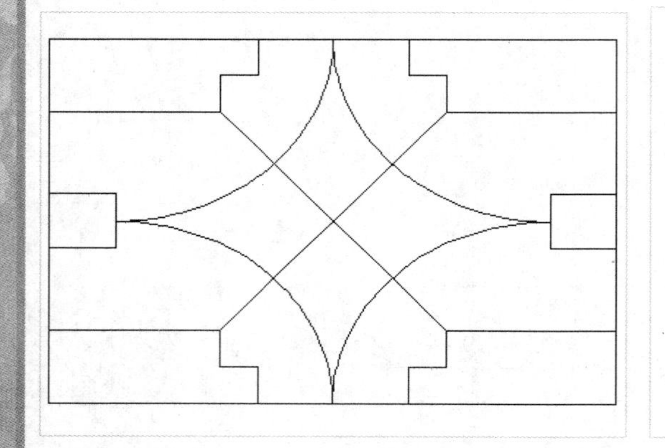

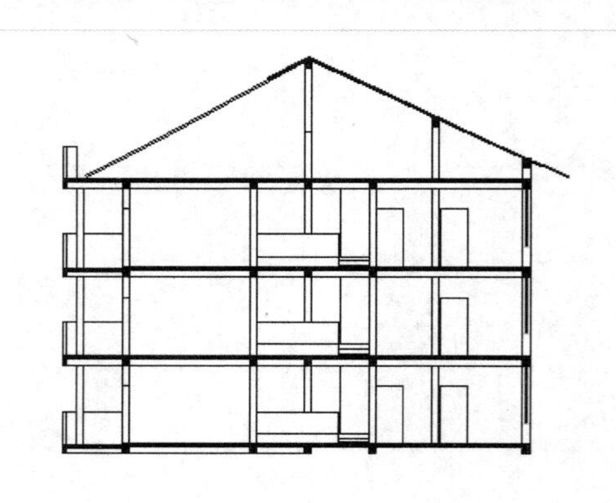

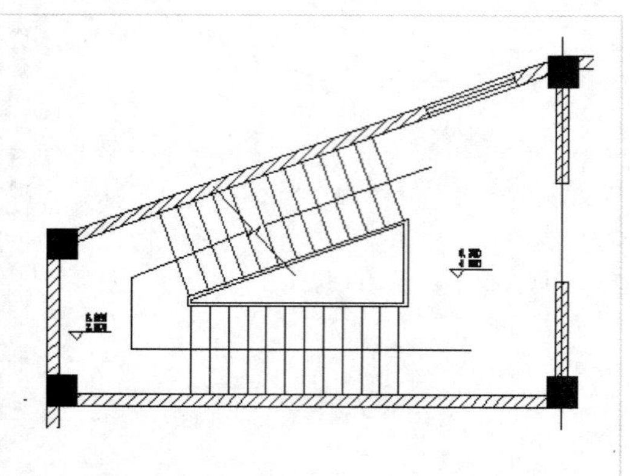

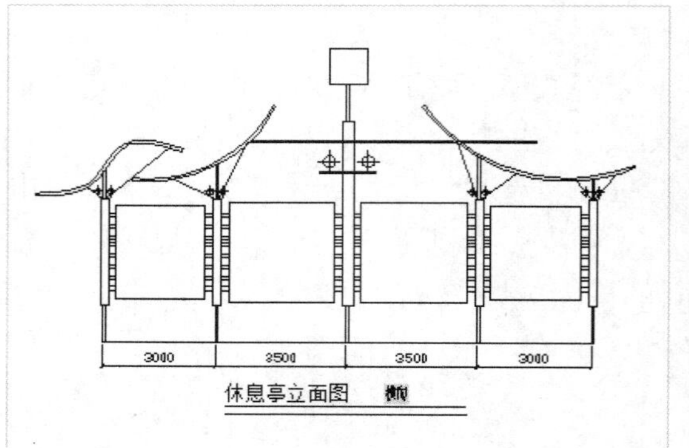

2.1 感受 AutoCAD 2014 最新界面

AutoCAD 2014 的操作界面是 AutoCAD 显示、编辑图形的区域，一个完整的 AutoCAD 操作界面如下图所示，包括“菜单浏览器”按钮、快速访问工具栏、标题栏、“功能区”选项板、绘图区、命令提示行、文本窗口和状态栏等。

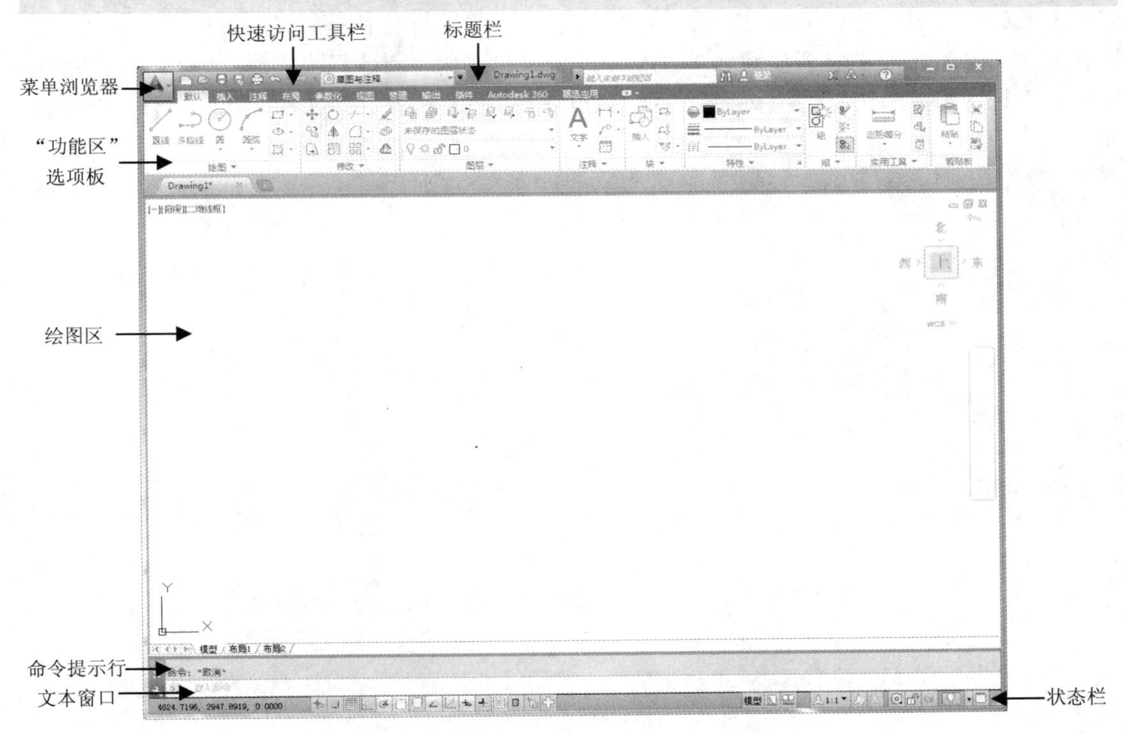

AutoCAD 2014 的操作界面

2.1.1 标题栏

标题栏位于 AutoCAD 2014 软件窗口的最上方，显示了系统当前正在运行的程序名及文件名等信息。AutoCAD 默认的图形文件，其名称为 DrawingN.dwg（N 表示数字），第一次启动 AutoCAD 2014 时，在标题栏中，将显示在启动时创建并打开的图形文件的名称 Drawing1.dwg。

标题栏中的信息中心提供了多种信息来源。在文本框中输入需要帮助的问题，单击“搜索”按钮，即可获取相关的帮助；单击“登录”按钮，可以登录 Autodesk Online 以访问与桌面软件集成的服务；单击“交换”按钮，显示“交流”窗口，其中包含信息、帮助和下载内容，并可以访问 AutoCAD 社区；单击“帮助”按钮，可以访问帮助，查看相关信息；单击标题栏右侧的按钮组，可以最小化、最大化或关闭应用程序窗口。

2.1.2 菜单浏览器

“菜单浏览器”按钮位于软件窗口左上方，单击该按钮，系统将弹出程序菜单（如下图所示），其中包含了 AutoCAD 的功能和命令。单击相应的命令，可以创建、打开、保存、另存为、输出、发布、打印和关闭 AutoCAD 文件等。此外，程序菜单还包括图形实用工具。

2.1.3 快速访问工具栏

AutoCAD 2014 的快速访问工具栏中包含了最常用的操作快捷按钮，方便用户使用。默认状态下，快速访问工具栏中包含 8 个快捷工具，分别为“新建”按钮、“打开”按钮、“保存”按钮、“另存为”按钮、“打印”按钮、“放弃”按钮、“重做”按钮和“工作空间”按钮草图与注释，如下图所示。

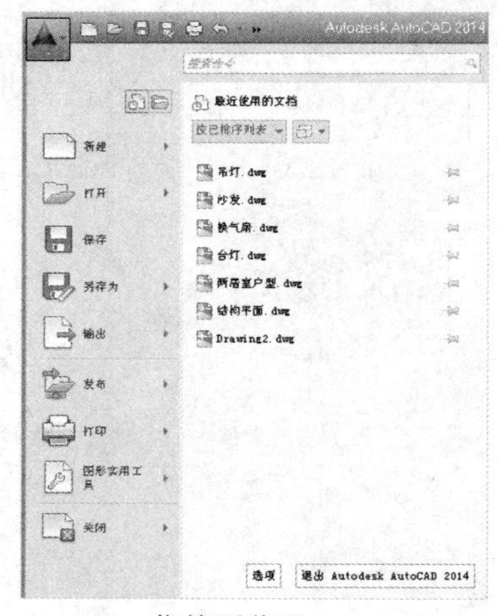

菜单浏览器

快速访问工具栏

2.1.4 “功能区”选项板

“功能区”选项板是一种特殊的选项板，位于绘图区的上方，是菜单和工具栏的主要替代工具。默认状态下，在“草图与注释”工作界面中，“功能区”选项板包含“默认”、“插入”、“注释”、“布局”、“参数化”、“视图”、“管理”、“输出”、“插件”、Autodesk 360 和“精选应用”11 个选项卡，每个选项卡中包含若干个面板，每个面板中又包含许多命令按钮，如下图所示。

“功能区”选项板

> **专家指点**
>
> 如果需要扩大绘图区域，则可以单击选项卡右侧的下拉按钮，使各面板最小化为面板按钮；再次单击该按钮，使各面板最小化为面板标题；再次单击该按钮，使“功能区”选项板最小化为选项卡；再次单击该按钮，可以显示完整的功能区。

2.1.5 绘图区

软件界面中间位置的空白区域称为绘图区，也称为绘图窗口，是用户进行绘制工作的区域，所有的绘图结果都反映在这个窗口中。如果图纸比例较大，需要查看未显示的部分时，可以单击绘图区右侧与下方滚动条上的箭头，或者拖曳滚动条上的滑块来移动图纸。

在绘图区中除了显示当前的绘图结果外，还显示了当前使用的坐标系类型、导航面板以及坐标原点、X/Y/Z 轴的方向等，如下图所示。

绘图区

其中，导航面板是一种用户界面元素，用户可以从中访问通用导航工具和特定于产品的导航工具。

2.1.6 命令提示行和文本窗口

命令提示行位于绘图窗口的下方，用于显示提示信息和输入数据，如命令、绘图模式、坐标值和角度值等，如下图所示。

按【F2】键，弹出 AutoCAD 文本窗口（如下图所示），其中显示了命令提示行的所有信息。

命令：指定对角点或 [栏选(F)/圈围(WP)/圈交(CP)]：
命令：*取消*
命令：*取消*
命令：*取消*
键入命令

命令提示行

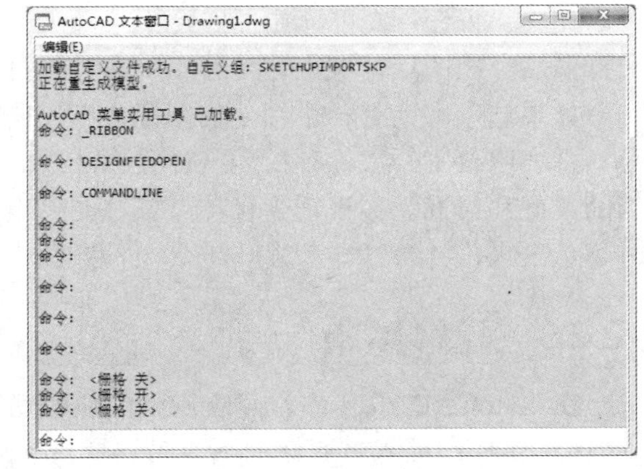

AutoCAD 文本窗口

文本窗口用于记录在窗口中操作的所有命令，如单击按钮和选择菜单项等。在文本窗口中输入命令，按【Enter】键确认，即可执行相应的命令。

2.1.7 状态栏

状态栏位于 AutoCAD 2014 窗口的最下方，如下图所示，用于显示当前光标状态，如 X、Y 和 Z 坐标值，用户可以用图标或文字的形式查看图形工具按钮。通过捕捉工具、极轴工具、对象捕捉工具和对象追踪工具的快捷菜单，可以轻松地更改这些绘图工具的设置。

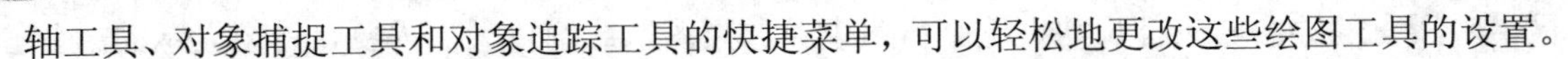

状态栏

2.2 体验 AutoCAD 2014 新增功能

AutoCAD 2014 新增了一些功能，新功能的增加顺应了时代的发展。AutoCAD 2014 在以前版本的技术基础上，进行了大量的升级优化，增加了许多新功能，从而使工作和学习更加方便、简单，支持 Windows 8 以及触屏操作等可以让设计人员更加智能、方便地对设计图纸进行操作。

2.2.1 绘图增强

AutoCAD 2014 对绘图功能进行了增强，以帮助用户更高效地完成建筑制图。

- 圆弧：按住【Ctrl】键来切换所要绘制的圆弧的方向，这样可以轻松地绘制不同方向的圆弧。
- 多段线：在 AutoCAD 2014 中，多段线能通过自我圆角来创建封闭的多段线。
- 图纸集：当在设计图纸集中创建新图纸时，保存在关联模板（*.dwt）中的 CreatDate 字段将显示新图纸的创建日期而非模板文件的创建日期。
- 打印样式：CONVERTPSTYLES 命令使用户能够切换当前图纸到命名的或颜色相关的打印样式。

2.2.2 文件选项卡

AutoCAD 2014 提供了图形选项卡，它在打开的图形间切换或创建新图形时非常方便，可以使用“视图”功能区中的“图形选项卡”控件来打开图形选项卡工具条。当文件选项卡打开后，在图形区域上方会显示所有已经打开的图形的选项卡。

如果选项卡上有一个锁定的图标，则表明该文件是以只读的方式打开的；如果有个冒号，则表明自上一次保存后此文件被修改过。当把光标移到文件标签上时，可以预览该图形的模型和布局。如果把光标移至预览图形上，则相对应的模型或布局就会在图形区域临时显示出来，并且打印和发布工具在预览图中也是可用的。

2.2.3 注释增强

在 AutoCAD 2014 中，建筑制图的注释功能进行了以下增强。

- 属性：插入带属性的图块时，默认行为是显示对话框，且 ATTDIA 设置为 1。
- 文字：单行文字增强了，它将维持其最后一次的对齐设置直到被改变。
- 标注：当创建连续标注或基线标注时，新的 DIMCONTINUEMODE 系统变量提供了更多的控制。

当 DIMCONTINUEMODE 设置为 0 时，DIMCONTINUE 和 DIMBASELINE 命令是基于当前标注样式创建标注；而当其设置为 1 时，将基于所选择标注的标注样式创建。

- 图案填充：功能区的 Hatch 工具将维持之前的方法对选定的对象进行图案填充，即拾取内部或选择对象。

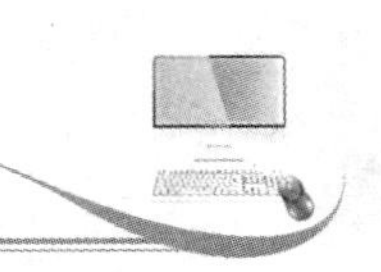

2.2.4 命令行增强

在 AutoCAD 2014 中，命令行得到了增强，可以提供更智能、更高效的访问命令和系统变量，而且可以使用命令行来找到其他如阴影图案、可视化风格以及联网帮助等内容。

- 自动更正：如果命令输入错误，不会再显示“未知命令”，而是会自动更正成最接近且有效的 AutoCAD 命令。例如，如果输入了 TABEL，那么就会自动启动 TABLE 命令，如下图所示。

- 自动完成：自动完成命令增强了支持中间字符搜索。例如，用户在命令行中输入 SETTING，那么显示的命令建议列表中将包含任何带有 SETTING 字符的命令，而不是只显示以 SETTING 开始的命令，如下图所示。

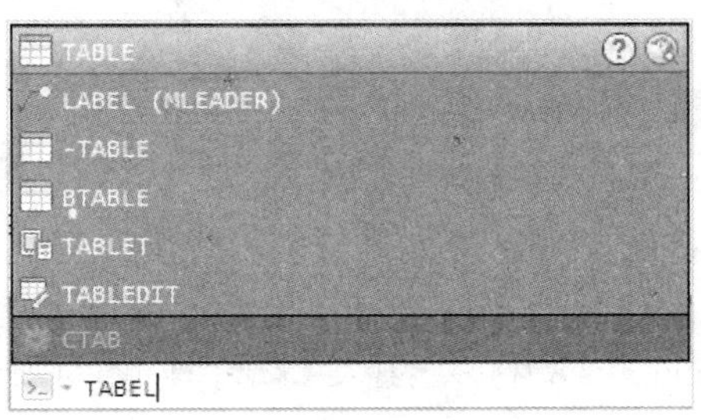

自动更正功能

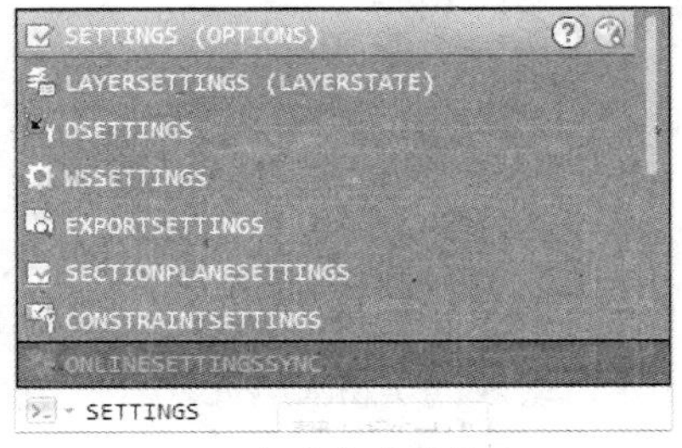

自动完成功能

- 自动适配建议：命令在最初建议列表中显示的顺序使用基于通用客户的数据。当你继续使用 AutoCAD 时，命令的建议列表顺序将适应你自己的使用习惯。命令使用数据存储在配置文件并自动适应每个用户。

- 同义词建议：命令行已建成一个同义词列表。在命令行中输入一个词，如果在同义词列表中找到匹配的命令，它将返回该命令。例如，如果输入 SYMBOL，AutoCAD 会找到 INSERT 命令，这样就可以插入一个块；如果输入 ROUND，AutoCAD 会找到 FILLET 命令，这样就可以为一个尖角增加圆角了。

- 互联网搜索：可以在建议列表中快速搜索命令或系统变量的更多信息。移动光标到列表中的命令或系统变量上，并选择帮助或网络图标来搜索相关信息，AutoCAD 自动返回当前词的互联网搜索结果。

- 内容：可以使用命令行访问图层、图块、阴影图案/渐变、文字样式、尺寸样式和可视样式。

- 分类：使建议列表更容易导航，系统变量和其他内容可被组织成可展开的分类。

- 输入设置：在命令行中单击鼠标右键，可以通过输入设置菜单中的控件来自定义命令行。在命令行中除了可以启用自动完成和搜索系统变量外，还可以启用自动更正、搜索内容和字符搜索，所有这些选项都是默认打开的，如右图所示。

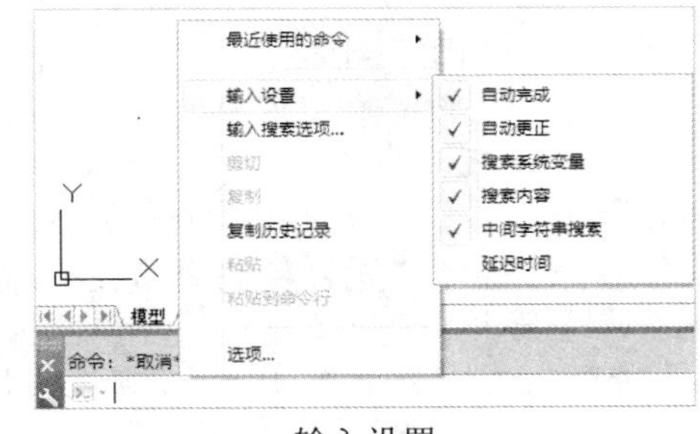

输入设置

2.2.5 AutoCAD 点云支持

点云功能在 AutoCAD 2014 中得到增强，除了以前版本支持的 PCG 和 ISD 格式外，还

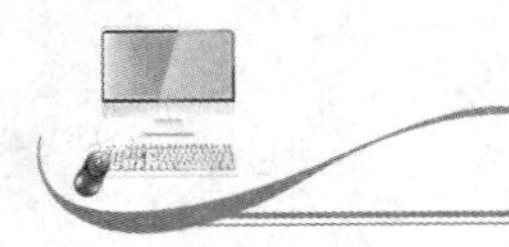

支持插入由 Autodesk ReCap 产生的点云投影（RCP）和扫描（RCS）文件。

2.2.6 图层与外部参照增强

在 AutoCAD 2014 中，在显示功能区上的图层数量增加了，图层现在是以自然排序显示出来，外部参照图形的线型和图层的显示功能加强了。

- 图层管理器：在图层管理器上新增了合并功能，它可以从图层列表中选择一个或多个图层并将在这些图层上的对象统一合并到一个图层上，而被合并的图层将会从图层管理器中自动清除。
- 外部参照增强：在 AutoCAD 2014 中，外部参照线型不再显示在功能区或属性选项板上的线型列表中，外部参照图层仍然会显示在功能区中以便可以控制它们的可见性，但已不在属性选项板中显示。

2.2.7 Windows 8 以及触屏操作

Windows 8 操作系统，其关键特性就是支持触摸屏。当然，它需要软件也提供触摸屏支持才能使用它的新特性。现在大家使用智能手机以及平板电脑，已经习惯用手指来移动视图了，试一试新的 AutoCAD 2014，它在 Windows 8 中，已经支持这种超炫的操作方法。

2.3 掌握 AutoCAD 2014 常用操作

在安装好 AutoCAD 2014 之后，如果要使用 AutoCAD 进行建筑制图或者绘制和编辑图形，首先需要掌握 AutoCAD 2014 的一些常用操作。

2.3.1 图形文件的新建、保存与输出

在安装好 AutoCAD 2014 之后，如果要使用 AutoCAD 绘制和编辑图形，首先需要启动软件。

1. 新建图形文件

在启动 AutoCAD 2014 后，系统将自动新建一个名为 Drawing1.dwg 的图形文件，且该图形文件默认以 acadiso.dwt 为模板，用户还可以根据需要，创建新的图形文件。

STEP 01 单击“图形”命令

单击软件界面左上角的“菜单浏览器”按钮，在弹出的程序菜单中，单击“新建”|“图形”命令，如下图所示。

STEP 02 选择“无样板打开-公制”选项

在弹出的“选择样板”对话框中，单击“打开”右侧的下拉按钮，在弹出的列表框中选择“无样板打开-公制”选项，如下图所示。

STEP 03 新建图形文件

执行操作后，即可新建图形文件，如下图所示。

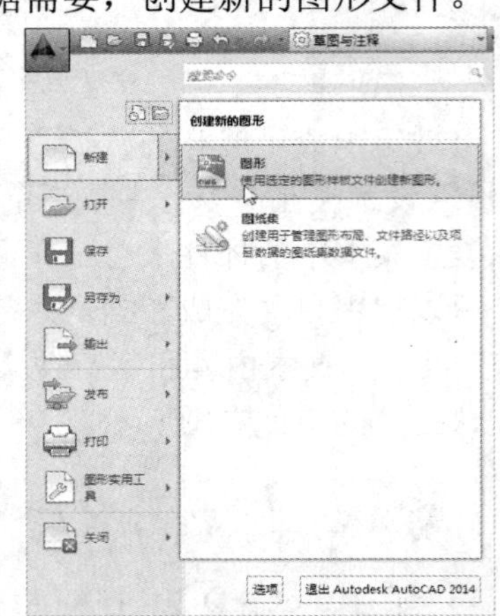

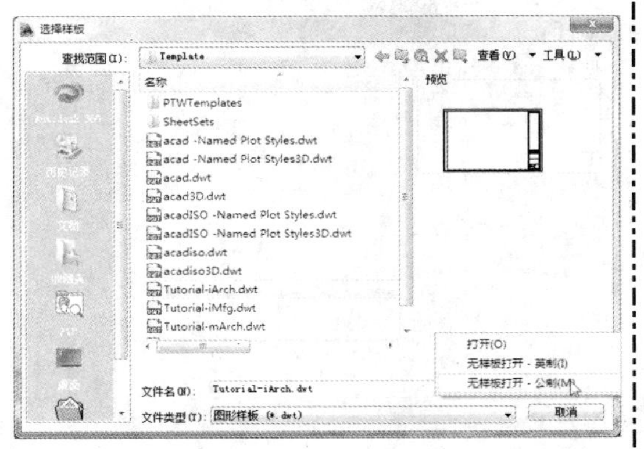

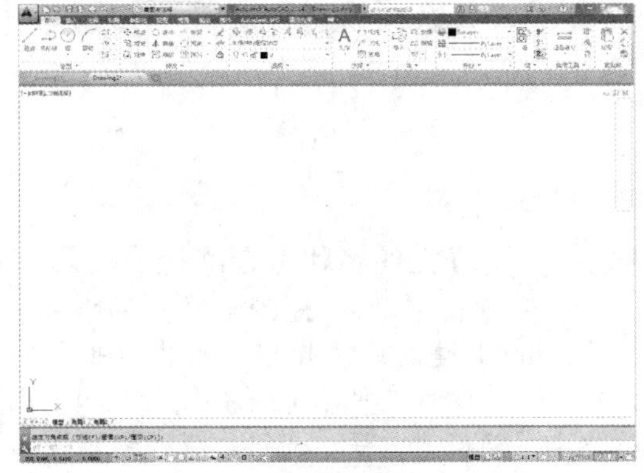

2. 保存图形文件

用户对图形文件绘制完成后，此时需要对图形文件进行保存操作，以便下次使用。

素材文件	无	效果文件	第 2 章\石凳.dwg

STEP 01 单击“保存”命令

启动 AutoCAD 2014，在其中进行图形的绘制，绘制完成后，单击“菜单浏览器”按钮，在弹出的程序菜单中，单击“保存”命令，如下图所示。

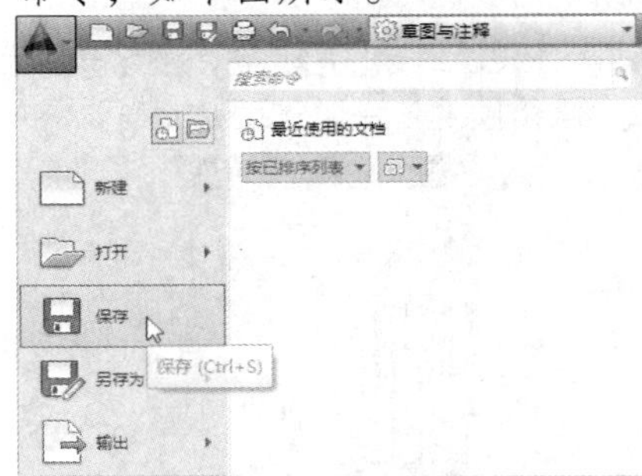

STEP 02 设置文件名和保存路径

弹出“图形另存为”对话框，在其中用户可根据需要设置文件的保存位置及文件名称，如下图所示。

STEP 03 保存图形文件

单击“保存”按钮，即可保存绘制的图形文件，如下图所示。

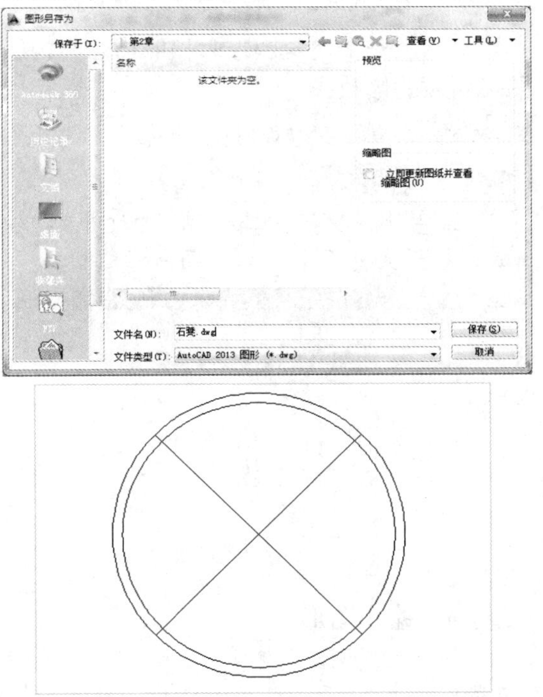

3. 输出图形文件

在 AutoCAD 2014 中可以将当前图形文件输出为其他格式的文件，以便于其他软件调用，其输出格式有 DWF、DWFx、三维 DWF 和 PDF 等多种。

素材文件	第 2 章\标高符号.dwg	效果文件	第 2 章\标高符号.dwf

STEP 01 打开素材

单击快速访问工具栏中的“打开”按钮，打开素材图形，如下图所示。

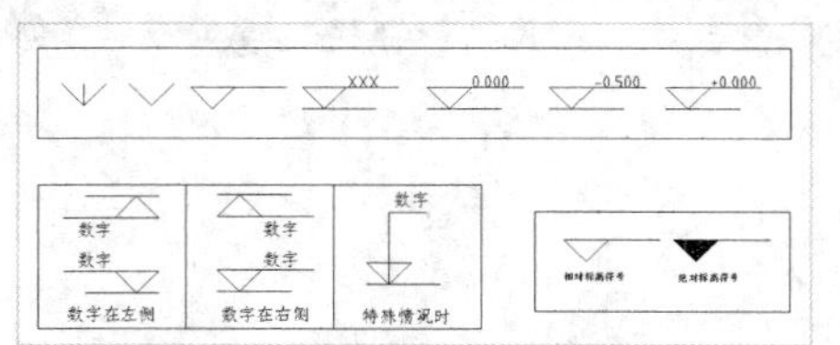

STEP 02 设置文件名和保存路径

在命令行中输入 EXP（输出）命令，按【Enter】键确认，弹出“输出数据”对话框，然后设置文件名和保存路径（如下图所示），单击“保存”按钮，即可输出图形文件。

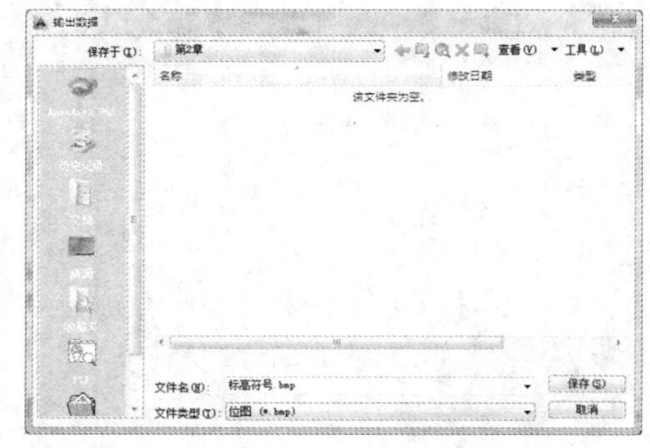

2.3.2 视图的显示、缩放与平移

在 AutoCAD 2014 中进行操作时，用户经常需要改变图形的显示方式。例如，为了观察图形的整体效果，可以缩小图形；为了对图形进行细节编辑，可以放大图形等。

1. 显示上一个视图

显示上一个建筑图形时按照前一个视图位置和放大倍数重新显示图形，而不会废除对图形所做的修改。

素材文件	第 2 章\垃圾桶立面.dwg	效果文件	无

STEP 01 打开素材

单击快速访问工具栏中的“打开”按钮，打开素材图形，如下图所示。

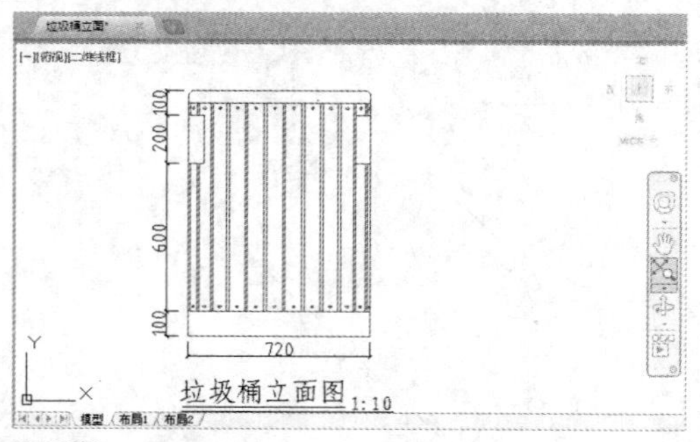

STEP 02 缩小图形

切换至“视图”选项卡，单击“上一个”右侧的下拉按钮，在弹出的列表框中选择“缩小”选项，即可缩小图形，下图所示。

STEP 03 显示上一个视图

在命令行中输入 Z（缩放）命令，按【Enter】键确认，根据命令行提示进行操作，输入 P（上一个）选项，按【Enter】键确认，即可显示上一个视图，如下图所示。

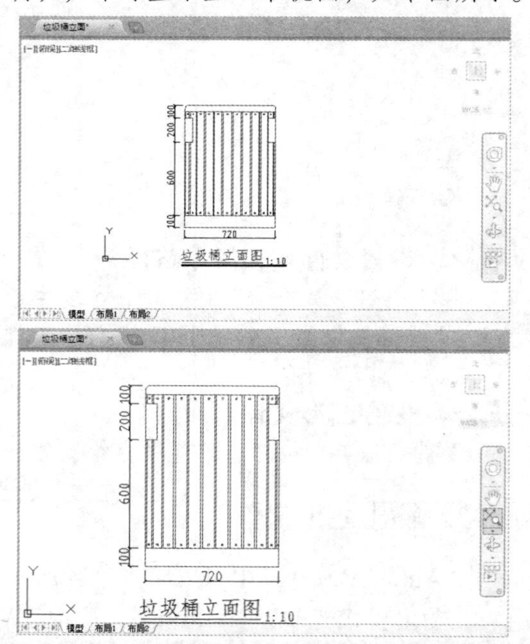

专家指点

在绘制图形时，可能会将已经放大的图形缩小来观察总体布局，然后又希望重新显示前面的视图，这时就可以使用“上一个”命令来实现。

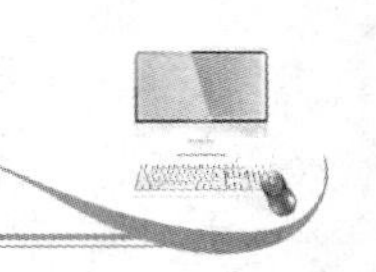

2. 平移视图

在建筑制图中，通过平移视图重新定位图形，以便看清图形其他部分。此时，不会改变图形对象位置或比例，而只改变视图。

素材文件	第 2 章\护栏立面.dwg	效果文件	无

STEP 01 打开素材

单击快速访问工具栏中的“打开”按钮，打开素材图形，如下图所示。

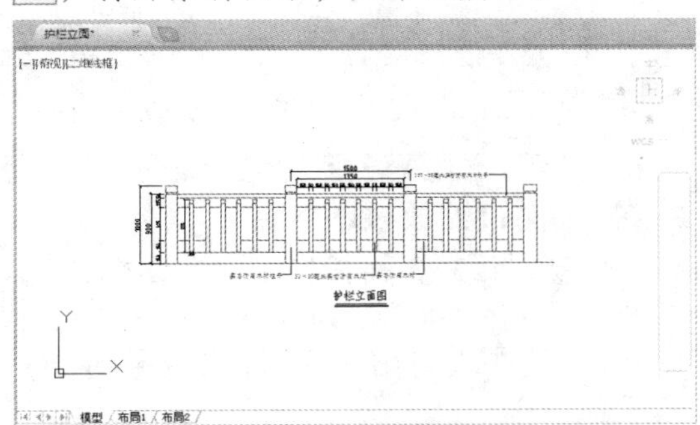

STEP 02 单击“平移”按钮

在“功能区”选项板的“视图”选项卡中，单击“二维导航”面板中的“平移”按钮，如下图所示。

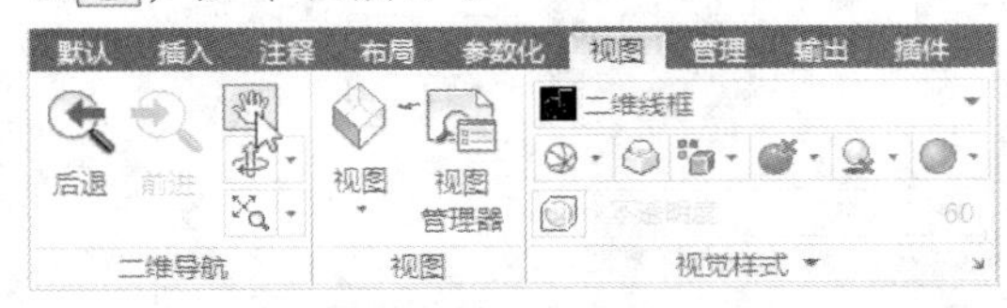

STEP 03 实时平移视图

此时鼠标指针呈小手形状，按住鼠标左键并向右上方拖曳鼠标至合适位置，即可实时平移视图，如下图所示。

STEP 04 指定基点坐标值

在命令行中输入-PAN（定点平移）命令，按【Enter】键确认，根据命令行提示进行操作，输入基点坐标（-540,-1235），按【Enter】键确认操作，命令行中的提示如下图所示。

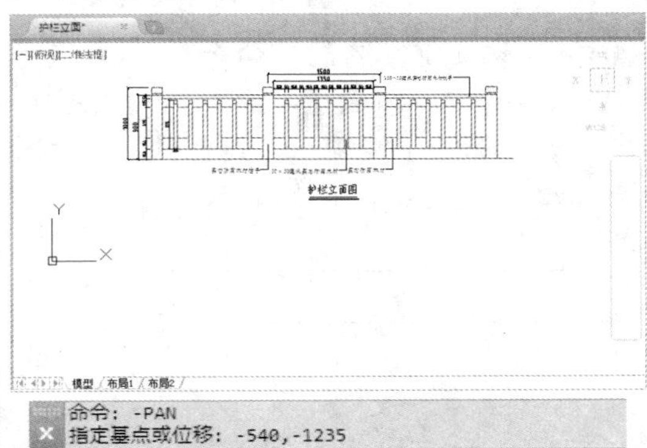

```
命令: -PAN
指定基点或位移: -540,-1235
-PAN 指定第二点:
331135.7< 32 , 0.0
```

STEP 05 定点平移视图

向右下方引导光标，输入第二点的参数值为 512，按【Enter】键确认，即可定点平移视图，如下图所示。

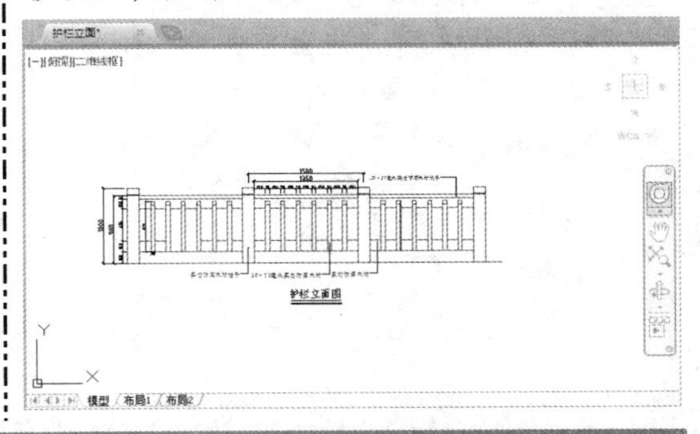

专家指点

“实时平移”工具使用频率最高，通过该工具可以拖动光标移动视图在窗口中的位置。

3. 缩放图形文件

在建筑制图中，图形的显示缩放命令类似于照相机可变焦距镜头，使用该命令可以调整当前视图大小，既能观察较大的图形范围，又能观察图形的细节。

素材文件	第 2 章\花坛平面.dwg	效果文件	无

STEP 01 打开素材图形

单击快速访问工具栏中的“打开”按钮，打开素材图形，如下图所示。

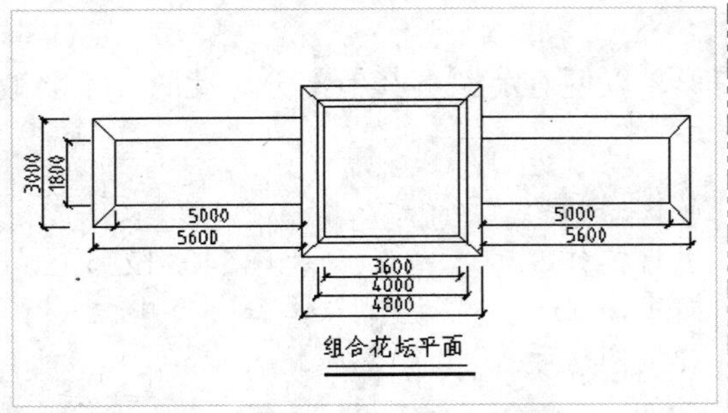

STEP 02 输入 Z（缩放）命令

在命令行中输入 Z（缩放）命令，连续按两次【Enter】键确认，此时鼠标指针呈放大镜形状，如下图所示。

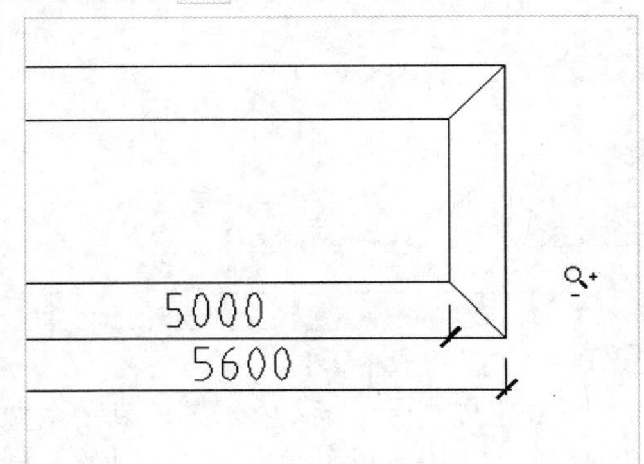

STEP 03 放大图形

按住鼠标左键并向上拖曳至合适位置，释放鼠标左键，即可放大图形，如下图所示。

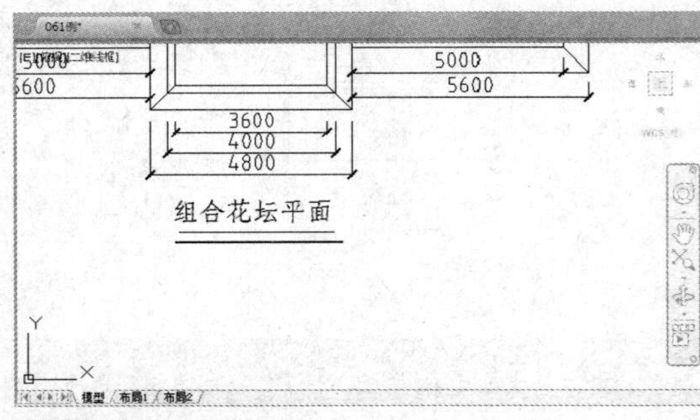

STEP 04 缩小图形

按住鼠标左键并向下拖曳至合适位置，释放鼠标左键，即可缩小图形，如下图所示。

STEP 05 输入 W（窗口）选项

在命令行中输入 Z（缩放）命令，按【Enter】键确认，根据命令行提示进行操作，输入 W（窗口）选项，按【Enter】键确认，命令行中的提示如下图所示。

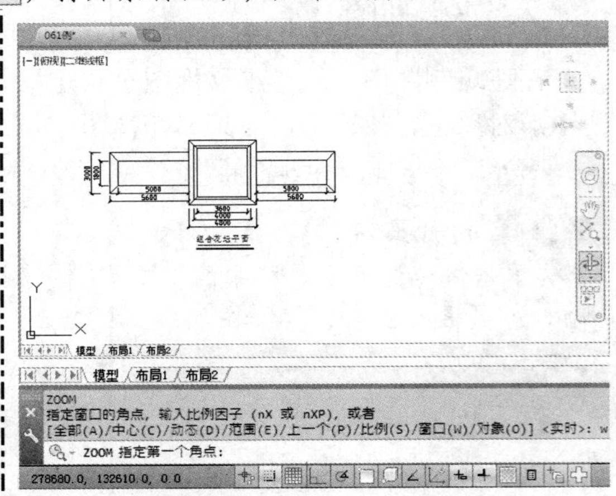

STEP 06 窗口缩放视图

在绘图区中，捕捉左上方合适的端点，并向右下方拖曳，至合适位置后，单击鼠标左键，即可按窗口缩放视图，其效果如下图所示。

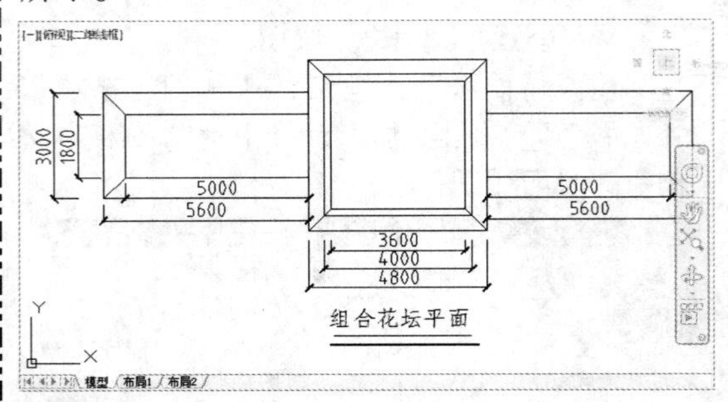

STEP 07 输入 D（动态）选项

在命令行中输入 Z（缩放）命令，按【Enter】键确认，在命令行提示下，输入 D（动态）选项，按【Enter】键确认。

STEP 08 动态缩放视图

待光标呈带有“×”标记的矩形形状时，在合适位置单击鼠标左键，将矩形框向上拖曳，至合适位置后，按【Enter】键确认，即可按动态缩放视图，效果如下图所示。

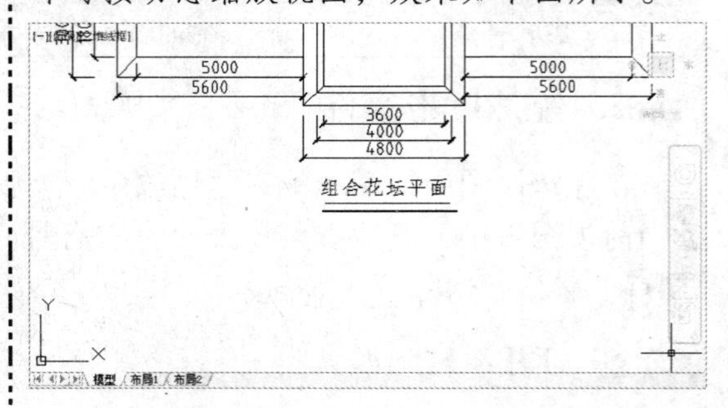

STEP 09 单击“缩放”按钮

在“功能区”选项板中，切换至“视图”选项卡，单击“二维导航”面板中“范围”右侧的下拉按钮，在弹出的列表框中单击“缩放”按钮，如下图所示。

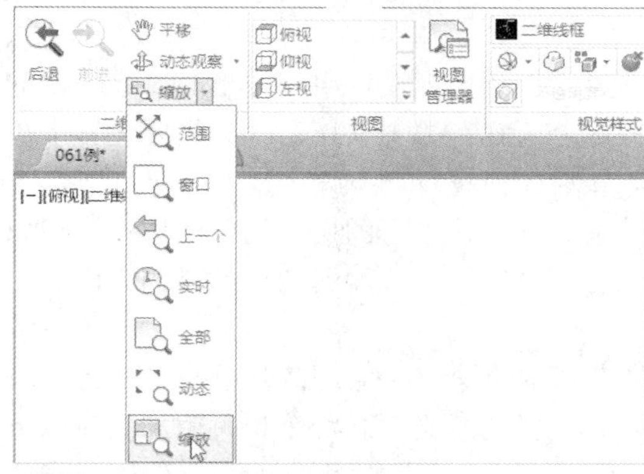

STEP 10 比例缩放视图

根据命令行提示进行操作，输入缩放比例为 0.6X，按【Enter】键确认，即可按比例缩放视图，效果如下图所示。

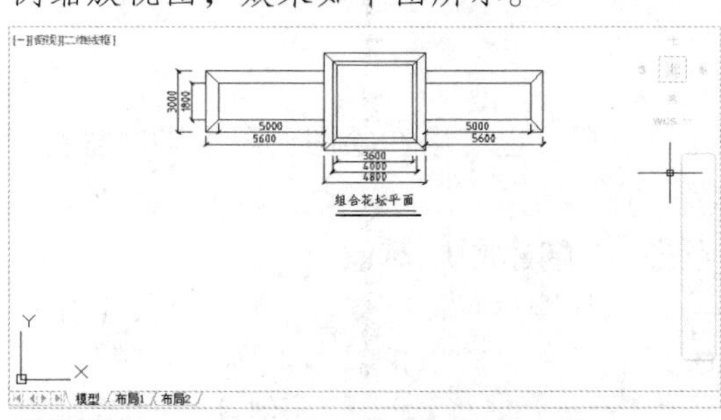

STEP 11 输入 O（对象）选项

在命令行中输入 Z（缩放）命令，按【Enter】键确认，根据命令行提示进行操作，输入 O（对象）选项，按【Enter】键确认。

STEP 12 选择缩放对象

在绘图区中，选择合适的图形为缩放对象，如下图所示。

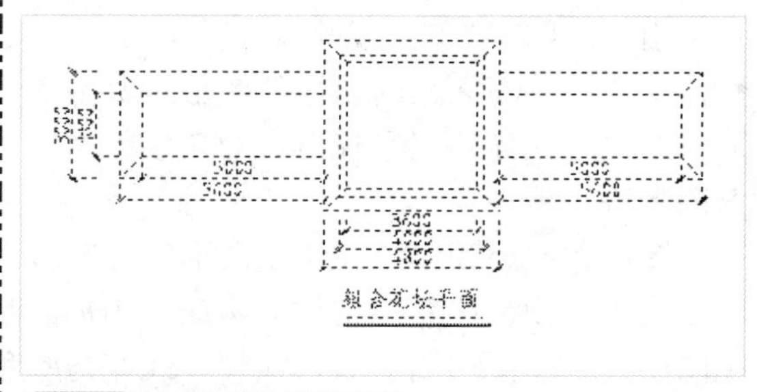

STEP 13 对象缩放视图

按【Enter】键确认，即可根据选定的对象缩放视图，效果如下图所示。

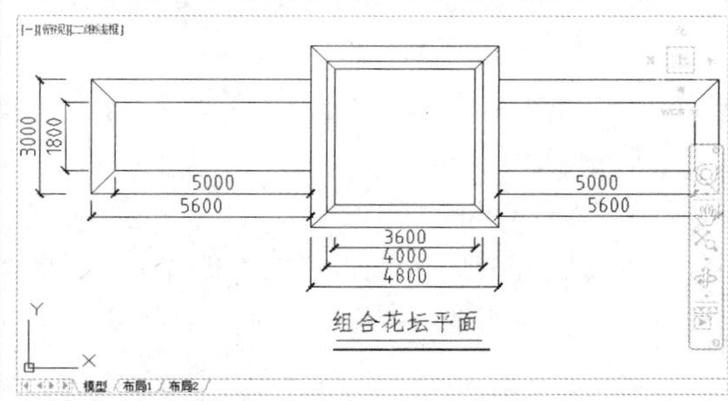

STEP 14 范围缩放视图

在命令行中输入 Z（缩放）命令，按【Enter】键确认，根据命令行提示进行操作，输入 E（范围）选项，按【Enter】键确认，即可按范围缩放视图，效果如下图所示。

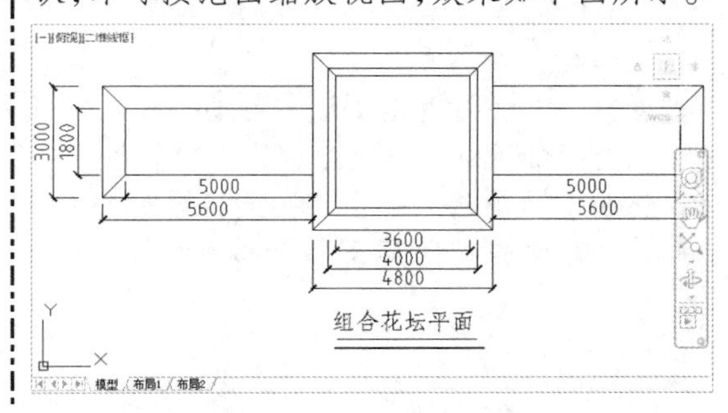

2.3.3 图层的设置和管理

在 AutoCAD 2014 中，图层是大多数图形的基本组成元素，增强的图层管理功能可以帮助用户有效地管理大量的图层。新图层特性管理器不仅占用空间小，而且还提供了更强大的功能。下面介绍图层的创建、管理及新增图层工具的使用。

1. 图层概述

为了根据图形的相关属性对图形进行分类，使具有相同属性的图形对象分在同一组，

AutoCAD 引入了“图层”的概念，也就是把线型、线宽、颜色和状态等属性相同的图形对象放进同一个图层，这样方便用户对图形进行管理。

引入“图层”概念之后，只要绘图前指定每一个图层的线型、线宽、颜色和状态等属性，使凡具有与之相同属性的图形对象都放到该图层上。在绘制图形时，只需要指定每个图形对象的几何数据和其所在的图层就可以了。这样既可以使绘图过程得到简化，又便于对图形进行管理。

图层的应用使用户在组织图形时拥有极大的灵活性和可控性。组织图形时，最重要的一步就是要规划好图层结构。例如，图形的哪些部分放置在哪个图层，一共需要设置多少个图层，每个图层的命名、线型、线宽与颜色等属性如何设置。

在绘制复杂的二维图形时，有时需要创建数十个甚至几十个图层，这些图层将表现出图形各部分的特性。通过图层特性管理器，可以达到高效绘制或编辑图形的目的。因此，对图层的特性进行管理是一项重要的工作。

在使用 AutoCAD 2014 进行绘图时，图层是最基本的操作，也是最有用的工具之一，对图形文件中各类实体的分类管理和综合控制具有重要的意义。总的来说，图层具有以下 3 方面的优点。

- 节省存储空间。
- 控制图形的颜色、线条的宽度及线型等属性。
- 统一控制同类图形实体的显示、冻结等特性。

2. 创建图层

一般在绘制图形之前设置好图层，然后再进行绘图，也可以在绘图过程中随时根据需要添加新图层、保存已创建的图层或删除图层。

STEP 01 单击“新建”按钮

单击快速访问工具栏中的“新建”按钮，新建空白文件。

STEP 02 单击“新建图层”按钮

在命令行中输入 LA（图层）命令，按【Enter】键确认，弹出“图层特性管理器”选项板，单击“新建图层”按钮，如下图所示。

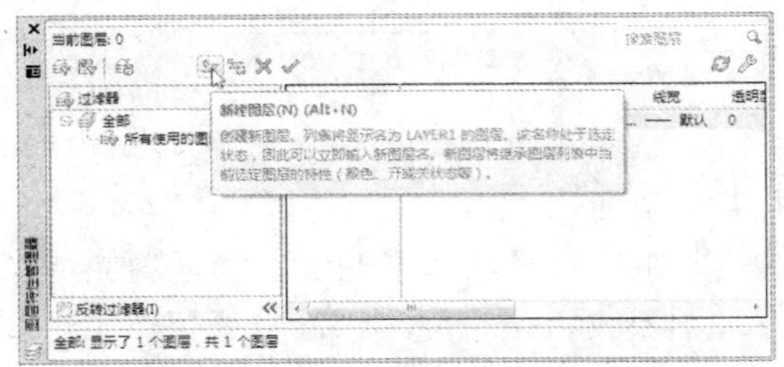

STEP 03 创建图层对象

执行操作后即可新建一个图层，在弹出的文本框中，输入图层的名称为“轴线”，按【Enter】键确认，即可创建图层对象，如下图所示。

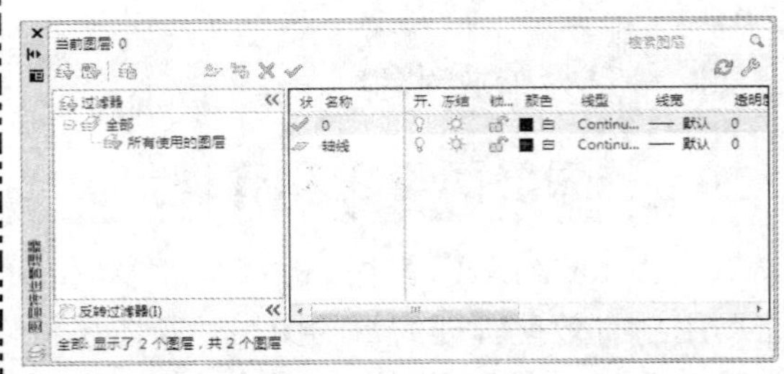

在“图层特性管理器”选项板中，各主要选项的含义如下。

- “新建特性过滤器”按钮：单击该按钮，弹出“图层过滤器特性”对话框，从中可以根据图层的一个或多个特性创建图层过滤器。
- “新建组过滤器”按钮：单击该按钮，可以创建图层过滤器，其中包含选择并

添加到该过滤器的图层。

- "图层状态管理器"按钮：单击该按钮，会弹出"图层状态管理器"对话框，从中可以将图层的当前特性设置保存到一个命名图层状态中，以后可再恢复这些设置。
- "新建图层"按钮：单击该按钮，可以创建新图层。
- "在所有视口中都被冻结的新图层视口"按钮：单击该按钮，可以创建新图层，然后在所有现有布局视口中将其冻结。
- "删除图层"按钮：单击该按钮，删除选定图层。只能删除未被参照的图层。
- "置为当前"按钮：单击该按钮，可以将选定图层设置为当前图层。
- "当前图层"显示区：显示当前图层的名称。
- "搜索图层"文本框：输入字符时，按名称快速过滤图层列表。
- "状态行"选项区：在该选项区中显示当前过滤器的名称、列表视图中显示的图层数和图形中的图层数。
- "反转过滤器"复选框：选中该复选框，可以显示出所有不满足选定图层特性过滤器中条件的图层。

专家指点

展开"图层特效管理器"选项板的 4 种方法。

- 按钮法 1：切换至"默认"选项卡，单击"图层"面板中的"图层特性"按钮 。
- 按钮法 2：切换至"视图"选项卡，单击"选项板"面板中的"图层特性"按钮。
- 菜单栏：单击"格式" | "图层"命令。
- 命令行：输入 LAYER（快捷命令：LA）命令。

3. 删除图层

在 AutoCAD 2014 中，使用图层管理工具可以更加方便地管理图层。在绘图过程中，当图层状态中的图层过多，且某个图层或者某些图层不再需要使用时，都可以对其进行删除操作。

素材文件	第 2 章\拼花.dwg	效果文件	第 2 章\拼花.dwg

STEP 01 打开素材

单击快速访问工具栏中的"打开"按钮，打开素材图形，如下图所示。

STEP 02 删除图层

在命令行中输入 LAYDEL（删除图层）命令，按【Enter】键确认，根据命令行提示进行操作，在绘图区中，单击小矩形图形对象，并确认，输入 Y（是）选项，并确认，即可删除所选图层，如下图所示。

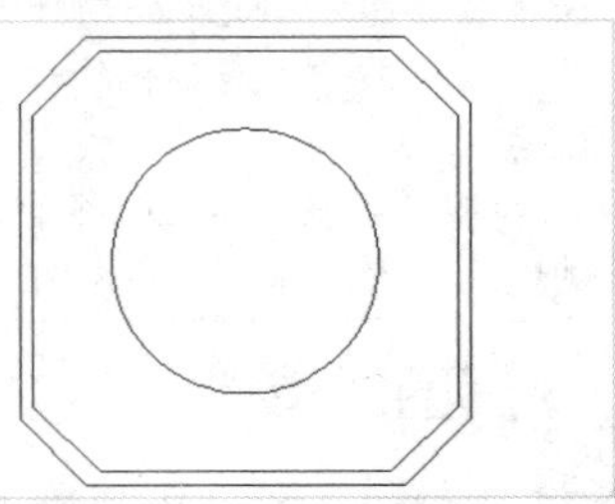

专家指点

执行"删除"操作的 3 种方法。

- 按钮法：切换至"默认"选项卡中，单击"图层"面板中的"删除"按钮。
- 菜单栏：单击"格式" | "图层工具" | "图层删除"命令。
- 命令行：输入 LAYDEL 命令。

STEP 03 命令行提示

执行“删除”命令后，命令行中的提示如下图所示。

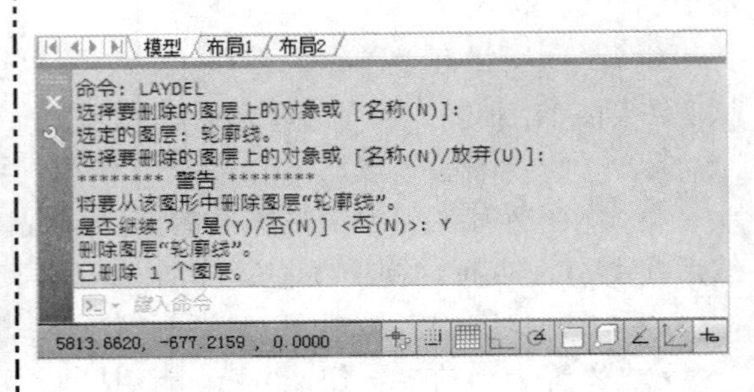

> **专家指点**
>
> 命令行中各主要选项的含义如下。
>
> ✿ 名称（N）：输入该字母，将弹出“删除图层”对话框，在“要删除的图层”列表框中可以选择要删除的图层。
>
> ✿ 放弃（U）：放弃当前所有操作。

4. 置为当前层

在 AutoCAD 2014 中绘制图形对象时，需要将图形绘制在不同的图层上，此时就需要将所需的图层设置为当前图层。

素材文件	第 2 章\休息亭立面图.dwg	效果文件	第 2 章\休息亭立面图.dwg

STEP 01 打开素材

单击快速访问工具栏中的“打开”按钮，打开素材图形，如下图所示。

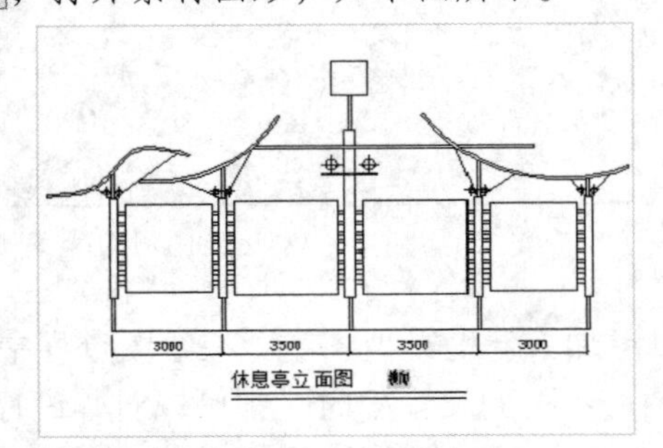

STEP 02 选择“置为当前”选项

在命令行中输入 LA（图层）命令，按【Enter】键确认，弹出“图层特性管理器”选项板，选择“建筑物”图层，单击鼠标右键，在弹出的快捷菜单中选择“置为当前”选项，如下图所示，即可将“建筑物”图层置为当前层。

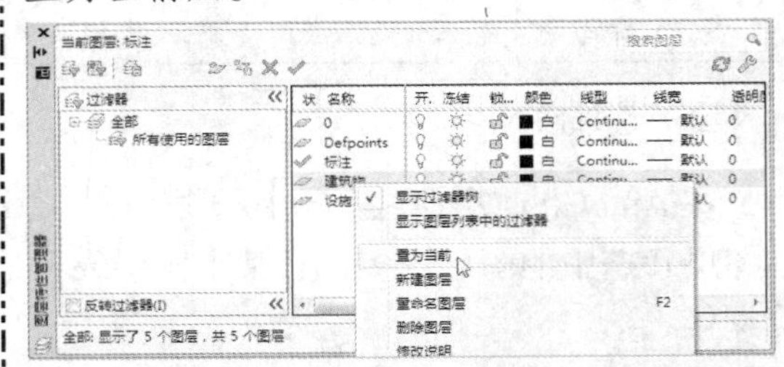

> **专家指点**
>
> 执行“置为当前”操作的两种方法。
>
> ✿ 按钮法：在“图层特性管理器”选项板中，选择需要置为当前的图层，然后单击“置为当前”按钮。
>
> ✿ 快捷菜单：在“图层特性管理器”选项板中，选择需要置为当前的图层，单击鼠标右键，在弹出的快捷菜单中选择“置为当前”选项。

5. 了解图层特性

每个图层都有一些基本特性，如名称、开关状态、锁定状态、颜色等，可以通过“图层特性管理器”选项板来设置这些特性。

✿ 名称

名称是图层的唯一标识，是图层的名字，图层的名称可以在创建该图层时设置，也可以随时修改。在“图层”面板中单击“图层特性”按钮，在弹出的“图层特性管理器”选项板中选中一个图层，然后单击该图层的名称，直接输入新名称即可，如输入“轴线”，如下图所示。

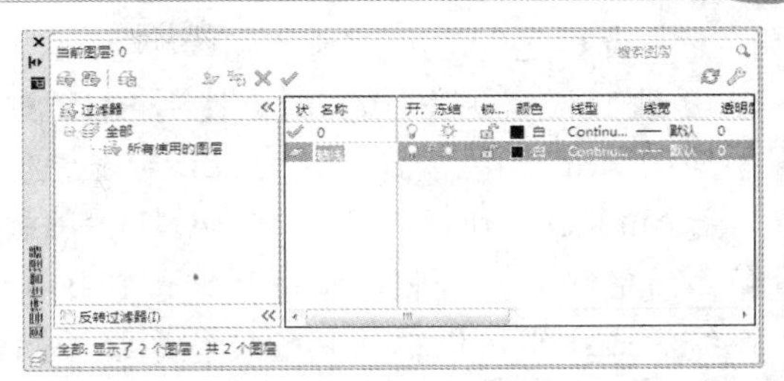

输入图层名称

开关状态

开关状态是指图层处于打开或关闭状态。如果图层被打开，则该图层上的图形可能在屏幕上显示，也可以在输出设备上打印；如果图层被关闭，该图层仍然是图形的一部分，但该图层上的图形对象不显示，也不能打印输出。

在"图层特性管理器"选项板中，若图层为打开状态，则"开"对应的列是黄色灯泡图标；若是灰色灯泡图标，则表示该图层被关闭。如果关闭当前图层，AutoCAD 会弹出警告对话框，警告正在关闭当前层，确定后再关闭，然后单击"是"按钮即可。

冻结状态

冻结状态是指图层处于冻结或解冻状态。如果图层被冻结，则该图层上的图形对象不能被显示出来，也不能打印输出，而且不能进行图形之间的操作（如复制对象），而被解冻的图层则刚好相反。

在"图层特性管理器"选项板中，若图层为冻结状态，则"冻结"对应的列是雪花图标；若是太阳图标，则表示该图层没有被冻结。单击这些图标可以实现图层冻结与解冻之间的切换。

专家指点

从可见性来看，冻结的图层与关闭的图层是相同的，但冻结的图层对象不进行处理过程中的运算，关闭的图层则可以进行运算。所以，在复杂的图形中冻结不需要的图层，可以加快系统重新生成图形时的速度。但是，无法冻结当前层。

锁定状态

锁定状态是指图层处于锁定或解锁状态。锁定状态不影响该图层上图形对象的显示，但用户不能编辑锁定图层上的对象，如果锁定的是当前图层，仍可在该层上绘图。

在"图层特性管理器"选项板中，若图层为锁定状态，则"锁定"一列对应的是关闭图标；若是打开图标，则表示该图层没有被锁定。单击这些图标可以实现图层锁定与解锁之间的切换。

颜色

在"图层特性管理器"选项板中，"颜色"一列对应的■反映该图层的颜色，如果改变某一图层的颜色，单击对应的小黑方图标■，AutoCAD 弹出如右图所示的"选择颜色"对话框，从中选择需要的颜色即可。

该对话框中包括"索引颜色"、"真彩色"、"配色系统"3 个选项卡。

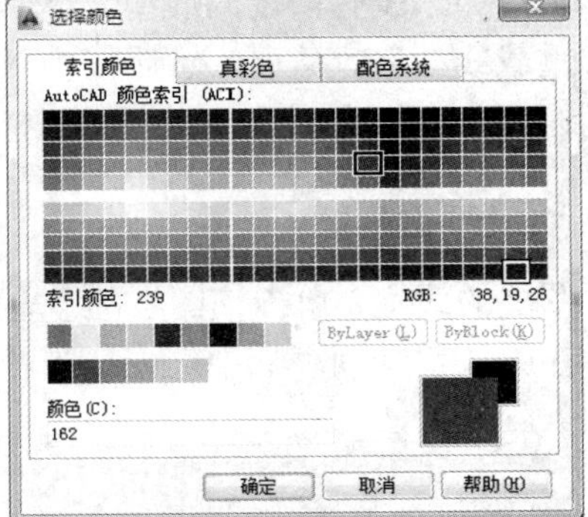

"选择颜色"对话框

"索引颜色"包括 ACI 颜色和标准颜色两种，其中 ACI 颜色是在 AutoCAD 中使用的标准颜色，每一种颜色用一个 ACI 编号（1 到 255 之间的整数）标识。如果选择了一种 ACI 颜色，则这种颜色的名称或编号将显示在"颜色"文本框里，作为当前颜色。标准颜色名称仅适用于 1 到 7 号颜色，颜色指定如下：1 红色、2 黄色、3 绿色、4 青色、5 蓝色、6 品红色、7 白色/黑色。

“真彩色”使用 24 位颜色定义显示 16MB 色，如下图所示。指定真彩色时，可以使用 RGB 或 HSL 颜色模式。如果使用 RGB 颜色模式，则可以指定颜色的红、绿、蓝组合；如果使用 HSL 颜色模式，则可以指定颜色的色调、饱和度、亮度要素。

AutoCAD 包括几个标准 PANTONE 配色系统，如下图所示；每一个配色系统下有该配色系统的列表，列表由配色系统位置（在“配色系统”下拉列表框中指定）中的所有配色系统组成；也可以输入其他配色系统，例如 DIC 颜色指南或 RAL 颜色集。输入用户定义的配色系统可能进一步扩充可供使用的颜色选择，要加载配色系统，可使用“配色系统”下拉列表框。配色系统的默认位置是\support\color。如果没有安装配色系统，则“配色系统”下拉列表框不可用，选配色系统时，将显示颜色和指定的颜色名。AutoCAD 支持每页最多包含 7 种颜色。如果配色系统没有编页，AutoCAD 会将颜色编页，每页包含 7 种颜色。要浏览配色系统页，请在颜色滑动条上选择区域或用上下箭头浏览配色系统，浏览配色系统时，相应的颜色和颜色名将按页显示。

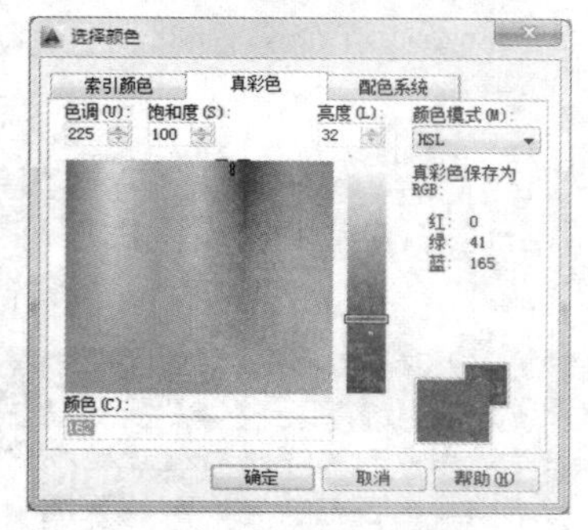

“真彩色”选项卡

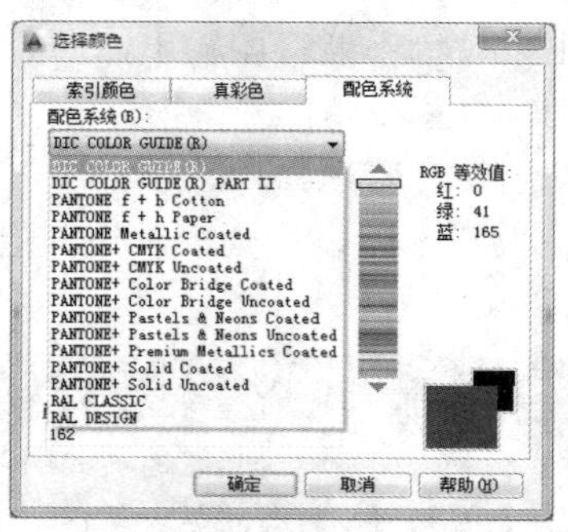

“配色系统”选项卡

✿ 线型

在“图层特性管理器”选项板中的“线型”一列显示图层的线型名称，如果要改变某一图层的线型，单击该图层的线型名称，AutoCAD 弹出如下图所示的“选择线型”对话框，从中选择所需要的线型即可。

如果没有需要的线型，单击该对话框中的“加载”按钮，弹出如下图所示的“加载或重载线型”对话框，然后在“可用线型”列表框中选择要加载的线型，单击“确定”按钮，返回“选择线型”对话框，选择刚加载的线型后，单击“确定”按钮即可。

✿ 线宽

在“图层特性管理器”选项板中的“线宽”一列显示各图层的线宽值，如果改变某一图层的线宽，单击该图层的“—默认”选项，AutoCAD 弹出如下图所示的“线宽”对话框，在“线宽”列表框中选择适当的线宽值。

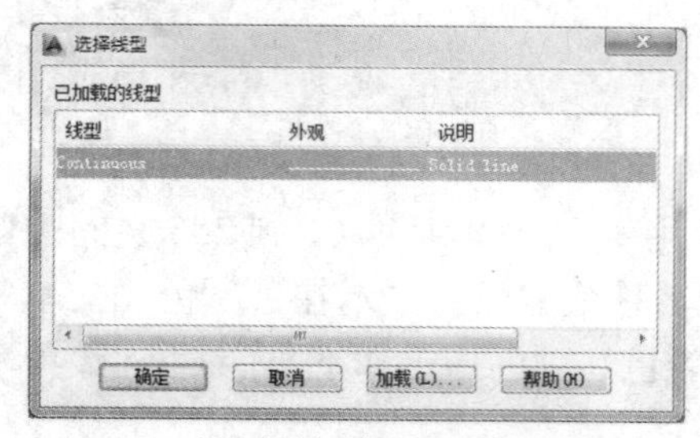

“选择线型”对话框

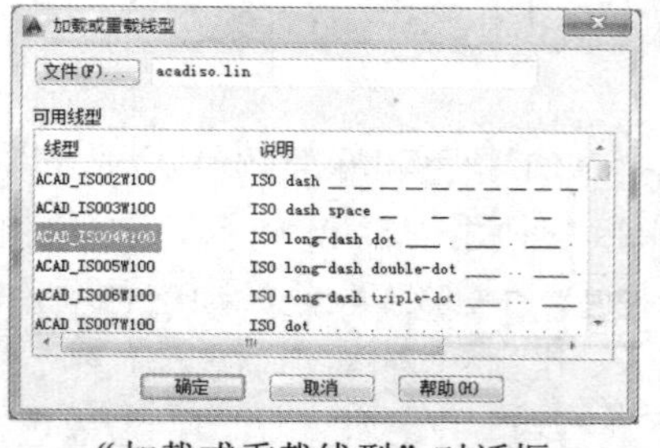

“加载或重载线型”对话框

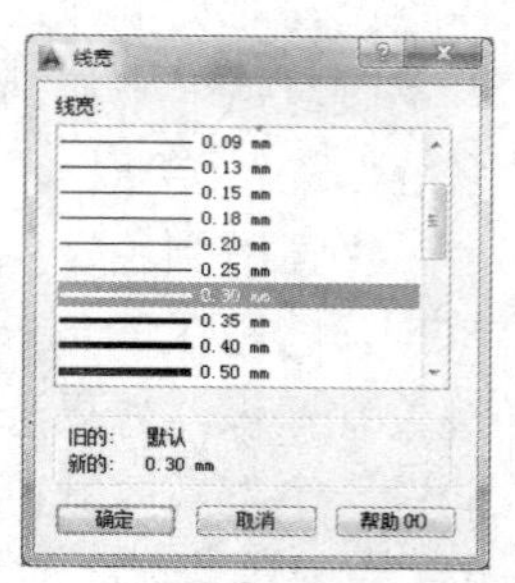

“线宽”对话框

2.3.4 创建建筑图签样板模板

在正规的图纸中，都是带有图框的。一般来说，都是首先定制图框，在进行准确定位之后继续进行基本绘图。由于计算机绘图的灵活性，更改方便，所以在中文版 AutoCAD 2014 中也可以绘制基本图形并标注，然后绘制图框。

为了合理使用图纸和便于装订、保管，《建筑制图标准》对图纸幅面大小定出了 5 种不同的基本幅面，如下表所示。

幅面代号 / 尺寸代号	A0	A1	A2	A3	A4
B	841	594	420	297	210
L	1189	841	594	420	297
c	10			5	
a	25				

其中，B、L 分别为图纸的短边和长边，a、c 为图框线到幅面线之间的宽度。图纸幅面一般采用横式，即长边横向，如下图所示。

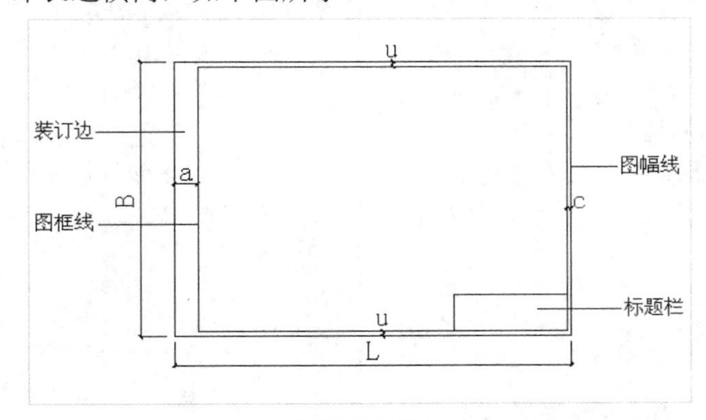

图纸的幅面

利用 AutoCAD 2014 绘制建筑工程图时，应执行国家关于图幅的规定，以便制作出符合国家制图标准的工程图纸。

由于标准图纸对图框和标题栏的要求基本一样，因此，可以把常用的图框和标题栏保存为专门的文件，在需要时作为块插入到图中，既方便又标准。

素材文件	无	效果文件	第 2 章\A3 图框.dwg

STEP 01 新建图形文件

单击快速访问工具栏中的“新建”按钮，新建一个空白的图形文件，如下图所示。

STEP 02 设置文件名和保存路径

单击快速访问工具栏中的“保存”按钮，弹出“图形另存为”对话框，在“文件名”文本框中输入“A3 图框”，设置保存路径，如下图所示。

STEP 03 输入点坐标

在命令行中输入 LIMITS（图形界限）命令，按【Enter】键确认，根据命令行提示进行操作，输入（0,0），如下图所示。

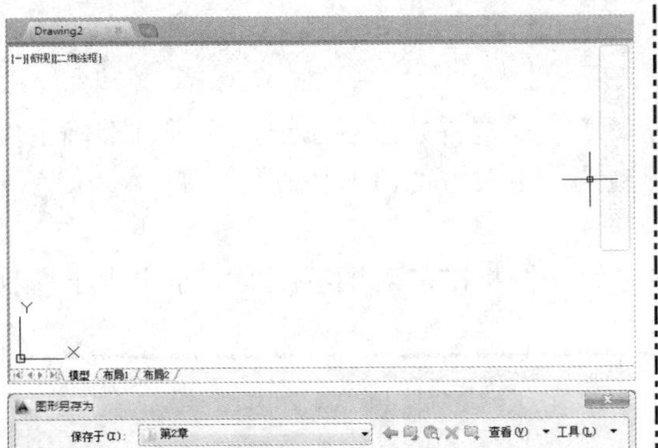

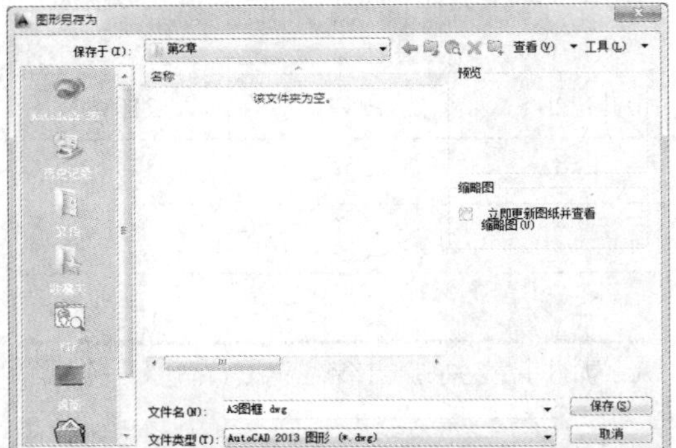

STEP 04 设置绘图界限

按【Enter】键确认，输入（420,297）并确认，设置绘图界限，命令行提示如下图所示。

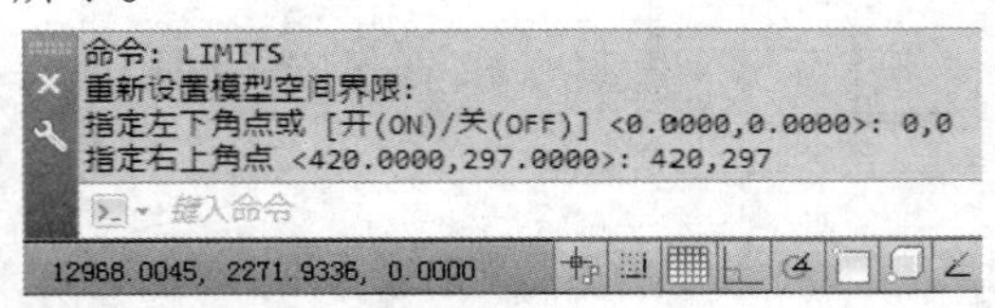

STEP 05 重生成模型

在命令行中输入 Z（缩放）命令，按【Enter】键确认，根据命令行提示进行操作，输入 A 并确认，即可重生成模型，命令行提示如下图所示。

STEP 06 命令行提示

在命令行中输入 REC（矩形）命令，按【Enter】键确认，根据命令行提示进行操作，输入（0,0）并确认，指定第 1 个角点，输入（420,297）并确认，指定第 2 个角点，命令行提示如下图所示。

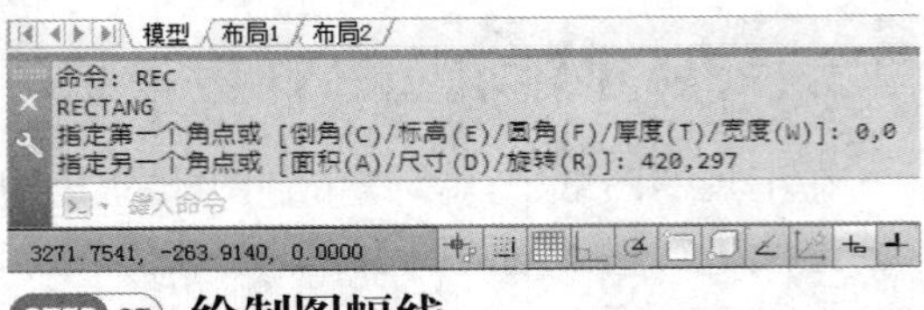

STEP 07 绘制图幅线

执行上述操作后，即可完成图幅线的绘制，效果如下图所示。

STEP 08 命令行提示

在命令行中输入 PL（多段线）命令，按【Enter】键确认，根据命令行提示进行操作，设置线宽为 0.6，输入相应坐标，输入 C 闭合，命令行提示如下图所示。

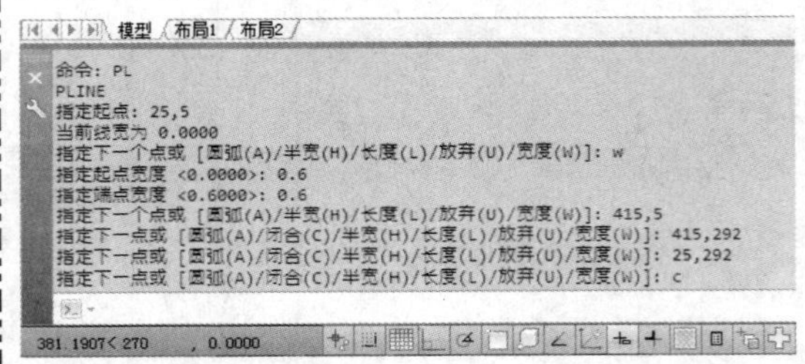

STEP 09 绘制图框线

执行上述操作后，即可完成图框线的绘制，效果如下图所示。

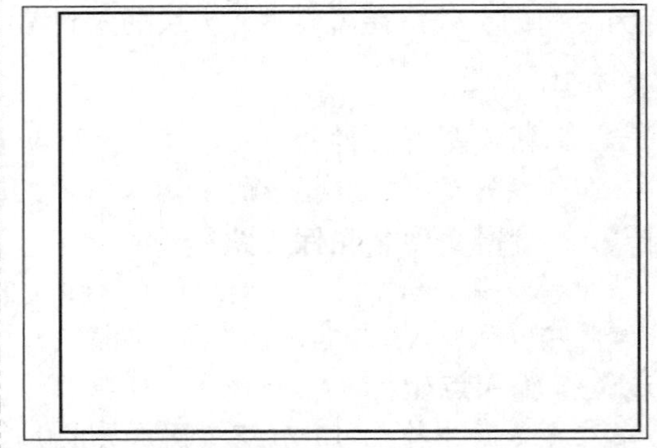

STEP 10 命令行提示

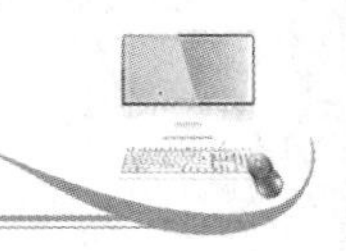

在命令行中输入 L（直线）命令，按【Enter】键确认，根据命令行提示进行操作，输入 FROM（捕捉自），捕捉图框线的左下角点，输入相应点坐标，命令行提示如下图所示。

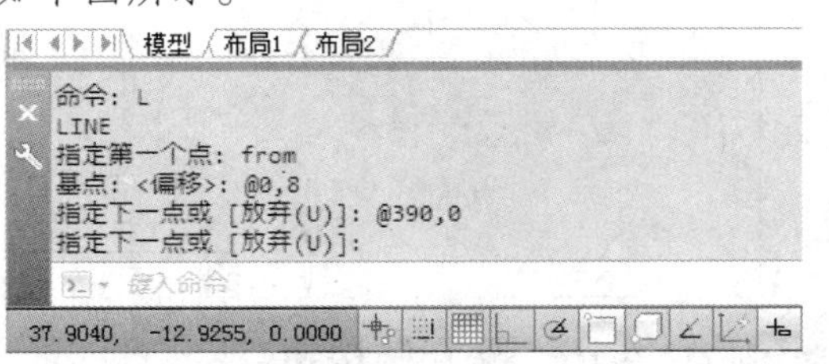

STEP 11　绘制标题栏线

执行上述操作后，即可完成标题栏线的绘制，效果如下图所示。

STEP 12　命令行提示

在命令行中输入 O（偏移）命令，按【Enter】键确认为 8，根据命令行提示进行操作，指定偏移距离，将刚绘制的直线垂直向上偏移 4 次，命令行提示如下图所示。

命令: O
OFFSET
当前设置: 删除源=否　图层=源　OFFSETGAPTYPE=0
指定偏移距离或 [通过(T)/删除(E)/图层(L)] <8.0000>: 8
选择要偏移的对象，或 [退出(E)/放弃(U)] <退出>:
指定要偏移的那一侧上的点，或 [退出(E)/多个(M)/放弃(U)] <退出>:
选择要偏移的对象，或 [退出(E)/放弃(U)] <退出>:
指定要偏移的那一侧上的点，或 [退出(E)/多个(M)/放弃(U)] <退出>:
选择要偏移的对象，或 [退出(E)/放弃(U)] <退出>:
指定要偏移的那一侧上的点，或 [退出(E)/多个(M)/放弃(U)] <退出>:
选择要偏移的对象，或 [退出(E)/放弃(U)] <退出>:
指定要偏移的那一侧上的点，或 [退出(E)/多个(M)/放弃(U)] <退出>:
选择要偏移的对象，或 [退出(E)/放弃(U)] <退出>:
66.5550, -11.2531, 0.0000

STEP 13　偏移标题栏线

执行上述操作后，即可完成偏移标题栏线的操作，如下图所示。

STEP 14　命令行提示

在命令行中输入 L（直线）命令，按【Enter】键确认，根据命令行提示进行操作，输入 FROM（捕捉自），输入相应点坐标，向上引导光标，输入 40，按【Enter】键确认，命令行提示如下图所示。

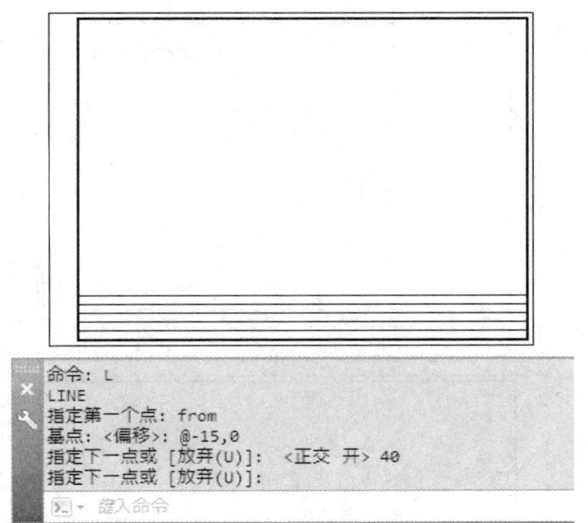

STEP 15　绘制垂直标题栏线

执行上述操作后，即可完成垂直标题栏线的绘制，如下图所示。

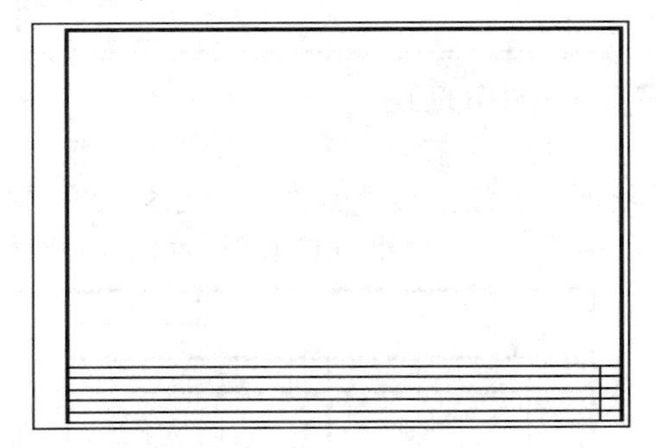

STEP 16　命令行提示

在命令行中输入 O（偏移）命令，按【Enter】键确认，根据命令行提示进行操作，将刚绘制的直线向左偏移 15 的距离，命令行提示如下图所示。

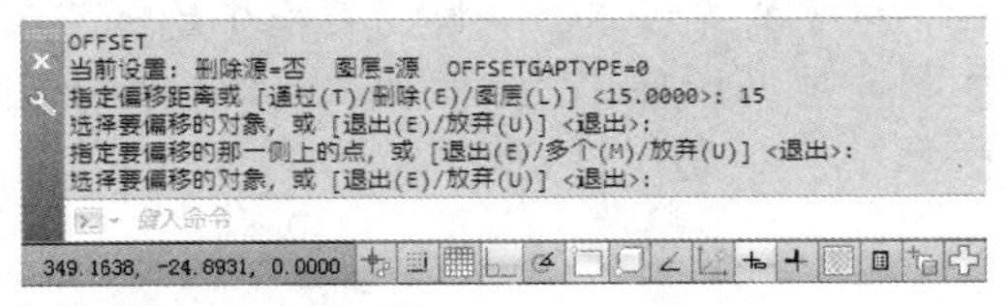

STEP 17　偏移直线

运用与上述相同的操作方法，依次选择新生成的直线，沿水平方向左依次偏移 5、25、20、25 和 15 的距离，如下图所示。

STEP 18　修剪多余线段

在命令行中输入 TR（修剪）命令，按【Enter】键确认，根据命令行提示进行操作，修剪多余的线段，如下图所示。

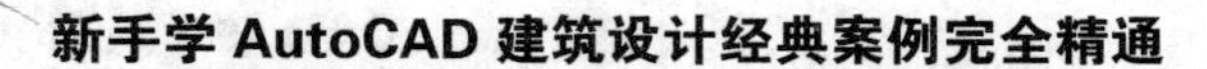

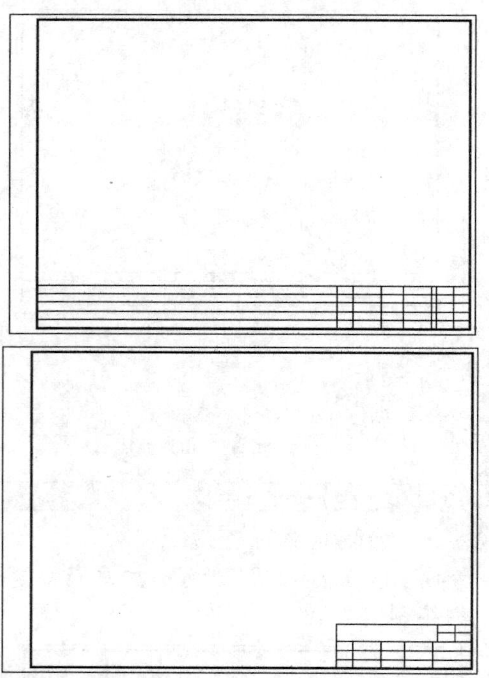

STEP 19 加粗直线

选中所需直线，单击“特性”面板中的“线宽”下拉按钮，在弹出的列表框中选择“0.30 毫米”，加粗所选直线，如下图所示。

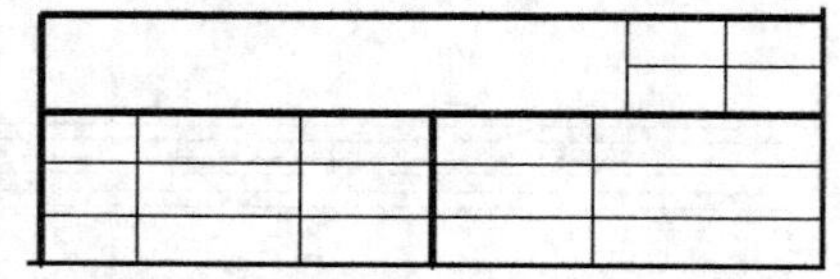

STEP 20 设置各选项

在命令行中输入 MT(多行文字)命令，按【Enter】键确认，根据命令行提示进行操作，弹出“文字编辑器”选项卡，在“格式”面板的“字体”下拉列表框中选择“宋体”选项，设置“文字高度”为 5，如下图所示。

STEP 21 输入相应文字

输入“(图名)”文字，运用与上述相同的方法，在相应的位置标注“设计”、“制图”、“审核”、“(日期)”、“设计号”、“工程名称”、“项目”、“比例”、“图号”等，并设置“字体”为“宋体”、“文字高度”为 3，效果如下图所示。

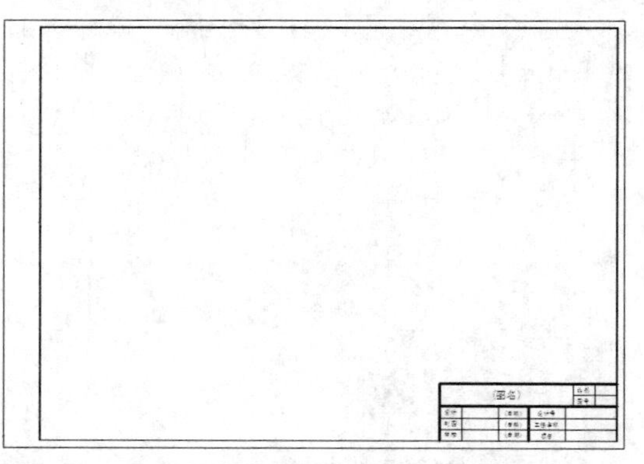

STEP 22 单击“保存”按钮

单击快速访问工具栏中的“保存”按钮，保存文件，如下图所示。

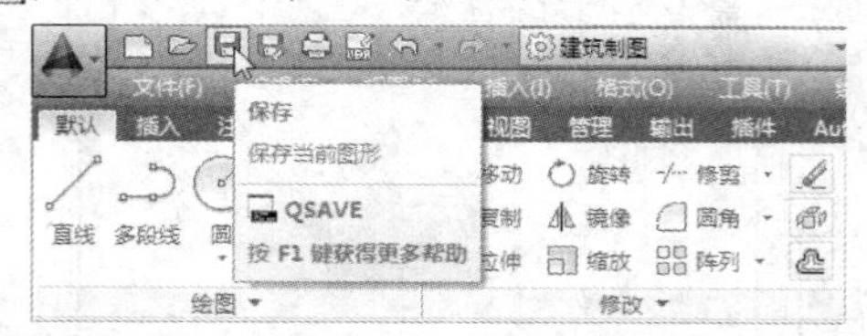

STEP 23 弹出“写块”对话框

在命令行中输入 W(外部块)命令，按【Enter】键确认，弹出“写块”对话框，如下图所示。

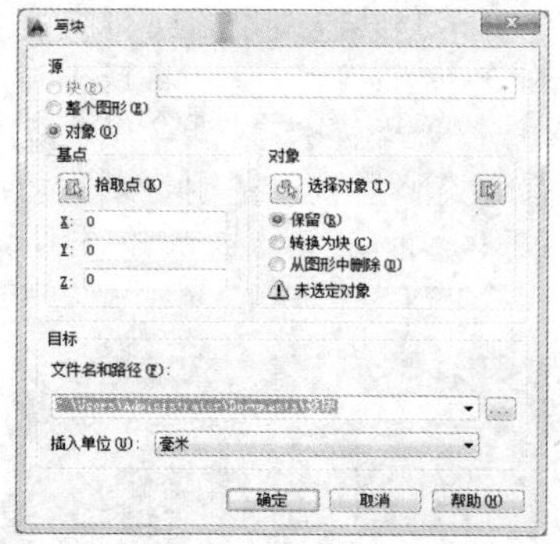

STEP 24 选择图形对象

在“对象”选项区中单击“选择对象”按钮，返回绘图窗口，选择所有图形对象，如下图所示。

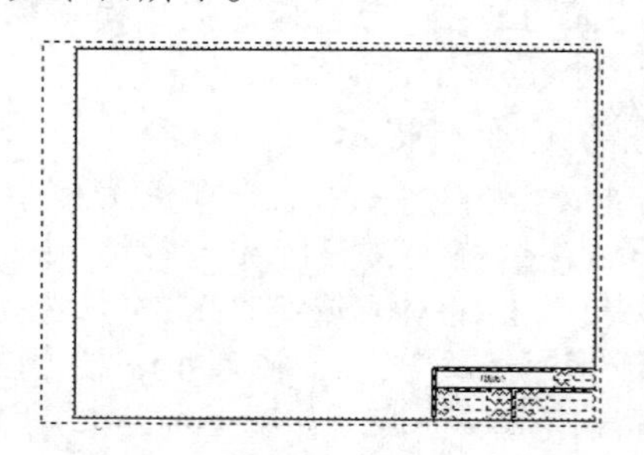

STEP 25　设置名称和位置

按【Enter】键确认，在“目标”选项区中，单击“文件名和路径”下拉列表框右侧的□按钮，弹出“浏览图形文件”对话框，在该对话框中指定目标文件的名称和位置，如下图所示。

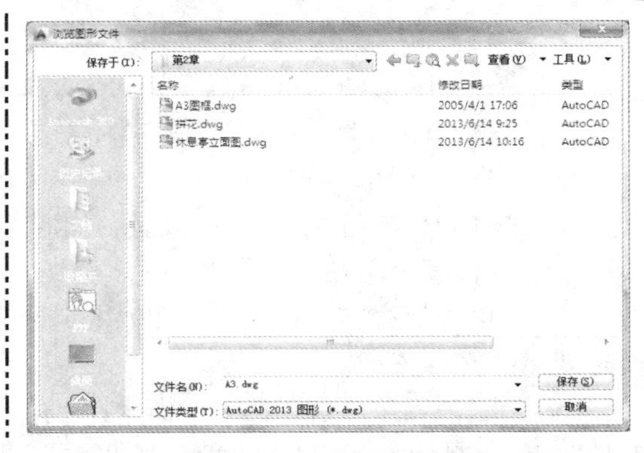

STEP 26　创建外部块

单击“保存”按钮，返回“写块”对话框，单击“确定”按钮，即可创建外部块。

2.4　设置建筑绘图系统参数

用户绘制图形是在一定的环境中进行的，如设置文件路径、调整窗口元素、设置文件保存时间、设置打印与发布选项以及设置系统参数等。设置规范的绘图环境，可以更加全面地发挥计算机绘图的优势，提高绘制复杂图形的效率。本节主要介绍设置系统参数的操作方法。

2.4.1　设置图形文件的路径

在“文件”选项卡的“搜索路径、文件名和文件位置”列表框中，系统以树状结构列出了AutoCAD 2014的支持路径和相关支持文件的位置和名称，包括10多个选项，用于确定AutoCAD文件的路径、设置文本编辑器程序、词典和字体文件名等，选择不同的选项，即可设置不同的文件属性。单击“菜单浏览器”按钮，在弹出的下拉菜单中单击“选项”按钮，弹出“选项”对话框，切换至“文件”选项卡，如右图所示。

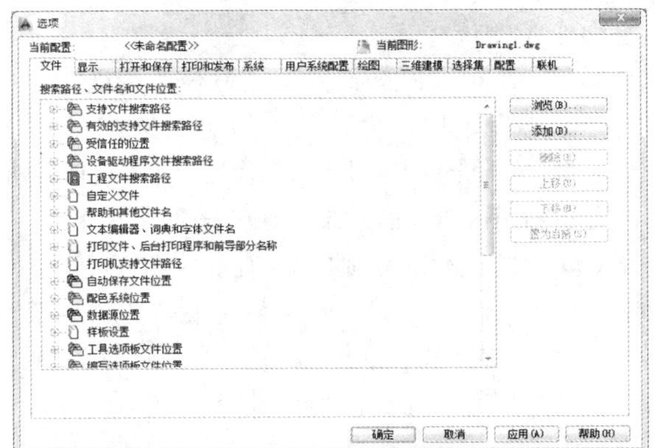

“选项”对话框的“文件”选项卡

在“文件”选项卡中，各主要选项的含义如下。

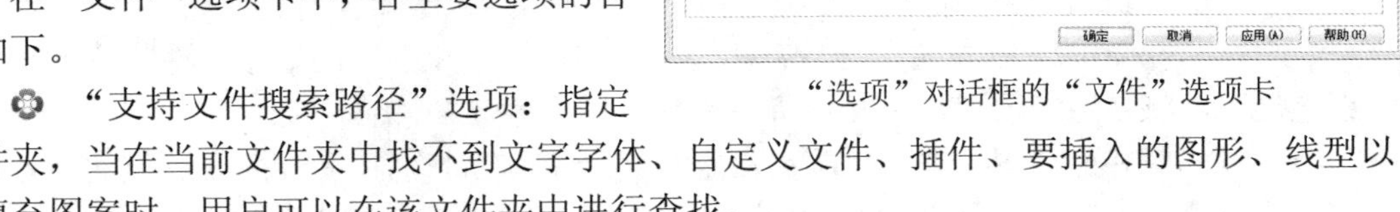

- “支持文件搜索路径”选项：指定文件夹，当在当前文件夹中找不到文字字体、自定义文件、插件、要插入的图形、线型以及填充图案时，用户可以在该文件夹中进行查找。

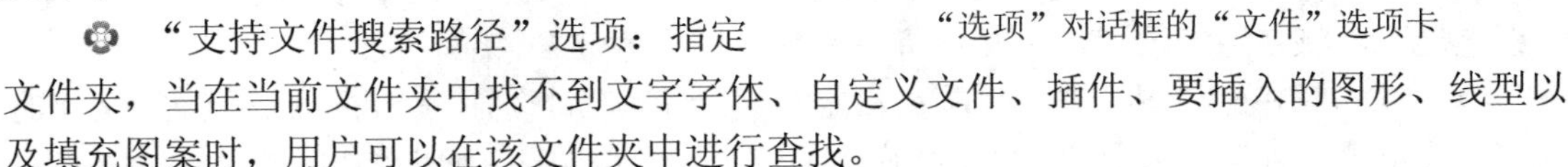

- “有效的支持文件搜索路径”选项：显示程序在其中搜索针对系统的支持文件的活动目录。该列表是只读的，显示“支持文件搜索路径”中的有效路径，这些路径存在于当前目录结构和网络映射中。
- “设备驱动程序文件搜索路径”选项：指定视频显示、定点设备、打印机和绘图仪的设备驱动程序的搜索路径。
- “工程文件搜索路径”选项：指定图形的工程名。工程名与该工程相关的外部参照文件的搜索路径相符。可以按关联文件夹创建任意数目工程名，但每个图形只能有一个工程名（PROJECTNAME系统变量）。

- “自定义文件”选项：指定各类文件的名称和位置。
- “帮助和其他文件名”选项：指定各类文件的名称和位置。
- “文本编辑器、词典和字体文件名”选项：指定一些可选的设置。
- “打印文件、后台打印程序和前导部分名称”选项：指定与打印相关的设置。
- “打印机支持文件路径”选项：指定打印机支持文件的搜索路径设置。将以指定的顺序搜索具有多个路径的设置。
- “自动保存文件位置”选项：指定选择“打开和保存”选项卡中的“自动保存” 选项时创建的文件路径。
- “配色系统位置”选项：指定在“选择颜色”对话框中指定颜色时使用配色系统文件的路径。可以为每个指定的路径定义多个文件夹。该选项与用户配置文件一起保存。
- “数据源位置”选项：指定数据库源文件的路径。对此设置所做的修改在关闭并重新启动程序之后生效。
- “样板设置”选项：设置图形样板。
- “工具选项板文件位置”选项：指定工具选项板所支持的文件的路径。
- “编写选项板文件位置”选项：指定块编写选项板所支持的文件路径。块编写选项板用于块编辑器，是提供创建动态块的工具。
- “日志文件位置”选项：指定选择“打开和保存”选项卡中的“维护日志文件”选项时创建的日志文件路径。
- “动作录制器设置”选项：指定用于存储所录制的动作宏的位置，或用于回放的其他动作宏的位置。
- “打印和发布日志文件位置”选项：指定日志文件的路径。选择“自动保存打印和发布日志”选项，创建这些日志文件。
- “临时图形文件位置”选项：指定存储临时文件的位置。本程序首先创建临时文件，在退出程序后删除。如果用户打算从写保护文件夹运行程序（例如，正在网络上工作或打开 CD 上的文件），则指定临时文件的替换位置。所指定的文件夹必须是可读写的。
- “临时外部参照文件位置”选项：存储时按需加载外部参照文件临时副本的路径。
- “纹理贴图搜索路径”选项：指定从中搜索渲染纹理贴图的文件夹。
- “光域网文件搜索路径”选项：指定从中搜索光域网文件的文件夹。
- “i-drop 相关文件位置”选项：指定与 i-drop 内容相关联的数据文件的位置。如果未指定位置，将使用当前图形的文件所在位置。
- “DGN 映射设置位置”选项：指定存储 DGN 映射设置的“dgnsetups.ini”文件的位置。此位置必须存在且具有对 DGN 命令的读/写权限才能正确使用。
- 在“文件”选项卡中，右侧各个按钮的含义如下。
- “浏览”按钮：单击该按钮，将弹出“浏览文件夹”或“选择文件”对话框，具体显示哪一个对话框，取决于在“搜索路径、文件名和文件位置”列表框中选择的内容。
- “添加”按钮：添加文件搜索路径。
- “删除”按钮：删除搜索的路径或文件。
- “上移”按钮：将选定的搜索路径移动到前一个搜索路径之上。
- “下移”按钮：将选定的搜索路径移动到下一个搜索路径之后。
- “置为当前”按钮：将选定的工程或拼写检查词典置为当前。

专家指点

用户可以在没有执行任何命令也没有选择任何对象的情况下，在绘图窗口中单击鼠标右键，在弹出的快捷菜单中选择“选项”选项，即会弹出“选项”对话框。单击“草图设置”对话框中的“选项”按钮，也会弹出“选项”对话框。另外，在命令行中输入 OPTIONS（选项）命令，按【Enter】键确认，也会弹出“选项”对话框。

2.4.2 设置图形的窗口元素

在“显示”选项卡中，可以设置窗口元素、布局元素、显示精度、显示性能、十字光标大小以及淡入度控制等属性。单击“菜单浏览器”按钮，在弹出的下拉菜单中单击“选项”按钮，弹出“选项”对话框，切换至“显示”选项卡，如右图所示。

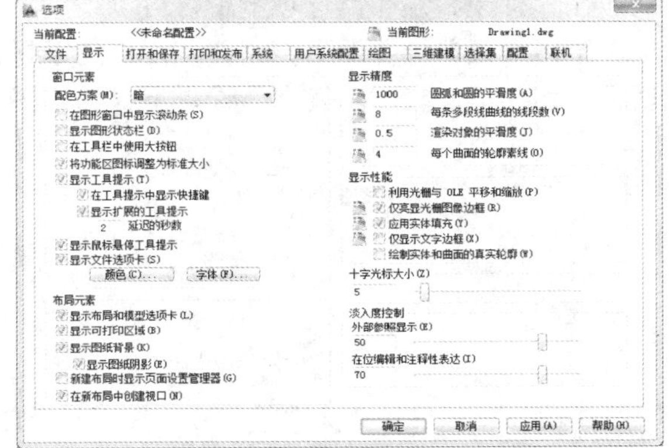

“选项”对话框的“显示”选项卡

在“显示”选项卡中，各主要选项的含义如下。

- “配色方案”下拉列表框：以深色或亮色控制元素（如状态栏、标题栏、功能区和应用程序菜单边框）的颜色设置。
- “颜色”按钮：单击该按钮，弹出“图形窗口颜色”对话框，在该对话框中，可以指定主应用程序窗口中元素的颜色。
- “字体”按钮：单击该按钮，弹出“命令行窗口字体”对话框，在该对话框中，可以指定命令窗口文字字体。
- “布局元素”选项区：该选项区用以控制现有布局和新布局的选项。布局是一个图纸空间环境，用户可在其中设置图形进行打印。
- “显示精度”选项区：该选项区用以控制对象的显示质量。如果设置较高的值提高显示质量，则性能将受到显著的影响。
- “十字光标大小”选项区：拖动该选项区中的滑块，可以调整十字光标的大小。

专家指点

在“选项”对话框的“显示”选项卡中，用户可以进行绘图环境显示设置、布局显示设置以及控制十字光标的尺寸等。

2.4.3 设置图形文件的保存时间

在“打开和保存”选项卡中，可以设置是否自动保存文件，以及自动保存文件时的时间间隔，是否维护日志，以及是否加载外部参照等。

单击“菜单浏览器”按钮，在弹出的下拉菜单中单击“选项”按钮，弹出“选项”对话框，切换至“打开和保存”选项卡，如下图所示。

在“打开和保存”选项卡中，各主要选项的含义如下。

- “另存为”下拉列表框：显示了使用 SAVE、SAVEAS、QSAVE、SHAREWITHSEEK 和 WBLOCK 命令保存文件时所用的有效的文件格式。
- “缩略图预览设置”按钮：单击该按钮，弹出“缩略图预览设置”对话框，用于控

制保存图形时是否更新缩略图预览。

- “自动保存”复选框：选中该复选框，可以以指定的时间间隔自动保存图形。
- “文件打开”选项区：控制与最近使用过的文件及打开的文件相关的设置。

专家指点

在“选项”对话框的“打开和保存”选项卡中，用户可根据需要设置保存文件的格式，对要保存的文件采取安全措施，以及最近使用的文件数目、是否需要加载外部参照文件。

2.4.4 设置图形文件的打印与发布

在“打印和发布”选项卡中，可以设置 AutoCAD 2014 图形文件打印和发布的相关选项。单击“菜单浏览器”按钮，在弹出的下拉菜单中单击“选项”按钮，弹出“选项”对话框，切换至“打印和发布”选项卡，如下图所示。

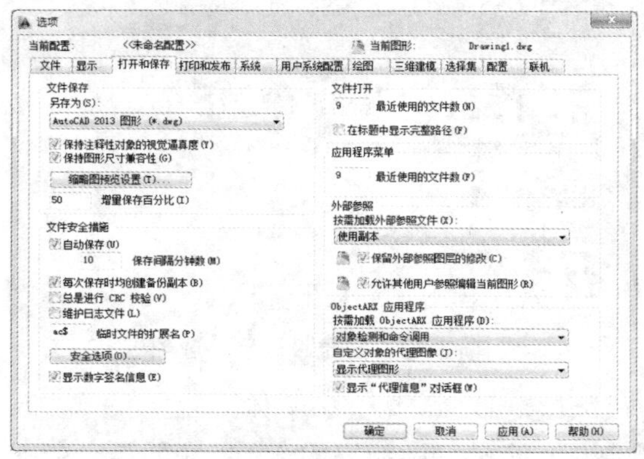

“选项”对话框的“打开和保存”选项卡

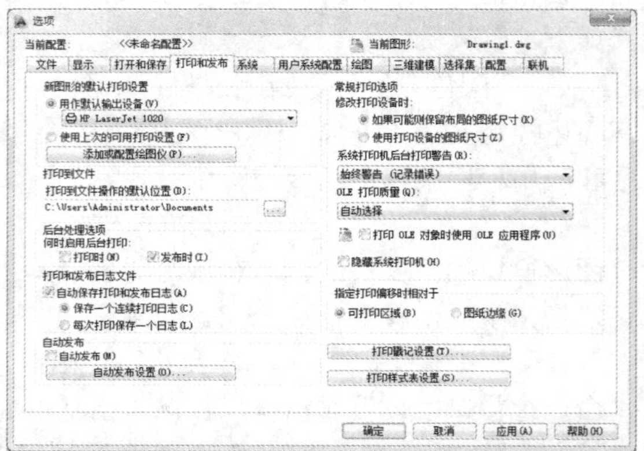

“选项”对话框的“打印和发布”选项卡

在“打印和发布”选项卡中，各主要选项的含义如下。

- “新图形的默认打印设置”选项区：可以控制新图形在 AutoCAD R14 或更早的版本中创建的没有用 AutoCAD 2000 或更高版本格式保存的图形的默认打印设置。
- “打印到文件”选项区：为打印到文件操作指定默认位置。
- “后台处理选项”选项区：用于控制是在打印时还是在发布时启用后台打印。
- “打印和发布日志文件”选项区：在该选项区中，可以设置是否自动保存打印和发布日志，以及如何保存日志。
- “自动发布”选项区：用于指定图形自动发布为 DWF、DWFx 或 PDF 文件，还可以控制用于自动发布图形对象的选项。

2.4.5 设置图形文件的系统参数

在“系统”选项卡中，可以设置当前三维图形的显示特性，设置定点设备、是否显示 OLE 特性对话框以及是否显示所有警告信息等内容。

单击“菜单浏览器”按钮，在弹出的下拉菜单中单击“选项”按钮，弹出“选项”对话框，切换至“系统”选项卡，如下图所示。

在“系统”选项卡中，各主要选项的含义如下。

- “三维性能”选项区：可以控制与三维图形显示系统的配置相关的设置。

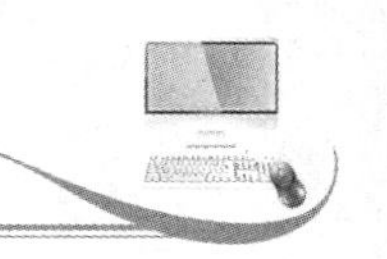

- “当前定点设备”选项区：可以控制与定点设备相关的选项。
- “触摸体验”选项区：选中“显示触摸模式功能区面板”复选框，即可显示触摸模式功能区面板。
- “布局重生成选项”选项区：指定模型选项卡和布局选项卡中显示列表的更新方式。
- “隐藏消息设置”按钮：用于控制是否显示先前隐藏的消息。
- “帮助和欢迎屏幕”选项区：选中“访问联机内容”复选框，即可联机访问文件。
- “信息中心”选项区：用于控制应用程序窗口右上角的气泡式通知的内容、频率以及持续时间。
- “安全性”选项区：限制可执行文件的加载位置，有助于保护可执行文件免受恶意代码的侵害。
- “数据库连接选项”选项区：控制与数据库连接信息相关的选项。

2.4.6 设置图形文件的用户系统配置

在“用户系统配置”选项卡中，可以设置是否使用快捷菜单和对象的排序方式。

单击“菜单浏览器”按钮，在弹出的下拉菜单中单击“选项”按钮，弹出“选项”对话框，切换至“用户系统配置”选项卡，如下图所示。

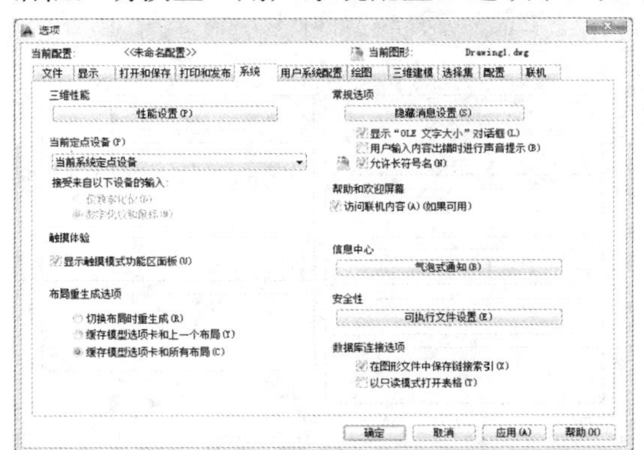

“选项”对话框的“系统”选项卡

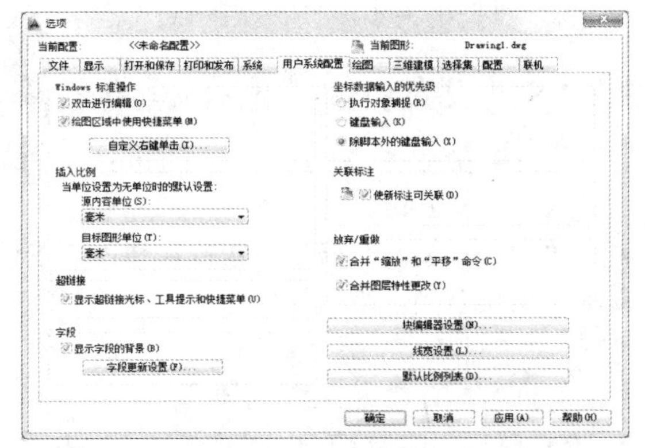

“选项”对话框的“用户和系统设置”选项卡

在“用户系统配置”选项卡中，各主要选项的含义如下。

- “双击进行编辑”复选框：选中该复选框，可控制绘图区中的双击编辑操作。
- “绘图区域中使用快捷菜单”复选框：选中该复选框，可以控制“默认”、“编辑”和“命令”模式的快捷菜单在绘图区中是否可用。
- “插入比例”选项区：在该选项区中，可以控制在图形对象中插入块和图形时使用的默认比例。
- “超链接”选项区：在该选项区中，可以控制与超链接的显示特性相关的设置。
- “显示字段的背景”复选框：当选中该复选框时，可以控制字段显示时是否带有灰色背景；取消选中该复选框，则字段将以与文字相同的背景显示。
- “坐标数据输入的优先级”选项区：在该选项区中，可以控制在命令行中输入的坐标是否替代运行的对象捕捉。
- “关联标注”选项区：在该选项区中，可以控制是创建关联标注对象还是创建传统的非关联标注对象。

2.4.7 设置图形文件的绘图选项

在“绘图”选项卡中，可以设置自动捕捉、自动追踪、自动捕捉标记框颜色和大小以及靶框大小等属性。

单击“菜单浏览器”按钮，在弹出的下拉菜单中单击“选项”按钮，弹出“选项”对话框，切换至“绘图”选项卡，如下图所示。

在“绘图”选项卡中，各主要选项的含义如下。

- “标记”复选框：该复选框用以控制自动捕捉标记的显示。该标记是当十字光标移到捕捉点上时显示的几何符号。
- “磁吸”复选框：该复选框用以打开或关闭自动捕捉磁吸。磁吸是指十字光标自动移动并锁定到最近的捕捉点上。
- “自动捕捉标记大小”选项区：在该选项区中，用户可以设定自动捕捉标记的显示尺寸。
- “对象捕捉选项”选项区：在该选项区中，可以设置执行对象的捕捉模式。
- “自动”单选按钮：选中该单选按钮，移动靶框至对象捕捉上，即可自动显示追踪矢量。
- “靶框大小”选项区：以像素为单位设置对象捕捉靶框的显示尺寸。

2.4.8 设置图形文件的三维建模

在“三维建模”选项卡中，可以设置三维绘图模式下的三维十字光标、UCS 图标、动态输入、三维对象以及三维导航等选项。

单击“菜单浏览器”按钮，在弹出的下拉菜单中单击“选项”按钮，弹出“选项”对话框，切换至“三维建模”选项卡，如下图所示。

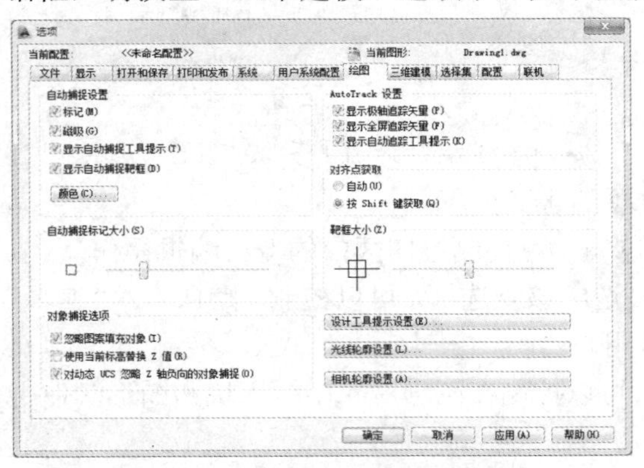

“选项”对话框的“绘图”选项卡

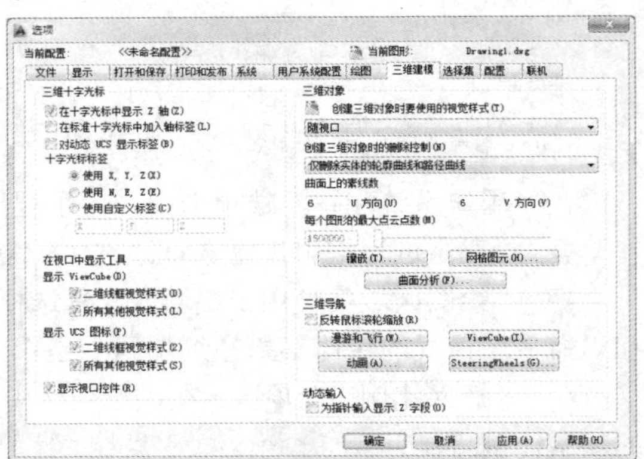

“选项”对话框的“三维建模”选项卡

在“三维建模”选项卡中，各主要选项的含义如下。

- “三维十字光标”选项区：用于设置三维操作中十字光标指针的显示样式。
- “在视口中显示工具”选项区：用于控制 ViewCube、UCS 图标和视口控件的显示。
- “三维对象”选项区：用于控制三维实体、曲面和网格的显示。
- “三维导航”选项区：设置漫游、飞行和动画选项以显示三维模型。
- “动态输入”选项区：用于控制坐标项的动态输入字段的显示。

2.5 管理用户界面

在 AutoCAD 2014 中，可以自定义工作空间来创建建筑制图环境，以便显示用户需要的工具栏、菜单以及可固定的窗口。本节主要介绍管理用户界面的方法。

2.5.1 自定义用户界面

通过“自定义用户界面”对话框，可以重新设置图形环境，使其满足用户需求。

STEP 01 单击“用户界面”按钮

在“功能区”选项板中单击“管理”选项卡，在“自定义设置”面板上单击“用户界面”按钮，如下图所示。

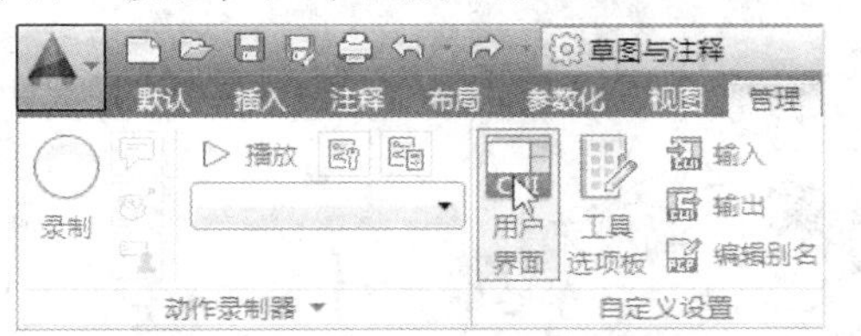

STEP 02 选择“新建选项卡”选项

弹出“自定义用户界面”对话框，在“自定义”选项卡的“所有自定义文件”选项区的列表框中，选择“功能区”|“选项卡”选项，单击鼠标右键，在弹出的快捷菜单中选择“新建选项卡”选项，如下图所示。

STEP 03 新建“三维”选项卡

在文本框中输入“三维”，如下图所示，单击“确定”按钮，新建“三维”选项卡，如下图所示。

2.5.2 自定义用户工具栏

为了使绘图更加方便快捷，用户可以根据需要自定义个性化工具栏。

STEP 01 “自定义用户界面”对话框

在命令行中输入 TOOLBAR（工具栏）命令，按【Enter】键确认，弹出“自定义用户界面”对话框，如下图所示。

STEP 02 选择“VBA，Visual Basic 编辑器”选项

在列表框中选择“VBA，Visual Basic 编辑器”选项，如下图所示。

STEP 03 添加“VBA，Visual Basic 编辑器”按钮

按住鼠标左键并拖曳至快速访问工具栏上，然后单击“自定义用户界面”对话框中的“确定”按钮，返回绘图窗口，在快速访问工具栏上即添加了“VBA，Visual Basic 编辑器”按钮，如下图所示。

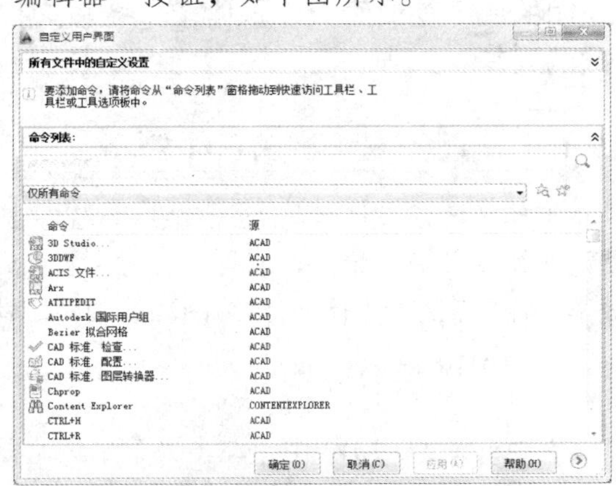

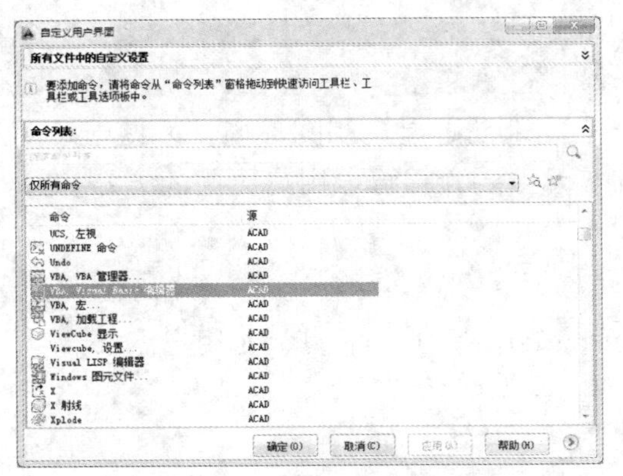

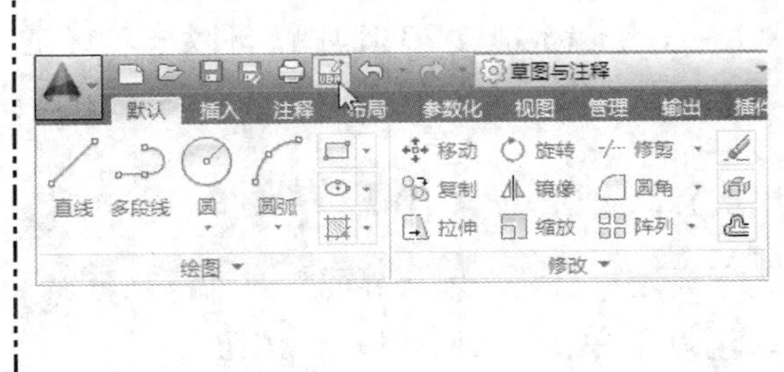

2.5.3 保存工作空间

用户自定义工作空间后，可以将更改后的工作空间保存到现有工作空间或新的工作空间中，保存后可根据需要随时访问。

STEP 01 选择“将当前工作空间另存为”选项

单击快速访问工具栏上的“二维草图与注释”按钮，在弹出的列表框中选择“将当前工作空间另存为”选项，如下图所示。

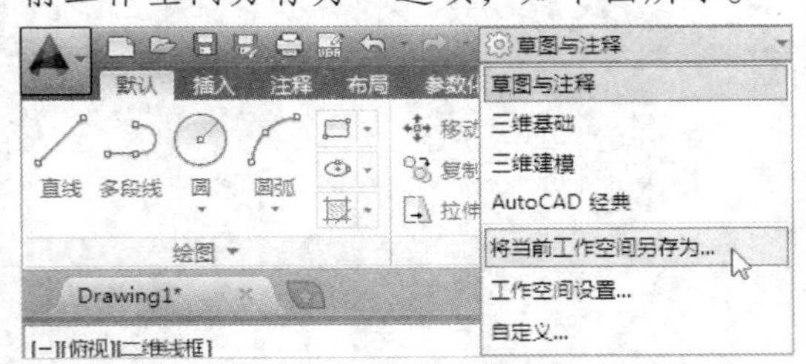

STEP 02 输入文字

弹出“保存工作空间”对话框，在“名称”文本框中输入文字“建筑制图”，如下图所示，设置完成后，单击“保存”按钮，即可保存当前工作空间。

2.6 建筑绘图环境设置和辅助设置

使用 AutoCAD 2014 绘制建筑图形时需要保证图形设计的精确度。坐标为确定点位置不可缺少的工具，在绘制图形时，用户可以根据需要创建坐标，还可以使用不同的命令查询面积和周长等，避免了手工绘图中用尺量的麻烦和用肉眼测量所造成的误差。

2.6.1 设置建筑绘图环境

工作环境是设计者与 AutoCAD 系统的交流平台，启动 AutoCAD 后，用户就可以在其默认的绘图环境中绘图。但是，有时为了保证图形文件的规范性、图形的准确性与绘图的效率，需要在绘制图形前对绘图环境和系统参数进行设置。

1. 设置系统环境

在 AutoCAD 2014 中，单击“菜单浏览器”按钮，在弹出的应用程序菜单中，单击

“选项”按钮，在弹出的“选项”对话框中，用户可以对系统和绘图环境进行各种设置，以满足不同用户的需求。

2. 设置绘图单位

尺寸是衡量物体大小的准则，AutoCAD 作为一款非常专业的设计软件，对单位的要求非常高。为了方便各个不同领域的辅助设计，AutoCAD 的图形度量单位是可以进行修改的。使用“单位”命令可以修改当前图形的长度单位、角度单位、零角度方向等内容。

在命令行中输入 UN（单位）命令后，弹出“图形单位”对话框，如下图所示。

在该对话框中，可以为图形设置长度、角度的单位类型和精度，其中各主要选项的含义如下。

- “长度”选项区：用于设置长度单位的类型和精度。
- “角度”选项区：用于设置角度单位的类型和精度。其中，“顺时针”复选框用于控制角度增量的正负方向。
- “光源”选项区：用于指定光源强度的单位参数。
- “方向”按钮：单击该按钮，将弹出“方向控制”对话框（如下图所示），用于控制角度的起点和测量方向。默认起点角度为 0°，方向正东。若选中“其他”单选按钮，可以单击“拾取角度”按钮，切换至绘图区，通过拾取两个点来确定基准角度 0° 方向。

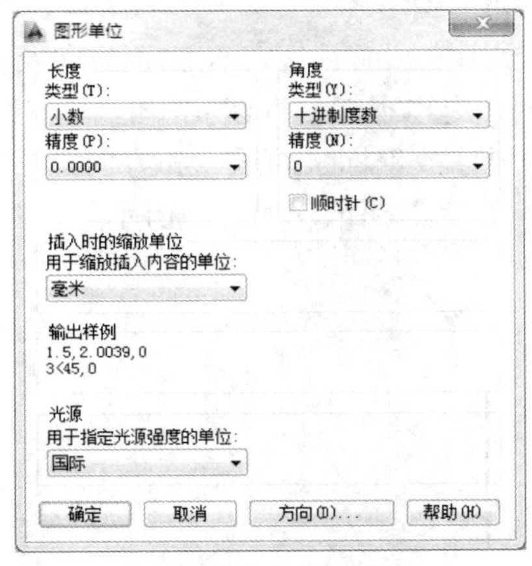

“图形单位”对话框

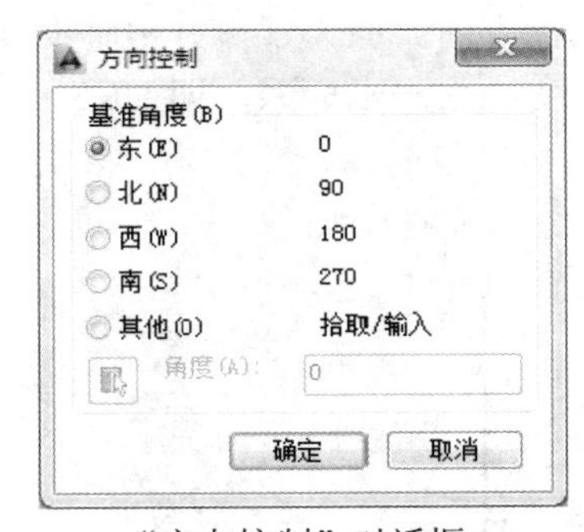

“方向控制”对话框

> **专家指点**
>
> 毫米（mm）是国内工程绘图中最常用的绘图单位，AutoCAD 默认的绘图单位也是毫米（mm），所以有时候可以省略设置绘图单位这一步骤。

3. 设置绘图界限

为了使绘制的图形不超过用户工作区域，需要使用图形界限来标明边界。在设置图形界限之前，需要启用状态栏中的“栅格”功能，只有启用该功能才能清楚地查看图形界限设置的效果。栅格所显示的区域即用户设置的图形界限区域。

STEP 01 输入点坐标参数

在命令行中输入 LIMITS（图形界限）命令，按【Enter】键确认，在命令行提示下，输入（0,0），如下图所示。

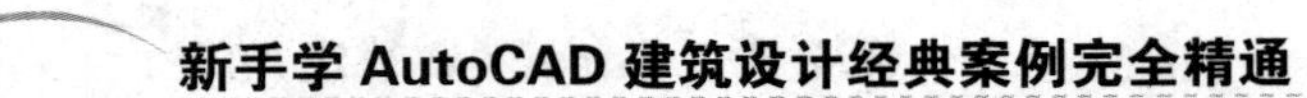

命令: *取消*
命令: LIMITS
重新设置模型空间界限:
LIMITS 指定左下角点或 [开(ON) 关(OFF)] <0.0000,0.0000>: 0,0

STEP 02 设置绘图界限

按【Enter】键确认，输入（100,300）并确认，完成绘图界限设置，如下图所示。

命令: LIMITS
重新设置模型空间界限:
指定左下角点或 [开(ON)/关(OFF)] <0.0000,0.0000>: 0,0
指定右上角点 <420.0000,297.0000>: 100,300

专家指点

图形界限是在绘图空间中一个想象的矩形绘图区域，标明用户的工作区域和图纸的边界。设置绘图界限可以避免所绘制的图形界限超出该边界，在绘图之前一般都要对绘图界限进行设置，从而确保绘图的正确性。

2.6.2 使用坐标和坐标系

AutoCAD 的图形定位，主要是由坐标系统确定的。使用 AutoCAD 提供的坐标系和坐标可以精确地设计并绘制图形。

1. 世界和用户坐标系

在 AutoCAD 2014 中，默认的坐标系是世界坐标系（World Coordinate System，WCS），是运行 AutoCAD 时系统自动建立的。WCS 包括 X 轴和 Y 轴（在三维建模空间下，还有 Z 轴），其坐标轴的交汇处有一个“口”字形标记，如下图所示。

世界坐标系中所有的位置都是相对于坐标原点计算的，而且规定 X 轴正方向及 Y 轴正方向为正方向。AutoCAD 中的世界坐标系是唯一的，用户不能自行建立，也不能修改原点位置和坐标方向。但为了更好地辅助绘图，经常需要修改坐标系的原点和方向，这时世界坐标系将变成用户坐标系，即 UCS。UCS 没有“口”字形标记，如下图所示。

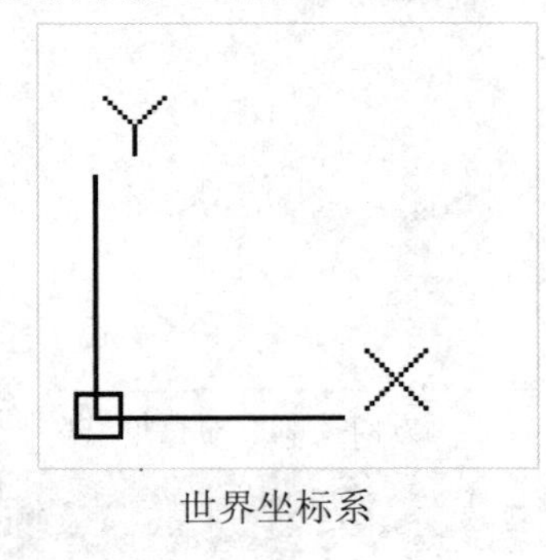

世界坐标系

用户坐标系

2. 输入点坐标

在 AutoCAD 2014 中，输入点的坐标可以使用绝对坐标、相对坐标、绝对极坐标和相对极坐标 4 种方式，下面将分别进行介绍。

- 绝对坐标

绝对坐标是以原点（0,0）或（0,0,0）为基点定位的所有点，系统默认的坐标原点位于绘图区的左下角。在绝对坐标系中，X 轴、Y 轴和 Z 轴在原点（0,0,0）处相交。绘图区内的任意一点都可以使用（X,Y,Z）来标识，也可以通过输入 X、Y、Z 坐标值来定义点的位置，坐标间用逗号隔开，如（20,25）、（5,7,10）等。

- 相对坐标

相对坐标是一点相对于另一特定点的位置，可以使用（@X,Y）方式输入相对坐标。一般情况下，系统将把上一步操作的点看作是特定点，后续操作都是相对于上一步操作的点而进行，如上一步操作点为（20,40），输入下一个点的相对坐标为（@10,20），则确定该点的绝对坐标为（30,60）。

- 绝对极坐标

绝对极坐标是以原点作为极点。在 AutoCAD 2014 中，输入一个长度距离，后面加上一个“<”符号，再加一个角度即可表示绝对极坐标。绝对极坐标规定 X 轴正方向为 0°，Y 轴正方向为 90°，如（5<10）表示该点相对于原点极径为 5，而该点与坐标原点的连线同 X 轴正方向之间的夹角为 10°。

- 相对极坐标

相对极坐标通过相对于某一特定点的极径和偏移角度来表示，是以上一步操作点为极点，而不是以原点为极点。相对极坐标用（@l<a）来表示，其中@表示相对，l 表示极径，a 表示角度，如（@20<40）表示相对于上一步操作点的极径为 20、角度为 40° 的点。

> **专家指点**
>
> 在指定点的位置时，如果该点的绝对坐标不易确定，而该点相对于前一点的位置容易确定，就可以使用相对坐标。

3. 创建坐标系

在 AutoCAD 2014 中，用户可以创建自己的坐标系（UCS）。UCS 的原点以及 X 轴、Y 轴、Z 轴方向都可以移动及旋转，甚至可以依赖于图形中某个特定的对象。下面将介绍创建坐标系的操作方法。

素材文件	第 2 章\指南针.dwg	效果文件	第 2 章\指南针.dwf

STEP 01 打开素材

单击快速访问工具栏中的“打开”按钮，打开素材图形，如下图所示。

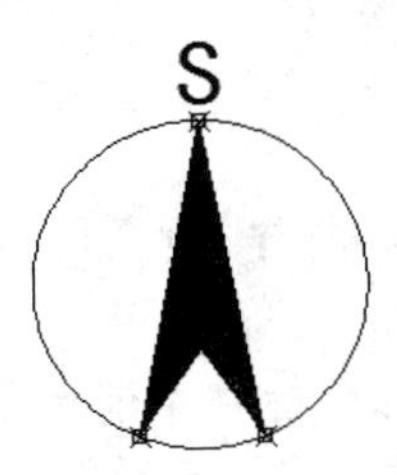

STEP 02 单击 UCS 按钮

在“功能区”选项板的“视图”选项卡中，单击“坐标”面板中的 UCS 按钮，如下图所示。

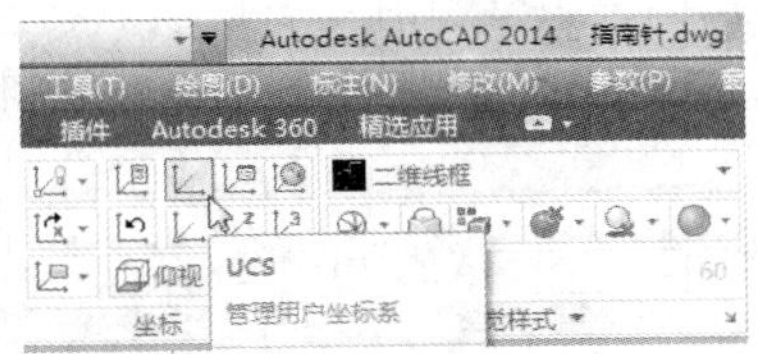

STEP 03 移动鼠标

在命令行提示下，在绘图区中，将鼠标指针移至图形左侧象限点处，如下图所示。

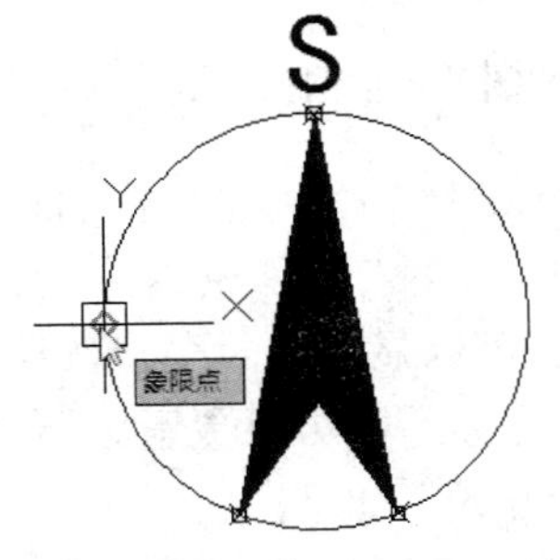

STEP 04 指定新坐标系原点

单击鼠标左键，并按【Enter】键确认，指定左侧象限点为新坐标系的原点，如下图所示。

STEP 05 命令行提示

执行 UCS 命令后，命令行中的提示如下图所示。

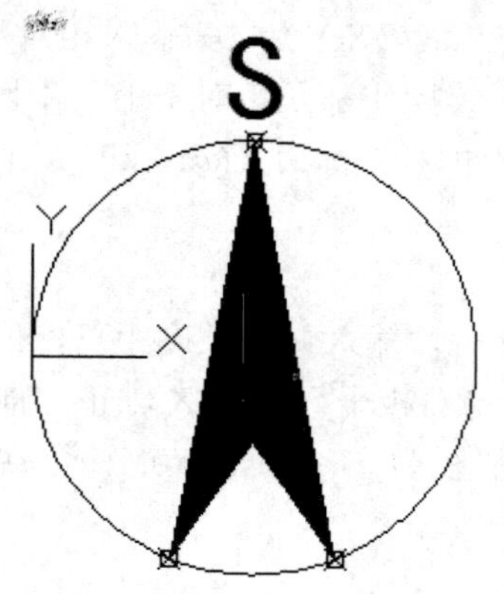

专家指点

在 AutoCAD 中，用户坐标系是一种可移动的自定义坐标系，用户不仅可以更改该坐标系的位置，还可以改变其方向，在绘制三维对象时非常有用。

命令行中各选项的含义如下。

- 面（F）：将 UCS 与实体选定的面对齐。
- 命名（NA）：用于保存或恢复命名 UCS 定义。
- 对象（OB）：根据选择的对象创建 UCS。新创建的对象将位于新的 XY 平面上，X 轴和 Y 轴方向取决于用户选择的对象类型。该命令不能用于三维实体、三维网格、视口、多线、面域、样条曲线、椭圆、射线、构造线、引线、多行文字等对象。对于非三维面的对象，新 UCS 的 XY 平面与当绘制该对象时生效的 XY 平面平行，但 X 轴和 Y 轴可以进行不同的旋转。
- 上一个（P）：退回到上一个坐标系，最多可以返回至前 10 个坐标系。
- 视图（V）：使新坐标系的 XY 平面与当前视图的方向垂直，Z 轴与 XY 平面垂直，而原点保持不变。
- 世界（W）：将当前坐标系设置为 WCS 世界坐标系。
- X/Y/Z：坐标系分别绕 X、Y、Z 轴旋转一定的角度生成新的坐标系，可以指定两个点或输入一个角度值确定所需角度。
- Z 轴（ZA）：在不改变原坐标系 Z 轴方向的前提下，通过确定新坐标系原点和 Z 轴正方向上的任意一点来新建 UCS。

4. 控制坐标的显示

在 AutoCAD 2014 中，坐标的显示取决于所选择的模式和程序中运行的命令，有“关”、“绝对”和“相对”3 种模式。

- 关：可以显示上一个拾取点的绝对坐标。此时，指针坐标将不能更新，只有在拾取一个新点时，显示才可以更新。但是，从键盘输入一个新的点坐标参数时，将不会改变该模式的显示方式，如下图所示。
- 绝对：可以显示光标的绝对坐标，该值是动态更新的，默认情况下，显示方式是打开的，如下图所示。
- 相对：可以显示一个相对极坐标。选择该模式时，如果当前处于拾取点状态，系统将显示光标所在位置相对于上一个点的距离和角度。当离开拾取点状态时，系统将恢复到“绝对”模式，如下图所示。

“关”模式

4804.8687, 2364.2510, 0.0000

“绝对”模式

719.0953< 332 , 0.0000

“相对”模式

专家指点

如果要在几种不同的显示类型中切换，可以使用以下 3 种方法。

- 在“指定下一点：”提示下，单击坐标显示区域。
- 按【F6】键。
- 按【Ctrl+D】组合键。

5. 控制坐标系图标的显示

在 AutoCAD 2014 中，用户可以根据需要输入相应的命令，或在 UCS 对话框中控制坐标系图标的显示。

素材文件	第 2 章\楼梯剖面图.dwg	效果文件	第 2 章\楼梯剖面图.dwf

STEP 01 打开素材

单击快速访问工具栏中的“打开”按钮，打开素材图形，如下图所示。

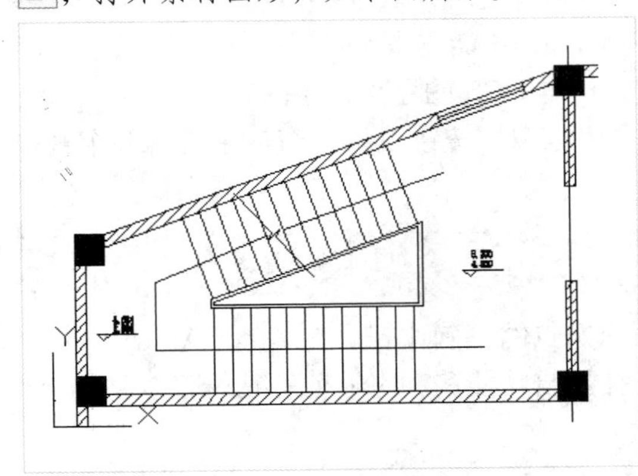

STEP 02 单击“UCS，UCS 设置”按钮

在“功能区”选项板的“视图”选项卡中，单击“坐标”面板中的“UCS，UCS 设置”按钮，如下图所示。

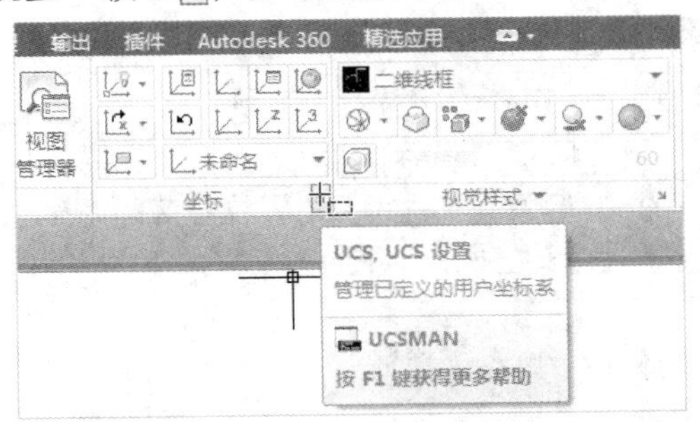

STEP 03 取消选中“开”复选框

弹出 UCS 对话框，取消选中“开”复选框，如下图所示。

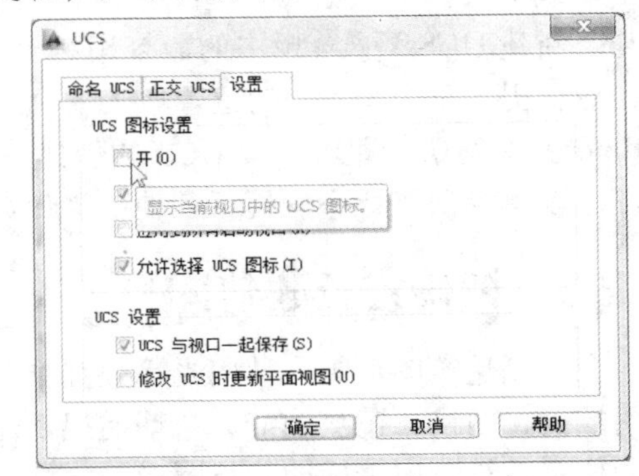

STEP 04 取消坐标系图标显示

单击“确定”按钮，即可取消坐标系图标的显示，如下图所示。

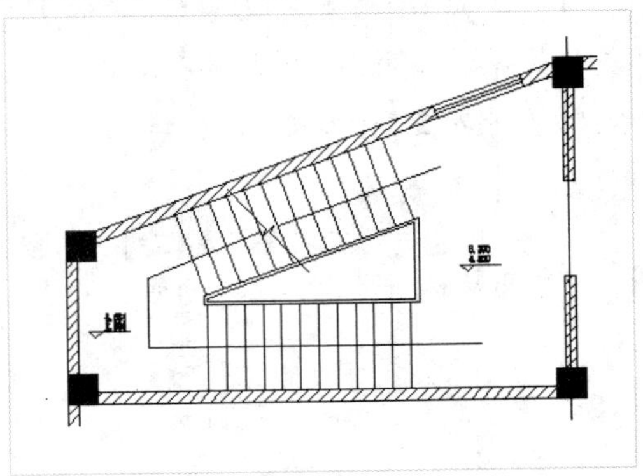

在 UCS 对话框中，“命名 UCS”选项卡列出了 UCS 定义，并可设置当前 UCS；“正交 UCS”选项卡用于将 UCS 改为正交 UCS 设置；“设置”选项卡用于设置 UCS 图标和保存与修改设置，各复选框含义如下。

- “开”复选框：选中该复选框，可以显示当前视口中的 UCS 图标。
- “显示于 UCS 原点”复选框：选中该复选框，可以在当前视口中当前坐标系的原点处显示 UCS 图标。如果不选中该复选框，则坐标系原点在视口中不可见。

- “应用到所有活动视口”复选框：选中该复选框，可以将 UCS 图标设置应用到当前图形中的所有活动视口。
- “允许选择 UCS 图标”复选框：该复选框用以控制当光标移到 UCS 图标上时图标是否亮显，以及是否可以单击以选择它并访问 UCS 图标夹点。
- “UCS 与视口一起保存”复选框：选中该复选框，可以将坐标系设置与视口（UCSVP 系统变量）一起保存。
- “修改 UCS 时更新平面视图”复选框：选中该复选框，可以在修改视口中的坐标系时恢复平面视图。

6. 使用 UCS 工具栏

在 AutoCAD 2014 中，使用“坐标”面板中的按钮，同样可以新建坐标，如下图所示为“坐标”面板。

在该工具栏中，除 UCS 按钮和“应用”按钮之外，其他各按钮与“新建 UCS”子菜单中的命令相对应。其中，单击 UCS 按钮，在命令行提示下，在适当的位置单击鼠标左键，指定 UCS 的原点，并按【Enter】键确认，即可完成 UCS 的创建；单击“应用”按钮，当窗口中包含多个视口时，可以将当前坐标系应用于其他的视口。

“坐标”面板

2.6.3 精确定位建筑图形

在绘制建筑图形时，使用光标很难准确地指定点的正确位置。在 AutoCAD 2014 中，使用捕捉、栅格、正交功能、自动捕捉功能、捕捉自功能和动态输入等功能可以精确定位点的位置，绘制出精确的建筑图形。

1. 设置捕捉和栅格

捕捉模式用于限制十字光标，使其按照定义的间距移动；栅格则相当于手工制图中使用的坐标系，按照相等的间距在屏幕上设置栅格点。

素材文件	第 2 章\装饰镜.dwg	效果文件	第 2 章\装饰镜.dwg

STEP 01 打开素材

单击快速访问工具栏中的“打开”按钮，打开素材图形，如下图所示。

STEP 02 选择“设置”选项

选择状态栏中的“栅格显示”按钮，单击鼠标右键，在弹出的快捷菜单中选择“设置”选项，如下图所示。

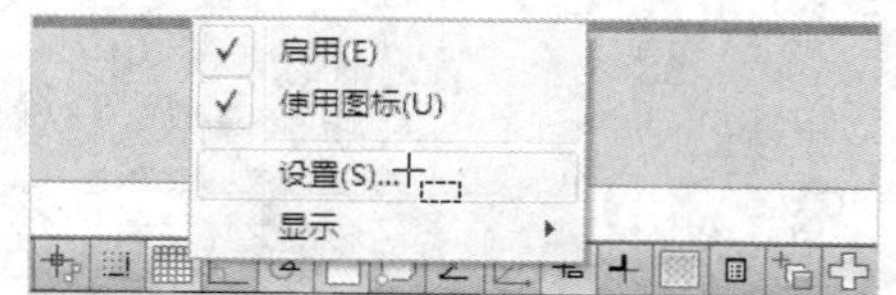

STEP 03 设置各选项参数

弹出“草图设置”对话框，选中“启用捕捉”和“启用栅格”复选框，设置“栅格 X 轴间距”为 5、“栅格 Y 轴间距”为 5，如下图所示。

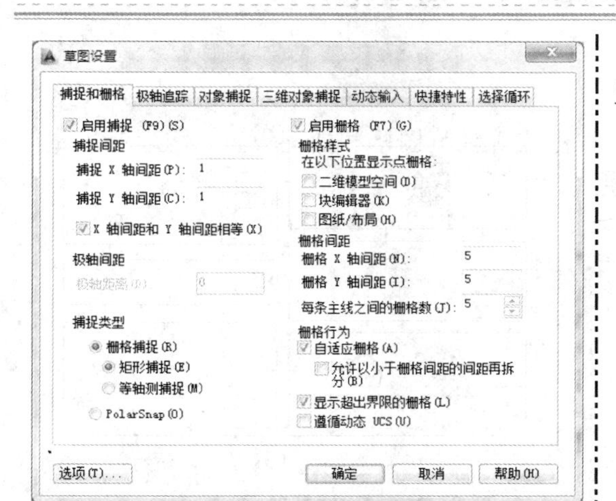

单击“确定”按钮，完成捕捉和栅格设置，效果如下图所示。

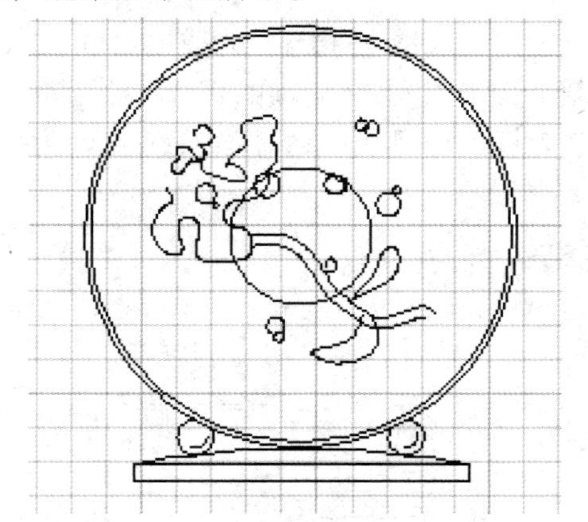

STEP 04 设置捕捉和栅格

在“草图设置”对话框的“捕捉和栅格”选项卡中，各主要选项的含义如下。

- “启用捕捉”复选框：该复选框用以打开或关闭捕捉模式。
- “捕捉 X 轴间距”文本框：指定 X 方向的捕捉间距。此间距值必须为正实数。
- “捕捉 Y 轴间距”文本框：指定 Y 方向的捕捉间距。此间距值必须为正实数。
- “X 轴间距和 Y 轴间距相等”复选框：选中该复选框，可以对捕捉间距和栅格间距中的 X、Y 间距值强制使用同一参数值。捕捉间距可以与栅格间距不同。
- “栅格捕捉”单选按钮：选中该单选按钮，可以设置捕捉样式为栅格。
- “矩形捕捉”单选按钮：选中该单选按钮，可以将捕捉样式设置为标准的矩形捕捉模式。
- “等轴测捕捉”单选按钮：选中该单选按钮，可以将捕捉样式设置为等轴的测捕捉模式。
- “极轴捕捉（PolarSnap）”单选按钮：选中该单选按钮，可以将捕捉样式设置为极轴捕捉。
- “启用栅格”复选框：该复选框用以打开或关闭栅格模式。
- “栅格样式”选项区：在二维上下文中设定栅格样式。
- “栅格 X 轴间距”文本框：指定 X 方向上的栅格间距。
- “栅格 Y 轴间距”文本框：指定 Y 方向上的栅格间距。
- “每条主线之间的栅格数”数值框：指定主栅格线相对于次栅格线的频率。
- “栅格行为”选项区：在该选项区中可以控制将 GRIDSTYLE 设定为 0 时，所显示栅格线的外观。

专家指点

如果要设置捕捉和栅格，可以使用以下 3 种方法。

- 菜单栏：单击“工具”|“绘图设置”命令，弹出“草图设置”对话框，切换至“捕捉和栅格”选项卡。
- 命令行：输入 DSETTINGS 命令。
- 快捷菜单：在状态栏中的“捕捉模式”按钮和“栅格显示”按钮上，单击鼠标右键，在弹出的快捷菜单中选择“设置”选项。

2. 使用正交模式

正交模式取决于当前的捕捉角度、UCS 坐标或等轴测栅格和捕捉设置，可以帮助用户绘制平行于 X 轴或 Y 轴的直线。启用正交模式功能后，只能在水平方向或垂直方向上移动十字光标，而且只能通过输入点坐标值的方式，才能在非水平或垂直方向绘制图形。

素材文件	第 2 章\壁画.dwg	效果文件	第 2 章\壁画.dwg

STEP 01 打开素材

单击快速访问工具栏中的“打开”按钮，打开素材图形，如下图所示。

STEP 02 选择“启用”选项

选择状态栏中的“正交模式”按钮，单击鼠标右键，在弹出的快捷菜单中选择“启用”选项，如下图所示。

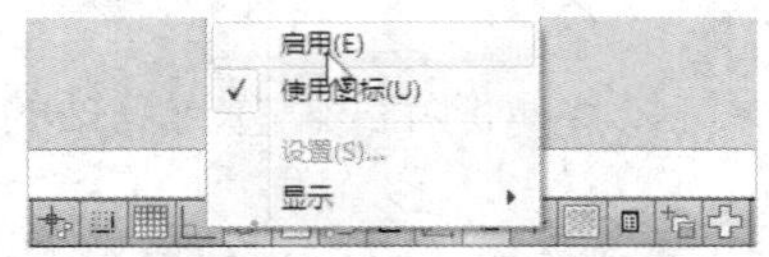

STEP 03 引导光标

执行操作后，启用正交模式，并在命令行中显示“正交开”信息，执行“L（直线）”命令，在命令行提示下，捕捉图形的右上角点，向左下角引导光标，如下图所示。

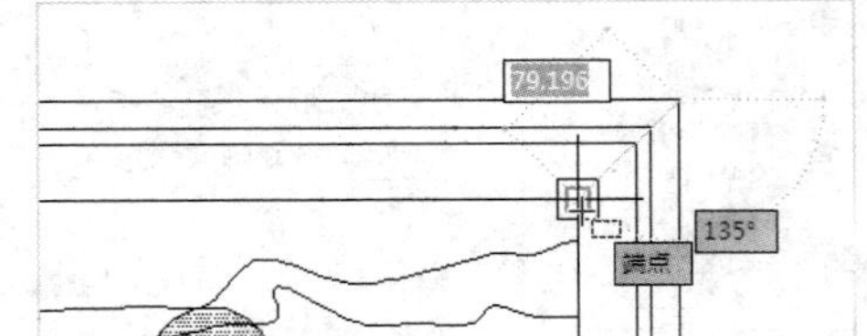
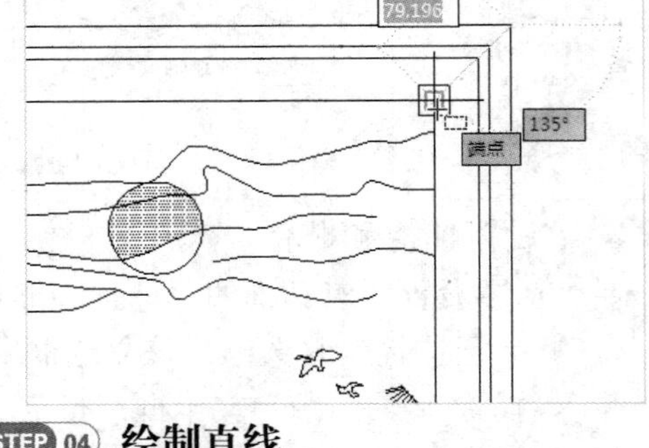

STEP 04 绘制直线

捕捉端点，按【Enter】键确认，绘制直线，运用以上方法绘制 3 条直线，效果如下图所示。

专家指点

打开正交模式后，系统就只能画出水平或垂直的直线。更方便的是，由于正交功能已经限制了直线的方向，所以在绘制一定长度的直线时，用户只需要输入直线的长度即可。在正交模式下，十字光标将被限制在水平和垂直的方向上，因此正交模式和极轴追踪模式不能同时打开，若打开其中一个，另一个会自动关闭。

3. 设置对象捕捉功能

对象捕捉功能就是当把光标放在一个对象上时，系统将会自动捕捉对象上所有符合条件的几何特征点，并有相应的显示，右图所示为捕捉最上方中点。

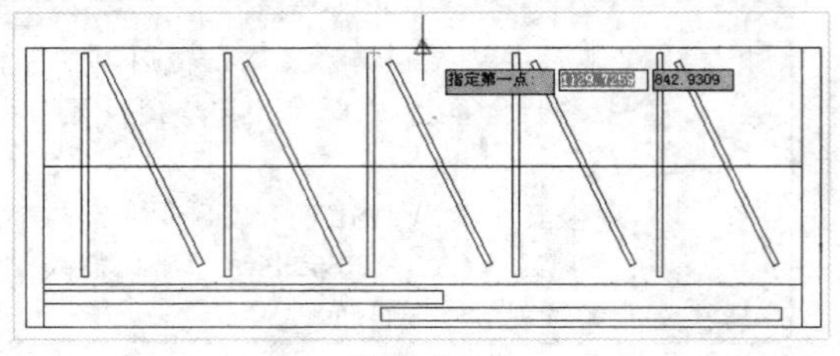

捕捉中点

AutoCAD 提供了两种对象捕捉模式：自

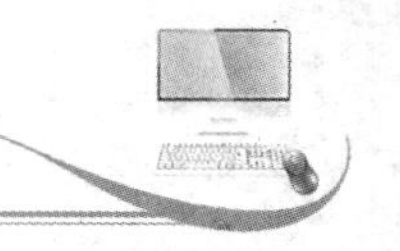

动捕捉和临时捕捉。其中，自动捕捉模式要求用户先设置好需要的对象捕捉点类型，以后当光标移动到这些对象捕捉点附近时，系统就会自动捕捉到这些点；临时捕捉是一种一次性的捕捉模式，这种捕捉模式不是自动的。当用户需要临时捕捉某个特征点时，需要在捕捉之前手工设置需要捕捉的特征点，然后进行对象捕捉。

在绘制建筑图形时，对象捕捉功能是不可缺少的功能，使用它可以精确地捕捉到某个点，从而达到精确绘图的目的。下面将介绍设置对象捕捉功能的操作方法。

STEP 01 选择“设置”选项

选择状态栏中的“对象捕捉”按钮，单击鼠标右键，在弹出的快捷菜单中选择“设置”选项，如下图所示。

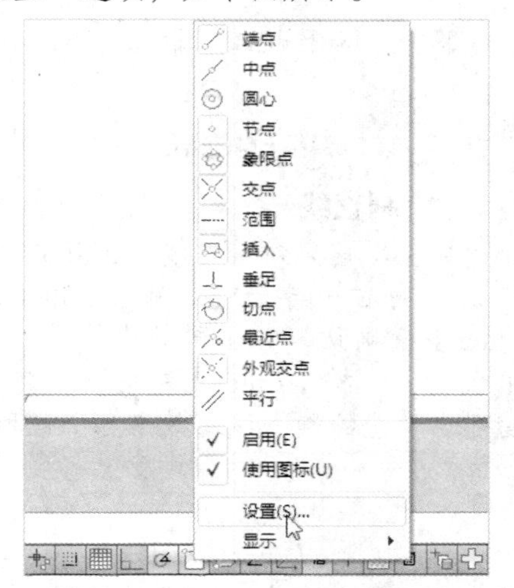

STEP 02 设置各选项

弹出“草图设置”对话框，在“对象捕捉”选项卡中，依次选中“插入点”和“垂足”复选框，如下图所示，单击“确定”按钮，即可启动“插入点”和“垂足”的捕捉功能。

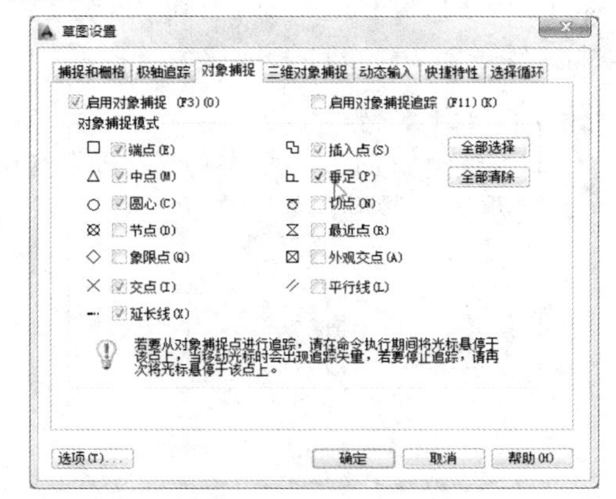

在“草图设置”对话框的“对象捕捉”选项卡中，各主要选项的含义如下。

- “启用对象捕捉”复选框：打开或关闭对象捕捉。当对象捕捉打开时，在“对象捕捉模式”下选定的对象捕捉处于活动状态。
- “启用对象捕捉追踪”复选框：打开或关闭对象捕捉追踪。使用对象捕捉追踪，在命令行中指定点时，光标可以沿基于其他对象捕捉点的对齐路径进行追踪。要使用对象捕捉追踪，必须打开一个或多个对象捕捉。
- “端点”复选框：捕捉到圆弧、椭圆弧、直线、多线、多段线、样条曲线、面域或射线最近的端点。
- “中点”复选框：捕捉到圆弧、椭圆、椭圆弧、直线、多线、多段线、面域、实体、样条曲线或参照线的中点。
- “圆心”复选框：捕捉到圆弧、圆、椭圆或椭圆弧的中心点。
- “节点”复选框：捕捉到点对象、标注定义点或标注文字原点。
- “象限点”复选框：捕捉到圆弧、圆、椭圆或椭圆弧的象限点。
- “交点”复选框：捕捉到圆弧、圆、椭圆、椭圆弧、直线、多线、多段线、射线、面域、样条曲线或参照线的交点。
- “延长线”复选框：当光标经过对象的端点时，显示临时延长线或圆弧，以便用户在延长线或圆弧上指定点。
- “插入点”复选框：捕捉到属性、块、形或文字的插入点。

- “垂足”复选框：捕捉圆弧、圆、椭圆、椭圆弧、直线、多线、多段线、射线、面域、实体、样条曲线或构造线的垂足。
- “切点”复选框：捕捉到圆弧、圆、椭圆、椭圆弧或样条曲线的切点。
- “最近点”复选框：捕捉到圆弧、圆、椭圆、椭圆弧、直线、多线、点、多段线、射线、样条曲线或参照线的最近点。
- “外观交点”复选框：捕捉不在同一平面但在当前视图中看起来似乎相交的两个对象的视觉交点。
- “平行线”复选框：将直线、多段线、射线或构造线限制为与其他线性对象平行。

4. 使用捕捉自功能

使用“捕捉自”命令，可以在使用相对坐标指定下一个应用点时，输入基点，并将该基点作为临时参照点，从而精确点定位。

素材文件	第 2 章\报刊亭.dwg	效果文件	第 2 章\报刊亭.dwg

STEP 01 打开素材

单击快速访问工具栏中的“打开”按钮，打开素材图形，如下图所示。

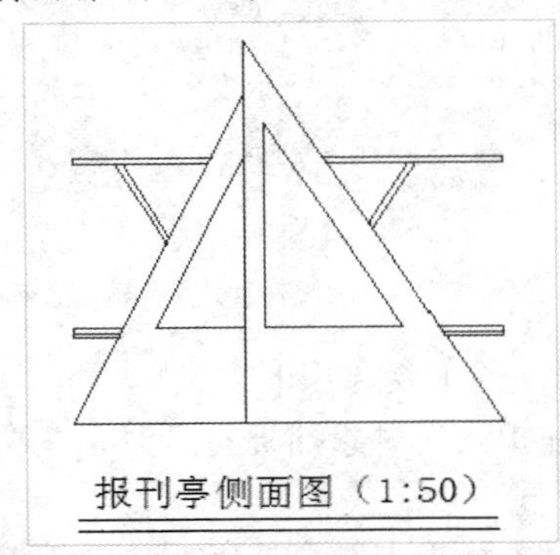

STEP 02 输入 FROM（捕捉自）

在命令行中输入 L（直线）命令，按【Enter】键确认，根据命令行提示进行操作，输入 FROM（捕捉自），按【Enter】键确认。

STEP 03 绘制直线

捕捉左下角点对象，输入（@0,-100）并确认，向右引导光标，输入 3000，按【Enter】键确认，向上引导光标，捕捉右下角点对象，按【Enter】键确认，完成使用捕捉自功能绘制直线，效果如下图所示。

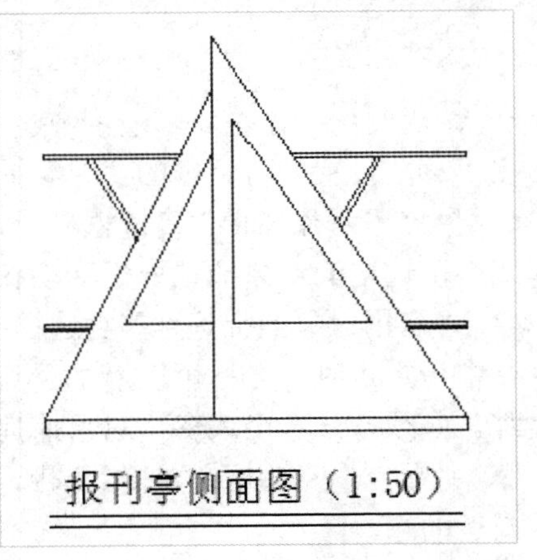

5. 启用动态输入

在 AutoCAD 2014 中，启用动态输入功能，可以在指针位置处显示指针输入或标注输入的命令提示等信息，从而极大地提高绘图效率。

STEP 01 选择“设置”选项

选择状态栏中的“动态输入”按钮，单击鼠标右键，在弹出的快捷菜单中选择“设置”选项，如下图所示。

STEP 02 选中相应复选框

弹出“草图设置”对话框，在“动态输入”选项卡中，选中“可能时启用标注输入”复选框，如下图所示，单击“确定”按钮，即可启用动态输入。

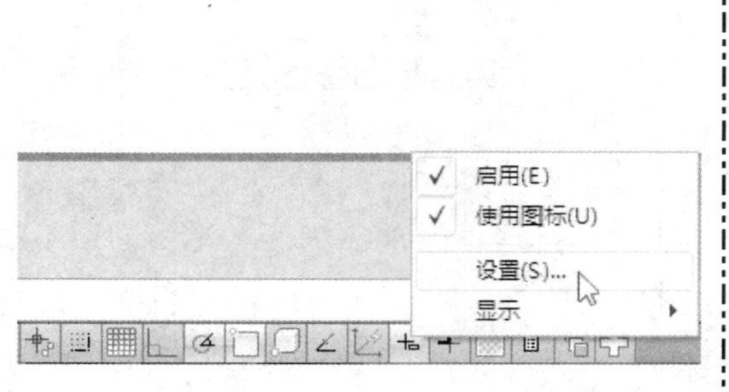

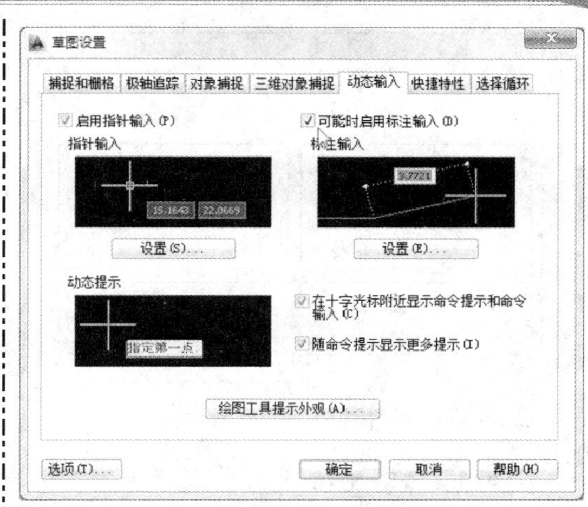

在“草图设置”对话框的“动态输入”选项卡中，各主要选项的含义如下。

- “启用指针输入”复选框：选中该复选框，可以打开指针输入。如果同时打开指针输入和标注输入，则标注输入在可用时将取代指针输入。
- “指针输入”选项区：工具提示中的十字光标位置的坐标值将显示在光标旁边。
- “可能时启用标注输入”复选框：选中该复选框，可以打开标注输入。
- “标注输入”选项区：当命令提示用户输入第二个点或距离时，将显示标注和距离值与角度值的工具提示。标注工具提示中的值将随光标移动而更改。可以在工具提示中输入值，而不用在命令行上输入值。
- “动态提示”选项区：需要时将在光标旁边显示工具提示中的提示，以完成命令。可以在工具提示中输入值，而不用在命令行上输入值。
- “绘图工具提示外观”按钮：单击该按钮，会弹出“工具提示外观”对话框，在该对话框中可以设置工具提示的外观颜色、大小、透明度等。
- “选项”按钮：单击该按钮，会弹出“选项”对话框。

2.6.4 查询建筑图形特性

在绘制建筑图形时或绘制完成后，经常需要查询绘制对象的有关数据信息，如房屋的轴线间距、楼层的标高和墙体厚度等。AutoCAD 2014 提供了各种查询命令，方便用户得到对象的有关信息。

1. 查询点坐标

AutoCAD 提供的查询点坐标命令，可以方便用户查询指定点的坐标。在指定需要查询的点对象后，将列出指定点的 X、Y 和 Z 值。

素材文件	第 2 章\矩形.dwg	效果文件	无

STEP 01 打开素材

单击快速访问工具栏中的“打开”按钮，打开素材图形，如下图所示。

STEP 02 查询点坐标

在命令行中输入 ID（点坐标）命令，按【Enter】键确认，在命令行提示下，选取上方水平直线的中点，即可查询点坐标，并显示出查询结果，如下图所示。

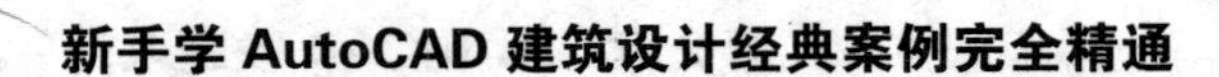

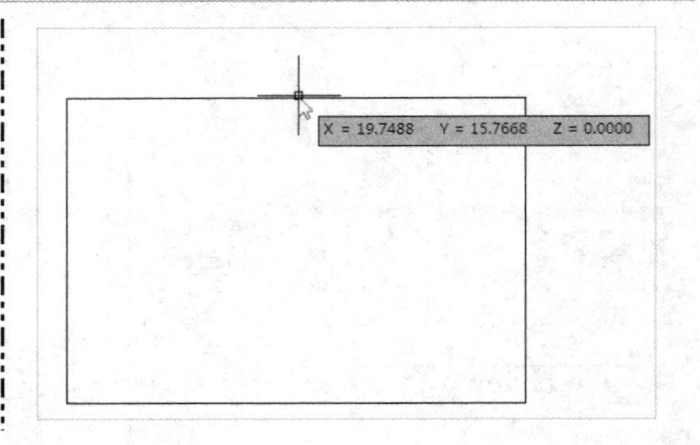

2. 查询距离

在 AutoCAD 2014 中，使用“距离”命令，可以计算出 AutoCAD 中真实的三维距离。在查询距离时，如果忽略 Z 轴的坐标值，用“距离”命令计算的距离将采用第一点或第二点的当前距离。

素材文件	第 2 章\公用电话亭.dwg	效果文件	无

STEP 01 打开素材

单击快速访问工具栏中的“打开”按钮，打开素材图形，如下图所示。

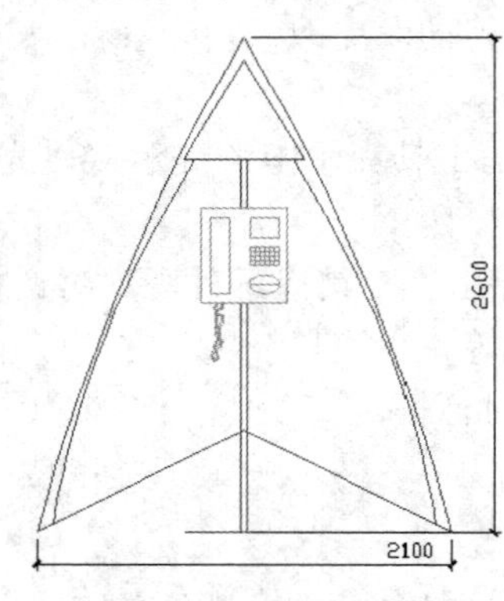

STEP 02 拾取角点

在命令行中输入 DIST（距离）命令，按【Enter】键确认，在命令行提示下，拾取绘图区中的左下角点，如下图所示。

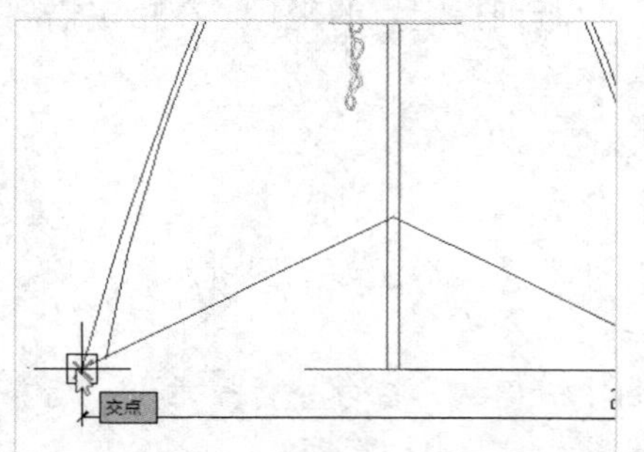

STEP 03 引导光标

向右引导光标，将光标移至顶点处，如下图所示。

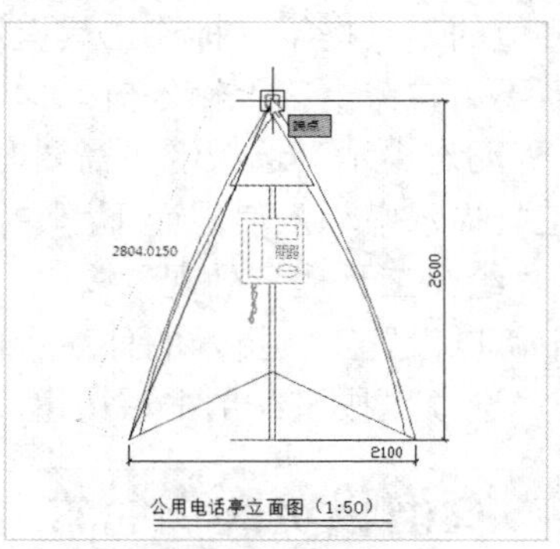

STEP 04 显示查询结果

在右下角点处，单击鼠标左键，即可查询距离，并在命令行中显示查询结果，如下图所示。

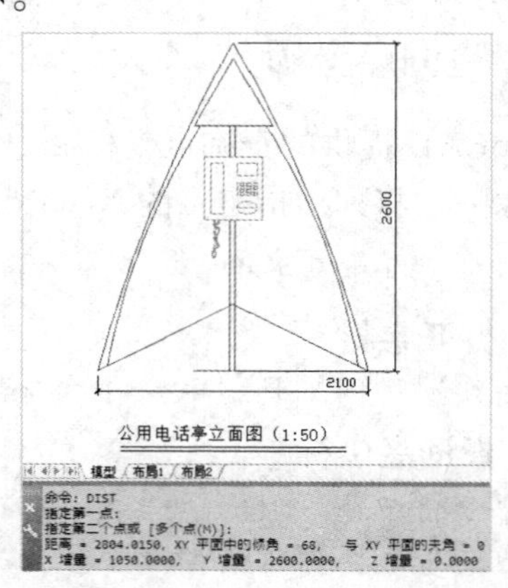

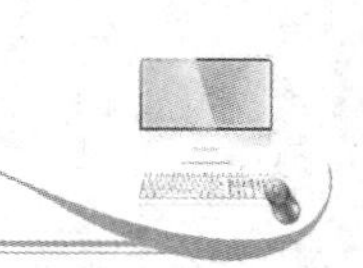

3. 查询面积和周长

AutoCAD 提供的查询面积命令，可以方便地查询由用户指定区域的面积和周长。

素材文件	第 2 章\插座.dwg	效果文件	无

STEP 01 打开素材

单击快速访问工具栏中的“打开”按钮，打开素材图形，如下图所示。

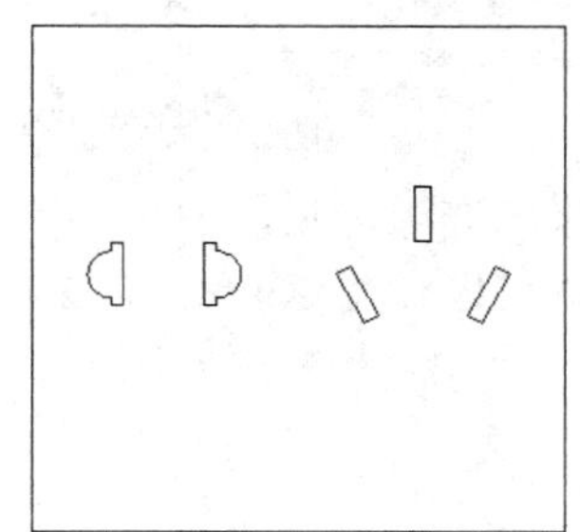

STEP 02 捕捉左下角点

在命令行中输入 AREA（面积）命令，按【Enter】键确认，根据命令行提示进行操作，捕捉左下角点，如下图所示。

STEP 03 显示出查询结果

依次捕捉图形最外侧矩形的其他三个角点，并按【Enter】键确认，即可查询面积和周长，并显示出查询结果，如下图所示。

4. 查询列表

查询列表是指查询一个或多个对象的数据库信息，并在文本框中显示对象的特征数据。

素材文件	第 2 章\时钟.dwg	效果文件	无

STEP 01 打开素材

单击快速访问工具栏中的“打开”按钮，打开素材图形，如下图所示。

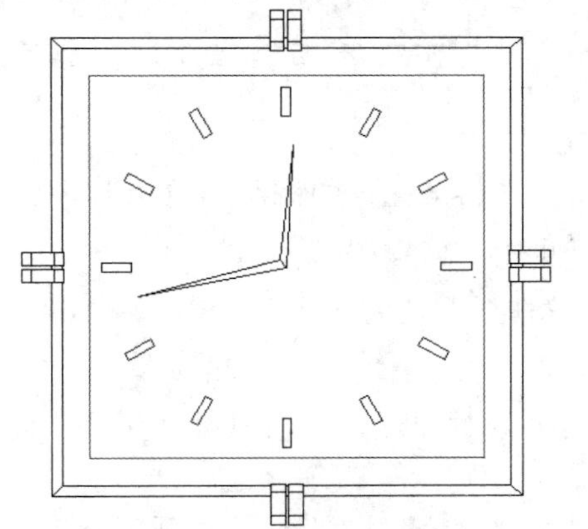

STEP 02 查询列表

在命令行中输入 LIST（列表）命令，按【Enter】键确认，根据命令行提示进行操作，选择时钟图形并确认，弹出 AutoCAD 文本窗口，在该窗口中可以查询时钟的列表，包括长度、图层、颜色等，如下图所示。

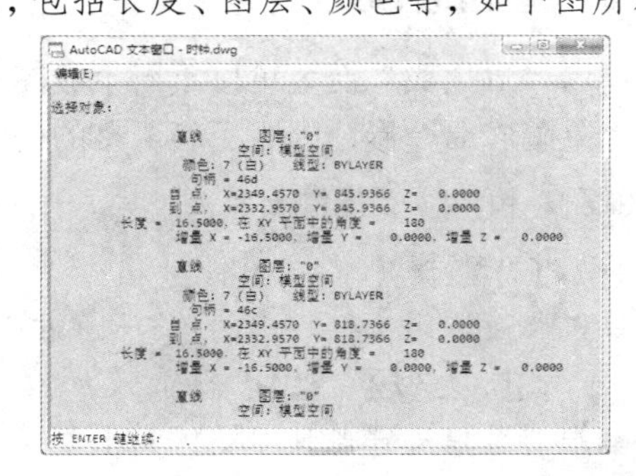

专家指点

通常“列表”命令将报告对象的共有特性（如图层、线型和颜色等），并根据所选对象的类型，报告对象本身和特性的信息，以及与对象相关的信息，如文字样式、标注样式等。

2.7 建筑图形视图控制

视图的显示控制功能在工程设计和绘图领域应用十分广泛，在绘图时为了更准确地绘制、编辑和查看图形中的某一部分图形对象，需要对视图进行控制操作。

2.7.1 重画与重生成图形

在绘制与编辑图形的过程中，屏幕上经常会留下对象的选取标记，而这些标记并不是图形中的对象，因此当前图形画面会显得很混乱，这时就可以使用 AutoCAD 2014 中的重画和重生成功能来清除这些痕迹。

1. 重画图形

使用“重画”命令，系统将会刷新屏幕，不仅可以清除临时标记，还可以更新用户使用的当前视口对象。

素材文件	第 2 章\指示路牌.dwg	效果文件	无

STEP 01 打开素材

单击快速访问工具栏中的“打开”按钮，打开素材图形，如下图所示。

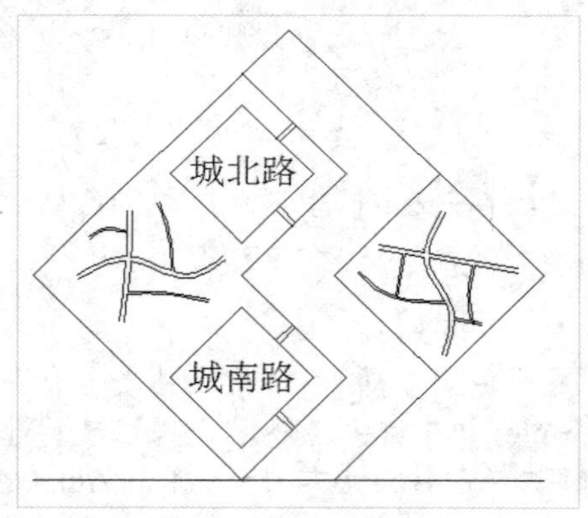

STEP 02 输入 REDRAWALL 命令

在命令行中输入 REDRAWALL（重画）命令，如下图所示，按【Enter】键确认，即可更新当前视口，重画图形。

2. 重生成图形

使用“重生成”命令可以重新生成图形，此时系统将从磁盘中调用当前图形的数据。它比“重画”命令慢，因为更新屏幕的时间要比“重画”命令用的时间长。

素材文件	第 2 章\沙发组合.dwg	效果文件	第 2 章\沙发组合.dwg

STEP 01 打开素材

单击快速访问工具栏中的“打开”按钮，打开素材图形，如下图所示。

STEP 02 单击“选项”按钮

单击“菜单浏览器”按钮，弹出程序菜单，单击“选项”按钮，如下图所示。

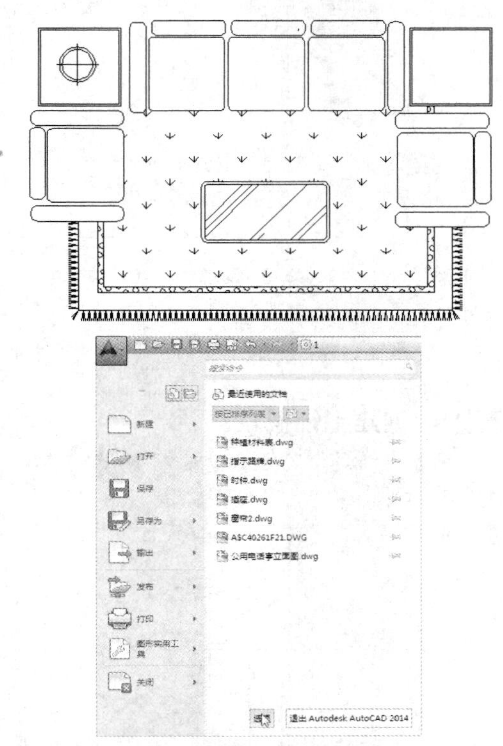

STEP 03 取消选中相应复选框

弹出“选项”对话框，在“显示”选项卡中，取消选中“应用实体填充”复选框，如下图所示。

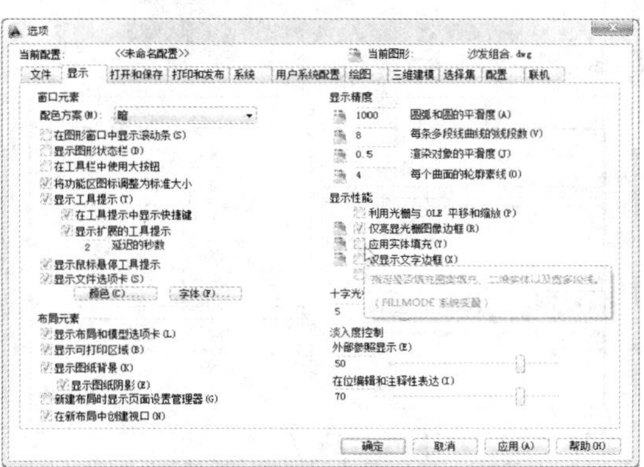

STEP 04 重生成图形

单击“确定”按钮，在命令行中输入 REGEN（重生成）命令，并按【Enter】键确认，即可重生成图形，如下图所示。

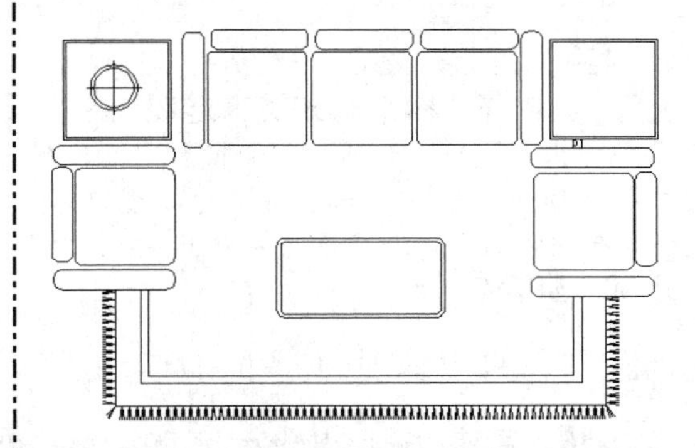

专家指点

在 AutoCAD 中，某些操作只在使用“重生成”命令后才能生效。如果一直使用某个命令修改编辑图形，但该图形似乎没有发生什么变化，可以使用“重生成”命令更新屏幕显示。

2.7.2 应用视口和命名视图

视口是把绘图区分为多个矩形方框，从而创建多个不同的绘图区域，其中每个绘图区域用来观察图形的不同部分。在 AutoCAD 中，一般把绘图区称为视口，而把绘图区中的显示内容称为视图。如果图形比较复杂，可以在绘图区中开辟多个视口，从而方便观察图形的不同效果。

1. 创建平铺视口

在 AutoCAD 2014 中，可以同时打开多个可视视口，同时屏幕上还可以保留“功能区”选项板和命令提示窗口。

素材文件	第 2 章\窗格.dwg	效果文件	第 2 章\窗格.dwg

STEP 01 打开素材

单击快速访问工具栏中的“打开”按钮，打开素材图形，如下图所示。

STEP 02 单击“命名”按钮

在“功能区”选项板中，切换至“视图”选项卡，单击“模型视口”面板中的“命名”按钮，如下图所示。

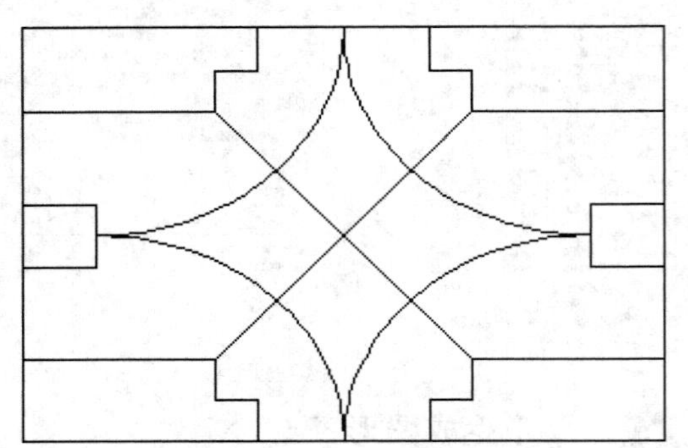

STEP 03 选择“四个：相等”选项

弹出“视口”对话框，切换至“新建视口”选项卡，输入“新名称”为“视口”，在“标准视口”列表框中选择“四个：相等”选项，如下图所示。

STEP 04 创建平铺视口

单击“确定”按钮，即可创建平铺视口，如下图所示。

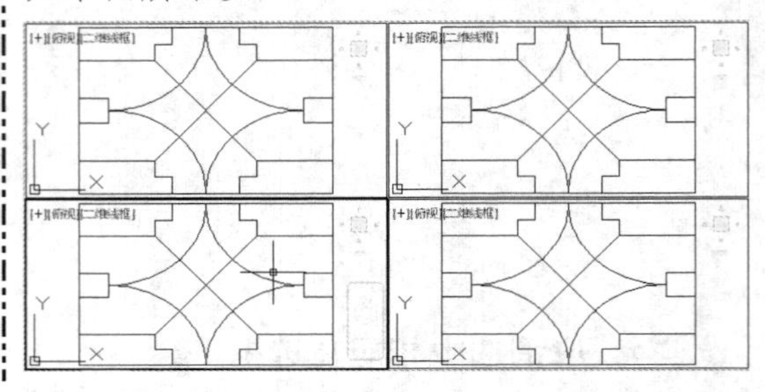

2. 合并平铺视口

当用户需要从视口中减去一个视口时，可以将其中一个视口合并到当前视口中。

素材文件	第 2 章\建筑.dwg	效果文件	第 2 章\建筑.dwg

STEP 01 打开素材

单击快速访问工具栏中的“打开”按钮，打开素材图形，如下图所示。

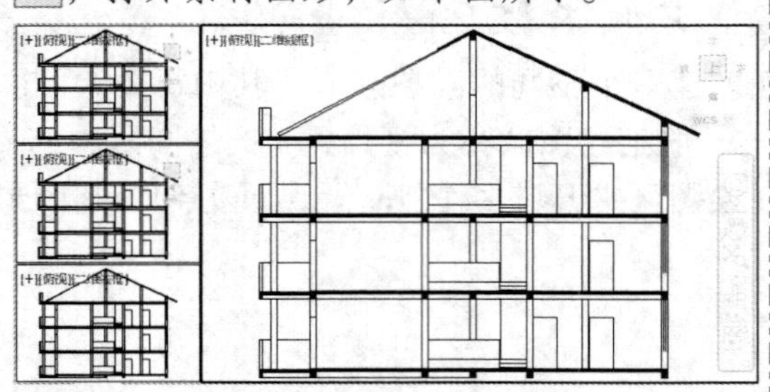

STEP 02 单击“合并视口”按钮

在“功能区”选项板中，切换至“视图”选项卡，单击“模型视口”面板中的“合并视口”按钮，如下图所示。

STEP 03 合并平铺视口

在命令行提示下，选择右侧的上方视口为主视口对象，选择右侧的中间视口为合并视口对象，即可合并平铺视口，如下图所示。

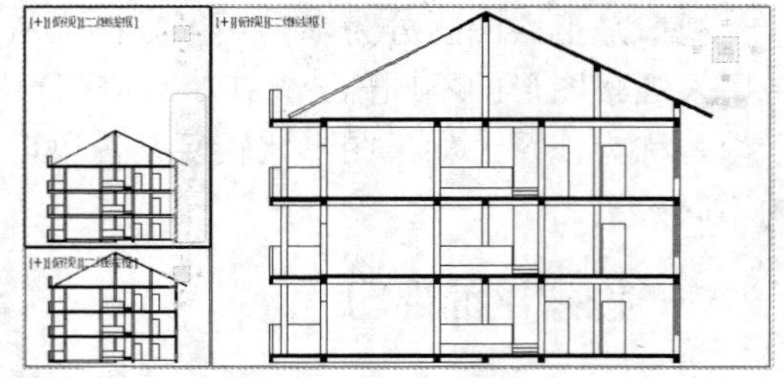

STEP 04 命令行提示

执行“合并视口”命令后，命令行中的提示如下图所示。

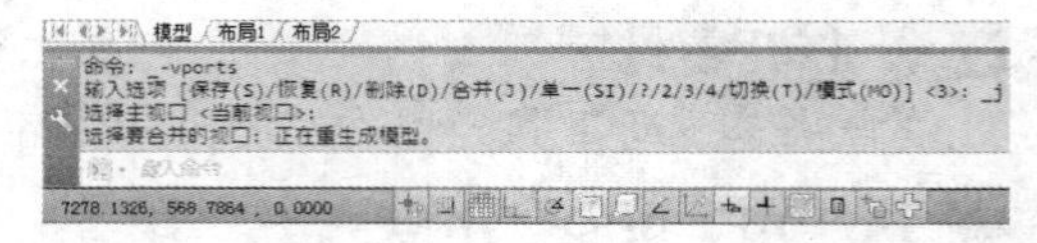

命令行中各选项的含义如下。

- 保存（S）：使用名称保存当前配置。
- 恢复（R）：恢复以前保存的视口配置。
- 删除（D）：删除已命名的视口配置。
- 合并（J）：将两个邻接的模型视口合并为一个较大的视口。
- 单一（SI）：将图形返回到单一视口的视图中，该视图使用当前视口的视图。
- ？：显示活动视口标识号和屏幕位置。
- 2：可以将当前视口分为相等的两个视口。
- 3：可以将当前视口拆分为三个视口。
- 4：可以将当前视口拆分为大小相同的四个视口。
- 切换（T）：可以切换四个视口或一个视口。
- 模式（MO）：将视口配置应用到相应的模式。

3. 创建命名视图

在 AutoCAD 2014 中，使用“命名视图”命令可以为绘图区中的任意视图指定名称，并可以在创建命名视图的过程中，保存视图的中点、位置、缩放比例和透视设置等。

素材文件	第 2 章\土建结构图.dwg	效果文件	第 2 章\土建结构图.dwg

STEP 01 打开素材

单击快速访问工具栏中的“打开”按钮，打开素材图形，如下图所示。

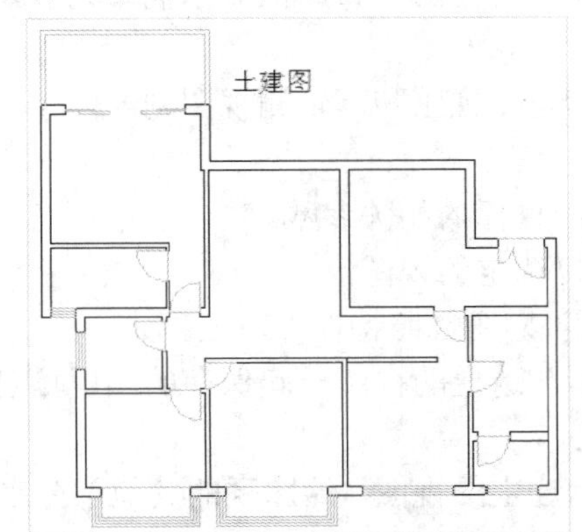

STEP 02 单击“视图管理器”按钮

在“功能区”选项板的“视图”选项卡中，单击“视图”面板中的“视图管理器”按钮，如下图所示。

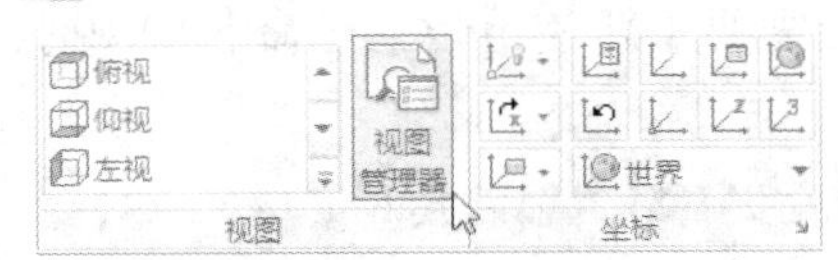

STEP 03 单击“新建”按钮

弹出“视图管理器”对话框，在其右侧单击“新建”按钮，如下图所示。

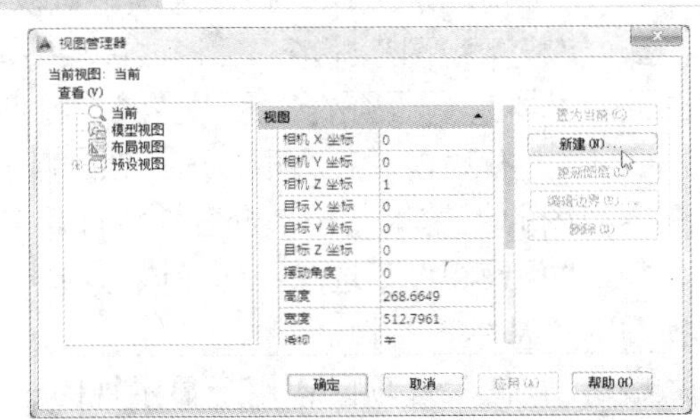

STEP 04 单击“定义视图窗口”按钮

弹出“新建视图/快照特性”对话框，在“视图名称”文本框中输入“土建结构图”，在“边界”选项区中选中“当前显示”单选按钮，单击“定义视图窗口”按钮，如下图所示。

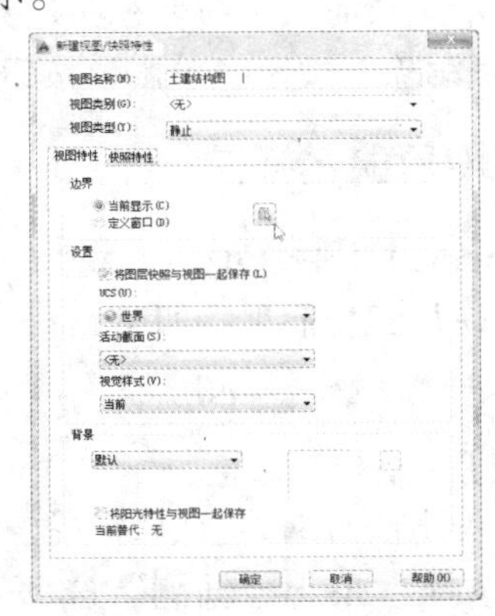

STEP 05 拖曳鼠标

根据命令行提示进行操作，捕捉图形左上角点，并向右下方拖曳鼠标，如下图所示。

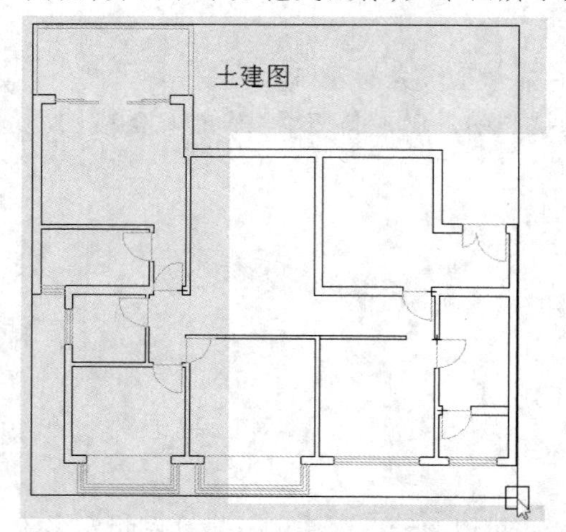

STEP 06 显示新建的视图

捕捉右下方的端点，按【Enter】键确认，返回“新建视图/快照特性”对话框，单击“确定”按钮，返回“视图管理器”对话框，在“查看”列表框中，将显示新建的视图，如下图所示，依次单击“置为当前”和“确定”按钮，即可创建命名视图。

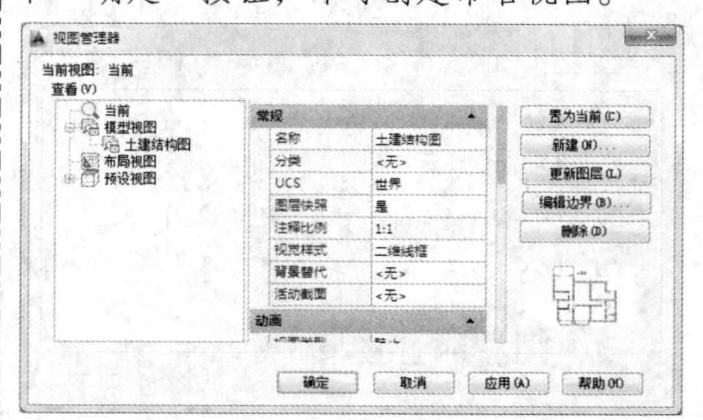

在“视图管理器”对话框中，各主要选项的含义如下。

- “查看”列表框：显示可用视图的列表。可以展开每个节点，以显示该节点的视图。
- “当前”选项：选择该选项，可以显示当前视图及其“查看”和“剪裁”特性。
- “模型视图”选项：选择该选项，可以显示命名视图和相机视图列表，并列出选定视图的“基本”、“查看”和“剪裁”特性。
- “布局视图”选项：选择该选项，可以在定义视图的布局上显示视口列表，并列出选定视图的“基本”和“查看”特性。
- “预设视图”选项：选择该选项，可以显示正交视图和等轴测视图列表，并列出选定视图的“基本”特性。
- “视图”选项区：用于显示视图相机和视图目标的相关参数。
- “置为当前”按钮：单击该按钮，可以恢复选定的视图。
- “新建”按钮：单击该按钮，将弹出“新建视图/快照特性”对话框。
- “更新图层”按钮：单击该按钮，可以更新与选定的视图一起保存的图层信息，使其与当前模型空间和布局视口中的图层可见性匹配。
- “编辑边界”按钮：单击该按钮，可以显示选定的视图，绘图区的其他部分以较浅的颜色显示，从而显示命名视图边界。
- “删除”按钮：单击该按钮，可以删除选定的视图。

4. 恢复命名视图

在 AutoCAD 中，可以一次性命名多个视图，当需要重新使用一个已命名视图时，只需将该视图恢复到当前视口即可。

素材文件	第 2 章\树木.dwg	效果文件	第 2 章\树木.dwg

STEP 01 打开素材

单击快速访问工具栏中的“打开”按钮，打开素材图形，如下图所示。

STEP 02 选择“东北等轴测”选项

在“功能区”选项板的“视图”选项卡中，单击“视图”面板中的“视图管理器”按钮，弹出“视图管理器”对话框，单击“预设视图”选项前的“+”号按钮，展开列表，选择“东北等轴测”选项，如下图所示。

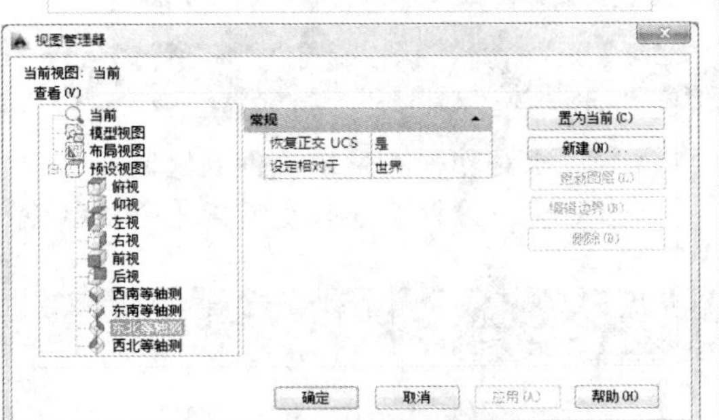

STEP 03 恢复命名视图

依次单击“置为当前”和“确定”按钮，即可恢复命名视图，如下图所示。

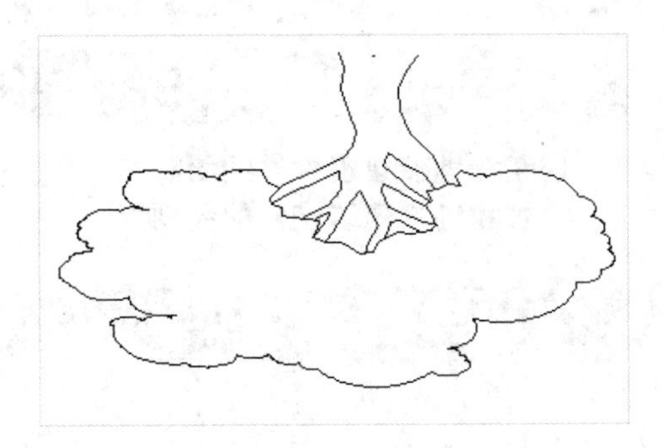

读书笔记

Chapter

03

章前知识导读

本章主要介绍配套设施的设计和绘制流程，从不同的角度出发，设计出各种实用的配套设施。通过本章的学习，并结合前几章的学习和绘图技巧，读者可以掌握更丰富的设计应用技能和编辑技巧，从而轻松提高绘图效率。

配套设施构件绘制

重点知识索引

- 道路和地砖建筑构件的绘制
- 植被和灌木建筑构件的绘制
- 水景和景石建筑构件的绘制
- 建筑设计其他配套设施构件的绘制

效果图片赏析

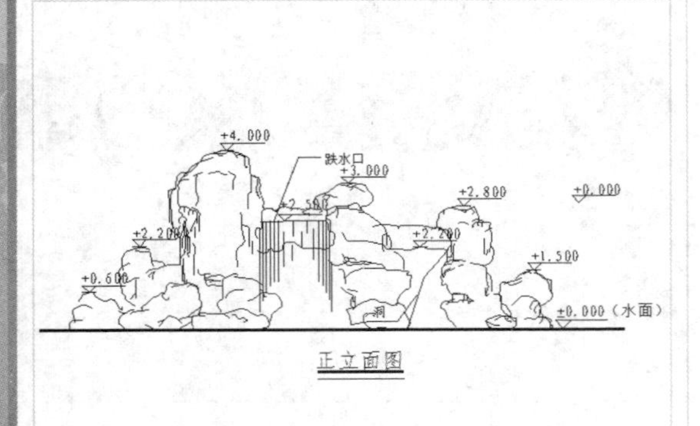

正立面图

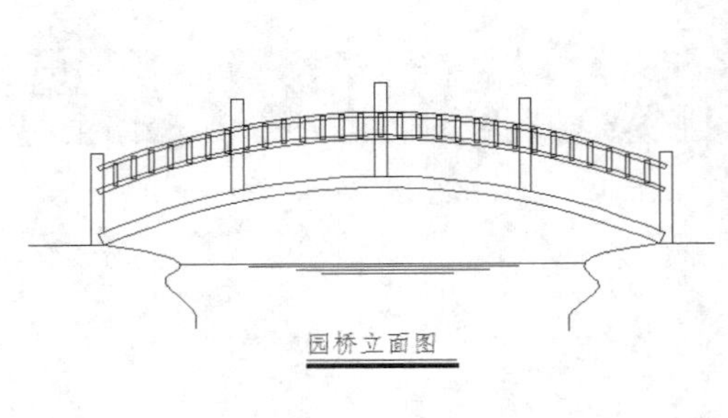

园桥立面图

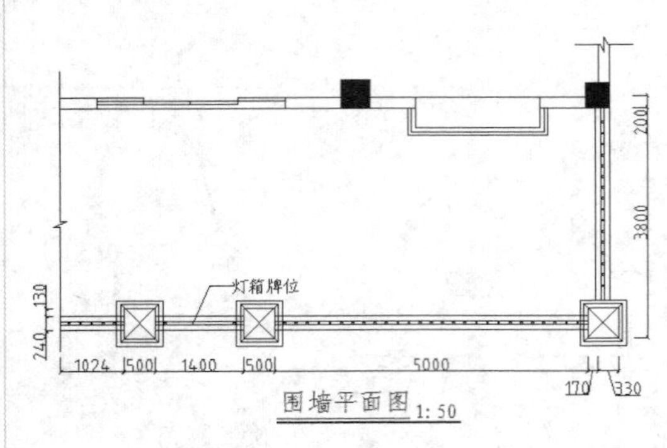

围墙平面图 1:50

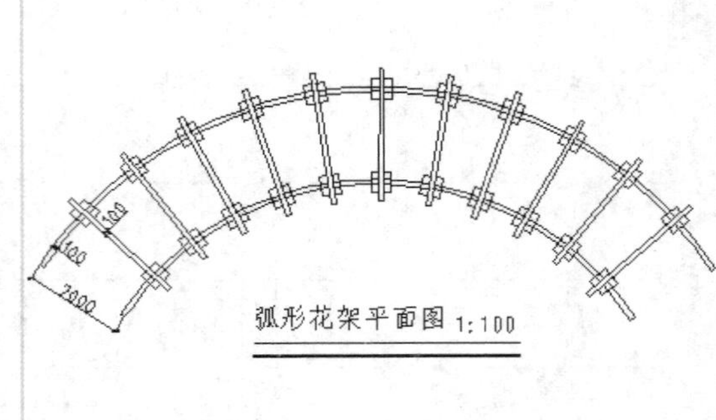

弧形花架平面图 1:100

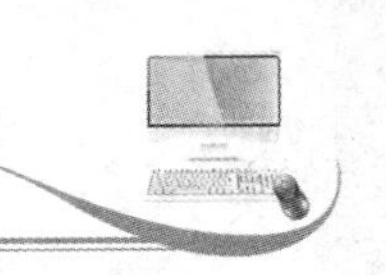

3.1 道路和地砖建筑构件的绘制

园林道路是建筑设计的重要组成部分，起着组织空间、引导游览、联系交通并提供散步休息场所的作用，而地砖主要通过对园林、空地、广场等进行不同形式的组合，贯穿游览过程的始终，在营造空间的整体形象上具有极为重要的影响。

3.1.1 绘制卵石小路

卵石路能够起到给人脚底按摩的作用，但是一般都应用在不常走的道路上。在本实例设计过程中，首先通过“矩形”命令绘制一段小路的范围，然后通过“椭圆”命令绘制卵石并进行图案填充，展示了卵石小路的具体设计方法与技巧，其具体操作步骤如下。

素材文件	无	效果文件	第 3 章\卵石小路.dwg

STEP 01 启动 AutoCAD 2014

双击桌面的程序图标，启动 AutoCAD 2014 应用程序，取消栅格显示，如下图所示。

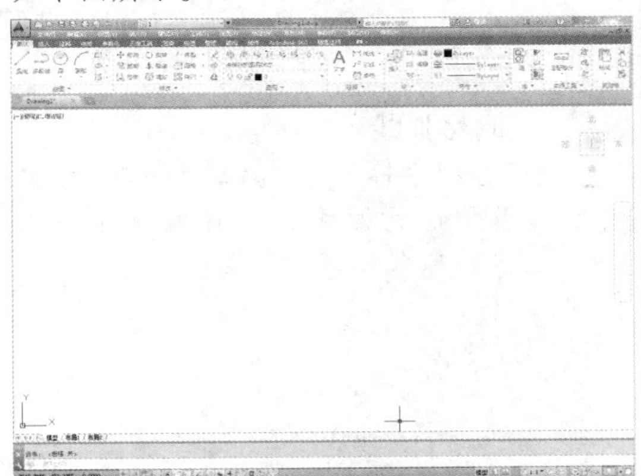

STEP 02 单击“图层特性”按钮

在“功能区”选项板的“默认”选项卡中，单击“图层”面板中的“图层特性”按钮，如下图所示。

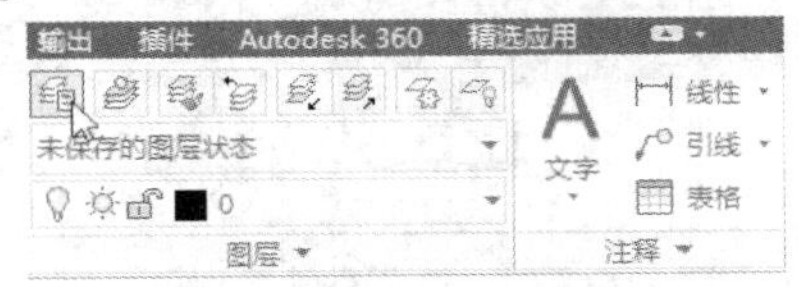

STEP 03 设置当前图层

弹出“图层特性管理器”选项板，单击“新建图层”按钮，新建“小路”图层，并将该图层置为当前，如下图所示。

STEP 04 绘制矩形

在命令行中输入 REC（矩形）命令，按【Enter】键确认，根据命令行中的提示进行操作，输入第一个角点坐标（@0,0）并确认，输入对角点坐标（@3000,1000）并确认，即可绘制矩形，如下图所示。

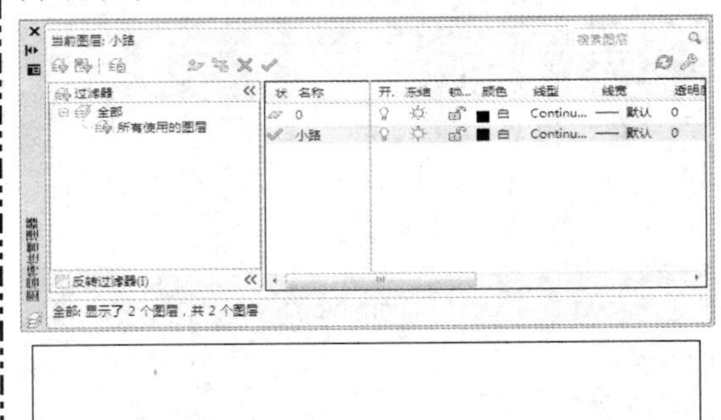

> **专家指点**
>
> 单击“绘图”面板中的“矩形”按钮，也可绘制矩形。

STEP 05 绘制椭圆形

单击“绘图”面板中的“轴、端点”按钮，在矩形内部绘制大小形状各不同的椭圆形，如下图所示。

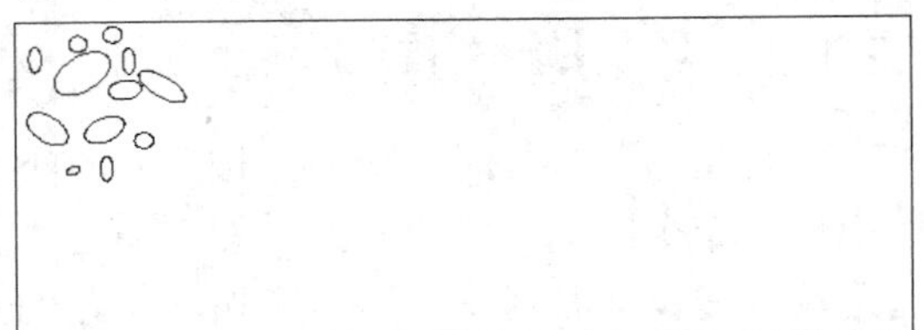

STEP 06 复制图形对象

在命令行中输入 CO（复制）命令，按

【Enter】确认，根据命令行提示进行操作，选择复制的图形对象并确认，捕捉图形对象的圆心，引导光标至合适位置并确认，复制图形对象，如下图所示。

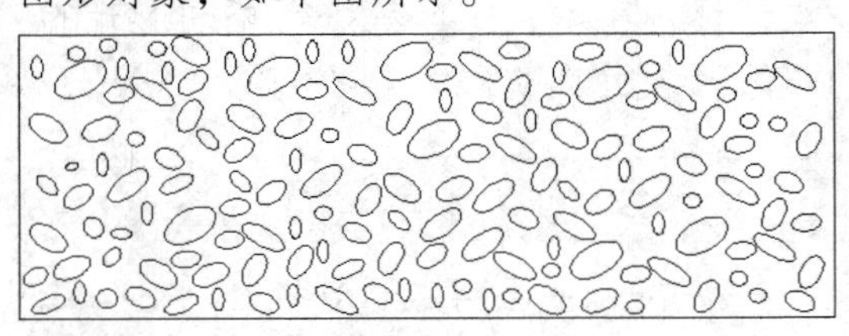

STEP 07 设置图案填充

单击“绘图”面板中的“图案填充”按钮，展开“图案填充创建”选项卡，在“图案”面板的下拉列表中选择 AR-CONC 选项，设置“比例”为 10，如下图所示。

STEP 08 填充图案

在“边界”面板中，单击“拾取点”按钮，单击椭圆外的空白区域，完成图案的填充，如下图所示。

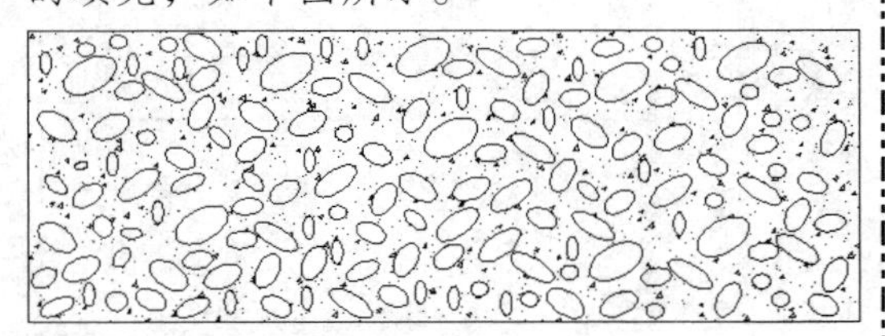

STEP 09 绘制出弧形小路范围

运用与上述相同的操作方法，绘制弧形卵石小道，单击“绘图”面板中的“样条曲线拟合”按钮，绘制出弧形小路的范围，如下图所示。

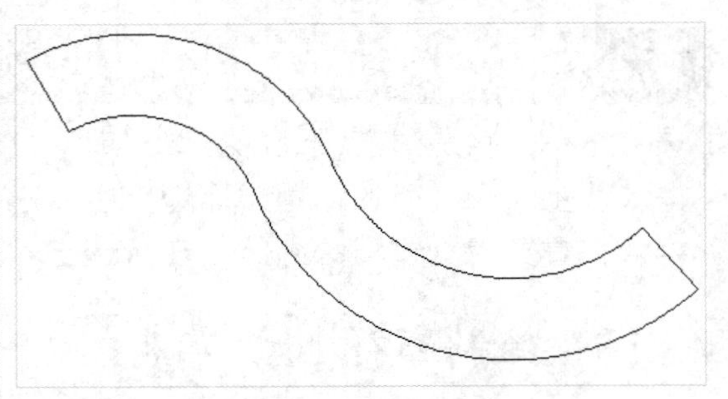

STEP 10 绘制卵石并填充图案

在弧形小路内绘制大小不等的椭圆表示卵石，并填充图案，如下图所示。

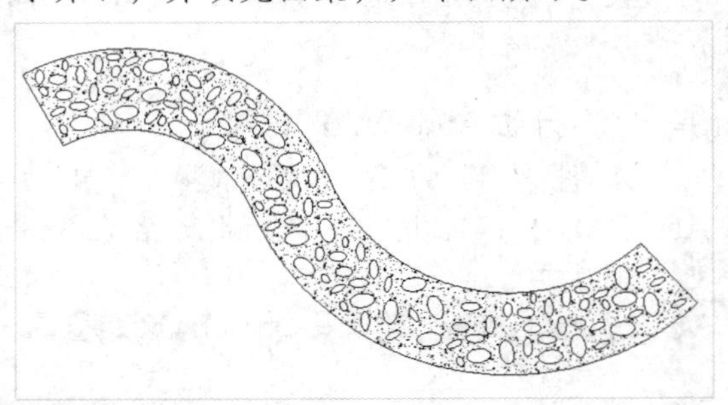

STEP 11 偏移弧线

在命令行中输入 O（偏移）命令，根据命令行提示进行操作，设置偏移距离为 100，偏移两条弧线，如下图所示。

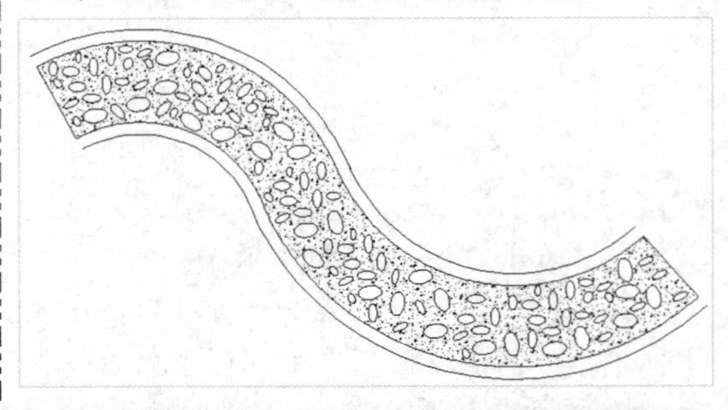

专家指点

卵石小道的形式多样，以上绘制的小道的尺寸为暂定数据，每个设计师可以依据现场需要，绘制任意长度和宽度的小路。

3.1.2 绘制块石园路

块石园路在铺装时，块石可按尺寸大小来进行切割。在本实例设计过程中，首先通过“矩形”命令绘制一段块石路，然后通过“直线”、“偏移”和“多段线”命令绘制块石园路轮廓线及块石形状，展示了块石园路的具体设计方法与技巧，其具体操作步骤如下。

素材文件	第 3 章\块石园路装饰.dwg	效果文件	第 3 章\块石园路.dwg

STEP 01 打开素材

单击快速访问工具栏中的“打开”按钮，打开素材图形，如下图所示。

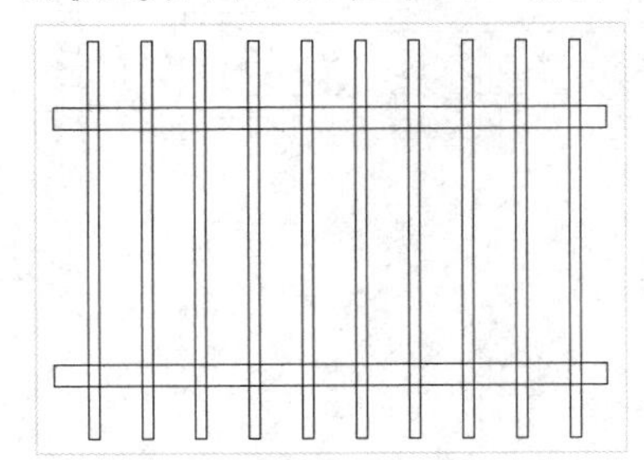

STEP 02 绘制 900×900 的矩形

单击“绘图”面板中的“矩形”按钮，绘制一个 900×900 的矩形，如下图所示。

STEP 03 绘制 400×900 的矩形

单击“绘图”面板中的“矩形”按钮，绘制一个 400×900 的矩形，如下图所示。

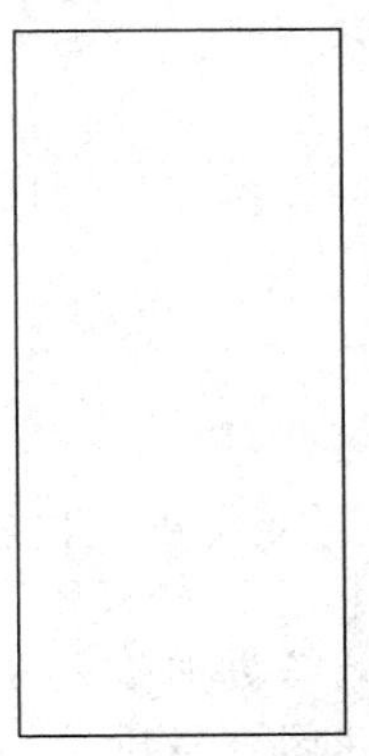

STEP 04 复制块石

重复执行“REC（矩形）”命令，绘制一个 900×300 的矩形，单击“修改”面板中的“复制”按钮，根据命令行提示进行操作，复制块石，如下图所示。

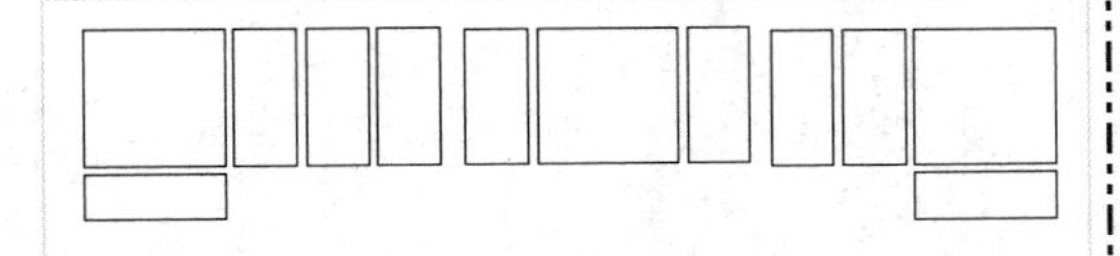

STEP 05 旋转图形

单击“修改”面板中的“旋转”按钮，根据命令行提示进行操作，设置旋转角度为 45，旋转图形，如下图所示。

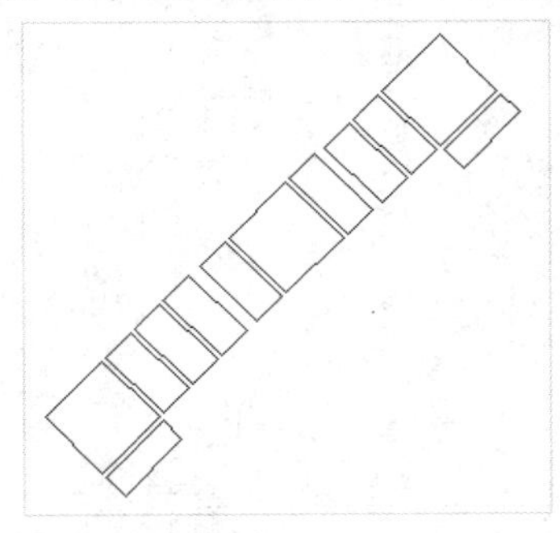

STEP 06 绘制直线

单击“绘图”面板中的“直线”按钮，根据命令行提示进行操作，捕捉素材图形的中线点，绘制一条长度为 5266 的直线，效果如下图所示。

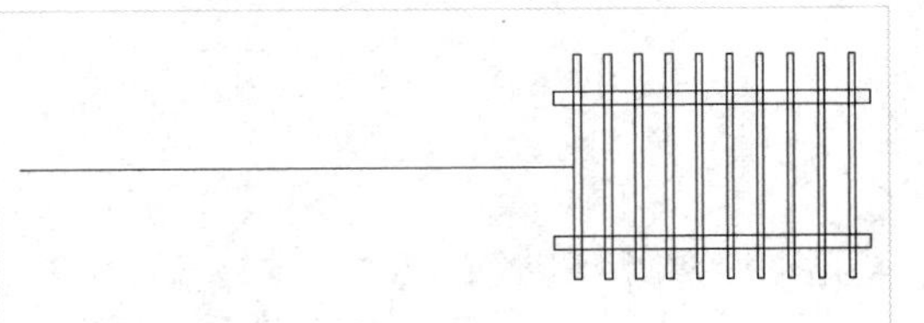

STEP 07 偏移直线

单击“修改”面板中的“偏移”按钮，根据命令行提示进行操作，将直线向上下各偏移 450 的距离，如下图所示。

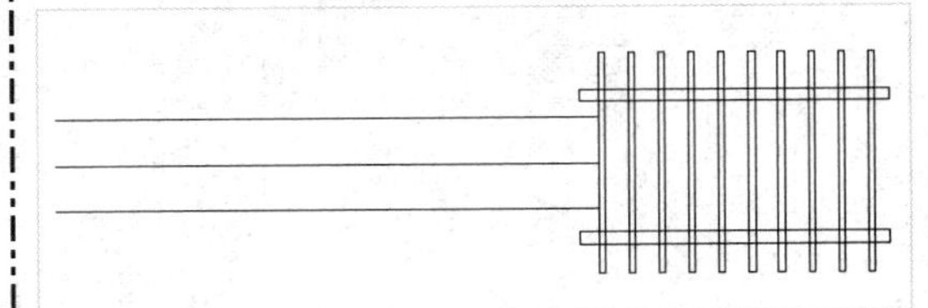

STEP 08 草图设置

在命令行中输入 SE（草图设置）命令，按【Enter】键确认，弹出“草图设置”对话框，切换至“极轴追踪”选项卡，设置“增量角”为 45，选中“启用极轴追踪”复选框，如下图所示，单击“确定”按钮。

STEP 09 绘制直线

单击“绘图”面板中的“直线”按钮，根据命令行信息提示进行操作，绘制一条长度为 8453 的直线，如下图所示。

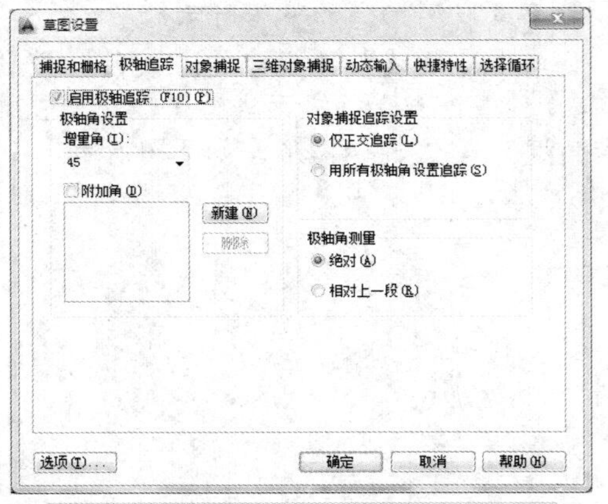

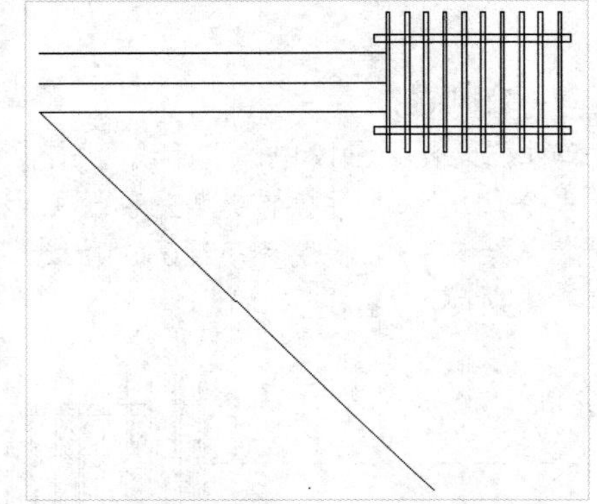

STEP 10 对齐辅助线

单击“修改”面板中的“移动”按钮 移动，根据命令行提示进行操作，将绘制好的一小段石路移动对齐至辅助直线，如下图所示。

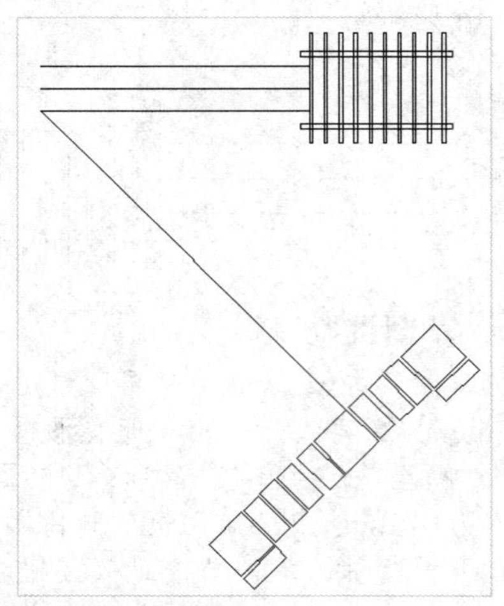

STEP 11 绘制轮廓线

执行“O（偏移）”、“L（直线）”和“E（删除）”命令，绘制块石园路的轮廓线，如下图所示。

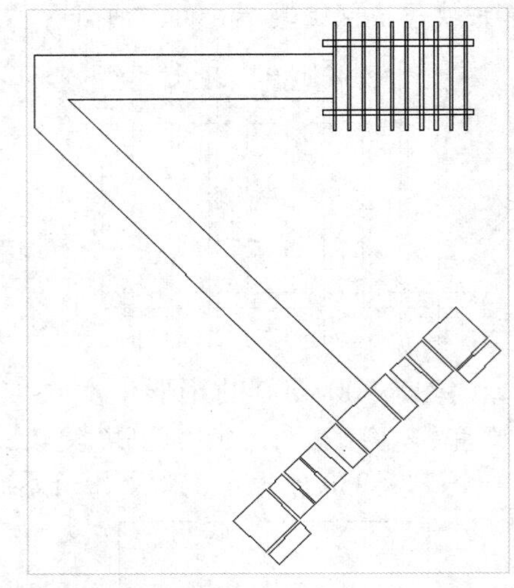

STEP 12 闭合多段线

单击“绘图”面板中的“多段线”按钮，根据命令行提示进行操作，光标指引X轴负方向输入758，Y轴负方向输入900，X轴正方向输入1000，并闭合多段线，如下图所示。

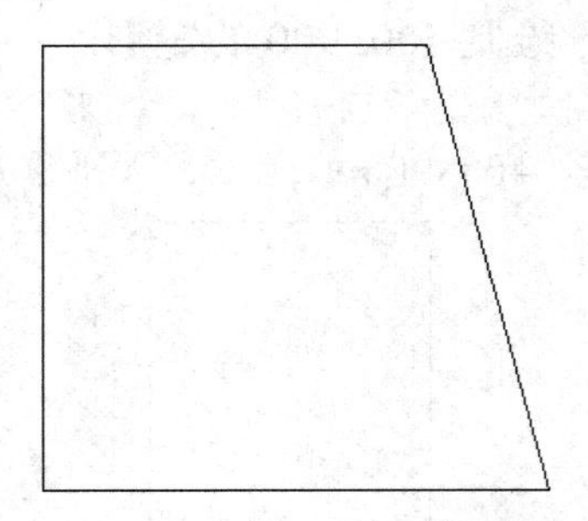

STEP 13 闭合多段线

重复单击“多段线”按钮，根据命令行提示进行操作，光标指引X轴负方向输入635，Y轴负方向输入900，X轴正方向输入394，并闭合多段线，如下图所示。

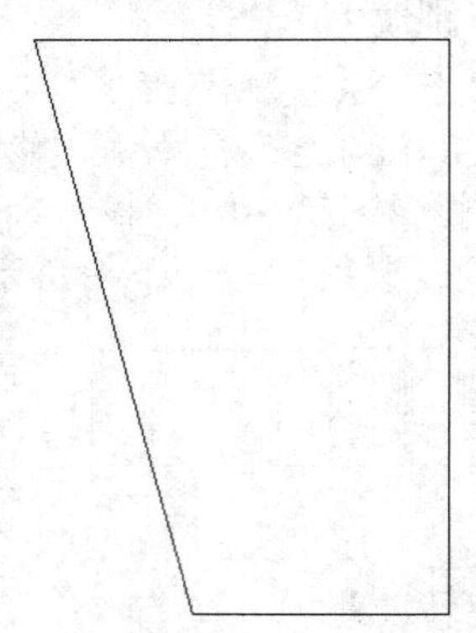

STEP 14　绘制部分块石

根据需要的块石形状，继续绘制图形，如下图所示。

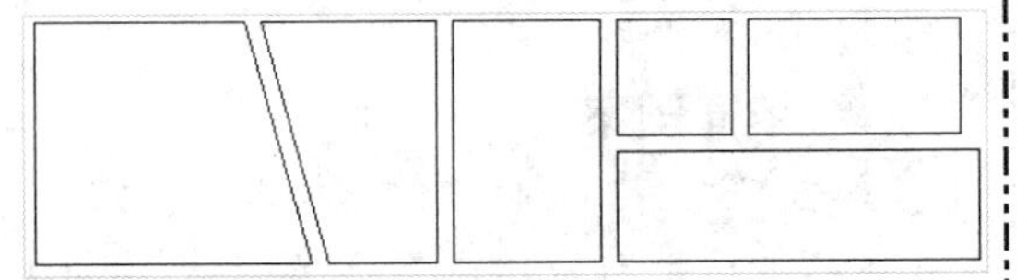

STEP 15　绘制其他块石

运用与上述相同的操作方法，绘制其他块石园路，并删除辅助线，效果如下图所示。

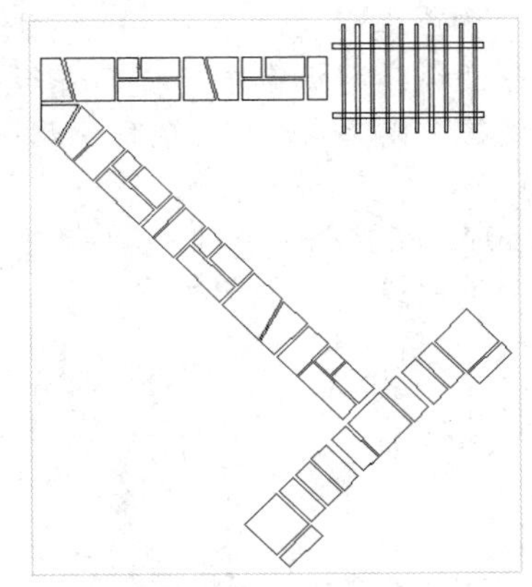

3.1.3　绘制嵌草步石

嵌草路面属于透水透气性铺地之一，本实例主要介绍青石板嵌步石的绘制。在本实例设计过程中，首先通过“样条曲线”、“矩形”、“定距等分”和“删除”命令绘制步石，然后通过“矩形”命令绘制封闭草地区域并进行图案填充，展示了嵌草步石的具体设计方法与技巧，其具体操作步骤如下。

素材文件	无	效果文件	第 3 章\嵌草步石.dwg

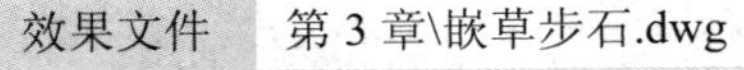

STEP 01　绘制样条曲线

在命令行中输入 SPL(样条曲线)命令，按【Enter】键确认，根据命令行提示进行操作，绘制一条样条曲线，如下图所示。

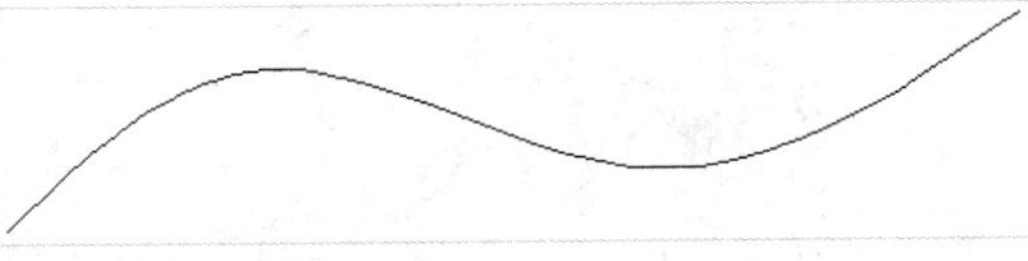

STEP 02　绘制矩形

在命令行中输入 REC（矩形）命令，按【Enter】键确认，根据命令行提示进行操作，绘制一个 400×800 的矩形，如下图所示。

STEP 03　定义块

显示菜单栏，单击“绘图”|“块”|“创建”命令，弹出“块定义”对话框，设置“名称”为“草坪步石”，将绘制的矩形定义为块，将矩形中心定义为插入点，如下图所示。

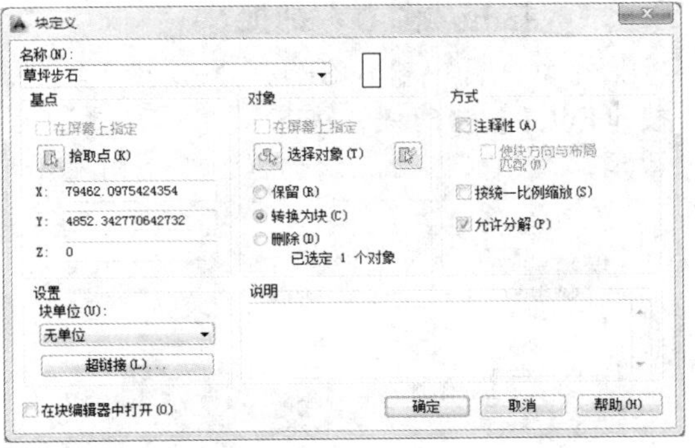

STEP 04　调整图形位置

单击“确定”按钮，完成块的定义，单击“修改”面板中的“旋转”按钮，旋转至合适角度，并调整至合适位置，如下图所示。

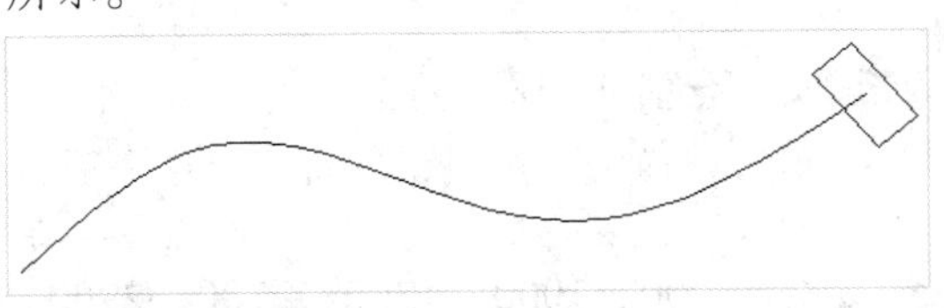

STEP 05　等距排列矩形

单击菜单栏中的“绘图”|“点”|“定距等分”命令，根据命令行提示进行操作，选择定距等分对象并确认，在命令行中输入B，选择“草坪步石”选项，设置“等分距离”为500，在样条曲线上等距排列矩形，并删除样条曲线，如下图所示。

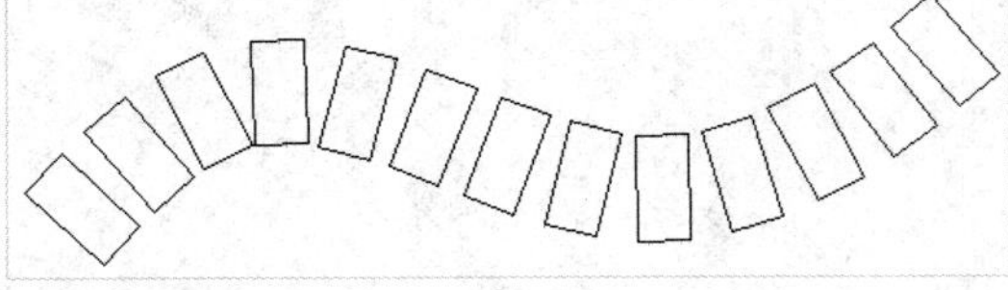

STEP 06 设置各选项

绘制一个矩形，作为草坪区域，单击“绘图”面板中的“图案填充”按钮，弹出“图案填充创建”选项卡，在“图案”面板的下拉列表中选择CROSS选项，设置“比例”为1000，如下图所示。

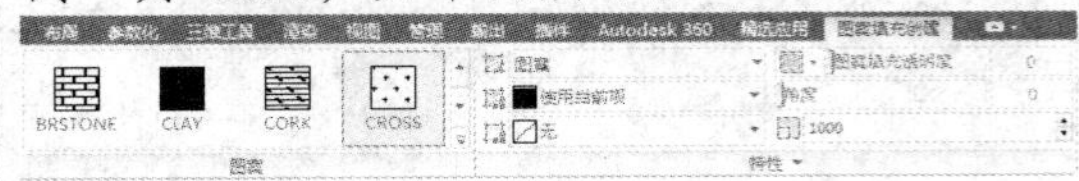

STEP 07 填充图案

单击“边界”面板中的“拾取点”按钮，在矩形内部空白区域拾取点，按【Enter】键确认，即可填充图案，如下图所示。

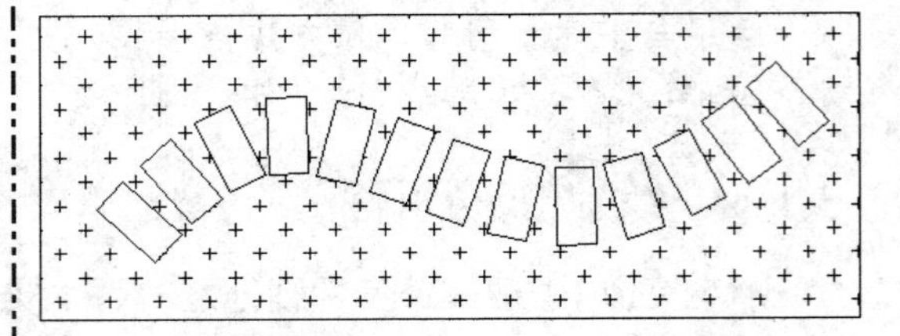

3.1.4 绘制广场中心图案

广场中心图案的地位和作用很重要，是城市建设规划布局的重点之一。在本实例设计过程中，首先通过“圆”、“定数等分”、“多段线”和“修剪”命令绘制广场中心的大致图案，然后通过“直线”、“圆弧”和“阵列”命令绘制出中心图案的圆弧花形并进行图案填充，展示了广场中心图案的具体设计方法与技巧，其具体操作步骤如下。

素材文件	无	效果文件	第3章\中心图案.dwg

STEP 01 打开“圆心”捕捉

在命令行中输入SE（草图设置）命令，按【Enter】键确认，弹出“草图设置”对话框，选中“圆心”复选框，如下图所示。

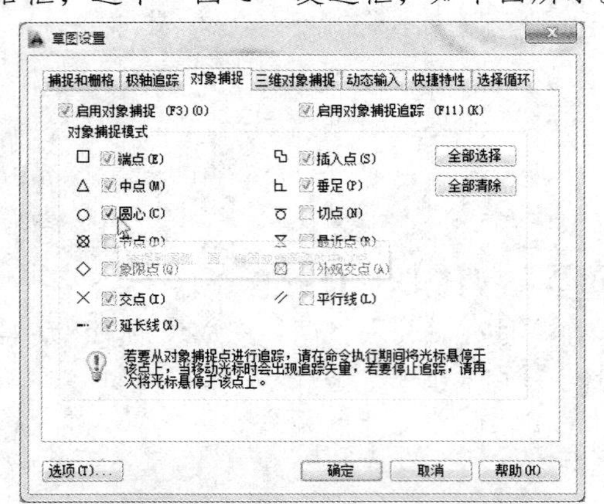

STEP 02 绘制9个同心圆

单击“确定”按钮，单击“绘图”面板中的“圆”按钮，绘制9个同心圆，半径分别为900、1000、1200、2700、2900、4500、4900、6100和6300，如下图所示。

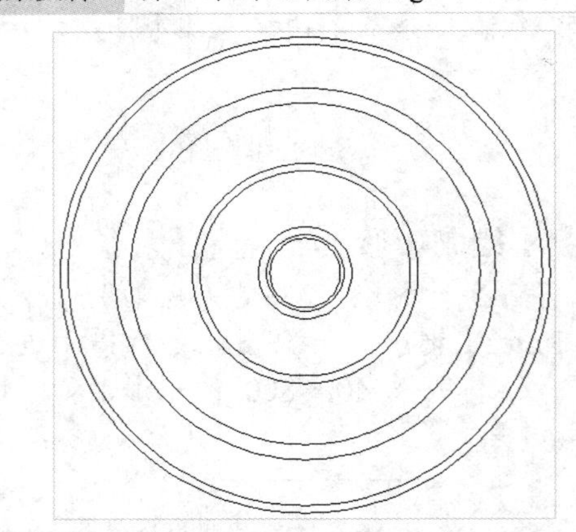

STEP 03 单击“点样式”按钮

在“功能区”选项板的“默认”选项卡中，单击“实用工具”面板中间的下拉按钮，在展开的面板中单击“点样式”按钮，如下图所示。

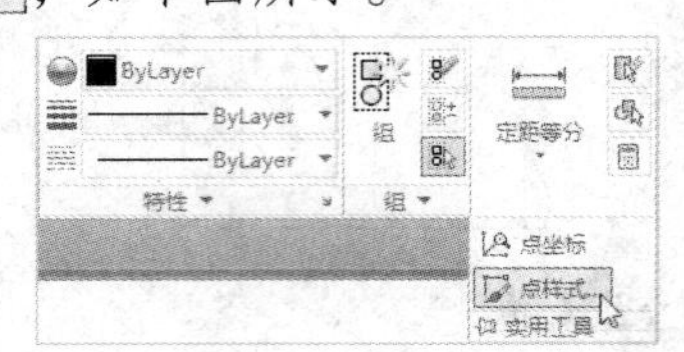

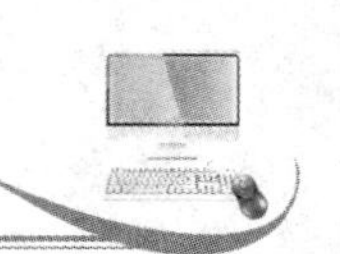

STEP 04 选择点样式

弹出“点样式”对话框，在该对话框中，选择第二行的第 4 个点样式，如下图所示。

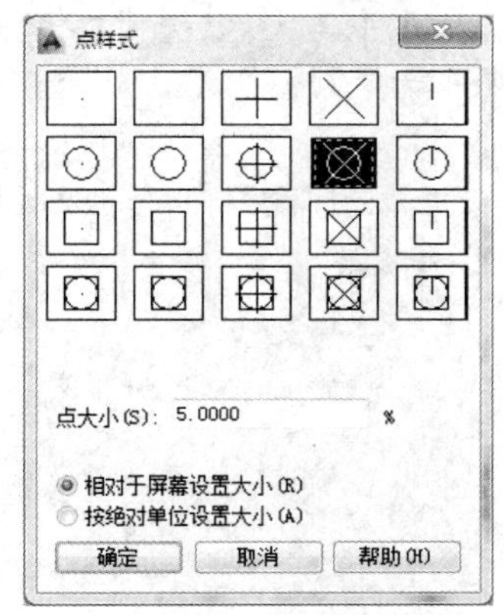

STEP 05 单击“定数等分”按钮

单击“确定”按钮，设置点样式，在“功能区”选项板的“默认”选项卡中，单击“绘图”面板中间的下拉按钮，在展开的面板中单击“定数等分”按钮，如下图所示。

STEP 06 绘制定数等分点

根据命令行提示进行操作，选择半径为 2700 的圆对象，输入线段数目为 8，按【Enter】键确认，即可绘制定数等分点，如下图所示。

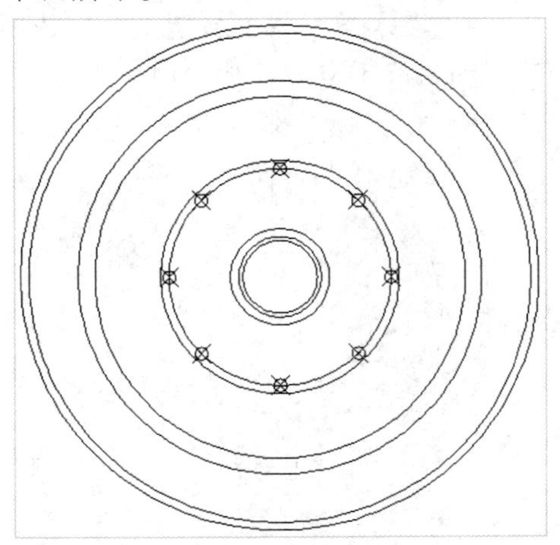

STEP 07 定数等分圆

运用与上述相同的操作方法，将半径为 1000 的圆等分为 16 份，如下图所示。

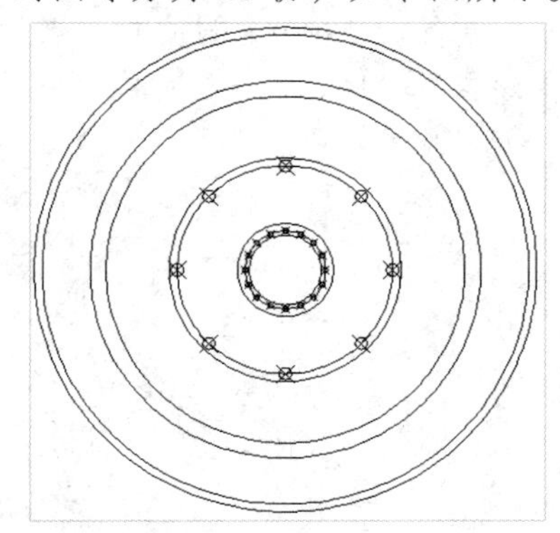

STEP 08 连接定数等分点

在命令行中输入 PL（多段线）命令，按【Enter】键确认，根据命令行提示进行操作，将定数等分点连接，删除多余的点，如下图所示。

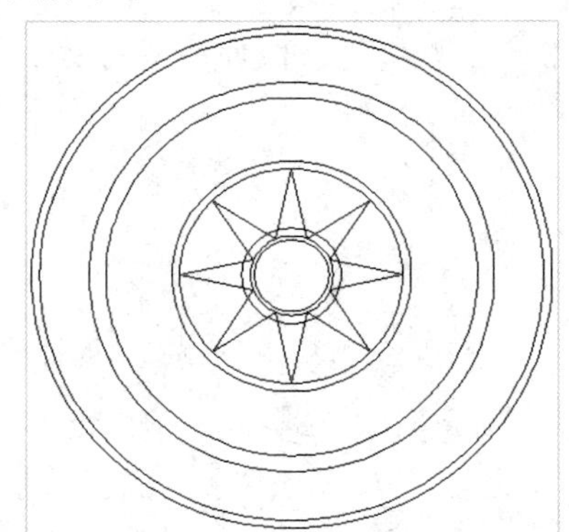

STEP 09 修剪多余的线条

在命令行中输入 TR（修剪）命令，按【Enter】键确认，根据命令行提示进行操作，修剪中心部分多余的线条，如下图所示。

STEP 10 **绘制直线**

在命令行中输入 L（直线）命令，按【Enter】键确认，根据命令行提示进行操作，捕捉半径为 2900 的圆的象限点为第一点，半径为 6300 的圆的象限点为第二点并确认，绘制直线，如下图所示。

STEP 11 **指定圆弧的起点**

在命令行中输入 A（圆弧）命令，按【Enter】键确认，根据命令行提示进行操作，指定圆弧的起点，如下图所示。

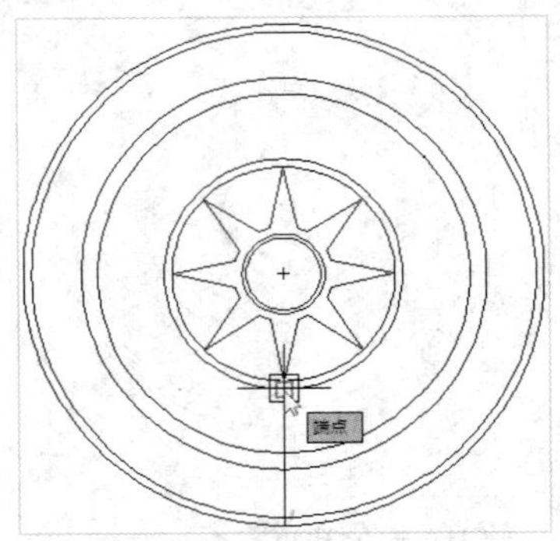

STEP 12 **绘制圆弧**

按【Enter】键确认，根据命令行提示进行操作，指定圆弧的端点，设置半径为 2400 并确认，即可绘制圆弧，效果如下图所示。

STEP 13 **镜像圆弧图形**

在命令行中输入 MI（镜像）命令，按【Enter】确认，根据命令行提示进行操作，选择镜像对象并确认，依次捕捉直线端点并确认，即可镜像圆弧图形，如下图所示。

STEP 14 **绘制圆弧**

用与上述相同的操作方法，绘制一条半径为 3800 的圆弧，如下图所示。

STEP 15 **确定阵列中心点**

在命令行中输入 AR（阵列）命令，按【Enter】键确认，根据命令行提示进行操作，选择阵列对象，以所有圆形共同的圆心为环形阵列的中心点，如下图所示。

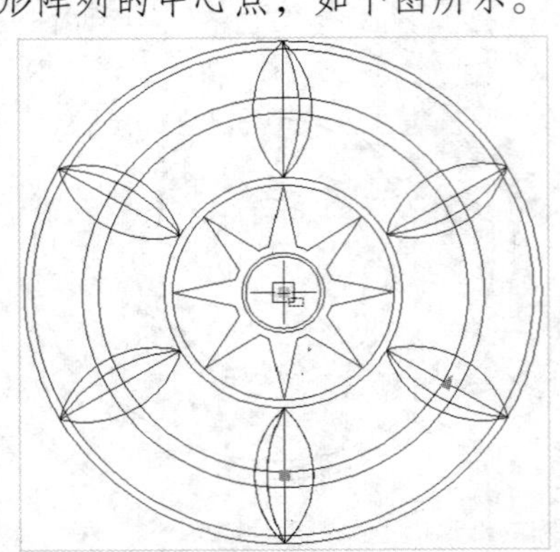

STEP 16 设置各选项参数

在弹出的“阵列创建”选项卡中，设置“项目数”为 10，设置“填充”为 360，如下图所示。

默认 插入 注释 布局 参数化 三维工具		
极轴	项目数:	10
	介于:	36
	填充:	360
类型	项目	

STEP 17 环形阵列图形

按【Enter】键确认，即可环形阵列图形，如下图所示。

STEP 18 设置各选项

单击“绘图”面板中的“图案填充”按钮，弹出“图案填充创建”选项卡，在“图案”面板的下拉列表中选择 HEX 选项，设置“比例”为 50，如下图所示。

STEP 19 填充图案

单击“边界”面板中的“拾取点”按钮，在圆形内部空白区域拾取点，即可填充图案，效果如下图所示。

STEP 20 填充材料图案

运用与上述相同的操作方法，设置“图案”为 DOTS，为广场中心填充材料图案，如下图所示。

专家指点

建筑园林铺装有许多功能，其中包括空间的分隔和变化作用、视觉的引导和强化作用以及意境与主题的体现作用。

3.1.5 绘制交错式花岗石铺装

交错式的花岗石铺装是应用比较多的一种铺装方式，它以简洁、明快的线条为主。在本实例设计过程中，首先通过“矩形”命令绘制铺装的范围，然后对铺装范围进行图案填充，展示了交错式花岗石铺装的具体设计方法与技巧，其具体操作步骤如下。

素材文件	无	效果文件	第 3 章\花岗石铺装.dwg

STEP 01 绘制填充范围

在命令行中输入 REC（矩形）命令，按【Enter】键确认，根据命令行提示进行操作，绘制一个 7000×5000 的矩形，作为填充的范围，如下图所示。

STEP 02 设置填充图案

单击“绘图”面板中的“图案填充”按钮，弹出“图案填充创建”选项卡，在“图案”面板的下拉列表中选择 AR-BRSTD 选项，如下图所示。

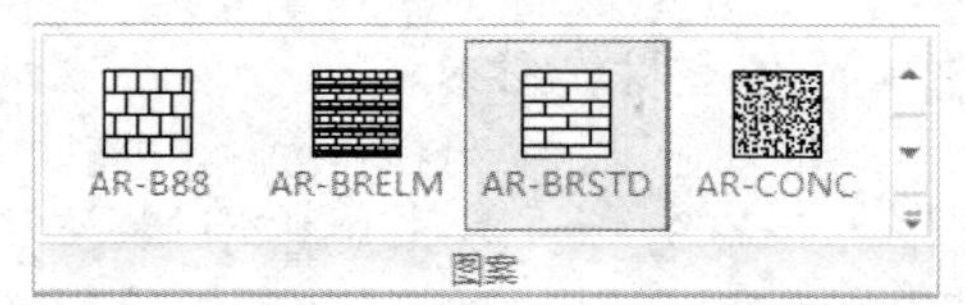

STEP 03 设置“比例”

在“特性”面板中设置“比例”为 4，如下图所示。

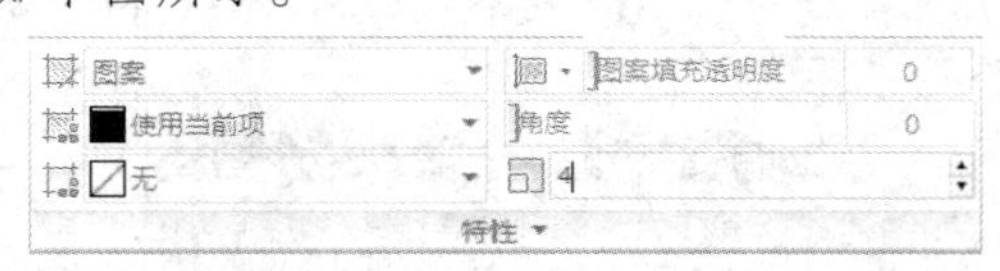

STEP 04 填充图案

在“原点”面板中单击“设定原点”按钮，根据命令行提示进行操作，指定左上点为原点，单击“边界”面板中的“拾取点”按钮，在矩形内部空白区域拾取点并确认，即可填充图案，效果如下图所示。

在默认情况下，填充的图案是关联的，当编辑修改时，填充图案会自动更新，如下图所示。

当取消关联时，图案则会独立于边界，即使修改边界，图案也不会发生变化，如下图所示。因此，使用关联图案便于修改。

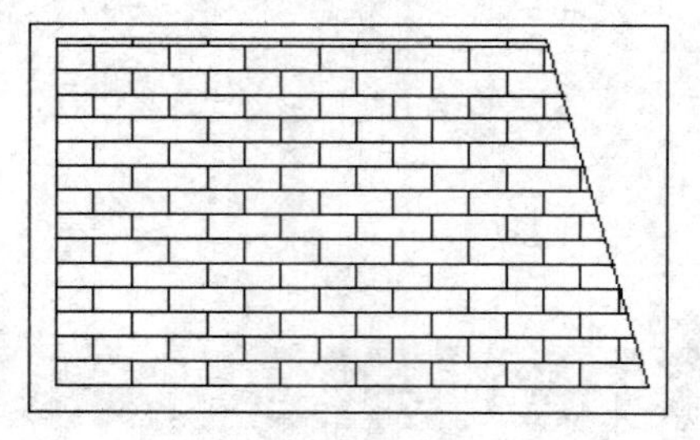

填充图案自动更新

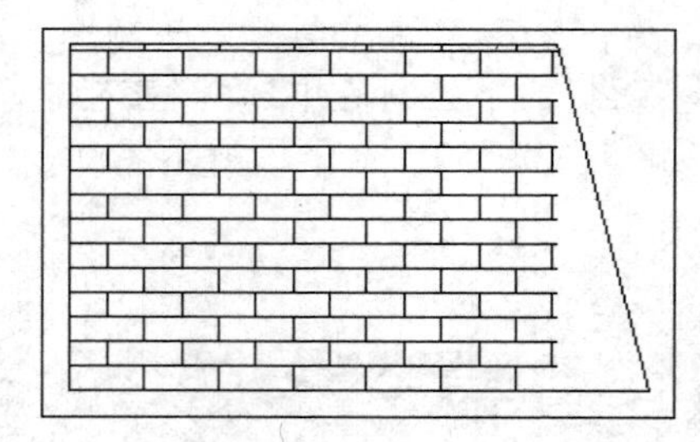

填充图案不自动更新

3.2 植被和灌木建筑构件的绘制

植物是构成建筑园林景观的主要素材。由植物构成的空间，无论是空间变化、时间变化还是色彩变化，反映在景观变化上，都是极为丰富和无与伦比的。除此之外，植物还可以有效地改善城市的环境、调节城市的空气，提高人们的生活质量。

3.2.1 绘制棕榈乔木

棕榈科植物，耐寒耐旱，适应性广，为热带、亚热带地区最受欢迎的建筑园林植物之

一。在本实例设计过程中，首先通过“样条曲线”和“多段线”命令绘制出树干和树枝的大体轮廓，然后通过“多段线”命令刻画细节，展示了棕榈乔木的具体设计方法与技巧，其具体操作步骤如下。

素材文件	无	效果文件	第 3 章\棕榈乔木.dwg

STEP 01 绘制树干基本形状

在命令行中输入 SPL(样条曲线)命令，按【Enter】键确认，根据命令行提示进行操作，绘制样条曲线，大致绘制出树干的基本形状，效果如下图所示。

STEP 02 绘制树干内部纹理

在命令行中输入 PL（多段线）命令，按【Enter】键确认，根据命令行提示进行操作，绘制多段线，绘制出树干的表面纹理，效果如下图所示。

STEP 03 勾勒树枝的轮廓

在命令行中输入 SPL(样条曲线)命令，按【Enter】键确认，根据命令行提示进行操作，绘制样条曲线，大致勾勒出树枝的轮廓，效果如下图所示。

STEP 04 刻画细节

在命令行中输入 PL（多段线）命令，按【Enter】键确认，根据命令行提示进行操作，绘制多段线，绘制树枝以及刻画细节，效果如下图所示。

专家指点

植物的立面比较写实，但也不必完全按照植物的外形进行绘制。树冠轮廓线因树种而不同，针叶树可以用锯齿形表示，阔叶树则可以用弧线形表示。绘制时，只需要大致表现出该植物所属类别即可，如常绿植物、落叶植物、棕榈科植物等。

3.2.2 绘制棕竹灌木

棕竹又称观音竹、棕榈竹、矮棕竹，为棕榈科棕竹属常绿观叶植物。在本实例设计过程中，首先通过“椭圆”、“打断”、“圆弧”、“复制”、“旋转”和“缩放”命令绘

制一组棕竹，然后通过“复制”、“旋转”和“缩放”命令复制棕竹，展示了棕竹灌木的具体设计方法与技巧，其具体操作步骤如下。

素材文件	无	效果文件	第 3 章\棕竹灌木.dwg

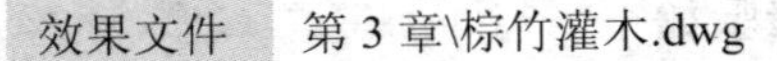

STEP 01 绘制椭圆

单击“绘图”面板中的“轴、端点”按钮，单击空白区域指定椭圆的轴端点，打开“正交”模式，沿水平方向引导光标输入 680 作为长轴，沿垂直方向引导光标输入 60 作为短轴，绘制一个椭圆，如下图所示。

STEP 02 打断图形对象

在命令行中输入 BR（打断）命令，按【Enter】键确认，根据命令行提示进行操作，选择椭圆为打断对象，依次确认打断点，效果如下图所示。

STEP 03 打断图形对象

在命令行中输入 BR（打断）命令，按【Enter】键确认，根据命令行提示进行操作，选择圆弧，指定一点为打断点，并不删除图形部分，如下图所示。

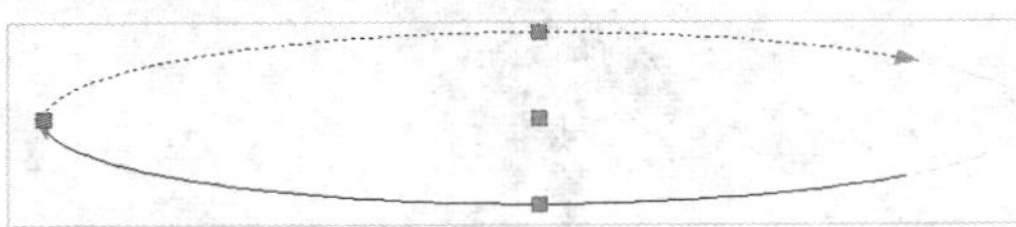

STEP 04 修改圆弧弧度

使用“夹点编辑”模式，修改两段圆弧的弧度，如下图所示。

STEP 05 绘制圆弧

在命令行中输入 A（圆弧）命令，按【Enter】键确认，在命令行提示下，捕捉两段圆弧的端点，指定圆弧的方向并确认，绘制一条圆弧，如下图所示。

STEP 06 旋转竹叶

单击“修改”面板中的“旋转”按钮，以刚绘制的圆弧的圆心为基点，将竹叶旋转 -7°，效果如下图所示。

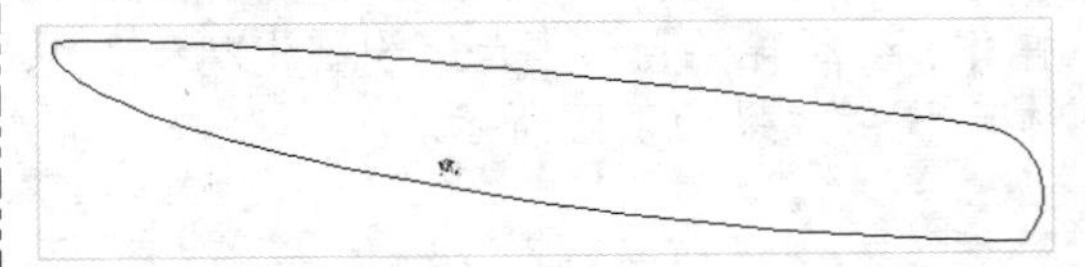

STEP 07 复制并旋转竹叶

在命令行中输入 CO（复制）命令，按【Enter】键确认，根据命令行提示进行操作，复制竹叶，并将其旋转 54°，效果如下图所示。

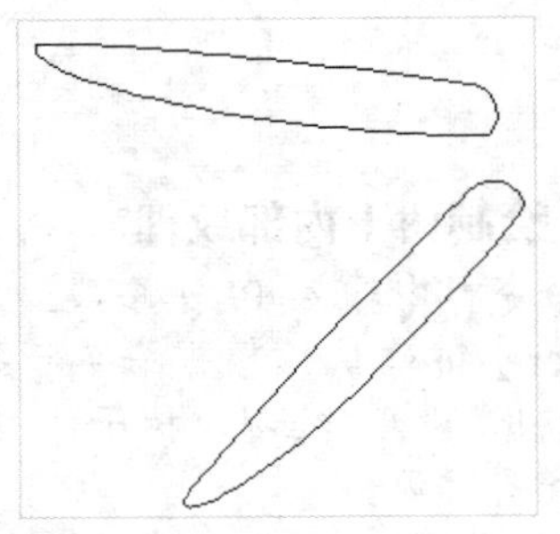

STEP 08 缩放图形对象

在命令行中输入 SC（缩放）命令，按【Enter】确认，根据命令行提示进行操作，选择复制的竹叶为缩放对象，设置缩放比例为 0.6，效果如下图所示。

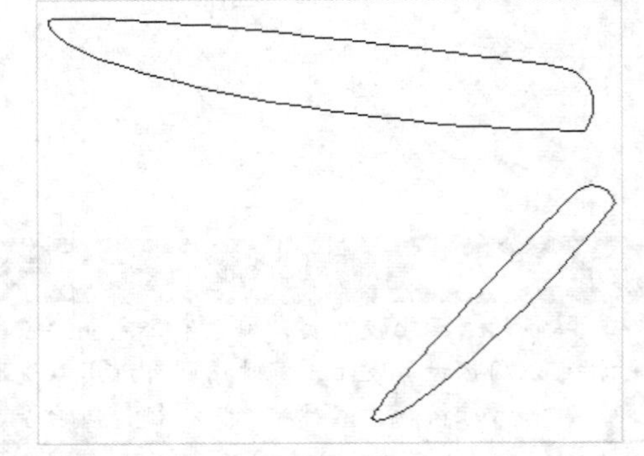

STEP 09 编辑图形对象

运用与上述相同的操作方法，复制 3 片竹叶，旋转角度自定义，对所有叶子进行夹点编辑，使其更为自然，如下图所示。

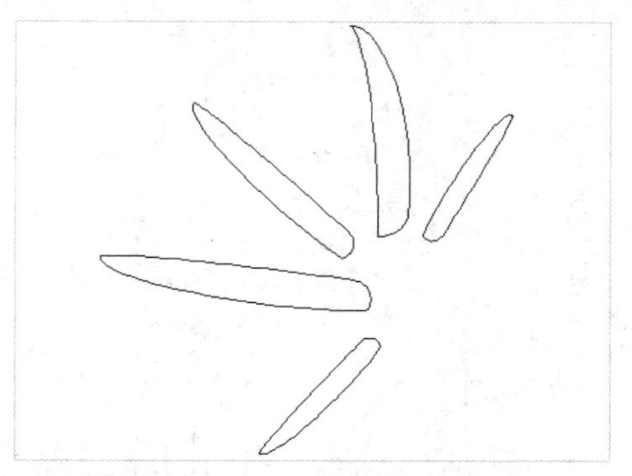

STEP 10　旋转并缩放图形对象

将竹叶旋转复制，在命令行中输入 SC（缩放）命令，按【Enter】确认，然后根据命令行提示进行操作，选择复制的竹叶为缩放对象，设置缩放比例为 0.8，效果如下图所示。

STEP 11　图像效果

运用与上述相同的操作方法，以组为单位旋转复制竹叶，并适当地移动竹叶，调整位置和大小，效果如下图所示。

3.2.3　绘制绿篱

绿篱是用植物密植而成的围墙，是建筑园林中比较重要的一种应用形式，具有隔离和装饰美化作用，广泛应用于公共绿地和庭院绿化。在本实例设计过程中，首先通过“矩形”命令绘制绿篱范围，然后通过“多段线”命令绘制绿篱轮廓线并将其定义为块，展示了绿篱的具体设计方法与技巧，其具体操作步骤如下。

素材文件	无	效果文件	第 3 章\绿篱.dwg

STEP 01　绘制绿篱范围

在命令行中输入 REC（矩形）命令，按【Enter】键确认，根据命令行提示进行操作，绘制一个 2340×594 的矩形，作为绿篱范围，如下图所示。

STEP 02　绘制绿篱轮廓

在命令行中输入 PL（多段线）命令，按【Enter】键确认，根据命令行提示进行操作，绘制出绿篱的轮廓，如下图所示。

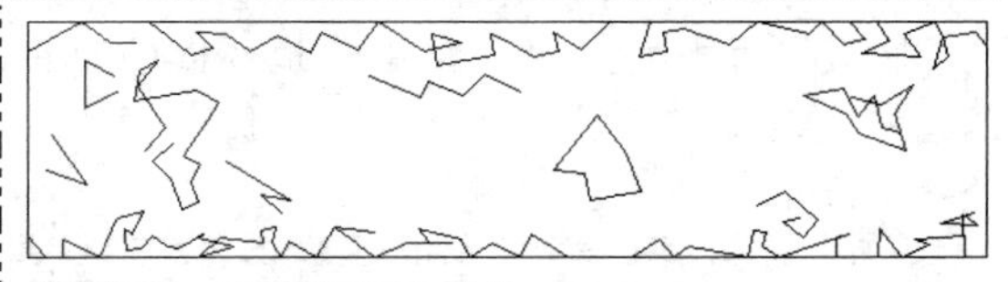

STEP 03　选择图形对象

删除矩形，在命令行中输入 B（块）命令，按【Enter】键确认，弹出“块定义”对话框，设置“名称”为“绿篱”，单击“选择对象”按钮，选择绿篱图形对象，如下图所示。

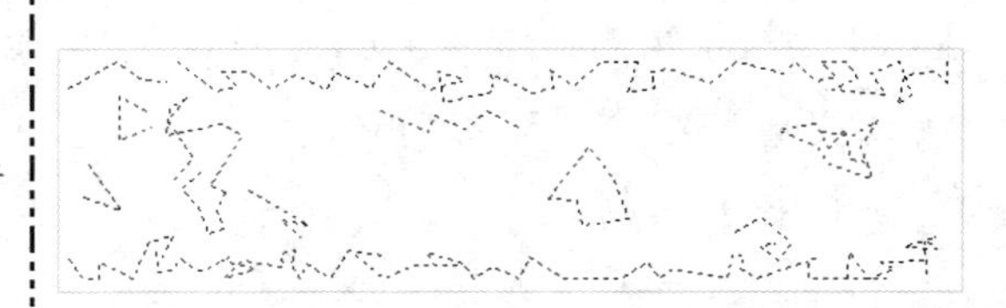

STEP 04 **创建内部块**

按【Enter】键确认，返回“块定义”对话框，单击“确定”按钮，如下图所示，完成定义块的操作。

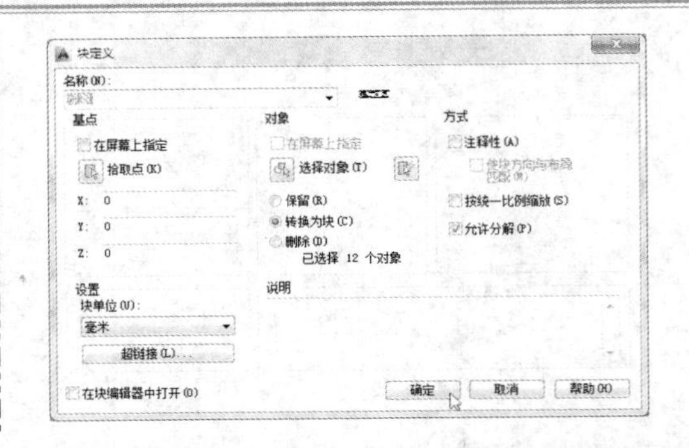

3.2.4 绘制草坪

草坪如同建筑园林平面构图中的底色和基调，起着衬托主景、突出主题的作用。在本实例设计过程中，首先通过“矩形”命令绘制草坪的范围，然后将草坪范围进行图案填充，展示了草坪的具体设计方法与技巧，其具体操作步骤如下。

素材文件	无	效果文件	第 3 章\草坪.dwg

STEP 01 **绘制矩形**

在命令行中输入 REC（矩形）命令，按【Enter】键确认，根据命令行提示进行操作，绘制一个矩形，如下图所示。

STEP 02 **设置各选项**

单击“绘图”面板中的“图案填充”按钮，弹出“图案填充创建”选项卡，在“图案”面板的下拉列表中选择 AR-CONC 选项，设置“角度”为 0、“比例”为 1，如下图所示。

STEP 03 **填充图案**

在“边界”面板中，单击“拾取点”按钮，选择绘制好的草坪区域并确认，进行图案填充，效果如下图所示。

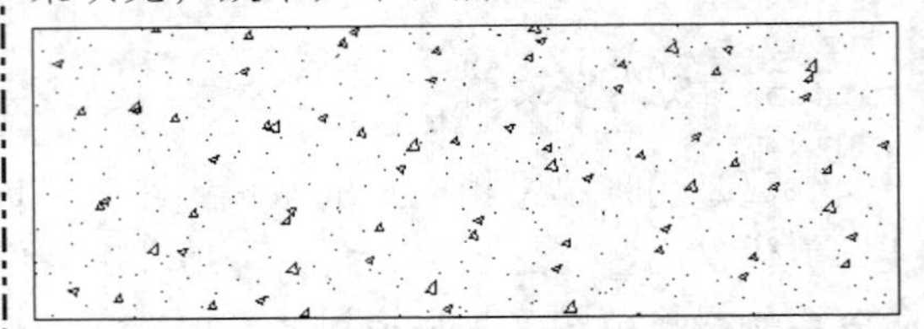

绘制草坪主要是绘制出草坪的轮廓，并对其进行图案填充，较为常用的草坪填充图案还有以下 3 种，从左至右依次为 AR-SAND、CROSS、GRASS，如下图所示。

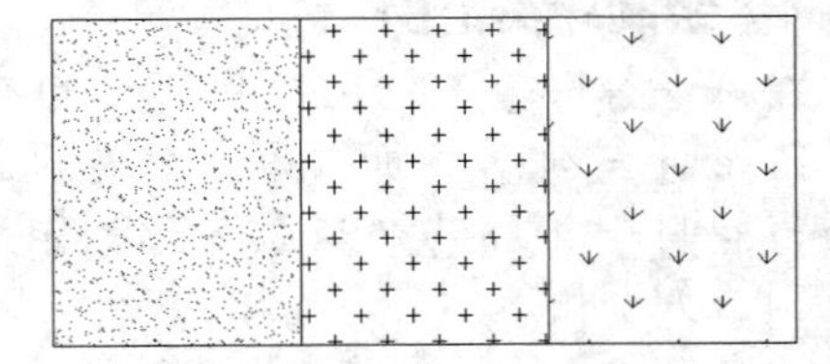

3.2.5 绘制地被植物

地被植物能够展现出一种整体性的自然美感。在本实例设计过程中，首先通过“多段线”命令大致勾勒出地被植物的轮廓并进行“拟合”处理，然后在轮廓线内进行图案填充，展示了地被植物的具体设计方法与技巧，其具体操作步骤如下。

素材文件	第 3 章\地被植物.dwg	效果文件	第 3 章\地被植物.dwg

STEP 01 **打开素材**

单击快速访问工具栏中的“打开”按钮，打开素材图形，如下图所示。

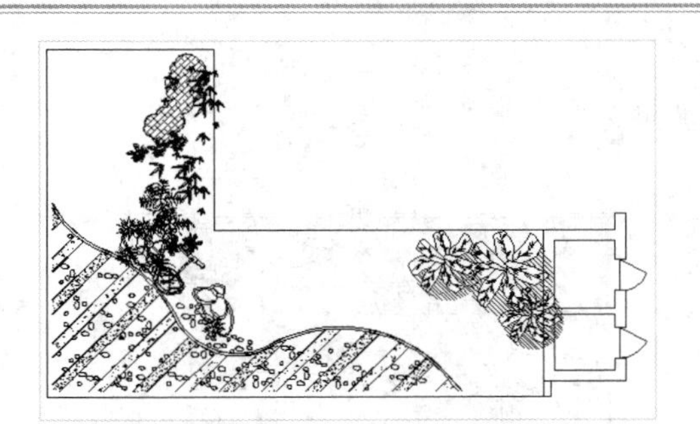

STEP 02　勾勒地被植物轮廓

在命令行中输入 PL（多段线）命令，按【Enter】键确认，根据命令行提示进行操作，绘制多段线，勾勒出地被植物的大概轮廓，如下图所示。

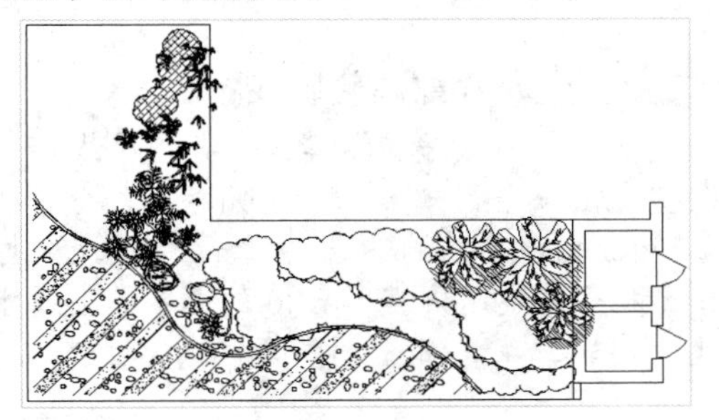

STEP 03　设置各选项

单击“绘图”面板中的“图案填充”按钮，弹出“图案填充创建”选项卡，在“图案”面板的下拉列表中选择 HOUND 选项，设置“角度”为 0、“比例”为 20，如下图所示。

STEP 04　填充图案

在“边界”面板中，单击“拾取点”按钮，选择绘制好的植被区域并确认，进行图案填充，效果如下图所示。

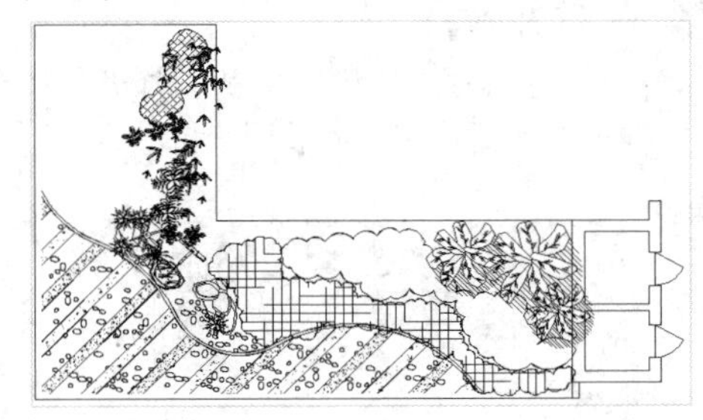

STEP 05　设置各选项

单击“绘图”面板中的“图案填充”按钮，弹出“图案填充创建”选项卡，在“图案”面板的下拉列表中选择 GRASS 选项，设置“角度”为 0、“比例”为 4，如下图所示。

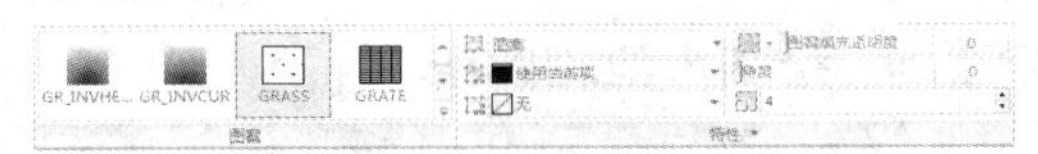

STEP 06　填充图案

在“边界”面板中，单击“拾取点”按钮，选择绘制好的植被区域并确认，进行图案填充，效果如下图所示。

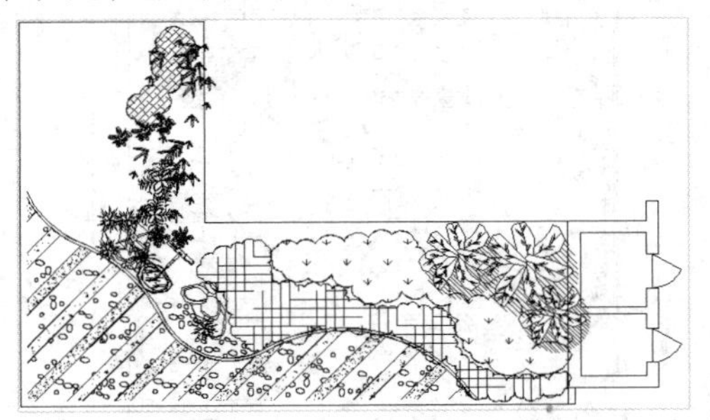

3.3　水景和景石建筑构件的绘制

自然界的水千姿百态，其风韵、气势等均能给人以美的享受，引起游者无穷的遐思，也是人们据以艺术创作的源泉。而景石在建筑景观设计过程中，与其他元素构成富于变化的景致，弱化人工的痕迹，增添自然生趣。水景和景石的搭配，展现出了饱满的诗情画意，展现出了独特的东方文化。

3.3.1　绘制池岸

绘制水体，首先要绘制出池岸，以表现出水体的位置和面积。在本实例设计过程中，首先通过“多段线”、“修改多段线”、“偏移”和“编辑多段线”命令绘制池岸的大体轮廓，然后通过“椭圆”和“多段线”命令绘制卵石和涟漪，展示了池岸的具体设计方法与技巧，其具体操作步骤如下。

素材文件	第 3 章\池岸.dwg	效果文件	第 3 章\池岸.dwg

STEP 01 打开素材

单击快速访问工具栏中的“打开”按钮，打开素材图形，如下图所示。

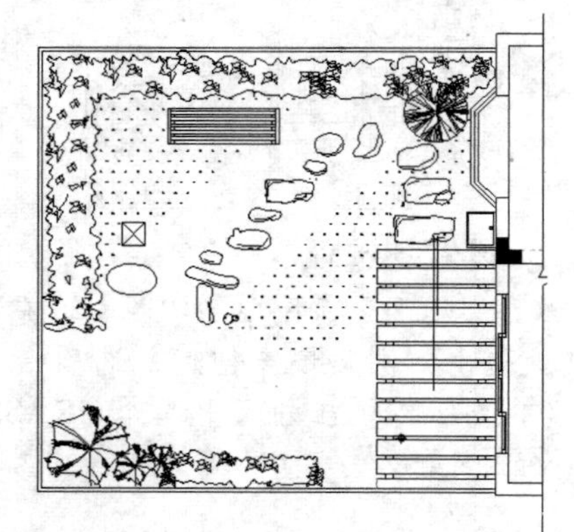

STEP 02 绘制水池轮廓线

在命令行中输入 PL（多段线）命令，按【Enter】键确认，根据命令行提示进行操作，绘制一条多段线，表示水池的轮廓线，如下图所示。

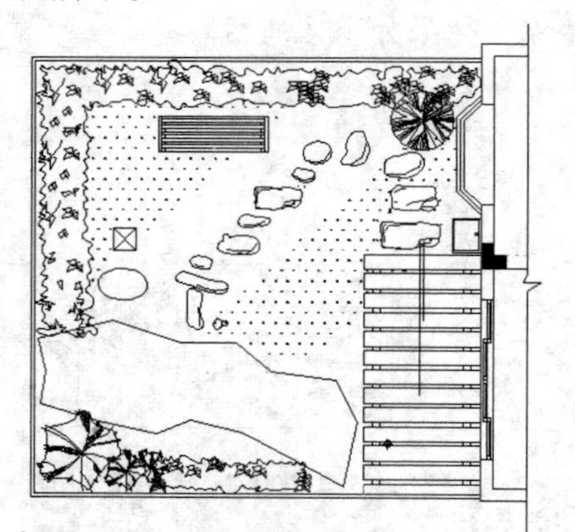

STEP 03 多段线转换成圆弧

显示菜单栏，单击“修改”|“对象”|“多段线”命令，选择水池轮廓线，输入 F 并确认，执行“F（拟合）”命令，按【Enter】键，将多段线转换成圆弧，如下图所示。

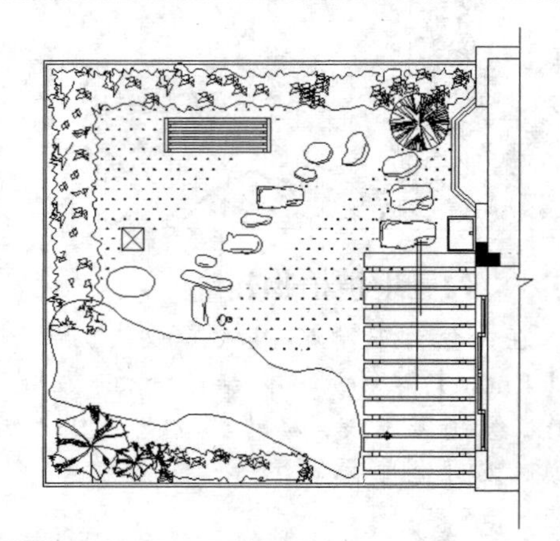

STEP 04 生成水池内轮廓线

使用“夹点编辑”模式，对多段线进行调整，在命令行中输入 O（偏移）命令，按【Enter】键确认，根据命令行提示进行操作，将多段线向内偏移 100 的距离，生成水池的内轮廓线，如下图所示。

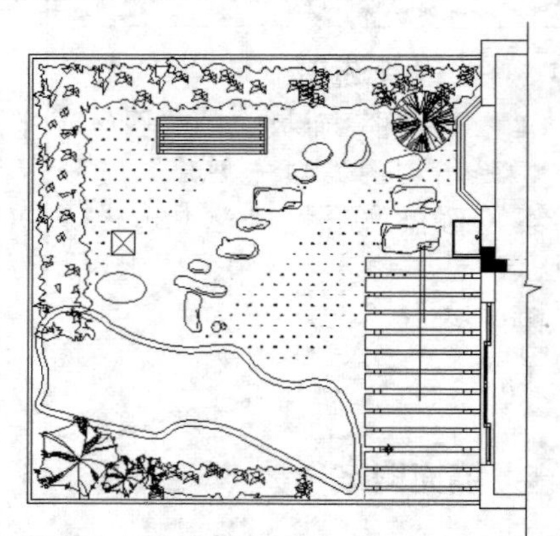

STEP 05 加粗水池外轮廓线

在命令行中输入 PE（编辑多段线）命令，按【Enter】键确认，根据命令行提示进行操作，选择多段线，输入 W 并确认，设置线宽为 40，即可加粗水池外轮廓线，如下图所示。

专家指点

“修改多段线”命令中的“拟合（F）”与“样条曲线（S）”都能将多段线转换为弧线，但有所不同的是，“拟合”命令是创建一系列的圆弧，合并对齐每个顶点，转换后的弧线与原多段线相差不大，但会产生大量夹点；而“样条曲线”是创建近似样条曲线的弧线，转换后的弧线变化不大，且夹点数量不变，仍然固定在原位。

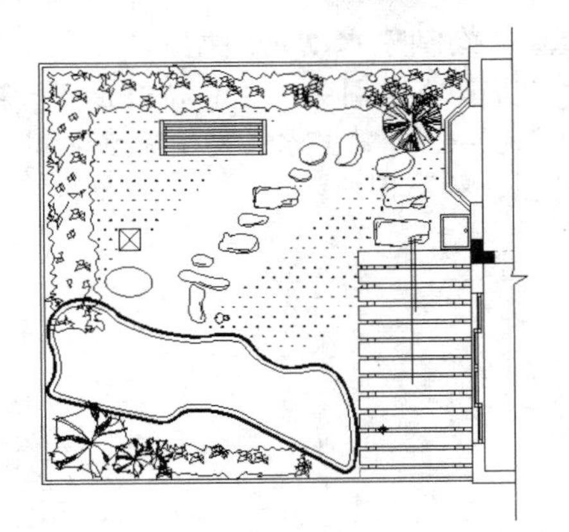

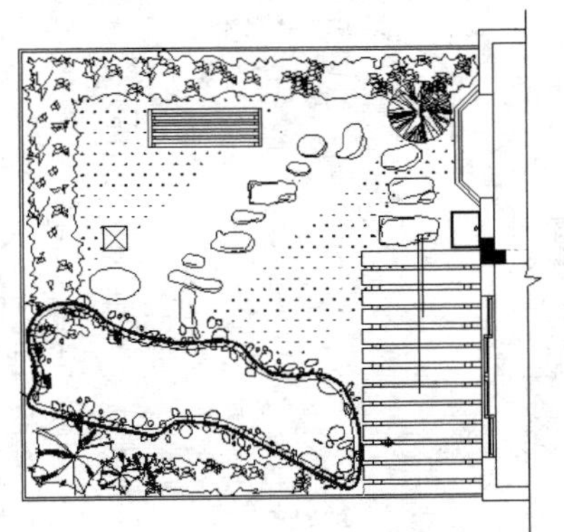

STEP 06 添加卵石效果

在命令行中输入 EL（椭圆）命令，按【Enter】键确认，根据命令行提示进行操作，绘制大小不等的椭圆，添加卵石效果，如下图所示。

STEP 07 绘制水体涟漪

在命令行中输入 PL（多段线）命令，按【Enter】键确认，根据命令行提示进行操作，绘制长短不一的多段线，表示水体的涟漪，效果如下图所示。

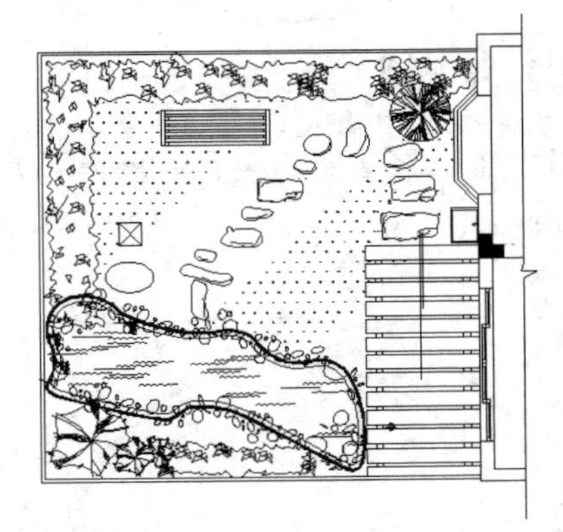

专家指点

多段线的一大特点是，不仅可以给不同的线段设置不同的线宽，而且可以在同一线段的内部设置渐变的线宽。设置多段线的线宽，需要在命令行中选择“宽度”选项。设置线宽时，先输入起点的线宽，再输入终点的线宽。如果起点和终点的线宽不等，则产生由起点线宽到终点线宽的渐变。

3.3.2 绘制喷水水景

喷水水景造型的应用，使得整个喷水景观更具活力、更为美观。在本实例设计过程中，首先通过“圆”、“多段线”和“偏移”命令绘制花坛轮廓线，然后通过“圆弧”、“样条曲线”、“圆”、“缩放”和“阵列”等命令绘制喷水动物，展示了喷水水景的具体设计方法与技巧，其具体操作步骤如下。

素材文件	无	效果文件	第 3 章\喷水水景.dwg

STEP 01 绘制两个同心圆

在命令行中输入 C（圆）命令，按【Enter】键确认，然后根据命令行提示进行操作，绘制半径为 2500 和 2030 的两个同心圆，如下图所示。

STEP 02 绘制花坛

在命令行中输入 PL（多段线）命令，按【Enter】键确认，根据命令行提示进行操作，勾勒出绿篱的轮廓线，绘制花坛，效果如下图所示。

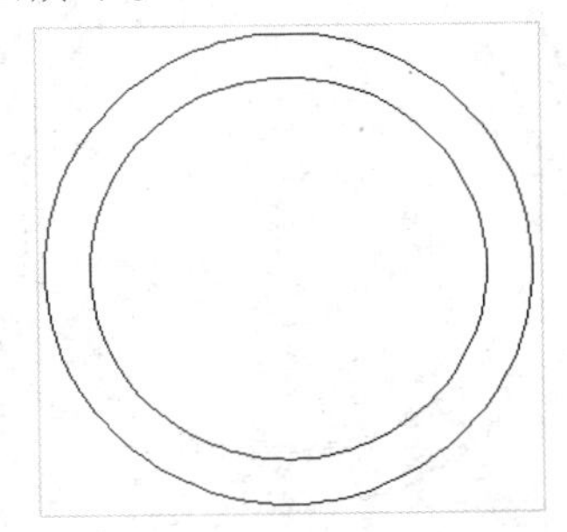

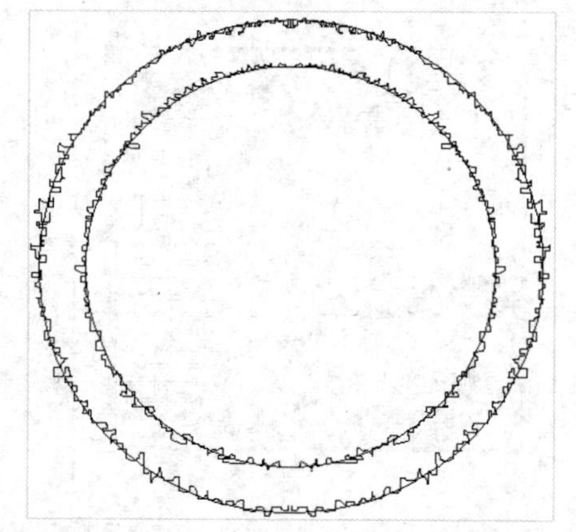

STEP 03 **绘制圆**

在命令行中输入 C(圆)命令，按【 Enter 】键确认，根据命令行提示进行操作，以同心圆的圆心为圆心，绘制一个半径为 1000 的圆，效果如下图所示。

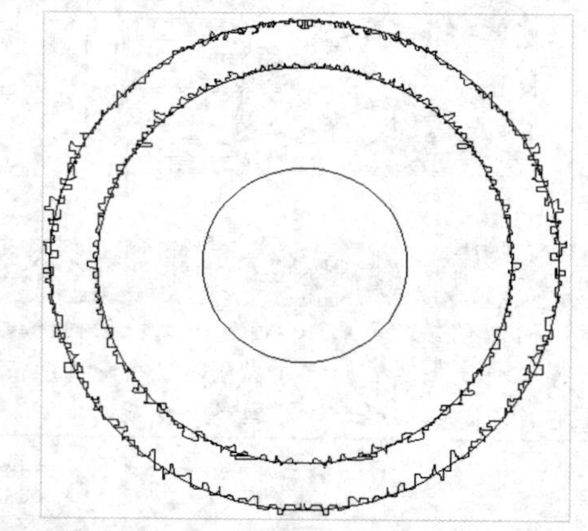

STEP 04 **偏移图形对象**

在命令行中输入 O（偏移）命令，按【Enter】键确认，根据命令行提示进行操作，向内偏移图形，偏移距离依次为 100、300、300、100，效果如下图所示。

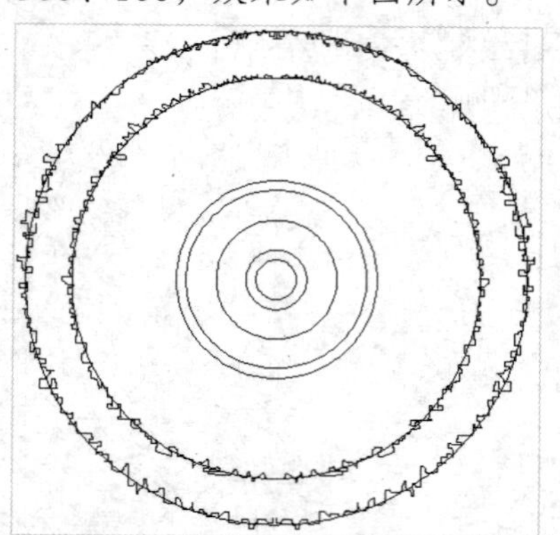

STEP 05 **绘制喷水动物造型**

执行“A（圆弧）”和“SPL（样条曲线）”命令，勾勒出水景周围喷水动物的基本造型，如下图所示。

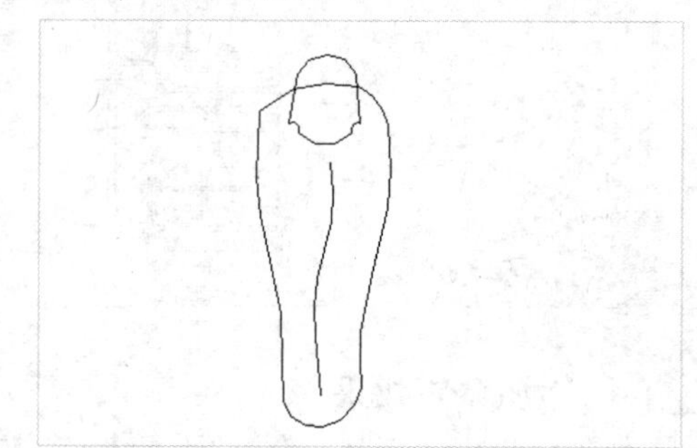

STEP 06 **刻画细节**

执行“A（圆弧）”、“SPL（样条曲线）”和“C（圆）”命令，勾勒出喷水动物的头部细节及尾部细节，头部轮廓以及尾部随机勾画，形似即可，效果如下图所示。

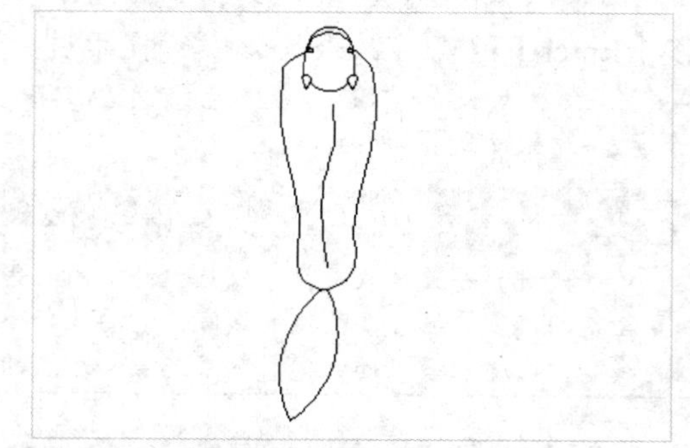

STEP 07 **调整图形位置**

在命令行中输入 SC（缩放）命令，按【Enter】键确认，根据命令行提示进行操作，缩放至合适比例，移动图形至水池下方位置，如下图所示。

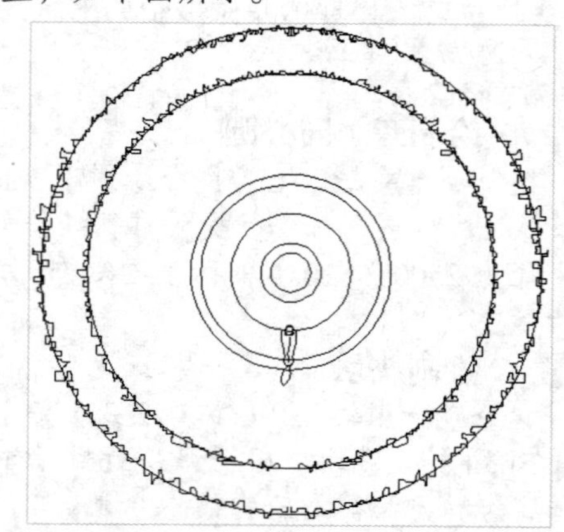

STEP 08　绘制喷水效果

在命令行中输入 A（圆弧）命令，按【Enter】键确认，根据命令行提示进行操作，从头部向圆心勾画弧线，形成喷水效果，如下图所示。

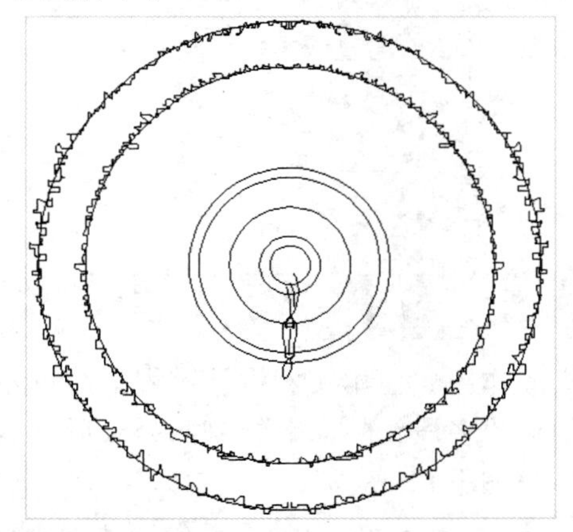

STEP 09　设置阵列中心点

在命令行中输入 AR（阵列）命令，按【Enter】键确认，根据命令行提示进行操作，选择阵列对象，以所有圆形共同的圆心为环形阵列的中心点，如下图所示。

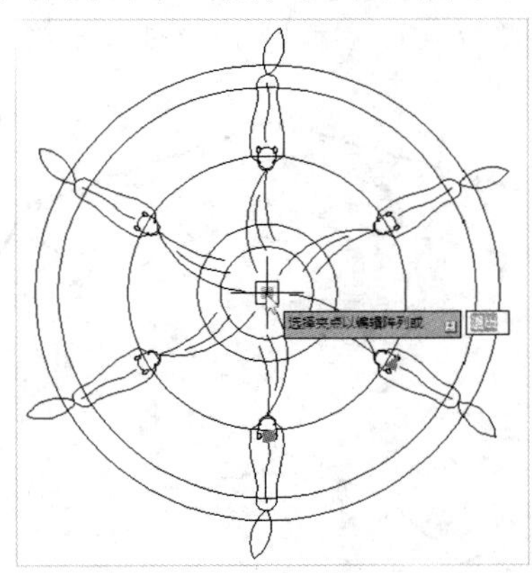

STEP 10　设置各选项参数

在弹出的“阵列创建”选项卡中，设置“项目数”为 5、“填充”为 360，如下图所示。

项目		行	
项目数:	5	行数:	1
介于:	72	介于:	1617.6648
填充:	360	总计:	1617.6648

STEP 11　阵列图形

按【Enter】键确认，即可将绘制好的喷水动物阵列，效果如下图所示。

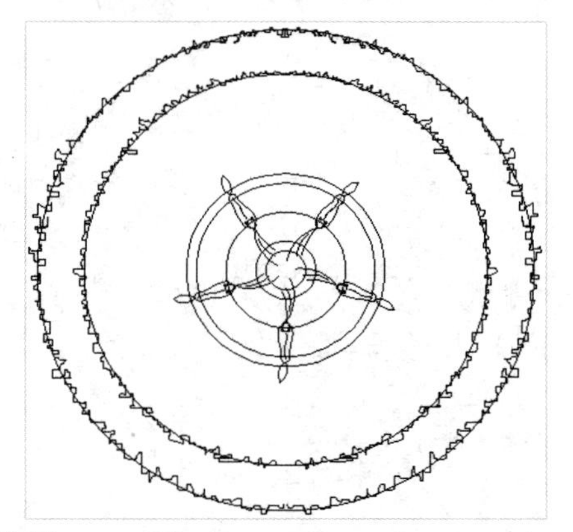

STEP 12　设置各选项参数

单击“绘图”面板中的“图案填充”按钮，展开“图案填充创建”选项卡，在“图案”面板的下拉列表中选择 DASH 选项，设置“比例”为 20，如下图所示。

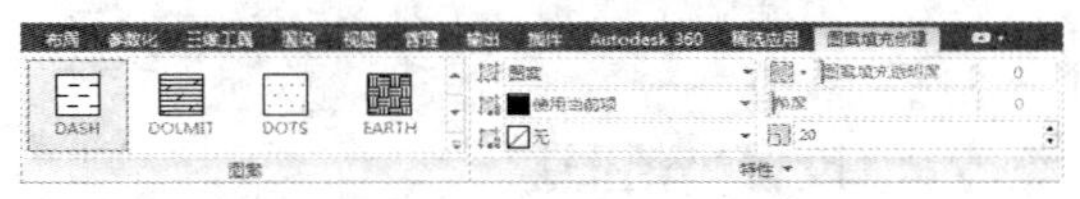

STEP 13　填充图案

在“边界”面板中，单击“拾取点”按钮，单击相应的空白区域，完成图案的填充，如下图所示。

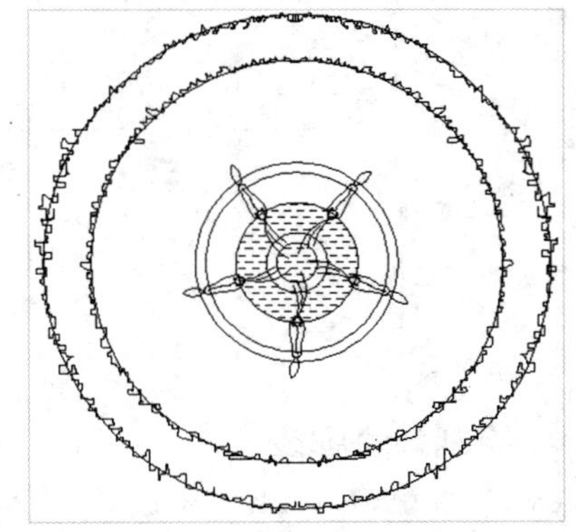

STEP 14　绘制水体涟漪

在命令行中输入 PL（多段线）命令，按【Enter】键确认，根据命令行提示进行操作，绘制长短不一的多段线，表示水体的涟漪，如下图所示。

STEP 15　添加文字说明

在命令行中输入 MLEADER（多重引线）命令，按【Enter】键确认，根据命令行提示进行操作，添加文字说明，效果如下图所示。

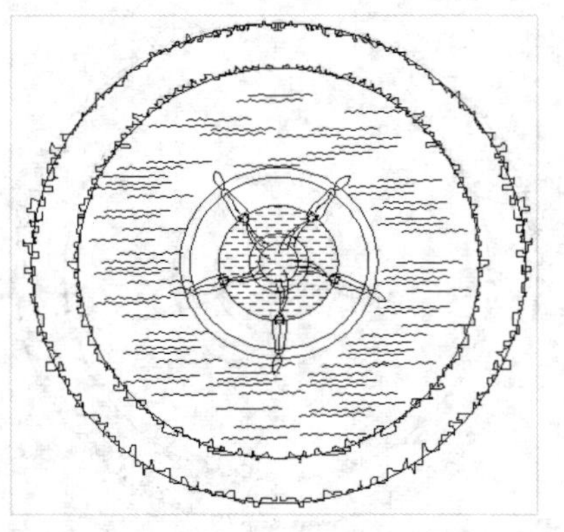

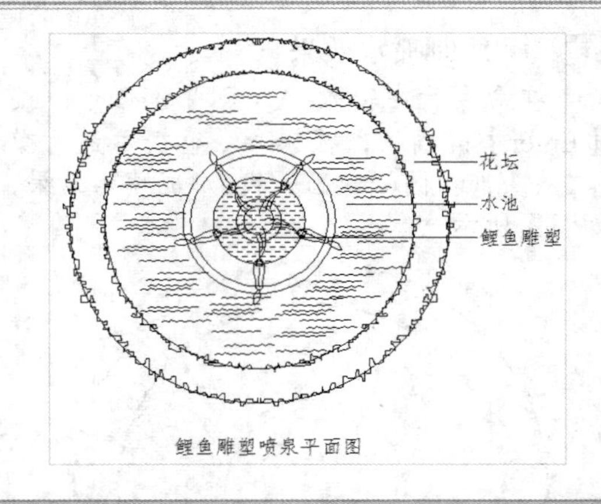

鲤鱼雕塑喷泉平面图

3.3.3 绘制池岸景石

池岸景石以重力保持稳定，起到防止水土流失的作用。在本实例设计过程中，首先通过“多段线”命令绘制出景石的外轮廓线，然后通过“多段线”命令绘制部分纹理，展示了池岸景石的具体设计方法与技巧，其具体操作步骤如下。

素材文件	无	效果文件	第 3 章\池岸景石.dwg

STEP 01 设置当前图层

在“默认”选项卡的“图层”面板中单击“图层特性”按钮，弹出“图层特性管理器”选项板，单击“新建图层”按钮，新建“池岸景石”图层，并置为当前图层，如下图所示。

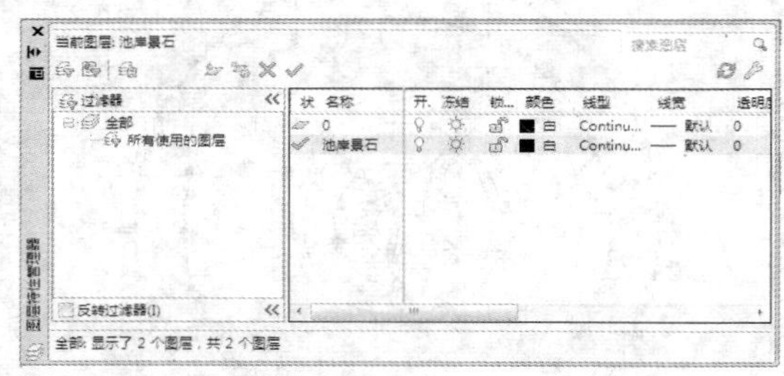

STEP 02 绘制外轮廓线

在命令行中输入 PL（多段线）命令，按【Enter】键确认，根据命令行提示信息进行操作，指定起点，输入 W，指定多段线的线宽为 10，绘制出景石的外轮廓线，如下图所示。

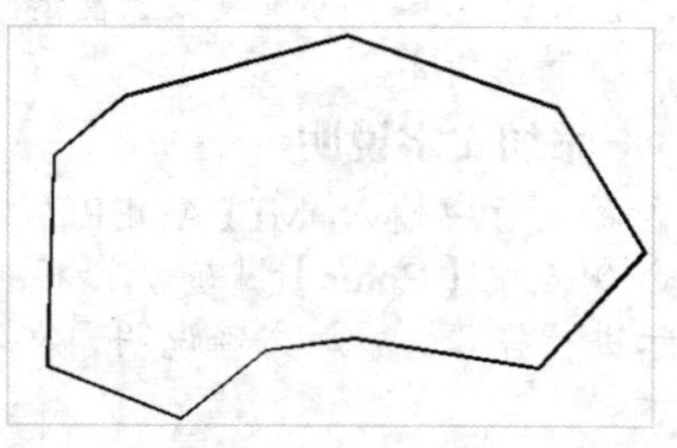

STEP 03 绘制部分纹理

在命令行中输入 PL（多段线）命令，按【Enter】键确认，根据命令行提示信息进行操作，指定起点，输入 W，指定多段线的线宽为 0，绘制出景石的部分纹理，如下图所示。

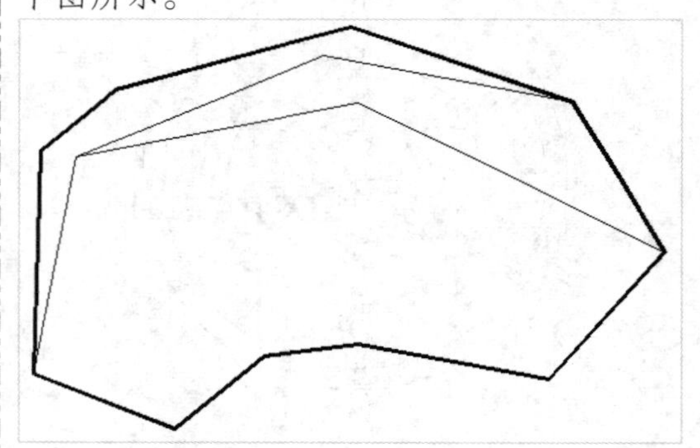

STEP 04 设置各选项

在命令行中输入 B（块）命令，按【Enter】键确认，弹出“块定义”对话框，单击“选择对象”按钮，根据命令行提示，选择图形对象并确认，返回“块定义”对话框，设置“名称”为“池岸景石”，如下图所示。

STEP 05 查看块

单击“确定”按钮，即可定义块，选择图形，即可查看块，如下图所示。

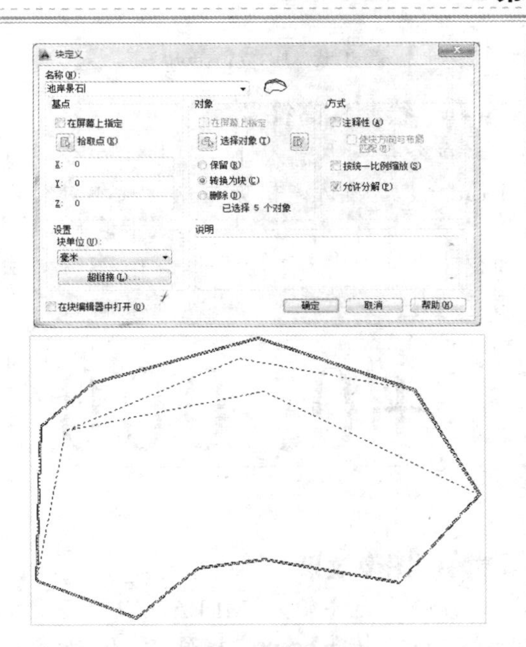

STEP 06 绘制石块组合

运用与上述相同的操作方法，绘制其他形状的池岸景石并定义块，将石块移动至合适位置，形成石块组合，效果如下图所示。

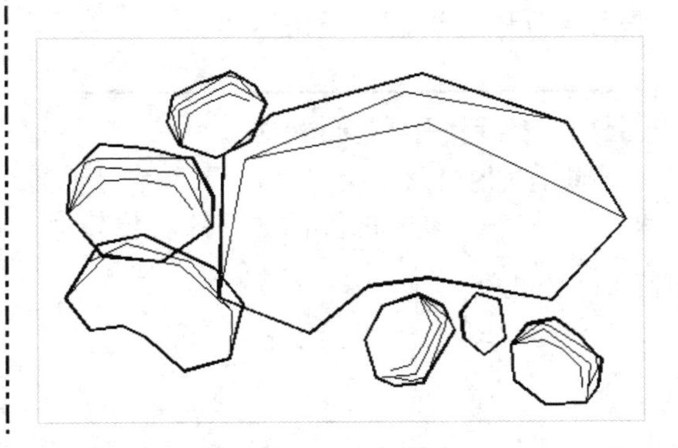

3.3.4 绘制草坪步石

草坪步石表面比较光滑，所以不必表现纹理。在本实例设计过程中，首先通过“样条曲线”命令绘制草坪步石的大致轮廓，然后通过夹角编辑命令修改样条曲线的形状，展示草坪步石的具体设计方法与技巧，其具体操作步骤如下。

素材文件	无	效果文件	第 3 章\草坪步石.dwg

STEP 01 闭合样条曲线

在命令行中输入 SPL（样条曲线）命令，按【Enter】键确认，根据命令行提示进行操作，指定样曲线的起点，绘制样条曲线，按 C 闭合样条曲线，如下图所示。

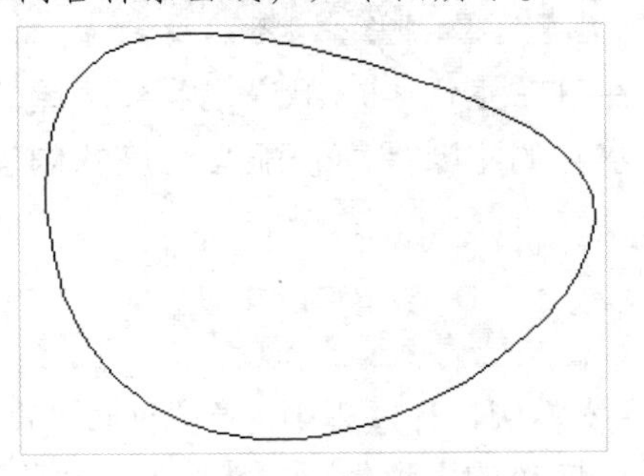

STEP 02 编辑夹点

使用“夹点编辑”命令，修改样条曲线的形状以及夹点的位置，效果如下图所示。

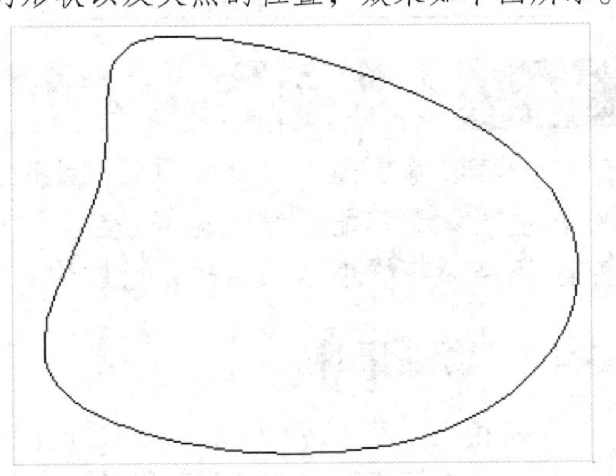

3.3.5 绘制假山

假山是用土、石块等材料堆砌而成的小山，只需勾勒出假山的大致轮廓。在本实例设计过程中，首先通过“多段线”、“样条曲线”和“直线”命令绘制假山轮廓线，然后通过“直线”、“多重引线”和“文字”等命令绘制标高符号和图名等，展示了假山的具体设计方法与技巧，其具体操作步骤如下。

素材文件	无	效果文件	第 3 章\假山立面.dwg

STEP 01 绘制地平线

打开“正交”模式，在命令行中输入PL（多段线）命令，按【Enter】键确认，根据命令行提示进行操作，指定起点，输入W，指定多段线的线宽为 40，绘制一条水平线作为地平线，如下图所示。

STEP 02 绘制假山立面轮廓

执行“SPL（样条曲线）”和“A（圆弧）”命令，勾勒出假山立面的大体轮廓，如下图所示。

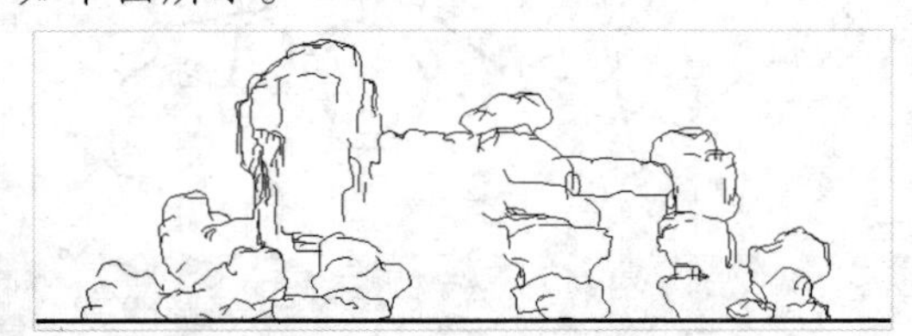

STEP 03 绘制假山跌水

执行“SPL（样条曲线）”和“L（直线）”命令，勾勒出假山立面的跌水，如下图所示。

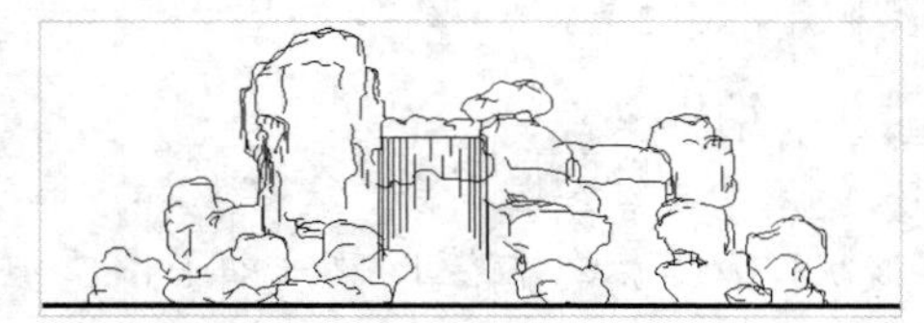

STEP 04 绘制标高符号

在命令行中输入 L（直线）命令，按【Enter】键确认，根据命令行提示进行操作，绘制图形，在“默认”选项卡的“注释”面板中，单击“文字”按钮，输入文字，绘制标高符号，效果如下图所示。

+0. 000

STEP 05 图像效果

在命令行中输入 MLEADER（多重引线）命令，按【Enter】键确认，根据命令行提示进行操作，添加文字说明，运用“文字”和“多段线”命令，添加文字注释和下划线，效果如下图所示。

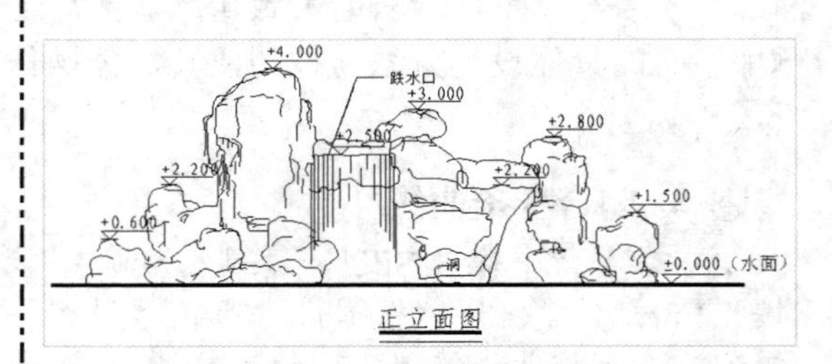

正立面图

3.4 建筑设计其他配套设施构件的绘制

配套设施是建筑设计中重要的组成部分，在日常生活中，用户在购买房屋的时候，主要考虑其配套设施是否齐全。随着设计水平的不断提高，配套设施的内容越来越复杂，花样也越来越多，地位也日益重要。

3.4.1 绘制园桥

园桥相当于线（路）与面（水）之间的中介。在本实例设计过程中，首先通过“直线”、“圆弧”、“偏移”、“修剪”和“镜像”命令绘制园桥的大致外形，然后通过“复制”、“矩形”、“样条曲线”和“定数等分”等命令绘制园桥栏杆，展示了园桥的具体设计方法与技巧，其具体操作步骤如下。

素材文件	无	效果文件	第 3 章\园桥立面.dwg

STEP 01 绘制矩形

在命令行中输入 L（直线）命令，按【Enter】键确认，绘制一条长度为 3500 的直线作为地平线，在命令行中输入 REC（矩形）命令并确认，绘制一个 2300×245 的矩形，捕捉矩形的中点移动至直线的中点上，效果如下图所示。

STEP 02　绘制圆弧形桥身

在命令行中输入 A（圆弧）命令，按【Enter】键确认，根据命令行提示进行操作，以矩形的起点、中点和经过的第二点绘制一条圆弧作为桥身，效果如下图所示。

STEP 03　偏移圆弧

删除矩形图形，在命令行中输入 O（偏移）命令，按【Enter】键确认，根据命令行提示进行操作，选择圆弧，设置偏移距离为 50，向上引导光标，偏移圆弧，连接两条圆弧的端点，效果如下图所示。

STEP 04　偏移圆弧

在命令行中输入 O（偏移）命令，按【Enter】键确认，根据命令行提示进行操作，选择圆弧，设置偏移距离分别为 180、95，向上引导光标，偏移圆弧，效果如下图所示。

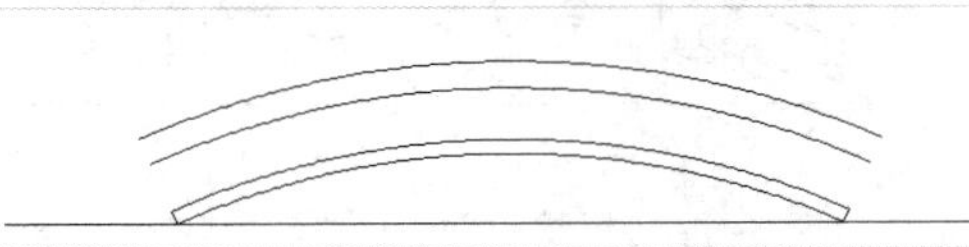

STEP 05　绘制剪切边

在命令行中输入 L（直线）命令，按【Enter】键确认，根据命令行提示进行操作，绘制两条直线，作为剪切边，如下图所示。

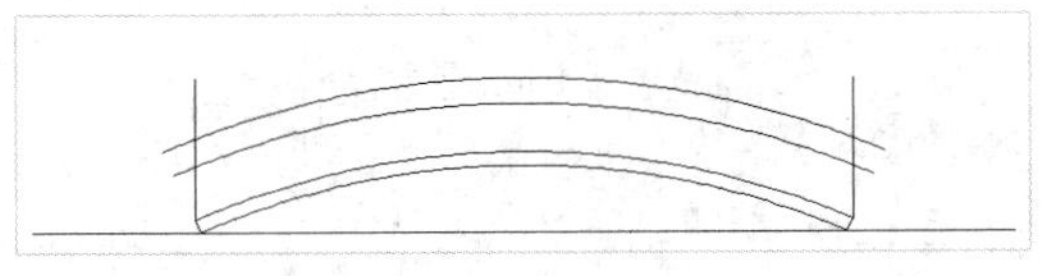

STEP 06　修剪圆弧

在命令行中输入 TR（修剪）命令，按【Enter】键两次，根据命令行提示进行操作，修剪圆弧多余的部分并删除辅助线，如下图所示。

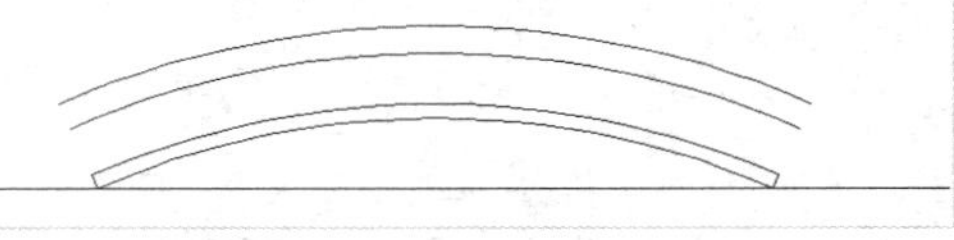

STEP 07　连接圆弧

在命令行中输入 O（偏移）命令，按【Enter】键确认，根据命令行提示进行操作，将两端圆弧各自向下偏移 20 的距离，并连接圆弧，如下图所示。

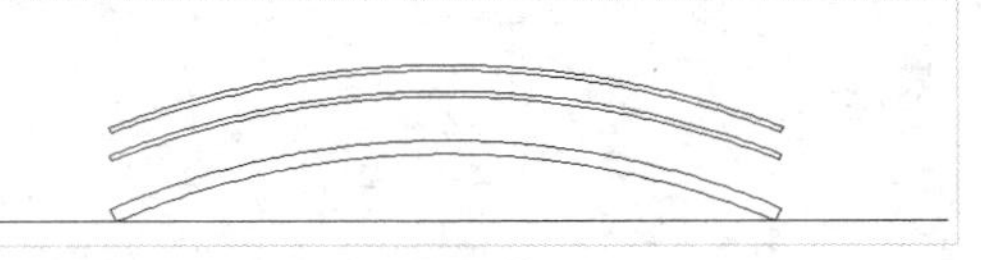

STEP 08　绘制园桥栏杆柱

在命令行中输入 REC（矩形）命令，按【Enter】键确认，根据命令行提示进行操作，绘制一个 50×400 的矩形，作为园桥的栏杆柱，捕捉矩形的右下端点移动到第 1 条圆弧与地平线交点的位置，如下图所示。

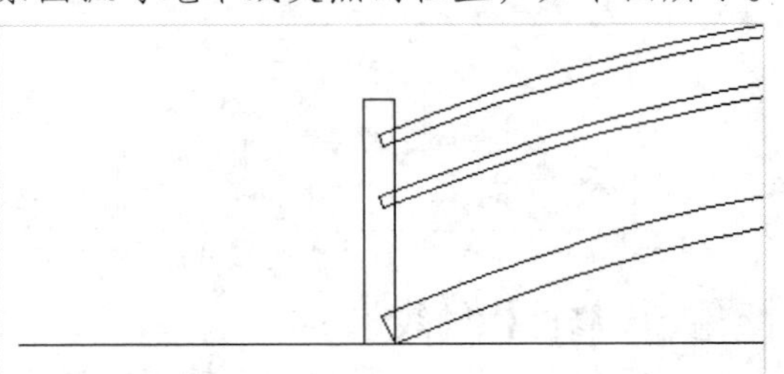

STEP 09　镜像栏杆柱

在命令行中输入 MI（镜像）命令，按【Enter】键确认，根据命令行提示进行操作，将栏杆柱镜像，如下图所示。

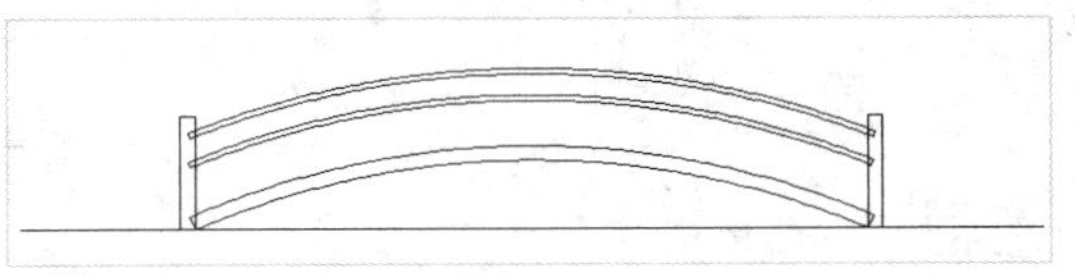

STEP 10　设置各选项

在“默认”选项卡中单击“实用工具”右侧的下拉按钮，在弹出的列表框中选择“点样式”选项，弹出“点样式”对话框，设置各选项，如下图所示。

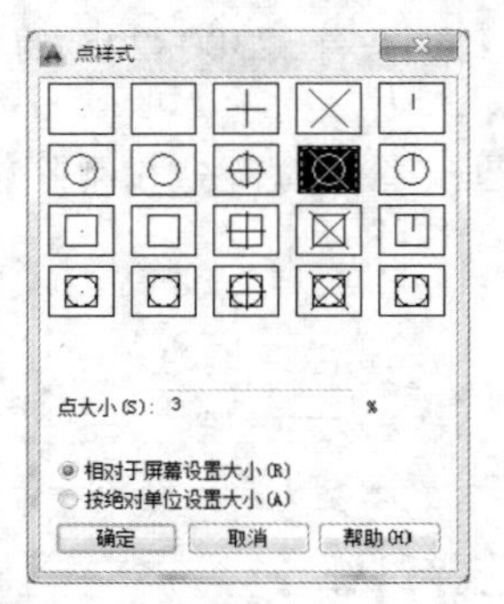

STEP 11 **绘制定数等分点**

单击“确定”按钮，在命令行中输入 DIV（定数等分）命令，按【Enter】键确认，根据命令行提示进行操作，指定第 2 条圆弧为等分对象，输入线段数目为 4 并确认，效果如下图所示。

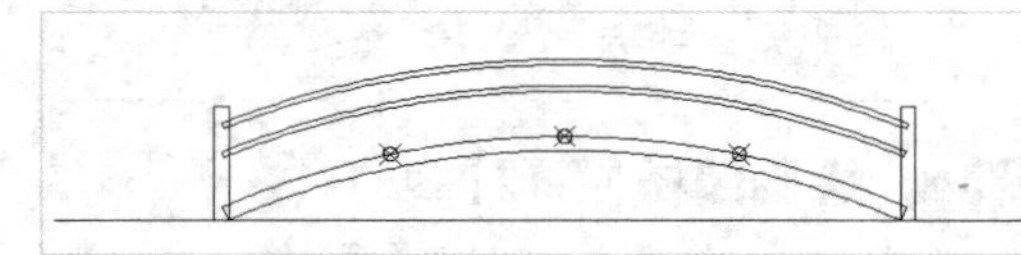

STEP 12 **复制栏杆柱**

在命令行中输入 CO（复制）命令，按【Enter】键确认，根据命令行提示进行操作，将栏杆柱移动复制到圆弧的等分点位置，效果如下图所示。

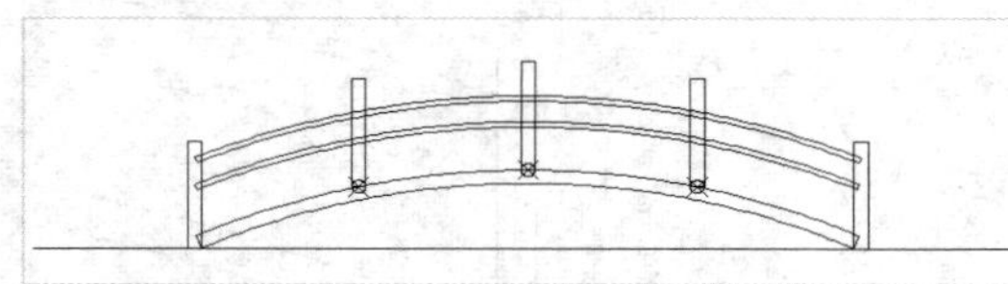

STEP 13 **修剪栏杆线**

删除点样式，在命令行中输入 TR（修剪）命令，按【Enter】键两次，根据命令行提示进行操作，修剪圆弧与栏杆重叠的部分，如下图所示。

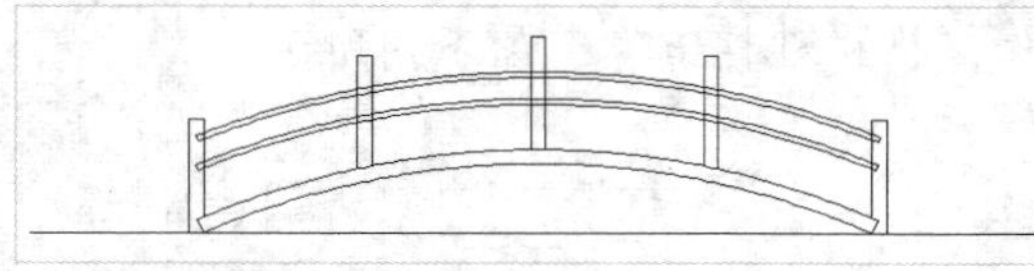

STEP 14 **定义块**

在命令行中输入 REC（矩形）命令，按【Enter】键确认，根据命令行提示进行操作，绘制一个 20×100 的矩形，设定一个基点，将其定义成“栏杆支柱”图块，如下图所示。

STEP 15 **定数等分栏杆支柱**

单击“确定”按钮，在命令行中输入 DIV（定数等分）命令，按【Enter】键确认，根据命令行提示进行操作，选定第 4 条圆弧为等分对象，输入 B，输入插入块名称为“栏杆支柱”，输入 N 并确认，设置等分数量为 30，定数等分栏杆支柱，如下图所示。

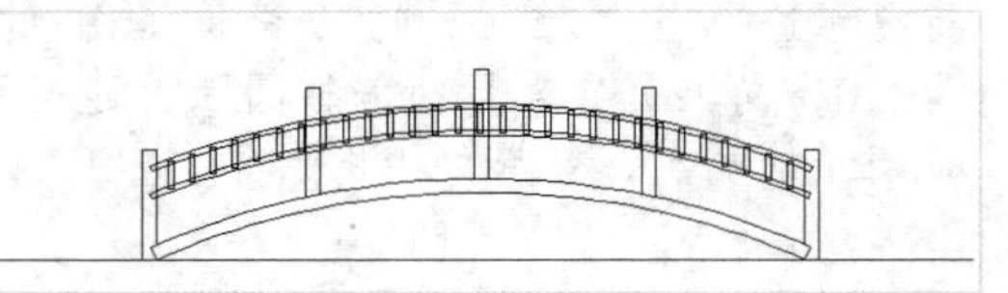

STEP 16 **绘制池岸**

在命令行中输入 SPL（样条曲线）命令，按【Enter】键确认，根据命令行提示进行操作，在弧线和直线的交点处绘制两条样条曲线作为池岸，效果如下图所示。

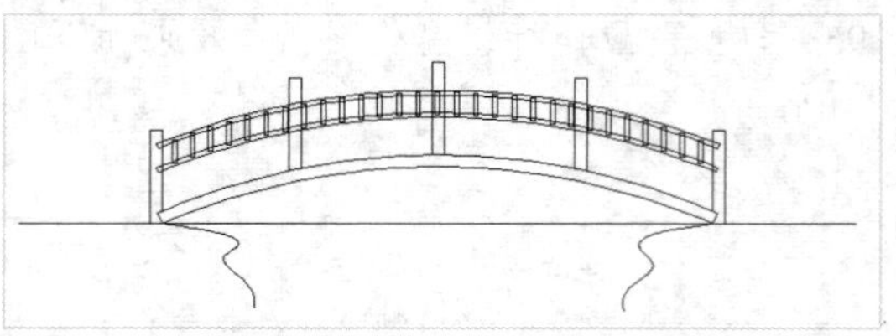

STEP 17 **修剪线段**

在命令行中输入 TR（修剪）命令，按【Enter】键两次，根据命令行提示进行操作，修剪样条曲线之间的线段，如下图所示。

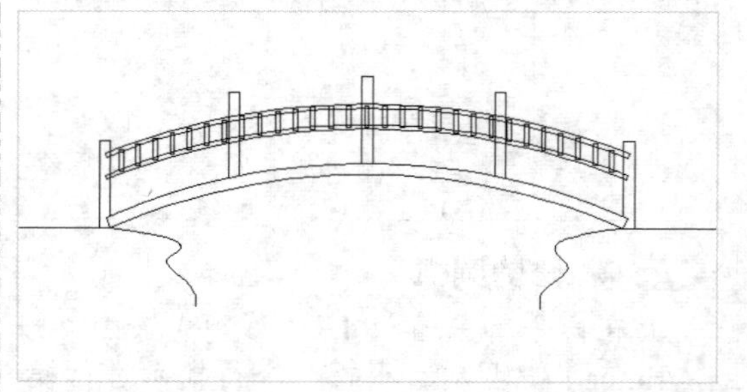

STEP 18　绘制直线

在命令行中输入 L（直线）命令，按【Enter】键确认，根据命令行提示进行操作，绘制直线，连接两条样条曲线，如下图所示。

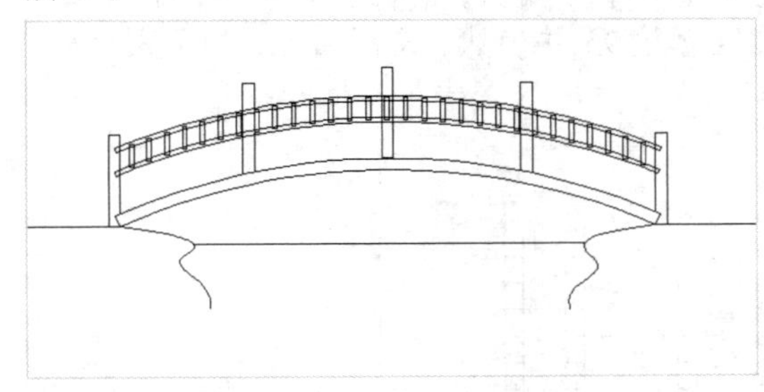

STEP 19　偏移直线

在命令行中输入 O（偏移）命令，按【Enter】键确认，根据命令行提示进行操作，将直线垂直向下偏移 15 的距离，效果如下图所示。

STEP 20　编辑夹点

执行“夹点编辑”命令，对偏移得到的直线进行夹点编辑，如下图所示。

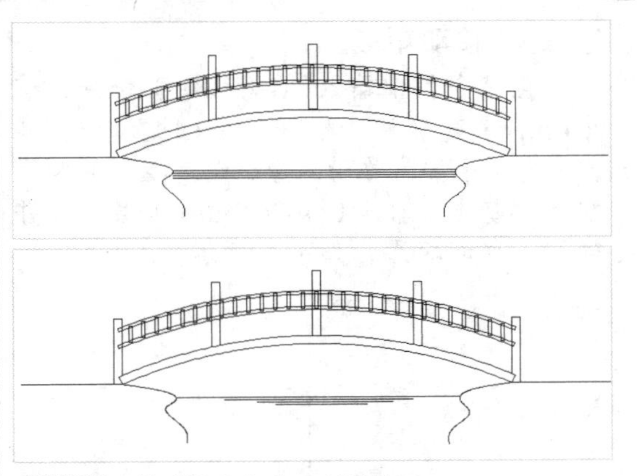

STEP 21　绘制图名和下划线

执行“MT（多行文字）”和“PL（多段线）”命令，绘制图名和图名下方的下划线，如下图所示。

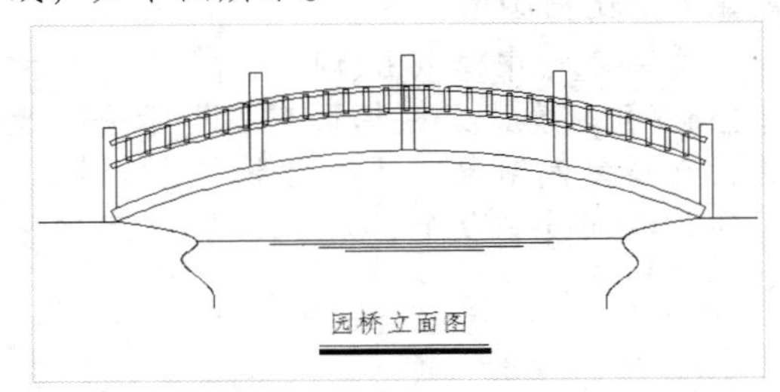

3.4.2　绘制大门

门在建筑上的主要功能是围护、分隔和交通疏散，并兼有采光、通风和装饰作用。在本实例设计过程中，首先通过“直线”、“矩形”、“复制”、“镜像”和“倒角”等命令绘制大门的主体形状，然后绘制大门的细节装饰并进行图案填充，展示了大门的具体设计方法与技巧，其具体操作步骤如下。

素材文件	无	效果文件	第 3 章\大门.dwg

STEP 01　绘制直线

在命令行中输入 L（直线）命令，按【Enter】键确认，根据命令行提示进行操作，绘制一条长为 15000 的直线作为地平线，再绘制一条以它的中点为起点、高为 6128 的垂直线，如下图所示。

STEP 02　绘制矩形

在命令行中输入 REC（矩形）命令，按【Enter】键确认，根据命令行提示进行操作，绘制一个 395×580 的矩形，移动对齐到直线位置上，如下图所示。

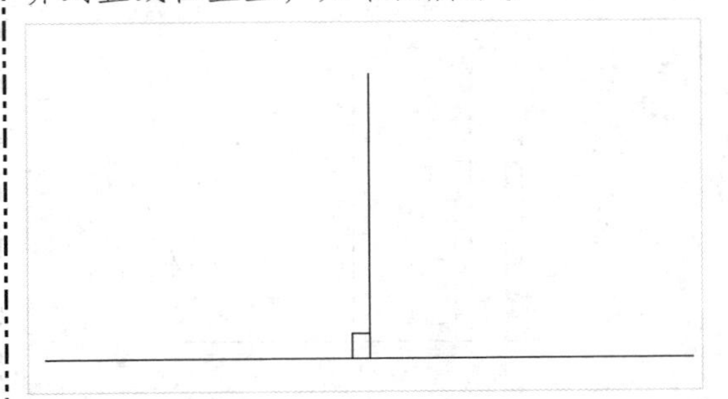

STEP 03 **移动矩形**

在命令行中输入 M（移动）命令，按【Enter】键确认，根据命令行提示进行操作，选择矩形为移动对象，设定矩形的左下端点为基点，输入（@-2615,0）为第二点并确认，移动矩形，如下图所示。

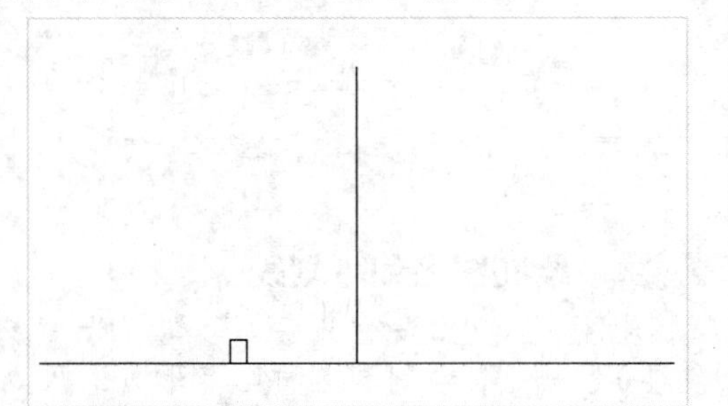

STEP 04 **复制矩形**

在命令行中输入 CO（复制）命令，按【Enter】键确认，根据命令行提示进行操作，选择复制对象，捕捉矩形右下方端点，将矩形纵向复制 9 个，绘制大门门柱，效果如下图所示。

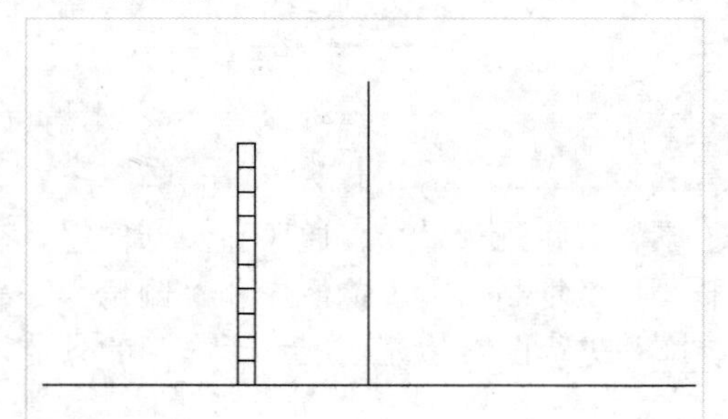

STEP 05 **绘制门柱**

在命令行中输入 CO（复制）命令，按【Enter】键确认，根据命令行提示进行操作，选择 9 个矩形为复制对象，捕捉矩形右下方端点，向左引导光标，输入位移值为 1305 并确认，绘制门柱，如下图所示。

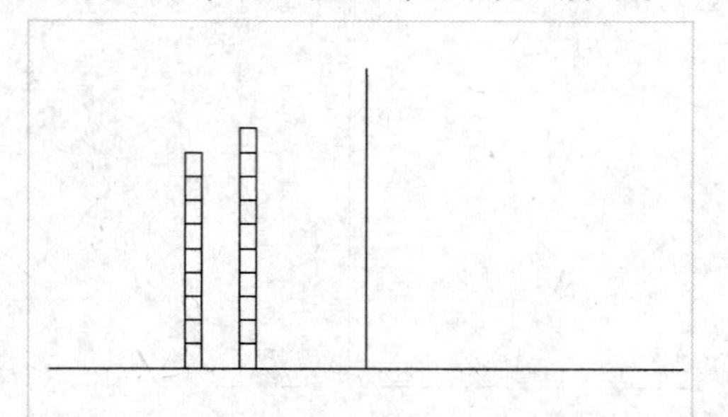

STEP 06 **绘制门柱**

在命令行中输入 CO（复制）命令，按【Enter】键确认，根据命令行提示进行操作，选择 7 个矩形为复制对象并确认，捕捉矩形右下方端点，向左引导光标，输入位移值为 2395 并确认，绘制门柱，如下图所示。

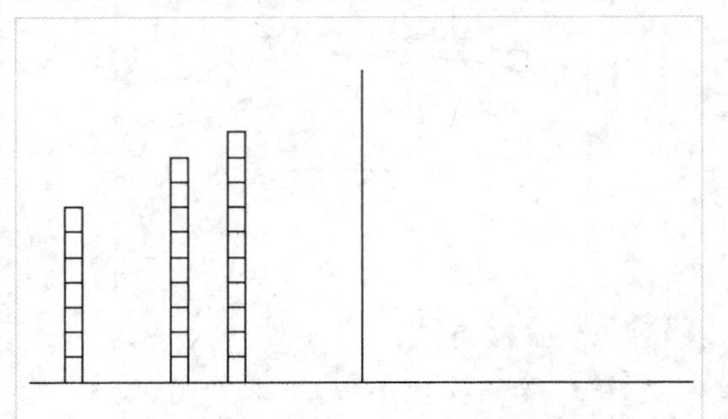

STEP 07 **镜像门柱**

在命令行中输入 MI（镜像）命令，按【Enter】键确认，根据命令行提示进行操作，选择三个门柱为镜像对象，以中心轴为镜像线的第一点和第二点，镜像复制门柱，效果如下图所示。

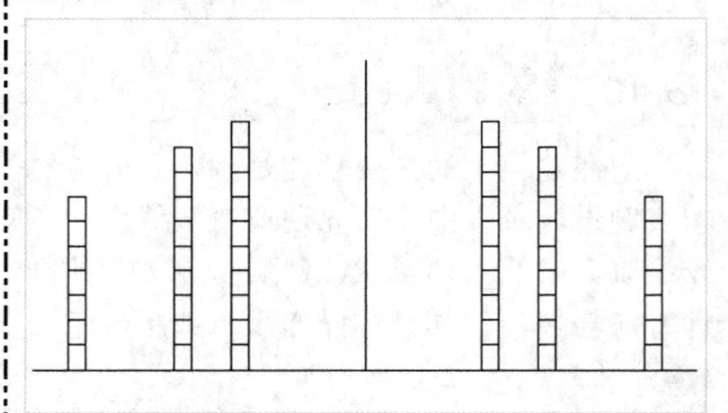

STEP 08 **偏移地平线**

在命令行中输入 O（偏移）命令，按【Enter】键确认，根据命令行提示进行操作，选定地平线为偏移对象，向上引导光标，依次偏移 3300 和 1340 的距离，如下图所示。

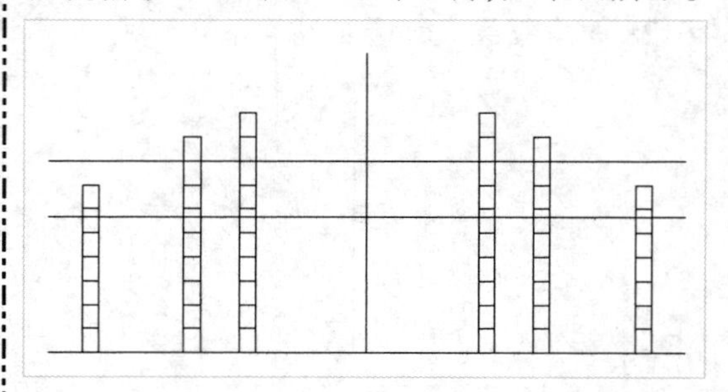

STEP 09　移动矩形

在命令行中输入 REC（矩形）命令，按【Enter】键确认，根据命令行提示进行操作，绘制尺寸为 10440×400 和 15410×400 的矩形，捕捉矩形中心，移动至偏移的两条辅助线的交点上，效果如下图所示。

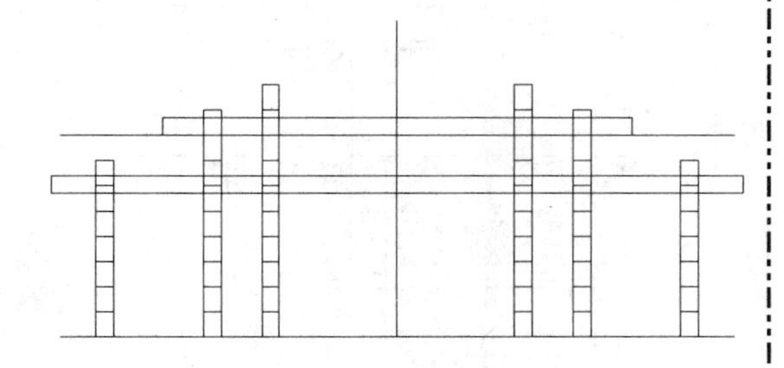

STEP 10　选择“倒角”选项

删除两条辅助线，在“默认”选项卡中，单击“修改”面板中“圆角”右侧的下拉按钮，在弹出的列表框中选择“倒角”选项，如下图所示。

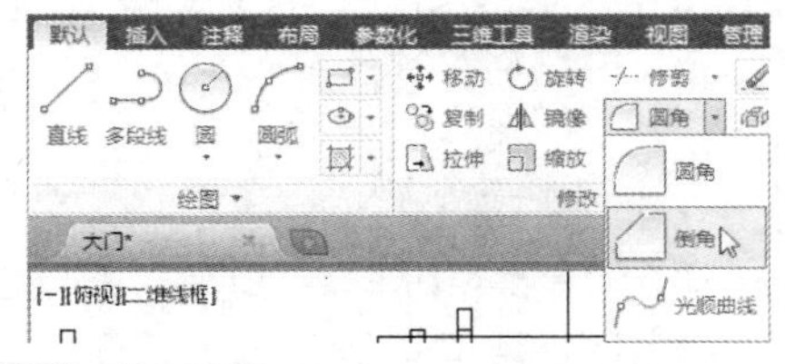

STEP 11　倒角处理

根据命令行提示进行操作，输入 D（距离）选项，设置两条直线的倒角距离为 290，按空格键，选择要倒角的直线，进行倒角处理，如下图所示。

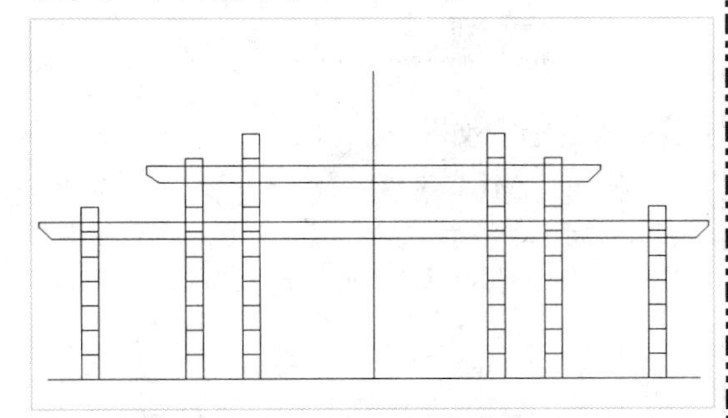

STEP 12　绘制直角装饰图案

在命令行中输入 L（直线）命令，按【Enter】键确认，根据命令行提示进行操作，绘制横梁与立柱之间的直角装饰图案，如下图所示。

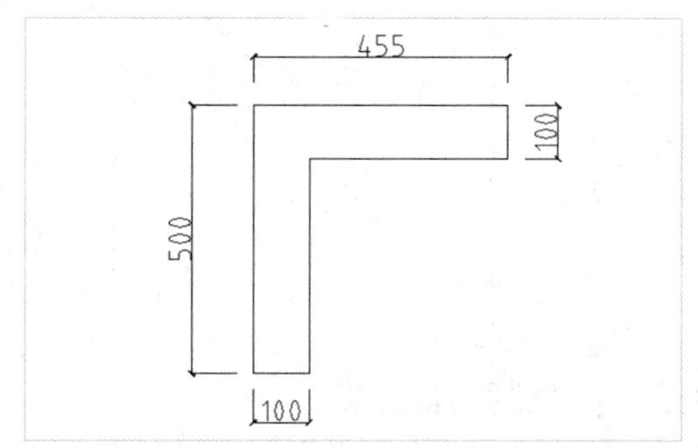

STEP 13　偏移直角装饰

在命令行中输入 O（偏移）命令，按【Enter】键确认，根据命令行提示进行操作，设置偏移距离为 10，选择直角装饰为偏移对象，向内引导光标，偏移图形，对齐并倒圆角，如下图所示。

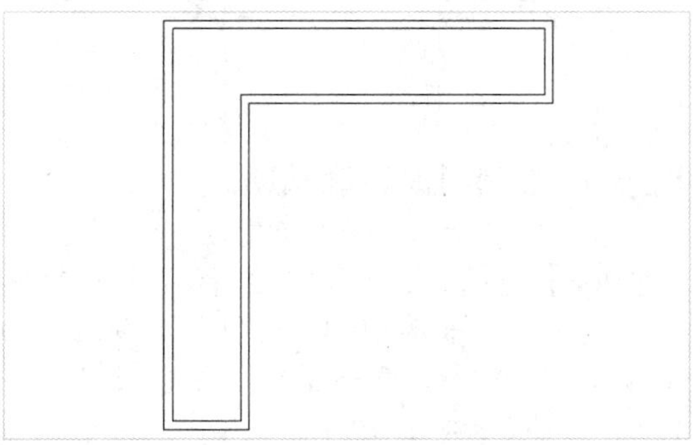

STEP 14　绘制直线

在命令行中输入 L（直线）命令，按【Enter】键确认，根据命令行提示进行操作，绘制一条直角斜边，效果如下图所示。

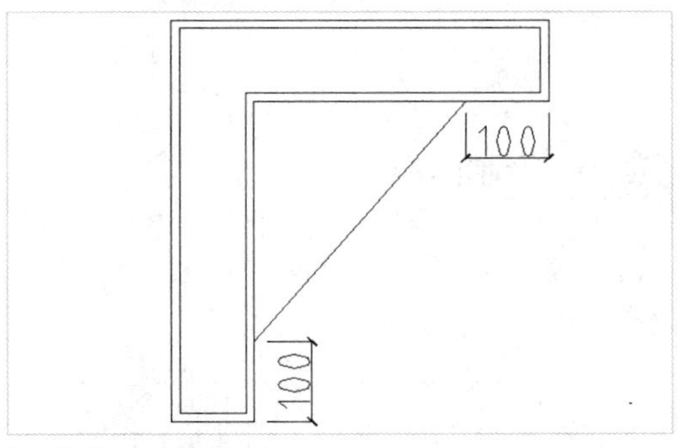

STEP 15　定义块

在命令行中输入 O（偏移）命令，按【Enter】键确认，根据命令行提示进行操作，设置偏移距离为 15，将直线向内偏移两次，对其进行倒圆角，并将装饰图案定义成块，如下图所示。

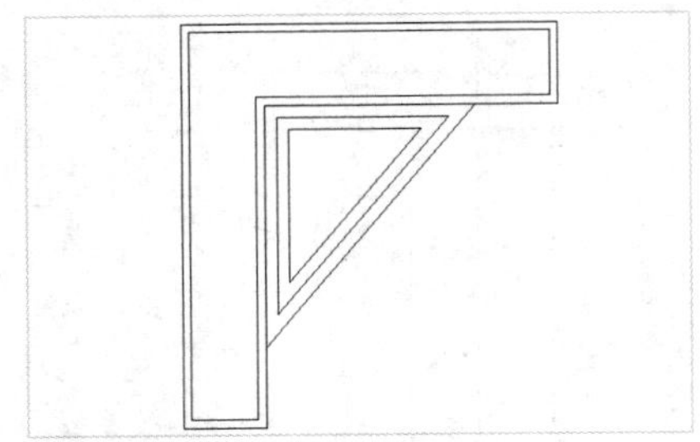

STEP 16 复制镜像图案

执行“CO（复制）”和“MI（镜像）”命令，将装饰图案复制和镜像到其他位置，如下图所示。

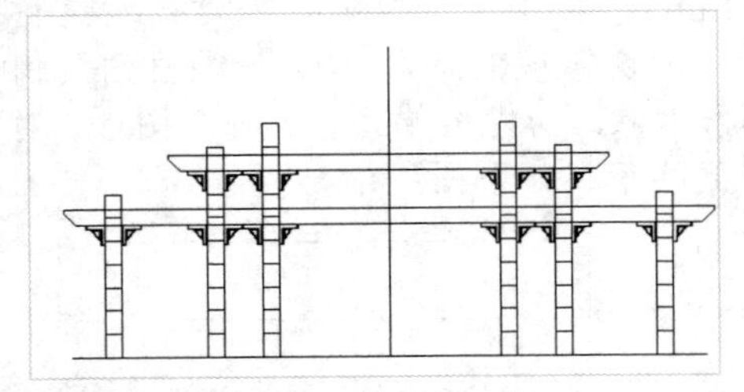

STEP 17 绘制门岗轮廓辅助线

在命令行中输入 L（直线）命令，按【Enter】键确认，根据命令行提示进行操作，绘制一条长为 4040 的直线，执行“O（偏移）”命令，偏移直线，生成门岗轮廓辅助线，效果如下图所示。

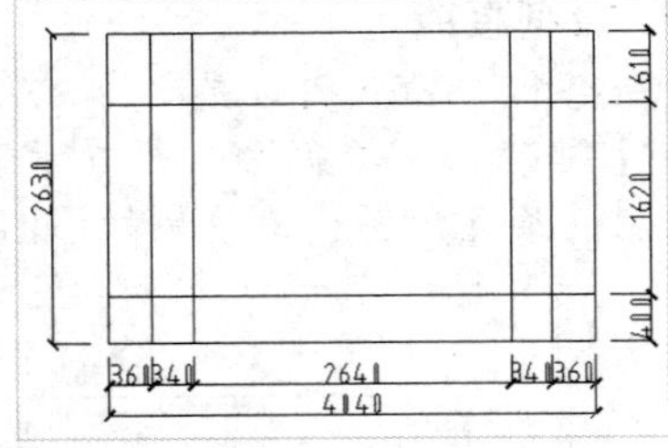

STEP 18 绘制门岗

执行“L（直线）”、“H（图案填充）”、“O（偏移）”以及“TR（修剪）”命令，绘制出门岗，效果如下图所示。

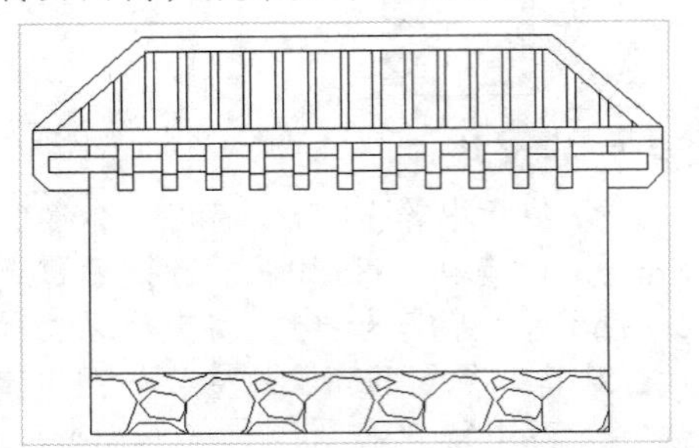

STEP 19 移动门岗

在命令行中输入 M（移动）命令，按【Enter】键确认，然后根据命令行提示进行操作，将绘制的门岗移动至图形中，如下图所示。

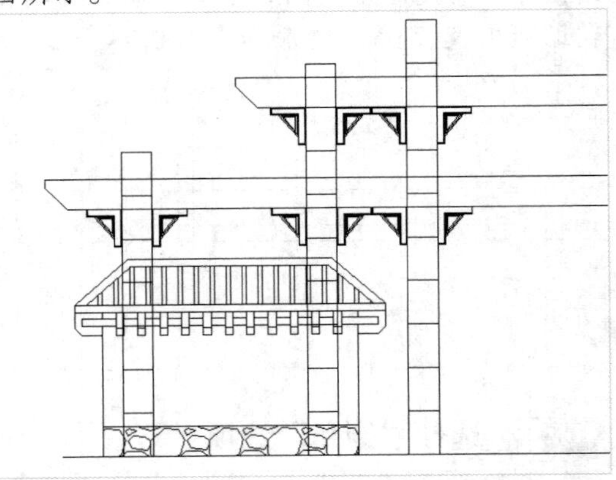

STEP 20 修剪门岗

在命令行中输入 TR（修剪）命令，按【Enter】键确认，根据命令行提示进行操作，对门岗进行修剪，效果如下图所示。

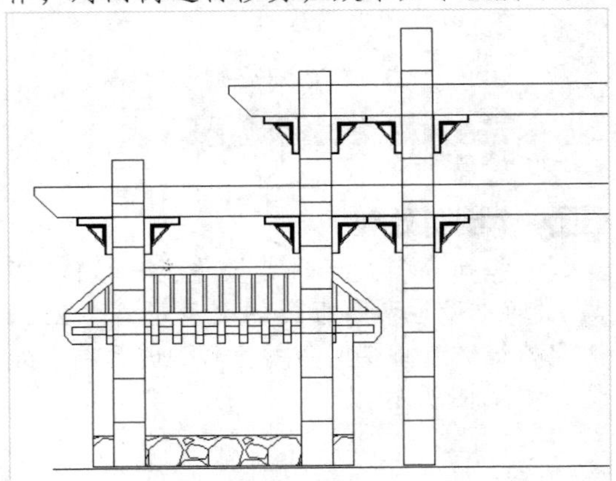

STEP 21 图形效果

执行“MI（镜像）”命令将门岗镜像，执行“MT（多行文字）”命令，绘制出大门的名称，删除垂直线，效果如下图所示。

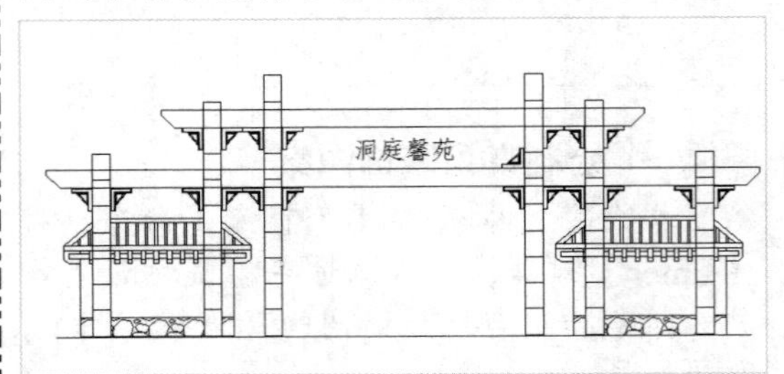

3.4.3 绘制围墙

围墙是建筑设计师进行空间划分的主要手段，用来满足建筑功能、空间的要求。在本实例设计过程中，首先通过“直线”、“矩形”、“偏移”、“复制”和“块”等命令绘制围墙墙体，然后通过“偏移”、“修剪”、“矩形”和“图案填充”等命令绘制建筑本身，展示了围墙的具体设计方法与技巧，其具体操作步骤如下。

素材文件	无	效果文件	第 3 章\围墙平面.dwg

STEP 01 绘制围墙辅助线

执行“L（直线）”命令，绘制一条 8674 的水平线和一条 3730 的垂直线作为围墙的辅助线，如下图所示。

STEP 02 偏移直线

在命令行中输入 O（偏移）命令，按【Enter】键确认，根据命令行提示进行操作，将垂直线水平向左依次偏移 5500、1900 和 1274 的距离，如下图所示。

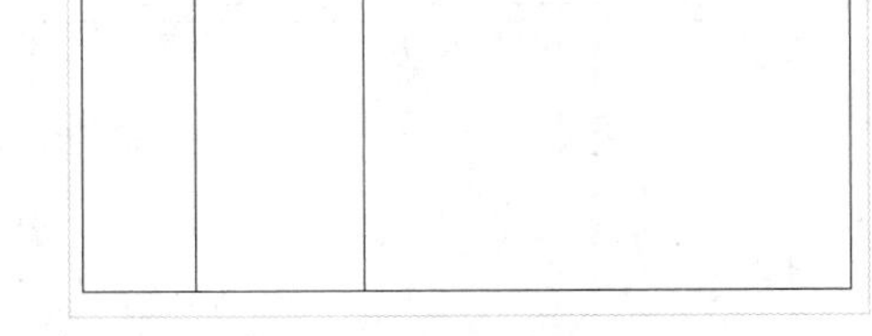

STEP 03 连接矩形对角线

在命令行中输入 REC（矩形）命令，按【Enter】键确认，根据命令行提示进行操作，绘制一个 740×740 的矩形，执行“L（直线）”命令，连接矩形的对角线，如下图所示。

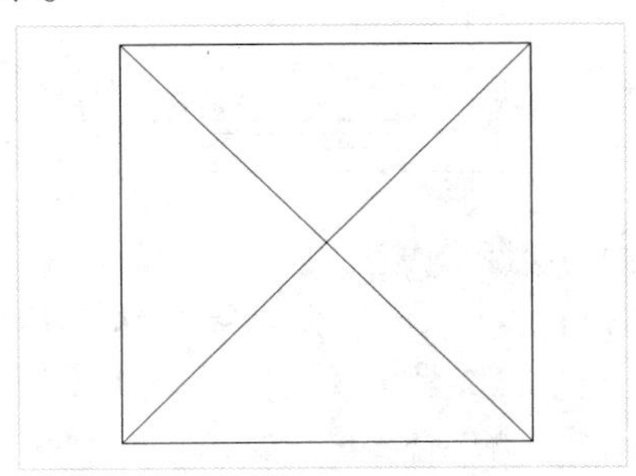

STEP 04 偏移矩形

在命令行中输入 O（偏移）命令，按【Enter】键确认，根据命令行提示进行操作，将矩形向内偏移两次，设置偏移距离为 60，如下图所示。

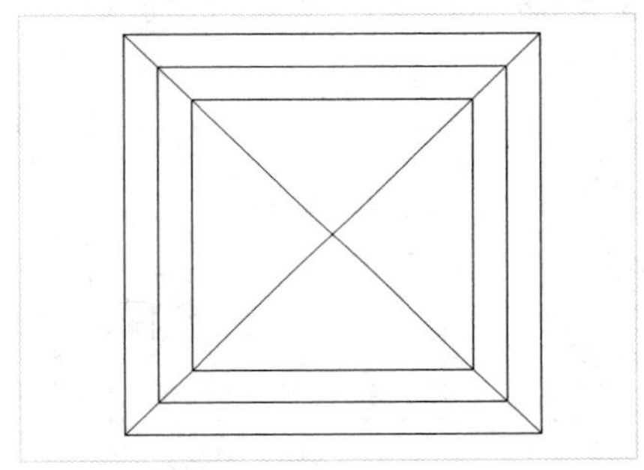

STEP 05 设置各选项

在命令行中输入 B（块）命令，按【Enter】键确认，弹出“块定义”对话框，单击“选择对象”按钮，根据命令行提示进行操作，选择绘制的矩形并确认，返回“块定义”对话框，设置“名称”为“承重墙柱”，如下图所示。

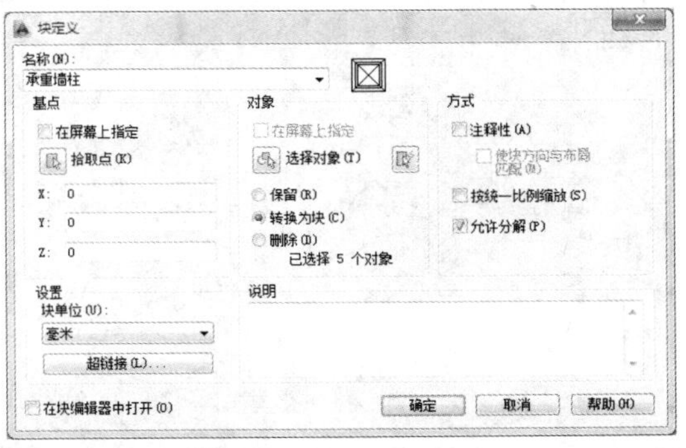

STEP 06 复制图形

单击“确定”按钮，在命令行中输入 CO（复制）命令，按【Enter】键确认，根据命令行提示进行操作，移动复制承重墙到各个交点位置，如下图所示。

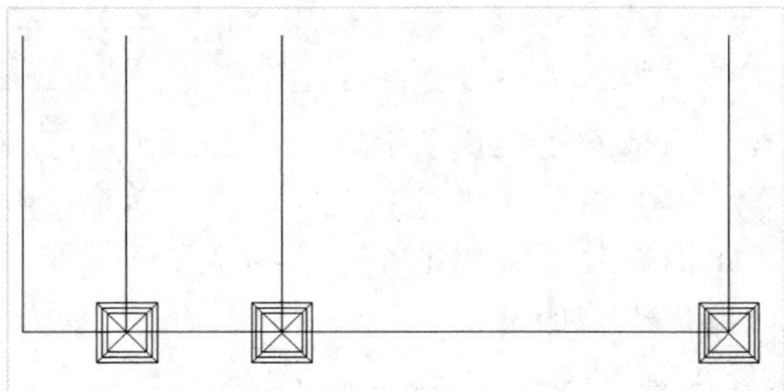

STEP 07 绘制围墙墙体

在命令行中输入 O（偏移）命令，按【Enter】键确认，根据命令行提示进行操作，将水平辅助线向上下各依次偏移 25 和 95 的距离，将垂直辅助线向左右各依次偏移 25 和 95 的距离，作为围墙的墙体，效果如下图所示。

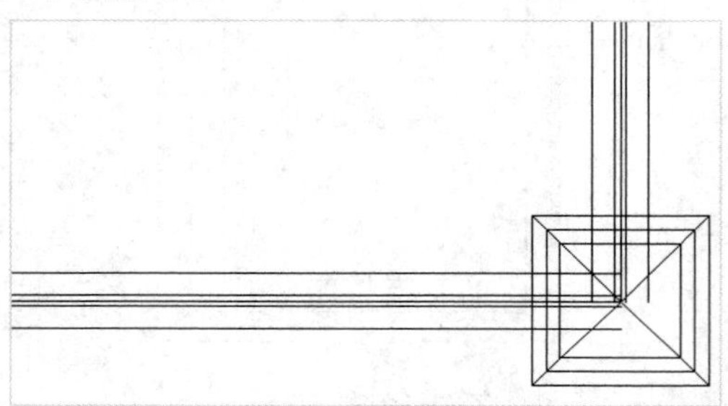

STEP 08 设置各选项

在命令行中输入 REC（矩形）命令，按【Enter】键确认，根据命令行提示进行操作，绘制一个 30×30 的矩形，执行“B（块）”命令，弹出“块定义”对话框，设置“名称”为 B，选择对象，指定拾取点，如下图所示。

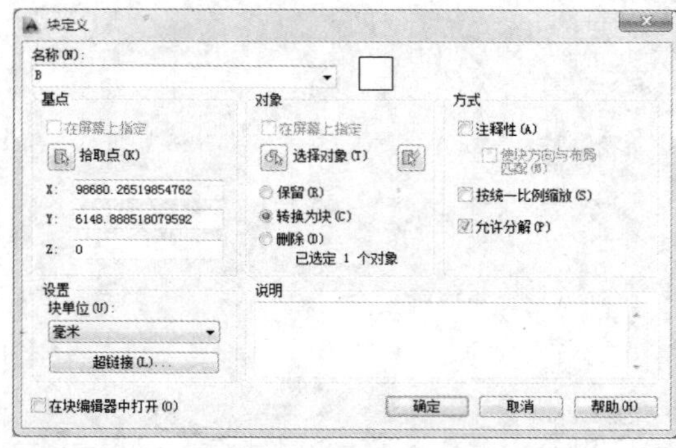

STEP 09 单击“定数等分”按钮

单击“确定”按钮，单击“绘图”面板中“绘图”右侧的下拉按钮，在弹出的列表框中单击“定数等分”按钮，如下图所示。

STEP 10 定数等分图形

根据命令行提示进行操作，选择第 3 条水平墙线为等分对象，输入名称为 B，输入数目为 55，并确认，执行“DIV（定数等分）”命令，等分第 3 条垂直墙线，输入名称为 B，输入数目为 22，效果如下图所示。

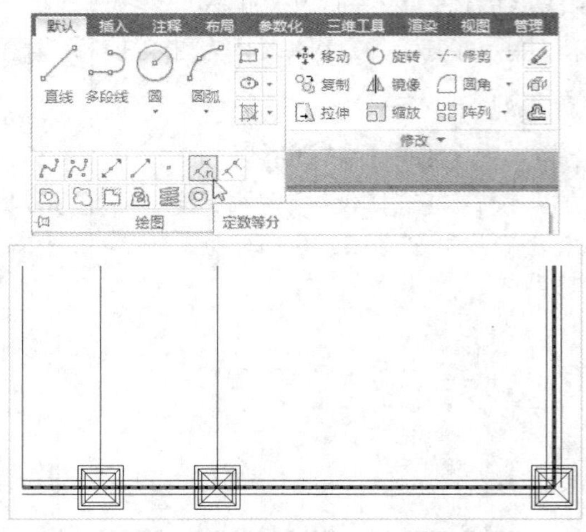

STEP 11 绘制建筑物墙体

在命令行中输入 O（偏移）命令，按【Enter】键确认，然后根据命令行提示进行操作，将水平辅助线向上依次偏移 3550 和 180 的距离，绘制建筑物本身的墙体，如下图所示。

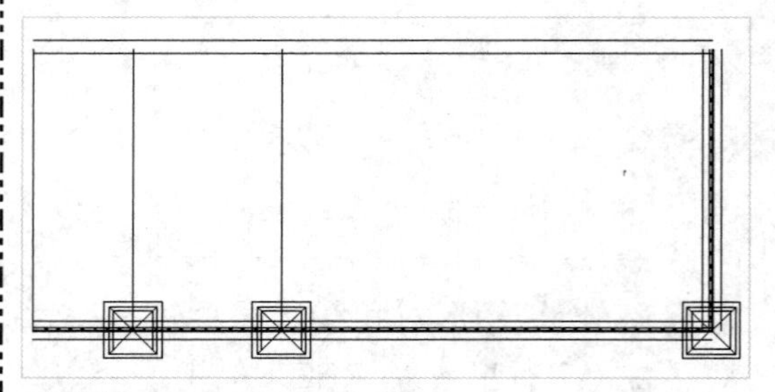

STEP 12 绘制门平面

执行“O（偏移）”和“TR（修剪）”命令，绘制建筑物的门平面，起效果如下图所示。

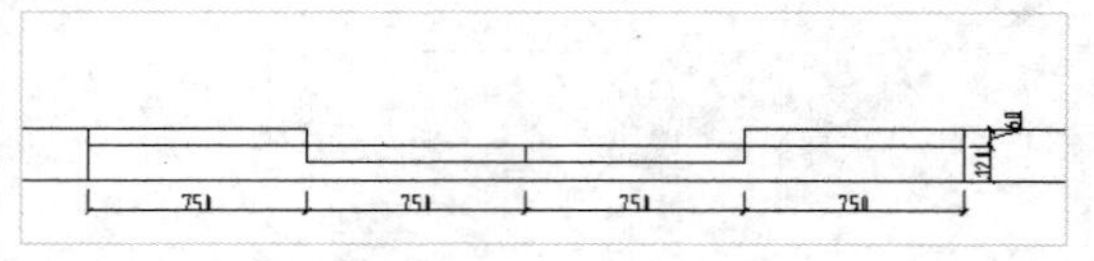

STEP 13 绘制飘窗

执行“O（偏移）”和“TR（修剪）”命令，绘制建筑物的飘窗，效果如下图所示。

STEP 14 修剪围墙平面轮廓

执行“TR（修剪）”和“E（删除）”命令，修剪和删除多余的直线和矩形，得到围墙的平面轮廓，效果如下图所示。

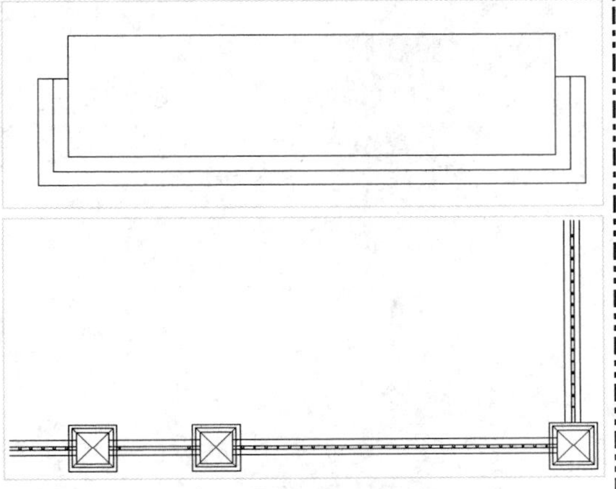

STEP 15　绘制承重墙和折线段

执行“REC（矩形）”、“H（图案填充）”和“多段线”命令，依次绘制建筑物的承重墙和折线段，效果如下图所示。

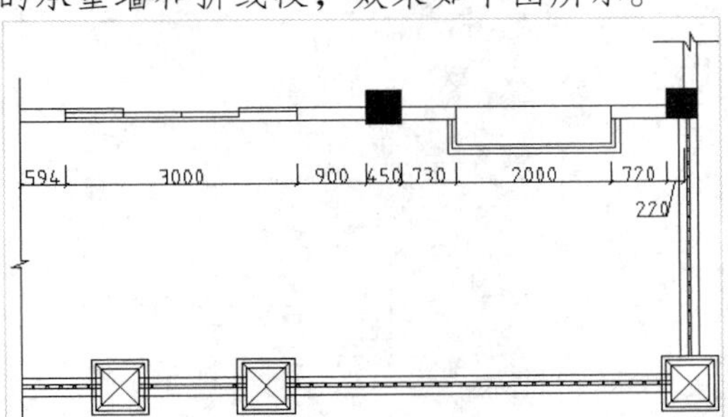

STEP 16　标注围墙平面说明

显示菜单栏，单击“标注”|“多重引线”命令，标注围墙平面说明，如下图所示。

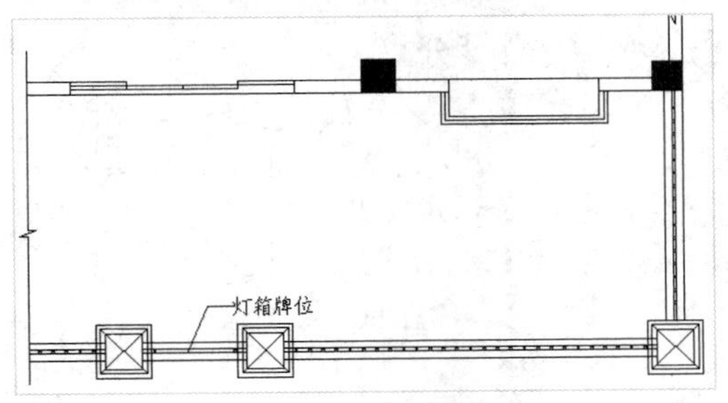

STEP 17　标注主要尺寸

单击“标注”|“线性”和“连续”命令，标注围墙各部分的主要尺寸，如下图所示。

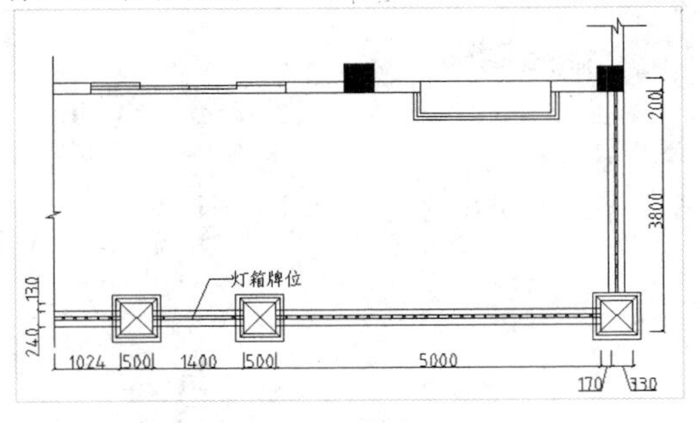

STEP 18　绘制图名和比例

单击“注释”面板中的“文字”按钮 A，绘制图名和比例，如下图所示。

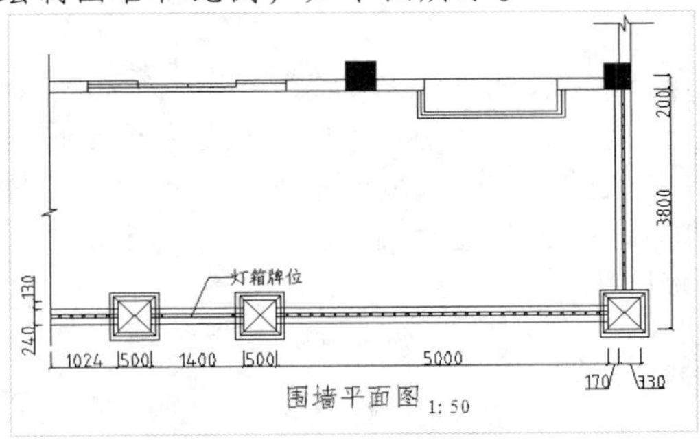

STEP 19　绘制下划线

在命令行中输入 PL（多段线）命令，按【Enter】键确认，根据命令行提示进行操作，绘制图名和比例下方的下划线，效果如下图所示。

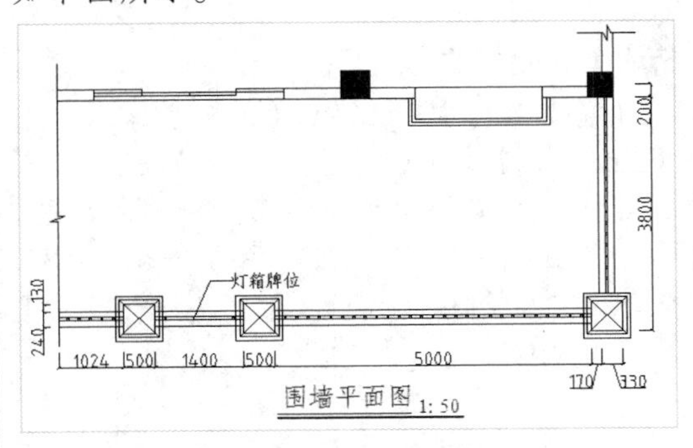

3.4.4　绘制弧形花架

花架是常用的建筑小饰品之一，在建筑景观布局中占据着举足轻重的位置。在本实例设计过程中，首先通过“圆”、“直线”、“旋转”、“修剪”和“偏移”等命令绘制花架的弧形轮廓，然后通过“定数等分”、“直线”、“偏移”、“延伸”、“矩形”和“修

剪”等命令绘制花架立柱和木枋，展示了弧形花架的具体设计方法与技巧，其具体操作步骤如下。

素材文件	无	效果文件	第 3 章\弧线花架平面.dwg

STEP 01 绘制圆

在命令行中输入 C(圆)命令，按【Enter】键确认，根据命令行提示进行操作，绘制一个半径为 5950 的圆，如下图所示。

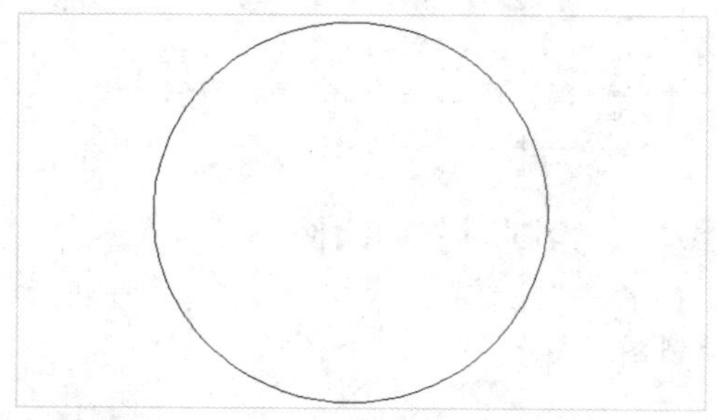

STEP 02 绘制 3 条垂直线

在命令行中输入 L（直线）命令，按【Enter】键确认，根据命令行提示进行操作，绘制 3 条经过圆心的重合垂直线，效果如下图所示。

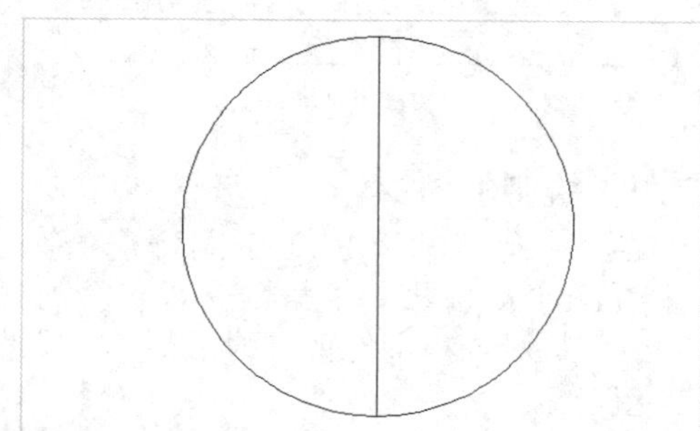

STEP 03 旋转直线

在命令行中输入 RO（旋转）命令，按【Enter】键确认，选择垂直线为旋转对象并确认，捕捉圆心为旋转基点，输入角度，将一条直线旋转 57°、另一条直线旋转-58°，效果如下图所示。

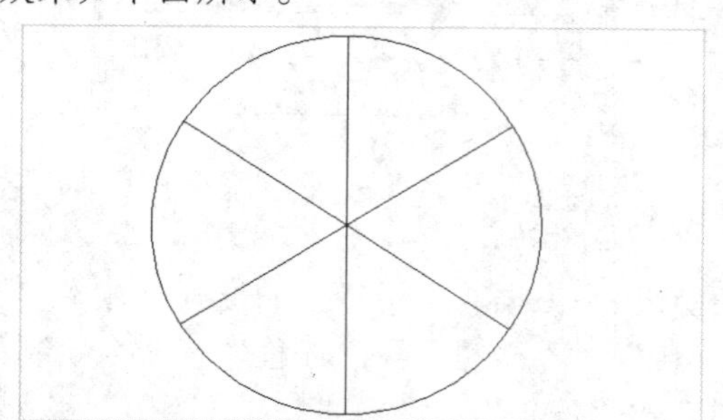

STEP 04 修剪和删除多余的线

执行“TR（修剪）”和“E（删除）”命令，修剪和删除多余的线，得到弧形花架的一条圆弧，效果如下图所示。

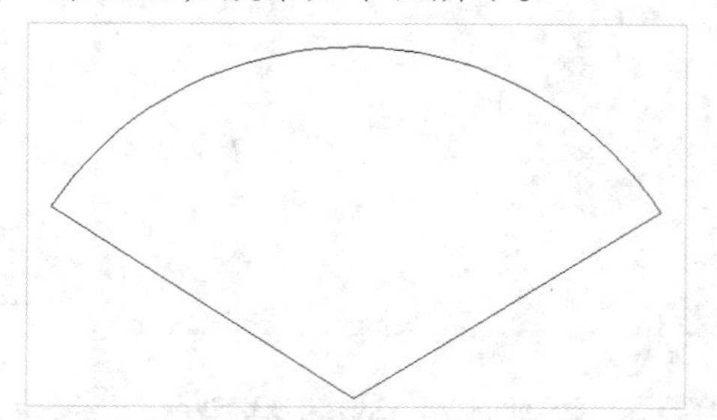

STEP 05 设置点样式

在“默认”选项卡的“实用工具”面板中，单击“实用工具”右侧的下拉按钮，在弹出的列表框中选择“点样式”选项，在弹出的“点样式”对话框中设置各选项，如下图所示。

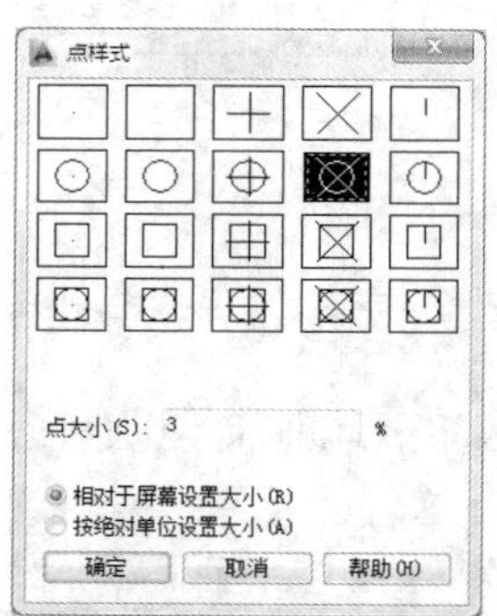

STEP 06 定数等分点

单击“确定”按钮，在命令行中输入 DIV（定数等分）命令，按【Enter】键确认，根据命令行提示进行操作，选择圆弧对象，输入数目为 12，效果如下图所示。

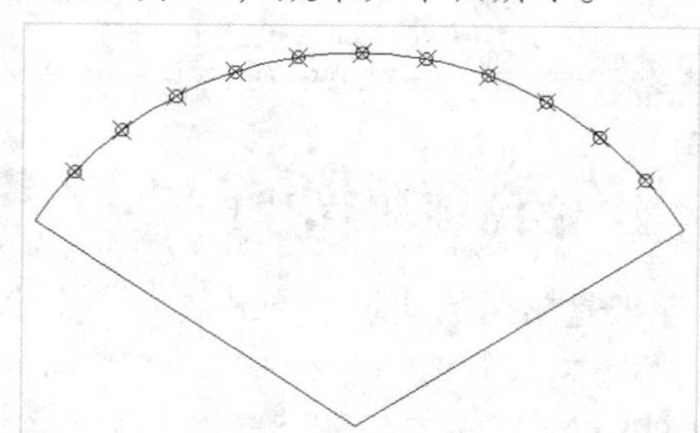

STEP 07　**偏移圆弧**

删除辅助线，在命令行中输入 O（偏移）命令，按【Enter】键确认，根据命令行提示进行操作，将圆弧向下偏移 350 的距离，再向上依次偏移 100、1800、100 和 350 的距离，生成花架其他圆弧，如下图所示。

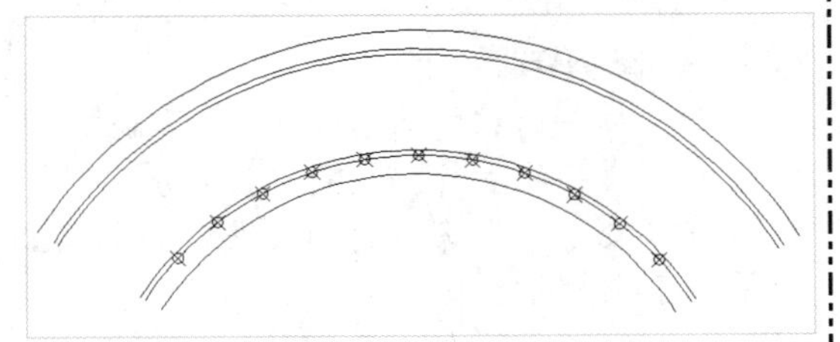

STEP 08　**定数等分点**

在命令行中输入 DIV（定数等分）命令，按【Enter】键确认，根据命令行提示进行操作，选择第二条圆弧对象，输入数目为 12，效果如下图所示。

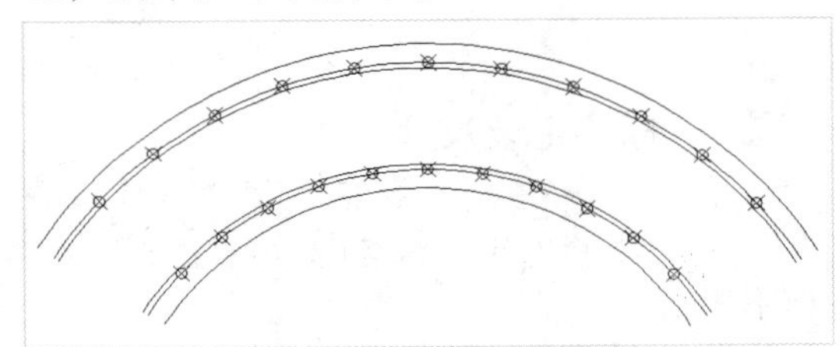

STEP 09　**引垂线**

在命令行中输入 L（直线）命令，按【Enter】键确认，根据命令行提示进行操作，通过等分点，向两条弧线引垂线，效果如下图所示。

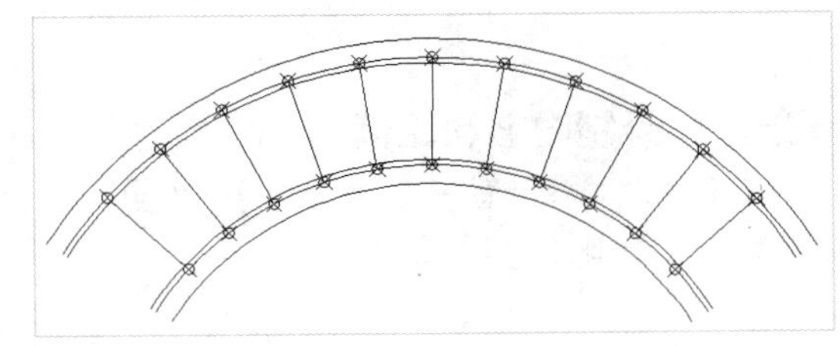

STEP 10　**延伸直线**

删除等分点样式，在命令行中输入 EX（延伸）命令，按【Enter】键确认，根据命令行提示进行操作，将直线延伸至最外面的弧线，效果如下图所示。

STEP 11　**偏移直线**

在命令行中输入 O（偏移）命令，按【Enter】键确认，根据命令行提示进行操作，偏移直线，偏移距离为 100，效果如下图所示。

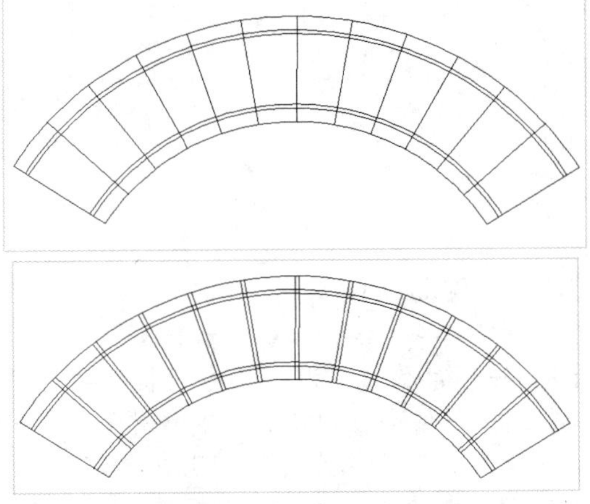

STEP 12　**修剪删除多余的线段**

执行“TR（修剪）”和“E（删除）”命令，修剪删除多余的线段，得到花架轮廓，效果如下图所示。

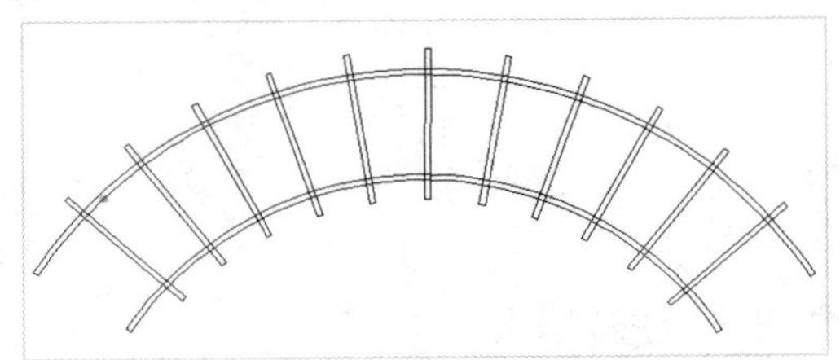

STEP 13　**连接对角线**

在命令行中输入 L（直线）命令，按【Enter】键确认，根据命令行提示进行操作，连接圆弧与木枋交叉处的对角线，效果如下图所示。

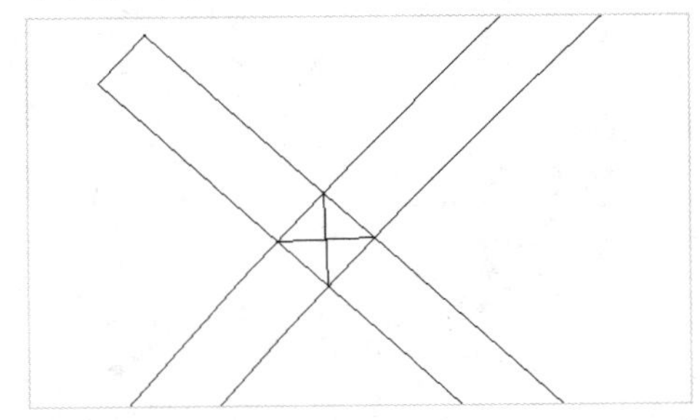

STEP 14　**绘制花架立柱**

在命令行中输入 REC（矩形）命令，按【Enter】键确认，根据命令行提示进行操作，绘制一个 400×400 的矩形，执行“L（直线）”命令，连接矩形的中心垂直线，作为花架的立柱，如下图所示。

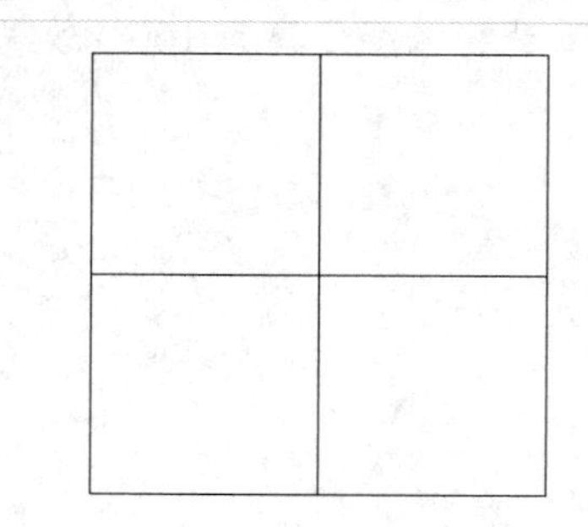

STEP 15 移动立柱

在命令行中输入 M（移动）命令，按【Enter】键确认，根据命令行提示进行操作，选择花架立柱对象，以矩形对角线的交点为基点，捕捉圆弧与木枋对角线的交点，效果如下图所示。

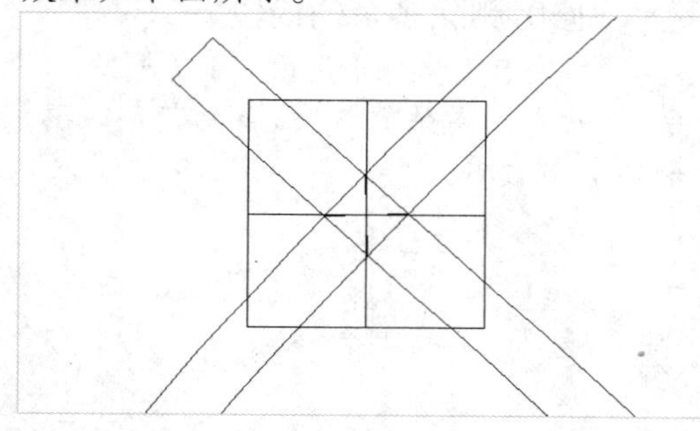

STEP 16 旋转矩形

在命令行中输入 RO（旋转）命令，按【Enter】键确认，根据命令行提示进行操作，指定矩形的中心为基点，将矩形旋转 47°，删除辅助线，效果如下图所示。

STEP 17 阵列立柱

在命令行中输入 AR（阵列）命令，按【Enter】键确认，根据命令行提示进行操作，选择矩形对象，以最外边圆弧为路径曲线，指定一点为中点，即可将立柱阵列，效果如下图所示。

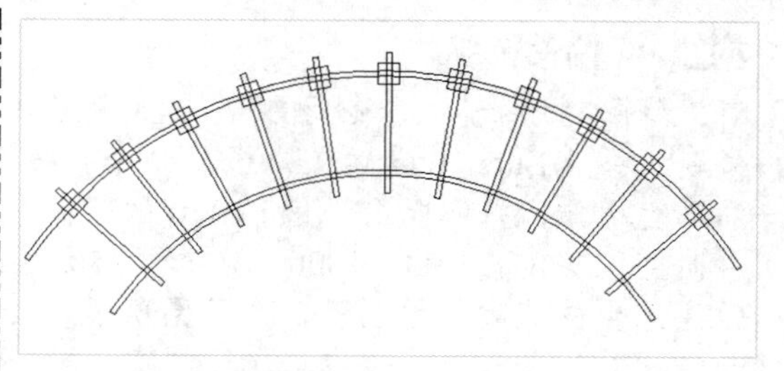

STEP 18 修剪图形

运用与上述相同的操作方法，绘制花架的另外一部分的立柱，执行“X（分解）”和“TR（修剪）”命令，对图形进行修剪，效果如下图所示。

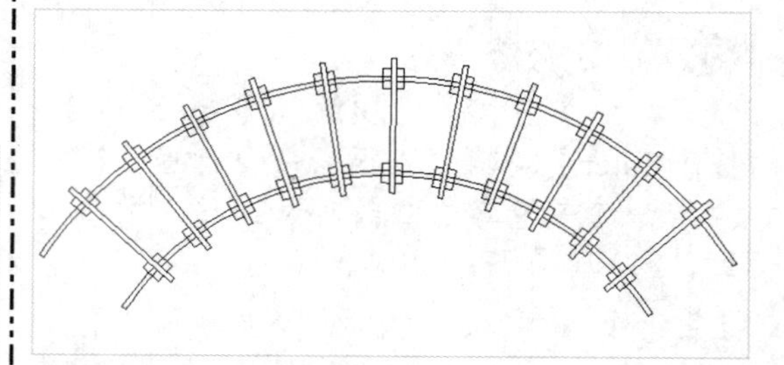

STEP 19 标注主要尺寸

单击“标注”|“对齐”和“连续”命令，标注弧形花架平面各部分的主要尺寸，如下图所示。

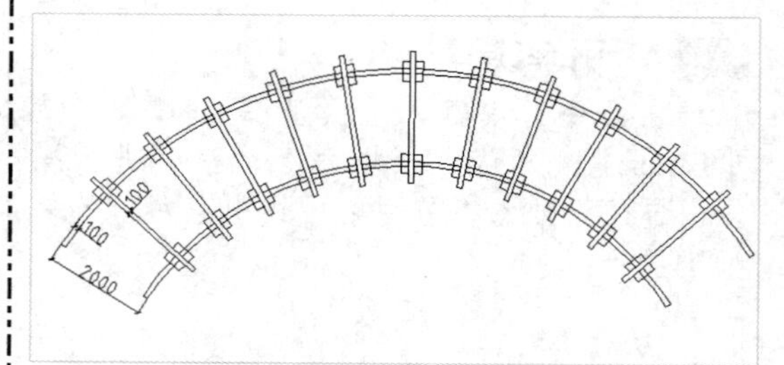

STEP 20 绘制图名和比例

单击“注释”面板中的“文字”按钮 A，绘制图名和比例，如下图所示。

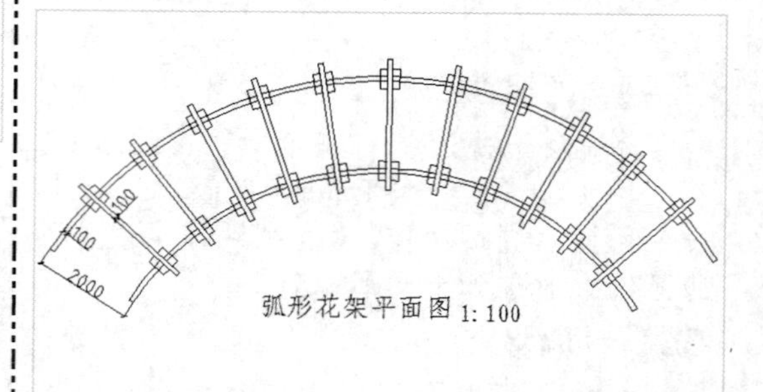

STEP 21 绘制下划线

在命令行中输入 PL（多段线）命令，按【Enter】键确认，根据命令行提示进行操作，绘制图名和比例下方的下划线，效果如下图所示。

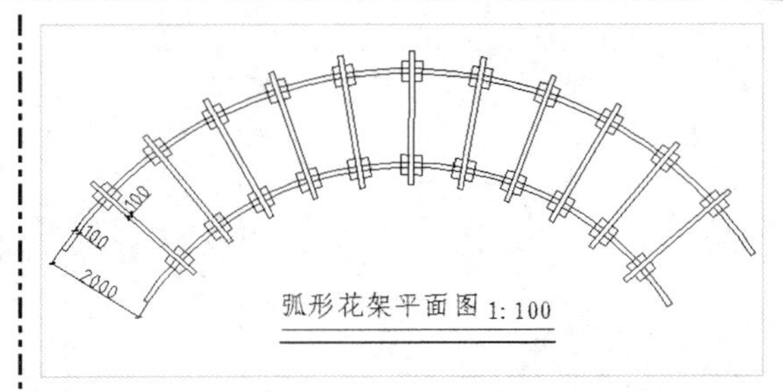

3.4.5 绘制直型双柱花架

花架设计要了解所配植物的原产地和生长习性，以创造适宜于植物生长的条件和造型要求。在本实例设计过程中，首先通过“矩形”、“复制”、“偏移”和“修剪”等命令绘制直型双柱花架的立柱，然后通过“矩形”和“复制”命令绘制花架的木枋，展示了直型双柱花架的具体设计方法与技巧，其具体操作步骤如下。

素材文件	无	效果文件	第 3 章\直型双柱花架平面.dwg

STEP 01 绘制一根横梁

在命令行中输入 REC（矩形）命令，按【Enter】键确认，根据命令行提示进行操作，绘制一个 5959×180 的矩形，作为花架的第一根横梁，效果如下图所示。

STEP 02 复制矩形

在命令行中输入 CO（复制）命令，按【Enter】键确认，根据命令行提示进行操作，选择矩形对象，向上引导光标，设置距离为 1980，复制矩形，效果如下图所示。

STEP 03 绘制花架立柱

在命令行中输入 REC（矩形）命令，按【Enter】键确认，根据命令行提示进行操作，绘制一个 350×350 的矩形，执行“M（移动）”命令，以矩形左侧的中点为基点，捕捉横梁左侧的参考边，移动矩形，作为花架立柱，如下图所示。

STEP 04 偏移矩形

在命令行中输入 O（偏移）命令，按【Enter】键确认，根据命令行提示进行操作，选择矩形对象，向内偏移 30 的距离，如下图所示。

STEP 05 移动矩形

在命令行中输入 M（移动）命令，按【Enter】键确认，根据命令行提示进行操作，选择两个矩形对象，沿 X 轴方向引导光标，设置距离为 325，移动矩形，效果如下图所示。

STEP 06 修建多余的线段

在命令行中输入 TR（修剪）命令，按【Enter】键确认，根据命令行提示进行操作，修剪多余的线段，以表示叠加的层次，效果如下图所示。

STEP 07 复制一组立柱

在命令行中输入 CO（复制）命令，按【Enter】键确认，根据命令行提示进行操作，选择绘制好的立柱对象，指定横梁的左下角端点为基点，输入 A，输入项目数 4，输入距离为 1650 并确认，复制阵列一组立柱，效果如下图所示。

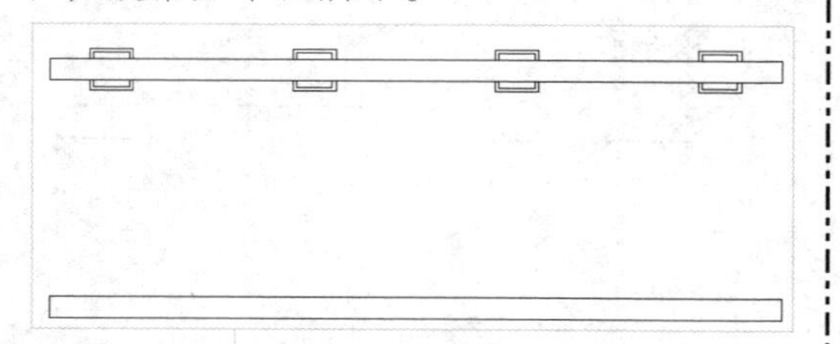

STEP 08 复制立柱

在命令行中输入 CO（复制）命令，按【Enter】键确认，根据命令行提示进行操作，选择绘制好的一组立柱，以上方横梁的左端点为基点，下方横梁的左端点为第二点，对立柱进行复制，效果如下图所示。

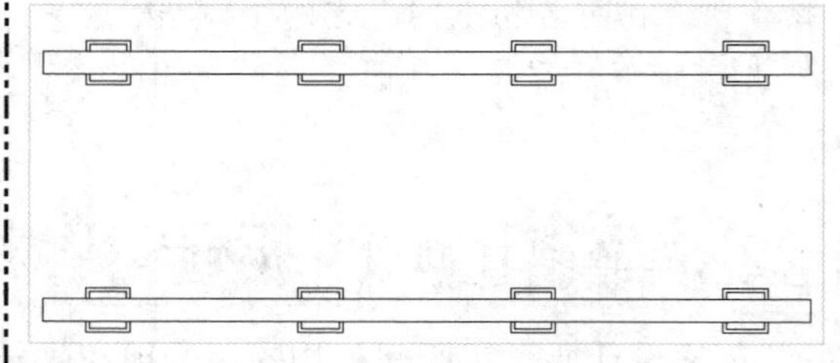

STEP 09 绘制花架木枋

在命令行中输入 REC（矩形）命令，按【Enter】键确认，根据命令行提示进行操作，绘制一个 80×2850 的矩形，作为花架的木枋，效果如下图所示。

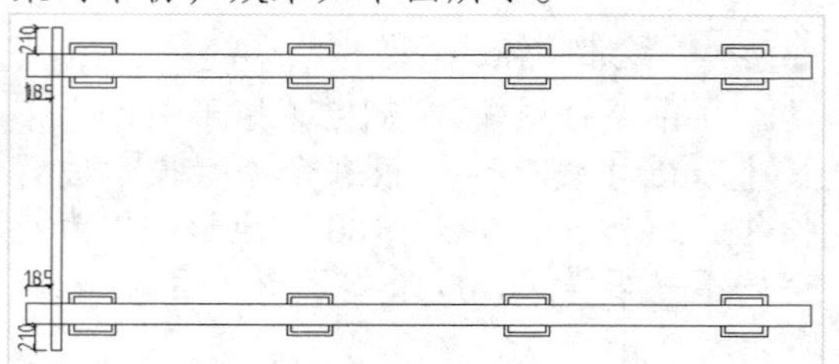

STEP 10 花架平面图

在命令行中输入 CO（复制）命令，按【Enter】键确认，根据命令行提示进行操作，选择绘制好的木枋对象，指定横梁的左下角端点为基点，输入 A，输入项目数 21，输入距离为 275 并确认，执行“TR（修剪）”命令，修剪多余的线条，效果如下图所示。

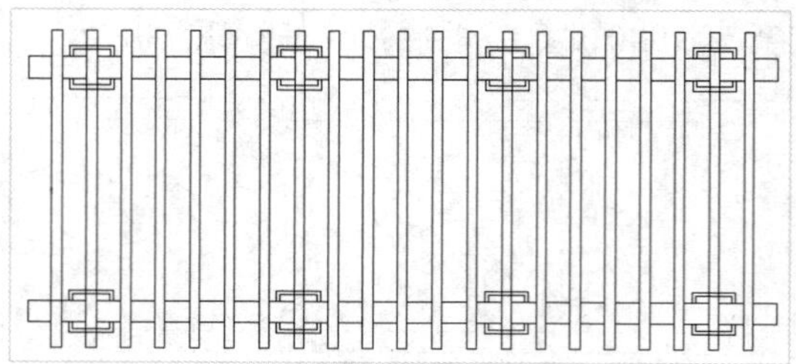

Chapter 04

公共设施构件绘制

章前知识导读

本章主要介绍公共设施构件的设计和绘制，从不同的角度出发，设计出各种实用的室外公共设施。通过本章的绘图技巧学习，读者可以掌握更丰富的设计应用技巧和编辑技能，从而轻松提高绘图效率。

重点知识索引

- 建筑设计基础设施构件的设计
- 建筑设计健身设施构件的设计
- 建筑设计球场设施构件的设计

效果图片赏析

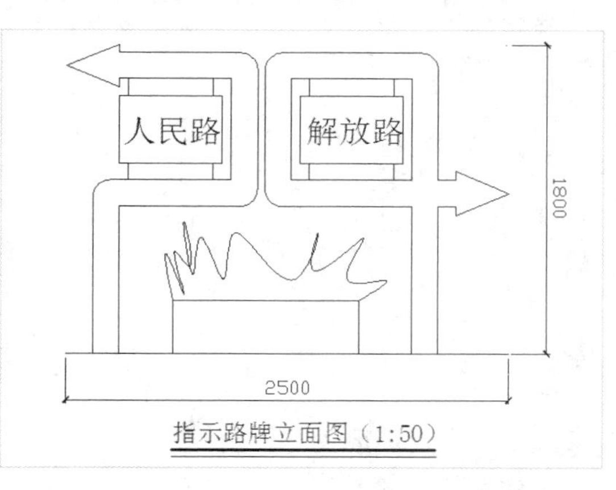

指示路牌立面图（1:50）

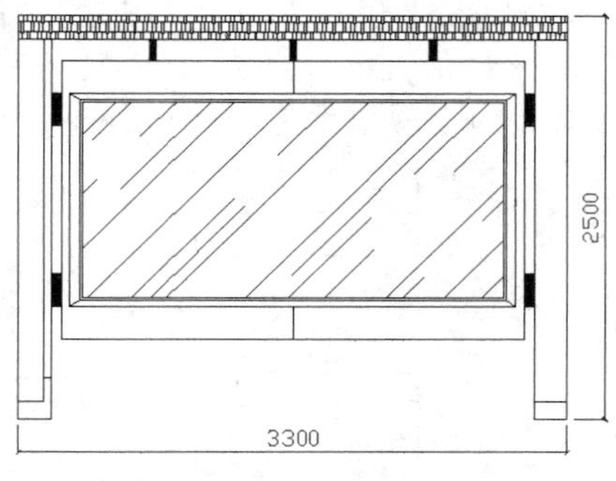

户外灯厢广告立面图（1:50）

石桌椅立面图1:20

4.1 建筑设计基础设施构件的设计

建筑构件是指构成建筑物的各个要素。本节主要介绍基础设施构件的设计，通过绘制公用电话亭、指示路牌、公园休息亭、灯箱广告、石桌椅等基础设施，让读者掌握运用 AutoCAD 设计构件的应用技巧，从而提高工作效率。

4.1.1 绘制公用电话亭

公用电话亭是城市建设必不可少的组成部分，不仅能够提供便捷的服务，还能够美化城市。在本实例设计过程中，首先通过“矩形”、“分解”、“偏移”和“修剪”等命令绘制电话亭的轮廓，然后通过“矩形”、“分解”、“偏移”、“修剪”和“样条曲线等命令绘制电话机，展示了公用电话亭的具体设计方法与技巧，其具体操作步骤如下。

素材文件	无	效果文件	第 4 章\电话亭立面图.dwg

STEP 01 创建图层

新建一个空白的文件，在“功能区”选项板的“默认”选项卡中，单击“图层”面板中的“图层特性”按钮，弹出“图层特性管理器”选项板，依次创建“标注”、“建筑物”、“设施”3 个图层，颜色自定，并将“建筑物”图层置为当前图层，如下图所示。

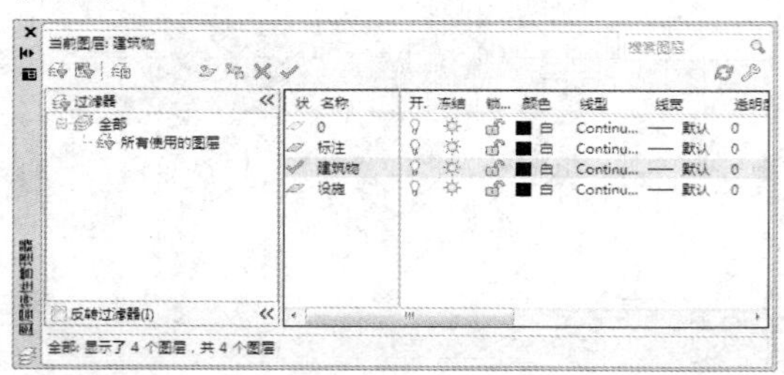

STEP 02 绘制矩形

在命令行中输入 REC（矩形）命令，按【Enter】键确认，根据命令行提示进行操作，绘制一个 1000×2200 的矩形，如下图所示。

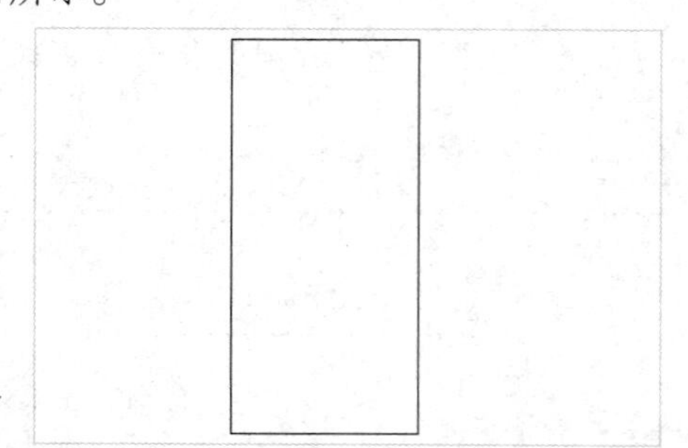

STEP 03 分解矩形

在命令行中输入 X（分解）命令，按【Enter】键确认，根据命令行提示进行操作，选择矩形对象并确认，即可分解图像，效果如下图所示。

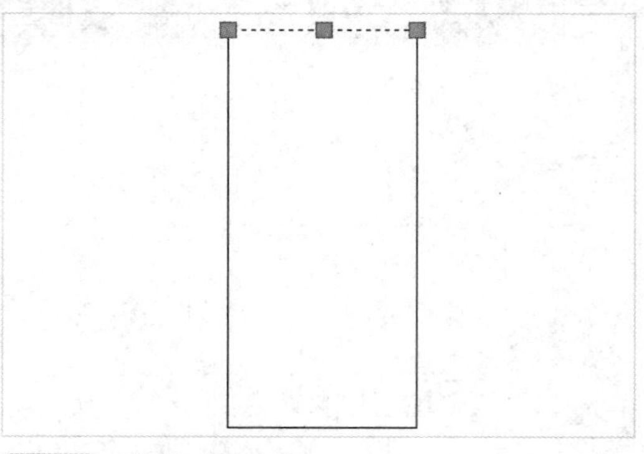

STEP 04 偏移水平线

在命令行中输入 O（偏移）命令，按【Enter】键确认，根据命令行提示进行操作，选择矩形上边水平线，沿垂直方向依次向下偏移 200、200、550、150、150 和 550 的距离，如下图所示。

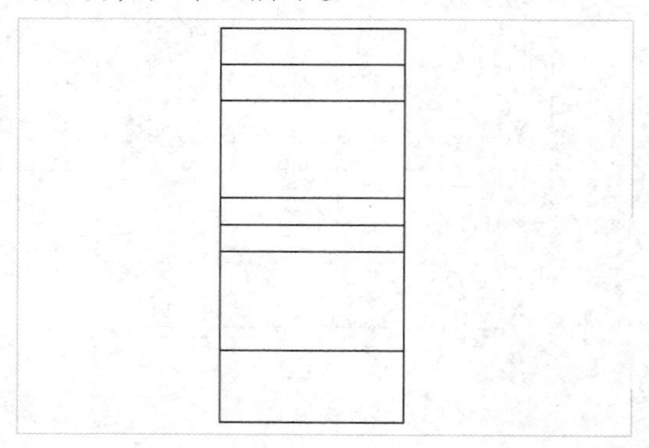

STEP 05　偏移垂直线

在命令行中输入 O（偏移）命令，按【Enter】键确认，根据命令行提示进行操作，选择矩形左边垂直线，沿水平方向依次向右偏移 60 和 880 的距离，如下图所示。

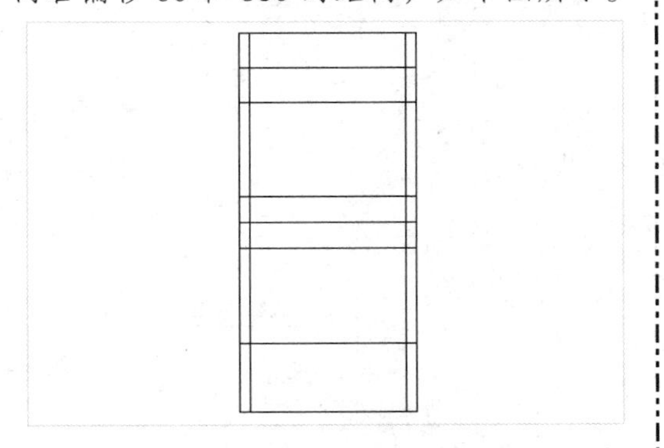

STEP 06　修剪处理

在命令行中输入 TR（修剪）命令，按【Enter】键两次，根据命令行提示进行操作，快速修剪偏移的直线，如下图所示。

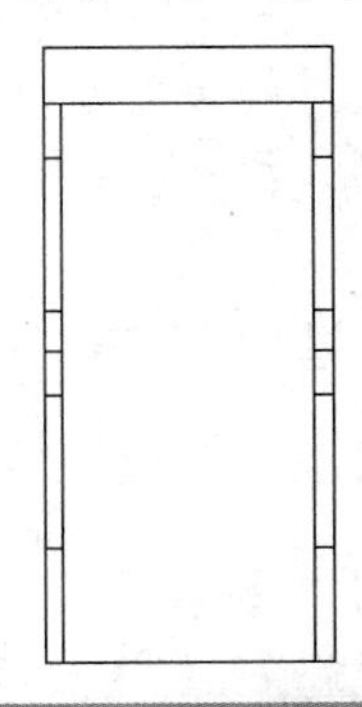

专家指点

运用“TR（修剪）”命令可以修剪的对象包括直线、圆弧、圆、射线、样条曲线、面域、尺寸以及多段线等对象。

STEP 07　偏移垂直线

在命令行中输入 O（偏移）命令，按【Enter】键确认，根据命令行提示进行操作，设置偏移距离为 15，选择左侧的垂直线，向右偏移 3 次，选择右侧的垂直线，向左偏移 3 次，如下图所示。

STEP 08　修剪处理

在命令行中输入 TR（修剪）命令，按【Enter】键两次，根据命令行提示进行操作，快速修剪偏移的直线，如下图所示。

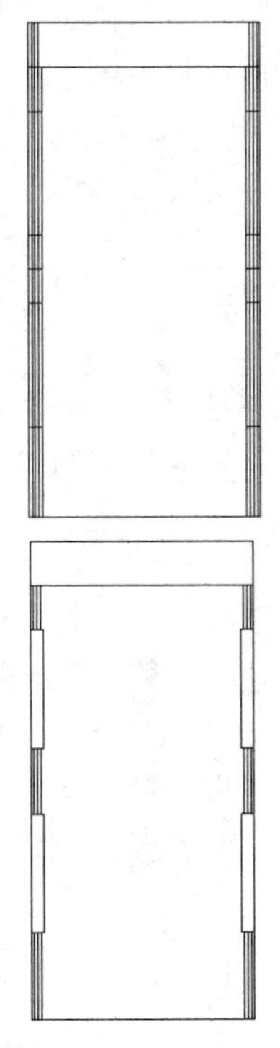

STEP 09　绘制矩形

将“设施”图层置为当前图层，在命令行中输入 REC（矩形）命令，按【Enter】键确认，根据命令行提示进行操作，捕捉左上端的端点为基点，依次输入角点坐标（@280，-500）和（@440，-500）并确认，绘制矩形，如下图所示。

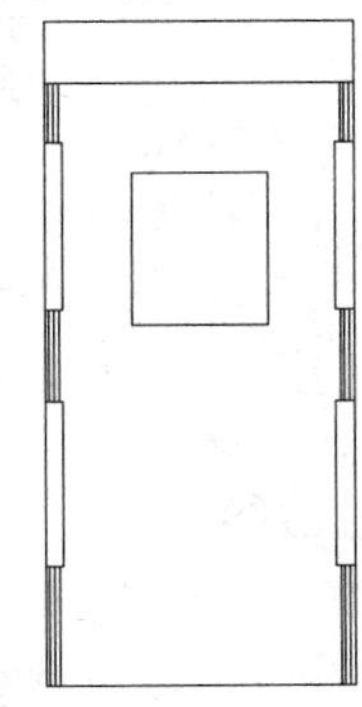

STEP 10　偏移直线

在命令行中输入 X（分解）命令，按【Enter】键确认，根据命令行提示进行操作，选择矩形对象并确认，在命令行中输入 O（偏移）命令，按【Enter】键确认，根据命令行提示进行操作，将左侧的直线水平向右依次偏移 50、100、100、25、25、25、

25、25 和 25 的距离，将上方的直线垂直向下依次偏移 50、100、50、25、25、25、25、50、50、50 和 50 的距离，效果如下图所示。

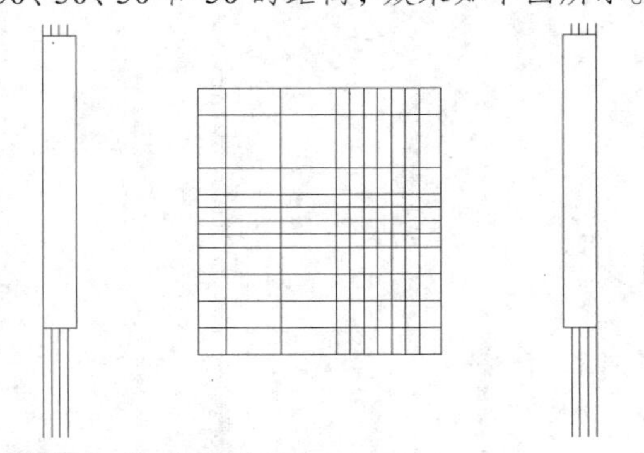

STEP 11 修剪处理

在命令行中输入 TR（修剪）命令，按【Enter】键两次，根据命令行提示进行操作，快速修剪偏移的直线，删除多余的线段，如下图所示。

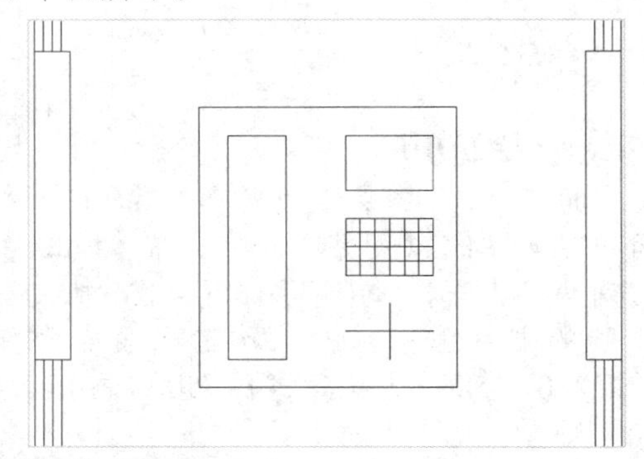

STEP 12 绘制椭圆

在命令行中输入 EL（椭圆）命令，按【Enter】键确认，根据命令行提示进行操作，捕捉十字交叉线段的水平线为一条轴线，输入 50，作为另一条轴线的半径，绘制椭圆，如下图所示。

STEP 13 绘制电话线

在命令行中输入 SPL（样条曲线）命令，按【Enter】键确认，根据命令行提示进行操作，绘制电话线，完成电话机的绘制，如下图所示。

STEP 14 标注尺寸

将“标注”图层置为当前图层，在命令行中输入 DLI（线性）命令，按【Enter】键确认，根据命令行提示进行操作，对图形进行尺寸标注，如下图所示。

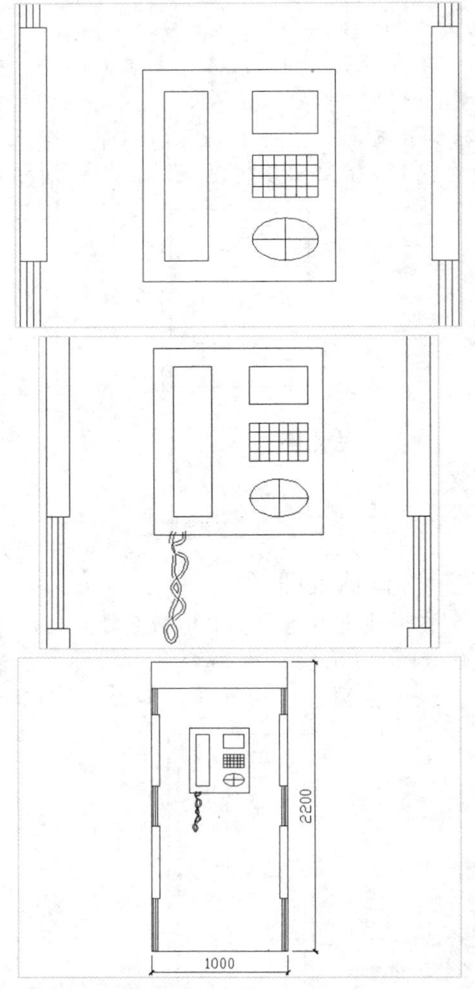

STEP 15 绘制说明标注

将 0 图层置为当前图层，在命令行中输入 TEXT（单行文字）命令，按【Enter】键确认，根据命令行提示进行操作，在立面图下方输入文字“公用电话亭立面图(1:50)”，执行“L（直线）”命令，添加两条下划线，第一条线宽为 0.3 毫米，效果如下图所示。

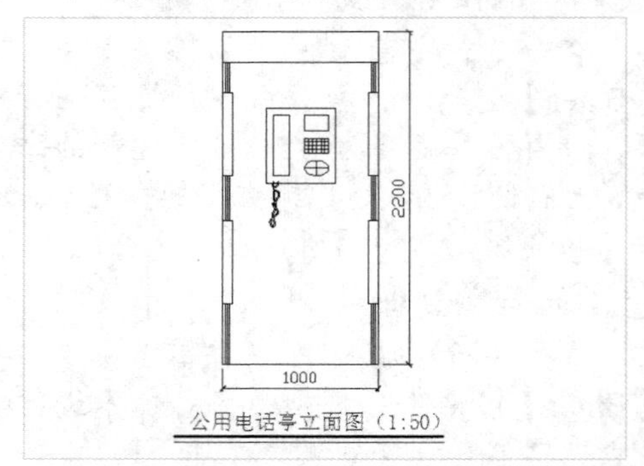

4.1.2 绘制指示路牌

安装在街道路口的多功能指示路牌，通常兼具公益性和商业性。在本实例设计过程中，首先通过“矩形”、“分解”、“偏移”和“修剪”等命令绘制指示路牌大致轮廓，然后通过“圆角”、“偏移”、“直线”、“修剪”、“矩形”、“样条曲线”和“多行文字”等命令绘制指示信息，展示了指示路牌的具体设计方法与技巧，其具体操作步骤如下。

素材文件	无	效果文件	第 4 章\指示路牌立面图.dwg

STEP 01 创建图层

新建一个空白的文件，在“功能区”选项板的“默认”选项卡中，单击“图层”面板中的“图层特性”按钮，弹出“图层特性管理器”选项板，依次创建“标注”、“建筑物”、“设施”3 个图层，颜色自定，并将“建筑物”图层置为当前图层，如下图所示。

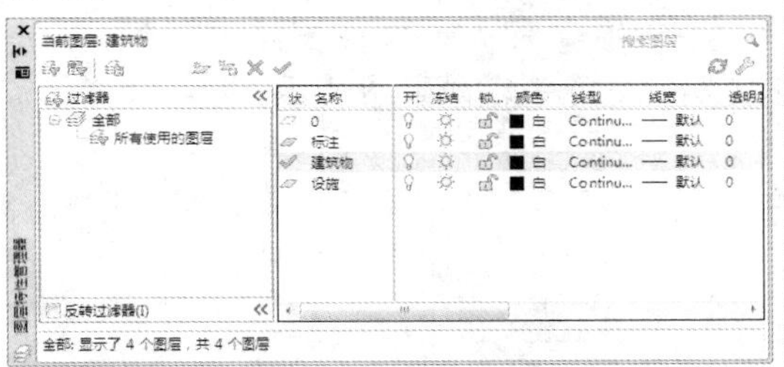

STEP 02 绘制矩形

在命令行中输入 REC（矩形）命令，按【Enter】键确认，根据命令行提示进行操作，在绘图区中任取一点作为第一角点，输入对角点坐标（@2500,1800），绘制一个矩形，如下图所示。

STEP 03 偏移水平线

在命令行中输入 X（分解）命令，按【Enter】键确认，根据命令行提示进行操作，选择矩形为分解对象，分解矩形，执行“O（偏移）”命令，将矩形的上边水平线，沿垂直方向依次向下分别偏移 50、150、600 和 150 的距离，如下图所示。

STEP 04 偏移垂直线

在命令行中输入 O（偏移）命令，按【Enter】键确认，根据命令行提示进行操作，将矩形的左边垂直线，沿水平方向依次向右分别偏移 150、150、630、150、40、150、680 和 150 的距离，如下图所示。

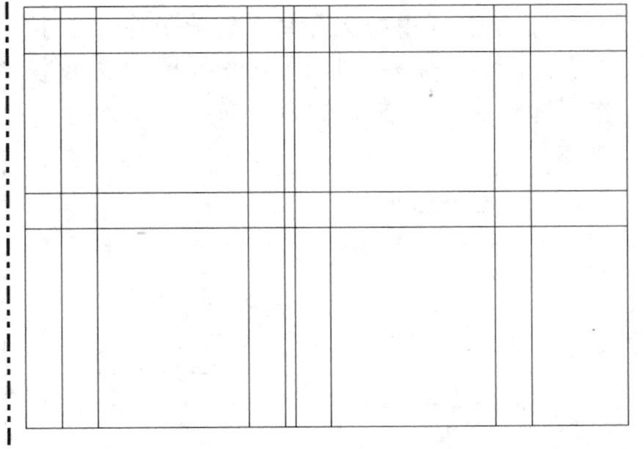

STEP 05 修剪、删除直线

在命令行中输入 TR（修剪）命令，按【Enter】键两次，根据命令行提示进行操作，快速修剪直线，删除多余的直线，效果如下图所示。

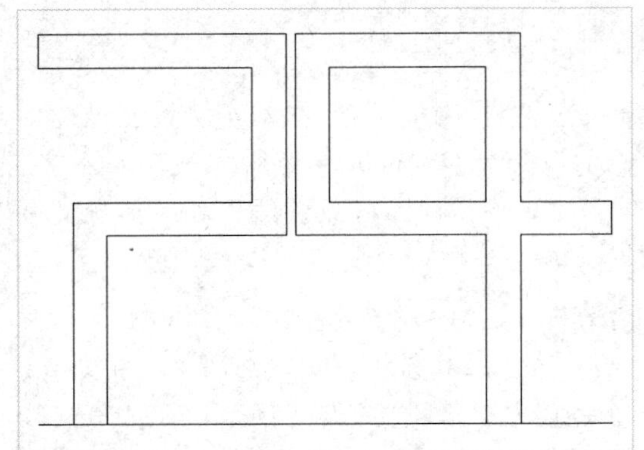

STEP 06 偏移直线

在命令行中输入 O（偏移）命令，按【Enter】键两次，根据命令行提示进行操作，将最左边的水平直线上下偏移 50 的距离，将左侧的直线向右偏移 300 的距离，如下图所示。

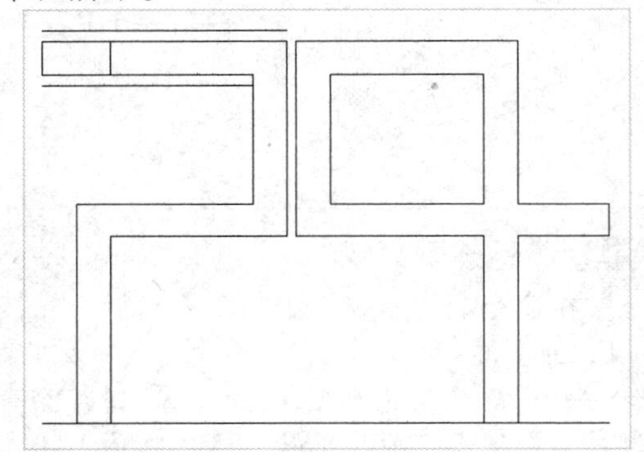

STEP 07 延伸直线

在命令行中输入 EX（延伸）命令，按【Enter】键确认，根据命令行提示进行操作，选择直线对象，进行延伸处理，如下图所示。

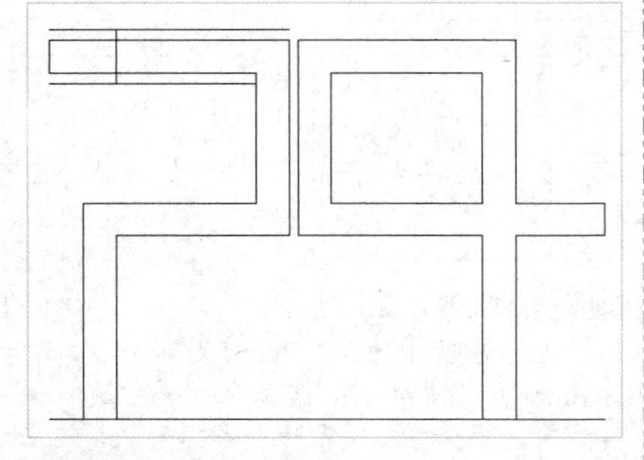

STEP 08 绘制箭头

执行“L（直线）”、“TR（修剪）”和“E（删除）”命令，绘制箭头，如下图所示。

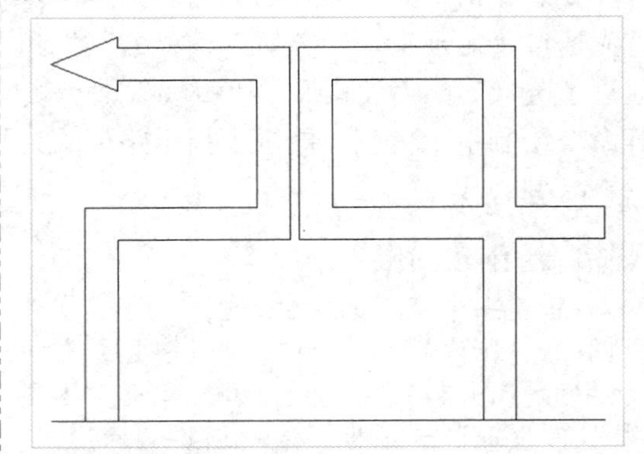

STEP 09 绘制箭头

运用与上述相同的方法，执行“O（偏移）”、“EX（延伸）”、“L（直线）”、“TR（修剪）”和“E（删除）”命令，绘制另一个箭头，如下图所示。

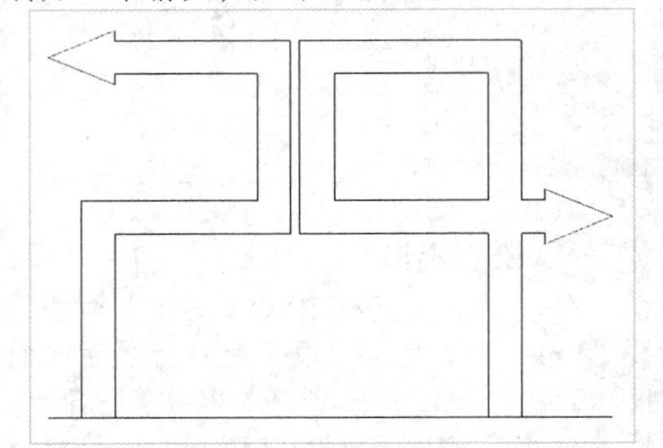

STEP 10 圆角处理

在命令行中输入 F（圆角）命令，按【Enter】键确认，根据命令行提示进行操作，设置圆角半径为 100，对指示路牌的直角进行圆角处理，如下图所示。

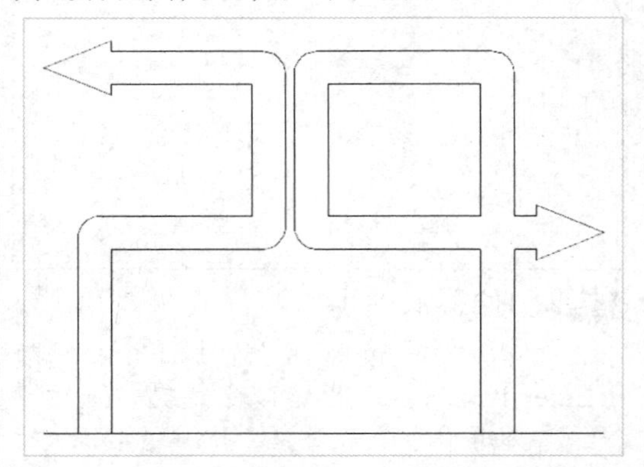

STEP 11 **绘制矩形**

在命令行中输入 REC（矩形）命令，按【Enter】键确认，根据命令行提示进行操作，捕捉一点作为基点，依次输入角点坐标（@0，-50）和（@580，-400）并确认，绘制矩形，如下图所示。

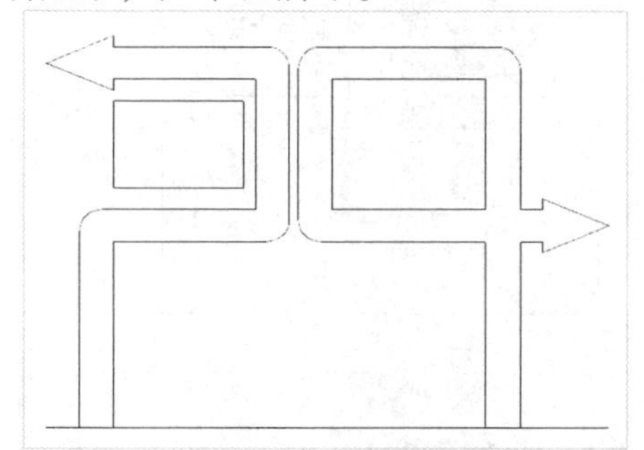

STEP 12 **偏移直线**

在命令行中输入 O（偏移）命令，按【Enter】键确认，根据命令行提示进行操作，设置偏移距离依次为 100 和 480，依次向左偏移直线，如下图所示。

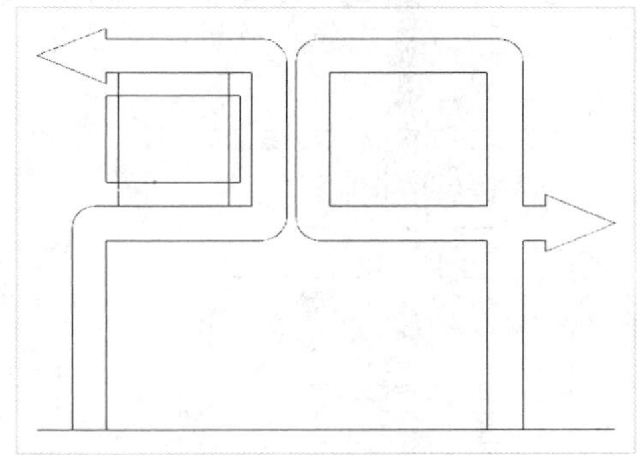

STEP 13 **修剪直线**

在命令行中输入 TR（修剪）命令，按【Enter】键两次，根据命令行提示进行操作，快速修剪直线，如下图所示。

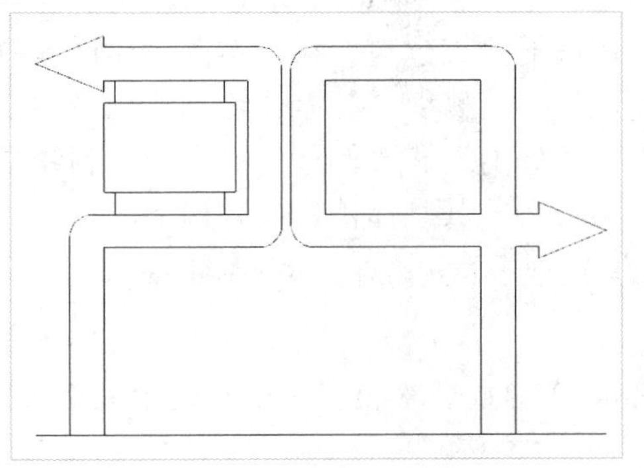

STEP 14 **复制图形**

在命令行中输入 CO（复制）命令，按【Enter】键确认，根据命令行提示进行操作，选择需要复制的图形对象，以原点为基点，输入目标点坐标（@1020,0），复制图形，如下图所示。

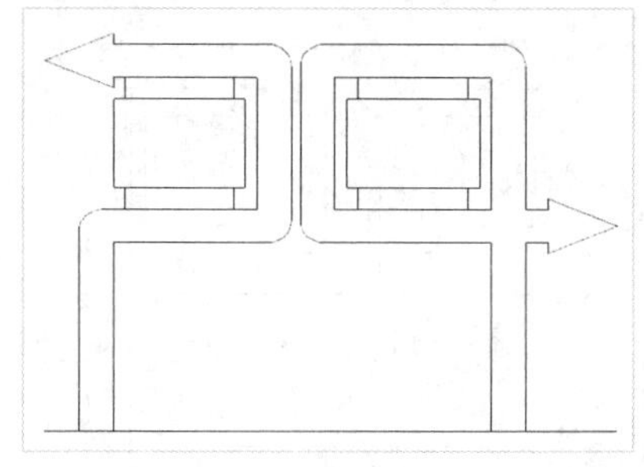

STEP 15 **偏移修剪直线**

在命令行中输入 O（偏移）命令，按【Enter】键确认，根据命令行提示进行操作，选择最右下部分内侧的直线，沿水平向左依次偏移 300 和 1050 的距离，选择最下面的水平线，沿垂直向上偏移 300 的距离，执行“TR（修剪）”命令，修剪直线，并将其移至“设施”图层，如下图所示。

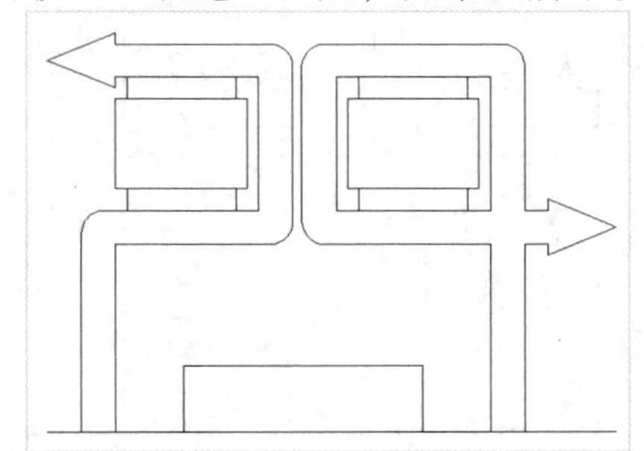

STEP 16 **绘制花草**

在命令行中输入 SPL(样条曲线)命令，按【Enter】键确认，根据命令行提示进行操作，绘制花草，如下图所示。

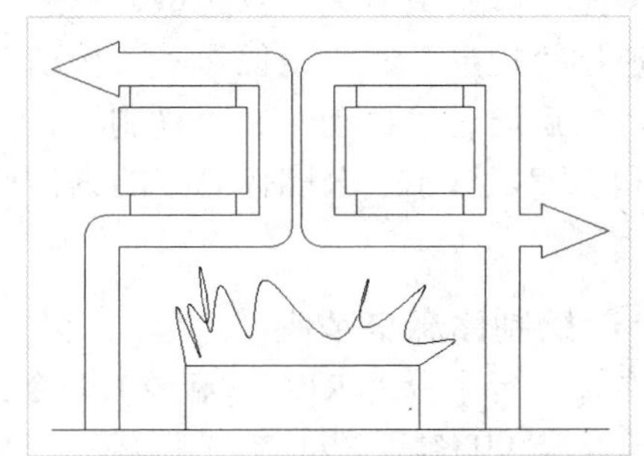

STEP 17 输入文字

在命令行中输入 MT（多行文字）命令，按【Enter】键确认，根据命令行提示进行操作，指定文本输入框的角点和对角点，设置“字体”为“宋体”，“字号”为 130，输入“人民路”，如下图所示。

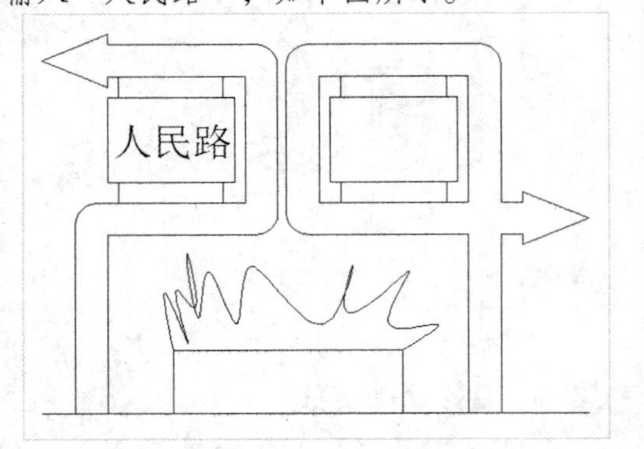

STEP 18 输入文字

运用与上述相同的操作方法，执行“MT（多行文字）”命令，输入“解放路”文字，效果如下图所示。

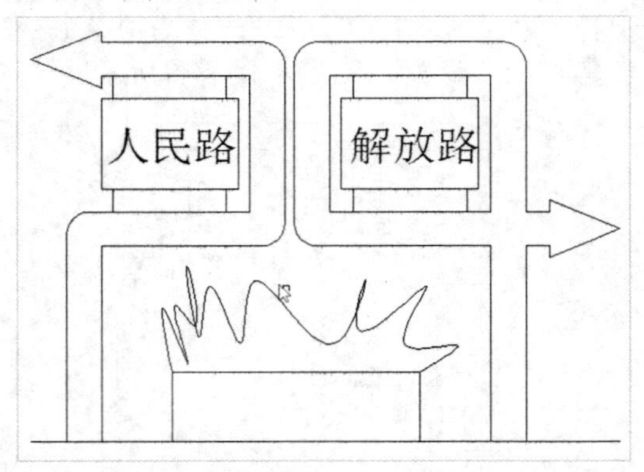

STEP 19 标注尺寸

将“标注”图层置为当前图层，在命令行中输入 DLI（线性）命令，按【Enter】键确认，根据命令行提示进行操作，对图形进行尺寸标注，如下图所示。

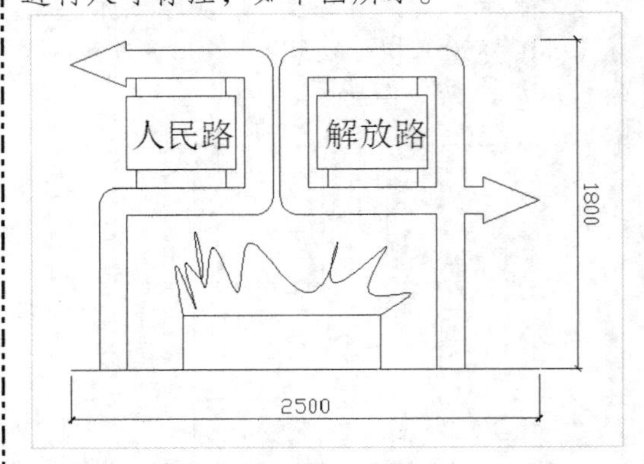

STEP 20 绘制说明标注

将 0 图层置为当前图层，在命令行中输入 MT（多行文字）命令，按【Enter】键确认，根据命令行提示进行操作，在立面图下方输入文字“指示路牌立面图（1:50）”，执行“L（直线）”命令，添加两条下划线，第一条线宽为 0.3 毫米，效果如下图所示。

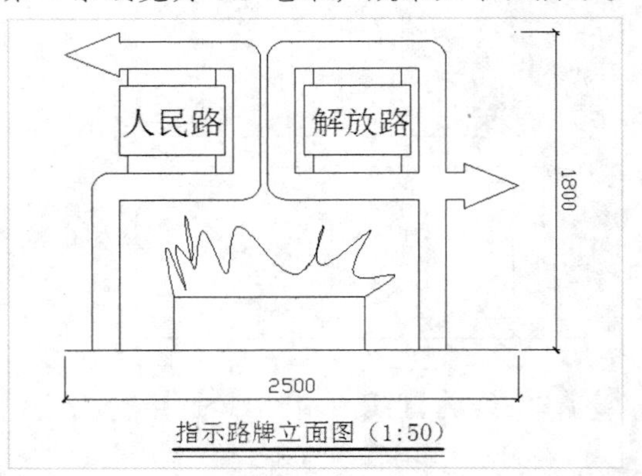

4.1.3 绘制公园休息亭

亭是公园中最多见的供眺望、休息、遮阳、避雨的景点建筑。在本实例设计过程中，首先通过“矩形”、“镜像”、“移动”、“复制”和“修剪”等命令绘制休息亭的主体部分，然后通过“移动”、“复制”、“直线”、“修剪”和“偏移”等命令绘制休息亭顶部和靠背，展示了公园休息亭的具体设计方法与技巧，其具体操作步骤如下。

素材文件	无	效果文件	第 4 章\休息亭立面图.dwg

STEP 01 绘制休息亭基座

在命令行中输入 REC（矩形）命令，按【Enter】键确认，根据命令行提示进行操作，绘制一个 2500×450 的矩形，作为休息亭的基座，如下图所示。

STEP 02　绘制休息亭立柱

在命令行中输入 REC（矩形）命令，按【Enter】键确认，根据命令行提示进行操作，绘制一个 180×2000 的矩形，作为休息亭的立柱，如下图所示。

STEP 03　移动矩形

在命令行中输入 M（移动）命令，按【Enter】键确认，根据命令行提示进行操作，将矩形水平向右移动 100 的距离，效果如下图所示。

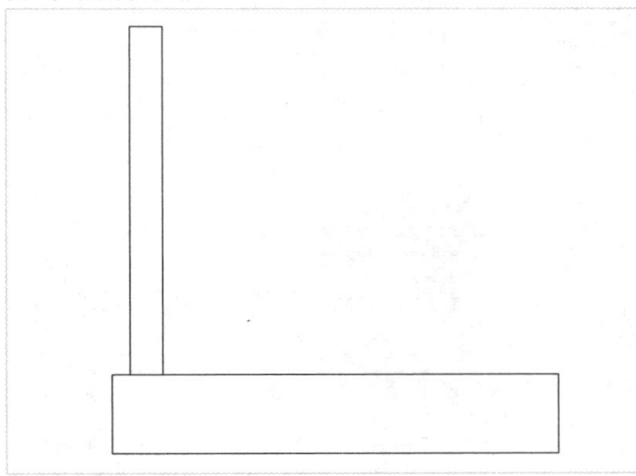

STEP 04　镜像立柱

在命令行中输入 MI（镜像）命令，按【Enter】键确认，根据命令行提示进行操作，选择立柱为镜像对象，以基座的上、下边中点为镜像的第一点和第二点，镜像复制立柱，效果如下图所示。

STEP 05　绘制矩形

在命令行中输入 REC（矩形）命令，按【Enter】键确认，根据命令行提示进行操作，以矩形的端点为基点，绘制一个 1940×30 的矩形，如下图所示。

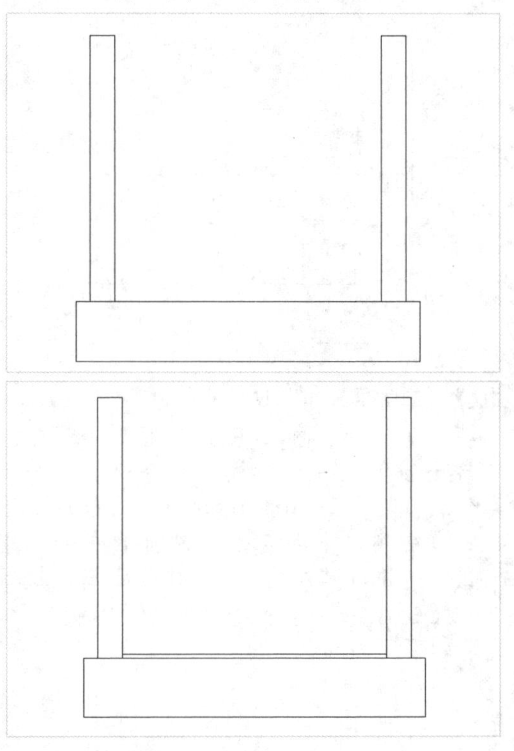

STEP 06　垂直向上移动矩形

在命令行中输入 M（移动）命令，按【Enter】键确认，根据命令行提示进行操作，将绘制的矩形垂直向上移动 450 的距离，如下图所示。

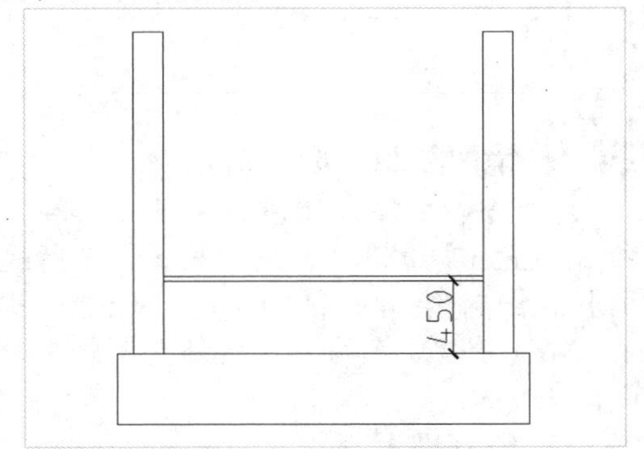

STEP 07　绘制坐凳靠背

在命令行中输入 REC（矩形）命令，按【Enter】键确认，根据命令行提示进行操作，以步骤 6 中移动后的矩形的左上端点为基点，绘制一个 2200×50 的矩形，然后使该矩形底边中点与步骤 6 中的矩形底边中点重合，并将其垂直向上移动 350 的距离，作为休息亭的坐凳靠背，如下图所示。

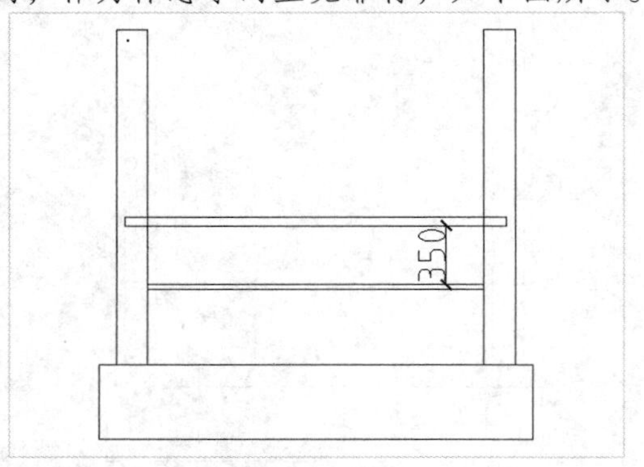

STEP 08 镜像复制矩形

在命令行中输入 REC（矩形）命令，按【Enter】键确认，根据命令行提示进行操作，绘制一个 30×30 的矩形，然后使该矩形的左侧边中点与坐凳靠背的左侧边中点重合，并将其向右移动 50 的距离，执行“MI（镜像）”命令，镜像复制所绘矩形，效果如下图所示。

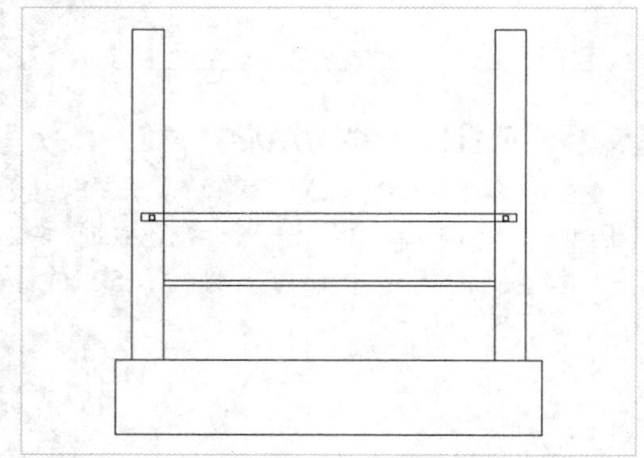

STEP 09 镜像复制矩形

在命令行中输入 REC（矩形）命令，并按【Enter】键确认，然后根据命令行提示进行操作，绘制一个 40×350 的矩形。执行“MI（镜像）”命令，镜像复制矩形，如下图所示。

STEP 10 绘制横木

在命令行中输入 REC（矩形）命令，按【Enter】键确认，根据命令行提示进行操作，绘制一个 1860×25 的矩形，作为休息亭的横木，如下图所示。

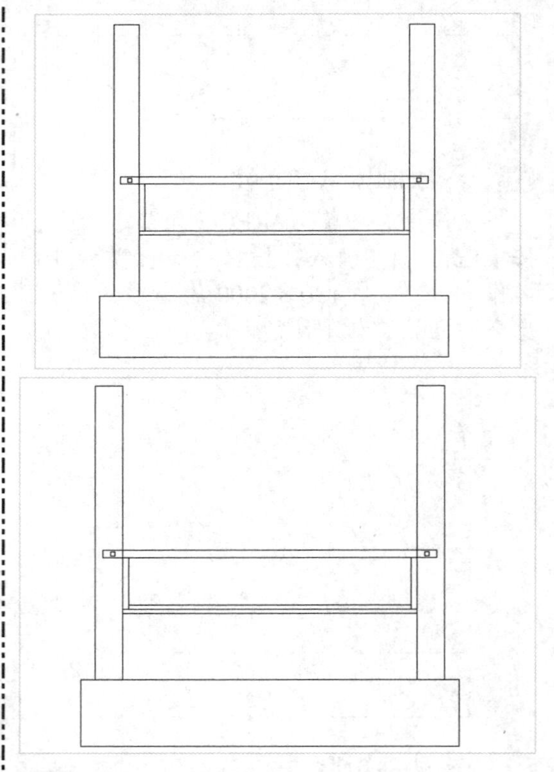

STEP 11 移动和复制矩形

执行“M（移动）”和“CO（复制）”命令，将矩形垂直向上移动 70 的距离，并垂直向上以 160 的距离复制矩形，效果如下图所示。

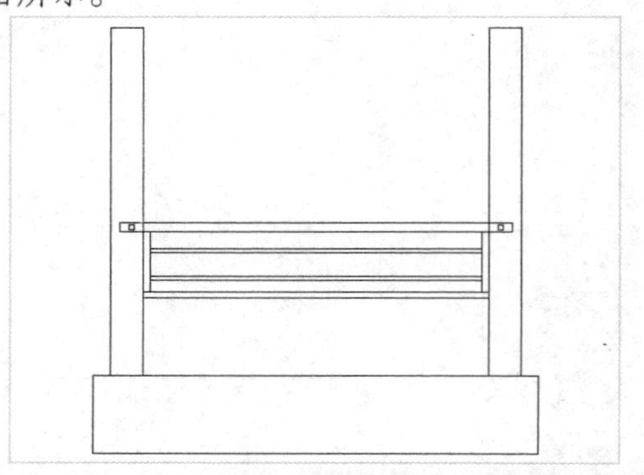

专家指点

进行复制时，尽量选择比较容易捕捉到的点作为复制的基点，这样能够确保复制的精确程度。

STEP 12 绘制移动横梁

在命令行中输入 REC（矩形）命令，按【Enter】键确认，根据命令行提示进行操作，绘制一个 2600×150 的矩形，捕捉中心点到休息亭坐凳靠背矩形的位置，执行“M（移动）”命令，垂直向上移动 900 的距离，如下图所示。

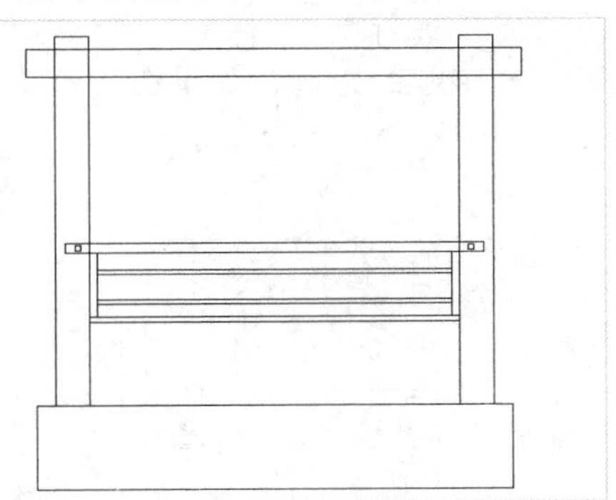

STEP 13 **修剪横梁**

在命令行中输入 TR（修剪）命令，按【Enter】键两次，根据命令行提示进行操作，修剪被柱子遮挡的横梁，如下图所示。

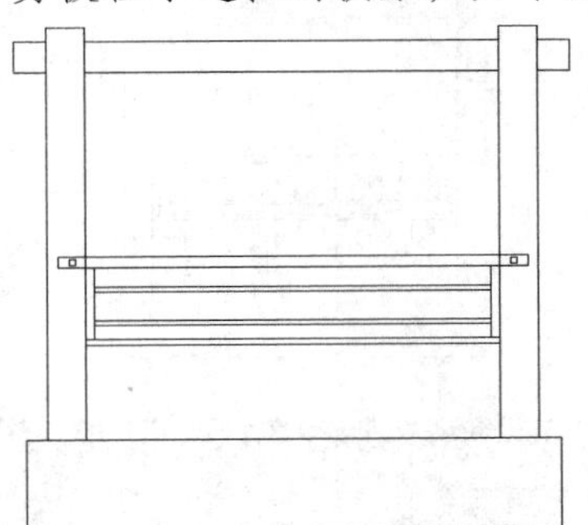

STEP 14 **镜像复制矩形**

在命令行中输入 REC（矩形）命令，按【Enter】键确认，根据命令行提示进行操作，绘制一个 50×150 的矩形，并使该矩形的左侧边中点与横梁的左侧边中点重合，将其向右移动 215 的距离，执行“MI（镜像）”命令，镜像复制矩形，如下图所示。

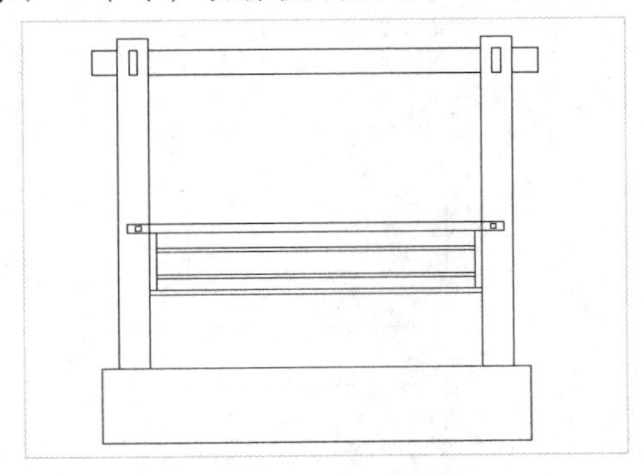

STEP 15 **水平移动直线**

在命令行中输入 L（直线）命令，按【Enter】键确认，根据命令行提示进行操作，在休息亭坐凳的靠背处位置绘制一条直线，执行“M（移动）”命令，水平向右移动 80 的距离，如下图所示。

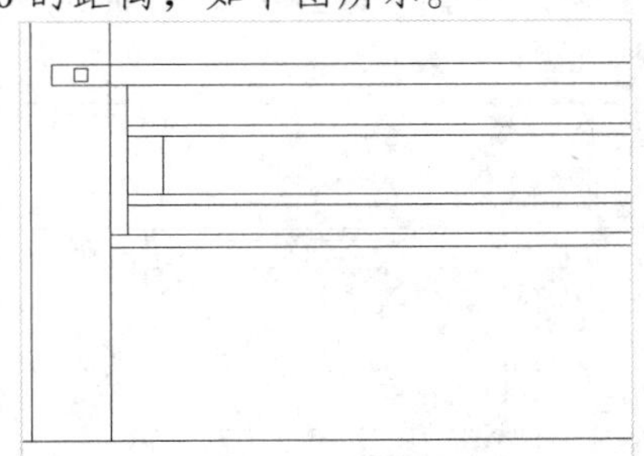

STEP 16 **偏移直线**

在命令行中输入 O（偏移）命令，按【Enter】键确认，根据命令行提示进行操作，将直线水平向右偏移 30 的距离，效果如下图所示。

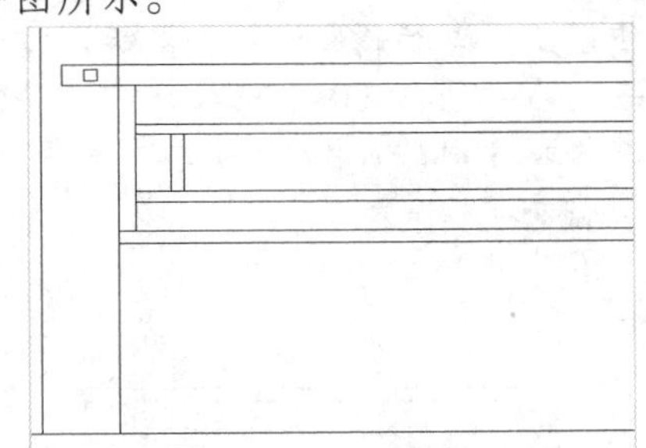

STEP 17 **复制阵列直线**

在命令行中输入 CO（复制）命令，按【Enter】键确认，根据命令行提示进行操作，选择两条直线对象，指定 1860×25 矩形端点为基点，输入 A，输入阵列项目数 16，指定直线与矩形的垂直点为第二点，复制阵列直线，如下图所示。

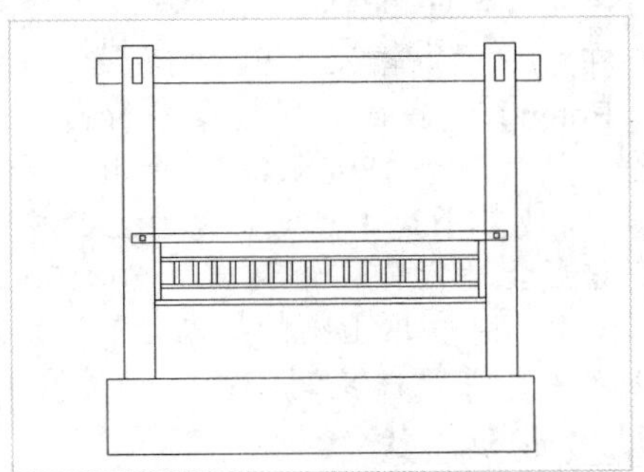

STEP 18 **绘制移动矩形**

在命令行中输入 REC（矩形）命令，按【Enter】键确认，根据命令行提示进行操作，绘制一个 3300×700 的矩形，执行“M（移动）”命令，使其下边中点与横梁上边中点重合，并垂直向上移动 70 的距离，如下图所示。

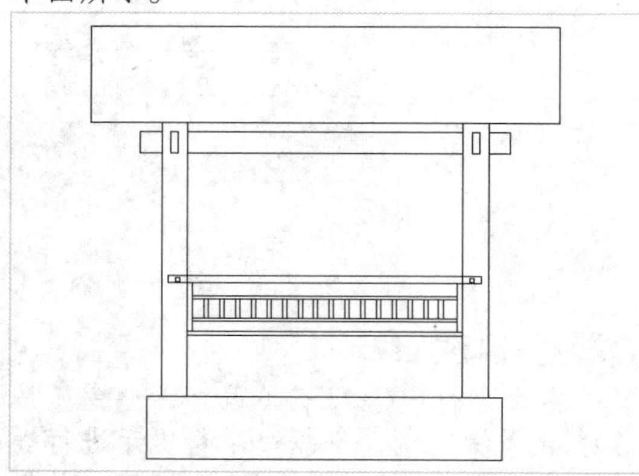

STEP 19 **夹点编辑**

使用“夹点编辑”模式，将矩形左上端点水平向右移动 1000 的距离，右上端点水平向左移动 1000 的距离，得到休息亭的顶，如下图所示。

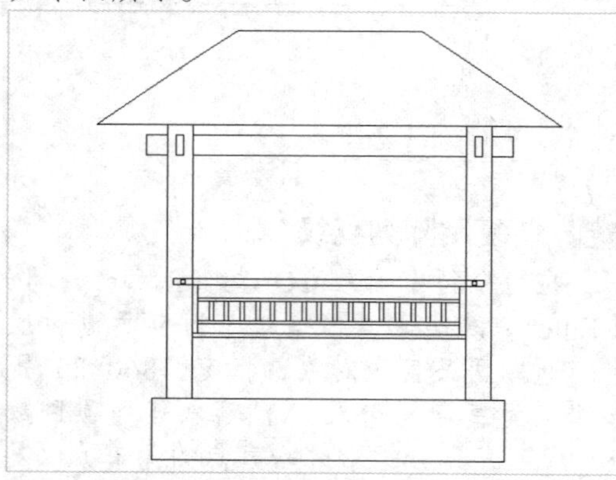

STEP 20 **绘制休息亭顶上的梁**

在命令行中输入 REC（矩形）命令，按【Enter】键确认，根据命令行提示进行操作，绘制一个 1800×100 的矩形，通过移动操作，使其下边中点与休息亭上边中点重合。重复上述操作，绘制一个 50×100 的矩形，作为休息亭顶上梁的横切面，与绘制的矩形对齐，并镜像复制，如下图所示。

STEP 21 **偏移斜线**

在命令行中输入 X（分解）命令，按【Enter】键确认，根据命令行提示进行操作，分解休息亭的顶，在命令行中输入 O（偏移）命令，按【Enter】键确认，根据命令行提示进行操作，将两条斜线分别向左右各偏移 100 的距离，如下图所示。

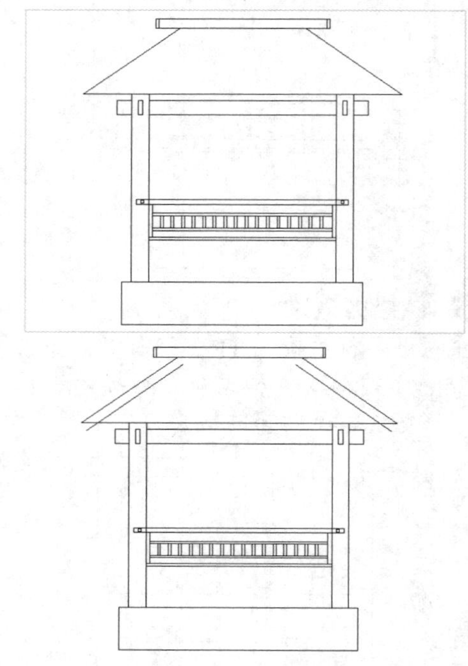

专家指点

利用“分解”命令分解图形，想要分解哪个图形，只要选择相应图形对象按下 X，即可将其分解。

STEP 22 **延伸斜线**

在命令行中输入 EX（延伸）命令，按【Enter】键确认，根据命令行提示进行操作，选择延伸的边并确认，选择 4 条斜线，将其延伸，如下图所示。

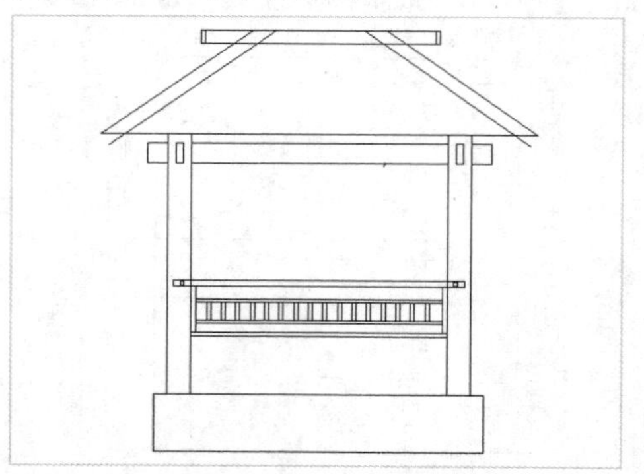

STEP 23 修剪图形

在命令行中输入 TR（修剪）命令，按【Enter】键两次，根据命令行提示进行操作，快速修剪图形，如下图所示。

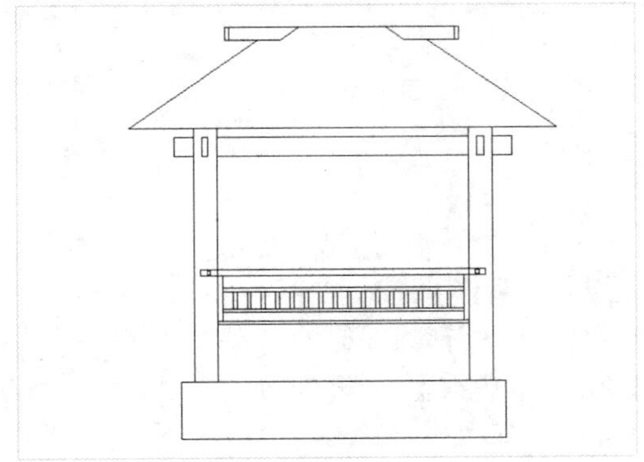

STEP 24 绘制休息亭基座

在命令行中输入 REC（矩形）命令，按【Enter】键确认，根据命令行提示进行操作，绘制 3 个矩形，尺寸分别为 300×450、300×300 和 300×150，并将其与休息亭的基座对齐，如下图所示。

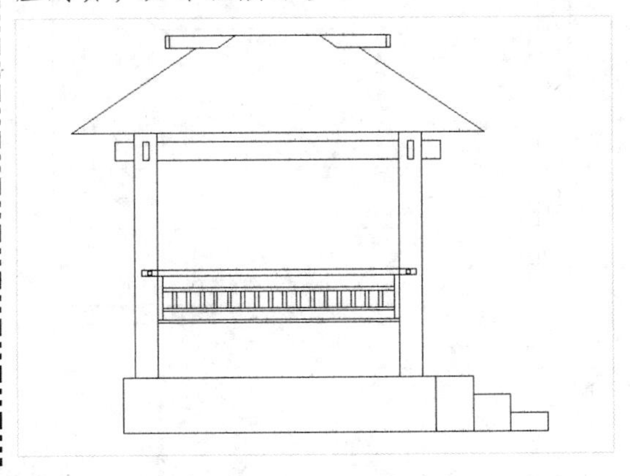

4.1.4 绘制灯箱广告

灯箱广告应用于公共场所，起到广告宣传的作用。在本实例设计过程中，首先通过“矩形”、“分解”、“偏移”、“修剪”、“圆角”和“直线”等命令绘制灯箱广告外形，然后将其进行图案填充，展示了灯箱广告的具体设计方法与技巧，其具体操作步骤如下。

素材文件	无	效果文件	第 4 章\灯箱广告立面图.dwg

STEP 01 新建图层

新建一个空白的文件，在“功能区”选项板的“默认”选项卡中，单击“图层”面板中的“图层特性”按钮，弹出“图层特性管理器”选项板，依次创建“标注”、“建筑物”、“设施”和“填充”4 个图层，颜色自定，并将“建筑物”图层置为当前图层，如下图所示。

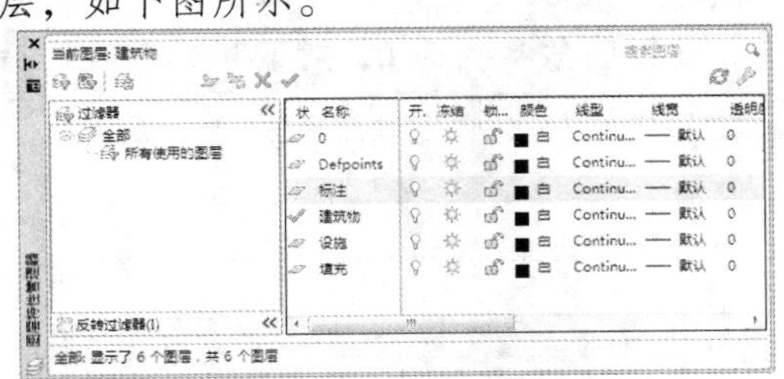

STEP 02 绘制并分解矩形

在命令行中输入 REC（矩形）命令，按【Enter】键确认，根据命令行提示进行操作，绘制一个 3300×2500 的矩形，执行“X（分解）”命令，将矩形分解，如下图所示。

STEP 03 偏移直线

在命令行中输入 O（偏移）命令，按【Enter】键确认，根据命令行提示进行操作，选择上边的水平线，沿垂直方向向下依次偏移 150、130、200、200、920、200 和 200 的距离，选择左边的垂直线，沿水平方向向右依次偏移 200、60、2780 和 60 的距离，如下图所示。

STEP 04 修剪处理

在命令行中输入 TR（修剪）命令，按【Enter】键两次，根据命令行提示进行操作，快速修剪偏移的直线，如下图所示。

STEP 05 偏移直线

在命令行中输入 O（偏移）命令，按【Enter】键确认，根据命令行提示进行操作，选择左侧第 2 条垂直直线，沿水平方向依次向右偏移 590、40、800、40、800 和 40 的距离，如下图所示。

STEP 06 修剪处理

在命令行中输入 TR（修剪）命令，按【Enter】键两次，根据命令行提示进行操作，快速修剪偏移的直线，如下图所示。

STEP 07 偏移直线

在命令行中输入 O（偏移）命令，按【Enter】键确认，根据命令行提示进行操作，选择左侧第 3 条垂直直线，沿水平方向依次向右偏移 50、60、15、2530、15 和 60 的距离，选择下方的水平线，沿垂直方向依次向上偏移 200、40、15、1210、15 和 40 的距离，如下图所示。

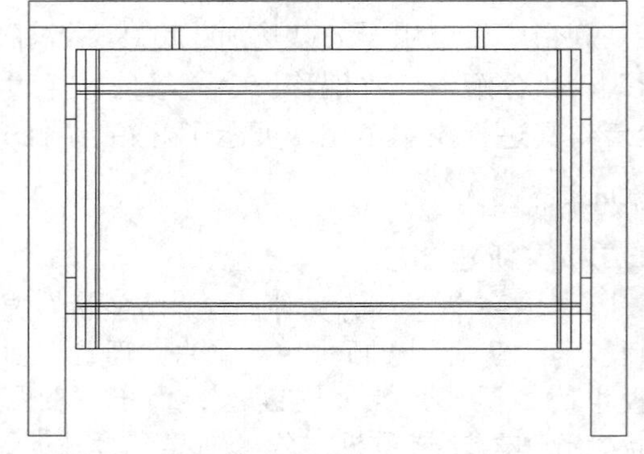

STEP 08 圆角处理

在命令行中输入 F（圆角）命令，按【Enter】键确认，根据命令行提示进行操作，设置圆角半径为 0，对偏移的直线进行圆角处理，如下图所示。

STEP 09 **连接对角点**

在命令行中输入 L（直线）命令，按【Enter】键确认，根据命令行提示进行操作，捕捉圆角处理后的直线所组成的矩形对角点进行连接，如下图所示。

STEP 10 **填充图案**

在命令行中输入 H（图案填充）命令，按【Enter】键确认，根据命令行提示进行操作，设置填充图案、比例和角度，填充需要填充的区域，如下图所示。

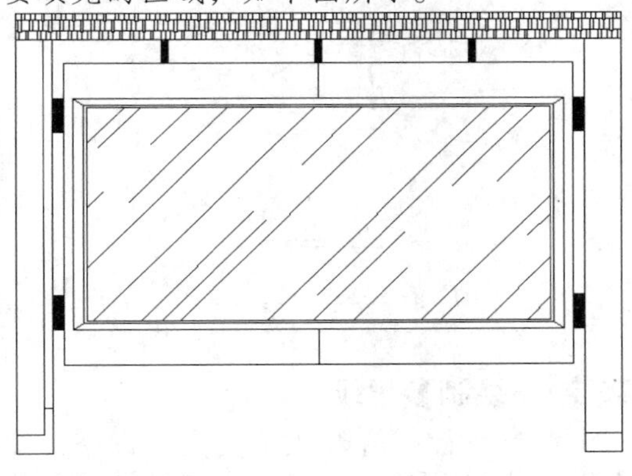

STEP 11 **标注尺寸**

将“标注”图层置为当前图层，在命令行中输入 DLI（线性）命令，按【Enter】键确认，根据命令行提示进行操作，对图形进行尺寸标注，如下图所示。

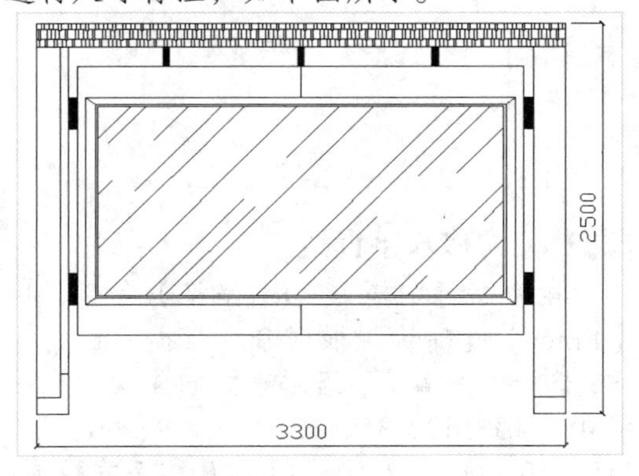

STEP 12 **绘制说明标注**

将 0 图层置为当前图层，在命令行中输入 TEXT（单行文字）命令，按【Enter】键确认，根据命令行提示进行操作，在立面图下方输入文字“户外灯箱广告立面图（1:50）”，执行“L（直线）”命令，添加两条下划线，第一条线宽为 0.3 毫米，效果如下图所示。

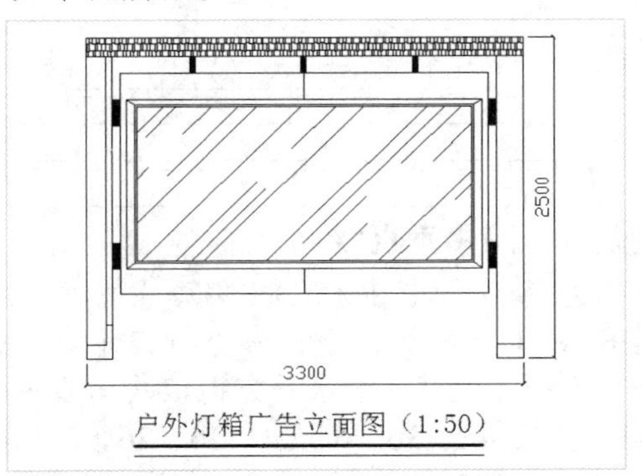

4.1.5 绘制石桌椅

石桌椅是建筑园林中必不可少的小饰品，为人们休息、下棋、就餐提供方便。在本实例设计过程中，首先通过“直线”、“偏移”、“修剪”、“圆弧”和“圆角”等命令绘制石桌和石凳，然后通过“移动”和“镜像”等命令复制石凳，展示了石桌椅的具体设计方法与技巧，其具体操作步骤如下。

素材文件	无	效果文件	第 4 章\石桌椅立面图.dwg

STEP 01 **绘制参考线**

在命令行中输入 L（直线）命令，按【Enter】键确认，根据命令行提示进行操作，绘制一条 800 的水平直线和 698 的垂直线，如下图所示。

STEP 02 **偏移水平直线**

在命令行中输入 O（偏移）命令，按【Enter】键确认，根据命令行提示进行操作，选择水平直线，沿垂直方向依次向上偏移 48、13、49、35、12、180、9、60、10、118、10、60、27、6、14、40 和 7 的距离，如下图所示。

STEP 03 **偏移垂直线**

在命令行中输入 O（偏移）命令，按【Enter】键确认，根据命令行提示进行操作，选择垂直线，沿水平方向依次向右偏移 46、182、46、30、6、64、26、26、64、6、30、46、182 和 46 的距离，如下图所示。

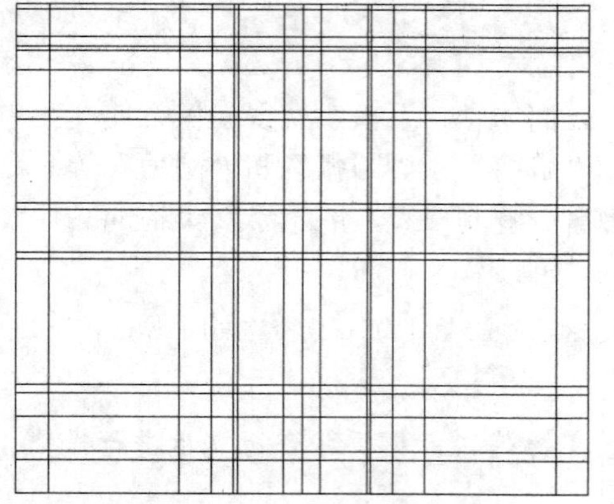

STEP 04 **修剪处理**

在命令行中输入 TR（修剪）命令，按【Enter】键两次，根据命令行提示进行操作，快速修剪偏移的直线，如下图所示。

STEP 05 **绘制石桌的立面**

执行“A（圆弧）”和“F（圆角）”命令，绘制圆弧并给图像倒圆角，绘制出石桌的立面，如下图所示。

STEP 06 **绘制参考线**

在命令行中输入 L（直线）命令，按【Enter】键确认，根据命令行提示进行操作，绘制一条 280 的水平直线和 400 的垂直线，如下图所示。

STEP 07 **偏移直线**

在命令行中输入 O（偏移）命令，按【Enter】键确认，然后根据命令行提示进行操作，选择水平直线，沿垂直方向依次向上偏移 80、12、216、12 和 80 的距离，选择垂直线，沿水平方向依次向右偏移 5、6、19、110、110、19、6、和 5 的距离，如下图所示。

STEP 08 **修剪直线**

在命令行中输入 TR（修剪）命令，按【Enter】键两次，根据命令行提示进行操作，快速修剪偏移的直线，如下图所示。

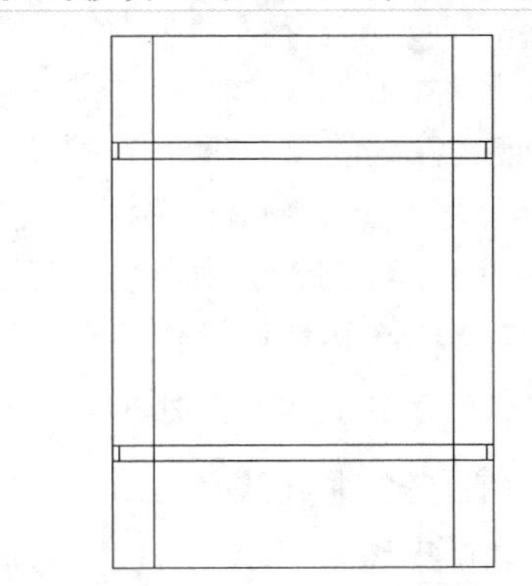

STEP 09 **绘制石凳的轮廓线**

在命令行中输入 A（圆弧）命令，按【Enter】键确认，根据命令行提示进行操作，绘制出石凳的轮廓线，如下图所示。

STEP 10 **修剪和删除处理**

执行“TR（修剪）”和“E（删除）”命令，修剪和删除多余的线条，绘制出石凳的造型，如下图所示。

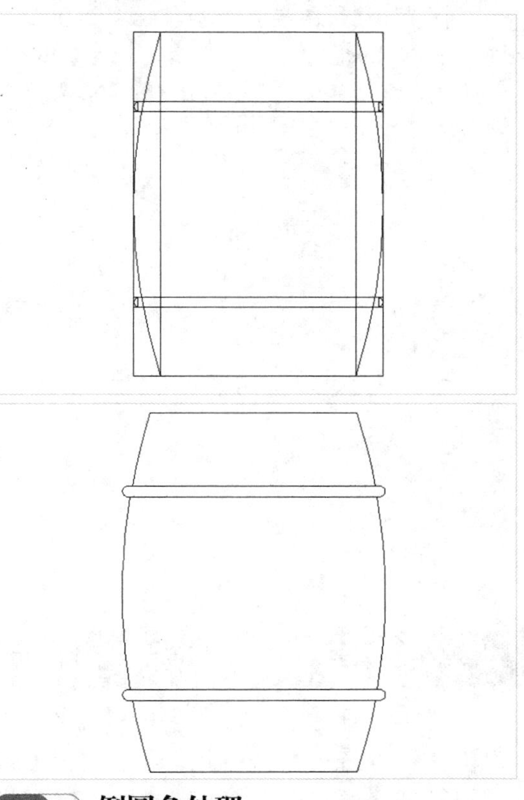

STEP 11 **倒圆角处理**

在命令行中输入 F（圆角）命令，按【Enter】键确认，根据命令行提示进行操作，设置圆角半径为 10，为石凳进行倒圆角，如下图所示。

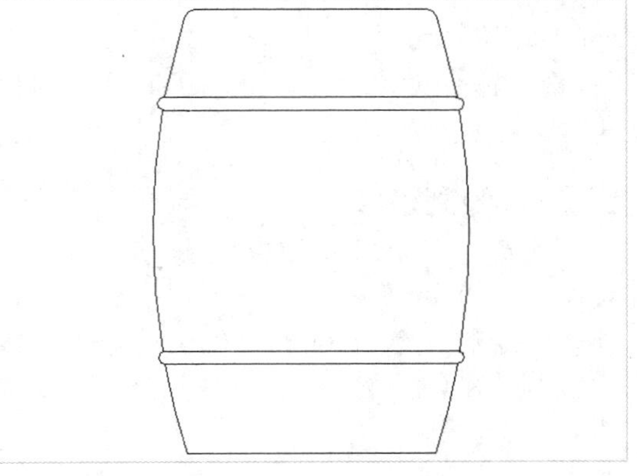

STEP 12 **镜像处理**

在命令行中输入 MI（镜像）命令，按【Enter】键确认，根据命令行提示进行操作，将石凳进行镜像处理，如下图所示。

STEP 13 **标注尺寸**

将“标注”图层置为当前图层，在命令行中输入 DLI（线性）命令，按【Enter】键确认，根据命令行提示进行操作，对图形进行尺寸标注，如下图所示。

STEP 14 绘制说明标注

将 0 图层置为当前图层，在命令行中输入 TEXT（单行文字）命令，按【Enter】键确认，根据命令行提示进行操作，在立面图下方输入文字“石桌椅立面图（1:50）”，并设置相应文字的属性，执行“L（直线）”命令，添加两条下划线，第二条线宽为 0.3 毫米，效果如下图所示。

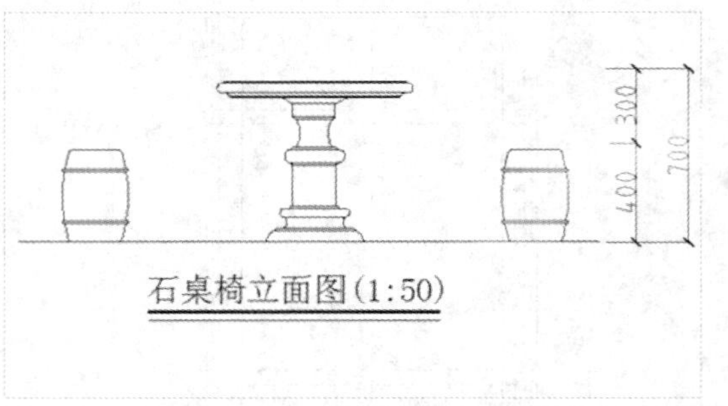

4.2 建筑设计球场设施构件的设计

建筑设计除了上面讲到的基础设施外，还包括其他的一些设施，比如运动场，用于体育锻炼或比赛的场地。运动场中球场的尺寸比例是统一的标准，本节主要介绍各种球场的设计，掌握 AutoCAD 基本命令的使用方法。

4.2.1 绘制篮球场

篮球场主要是提供人们运动健身的场所。目前国际篮联标准的尺寸要求为：长 28m、宽 15m，若是室内篮球场，则天花或最低障碍物的高度至少为 7m。在本实例设计过程中，首先通过“矩形”、“直线”、“圆”、“偏移”和“修剪”等命令绘制半场，然后通过“镜像”命令镜像半场，展示了篮球场的具体设计方法与技巧，其具体操作步骤如下。

素材文件	无	效果文件	第 4 章\篮球场平面图.dwg

STEP 01 绘制矩形

在命令行中输入 REC（矩形）命令，按【Enter】键确认，根据命令行提示进行操作，绘制一个 28000×15000 的矩形，然后执行“X（分解）命令，将其分解，如下图所示。

STEP 02 绘制中心垂直线

在命令行中输入 L（直线）命令，按【Enter】键确认，根据命令行提示进行操作，连接矩形的中心垂直线，如下图所示。

STEP 03 **绘制中圈**

在命令行中输入 C(圆)命令，按【Enter】键确认，根据命令行提示进行操作，以垂直线的交点为圆心，绘制一个半径为 1800 的圆，然后执行“O（偏移）”命令，将圆向内偏移 100 的距离，表示篮球场中圈，如下图所示。

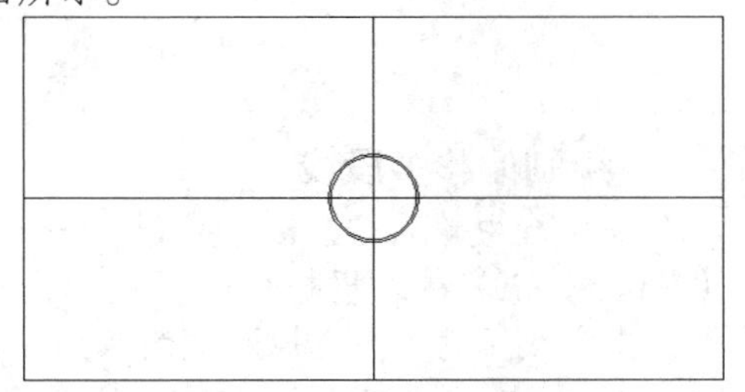

STEP 04 **偏移修剪线段**

执行“O（偏移）”和“TR（修剪）”命令，将矩形辅助线垂直线分别向两边偏移 50 的距离并修剪线段，如下图所示。

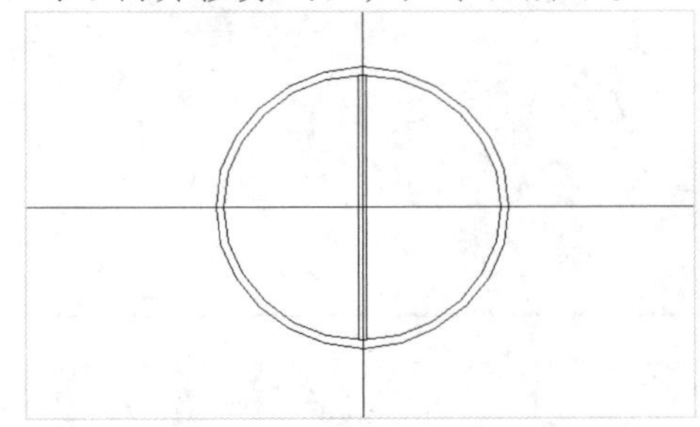

STEP 05 **偏移直线**

在命令行中输入 O（偏移）命令，按【Enter】键确认，根据命令行提示进行操作，将矩形的左边向右偏移 1950 的距离，如下图所示。

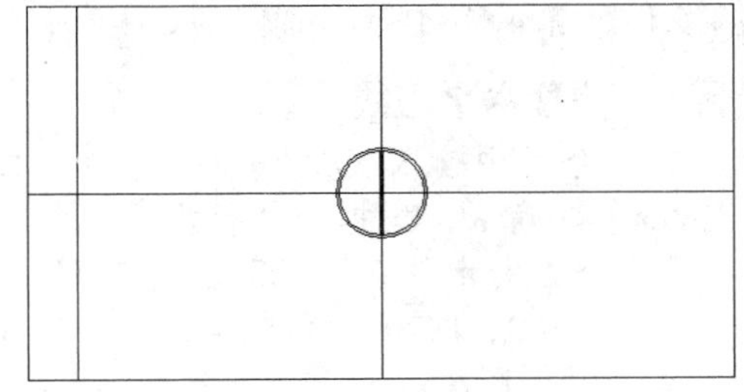

STEP 06 **绘制圆**

在命令行中输入 C(圆)命令，按【Enter】键确认，根据命令行提示进行操作，捕捉辅助线和垂直线的交点为圆心，绘制一个半径为 6250 的圆，如下图所示。

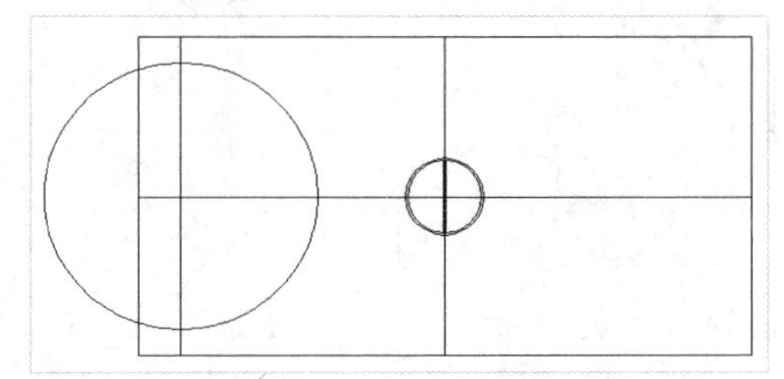

STEP 07 **绘制三分投篮区**

在命令行中输入 L（直线）命令，按【Enter】键确认，根据命令行提示进行操作，连接圆的象限点与左边的垂直线，执行“TR（修剪）”和“E（删除）命令，修剪圆并删除辅助线，得到三分投篮区，如下图所示。

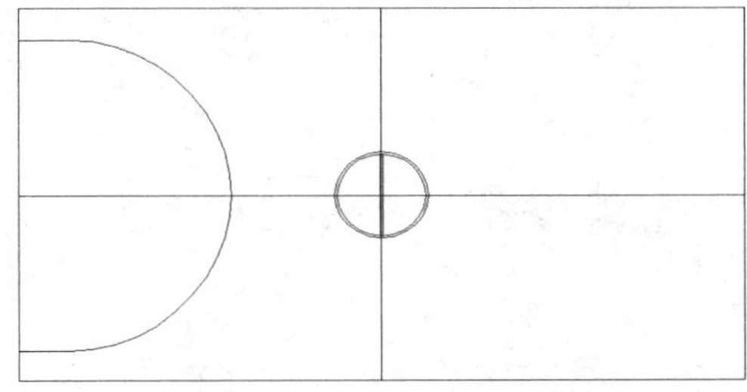

STEP 08 **绘制圆**

在命令行中输入 O（偏移）命令，按【Enter】键确认，根据命令行提示进行操作，将矩形的左边向右偏移 5800 的距离，在命令行中输入 C（圆）命令，按【Enter】键确认，根据命令行提示进行操作，捕捉辅助线和垂直线的交点为圆心，绘制一个半径为 1850 的圆，如下图所示。

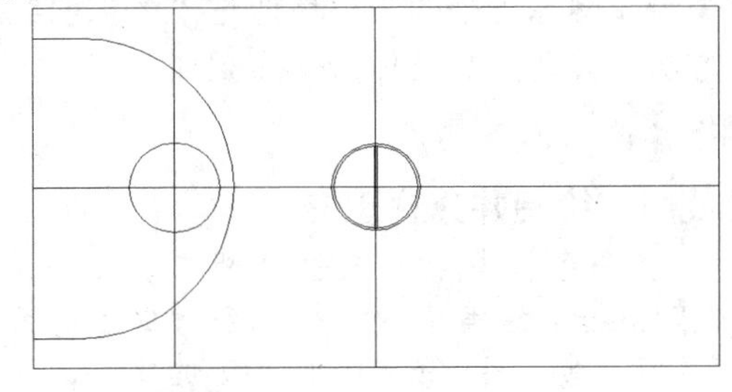

STEP 09 **连接圆与垂点**

在命令行中输入 O（偏移）命令，按【Enter】键确认，根据命令行提示进行操作，将圆向内偏移 100 的距离，将矩形的上下边分别偏移 4400 的距离，执行“L（直线）”命令，连接圆的象限点与垂点，如下图所示。

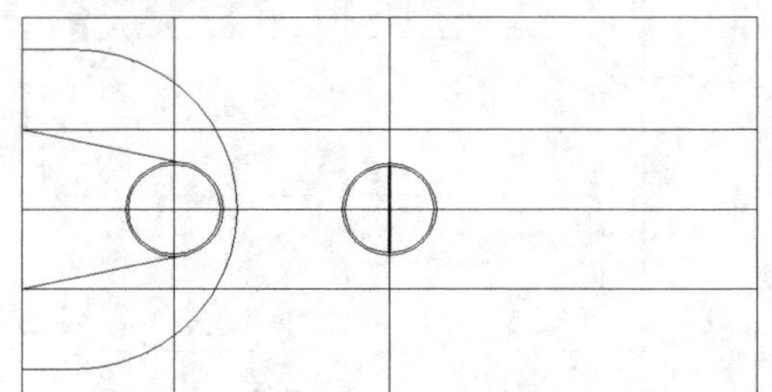

STEP 10 绘制篮球半场

执行“O（偏移）”、“TR（修剪）”和“E（删除）”命令，将连线向内偏移100的距离，将垂直于长边的辅助线左右各偏移150的距离，修剪并删除多余的线条，如下图所示。

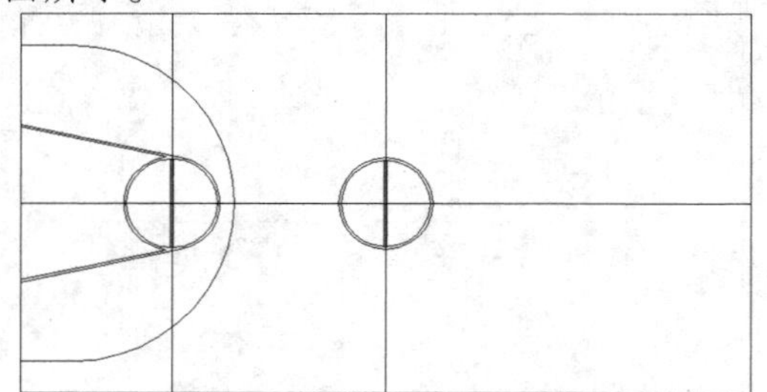

STEP 11 镜像处理

在命令行中输入MI（镜像）命令，按【Enter】键确认，根据命令行提示进行操作，将篮球半场镜像，得到篮球场平面图形，如下图所示。

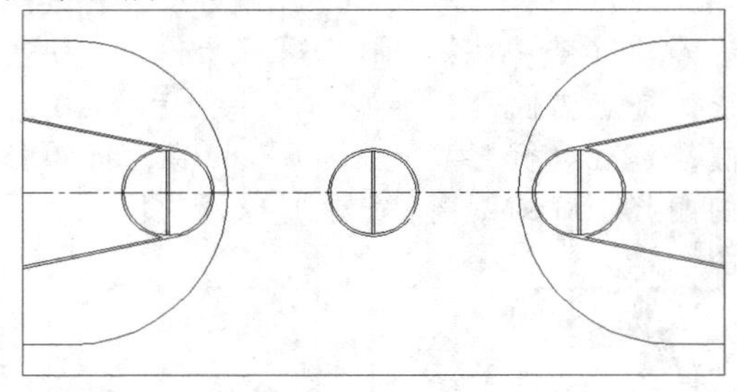

STEP 12 绘制偏移多段线

在命令行中输入PL（多段线）命令，按【Enter】键确认，根据命令行提示进行操作，指定线宽为5，沿矩形边绘制一圈，执行“O（偏移）”和“F（圆角）”命令，将多段线向外偏移100的距离，给偏移的直线倒圆角，如下图所示。

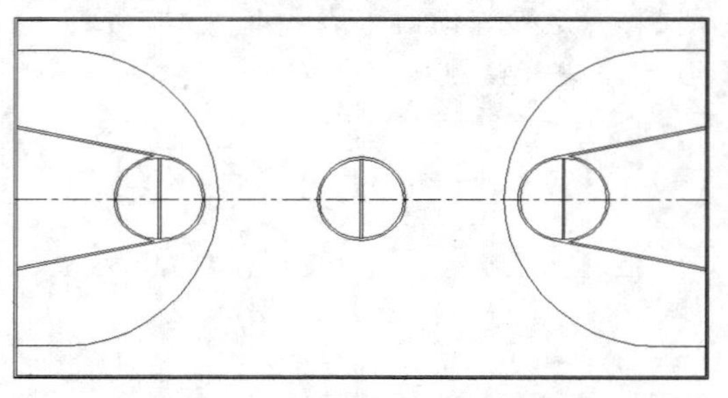

4.2.2 绘制网球场

网球是一项优美而激烈的运动，现代网球运动一般包括室内网球和室外网球两种形式。在本实例设计过程中，首先通过“矩形”、“分解”、“偏移”、“修剪”和“圆环”等命令绘制网球场平面，然后通过“多重引线”命令标注文字说明，展示了网球场的具体设计方法与技巧，其具体操作步骤如下。

素材文件	无	效果文件	第4章\网球场平面图.dwg

STEP 01 绘制并分解矩形

在命令行中输入REC（矩形）命令，按【Enter】键确认，根据命令行提示进行操作，绘制一个36570×18290的矩形，执行“X（分解）”命令，将其分解，如下图所示。

STEP 02 偏移水平直线

在命令行中输入O（偏移）命令，按【Enter】键确认，根据命令行提示进行操作，选择下方的水平直线，沿垂直方向依次向上偏移3660、1370、4115、4115和1370的距离，如下图所示。

STEP 03　偏移垂直线

在命令行中输入 O（偏移）命令，按【Enter】键确认，根据命令行提示进行操作，选择左侧的垂直线，沿水平方向依次向右偏移 6400、5485、6400、6400 和 5485 的距离，如下图所示。

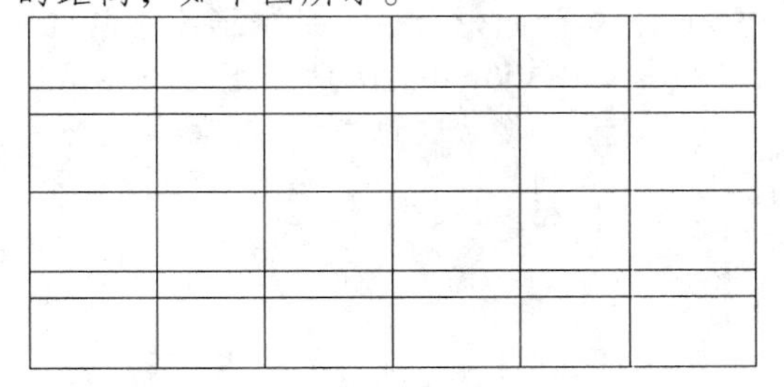

STEP 04　修剪直线

在命令行中输入 TR（修剪）命令，按【Enter】键两次，根据命令行提示进行操作，快速修剪偏移的直线，如下图所示。

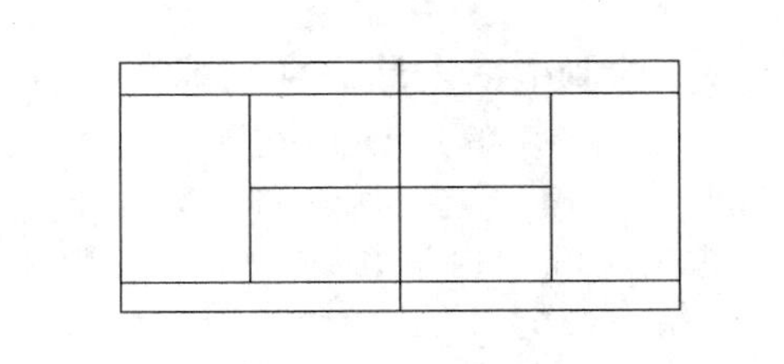

STEP 05　编辑夹点

选择矩形的中线，编辑夹点，将其向上向下分别拉伸 235 的距离，如下图所示。

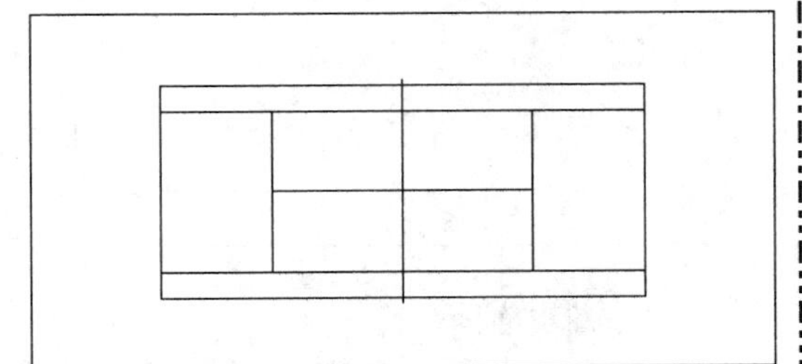

STEP 06　绘制网柱

在命令行中输入 DO（圆环）命令，按【Enter】键确认，根据命令行提示进行操作，指定圆环的内半径为 400、外半径为 500，绘制两个圆环，移至中线两端，执行“CO（复制）”命令，将圆环向内复制并移动 914 的距离，作为网柱，如下图所示。

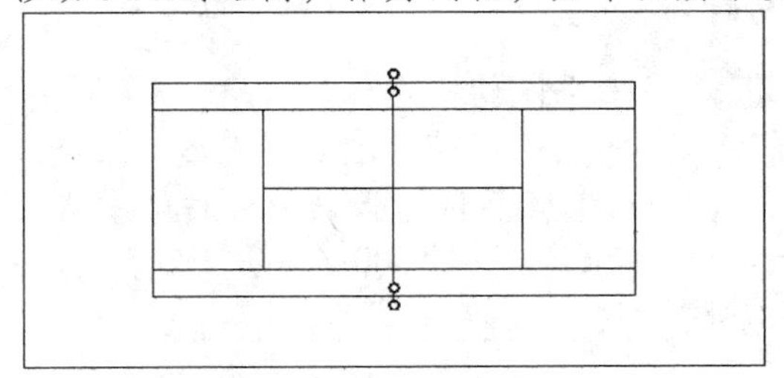

STEP 07　标注文字说明

在命令行中输入 MLEADER（多重引线）命令，按【Enter】键确认，根据命令行提示进行操作，为球场平面注写文字说明，如下图所示。

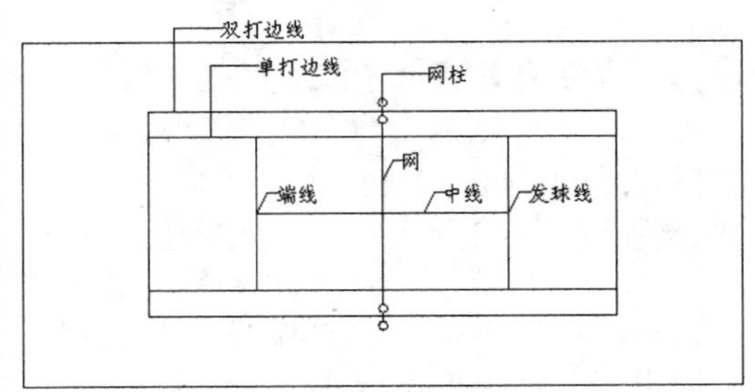

STEP 08　标注尺寸及图名

执行“DLI（线性）”、“TEXT（单行文字）”和“L（直线）”命令，对图形进行尺寸标注，在平面图下方绘制图名，添加两条下划线，第二条线宽为 0.3 毫米，如下图所示。

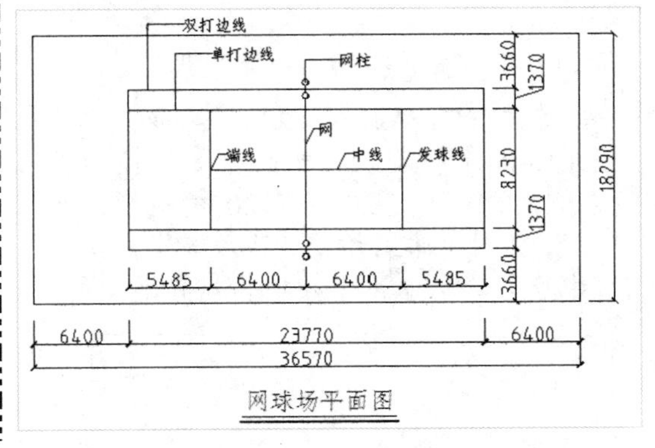

4.2.3　绘制足球场

现代生活中再也没有比足球更令人激动不已的运动了。足球是一项古老的体育活动，源远流长。在本实例设计过程中，首先通过“矩形”、“直线”、“圆”、“圆环”和“修剪”等命令绘制足球场半场，然后通过“镜像”命令镜像半场，展示了足球场的具体设计方法与技巧，其具体操作步骤如下。

素材文件	无	效果文件	第 4 章\足球场平面图.dwg

STEP 01 绘制矩形

在命令行中输入 REC（矩形）命令，按【Enter】键确认，根据命令行提示进行操作，绘制一个 105000×68000 的矩形，作为球场的轮廓，如下图所示。

STEP 02 绘制中线及中圈

在命令行中输入 L（直线）命令，按【Enter】键确认，根据命令行提示进行操作，连接矩形长边中点，绘制足球场的中线，执行“C（圆）”命令，以中线的中点为圆心，绘制一个半径为 9150 的圆，作为足球场的中圈，如下图所示。

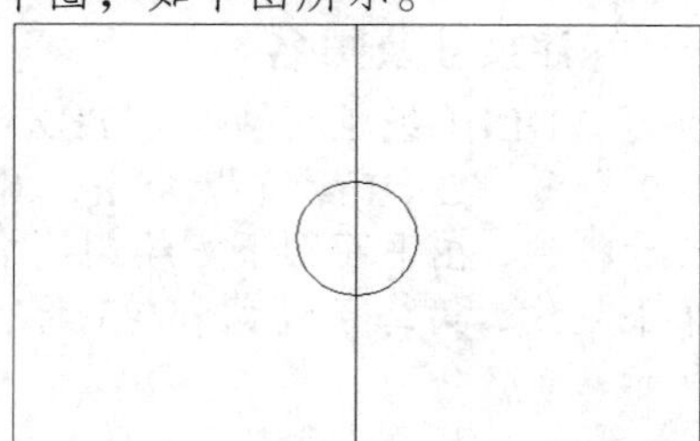

STEP 03 绘制足球门

在命令行中输入 REC（矩形）命令，按【Enter】键确认，根据命令行提示进行操作，绘制一个 2000×7320 的矩形，作为球门，并对其进行填充，移动该矩形使其右边中点与球场左边中点重合，如下图所示。

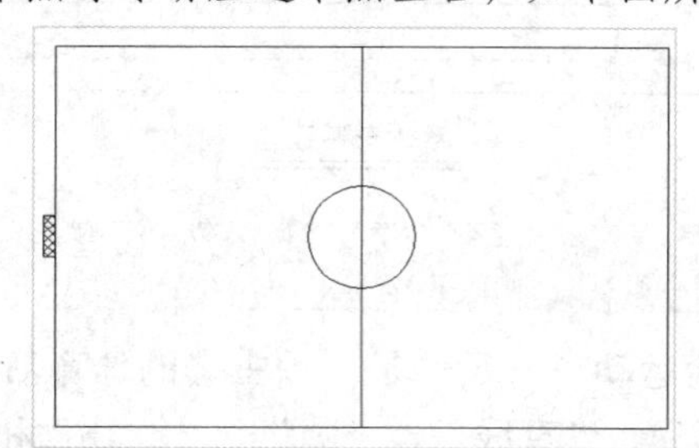

STEP 04 绘制小禁区和大禁区

执行“REC（矩形）”命令，绘制一个 5500×1832 的矩形，作为足球场的小禁区，绘制一个 16500×40320 的矩形，作为足球场的大禁区，移动这两个矩形，使其左边中点与球场左边中点重合，效果如下图所示。

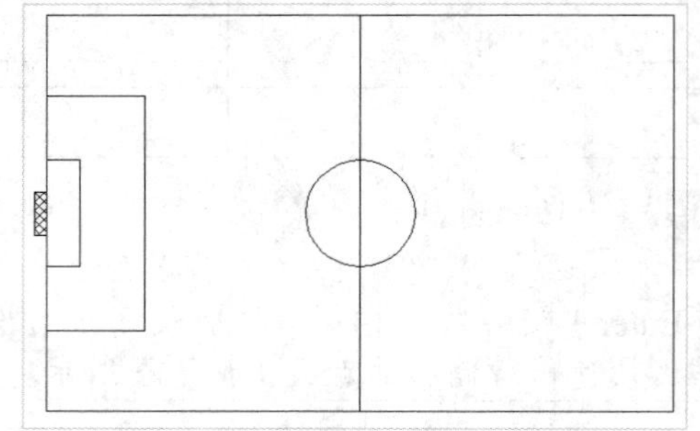

STEP 05 绘制中圈发球点和罚球点

在命令行中输入 DO（圆环）命令，按【Enter】键确认，根据命令行提示进行操作，指定圆环的内半径为 500、外半径为 1200，绘制两个圆环，作为中圈发球点和罚球点，如下图所示。

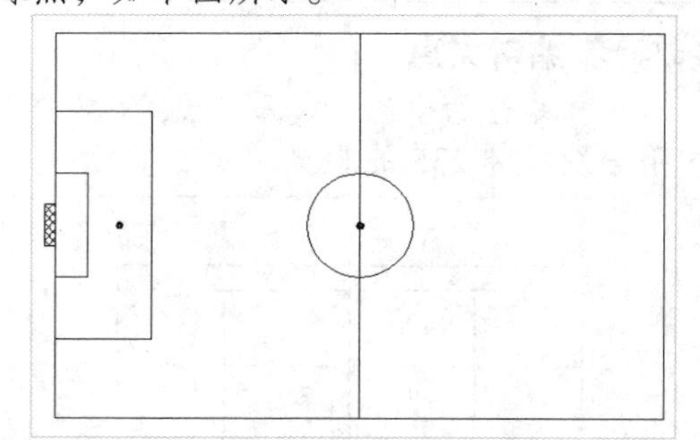

STEP 06 绘制圆形

在命令行中输入 C（圆）命令，按【Enter】键确认，根据命令行提示进行操作，以矩形左上角点和下角点为圆心，绘制两个半径为 1000 的圆，以大禁区矩形长边中点为圆心，绘制一个半径为 9150 的圆，如下图所示。

STEP 07 修剪圆形

在命令行中输入 TR（修剪）命令，按【Enter】键两次，根据命令行提示进行操作，快速修剪圆形，如下图所示。

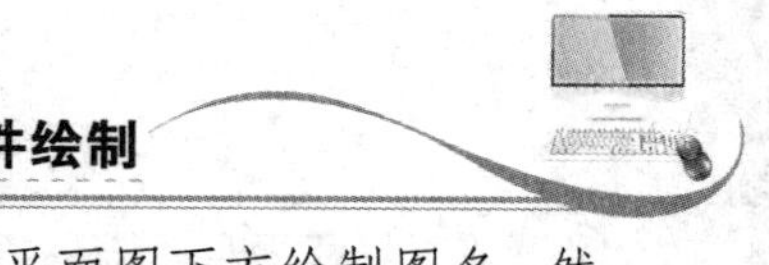

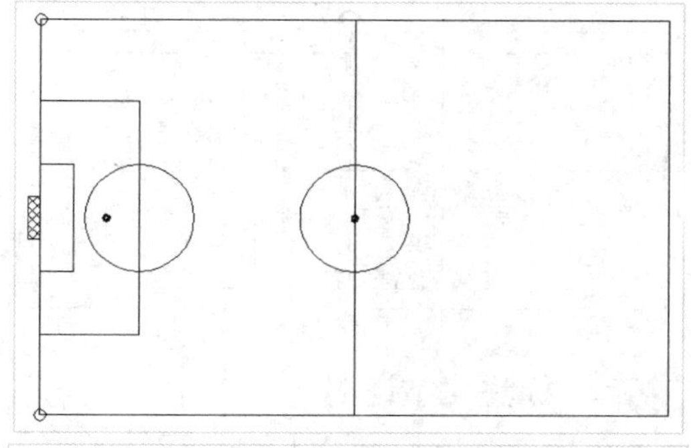

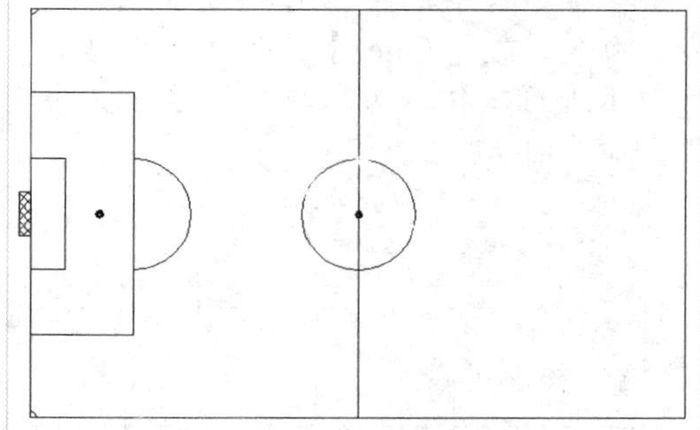

STEP 08　镜像复制图形

在命令行中输入 MI（镜像）命令，按【Enter】键确认，根据命令行提示进行操作，将足球场左半边进行镜像，如下图所示。

STEP 09　注写文字说明

在命令行中输入 MLEADER（多重引线）命令，按【Enter】键确认，根据命令行提示进行操作，为球场平面注写文字说明，如下图所示。

STEP 10　标注尺寸及图名

执行“DLI（线性）”、“TEXT（单行文字）”和“L（直线）”命令，对图形进行尺寸标注，在平面图下方绘制图名，然后添加两条下划线，上面的直线线宽为 0.3 毫米，如下图所示。

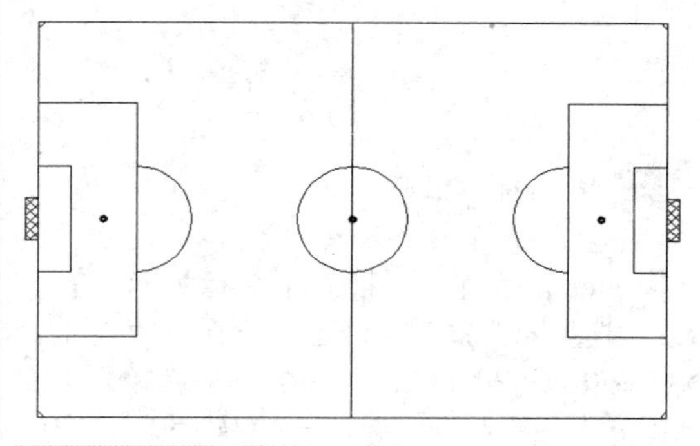

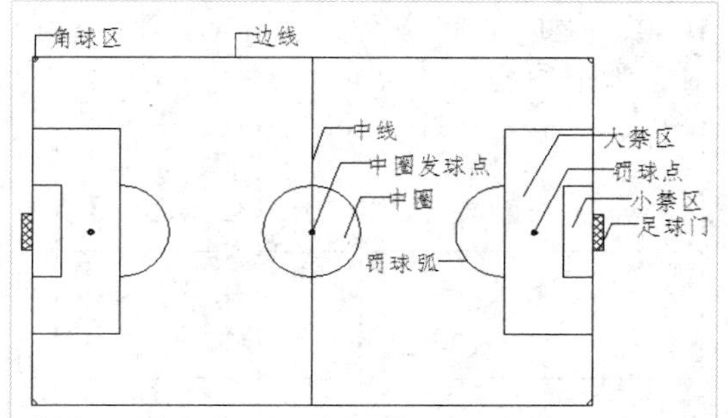

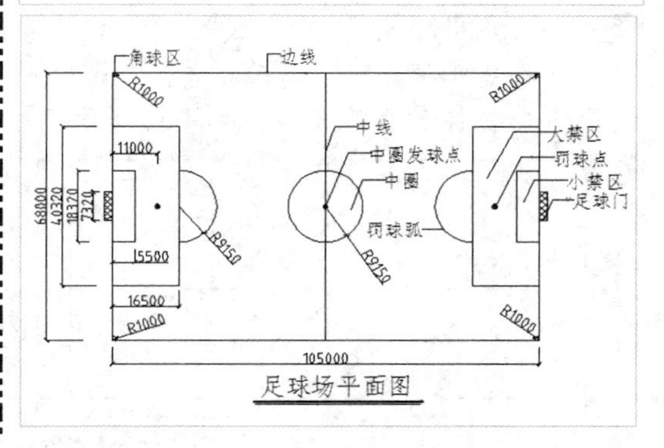

4.2.4　绘制羽毛球场

羽毛球运动是一项全民运动，运动量可以根据个人年龄、体质运动水平和场地环境的特点而定。在本实例设计过程中，首先通过“矩形”、“分解”、“偏移”和“圆环”等命令绘制羽毛球场，然后通过“多重引线”命令标注文字说明，展示了羽毛球场的具体设计方法与技巧，其具体操作步骤如下。

素材文件	无	效果文件	第 4 章\羽毛球场平面图.dwg

STEP 01　绘制并分解矩形

在命令行中输入 REC（矩形）命令，按【Enter】键确认，根据命令行提示进行操作，绘制一个 13400×6100 的矩形，作为羽毛球场的轮廓线，执行“X（分解）”命令，将其分解，如下图所示。

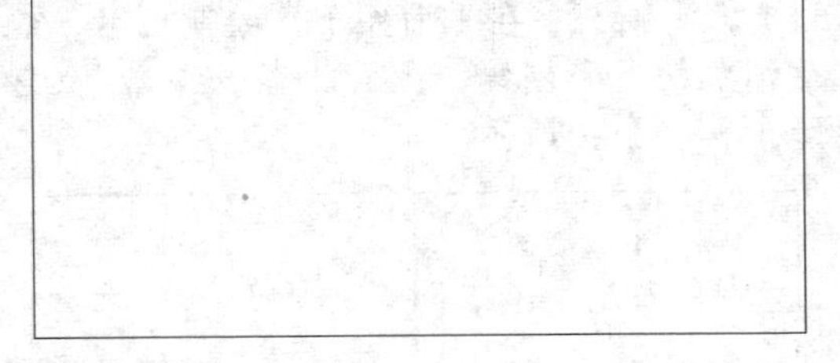

STEP 02 偏移直线

在命令行中输入 O（偏移）命令，按【Enter】键确认，根据命令行提示进行操作，选择矩形底边，沿垂直方向依次向上偏移 460、2590 和 2590 的距离，选择矩形左边，沿水平方向依次向右偏移 750、3970、1980、1980 和 3970 的距离，生成平面辅助线，如下图所示。

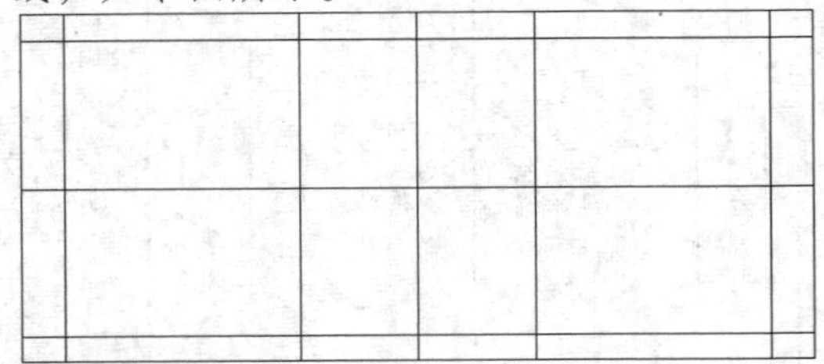

STEP 03 拉伸处理

选择矩形的中线，编辑夹点，将其向上向下分别拉伸 300 的距离，如下图所示。

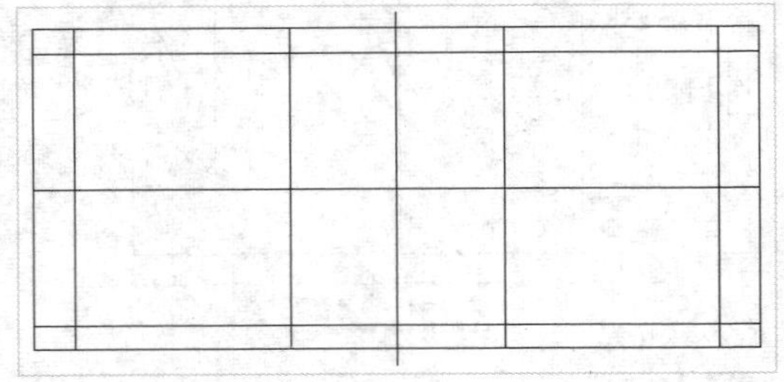

STEP 04 绘制网柱

在命令行中输入 DO（圆环）命令，按【Enter】键确认，根据命令行提示进行操作，指定圆环的内半径为 300、外半径为 400，绘制两个圆环，移至中线两端，作为网柱，如下图所示。

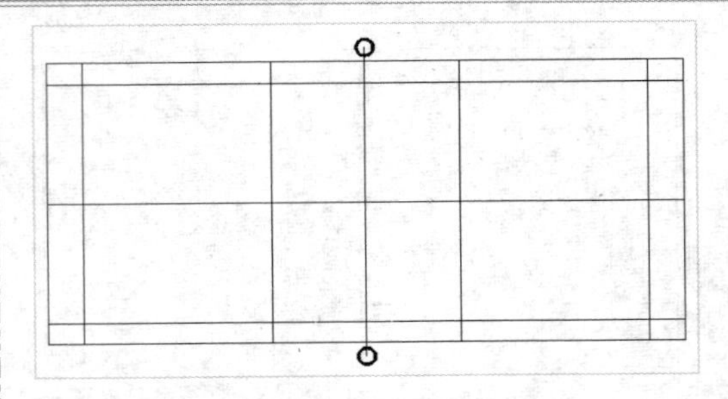

STEP 05 标注文字说明

在命令行中输入 MLEADER（多重引线）命令，按【Enter】键确认，根据命令行提示进行操作，为球场平面注写文字说明，如下图所示。

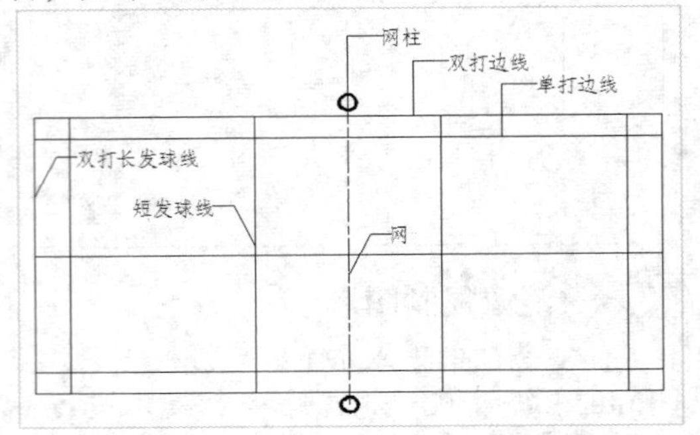

STEP 06 标注尺寸及图名

执行“DLI（线性）”、“TEXT（单行文字）”和“L（直线）”命令，对图形进行尺寸标注，在平面图下方绘制图名，添加两条下划线，如下图所示。

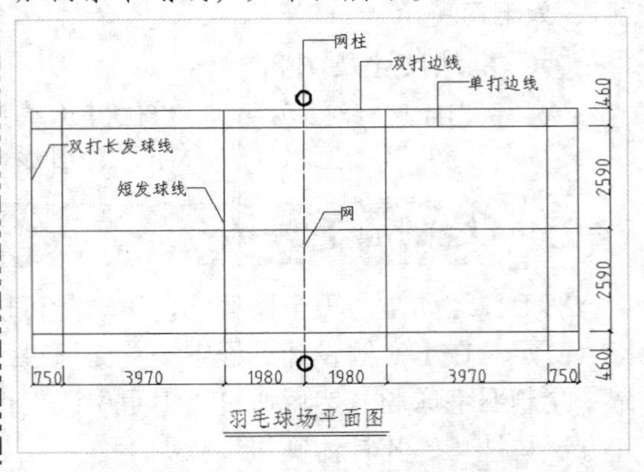

4.3 建筑设计健身设施构件的设计

环境优雅的居住小区的建设，不仅需要优美的环境、良好的配套设施，公共设施更为重要，其中包括各种健身设施。本节主要介绍提示盲道、压腿器、翘翘板和漫步训练器的绘制，掌握 AutoCAD 基本命令的使用方法。

4.3.1 绘制提示盲道

提示盲道，一般是提示盲人前面有障碍。在本实例设计过程中，首先通过“矩形”、“分解”和“偏移”等命令绘制砖块的大小和辅助线，然后通过“圆”、“偏移”和“复制”等命令绘制圆环，展示了提示盲道的具体设计方法与技巧，其具体操作步骤如下。

素材文件	无	效果文件	第 4 章\提示盲道.dwg

STEP 01 绘制并分解矩形

在命令行中输入 REC（矩形）命令，按【Enter】键确认，根据命令行提示进行操作，绘制一个 250×250 的矩形，作为盲道砖块的大小，执行“X（分解）”命令，将其分解，如下图所示。

STEP 02 绘制辅助线

在命令行中输入 O（偏移）命令，按【Enter】键确认，根据命令行提示进行操作，选择矩形顶边，垂直向下偏移 42 的距离，选择矩形左边，水平向右偏移 42 的距离，生成辅助线，如下图所示。

STEP 03 绘制并偏移圆形

在命令行中输入 C(圆)命令，按【Enter】键确认，根据命令行提示进行操作，以辅助线的交点为圆心，绘制一个半径为 17 的圆，执行“O（偏移）”命令，将圆向内偏移 5 的距离，如下图所示。

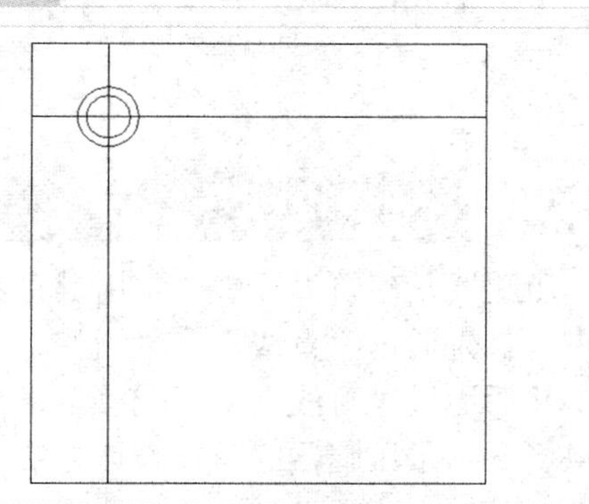

STEP 04 复制阵列圆形

在命令行中输入 CO（复制）命令，按【Enter】键确认，根据命令行提示进行操作，指定圆心为基点，输入 A，输入阵列数目为 4，阵列距离为 55，如下图所示。

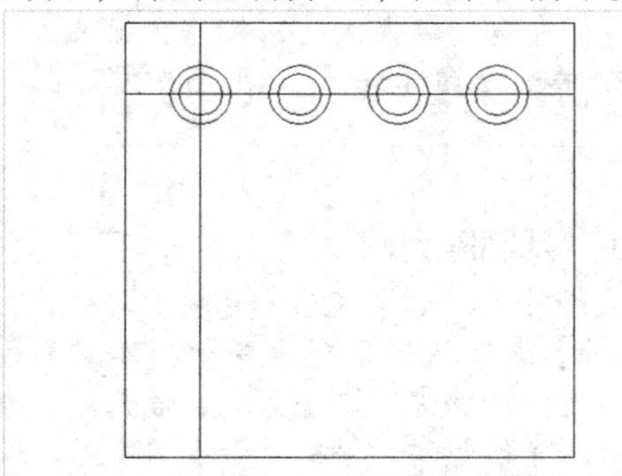

STEP 05 复制阵列圆形

运用与上述相同的方法，将复制的圆形向下阵列 4 组，并删除辅助线，如下图所示。

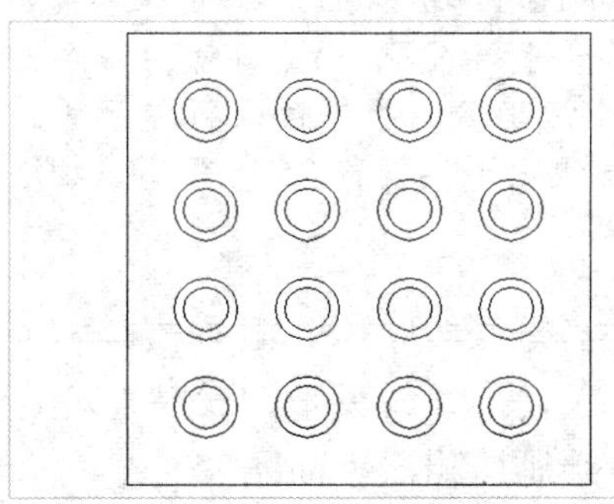

STEP 06 **标注尺寸**

执行“DLI（线性）”和“DOC（连续）”命令，为提示盲道标注尺寸，如下图所示。

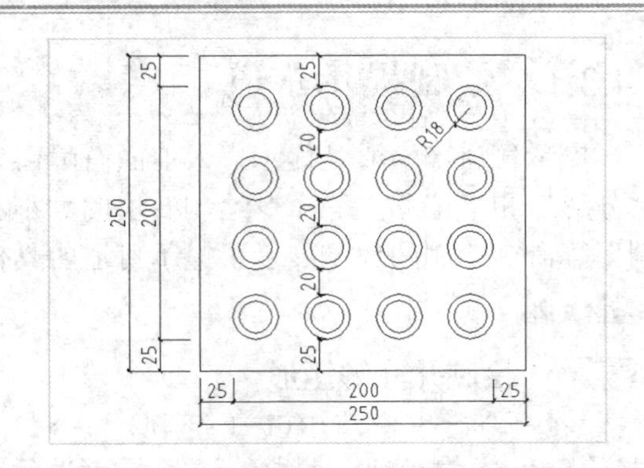

4.3.2 绘制压腿器

压腿器是建筑设计中的常用健身器材之一，主要锻炼人的腿部力量。在本实例设计过程中，首先通过“直线”、“圆”、“复制”、“偏移”和“修剪”等命令绘制压腿器平面，然后通过“直线”、“偏移”、“修剪”、“圆”和“删除”等命令绘制压腿器立面效果，展示了压腿器的具体设计方法与技巧，其具体操作步骤如下。

素材文件	无	效果文件	第 4 章\压腿器.dwg

STEP 01 **绘制直线和圆**

在命令行中输入 L（直线）命令，按【Enter】键确认，根据命令行提示进行操作，绘制一条长为 2400 的直线，执行“C（圆）”命令，以直线的左端点为圆心，绘制一个半径为 60 的圆，如下图所示。

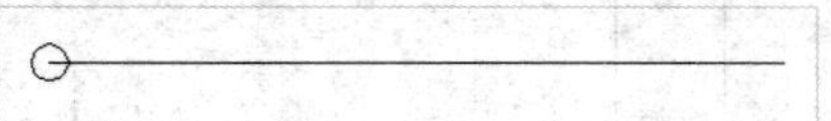

STEP 02 **复制阵列圆**

在命令行中输入 CO（复制）命令，按【Enter】键确认，根据命令行提示进行操作，指定圆心为基点，输入 A，输入阵列数目为 4，阵列距离为 800，如下图所示。

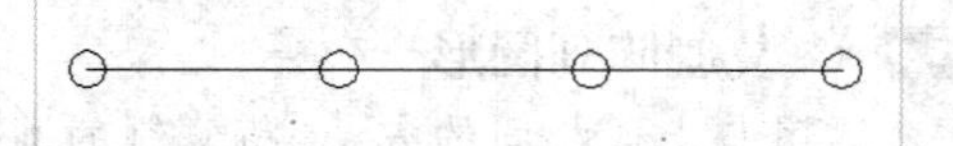

STEP 03 **偏移直线**

在命令行中输入 O（偏移）命令，按【Enter】键确认，根据命令行提示进行操作，将直线上下各偏移 25 的距离，如下图所示。

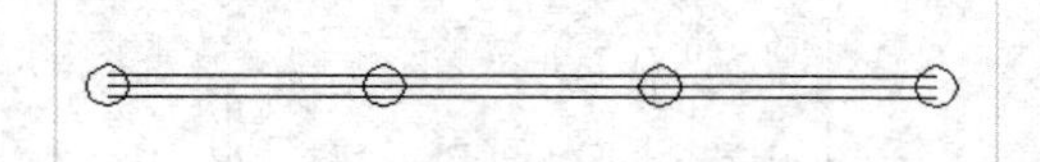

STEP 04 **绘制压腿器平面图**

在命令行中输入 TR（修剪）命令，按【Enter】键两次，根据命令行提示进行操作，快速修剪偏移的直线，删除中线，得到压腿器平面图，效果如下图所示。

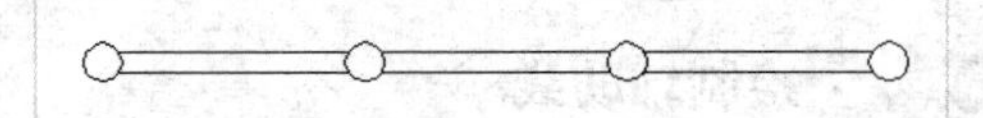

STEP 05 **绘制辅助线**

在命令行中输入 L（直线）命令，按【Enter】键确认，根据命令行提示进行操作，绘制一条长为 2520 的水平直线和一条长为 1070 的垂直线，如下图所示。

STEP 06 **偏移直线**

在命令行中输入 O（偏移）命令，按【Enter】键确认，根据命令行提示进行操作，选择水平直线，沿垂直方向依次向上偏移 600、230 和 240 的距离，选择垂直线，沿水平方向依次向右偏移 120、680、120、680、120、680 和 120 的距离，如下图所示。

STEP 07 **修剪并删除多余的线条**

执行“TR（修剪）”和“E（删除）”命令，修剪删除多余的辅助线，得到压腿器的立柱，如下图所示。

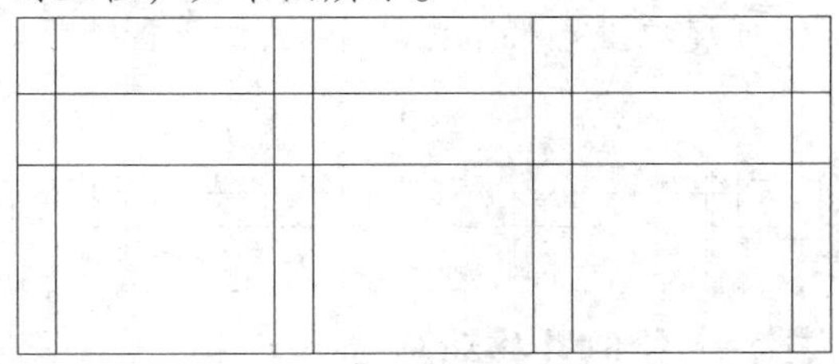

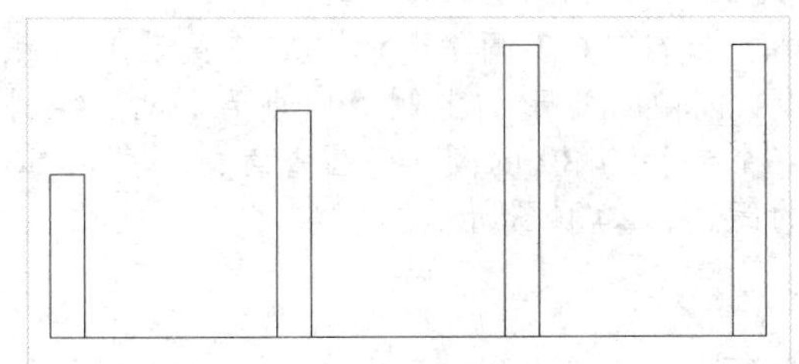

STEP 08 **偏移辅助线**

在命令行中输入 O（偏移）命令，按【Enter】键确认，根据命令行提示进行操作，将水平线依次向上偏移 460、50、170、50、185 和 50 的距离，如下图所示。

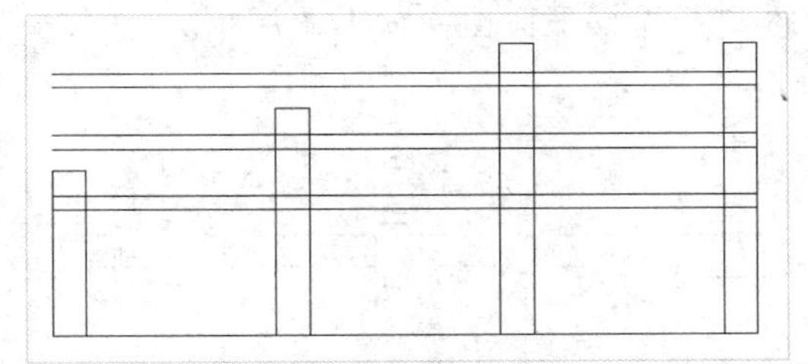

STEP 09 **修剪删除辅助线**

执行“TR（修剪）”和“E（删除）”命令，修剪删除多余的辅助线，得到压腿器的压杆，如下图所示。

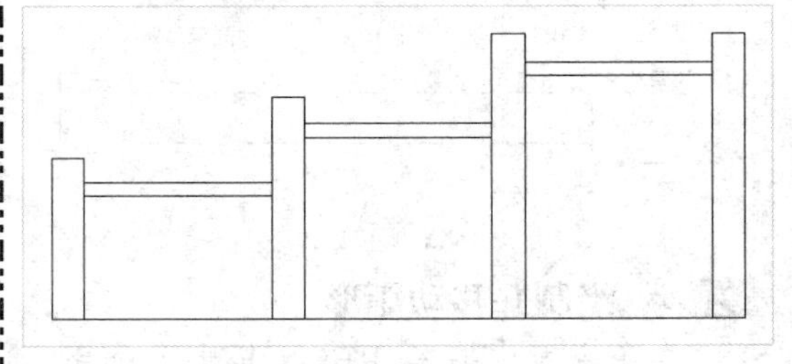

STEP 10 **绘制圆**

在命令行中输入 C（圆）命令，按【Enter】键确认，根据命令行提示进行操作，以压腿器的立柱上边的中点为圆心，绘制 4 个半径为 60 的圆，作为立柱装饰，如下图所示。

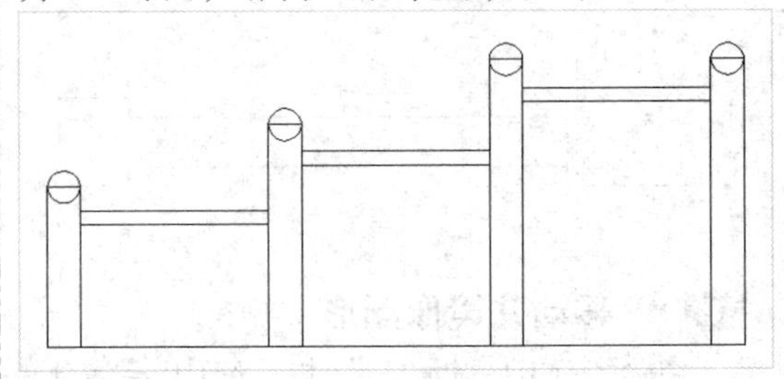

STEP 11 **修剪处理**

在命令中输入 TR（修剪）命令，按【Enter】键确认，根据命令行提示进行操作，对圆形进行修剪，得到压腿器立面效果，如下图所示。

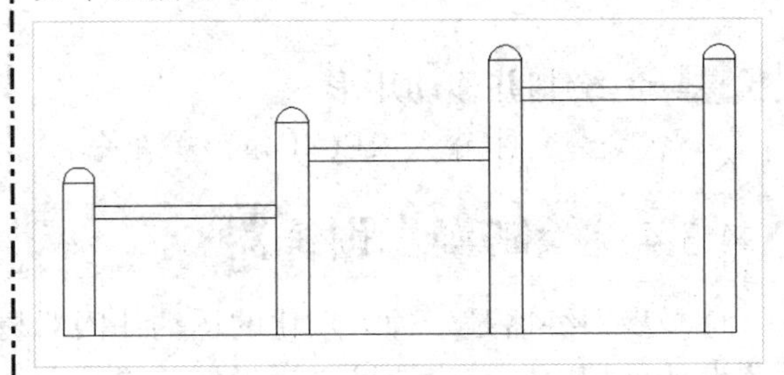

4.3.3 绘制翘翘板

翘翘板是一种有两个人及两个人以上参与的玩具，深受儿童的欢迎。在本实例设计过程中，首先通过“矩形”、“移动”和“镜像”等命令绘制翘翘板横木，然后通过“矩形”、“圆”、“移动”、“修剪”和“镜像”等命令绘制中间结构，展示了翘翘板的具体设计方法与技巧，其具体操作步骤如下。

素材文件	无	效果文件	第 4 章\翘翘板平面图.dwg

STEP 01 **绘制矩形**

在命令行中输入 REC（矩形）命令，按【Enter】键确认，根据命令行提示进行操作，绘制 3 个矩形，尺寸分别为 130×96、470×53 和 73×79，对齐中点，如下图所示。

STEP 02 绘制并移动矩形

在命令行中输入 REC（矩形）命令，按【Enter】键确认，根据命令行提示进行操作，绘制一个 11×172 的矩形，执行“M（移动）”命令，以矩形左侧边为基点，捕捉 130×96 的矩形右侧边的中点，如下图所示。

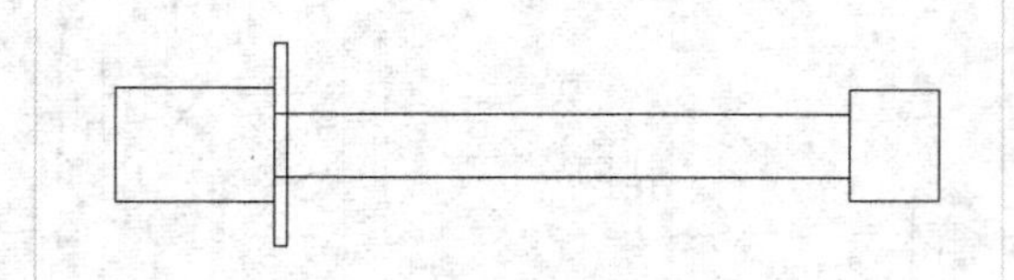

STEP 03 移动并镜像图形

执行“M（移动）”和“MI（镜像）”命令，水平向右移动 39 的距离，并将其进行镜像，如下图所示。

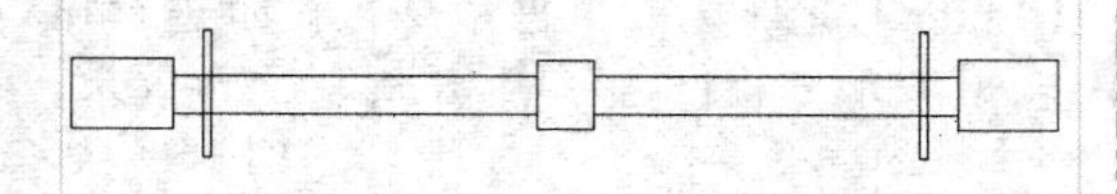

STEP 04 绘制并移动矩形

在命令行中输入 REC（矩形）命令，按【Enter】键确认，根据命令行提示进行操作，绘制一个 45×113 的矩形，执行“M（移动）”命令，以矩形的下侧边中点为基点，捕捉中心矩形上侧边中点，如下图所示。

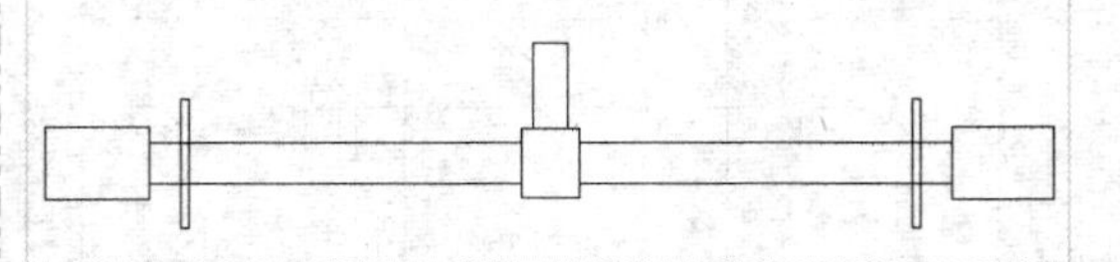

STEP 05 绘制并移动圆

执行“C（圆）”和“M（移动）”命令，以中心矩形的上侧边中点为圆心，绘制一个半径为 39 的圆，将圆垂直向下移动 56 的距离，如下图所示。

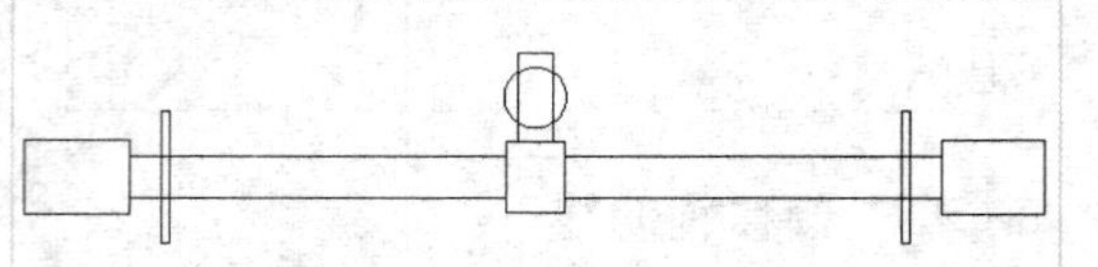

STEP 06 修剪镜像处理

执行“TR（修剪）”和“MI（镜像）”命令，修剪辅助线，将圆和矩形向下镜像，得到翘翘板平面图，如下图所示。

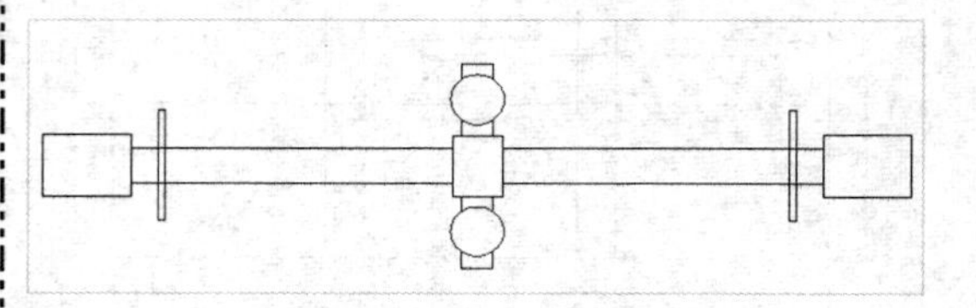

4.3.4 绘制漫步训练器

漫步训练器是一种大众化的运动休闲器材，可供人们茶余饭后休息锻炼使用。在本实例设计过程中，首先通过“矩形”、“圆”、“修剪”、“复制”、“偏移”、“圆角”和“拉伸”等命令绘制漫步训练器的抓手，然后通过“矩形”、“移动”和“镜像”等命令绘制漫步训练器的踏脚板，展示了漫步训练器的具体设计方法与技巧，其具体操作步骤如下。

素材文件	无	效果文件	第 4 章\漫步训练器立面图.dwg

STEP 01 绘制水平线和矩形

绘制一条直线作为水平线，在命令行中输入 REC（矩形）命令，按【Enter】键确认，根据命令行提示进行操作，绘制一个 123×1232 的矩形，并将矩形放置在水平线上，如下图所示。

STEP 02 绘制并修剪圆

在命令行中输入 C（圆）命令，按【Enter】键确认，根据命令行提示进行操作，以矩形上边的中点为圆心，绘制一个半径为 62 的圆形，执行“TR（修剪）”命令，修剪圆，如下图所示。

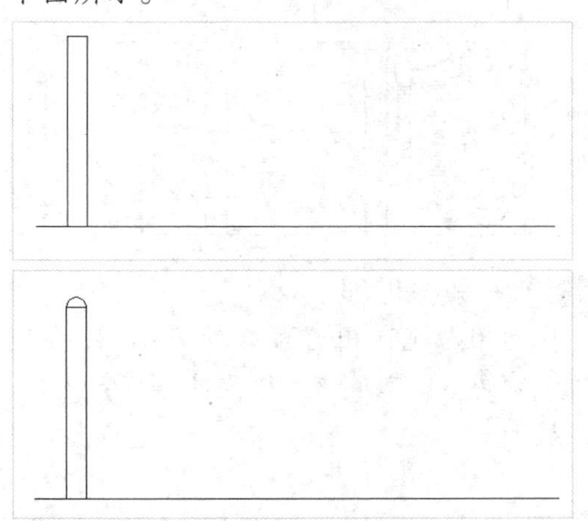

STEP 03 复制图形

在命令行中输入 CO（复制）命令，按【Enter】键确认，根据命令行提示进行操作，将图形依次向右以 910 的距离复制 3 个，如下图所示。

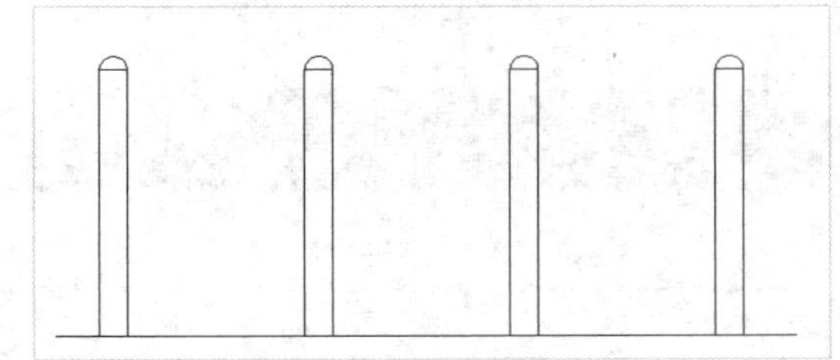

STEP 04 偏移水平线

在命令行中输入 O（偏移）命令，按【Enter】键确认，根据命令行提示进行操作，将水平线依次向上偏移 1090 和 40 的距离，如下图所示。

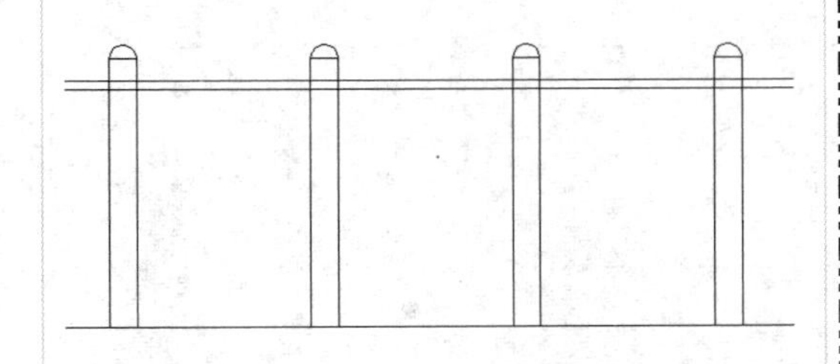

STEP 05 倒圆角处理

在命令行中输入 F（圆角）命令，按【Enter】键确认，根据命令行提示进行操作，输入 R，指定半径为 10，给两条直线倒圆角，作为漫步训练器的抓手，如下图所示。

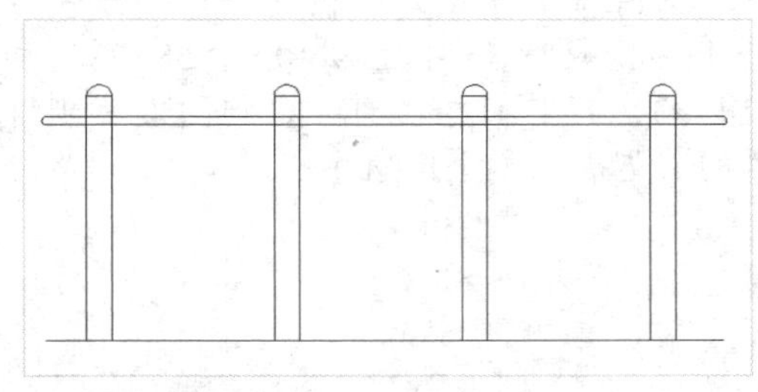

STEP 06 压缩图形

在命令行中输入 S（拉伸）命令，按【Enter】键确认，根据命令行提示进行操作，选择两条直线并确认，将其两端压缩，如下图所示。

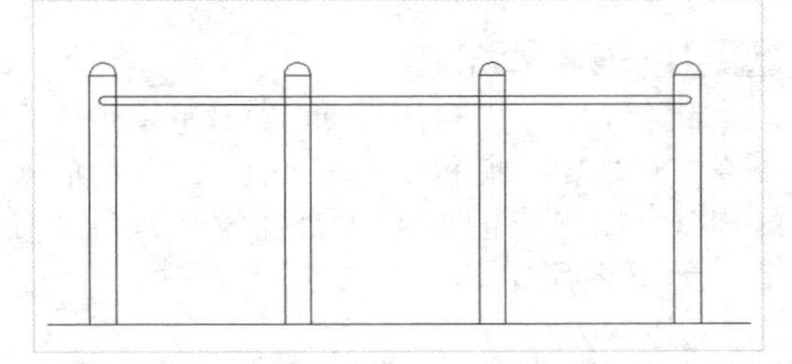

STEP 07 修剪图形

在命令行中输入 TR（修剪）命令，按【Enter】键两次，根据命令行提示进行操作，对图形进行修剪，如下图所示。

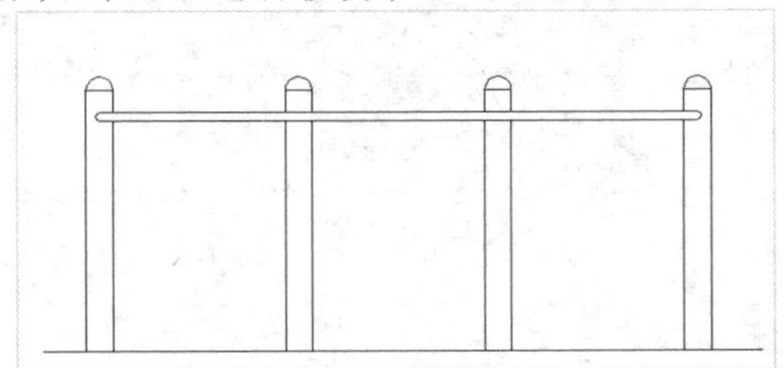

STEP 08 绘制移动矩形

执行“REC（矩形）”和“M（移动）”命令，捕捉第一根立柱的右下角点，绘制一个 50×50 的矩形，将矩形垂直向上移动 910 的距离，如下图所示。

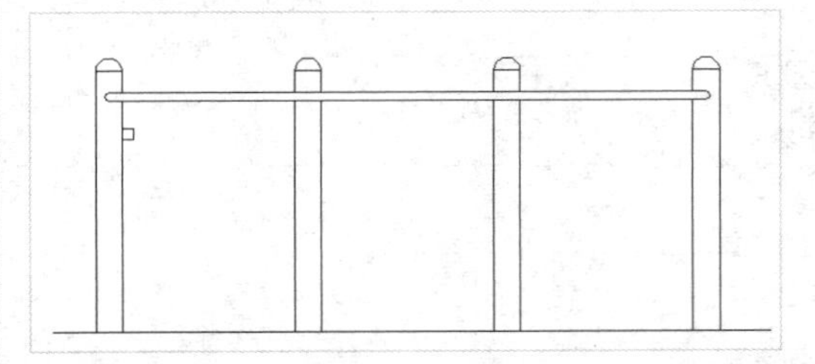

STEP 09 绘制踏脚板

运用与上述相同的操作方法，绘制 3 个矩形，尺寸分别为 96×88、58×737 和 214×33，将它们移动对齐，作为漫步训练器的踏脚板，如下图所示。

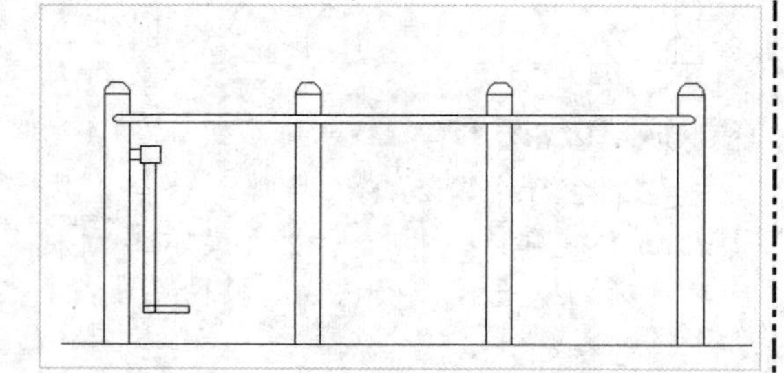

STEP 10 镜像处理

执行“L（直线）”和“MI（镜像）”命令，连接第一根和第二根立柱之间的角点的连线，以连线的中点作为镜像轴，镜像图形，如下图所示。

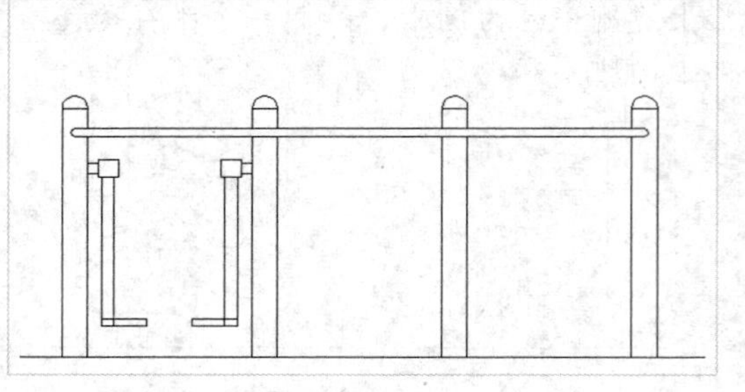

STEP 11 镜像处理

运用与上述相同的操作方法，将踏脚板进行镜像，得到漫步训练器正立面，效果如下图所示。

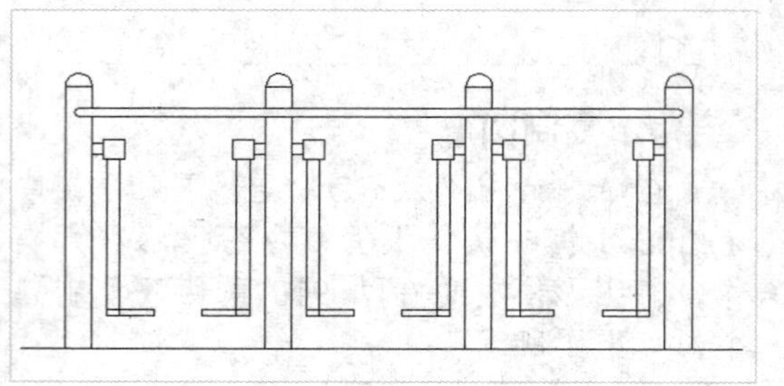

读书笔记

Chapter 05

建筑平面图设计

章前知识导读

本章结合建筑制图要求，详细介绍建筑平面图的设计和绘制过程。通过本章内容的学习，可以了解工程设计中有关建筑平面图设计的一般要求及使用 AutoCAD 绘制建筑平面图的方法和技巧。

重点知识索引

- 建筑平面图设计基础
- 绘制建筑平面图
- 建筑平面图后期处理

效果图片赏析

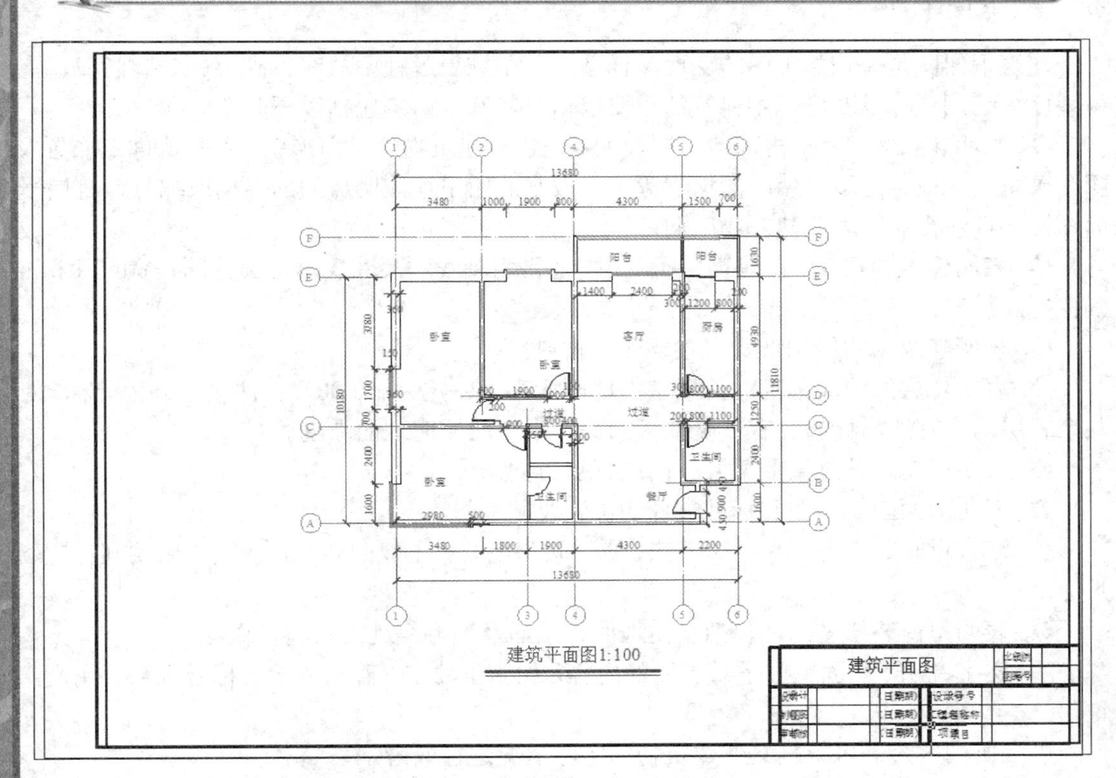

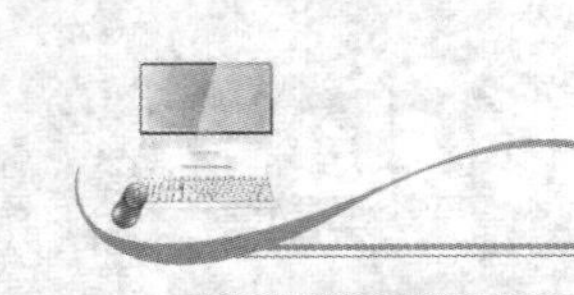

5.1 建筑平面图设计基础

建筑平面图是建筑施工图的一种，反映了建筑物的平面布局。在设计并绘制建筑平面图之前，首先要了解平面图的相关知识及其设计思路。

5.1.1 建筑平面图的基础知识

建筑平面图实际上是房屋的水平剖视图（除屋顶平面图外），也就是假想用一水平平面经门窗洞口处将房屋剖开，移去切平面以上的部分，对切平面以下的部分用正投影法得到的投影图，简称平面图。它用来表达建筑物的平面形状、大小、房间的布局，墙、柱的位置、尺寸、材料和做法，楼梯和走廊安排以及门窗的位置、类型等。

1. 命名

一般来说，房屋有几层就应绘制几层的平面图，并在图的下方正中标注相应的图名，如“底层平面图”、“二层平面图”、“屋顶平面图”等。如果房屋中间各楼层的平面布局、构造完全相同或仅有局部不同时，可用一个平面图表示，图名为“×层～×层平面图”，或称为“标准层平面图”。对于局部的不同之处，可另绘局部平面图。

2. 图示内容

建筑平面图是建筑施工图的主要图样之一，是施工过程中放线、砌墙、安装门窗、室内装修、编制预算以及施工备料等的重要依据，其基本内容包括以下几个方面。

- 表明建筑物形状、内部的布置及朝向，包括建筑物的平面形状，各种房间的布置及相互关系，入口、走道、楼梯的位置等。一般平面图中均注明房间的名称或编号，首层平面图还应标注指北针表明建筑物朝向。
- 表明建筑的尺寸。在建筑平面图中，通常用轴线和尺寸表示各部分的长宽尺寸和准确位置。
- 表明建筑物的结构形式及主要建筑材料。
- 表明各层的地面标高。首层室内地面标高一般定为±0.00，并注明室外地坪标高。其余各层均注有地面标高。有坡度要求的房间内还应注明地面坡度。
- 表明门窗及其过梁的编号、门的开启方向。
- 表明剖面图、详图和标准配件的位置及其编号。
- 综合反映其他各工种（如工艺、水、暖和电）对土建的要求，在图中表明其位置和尺寸。
- 表明室内装修做法，包括室内地面、墙面及顶棚等处的材料及做法。
- 文字说明。平面图中不易表明的内容，如施工要求、砖及灰浆的标号等需要用文字说明。

以上所列内容，可根据具体建筑物的实际情况进行取舍。

3. 图示特点

图示具有以下 6 个特点，下面来具体介绍。

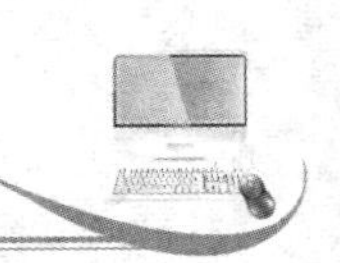

比例

根据“国标”的规定，建筑平面图通常采用1:50、1:100、1:200的比例，实际工程中常用1:100的比例。

定位轴线

建筑施工图中的轴线是施工定位、放线的重要依据，所以也叫定位轴线。凡是承重墙、柱子等主要承重构件都应绘制出轴线来确定其位置。

“国标”规定，定位轴线采用细点划线表示，轴线的端部绘制直径为8mm的细实线圆圈，在圆圈内写上轴线编号。横向编号采用阿拉伯数字，从左到右顺序编写；竖向编号采用大写拉丁字母，自下而上顺序编写。拉丁字母中的I、O、Z不能用作轴线编号，以免与阿拉伯数字中的1、0、2混淆。

平面图上定位轴线的编号一般标注在图的下方与左侧，当平面图不对称时，上方和右侧也应标注轴线编号。

图线

建筑平面图中的图线应粗细有别、层次分明。被剖切到的墙、柱等截面轮廓线用粗实线（b）绘制，门扇的开启示意线用中实线（0.5b），其余可见轮廓线用细实线（0.35b），尺寸线、标高符号、定位轴线的圆圈、轴线等用细实线和细点划线绘制。其中，b的大小应根据图样的复杂程度和比例，按《房屋建筑制图统一标准》（GB/T5001－2001）中的规定选取适当的线宽组，如下表所示。

线宽比	线宽组（mm）					
b	2.0	1.4	1.0	0.7	0.5	0.35
0.5b	1.0	0.7	0.5	0.35	0.25	0.18
0.35b	0.7	0.5	0.35	0.25	0.18	

当绘制较简单的图样时，可采用两种线宽的线宽组，其线宽比宜为b:0.25b。

图例

由于平面图一般采用1:50、1:100、1:200的比例绘制，各层平面图中的楼梯、门窗、卫生设备等都不能按照实际形状绘制出，均采用“国标”规定的图例来表示，而相应的具体构造用较大比例的详图表达。

门窗除用图例表示外，还应进行编号以区别不同规格、尺寸。用M、C分别表示门、窗的代号，后面的数字为门窗的编号，如M1、M2……，C1、C2……同一编号的门窗，其尺寸、形式、材料等都一样。

尺寸和标高

平面图上标注的尺寸有外部尺寸和内部尺寸两种。所注尺寸以mm为单位，标高以m为单位。

（1）外部尺寸：外部应标注三道尺寸，最外面一道是总尺寸，标注房屋的总长、总宽；中间一道是轴线尺寸，标注房间的开间和进深尺寸，是承重构件的定位尺寸；最里面一道是细部尺寸，标注外墙门窗洞、窗间墙尺寸，这道尺寸应从轴线注起。

如果房屋平面图是对称的，宜在图形的左侧和下方标注外部尺寸；如果平面图不对称，则需在各个方向标注尺寸，或在不对称的部分标注外部尺寸。

（2）内部尺寸：应标注房屋内墙门窗洞、墙厚及轴线的关系、柱子截面、门垛等细部尺寸，房间长、宽方向的净空尺寸。底层平面图中还应标注室外台阶、散水等尺寸。

（3）标高：平面图上应标注各层楼地面、门窗洞底、楼梯休息平台面、台阶顶面、阳台顶面和室外地坪的相对标高，以表示各部位对于标高零点的相对高度。

- 其他标注

在底层平面图上应绘制出指北针符号，以表示房屋的朝向。底层平面图上还应绘制出建筑剖面图的剖切符号及剖面图的编号，以便与剖面图对照查阅。

此外，屋顶平面图附近常配以檐口、女儿墙泛水、雨水口等构造详图，以配合平面图的识读。凡需绘制详图的部位，均应绘制上详图索引符号，注明要绘制详图的位置、详图的编号及详图所在图纸的编号。详图符号的圆圈应绘制成直径 14mm 的粗实线圆。索引符号的圆和水平直径均以细实线绘制，圆的直径一般为 10mm。

5.1.2 建筑平面图的设计思路

任何一幢建筑物都是由各种不同的使用空间和交通联系空间组成，而表达建筑物的三度空间和具体构造的工程图，通常是由建筑的平、立、剖面图和各细部构造详图等组成。其中，建筑平面图是反映建筑物内部功能、结构、建造内外环境、交通联系及建筑构件设置、设备及室内布置最直观的手段，是立面、剖面及三维模型和透视图的基础，建筑设计一般是从透视或平面设计开始的。

建筑平面设计是在熟悉任务，对建设地点、周围环境及设计对象有了较为深刻的理解的基础上开始的，设计时首先进行总体分析，初步确定出入口位置及建筑物平面形状，然后分析功能关系和流线组织，安排建筑各部分的相对位置，再确定建筑各部分尺寸。

建筑平面设计的结果，表示了建筑物水平方向房屋各部分的组合关系。由于建筑平面通常较为集中地反映了建筑功能方面的问题，一些剖面关系比较简单的民用建筑，其平面布置基本上能够反映空间组合的主要内容，因此更加凸现建筑平面设计的重要性。但是，平面设计中始终需要从建筑整体空间组合的效果来考虑，紧密联系建筑剖面和立面，分析剖面、立面的可能性和合理性，不断调整修改平面，反复深入。也就是说，虽然是从平面设计入手，但是着眼于建筑空间的组合，由平面联系到空间，再由空间联系到平面。

建筑平面设计的主要任务是根据设计要求和基地条件，确定建筑平面中各组成部分的大小和相互关系。平面设计的内容主要包括以下几个方面。

- 结合基地环境、自然条件，根据城乡规划建设要求，使建筑平面形式、布局和周围环境相适应。
- 根据建筑规模和使用性质要求进行单个房间的面积、形状及门窗位置等设计以及交通部分和平面组合设计。
- 妥善处理好平面设计中的日照、采光、通风、隔声、保温、隔热、节能、防潮防水和安全防火等问题，满足不同的功能使用要求。
- 为建筑结构选型、建筑体型组合和立面处理、室内设计等提供合理的平面布局。
- 尽量减少交通辅助面积和结构面积，提高平面利用系数，有利于降低建筑造价，节约投资。

平面设计的方法没有统一模式，因为设计的对象——建筑物多种多样，环境条件各异。

对同一个建筑物的设计，设计者各有自己的理解和构思，具体设计手法也不同。但就平面设计方法的一般程序而言，有些具有共性，可以遵循。

从建筑平面设计的程序来说，一般是以建筑环境及总体指标，分析建筑周围环境、文化因素、气候因素、交通组织等，进行大的功能分区，然后再进行平面功能的具体划分以及开启门窗洞口、布置家具、设计楼梯等。设计绘图过程中，利用 AutoCAD 可以绘制出各功能块，然后进行拼装组合，调整尺寸，协调相互之间的关系，使之组合成一个有机整体。在充分分析和比较的基础上，就有了一个对建筑的初步轮廓，对平面布局及总体尺寸有了大致的把握。此时，即可进行细致的平面图绘制，利用 AutoCAD 初步确定柱网、墙体、阳台、楼梯等建筑部件，确定各部件的大体尺寸和形状。

5.1.3 建筑平面图的绘制方法

用 AutoCAD 2014 绘制建筑平面图有以下两种基本方法。

- 三维模型自动生成：这可以通过三维绘图模型来实现，主要是利用不同视口的定义和视图的确定等操作，直接得到该视图。
- 二维绘图：采用 AutoCAD 2014 的基本二维绘图命令进行操作。这也是本书所采用的平面绘图方式。

一般建筑平面图的绘制步骤如下：

（1）设置绘图环境。

（2）绘制定位轴线及柱网。

（3）绘制各种建筑构配件（如墙体线、门窗洞等）的形状和大小。

（4）绘制各个建筑细部。

（5）绘制尺寸界线、标高数字、索引符号和相关说明文字。

（6）标注尺寸及文字。

（7）添加图框和标题，并打印输出。

按照上述步骤，用 AutoCAD 2014 设计并绘制完成的建筑平面图如下图所示。

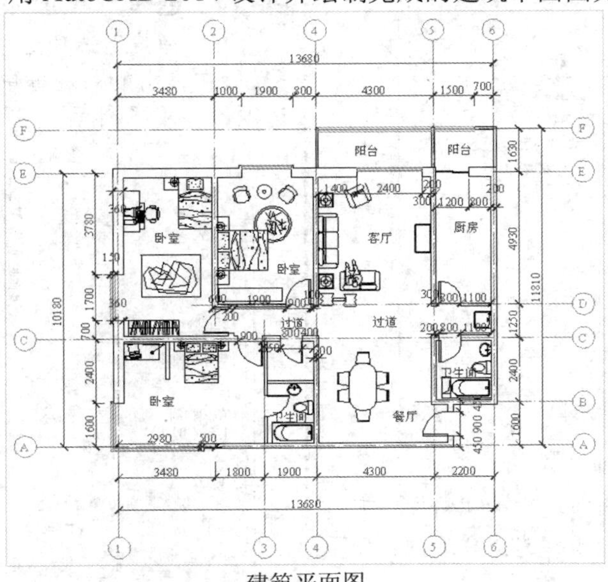

建筑平面图

5.2 绘制建筑平面图

通过前面的学习，已经知道了建筑平面图的基本知识、设计思路和绘制方法，下面将进行建筑平面图的绘制。整个绘制过程包括：设置绘图环境、绘制轴线、绘制墙体、绘制门窗、添加建筑设备、标注尺寸和文字说明共 6 个部分，下面分别进行介绍。

5.2.1 设置绘图环境

与手工绘图一样，用户在 AutoCAD 2014 中绘图时，应首先规划图形的绘图环境。在本实例设计过程中，首先通过“单位”和“图形界限”命令设置绘图单位和图形界限，然后通过“图层”命令新建图层并设置图层属性，展示了设置绘图环境的具体设计方法与技巧，其具体操作步骤如下。

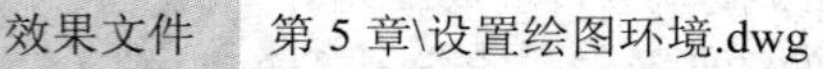

素材文件	无	效果文件	第 5 章\设置绘图环境.dwg

STEP 01 输入 UNITS（单位）命令

启动 AutoCAD 2014，在命令行中输入 UNITS（单位）命令，按【Enter】键确认，如下图所示。

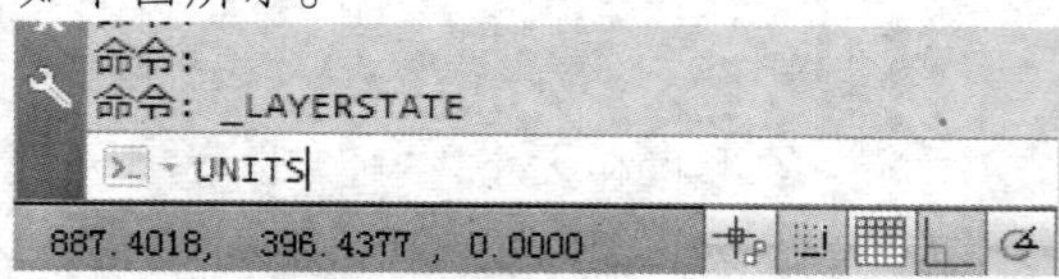

STEP 02 选择“小数”选项

弹出“图形单位”对话框，在“长度”选项区中单击“类型”下拉按钮，在弹出的列表框中选择“小数”选项，如下图所示。

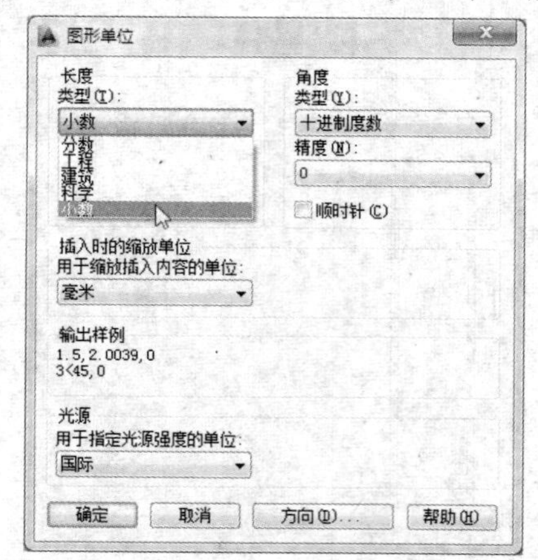

STEP 03 选择 0 选项

单击“长度”选项区中的“精度”下拉按钮，弹出相应列表框，选择 0 选项，如下图所示。

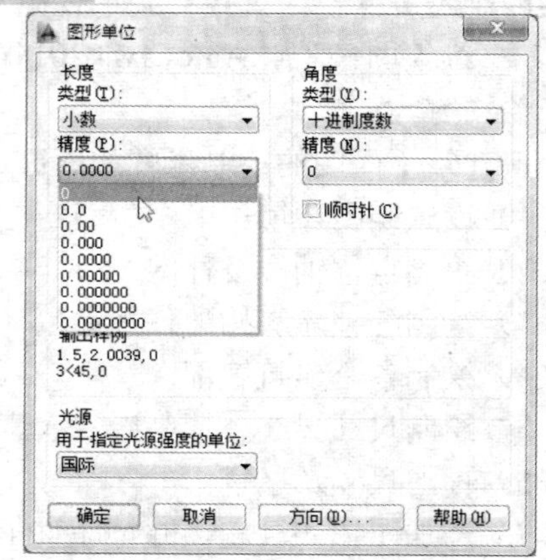

STEP 04 选择“十进制度数”选项

在“角度”选项区中单击“类型”下拉按钮，在弹出的列表框中选择“十进制度数”选项，如下图所示。

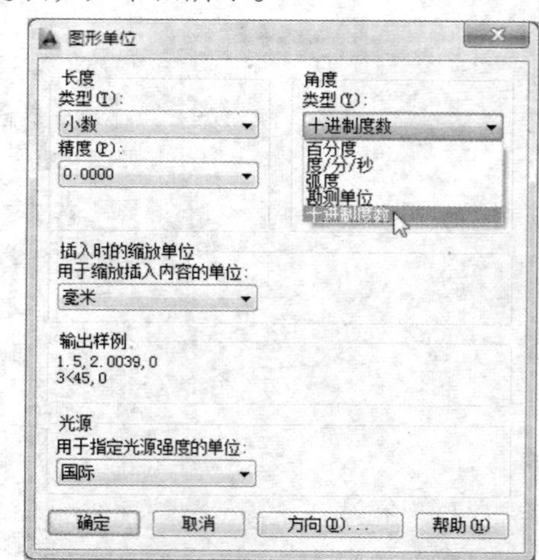

STEP 05 选择 0 选项

单击“角度”选项区中的“精度”下拉按钮，在弹出的列表框中选择 0 选项，如下图所示。

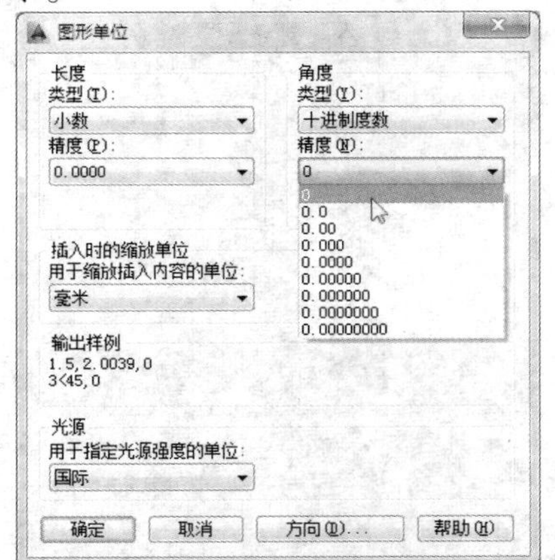

STEP 06 单击“方向”按钮

在“图形单位”对话框中，单击“方向”按钮，如下图所示。

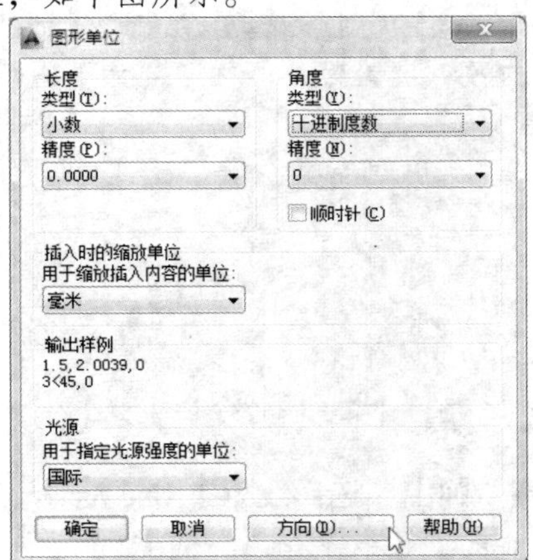

STEP 07 选中“东”单选按钮

弹出“方向控制”对话框，在“基准角度”选项区中，选中“东”单选按钮，如下图所示。

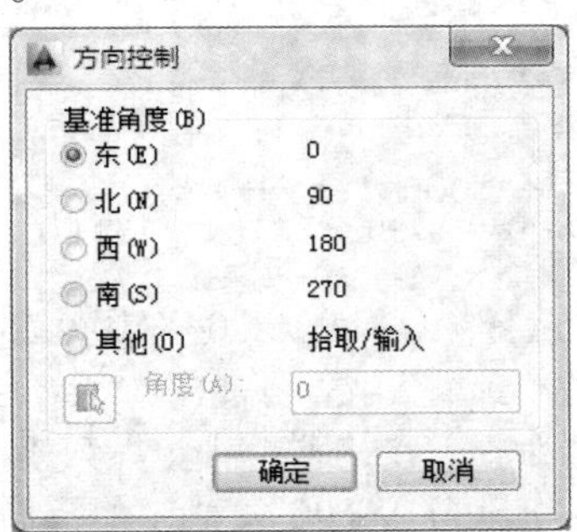

STEP 08 单击“确定”按钮

设置完成后，单击“确定”按钮，即可设置图形单位的方向，返回“图形单位”对话框，继续单击“确定”按钮，如下图所示。

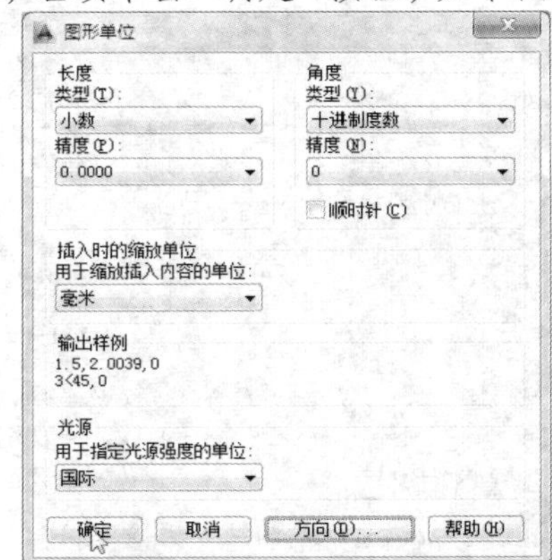

STEP 09 输入坐标

在命令行中输入 LIMITS（图形界限）命令，按【Enter】键确认，根据命令行提示进行操作，输入（0，0），如下图所示。

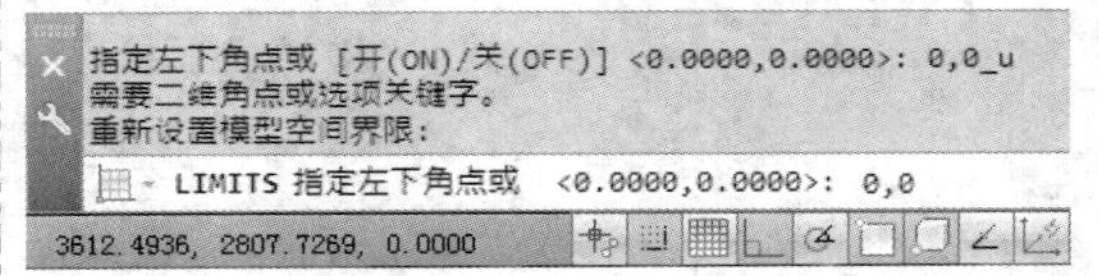

STEP 10 设置绘图界限

按【Enter】键确认，输入（100,300）并确认，即可设置绘图界限，如下图所示。

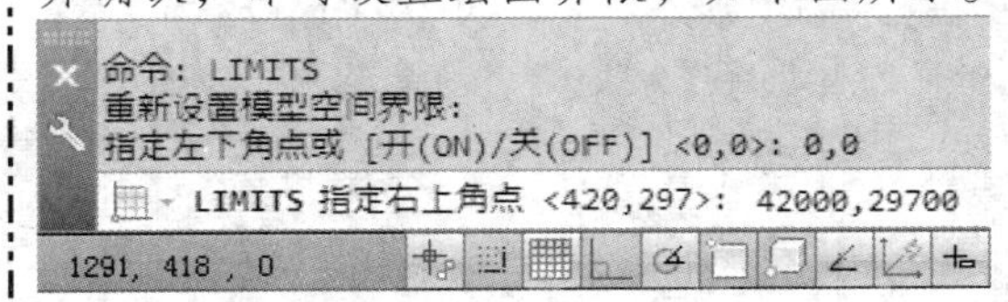

STEP 11 单击“新建图层”按钮

在命令行中输入 LA（图层）命令，按【Enter】键确认，弹出“图层特性管理器”选项板，然后单击“新建图层”按钮，如下图所示。

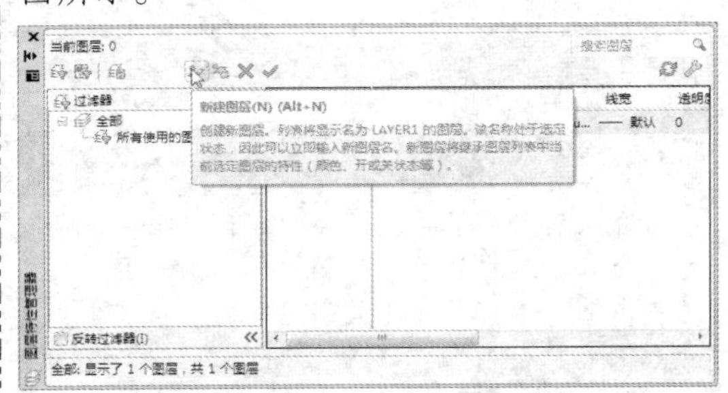

STEP 12 新建图层

执行操作后即可新建一个图层，并在弹出的文本框中，输入图层名称为“轮廓”，按【Enter】键确认，即可创建图层对象，如下图所示。

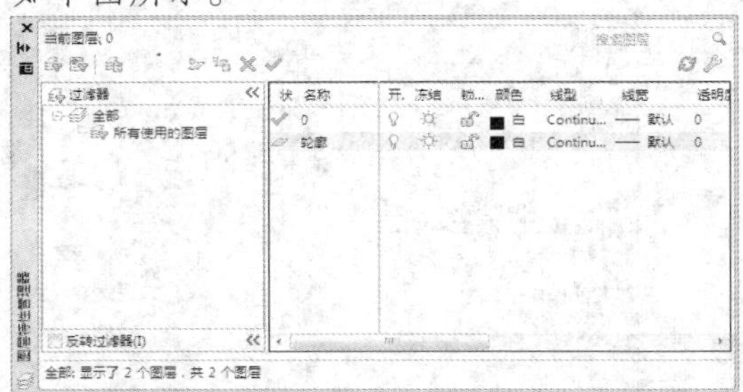

STEP 13 新建图层

用同样的方法依次创建“墙体”、“门”、“窗”、“设备”、“文字说明”、“尺寸标注”和“轴线”图层，如下图所示。

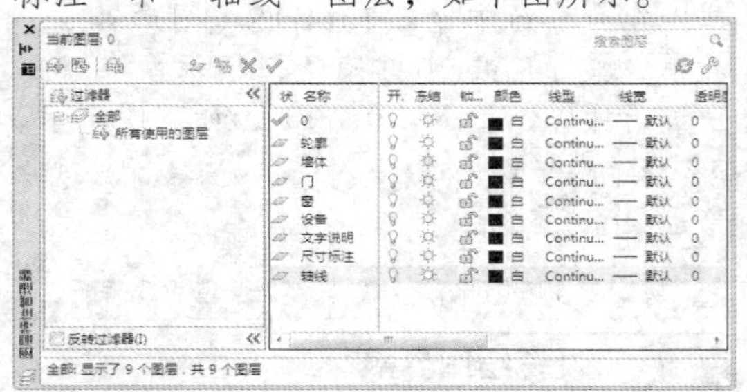

STEP 14 选择颜色

单击“轴线”图层中的“颜色”列，弹出“选择颜色”对话框，选择“颜色”为“红”，如下图所示。

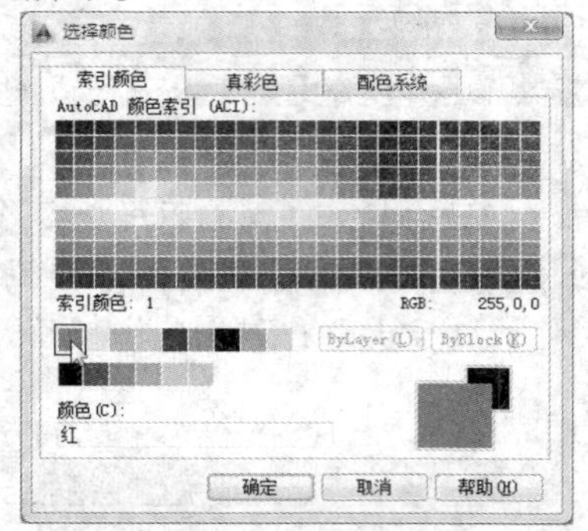

专家指点

图层的颜色很重要，使用颜色能够直观地标识对象，这样便于区分图形的不同部分。在同一图形中，可以为不同的图层对象设置不同的颜色。

STEP 15 设置图层颜色

单击“确定”按钮，即可设置“轴线”图层的颜色，如下图所示。

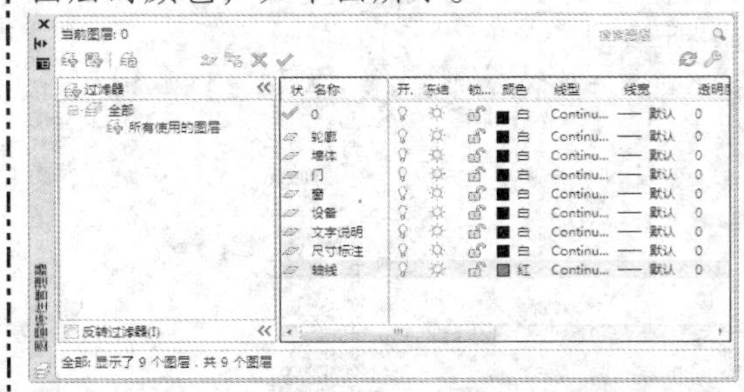

专家指点

开始创建图层时，AutoCAD 会自动创建一个名称为 0 的特殊图层。默认情况下，图层将被指定使用 7 号颜色、Continuous 线型、“默认”线宽及 Normal 打印样式。

STEP 16 设置图层颜色

用同样的方法将“尺寸标注”和“文字说明”图层的颜色设置为“蓝”，将“窗”图层的颜色设置为“洋红”，如下图所示。

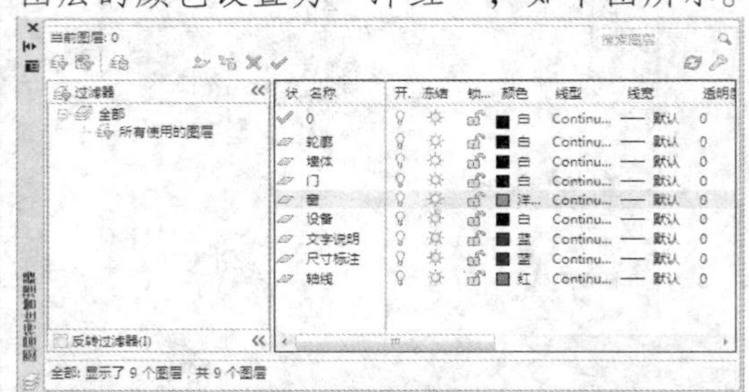

STEP 17 弹出“选择线型”对话框

单击“轴线”图层的“线型”列中的 Continuous 图标，弹出“选择线型”对话框，如下图所示。

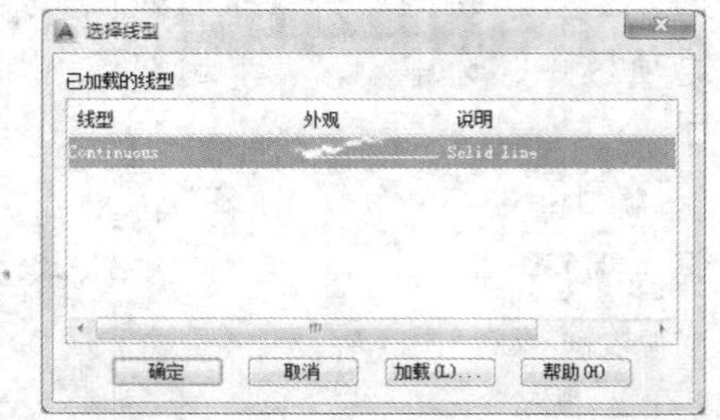

STEP 18 选择 ACAD_ISO04W100 线型

单击“加载”按钮，弹出“加载或重载线型”对话框，在“可用线型”列表框中选择 ACAD_ISO04W100 线型，如下图所示。

在“加载或重载线型”对话框中，各选项的含义如下。

✿ “文件”按钮：单击该按钮，可以弹出“选择线型文件”对话框，从中可以选择其他线型（LIN）文件。

✿ “文件名”文本框：该文本框中显示当前 LIN 文件名。可以输入另一个 LIN 文件名或单击“文件”按钮，从“选择线型文件”对话框中选择其他文件。

✿ “可用线型”列表框：显示可以加载的线型。

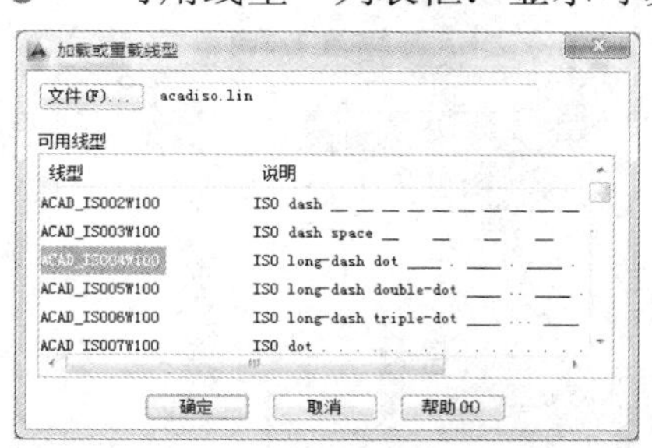

STEP 19　选择 ACAD_ISO04W100 线型

单击“确定”按钮，返回“选择线型”对话框，在“已加载的线型”列表框中，选择 ACAD_ISO04W100 线型，如下图所示。

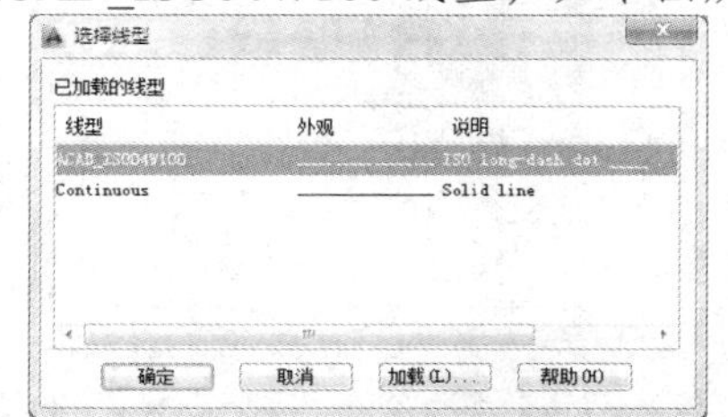

STEP 20　单击“确定”按钮

单击“确定”按钮（如下图所示），返回“图层特性管理器”选项板，单击“关闭”按钮，关闭该选项板。

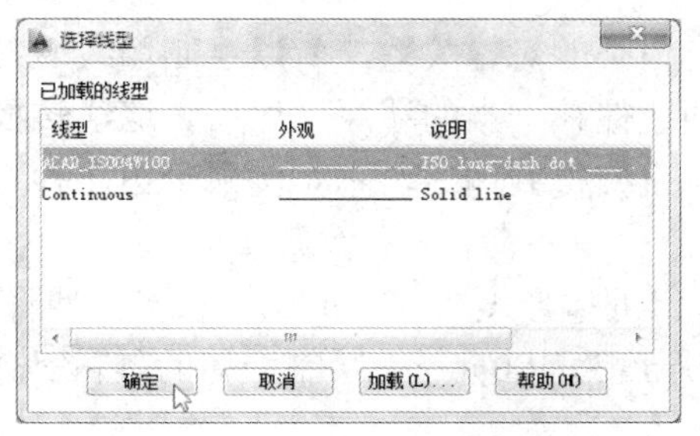

STEP 21　选择 ACAD_ISO04W100 线型

显示菜单栏，单击“格式”｜“线型”命令，弹出“线型管理器”对话框，在“线型”列表框中选择 ACAD_ISO04W100 线型，如下图所示。

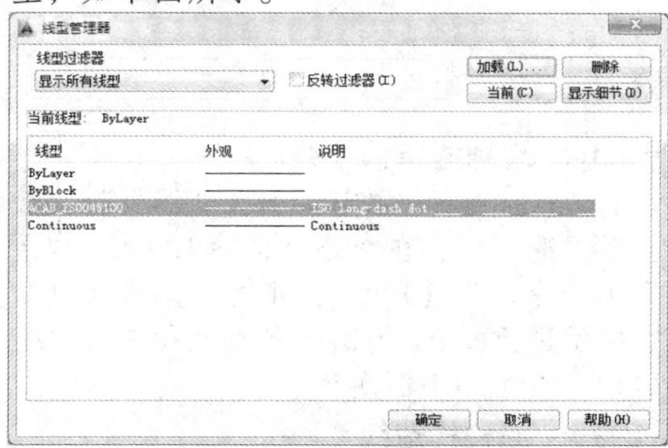

STEP 22　设置“全局比例因子”参数

单击“显示细节”按钮，在“详细信息”选项区的“全局比例因子”文本框中输入 50.000，如下图所示，单击“确定”按钮，即可完成绘图环境的设置。

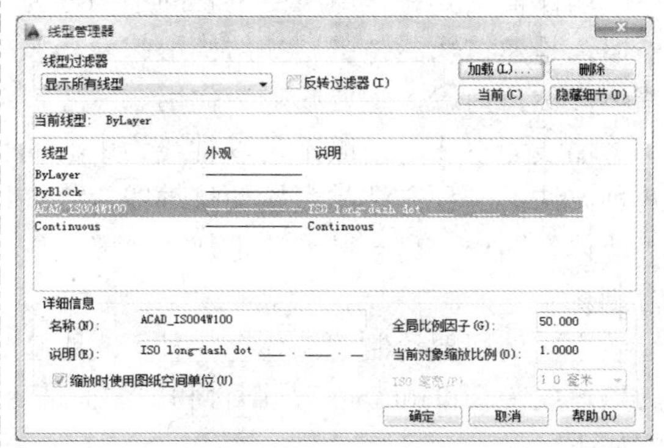

5.2.2　绘制轴线

轴线也称基准线，用来确定墙的位置。它由中心线组成，而且由于房屋的特点，大多数轴线是平行关系。在本实例设计过程中，首先通过“构造线”命令绘制一条水平和垂直构造线，然后通过“偏移”命令偏移构造线，展示了绘制轴线的具体操作方法，其具体操作步骤如下。

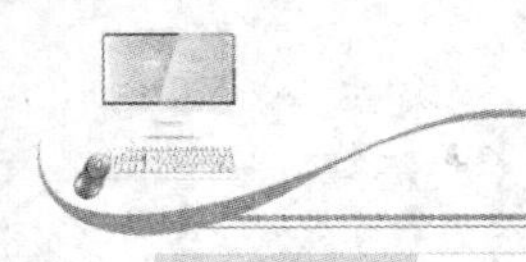

素材文件	无	效果文件	第 5 章\绘制轴线.dwg

STEP 01 设置当前图层

在命令行中输入“LA（图层）”命令，按【Enter】键确认，弹出“图层特性管理器”选项板，双击“轴线”图层，将其置为当前图层，如下图所示。

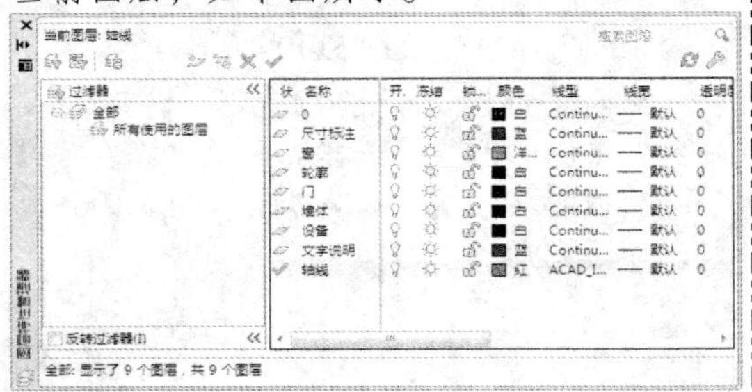

STEP 02 绘制两条构造线

单击“关闭”按钮，关闭“图层特性管理器”选项板，在命令行中输入 XL（构造线）命令，按【Enter】键确认，根据命令行提示进行操作，绘制一条垂直和一条水平的构造线，如下图所示。

STEP 03 偏移构造线

在命令行中输入 O（偏移）命令，按【Enter】键确认，根据命令行提示进行操作，将水平构造线沿垂直方向向上依次偏移 1600、2400、1250、4930、1630 的距离，将垂直构造线沿水平方向向右依次偏移 3480、1800、1900、4300、2200 的距离，如下图所示。

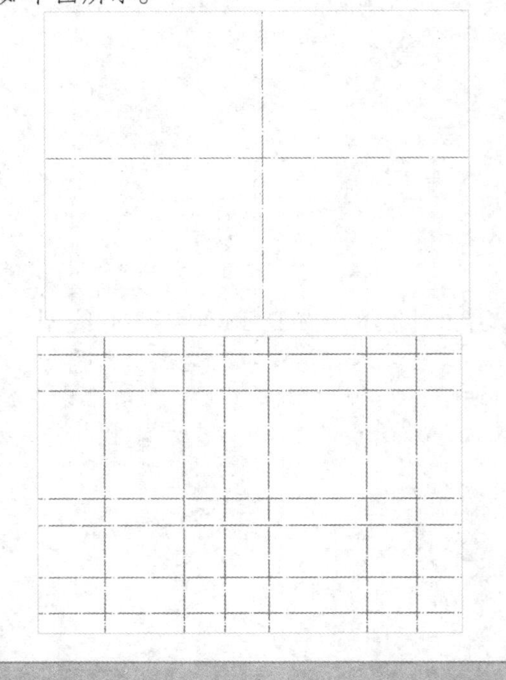

5.2.3 绘制墙体

墙体依据其在房屋所处位置的不同分为外墙和内墙。凡是位于建筑物外围的墙体都是外墙，是建筑物的外围围护结构，起着挡风、阻碍、保温等作用；凡是位于建筑物内部的墙体都称为内墙，主要起隔断作用。

墙线为双线，一般都是以轴线为中心的，具有很强的对称关系，所以绘制墙线通常有两种方法：一种方法是直接偏移轴线，将轴线向两边偏移一半的墙厚，然后将墙线转换至“墙体”图层；另一种方法是使用“多线”命令，直接得到墙线。本实例采用第 2 种方法绘制。

本实例所要绘制的墙体有 3 种，一是起支撑作用的墙厚度为 360 mm，二是起隔断作用的墙厚度为 200 mm，三是阳台和卫生间的玻璃墙厚度为 100 mm。绘制墙体的具体操作步骤如下。

素材文件	无	效果文件	第 5 章\绘制墙体.dwg

STEP 01 选择“墙体”选项

切换至“默认”选项卡，在“图层”面板中，单击“轴线”右侧的下拉按钮，在弹出的列表框中，选择“墙体”选项，如下图所示。

STEP 02 绘制 360 的墙线

在命令行中输入 ML（多线）命令,按【Enter】键确认，根据命令行提示进行操作，输

入S、输入360、输入J、输入Z并确认，绘制360的墙线，如下图所示。

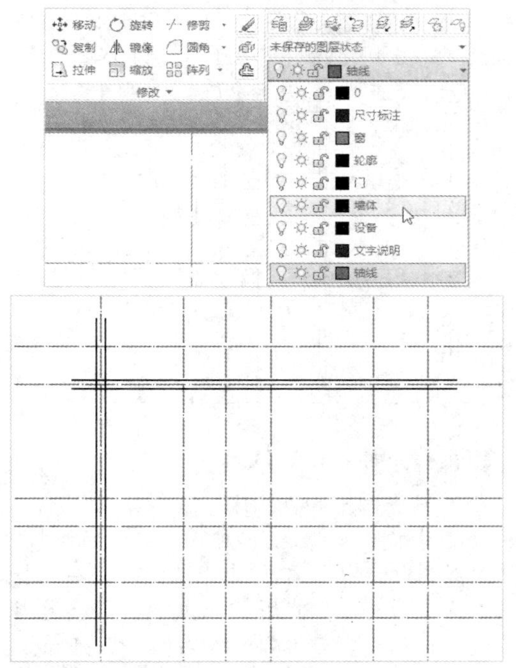

STEP 03 绘制200的墙体

在命令行中输入ML（多线）命令，按【Enter】键确认，根据命令行提示进行操作，将“对正”方式设置为“无”，将“比例”设置为200，单击状态栏中的“对象捕捉”按钮和“正交”按钮，打开“对象捕捉”和“正交”模式，用与上述相同的操作方法，绘制200的墙线，如下图所示。

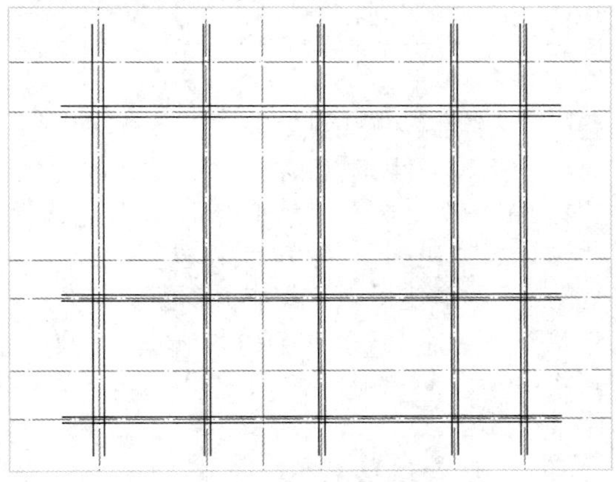

STEP 04 选择修剪墙线

在命令行中输入 X（分解）命令，按【Enter】键确认，根据命令行提示进行操作，选择墙线为分解对象并确认，在命令行中输入TR（修剪）命令，按【Enter】键确认，根据命令行提示进行操作，选择所有墙线为剪切边，如下图所示。

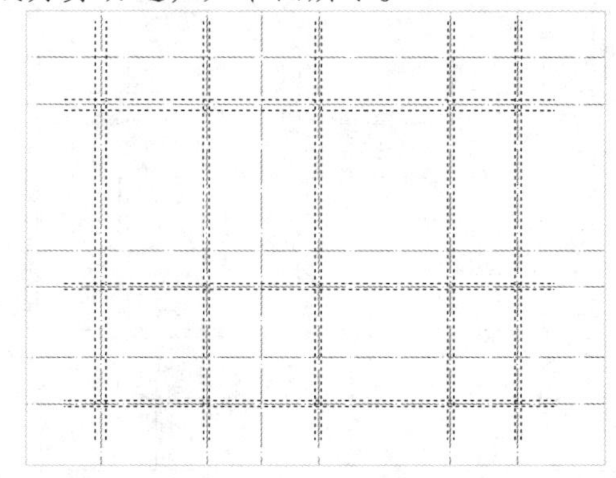

STEP 05 修剪处理

按【Enter】键确认，在与所选对象相交位置的对象上单击，即可使用“修剪”命令修剪图形，如下图所示。

STEP 06 绘制100的墙线

在命令行中输入ML（多线）命令，按【Enter】键确认，根据命令行提示进行操作，将“对正”方式设置为“无”，将“比例”设置为100，单击状态栏中的“对象捕捉”按钮和“正交”按钮，打开“对象捕捉”和“正交”模式，依次捕捉所需点，得到墙线，按【Enter】键确认，如下图所示。

STEP 07 绘制100的墙线

在命令行中输入ML（多线）命令，按【Enter】键确认，根据命令行提示进行操作，将“比例”设置为100，将“对正”方式设置为“下”，然后使用“对象捕捉”功能捕捉点，依次输入点坐标（@0,1500）、（@-2350,0）及（@0,-1500），按【Enter】键确认，如下图所示。

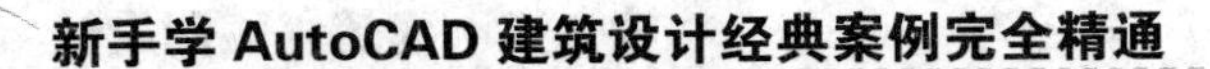

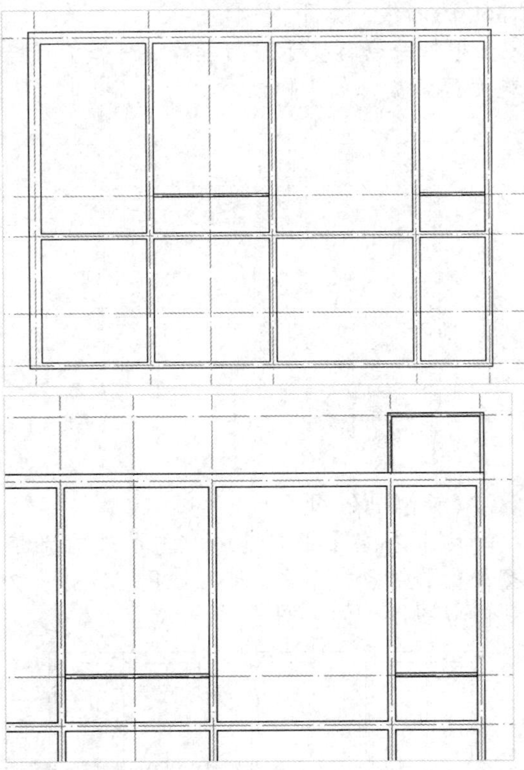

STEP 08 **绘制 100 的墙线**

在命令行中输入 ML（多段线）命令，按【Enter】键确认，根据命令行提示进行操作，设置“比例”为 100，设置“对正”方式为“无”，单击“状态栏”中的“对象捕捉”按钮和“正交”按钮，打开“对象捕捉”和“正交”模式，依次捕捉所需点，得到墙线，按【Enter】键确认，如下图所示。

STEP 09 **绘制 100 的墙线**

在命令行中输入 ML（多线）命令，按【Enter】键确认，根据命令行提示进行操作，将“比例”设置为 100，将“对正”方式设置为“上”，使用“捕捉自”功能捕捉点，依次输入点坐标（@0,-1450）和（@1750,0），按【Enter】键确认，绘制 100 的墙线，如下图所示。

STEP 10 **绘制 100 的墙线**

在命令行中输入 ML（多线）命令，按【Enter】键确认，根据命令行提示进行操作，将“对正”方式设置为“上”，将“比例”设置为 100，使用“对象捕捉”功能捕捉点，输入点坐标（@0,1500），按【Enter】键确认，绘制 100 的墙线，如下图所示。

STEP 11 **绘制 200 的墙线**

在命令行中输入 ML（多线）命令，按【Enter】键确认，根据命令行提示进行操作，设置“比例”为 200，设置“对正”方式为“下”，使用“对象捕捉”功能捕捉点，依次输入点坐标（@400,0）和（@ 0,-1100），按【Enter】键确认，绘制 200 的墙线，如下图所示。

STEP 12 **选择偏移对象**

在命令行中输入 O（偏移）命令，按【Enter】键确认，根据命令行提示进行操作，设置偏移距离为 1400，按【Enter】键确认，在绘图区中选择偏移对象，沿垂直方向向上偏移，如下图所示。

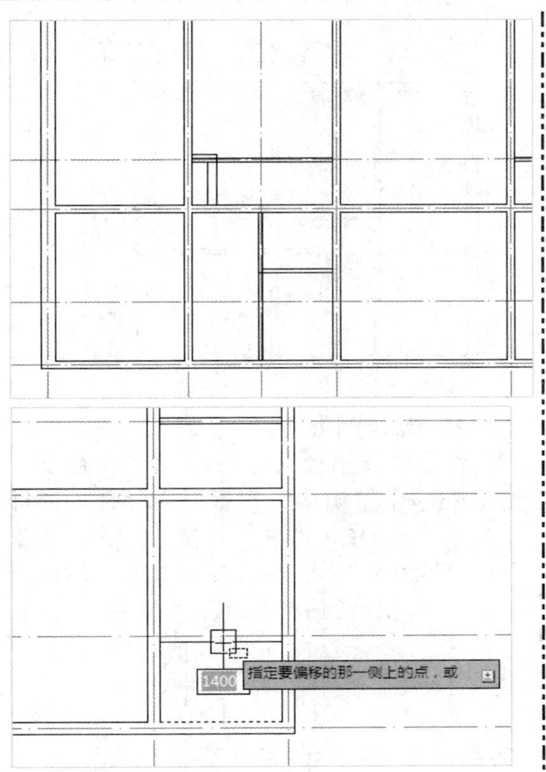

STEP 13 **偏移墙线**

按【Enter】键确认，即可使用“偏移”命令偏移图形，如下图所示。

STEP 14 **选择偏移对象**

在命令行中输入 O（偏移）命令，按【Enter】键确认，根据命令行提示进行操作，设置偏移距离为 200，按【Enter】键确认，在绘图区中选择偏移对象，沿垂直方向向上偏移，如下图所示。

STEP 15 **偏移墙线**

按【Enter】键确认，即可使用“偏移”命令偏移图形，如下图所示。

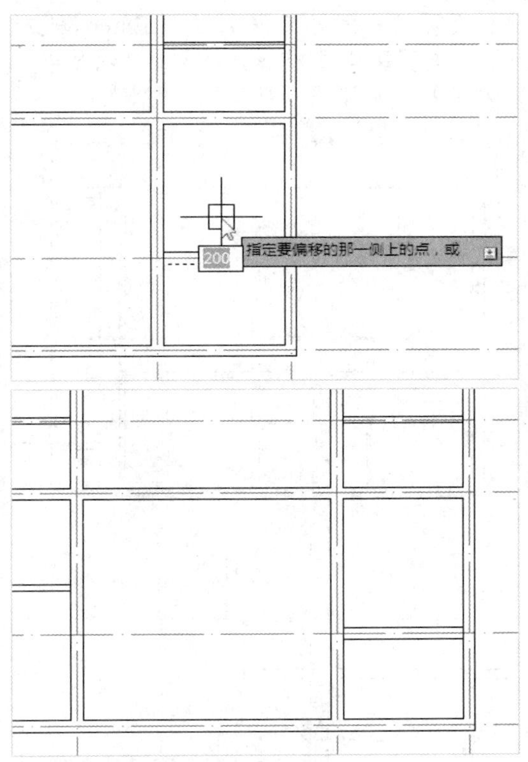

STEP 16 **选择偏移对象**

在命令行中输入 O（偏移）命令，按【Enter】键确认，根据命令行提示进行操作，设置偏移距离为 1600，按【Enter】键确认，在绘图区中选择偏移对象，沿水平方向向左偏移，如下图所示。

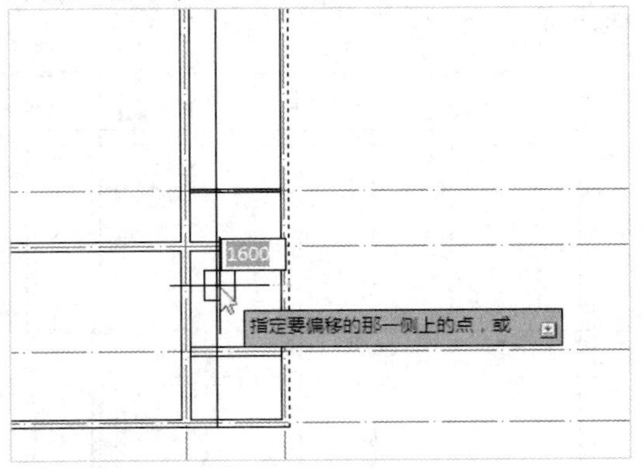

STEP 17 **偏移墙线**

按【Enter】键确认，即可使用“偏移”命令偏移图形，如下图所示。

STEP 18 **选择偏移对象**

在命令行中输入 O（偏移）命令，按【Enter】键确认，根据命令行提示进行操作，设置偏移距离为 200，按【Enter】键确认，在绘图区中选择偏移对象，沿水平方向向左偏移，如下图所示。

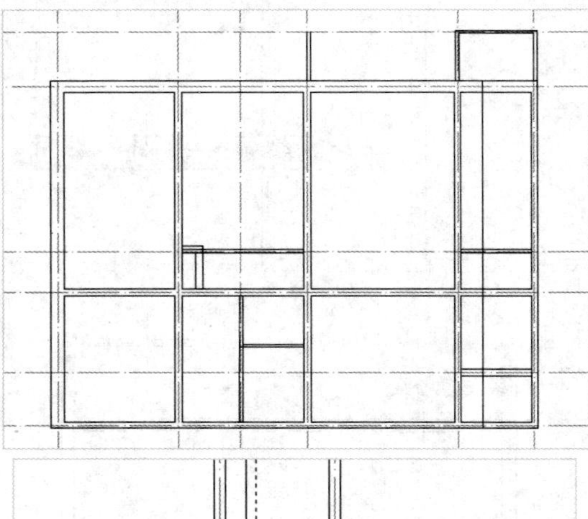

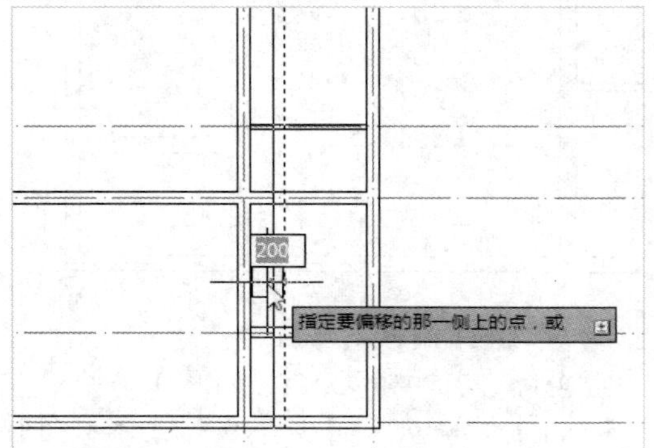

STEP 19 偏移墙线

按【Enter】键确认，即可使用“偏移”命令偏移图形，如下图所示。

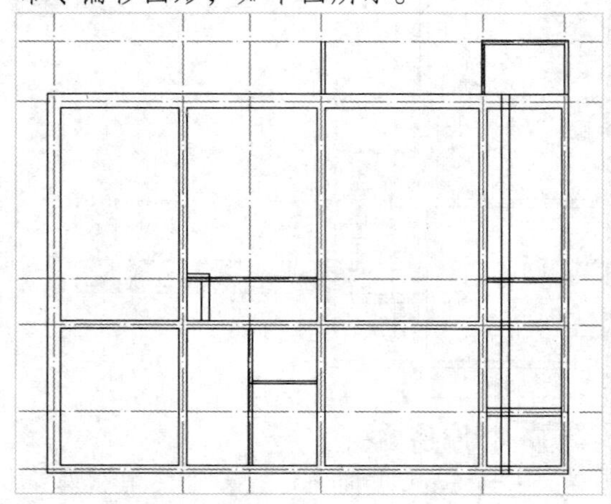

STEP 20 修剪处理

在命令行中输入 TR（修剪）命令，按【Enter】键两次，根据命令行提示进行操作，依次单击需要修剪的图形，如下图所示。

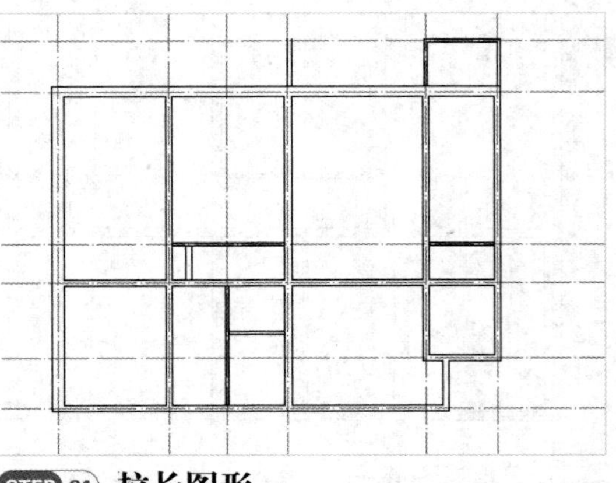

STEP 21 拉长图形

在命令行中输入 LEN（拉长）命令，按【Enter】键确认，根据命令行提示进行操作，输入 DE（增量）并确认，输入增量参数为 600 并确认，在需要拉长的线端点上单击，即可拉长图形，如下图所示。

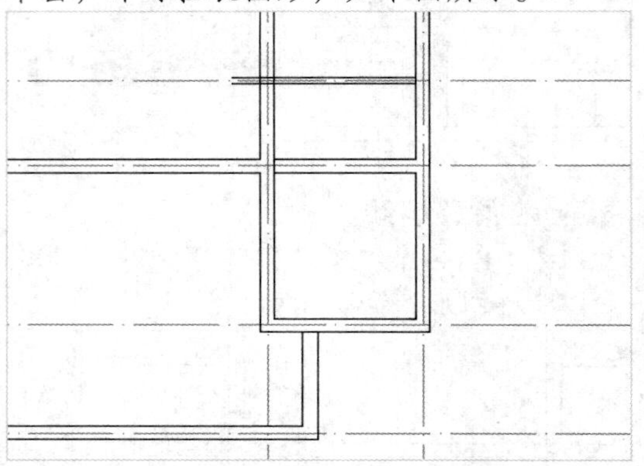

STEP 22 修剪处理

在命令行中输入 TR（修剪）命令，按【Enter】键两次，根据命令行提示进行操作，快速修剪多余的线条，执行“L（直线）”和“F（圆角）”命令，绘制墙线，进行圆角处理，如下图所示。

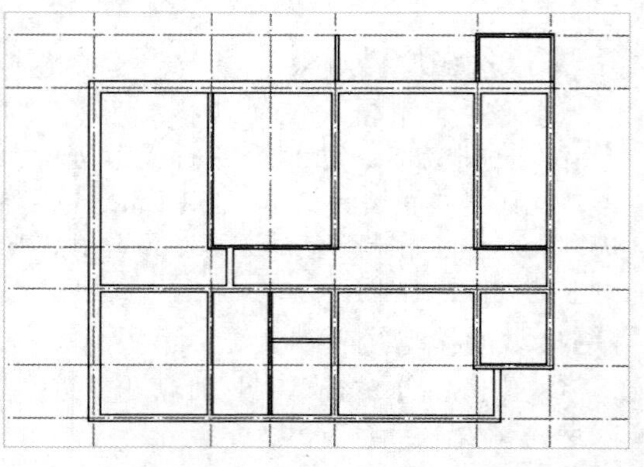

5.2.4 绘制门窗

绘制完墙体之后，即可绘制门窗。门窗的种类、数量很多，其设计是根据空间的使用功能而定的。例如，门的高度和宽度以及制作材料等是根据建筑空间的使用功能、人流量和消防人员疏散等要求来设计的，窗户的大小和高度是根据建筑设计规范规定的房间采光系数的大小、空间使用和建筑构型的要求确定的。此外，在门窗设计中还应考虑结构及其他工种的设计要求，在满足功能要求、各工种要求、经济许可的情况下还应注意美观要求。

由于我国建筑设计规范对门窗的设计有具体的要求，所以在使用 AutoCAD 设计建筑图形的时候，把它们作为标准图块插入到当前图形中，避免了大量的重复工作。

素材文件	无	效果文件	第 5 章\绘制门窗.dwg

STEP 01 选择“门”选项

切换至“默认”选项卡，在“图层”面板中单击“墙体”右侧的下拉按钮，在弹出的列表框中，选择“门”选项，如下图所示。

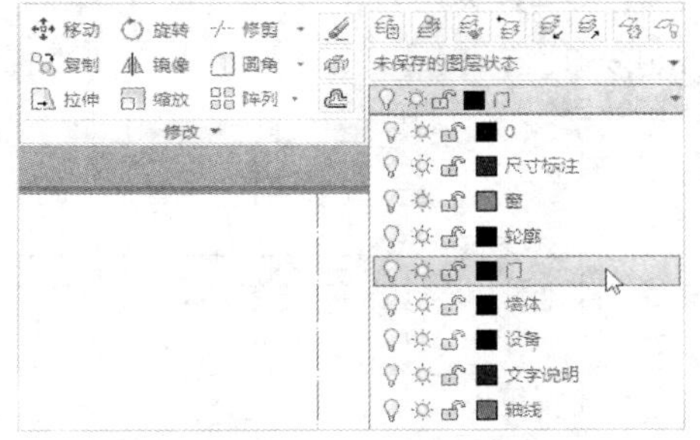

STEP 02 绘制矩形

在命令行中输入 REC（矩形）命令，按【Enter】键确认，根据命令行提示进行操作，任取一点为第一对角点，在命令行中输入（@-45,900），绘制一个矩形，如下图所示。

STEP 03 绘制圆弧

在命令行中输入 A（圆弧）命令，按【Enter】键确认，根据命令行提示进行操作，依次捕捉矩形的端点，绘制一个圆弧，900 的门绘制完成，如下图所示。

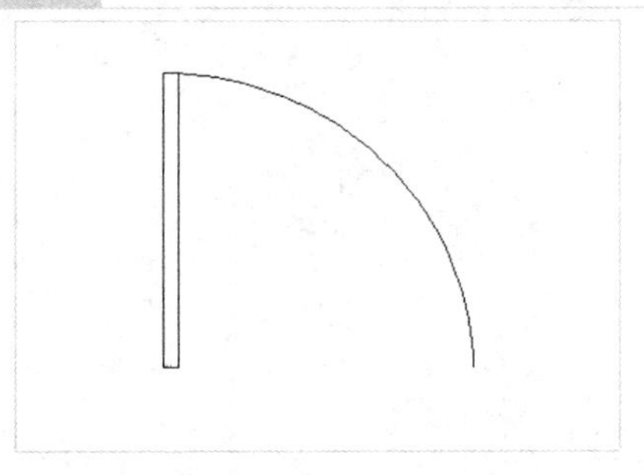

STEP 04 绘制 800 的门

运用与上述相同的操作方法，绘制一个 800 的门，如下图所示。

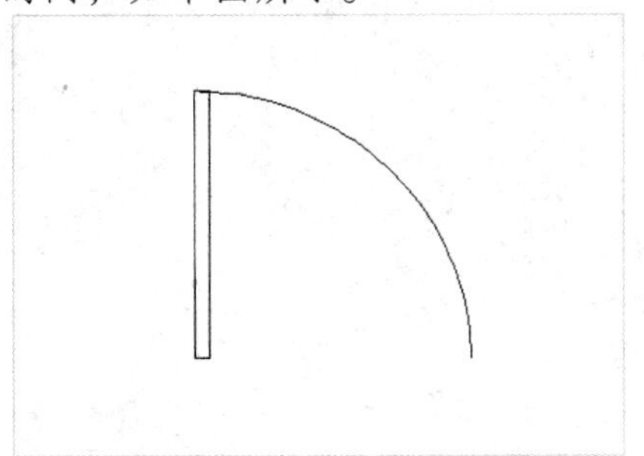

STEP 05 选择阵列对象

在命令行中输入 AR（阵列）命令，按【Enter】键确认，根据命令行提示进行操作，选择阵列对象，如下图所示。

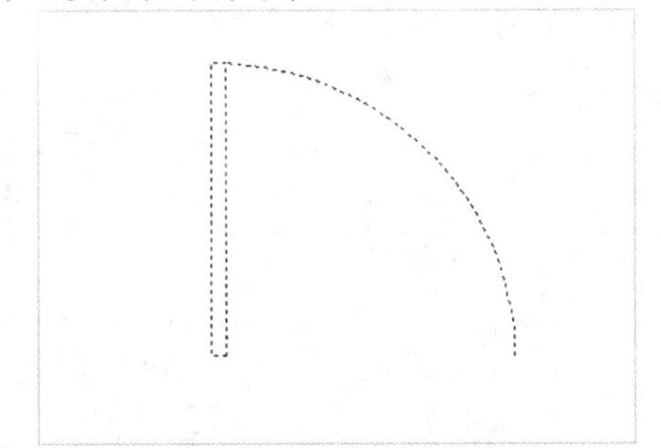

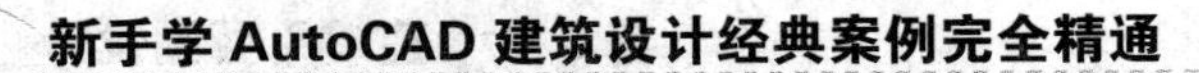

STEP 06 设置各选项

按【Enter】键确认，捕捉圆心点，弹出“阵列创建”选项卡，设置“项目数”为 4，设置“介于”为 90，设置“填充”为 360，如下图所示。

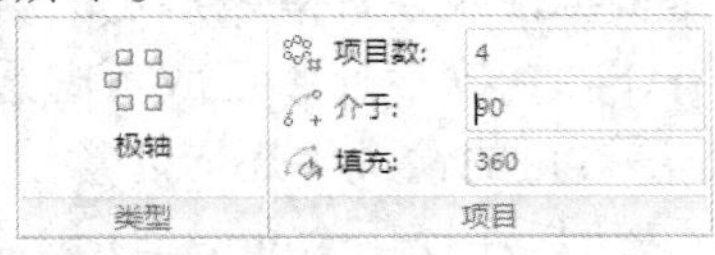

STEP 07 阵列图形对象

按【Enter】键确认，即可环形阵列图形对象，如下图所示。

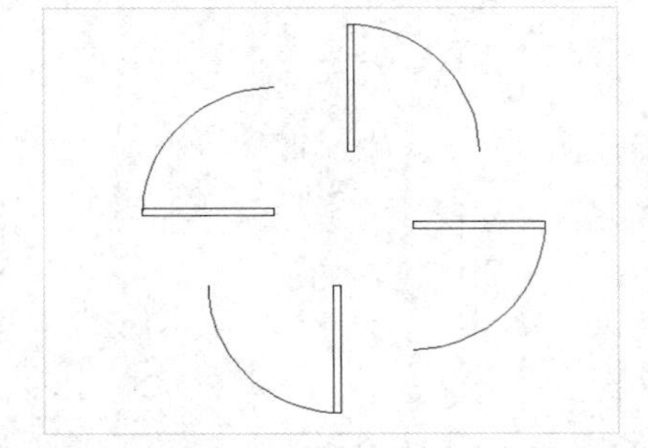

STEP 08 镜像门对象

在命令行中输入 MI（镜像）命令，按【Enter】键确认，根据命令行提示进行操作，镜像门对象，如下图所示。

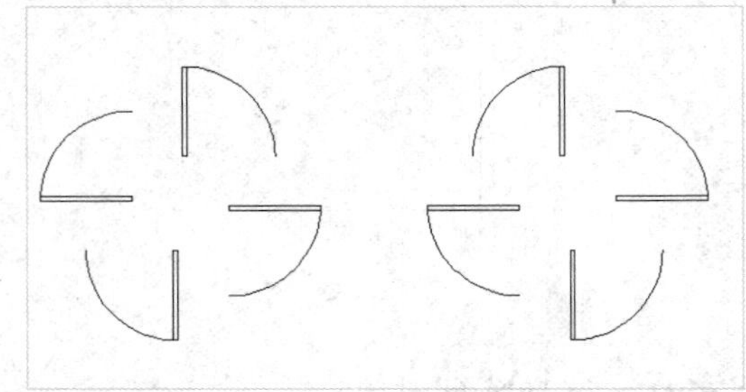

STEP 09 镜像 800 的门

运用与上述相同的方法，将 800 mm 的门进行阵列和镜像处理，如下图所示。

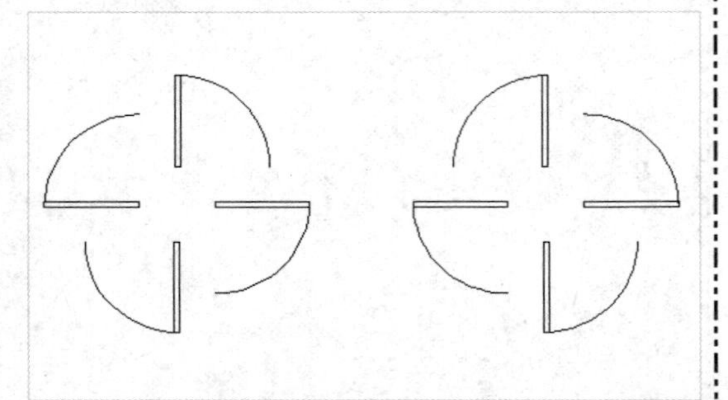

STEP 10 捕捉点

在命令行中输入 L（直线）命令，按【Enter】键确认，根据命令行提示进行操作，使用“对象捕捉”功能捕捉点，如下图所示。

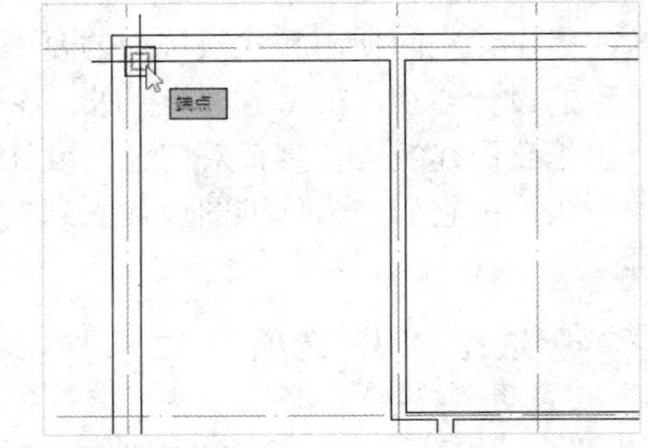

STEP 11 绘制直线

依次输入点坐标（@4300,0）和（@0,360），按【Enter】键确认，效果如下图所示。

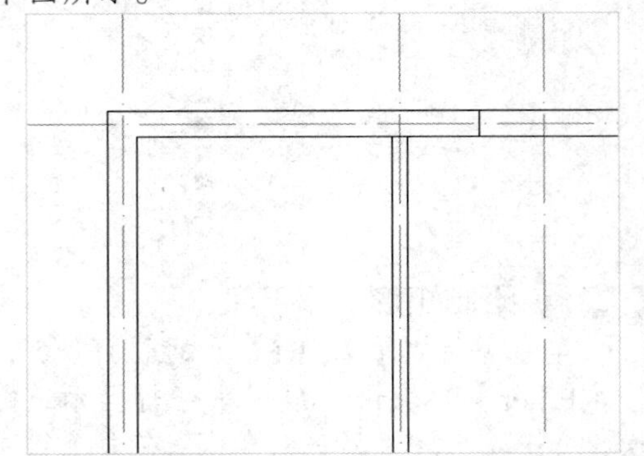

STEP 12 偏移直线

在命令行中输入 O（偏移）命令，按【Enter】键确认，根据命令行提示进行操作，选择刚绘制的直线，沿水平方向向右偏移 1800 的距离，如下图所示。

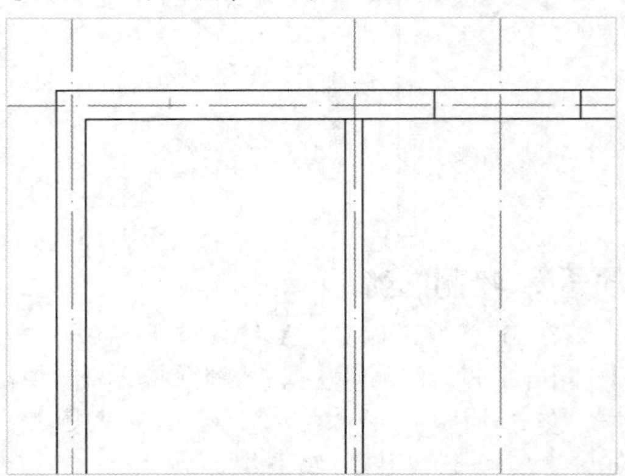

STEP 13　偏移直线

运用与上述相同的操作方法，将偏移后的直线向右偏移 3 次，偏移距离分别为 2400、2400、1700，按【Enter】键确认，如下图所示。

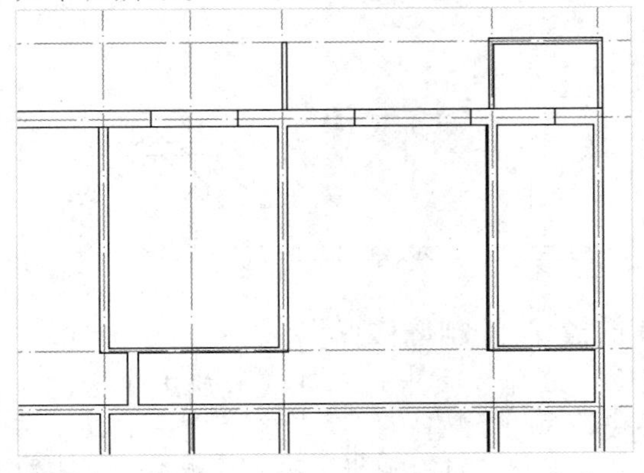

STEP 14　捕捉点

在命令行中输入 L（直线）命令，按【Enter】确认，根据命令行提示进行操作，使用“对象捕捉”功能捕捉点，如下图所示。

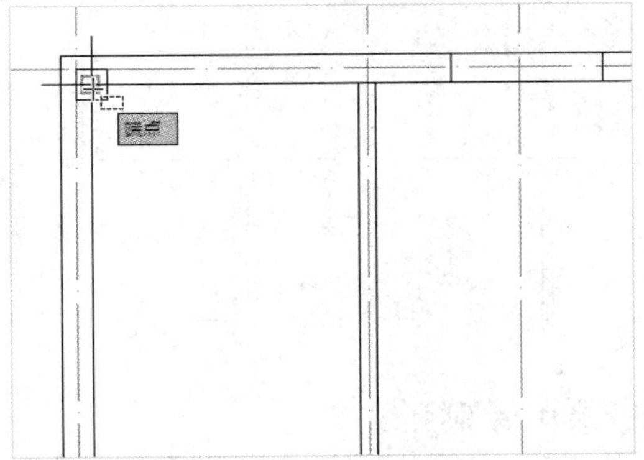

STEP 15　绘制直线

依次输入点坐标（@0,-3600）和（@-360,0），按【Enter】确认，即可绘制直线，如下图所示。

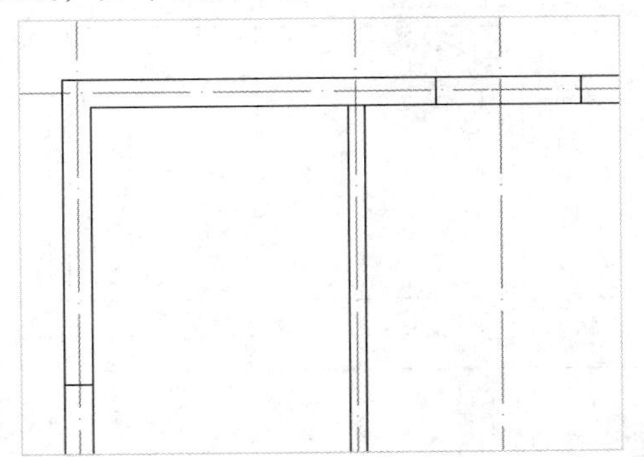

STEP 16　偏移直线

在命令行中输入 O（偏移）命令，按【Enter】键确认，根据命令行提示进行操作，设置偏移距离为 1700 并确认，在绘图区中选择刚绘制的直线，并将其向下偏移，按【Enter】键确认，运用与上述相同的操作方法，将刚偏移的直线向下偏移 2 次，偏移距离分别为 3100、1800，按【Enter】键确认，如下图所示。

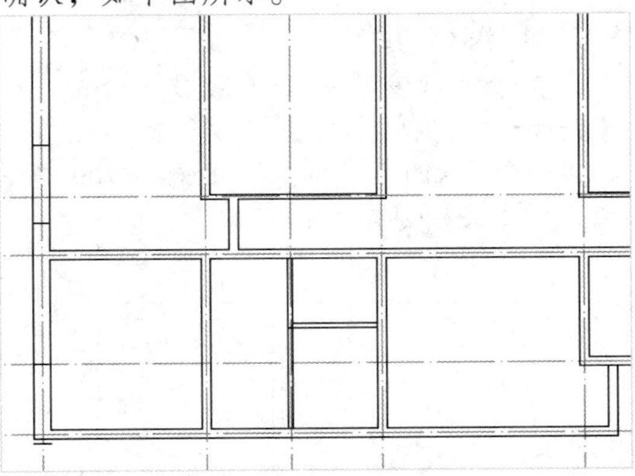

STEP 17　绘制直线

在命令行中输入 L(直线)命令并确认，根据命令行提示进行操作，使用“对象捕捉”功能捕捉点，依次输入点坐标（@2980,0）和（@0,-200），按【Enter】键确认，效果如下图所示。

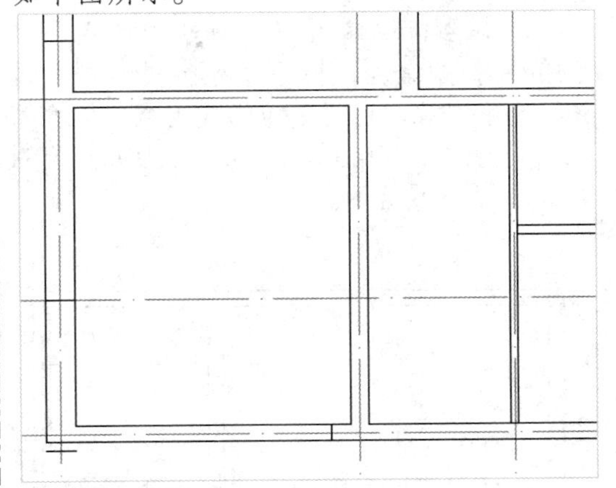

STEP 18　绘制直线

在命令行中输入 L（直线）命令，按【Enter】键确认，根据命令行提示进行操作，使用“对象捕捉”功能捕捉点，依次输入点坐标（@0,250）和（@200,0），绘制直线，如下图所示。

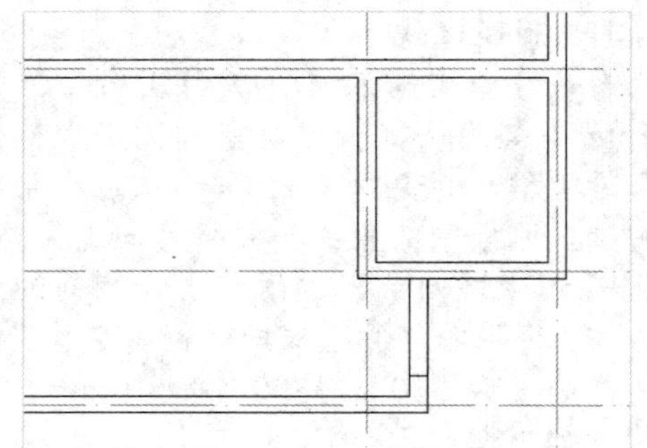

STEP 19 偏移直线

在命令行中输入 O（偏移）命令，按【Enter】键确认，根据命令行提示进行操作，将刚绘制的直线垂直向上偏移 900 的距离，如下图所示。

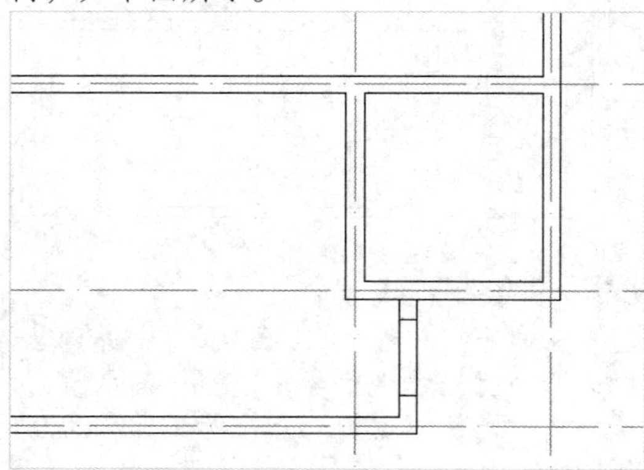

STEP 20 绘制直线

在命令行中输入 L（直线）命令，按【Enter】键确认，根据命令行提示进行操作，使用“对象捕捉”功能捕捉点，依次输入点坐标（@100,0）和（@0,200），绘制直线，如下图所示。

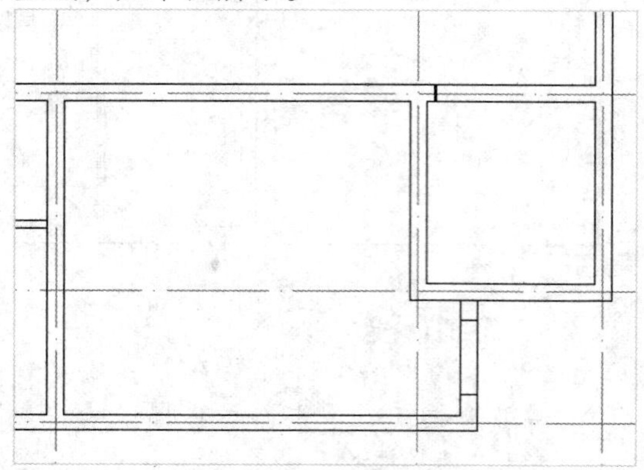

STEP 21 偏移直线

在命令行中输入 O（偏移）命令，按【Enter】键确认，根据命令行提示进行操作，将刚绘制的直线沿水平方向向右偏移 800 的距离，如下图所示。

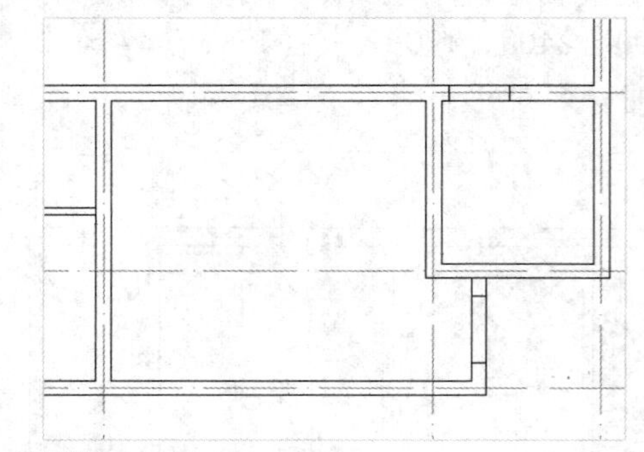

STEP 22 绘制偏移直线

在命令行中输入 L（直线）命令，按【Enter】键确认，根据命令行提示进行操作，使用“对象捕捉”功能捕捉点，依次输入点坐标（@100,0）和（@0,-100），执行“O（偏移）”命令，将刚绘制的直线向右偏移 800 的距离，如下图所示。

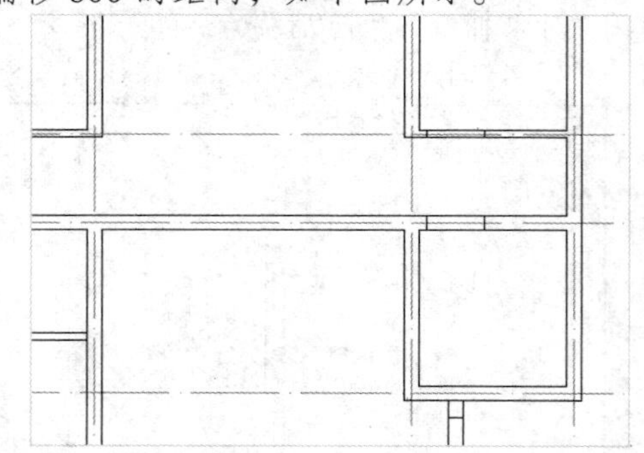

STEP 23 绘制直线

在命令行中输入 L（直线）命令并确认，根据命令行提示进行操作，使用“对象捕捉”功能捕捉点，依次输入点坐标（@1450,0）和（@0,100），绘制直线，如下图所示。

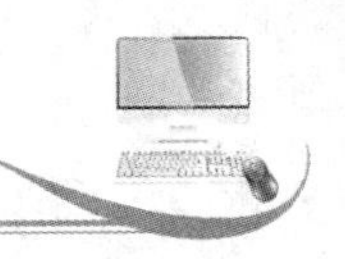

STEP 24　绘制直线

在命令行中输入 L(直线)命令并确认，根据命令行提示进行操作，使用“对象捕捉”功能捕捉点，依次输入点坐标（@-400,0）和（@0,200），绘制直线，如下图所示。

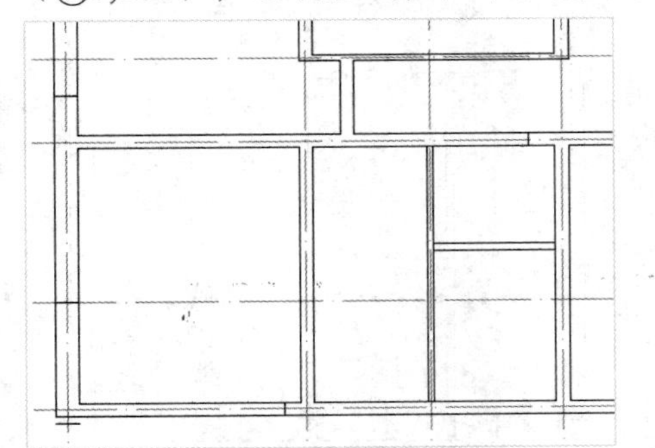

STEP 25　偏移直线

在命令行中输入 O（偏移）命令，按【Enter】键确认，根据命令行提示进行操作，将刚绘制的直线沿水平方向依次向左偏移 800、650 和 900 的距离，如下图所示。

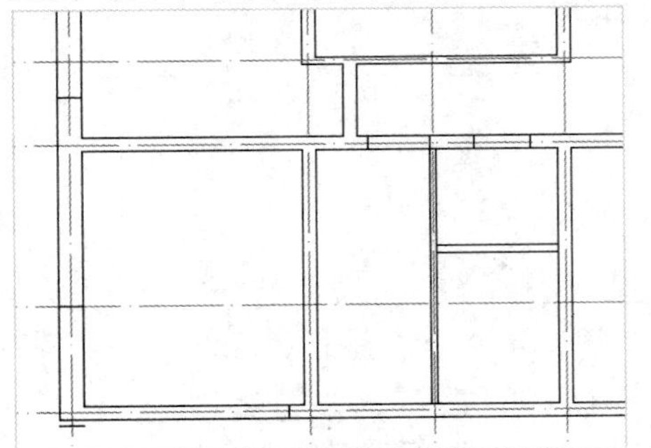

STEP 26　绘制直线

在命令行中输入 L（直线）命令，按【Enter】键确认，根据命令行提示进行操作，使用“对象捕捉”功能捕捉点，依次输入点坐标（@0,100）和（@200,0），绘制直线，如下图所示。

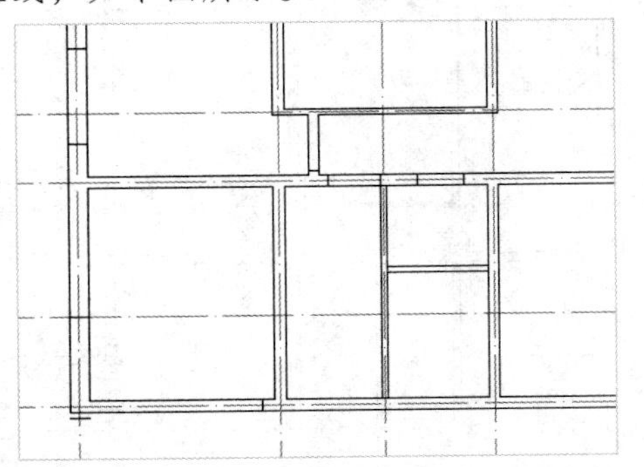

STEP 27　偏移直线

在命令行中输入 O（偏移）命令，按【Enter】键确认，根据命令行提示进行操作，将刚绘制的直线沿垂直方向向上偏移 900 的距离，如下图所示。

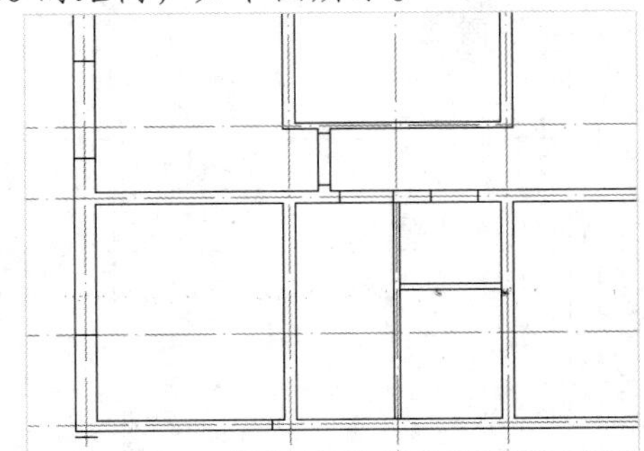

STEP 28　绘制直线

在命令行中输入 L（直线）命令，按【Enter】键确认，根据命令行提示进行操作，使用“对象捕捉”功能捕捉点，依次输入点坐标（@-100,0）和（@0,-100），绘制直线，如下图所示。

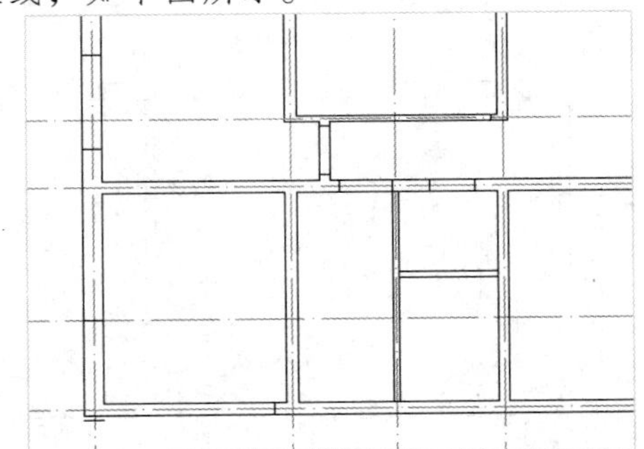

STEP 29　偏移直线

在命令行中输入 O（偏移）命令，按【Enter】键确认，根据命令行提示进行操作，将刚绘制的直线沿水平方向向左偏移 900 的距离，如下图所示。

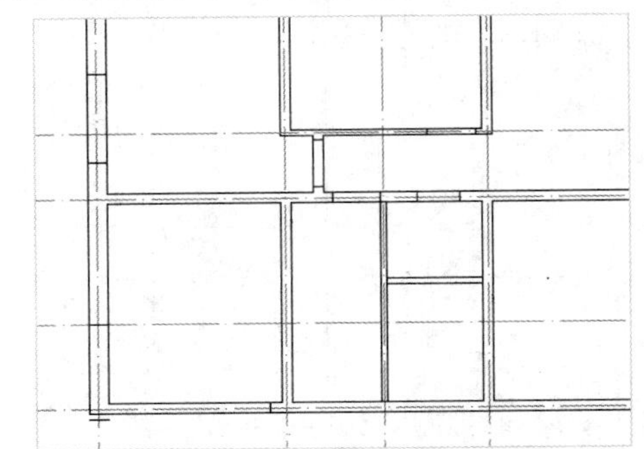

STEP 30 **绘制直线**

在命令行中输入 L（直线）命令，按【Enter】键确认，根据命令行提示进行操作，使用“对象捕捉”功能捕捉点，依次输入点坐标（@0,1000）和（@100,0），绘制直线，如下图所示。

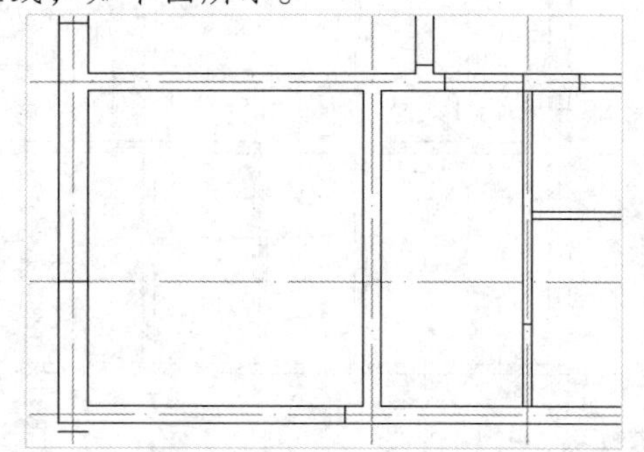

STEP 31 **偏移直线**

在命令行中输入 O（偏移）命令，按【Enter】键确认，根据命令行提示进行操作，将刚绘制的直线沿垂直方向向上偏移 800 的距离，如下图所示。

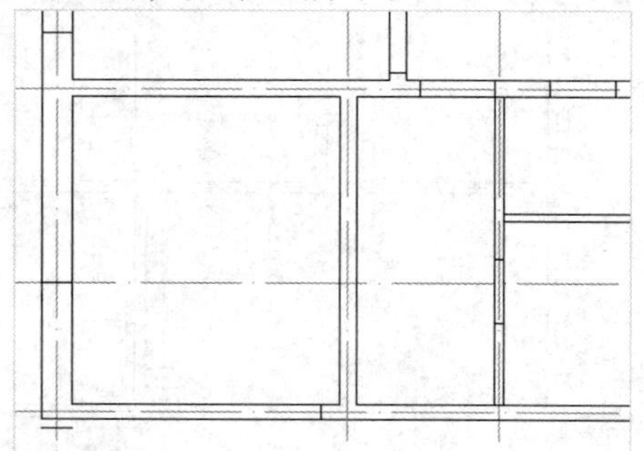

STEP 32 **修剪墙线**

在命令行中输入 TR（修剪）命令，按【Enter】键两次，根据命令行提示进行操作，快速修剪需要修剪的墙线，如下图所示。

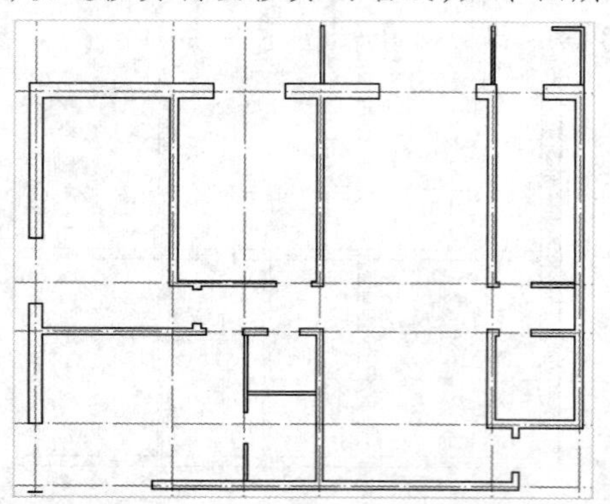

STEP 33 **绘制直线**

删除多余的墙线，在命令行中输入 L（直线）命令，按【Enter】键确认，然后根据命令行提示进行操作，绘制直线，如下图所示。

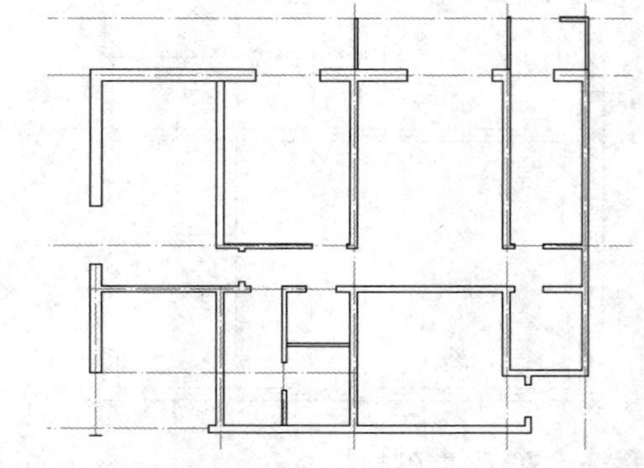

STEP 34 **复制 900 的门**

在命令行中输入 CO（复制）命令并确认，根据命令行提示信息，选择复制对象为 900 的门，复制 900 的门至相应位置，如下图所示。

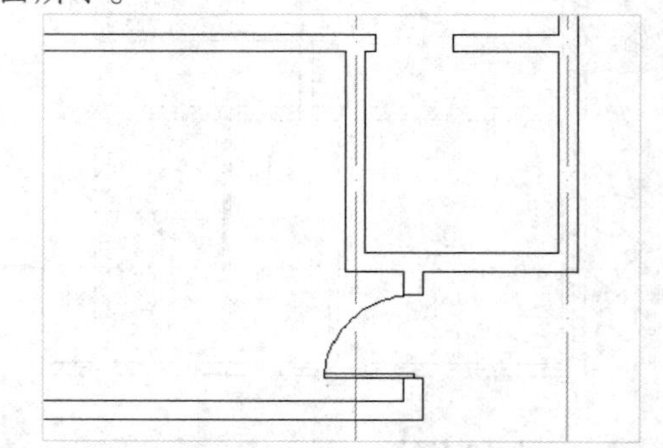

STEP 35 **复制粘贴 900 的门**

运用与上述相同的操作方法，复制粘贴 900 的门至合适位置，如下图所示。

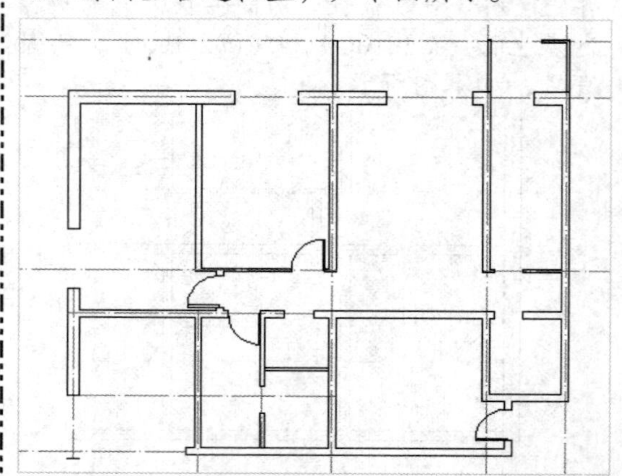

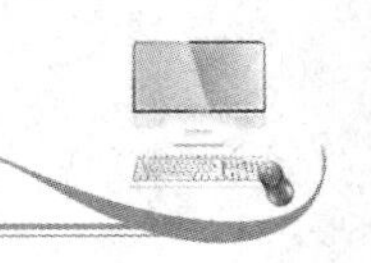

STEP 36　复制 800 的门

在命令行中输入 CO（复制）命令并确认，根据命令行提示信息，选择复制对象为 800 的门，复制 800 的门至相应位置，如下图所示。

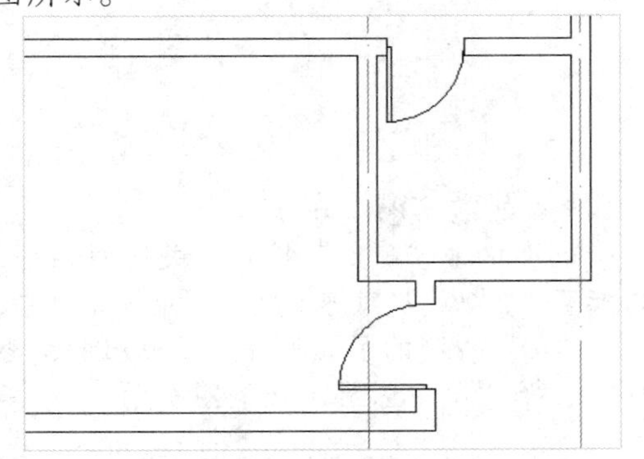

STEP 37　复制粘贴 800 的门

运用与上述相同的操作方法，复制粘贴 800 的门至合适位置，如下图所示。

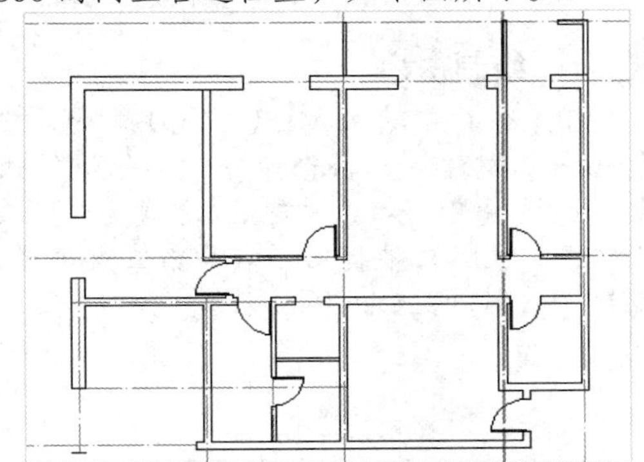

STEP 38　绘制矩形

在命令行中输入 REC（矩形）命令，按【Enter】键确认，然后根据命令行提示进行操作，捕捉第一对角点，输入对角点坐标（@-600,-40），绘制一个矩形，如下图所示。

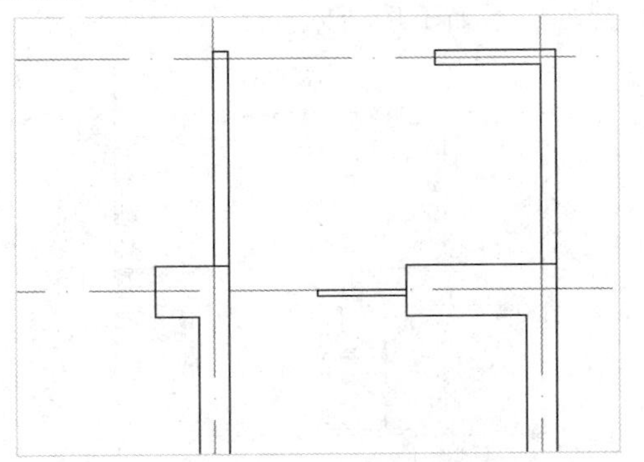

STEP 39　镜像矩形

在命令行中输入 MI（镜像）命令，按【Enter】键确认，根据命令行提示进行操作，选择刚绘制的矩形，镜像图形对象，如下图所示。

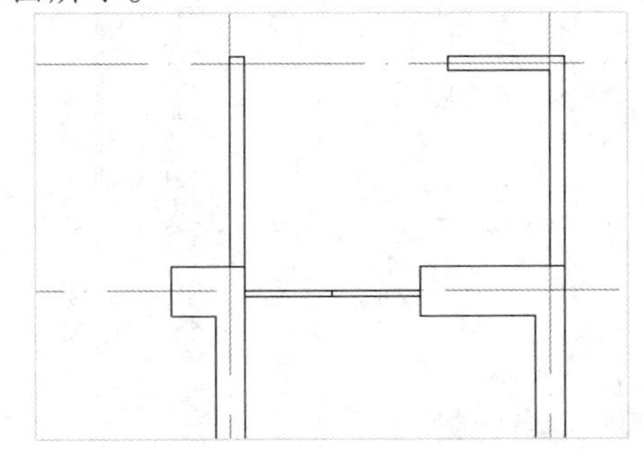

STEP 40　移动矩形

在命令行中输入 M（移动）命令，按【Enter】键确认，根据命令行提示进行操作，指定一点为基点，将矩形移至合适位置，如下图所示。

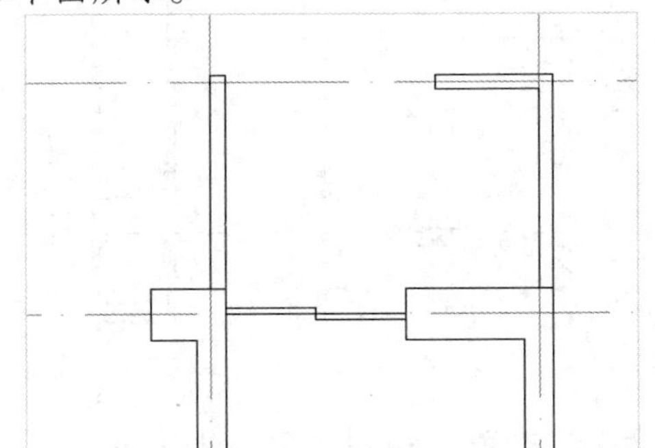

STEP 41　绘制矩形

在命令行中输入 REC（矩形）命令，按【Enter】键确认，根据命令行提示进行操作，任取一点为第一对角点，输入对角点坐标为（@100,100），绘制矩形，如下图所示。

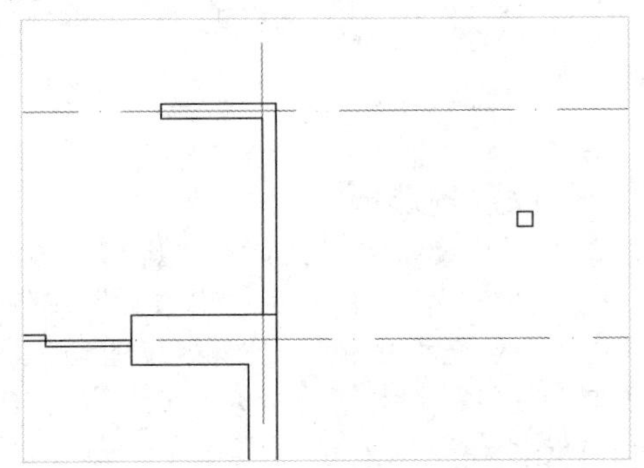

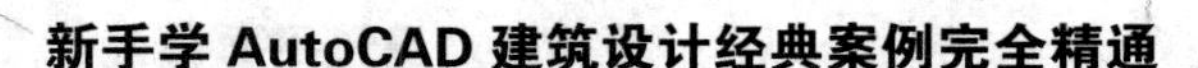

STEP 42 复制矩形

在命令行中输入CO（复制）命令，按【Enter】键确认，根据命令行提示进行操作，复制矩形至合适位置，如下图所示。

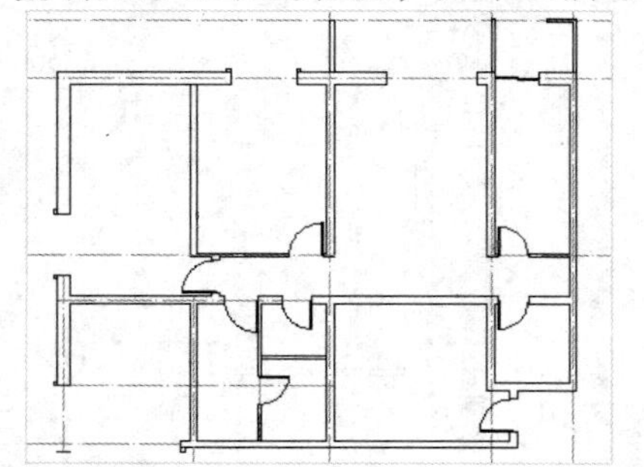

STEP 43 修剪处理

在命令行中输入TR（修剪）命令，按【Enter】键两次，根据命令行提示进行操作，修剪窗台和墙体重合的部分，如下图所示。

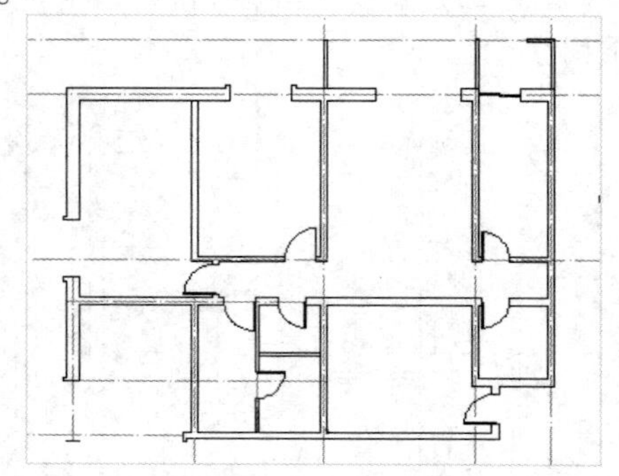

STEP 44 设置“新样式名”为150

显示菜单栏，单击“格式”|“多线样式”命令，弹出“多线样式”对话框，单击“新建”按钮，弹出“创建新的多线样式”对话框，设置“新样式名”为150，如下图所示。

STEP 45 设置各选项

单击“继续”按钮，弹出“新建多线样式：150”对话框，单击两次“添加”按钮，在“图元”列表框中依次选择相应的图元特性，在“偏移”文本框中依次修改成0、50、100、150，如下图所示。

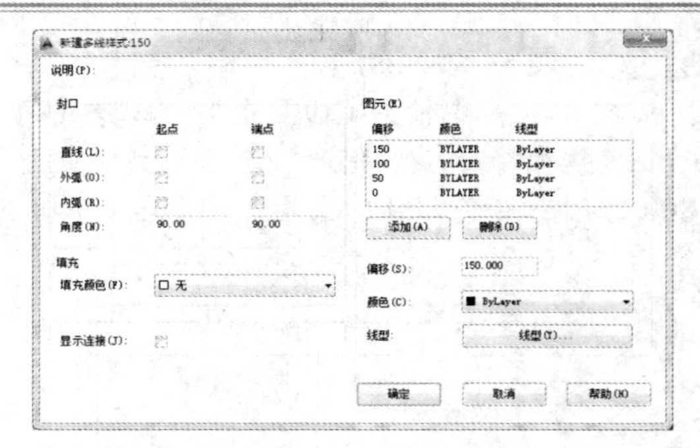

STEP 46 选择“窗”选项

依次单击“确定”按钮，关闭对话框，切换至“默认”选项卡，在“图层”面板中，单击“门”右侧的下拉按钮，在弹出的列表框中选择“窗”选项，如下图所示。

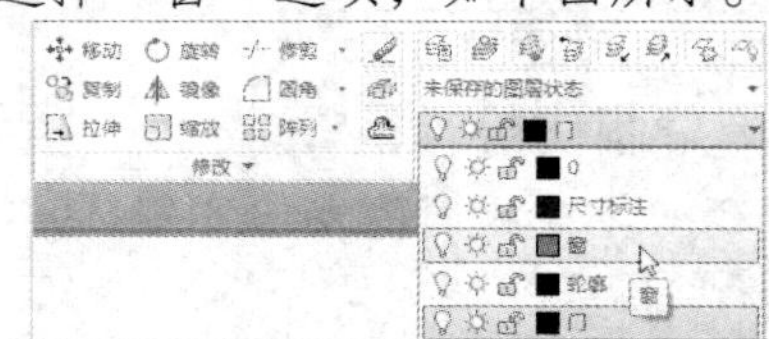

STEP 47 绘制窗户

在命令行中输入ML（多线）命令，按【Enter】键确认，根据命令行提示进行操作，设置“比例”为1、“对正”方式为“上”、“样式”为150，捕捉第一点和第二点位置，绘制一个窗户，如下图所示。

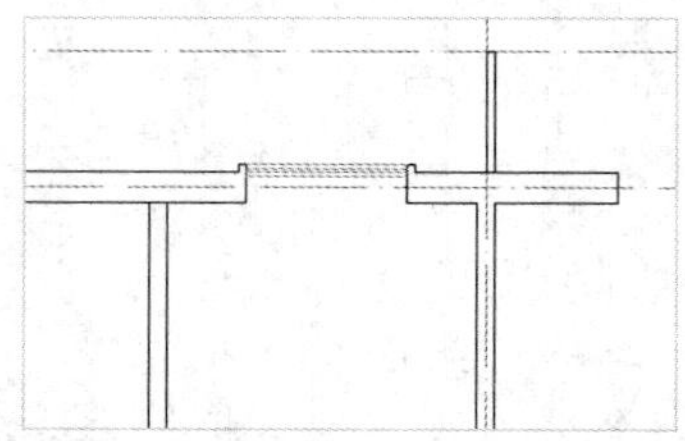

STEP 48 绘制其他窗户

运用与上述相同的操作方法，绘制其他窗户，执行“F（圆角）”命令，圆角处理图像对象，如下图所示。

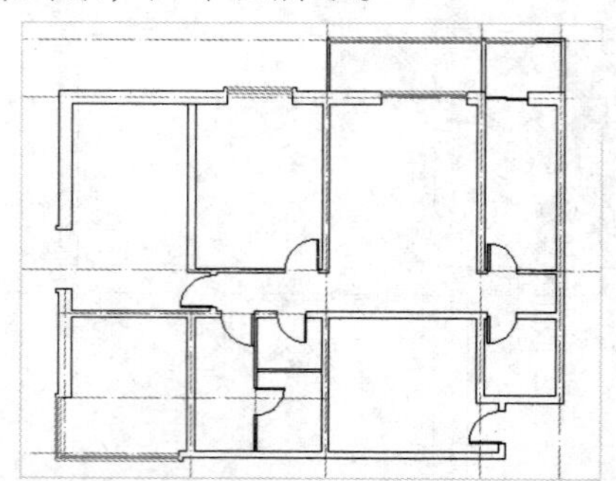

5.2.5 添加建筑设备

添加建筑设备既要满足住户心理上的要求，又要满足房间组织上的合理、房间的使用性质以及人流的进出方便等要求。在确定建筑方案时，首先要考虑卧室、客厅和其他部分家具的布置。在国家建筑设计规范中，对家具和有关设备的尺寸等都有一定的规定，如果房间的设置不满足这些规定，可能会导致室内布置零乱或面积浪费。添加建筑设备的具体操作步骤如下。

素材文件	第 5 章\素材图块.dwg	效果文件	第 5 章\添加建筑设备.dwg

STEP 01 选择“设备”选项

切换至“默认”选项卡，在“图层”面板中单击“窗”右侧的下拉按钮，在弹出的列表框中，选择“设备”选项，如下图所示。

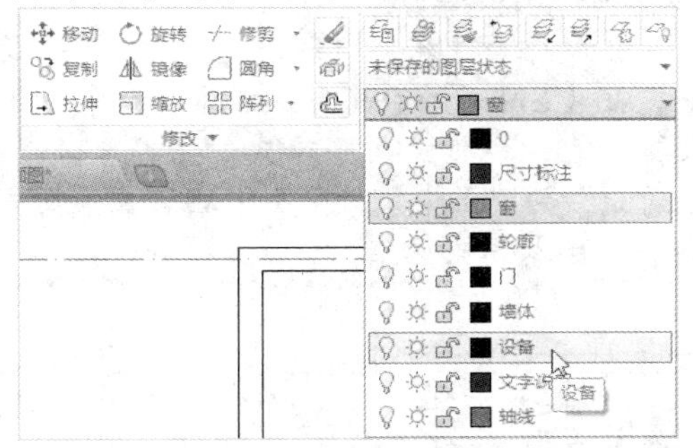

STEP 02 打开建筑设备素材

单击快速访问工具栏中的“打开”按钮，打开建筑设备素材图形文件，如下图所示。

STEP 03 添加建筑设备

选择餐桌图例，按【Ctrl+C】组合键复制，切换至建筑平面设计绘图区，按【Ctrl+V】组合键，粘贴图例，执行“M（移动）”命令，调整至合适位置，运用与上述相同的操作方法，添加其他建筑设备，如下图所示。

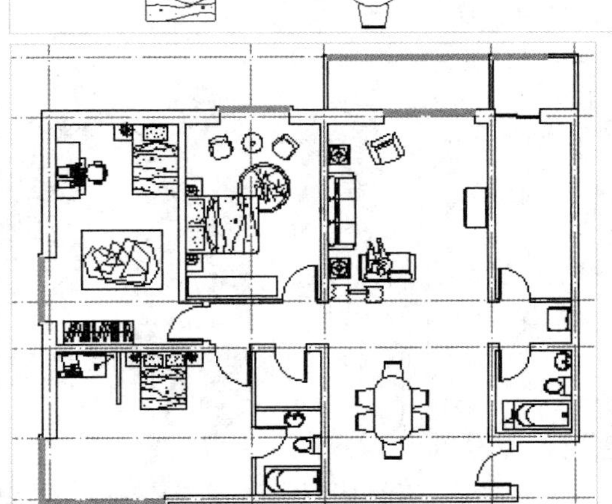

5.2.6 标注尺寸和文字说明

尺寸标注是施工图的主要部分，它是现场施工的主要依据。利用中文版 AutoCAD 2014 提供的尺寸标注功能，可以方便地解决施工图中的尺寸标注问题。

建筑施工图中尺寸标注的内容包括总轴线尺寸、轴线（或墙体）尺寸和外窗户。根据相关建筑制图规范，在尺寸标注时需要遵守以下几点规定。

- 尺寸一般以毫米为单位，当使用其他单位来标注尺寸时，需要注明采用的尺寸单位。
- 施工图上标注的尺寸是实际的设计尺寸。
- 尺寸标注不能重复，每一部分只能标注一次。
- 尺寸标注有时要符合用户所在设计单位的习惯。

建筑施工图中有许多地方需要标注文字，以说明施工图设计信息。因此，文字标注是建筑制图的一个重要组成部分。一般来说，文字标注的内容包括图名和比例、房间功能划分、门窗符号、楼梯说明及其他有关文字说明。标注尺寸和文字说明的具体操作步骤如下。

素材文件	无	效果文件	第 5 章\标注尺寸和文字说明.dwg

STEP 01 选择“文字说明”选项

切换至“默认”选项卡，在“图层”面板中，单击“设备”右侧的下拉按钮，在弹出的列表框中，选择“文字说明”选项，如下图所示。

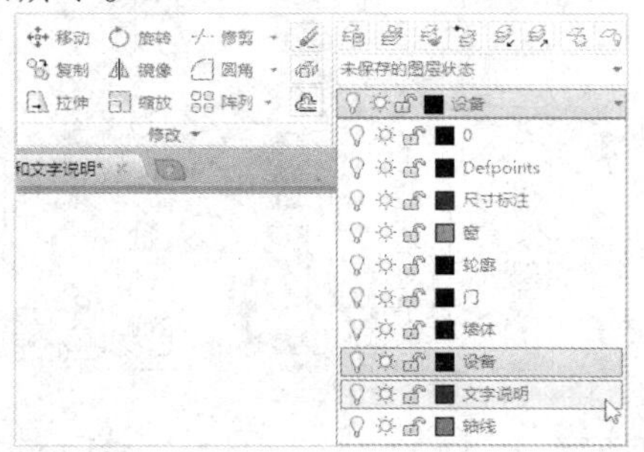

STEP 02 弹出“文字样式”对话框

单击“格式”|“文字样式”命令，弹出“文字样式”对话框，如下图所示。

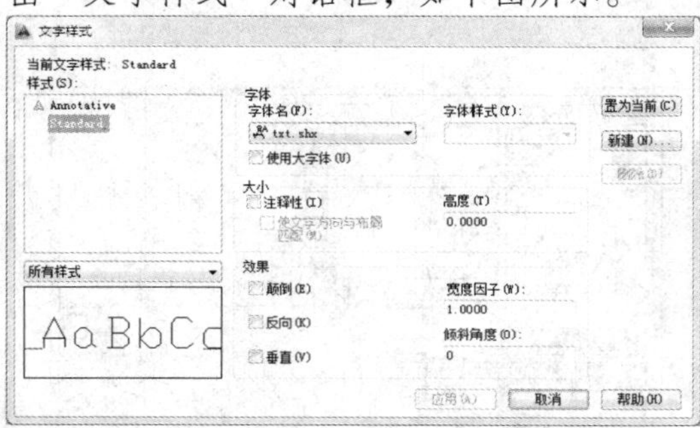

STEP 03 设置“样式名”

单击“新建”按钮，弹出“新建文字样式”对话框，在“样式名”文本框中输入“宋体”，如下图所示。

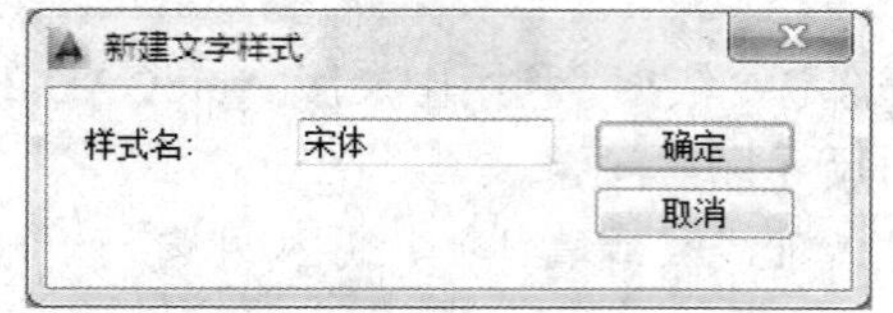

STEP 04 设置各选项

单击“确定”按钮，返回“文字样式”对话框，设置“字体名”为“宋体”、“高度”为 300，如下图所示，单击“应用”按钮，应用该样式，单击“关闭”按钮，即可关闭该对话框。

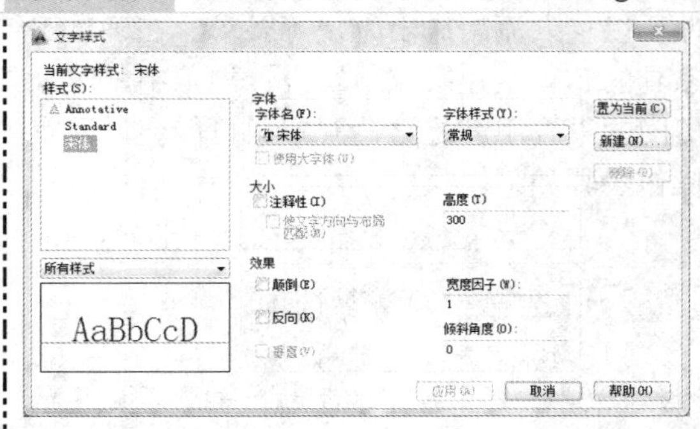

STEP 05 标注文字

在命令行中输入 TEXT（单行文字）命令，按【Enter】键确认，根据命令行提示进行操作，设置“文字样式”为“宋体”、“对正”为“正中”，在图中相应位置分别单击并输入相关标注文字，如下图所示。

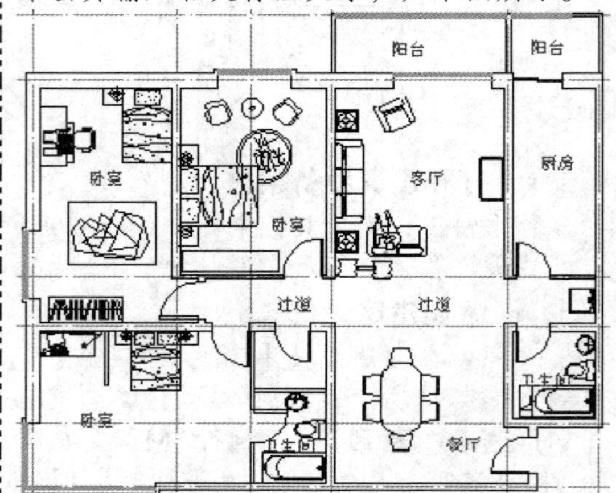

STEP 06 选择“尺寸标注”选项

在“图层”面板中，单击“文字说明”右侧的下拉按钮，在弹出的列表框中，选择“尺寸标注”选项，如下图所示。

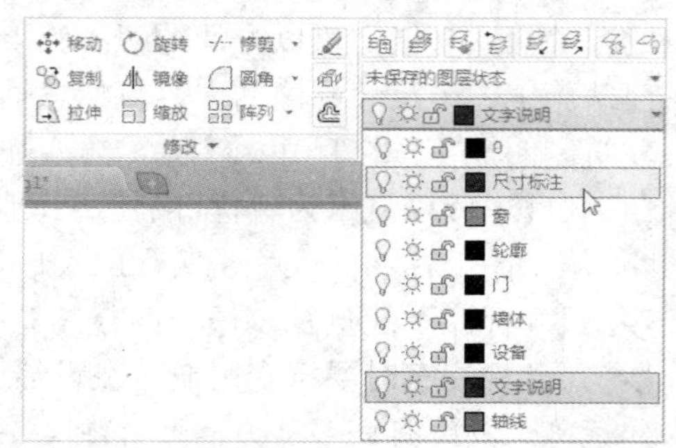

STEP 07 设置各选项

单击“标注”|“标注样式”命令，弹出“标注样式管理器”对话框，单击“修改”按钮，弹出“修改标注样式：ISO-25”对话框，在“线”选项卡中，设置“基线间距”为 3、“超出尺寸线”为 1、“起点偏移量”为 0，如下图所示。

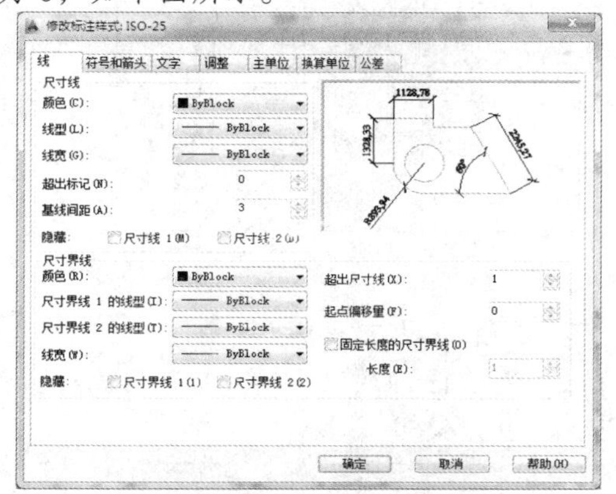

STEP 08 设置各选项

切换至“符号和箭头”选项卡，在“箭头”选项区的“第一个”和“第二个”下拉列表框中均选择“建筑标记”选项，设置“箭头大小”为 2.5、“圆心标记”为 2.5，如下图所示。

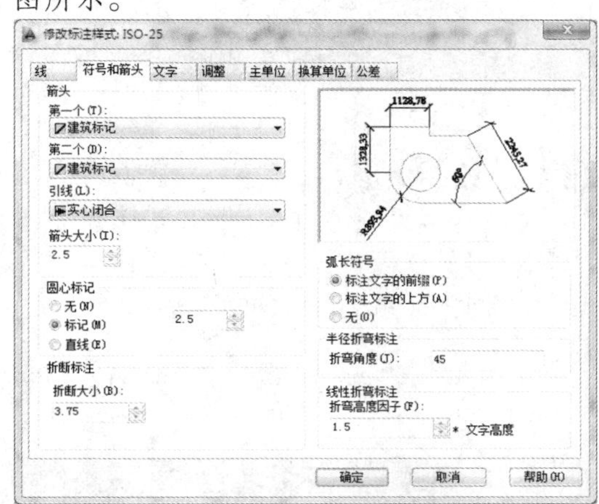

STEP 09 设置“文字样式”

切换至“文字”选项卡，设置“文字高度”为 2，单击“文字样式”右侧的按钮，弹出“文字样式”对话框，设置“字体”为 Times New Roman，如下图所示。

STEP 10 设置各选项

单击“应用”按钮，单击“关闭”按钮，返回“修改标注样式：ISO-25”对话框，切换至“调整”选项卡，依次选中“箭头”单选按钮、“尺寸线上方，不带引线”单选按钮和“使用全局比例”单选按钮，并在其右侧的数值框中输入 100，如下图所示。

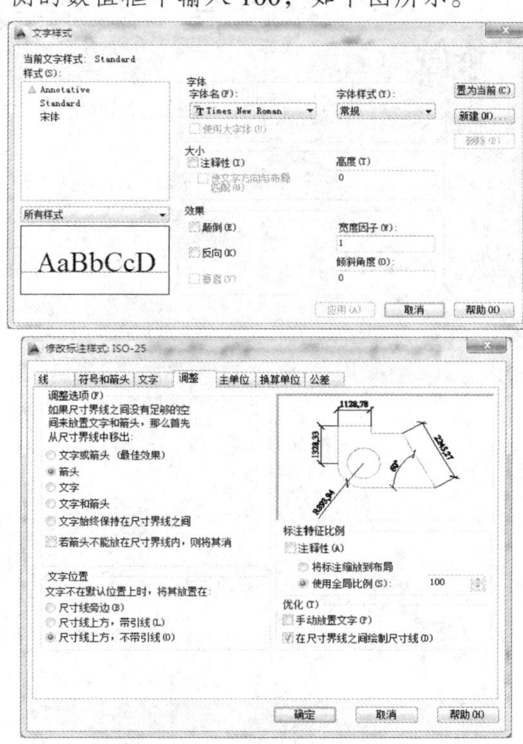

STEP 11 单击“置为当前”按钮

单击“确定”按钮，返回“标注样式管理器”对话框，单击“置为当前”按钮，如下图所示，单击“关闭”按钮，即可关闭该对话框。

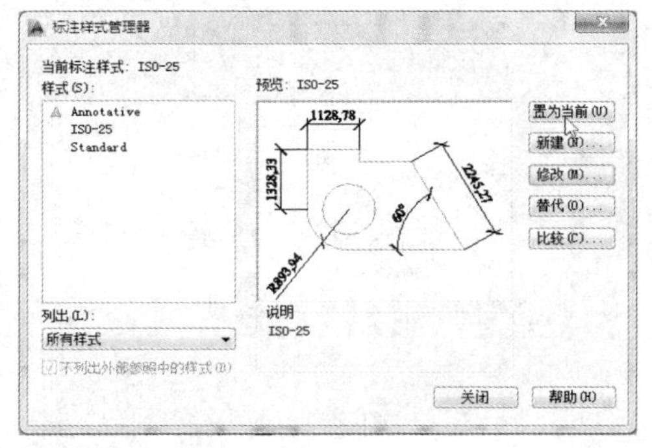

STEP 12 标注尺寸

在命令行中输入 DAL（对齐）命令，按【Enter】键确认，根据命令行提示进行操作，标注相应位置，如下图所示。

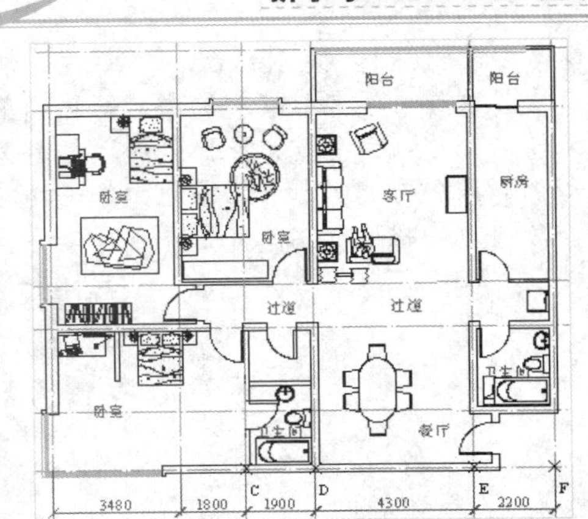

STEP 13 标注尺寸

在命令行中输入 DCO（连续）命令，按【Enter】键确认，根据命令行提示进行操作，标注相应位置，如下图所示。

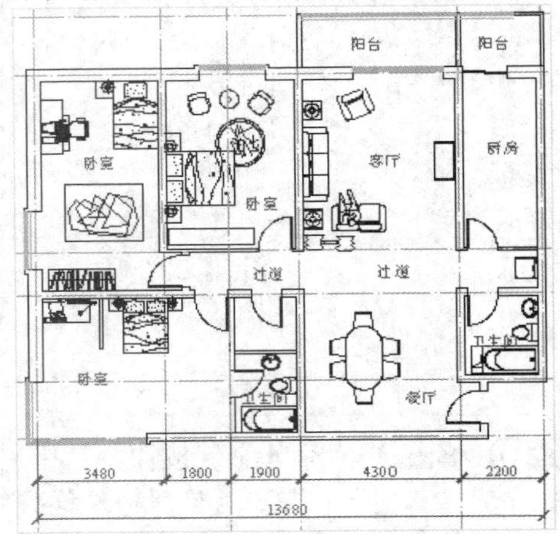

STEP 14 标注尺寸

在命令行中输入 DAL（对齐）命令，按【Enter】键确认，根据命令行提示进行操作，标注相应位置，如下图所示。

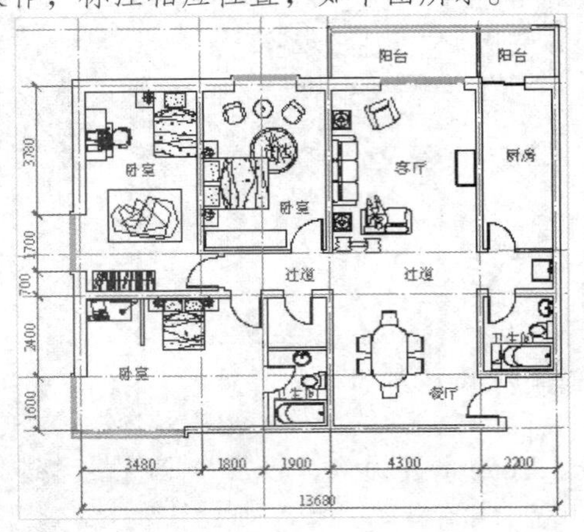

STEP 15 标注尺寸

执行“DLI（线性）”、“DCO（连续）”和“DAL（对齐）”命令，对图形外围进行尺寸标注，如下图所示。

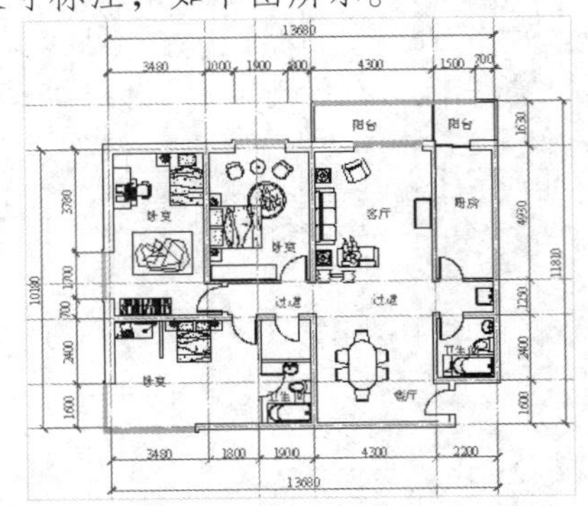

STEP 16 标注尺寸

重复执行“DLI（线性）”、“DCO（连续）”和“DAL（对齐）”命令，对图形细节进行尺寸标注，如下图所示。

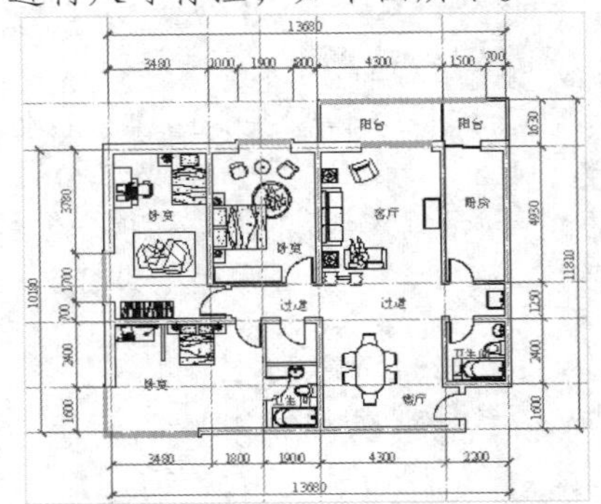

STEP 17 绘制矩形

在命令行中输入 PL（多段线）命令，按【Enter】键确认，根据命令行提示进行操作，捕捉点，绘制一个矩形，如下图所示。

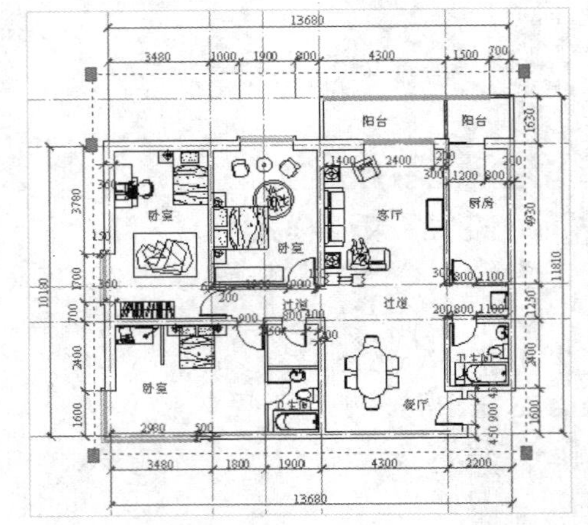

STEP 18　分解修剪处理

在命令行中输入 X（分解）命令，按【Enter】键确认，根据命令行提示进行操作，分解直线外侧的尺寸标注，执行“TR（修剪）”命令，快速修剪标注，删除多段线，如下图所示。

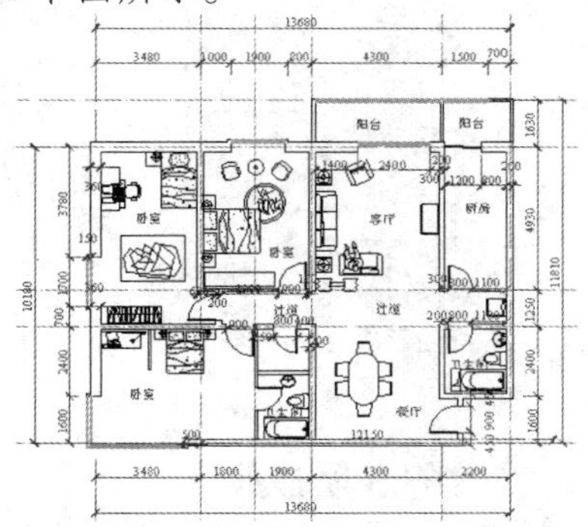

STEP 19　选择“轴线”选项

在“图层”面板中，单击“尺寸标注”右侧的下拉按钮，在弹出的列表框中，选择“轴线”选项，如下图所示。

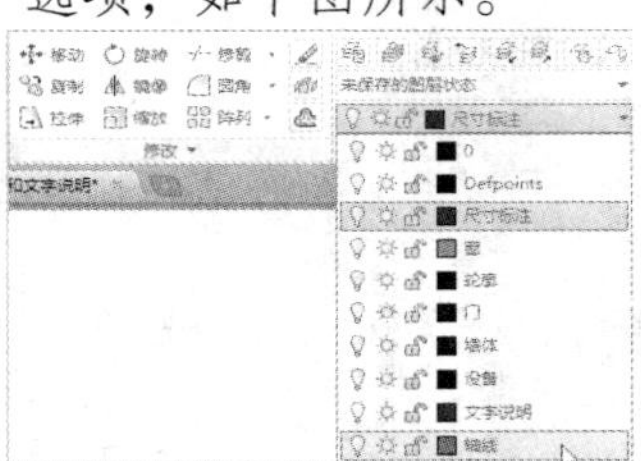

STEP 20　绘制构造线

在命令行中输入 XL（构造线）命令，按【Enter】键确认，根据命令行提示进行操作，在尺寸标注外绘制 4 条构造线，如下图所示。

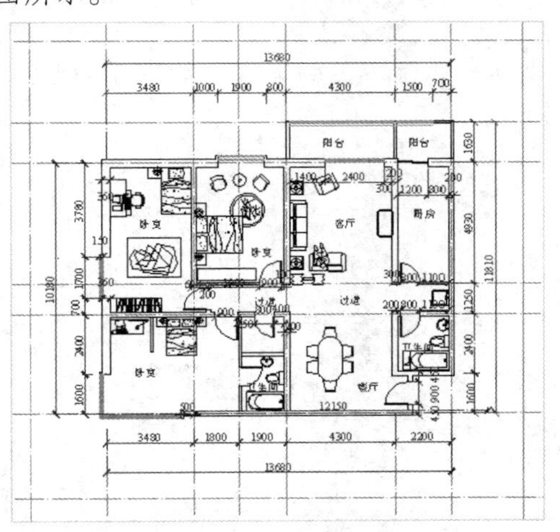

STEP 21　分解修剪处理

在命令行中输入 X（分解）命令，按【Enter】键确认，根据命令行提示进行操作，分解构造线，执行“TR（修剪）”命令，修剪分解后的构造线，如下图所示。

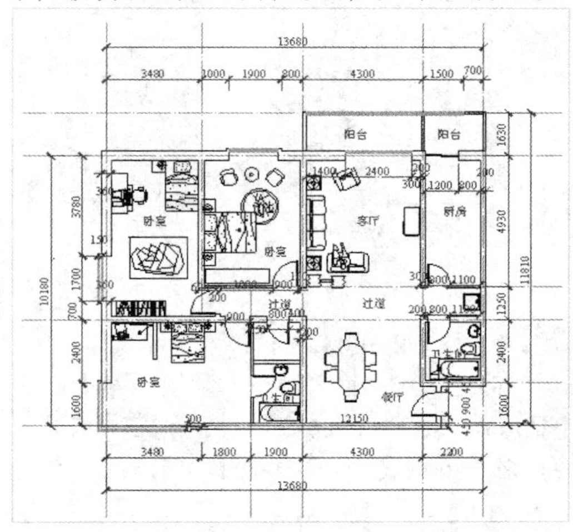

STEP 22　绘制移动圆

在命令行中输入 C（圆）命令，按【Enter】键确认，根据命令行提示进行操作，以左下角轴线的端点为圆心，绘制半径为 400 的圆，执行“M（移动）”命令，选中刚绘制的圆，捕捉圆圈的象限点为第一点，将其移至轴线下端点处，如下图所示。

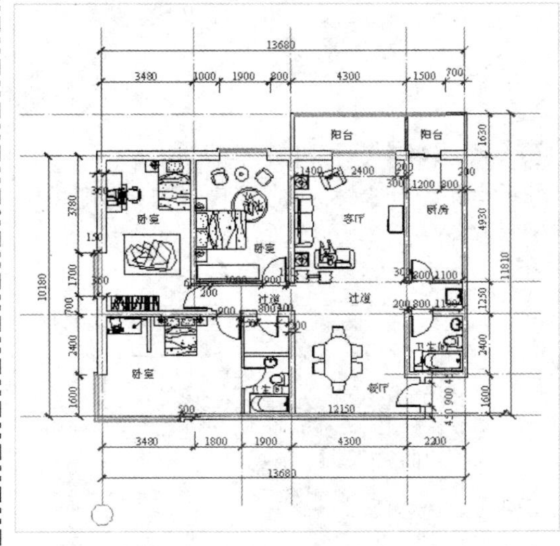

STEP 23　输入轴线编号

在命令行中输入 TEXT（单行文字）命令，按【Enter】键确认，根据命令行提示进行操作，输入轴线编号，如下图所示。

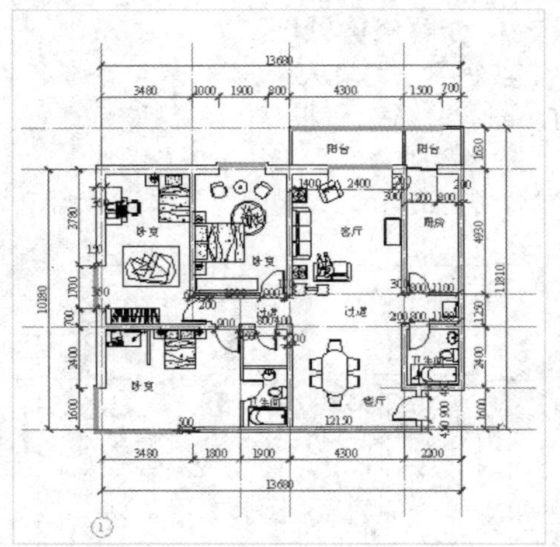

STEP 24 复制圆圈和编号

在命令行中输入 CO（复制）命令，按【Enter】键确认，根据命令行提示进行操作，复制圆圈和编号，如下图所示。

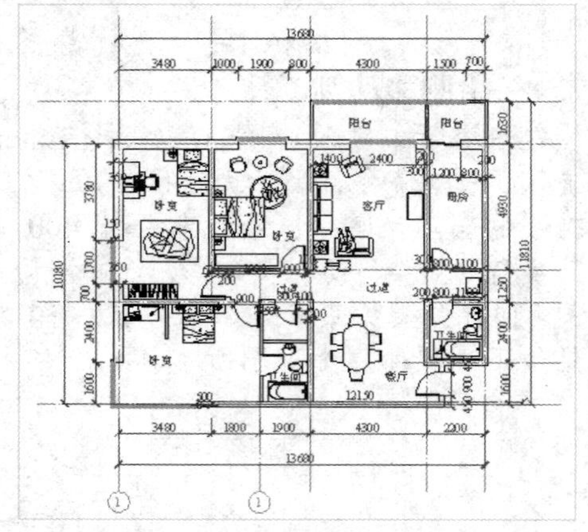

STEP 25 复制多个圆圈和编号

运用与上述相同的操作方法，复制多个圆圈和编号，如下图所示。

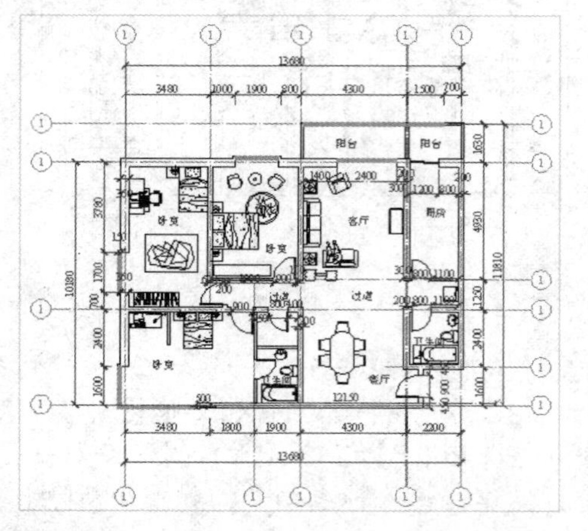

STEP 26 修改编号

双击需要改变的轴线符号，在弹出的“编辑文字”对话框中，对轴线的编号进行修改，水平使用 1、2、3……来编号，垂直使用 A、B、C……来编号，如下图所示。

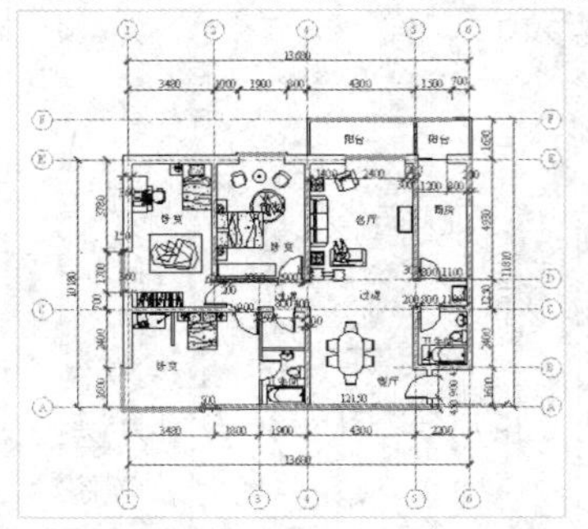

STEP 27 设置各选项参数

单击“格式”|“文字样式”命令，弹出“文字样式”对话框，在“字体”选项区的“字体名”下拉列表框中选择“宋体”选项，在“高度”文本框中输入 500，如下图所示。

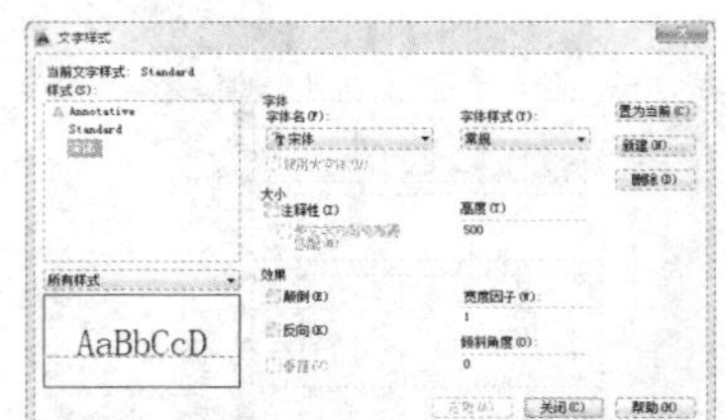

STEP 28 绘制图名

单击“应用”按钮，并单击“关闭”按钮关闭该对话框，在命令行中输入 TEXT（单行文字）命令，按【Enter】键确认，根据命令行提示进行操作，输入“建筑平面图 1:100”文字，执行“L（直线）”命令，绘制两条粗细不等的直线，如下图所示。

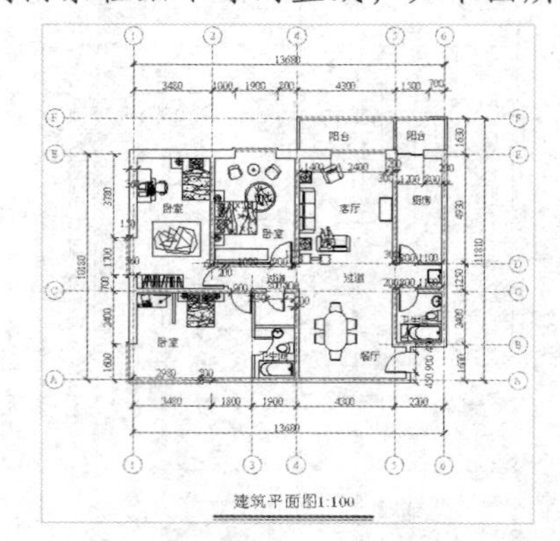

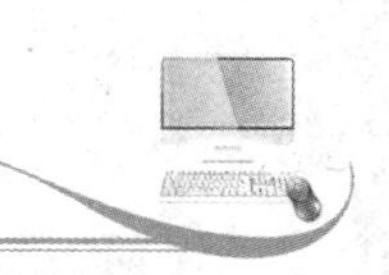

5.3 建筑平面图后期处理

绘制完建筑平面图之后，需要对建筑平面图进行后期处理，为其添加图框和标题，最后进行打印输出，完成图纸输出的操作。

5.3.1 添加图框和标题

接下来为绘制完成的建筑平面图添加图框和标题，这幅图的大小为：宽度 22242mm、长度 21196mm（包含标注所占的尺寸）。如果按照 1:100 的比例出图，则宽度为 420mm，长度为 297mm，所以需要添加 A3 的图框。添加图框和标题的具体步骤如下。

素材文件	第 5 章\A3 图框.dwg	效果文件	第 5 章\添加图框和标题.dwg

STEP 01 选择 0 选项

切换至“默认”选项卡，在“图层”面板中单击“文字说明”右侧的下拉按钮，在弹出的列表框中选择 0 选项，如下图所示。

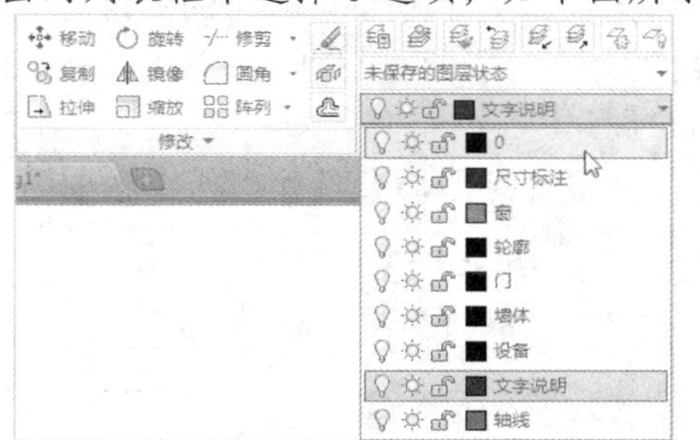

STEP 02 选择“A3 图框.dwg”文件

在命令行中输入 I（插入）命令并确认，弹出“插入”对话框，单击“浏览”按钮，弹出“选择图形文件”对话框，选择“A3 图框.dwg”文件，如下图所示。

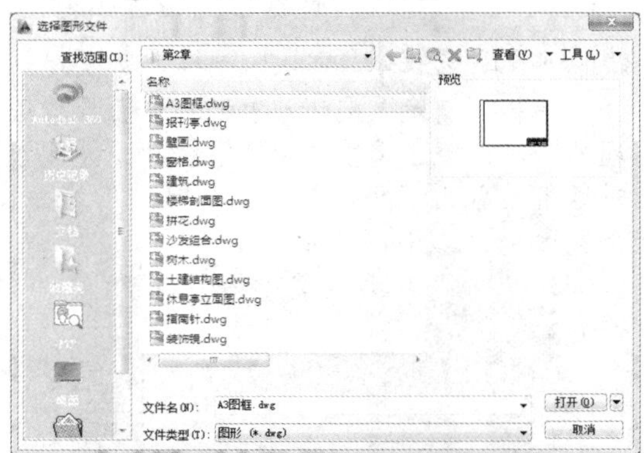

STEP 03 设置各选项

单击“打开”按钮，返回“插入”对话框，选中“在屏幕上指定”复选框、“统一比例”复选框，设置 X 为 1，如下图所示。

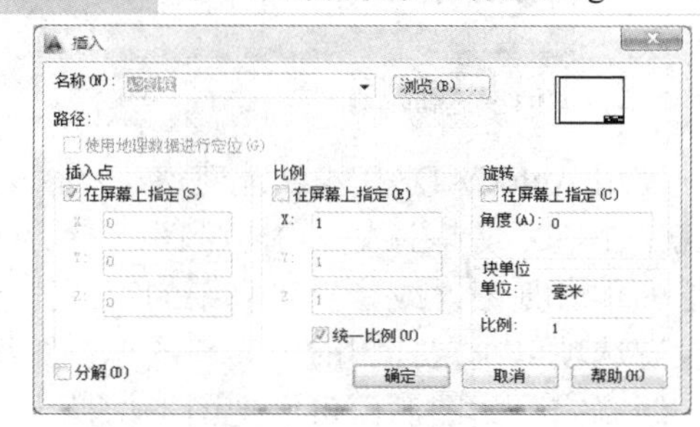

STEP 04 插入图框

单击“确定”按钮，在绘图区中的合适位置单击鼠标左键，调整图框比例，将 A3 图框插入到合适位置，如下图所示。

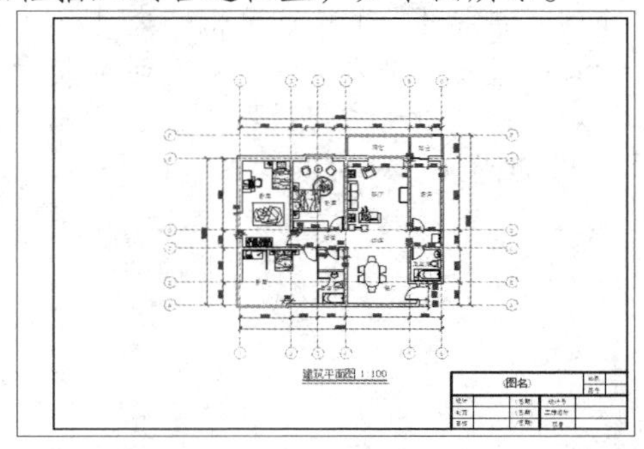

STEP 05 输入文字

双击图框，弹出“编辑块定义”对话框，单击“确定”按钮，进入“块编辑器”模式，双击“（图名）”文字，进入“文字编辑器”模式，然后输入“建筑平面图”文字，如下图所示。

建筑平面图			比例
			图号
设计	(日期)	设计号	
制图	(日期)	工程名称	
审核	(日期)	项目	

STEP 06 选择相应选项

单击“关闭编辑器”按钮，弹出“块-未保存更改”对话框，选择“将更改保存到 A3 图框（S）”选项，如下图所示。

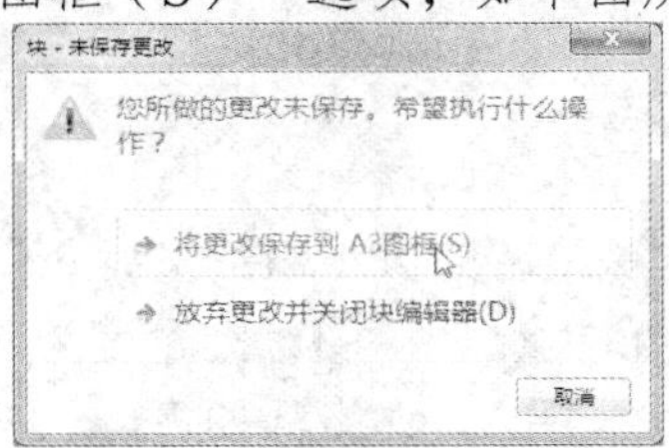

STEP 07 修改图名

执行上述操作后，返回绘图区，完成“建筑平面图”图名的修改，如下图所示。

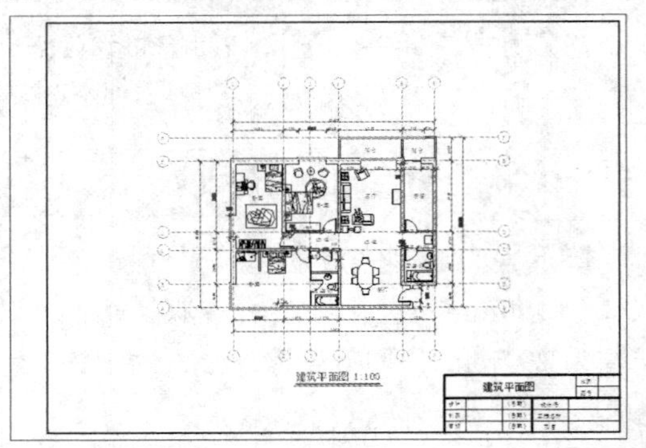

5.3.2 打印输出

使用 AutoCAD 2014 创建建筑平面图之后，通常要打印到图纸上，用来指导工程设计和施工制造；或者生成一份电子图纸，以便通过 Internet 共享和访问。打印的图形可以包含图形的单一视图，或者更为复杂的视图排列。根据不同需要，可以打印一个或多个视口，或设置选项以决定打印的内容和图形在图纸上的布局。

绘制完平面图后，可以把图形切换至布局环境下进行打印，其具体操作步骤如下。

素材文件	无	效果文件	第 5 章\建筑平面图.dwg

STEP 01 弹出“页面设置-布局 1”对话框

单击绘图窗口左下方的“布局 1”标签，切换到“布局 1”模式，单击“文件”|“页面设置管理器”命令，弹出“页面设置管理器”对话框，单击“修改”按钮，弹出“页面设置-布局 1”对话框，如下图所示。

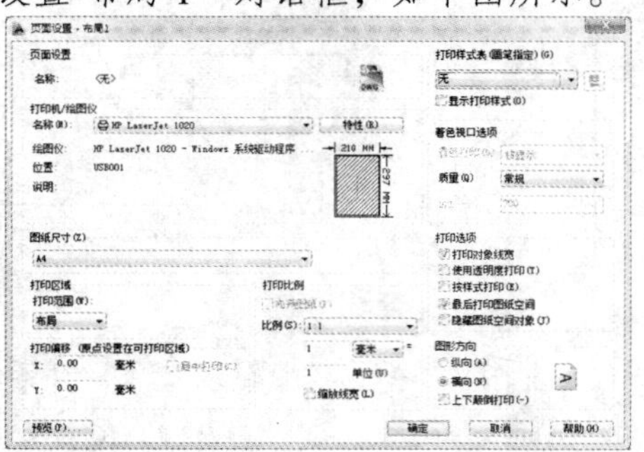

STEP 02 设设置各选项

在“图纸尺寸”下拉列表框中选择 ISO A3（420.00×297.00 毫米）选项，设置“打印样式表”为 acad.ctb，选中“横向”单选按钮，比例适当调整至合适大小，如下图所示（在实际打印时用户需要选中相应打印机）。

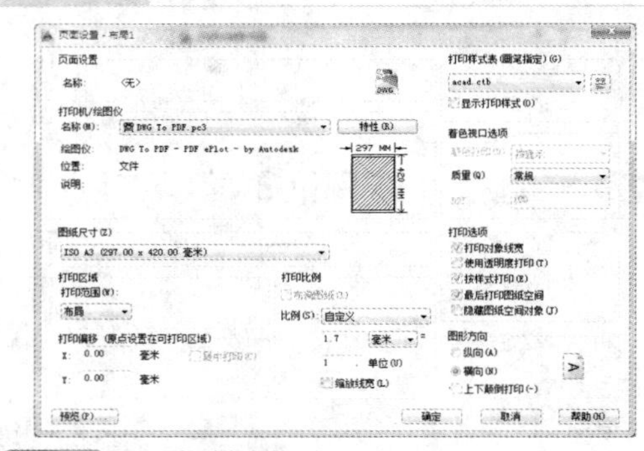

STEP 03 预览效果

单击“确定”按钮，返回“页面设置管理器”对话框，单击“关闭”按钮，关闭该对话框，单击“文件”|“打印预览”命令，预览效果，如下图所示。

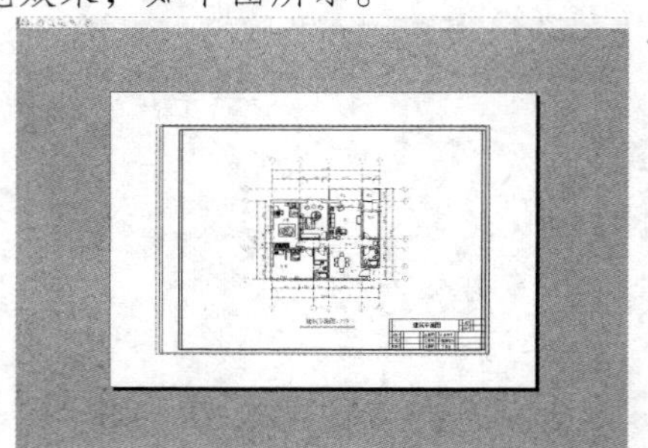

Chapter 06

建筑立面图设计

章前知识导读

建筑立面图是建筑施工图中的重要图样，也是指导施工的基本依据。在绘制建筑立面图之前，应首先了解立面图的内容、图示原理和方法，这样才能将设计意图和设计内容准确地表达出来。本章结合建筑设计规范和建筑制图要求，详细讲述建筑立面图的绘制。

重点知识索引

- 建筑立面图设计基础
- 绘制正立面图
- 绘制背立面图
- 建筑立面图后期处理

效果图片赏析

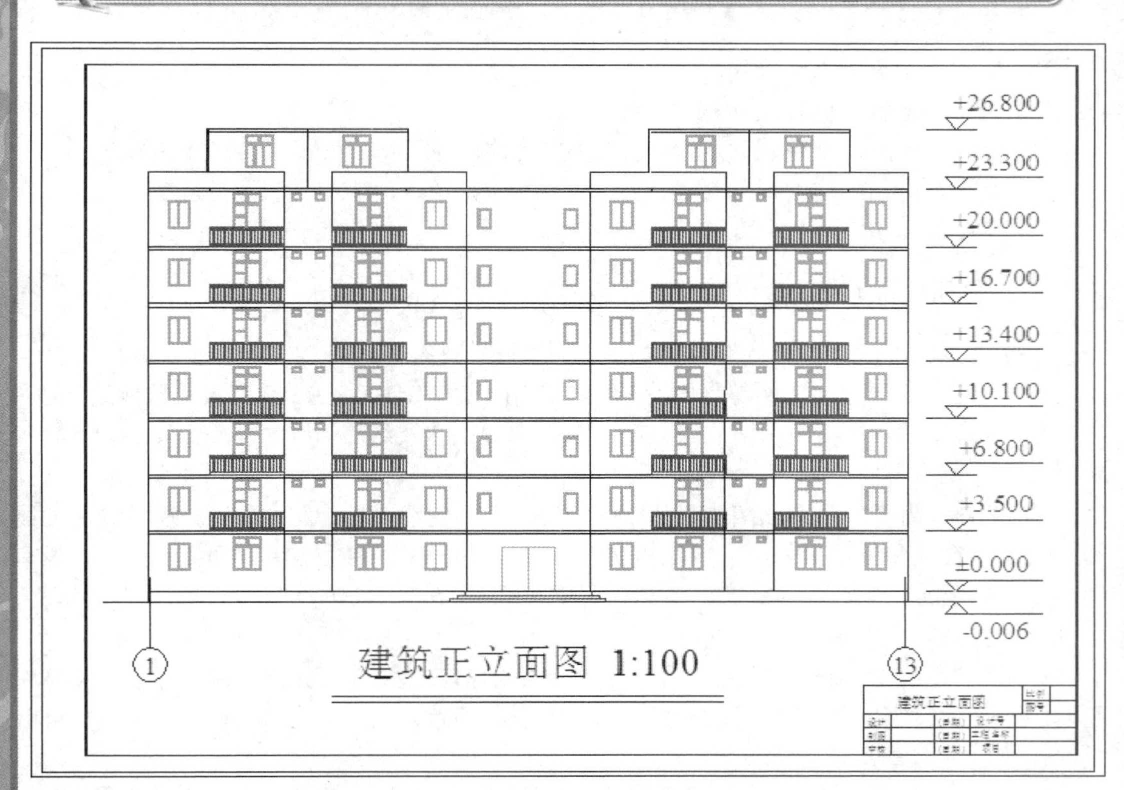

6.1 建筑立面图设计基础

建筑立面图是建筑物不同方向的立面正投影视图。在设计并绘制建筑立面图之前，首先要了解立面图的相关知识及其设计思路。

6.1.1 建筑立面图的基本知识

建筑立面图主要表现建筑物的体型和外貌，外墙面的面层材料、色彩、女儿墙的形式，线脚、腰线、勒脚等饰面做法，阳台形式、门窗布置以及雨水管位置等。

1. 命名

通常一个房屋有 4 个朝向，立面图可以根据房屋的朝向来命名，如东立面、西立面等；也可根据主要出入口或房屋外貌的主要特征来命名，如正立面、背立面、左侧立面和右侧立面等；还可以根据立面图两端轴线的编号来命名，如①～②立面图等。

2. 主要内容

立面图的主要内容包括以下 8 个部分。

- 图名、比例。
- 定位轴线及其编号。
- 建筑物可见的外轮廓线。
- 门窗的形状、位置及其开启方向。
- 墙面、台阶、雨篷、雨水管等建筑构造和构配件的位置、形状、做法等。
- 标高及必须标注的局部尺寸。
- 详图的索引符号。

3. 绘制特点及要求

绘制立面图有以下 7 个特点及要求，下面来分别进行介绍。

- 比例：立面图的比例与平面图相同，常用 1:50、1:100、1:200 等较小比例绘制。
- 定位轴线：在立面图中一般只绘制出两端的轴线及编号，以便与平面图相对照，确定立面图的观看方向。
- 图线：为了加强立面图的表达效果，使建筑物轮廓突出、层次分明，通常选用的线型如下，屋脊线和外墙最外轮廓线用粗实线（b），室外地坪线用加粗实线（1.4b），所有凹凸部位如阳台、雨篷、线脚、门窗洞等用中实线（0.5b），其他部分如门窗扇、雨水管、尺寸线、标高等用细实线（0.35b）。
- 图例：由于比例小，按投影很难将所有细部都表达清楚，如门、窗等都是用图例来绘制的，且只绘制出主要轮廓线及分格线，门窗框用双线。常用构造及配件图例可参阅相关的建筑制图书籍或国家标准。
- 尺寸标注：高度尺寸用标高的形式标注，主要包括建筑物室内外地坪、各楼层地面、窗台、门窗洞顶部、檐口、阳台底部、女儿墙压顶及水箱顶部等处的标高。各标高注写在立面图左侧或右侧且排列整齐，必要时为了更清楚起见，可标注在图内。标高符号注法及

形式如下图所示。若建筑立面图左右对称，标高应标注在左侧或两侧均标注。

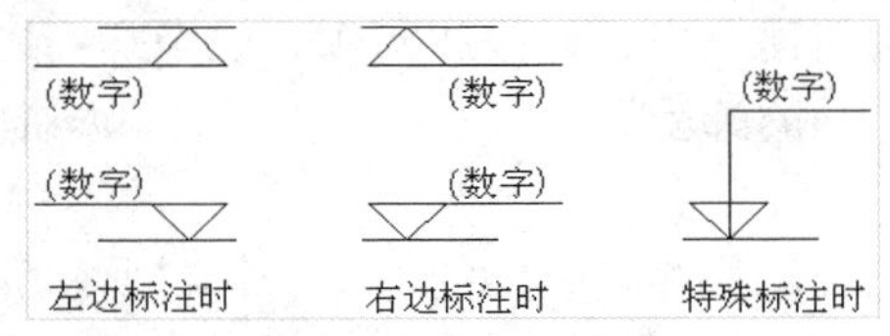

标高符号注法及形式

此外，立面图中还应标注相对标高和相应的垂直尺寸。相对标高指的是相对于底层室内地面（标高为零）的标高。垂直尺寸的尺寸界线位置与所注标高的位置一致，尺寸数字就是标高之差，单位为 mm。

- 其他标注：房屋外墙面的各部分装饰材料、做法、色彩等用文字说明，如东、西端外墙为浅红色马赛克贴面，窗洞周边、檐口及阳台栏板边为白水泥粉面等。
- 详图索引符号：为了反映建筑物的细部构造及具体做法，常配以较大比例的详图，并用文字和符号加以说明。凡需绘制详图的部位，均应绘制出详图索引符号，其要求和平面图相同。

6.1.2 建筑立面图的设计思路

建筑物在满足使用要求的同时，它的体型、立面以及内外组合等，还会给人们以精神上的某种享受。

建筑物的美观问题，既在房屋外部与内部空间处理中表现出来，又涉及到建筑群体的布局，还与建筑细部设计有关。其中，房屋的外部与内部空间处理，是单体建筑设计时考虑美观问题的主要内容。

建筑的体型和立面，即房屋的外部形象，必须受内部使用功能和技术经济条件所制约，并受基地环境群体规划等外界因素的影响。建筑物体型的大小和高低，体型组合的简单或复杂，通常总是先以房屋内部使用空间的组合要求为依据，立面上门窗的开启和排列方式，墙面上构件的划分和安排，主要也是以使用要求、所用材料和结构布置为前提的。

建筑物的外部形象，并不等于房屋内部空间组合的直接表现，建筑体型和立面设计必须符合建筑体型和立面构图方面的规律性，如均衡、韵律、对比、统一等，把适用、经济、美观三者有机地结合起来。

- 尺度和比例

尺度正确和比例协调，是使立面完整统一的重要方面。建筑立面中的一些部分，如踏步的高低、栏杆和窗台的高度、大门拉手的位置等，由于这些部分的尺度相对比较固定，如果它们的尺寸不符合要求，非但在使用上不方便，在视觉上也会感到不习惯。对于比例协调，既存在于立面各部分之间，也存在于构件之间，以及对构件本身的高宽等比例要求。

- 节奏感和虚实对比

节奏韵律和虚实对比是使建筑立面富有表现力的重要设计手法。在建筑立面图上，相同构件或门窗作有规律的重复和变化，使人们在视觉上得到类似音乐诗歌中节奏韵律的感受效果。立面的节奏感，在门窗的排列组合、墙面构件的划分中表现得比较突出。门窗的排列，在满足功能技术条件的前提下，应尽可能调整得既整齐又富有节奏变化。通常可以结合房屋内部多个相同的使用空间，对窗户进行分组排列。

建筑立面的虚实对比，通常是指由于形体凹凸的光影效果所形成的比较强烈的明暗对比关系。例如墙面的实体和门窗洞口、栏板和凹廊、柱墩和门廊之间的明暗对比关系等。不同虚实对比，给人们以不同的感受。

✿ 材料和色彩配置

一幢建筑物的体型和立面，最终是它们的形状、材料质感和色彩等多方面的综合，给人们留下一个完整深刻的外观印象。材料质感和色彩的选择、配置，是使建筑立面进一步取得丰富和生动效果的又一重要方面。根据不同的建筑物的标准，以及建筑物所在地区的基地环境和气候条件，在材料和色彩的选配上，也应有所区别。

✿ 细部处理

突出建筑物立面中的重点，既是建筑造型的设计方法，也是房屋使用功能的需要。建筑物的主要出入口和楼梯间等部分，是人们经常经过和接触的地方，在使用上要求这些部分的位置明显，易于发现，在建筑立面设计中，相应地也应该对出入口和楼梯间的立面适当进行重点处理。建筑立面上一些构件的构造搭接，勒脚、窗台、遮阳、雨篷以及檐口等的线条处理，也应在设计中给予一定的重视。

6.1.3 建筑立面图的绘制方法

建筑立面图的设计一般是在完成平面图的设计之后进行的。用 AutoCAD 绘制建筑立面图有传统方法和模型投影法两种。

1. 传统方法

传统方法主要使用手工绘图方法与普通 AutoCAD 命令的结合。这种绘图方法简单、直观、准确，只需以完成的平面图作为生成基础，然后选定某一投影方向，根据建筑形体的情况，直接利用 AutoCAD 的二维绘图命令绘制建筑立面图。这种方法能基本上体现出计算机绘图的优势，但是绘制的立面图是彼此相互分离的，不同方向的立面图必须独立绘制。

2. 模型投影法

这种方法是调用建筑平面图，关闭不必要的图层，删去不必要的图素，根据平面图的外墙、外门窗等位置的尺寸，构造建筑物外表三维面模或实体模型，然后利用计算机优势，选择不同视点方向观察模型并进行消隐处理，即得到不同方向的建筑立面图。这种方法的优点是，它直接从三维模型上提取二维立面图信息，一旦完成建模工作，就可生成任意方向的立面图。

由于用户尚未学习 AutoCAD 三维图形的设计，因此，本章还是以传统方法讲述绘制立面图的具体过程和步骤。一般建筑立面图的绘制步骤如下。

（1）绘制地平线、定位轴线、各层的楼面线、楼面和女儿墙的轮廓、建筑外墙轮廓等。

（2）绘制立面门窗洞口、阳台、楼梯间、墙身及暴露在外墙外面的柱子等可见轮廓。

（3）绘制出门窗、雨水管、外墙分割线等立面细部。

（4）标注尺寸及标高，添加索引符号及必要的文字说明等内容。

按照上述步骤，用 AutoCAD 2014 设计并绘制完成的建筑正立面图和背立面图，如下图所示。

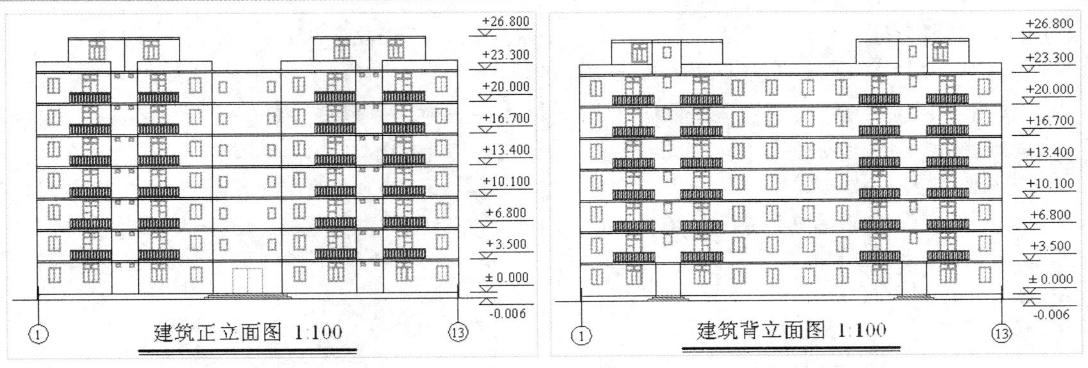

建筑正立面图和背立面图

6.2　绘制正立面图

通过前面的学习，已经知道了建筑立面图的基本知识、设计思路和绘制方法，下面将进行建筑立面图的绘制。整个绘制过程包括：设置绘图环境、绘制轴线网、绘制底层立面图、绘制标准层立面图、绘制顶层立面图、标注尺寸和文字说明 6 个部分，下面分别介绍相关内容。

6.2.1　设置绘图环境

设置绘图环境最重要的一项就是图层的设置。在本实例设计过程中，首先通过“单位”和“图形界限”命令设置图形单位和图形界限，然后通过“图层”命令，将所要绘制的各种图形对象加以分类，绘制在不同的图层上，既方便管理，又便于绘制，展示了设置立面图绘图环境的具体方法与技巧，其具体操作步骤如下。

素材文件	无	效果文件	第 6 章\设置绘图环境.dwg

STEP 01　设置绘图单位

新建一个空白文件，并将其保存，在命令行中输入 UNITS（单位）命令，按【Enter】键确认，弹出“图形单位”对话框，设置各选项，如下图所示。

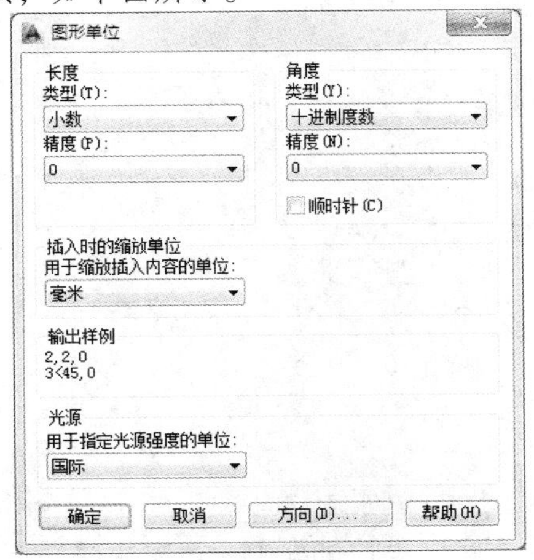

STEP 02　设置绘图界限

在命令行中输入 LIMITS（图形界限）命令，按【Enter】键确认，根据命令行提示进行操作，指定左下角点坐标为（0,0），指定右上角点坐标为（59400,42000），切换至“视图”选项卡，在“二维导航”面板中单击“范围”右侧的下拉按钮，在弹出的列表框中选择“全部”选项，如下图所示，即可全部显示视图。

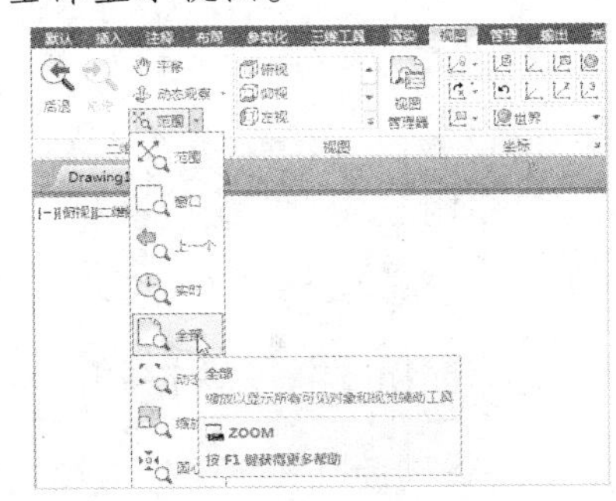

STEP 03 **新建图层**

在"功能区"选项板的"默认"选项卡中，单击"图层"面板中的"图层特性"按钮，弹出"图层特性管理器"选项板，依次创建"轴线"、"窗"、"台阶"、"外墙"、"阳台"和"标注和文字"6个图层，颜色自定，设置"轴线"的"线型"为ACAD_ISO04W100，如下图所示。

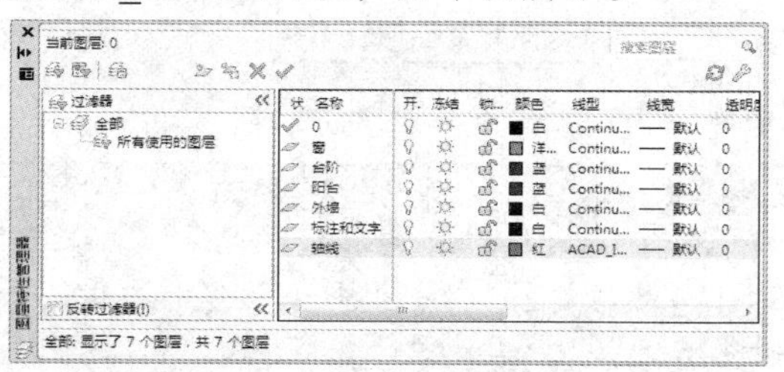

STEP 04 **设置各选项**

显示菜单栏，单击"格式"|"线型"命令，弹出"线型管理器"对话框，选择ACAD_ISO04W100线型，设置"全局比例因子"为50.0000，如下图所示，单击"确定"按钮，即可完成绘图环境的设置。

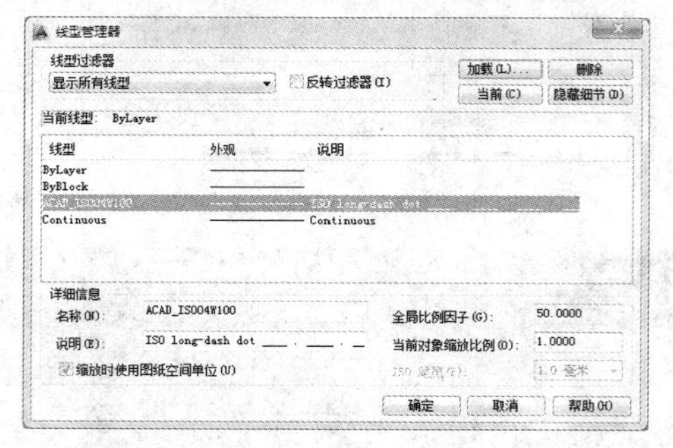

专家指点

如果在系统提示"指定左下角点或[开(ON)/关(OFF)] <0,0>:"下输入ON并按【Enter】键，将打开图形界限的限制功能，即用户只能在设置的绘图范围内绘图，当所有图形超过已设置的图形界限时，AutoCAD拒绝绘制。

6.2.2 绘制轴线网

轴线网用来在绘图时进行准确定位，在本实例设计过程中，通过"构造线"和"偏移"绘制轴线网，其具体操作步骤如下。

素材文件	无	效果文件	第6章\绘制轴线网.dwg

STEP 01 **绘制构造线**

将"轴线"图层置为当前图层，在命令行中输入XL（构造线）命令，按【Enter】键确认，根据命令行提示进行操作，绘制水平和垂直的两条构造线，如下图所示。

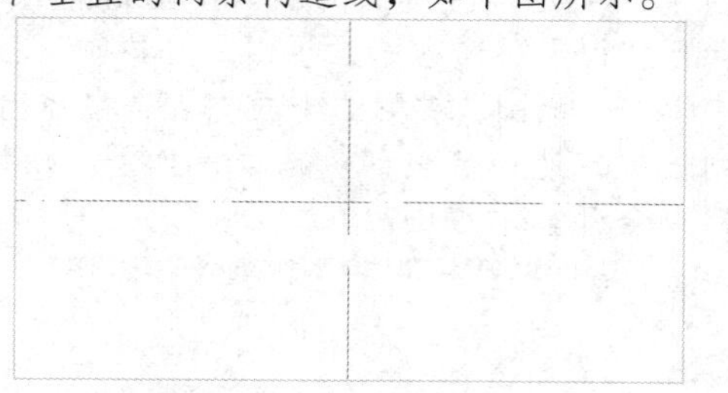

STEP 02 **偏移构造线**

在命令行中输入O（偏移）命令，按【Enter】键确认，根据命令行提示进行操作，选择垂直构造线，沿水平方向依次向右偏移120、3180、120、4200、1350、1350、4200、120、3180、120、3480的距离，选择水平构造线，沿垂直方向向上偏移3500的距离，如下图所示。

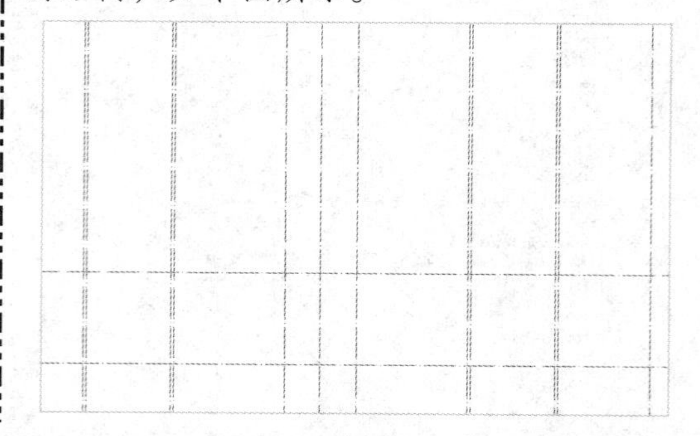

6.2.3 绘制底层立面图

绘制完轴线网后，接下来绘制底层立面图。在本实例设计过程中，首先通过"直线"

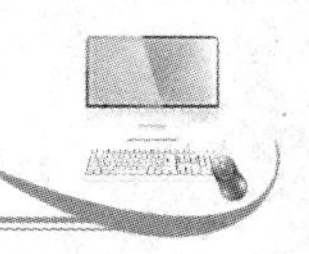

和“偏移”等命令绘制底层立面图的墙线和阶梯，然后通过“矩形”、“偏移”、“直线”、“修剪”和“镜像”等命令绘制底层立面图的门窗，展示了底层立面图的具体设计方法与技巧，其具体操作步骤如下。

素材文件	无	效果文件	第 6 章\绘制底层立面图.dwg

STEP 01 绘制直线

将“外墙”图层置为当前图层，在命令行中输入 L（直线）命令，按【Enter】键确认，根据命令行提示进行操作，水平连接最外侧两条垂直线与水平线的 4 个角点，垂直连接第 5 条、第 7 条和第 11 条垂直线，如下图所示。

STEP 02 偏移水平构造线

在命令行中输入 O（偏移）命令，按【Enter】键确认，然后根据命令行提示进行操作，选择最下面的水平构造线，沿垂直方向向下偏移 3 次，偏移距离为 200，如下图所示。

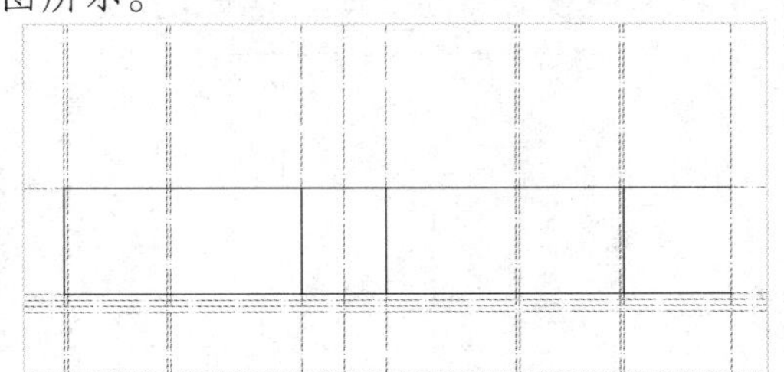

STEP 03 偏移垂直构造线

在命令行中输入 O（偏移）命令，按【Enter】键确认，根据命令行提示进行操作，选择右起第 3 条垂直构造线，沿水平方向向左偏移两次，偏移距离为 400，如下图所示。

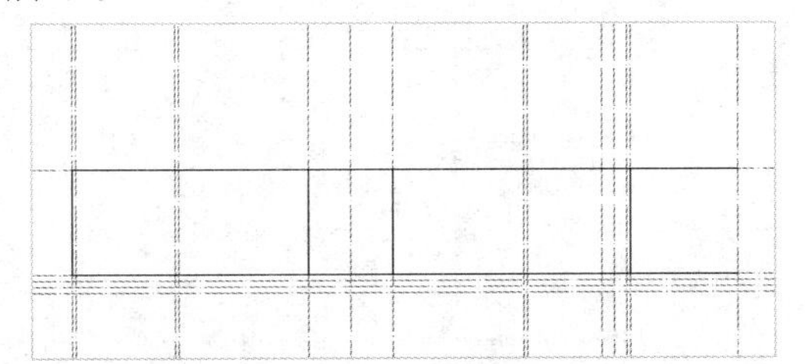

STEP 04 绘制台阶立面图

将“台阶”图层置为当前，在命令行中输入 L（直线）命令，按【Enter】键确认，根据命令行提示进行操作，依次捕捉步骤 2 和 3 所偏移的轴线网，绘制台阶的立面图，并删除偏移的轴线，如下图所示。

STEP 05 绘制窗户外框

在命令行中输入 REC（矩形）命令，按【Enter】键确认，根据命令行提示进行操作，捕捉轮廓线的左下角点，依次输入角点坐标为（@1170,1200）和（@1200,1600），绘制窗户外框，如下图所示。

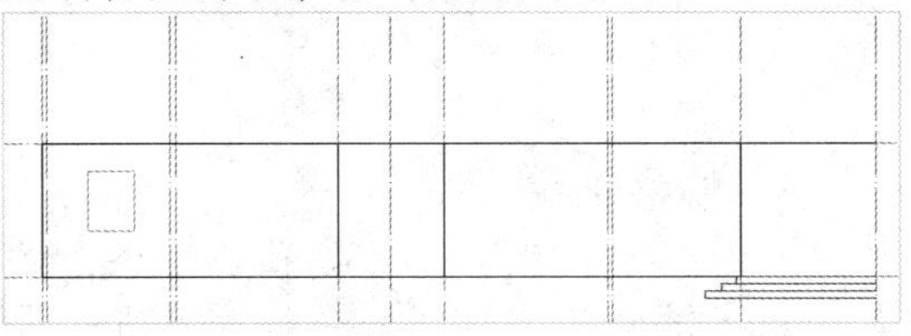

STEP 06 偏移窗户外框

在命令行中输入 O（偏移）命令，按【Enter】键确认，根据命令行提示进行操作，将窗户外框向内偏移两次，偏移距离为 50，如下图所示。

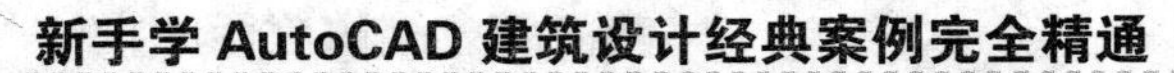

STEP 07 连接中点

在命令行中输入 L（直线）命令，按【Enter】键确认，根据命令行提示进行操作，连接第 2 个矩形的水平线中点，如下图所示。

STEP 08 偏移修剪处理

执行“O（偏移）”和“TR（修剪）”命令，将刚绘制的直线向右偏移 50 的距离，修剪多余的线条，如下图所示。

STEP 09 偏移轴线

在命令行中输入 O（偏移）命令，按【Enter】键确认，根据命令行提示进行操作，选择最底下的轴线，垂直向上偏移 1200 的距离，如下图所示。

STEP 10 绘制窗户外框

在命令行中输入 REC（矩形）命令，按【Enter】键确认，根据命令行提示进行操作，捕捉第 4 条垂直线与刚偏移的轴线的交点，依次输入坐标为（@1300,0）和（@1600,2000），绘制窗户外框，如下图所示。

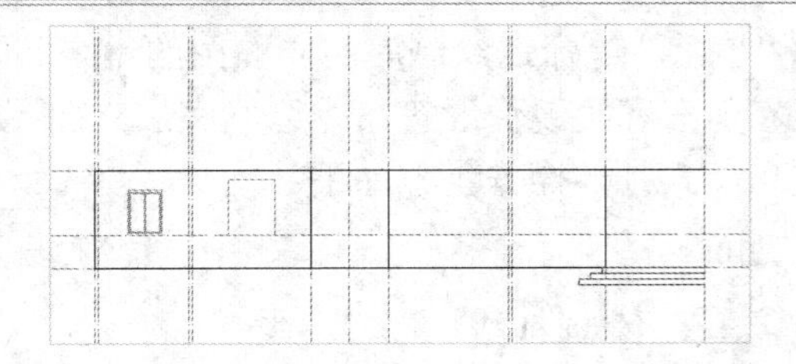

STEP 11 偏移窗户外框

在命令行中输入 O（偏移）命令，按【Enter】键确认，根据命令行提示进行操作，将窗户外框向内偏移两次，偏移距离为 50，如下图所示。

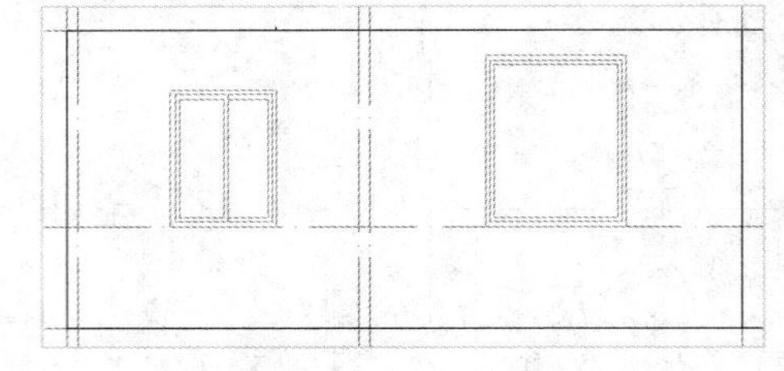

STEP 12 绘制偏移直线

在命令行中输入 L（直线）命令，按【Enter】键确认，根据命令行提示进行操作，捕捉第二个矩形的左下端点，依次输入坐标（@500,0）和（@0,1950）并确认，绘制直线，执行“O（偏移）”命令，向右偏移两次，偏移距离为 250，如下图所示。

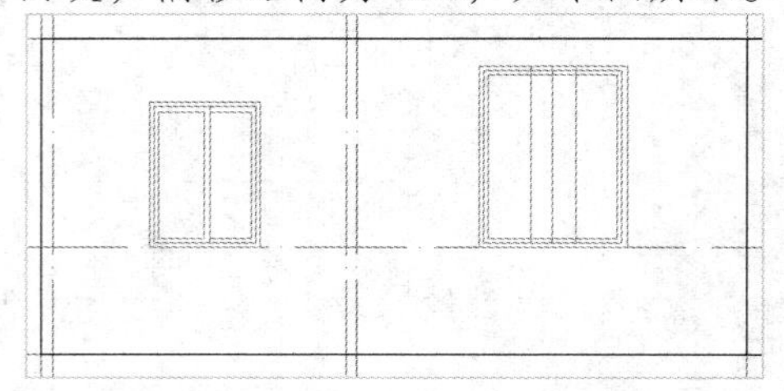

STEP 13 绘制矩形

在命令行中输入 REC（矩形）命令，按【Enter】键确认，根据命令行提示进行操作，捕捉最里面的矩形的左下端点，输入对角点坐标为（@400，1250）并确认，绘制矩形，如下图所示。

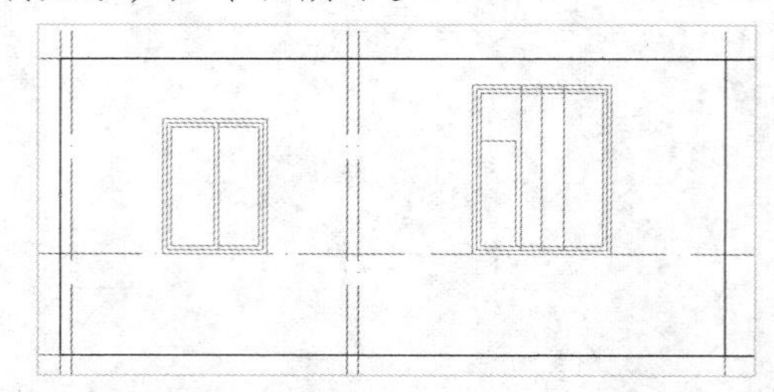

STEP 14 镜像矩形

在命令行中输入MI（镜像）命令，按【Enter】键确认，根据命令行提示进行操作，以绘制偏移的线为镜像线，镜像矩形，如下图所示。

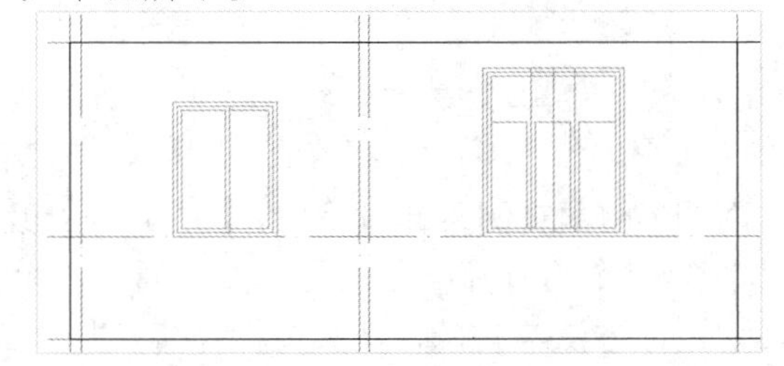

STEP 15 绘制偏移矩形

在命令行中输入REC（矩形）命令，按【Enter】键确认，根据命令行提示进行操作，捕捉矩形上短边的中点，依次输入点坐标为（@-50,-50）和（@-700,-500）并确认，绘制矩形，执行“O（偏移）”命令，将矩形向内和外各偏移50的距离，如下图所示。

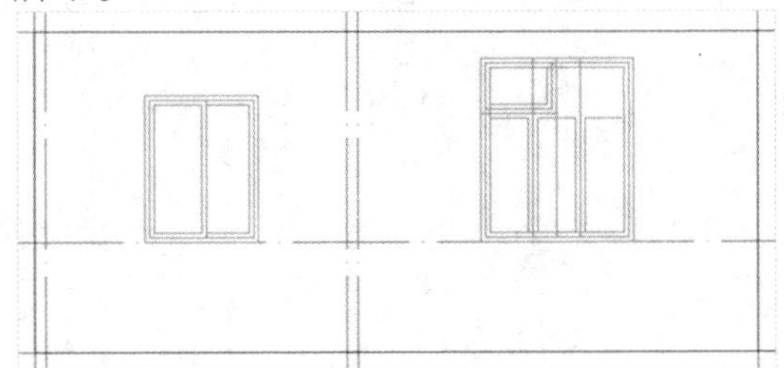

STEP 16 镜像修剪处理

执行“MI（镜像）”和“TR（修剪）”命令，以矩形短边的中线为镜像轴，将刚绘制和偏移的矩形镜像，修剪多余的线条，如下图所示。

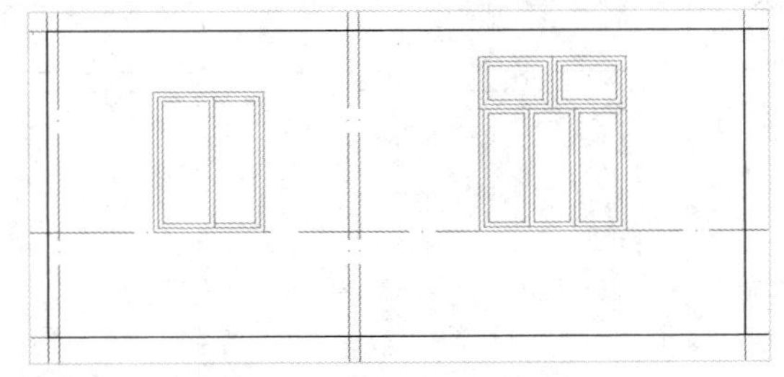

STEP 17 偏移构造线

在命令行中输入O（偏移）命令，按【Enter】键确认，根据命令行提示进行操作，将最下方的水平构造线依次垂直向上偏移100、2500、200、400、100的距离，如下图所示。

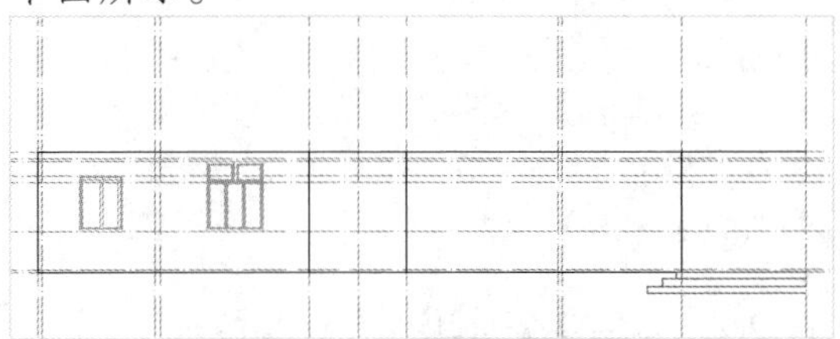

STEP 18 绘制宽500的窗

在命令行中输入REC（矩形）命令，按【Enter】键确认，根据命令行提示进行操作，捕捉水平第4条构造线和垂直第5条构造线的交点，依次输入点坐标为（@425,0）和（@500,400）并确认，绘制宽500的窗，如下图所示。

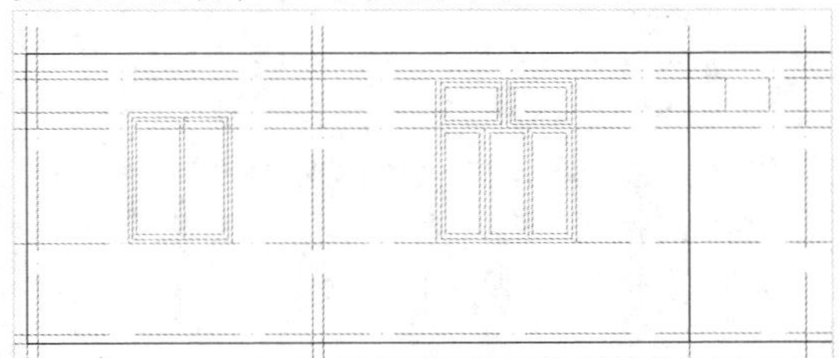

STEP 19 偏移矩形

在命令行中输入O（偏移）命令，按【Enter】键确认，根据命令行提示进行操作，将绘制的矩形向内偏移两次，偏移距离为50，如下图所示。

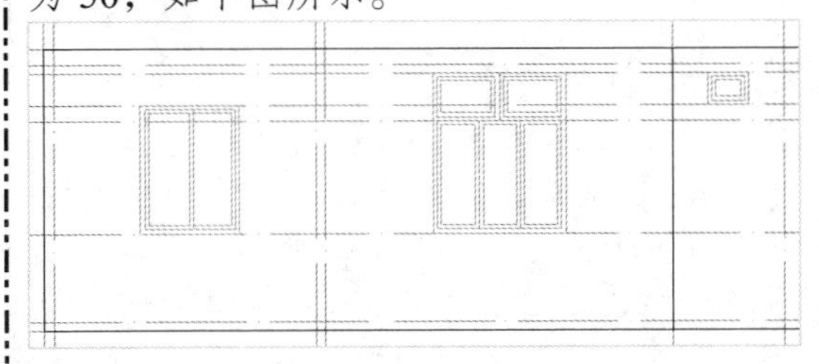

STEP 20 镜像所有窗户

在命令行中输入MI（镜像）命令，按【Enter】键确认，根据命令行提示进行操作，镜像所绘制的所有窗户，如下图所示。

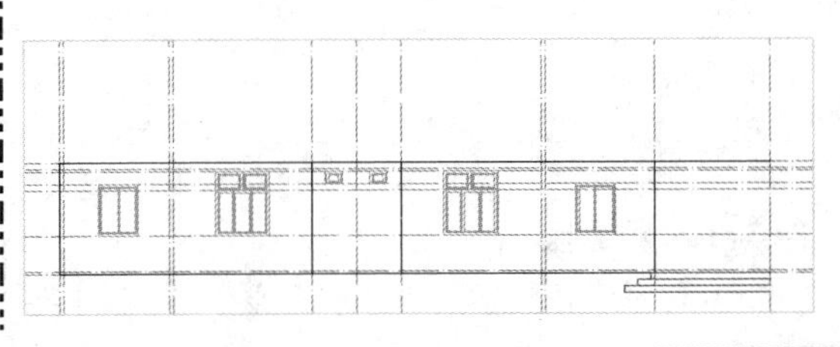

STEP 21 绘制门

在命令行中输入 L（直线）命令，按【Enter】键确认，根据命令行提示进行操作，捕捉最右侧和最底部的轴线的交点，依次输入点坐标为（@-1500,0）、（@0,2600）及（@1500,0），输入 C 闭合，如下图所示。

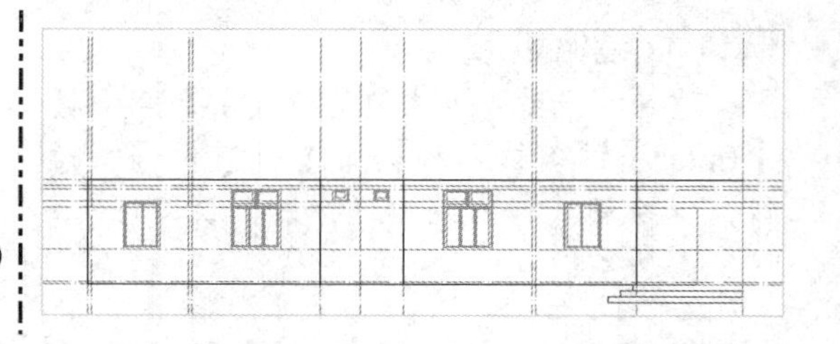

6.2.4 绘制标准层立面图

绘制完底层立面图后，接下来绘制标准层立面图。在本实例设计过程中，首先通过“偏移”、“复制”、“矩形”、“直线”和“阵列”等命令绘制标准层阳台，然后通过“复制”命令复制标准层，展示了标准层立面图的具体设计方法与技巧，其具体操作步骤如下。

素材文件	无	效果文件	第 6 章\标准层立面图.dwg

STEP 01 绘制标准层外墙轮廓

将“外墙”图层置为当前图层，在命令行中输入 O（偏移）命令，按【Enter】键确认，根据命令行提示进行操作，选择第 2 条水平轴线，垂直向上依次偏移 3300 和 200 的距离，执行“L（直线）”命令，绘制标准层外墙轮廓，如下图所示。

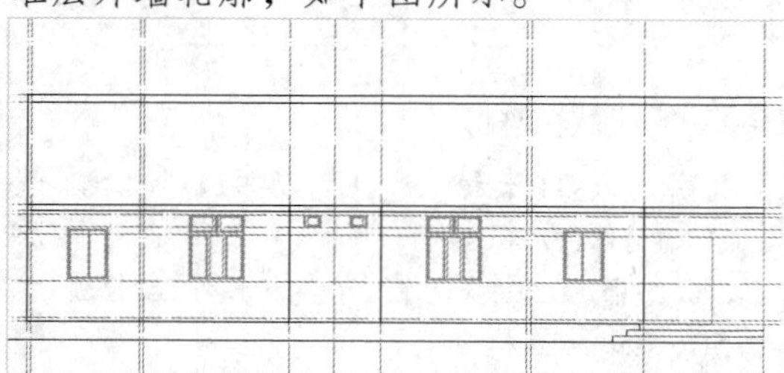

STEP 02 复制窗户

在命令行中输入 CO（复制）命令，按【Enter】键确认，根据命令行提示进行操作，选择所有窗户对象，捕捉标准层的第 3 条墙线的左端点为第一点，捕捉第 1 条墙线的左端点为第二点并确认，如下图所示。

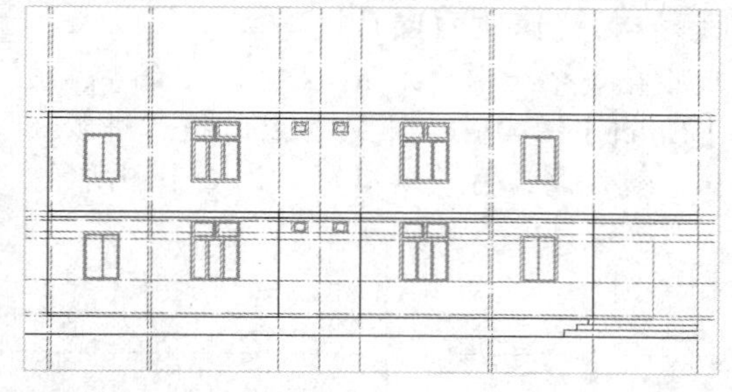

STEP 03 绘制矩形

将“窗”图层置为当前图层，在命令行中输入 REC（矩形）命令，按【Enter】键确认，根据命令行提示进行操作，绘制最右侧的窗，捕捉左起的第 2 条垂直构造线与第 3 条墙线的交点，依次输入点坐标为（@640,1000）和（@800,1200）并确认，如下图所示。

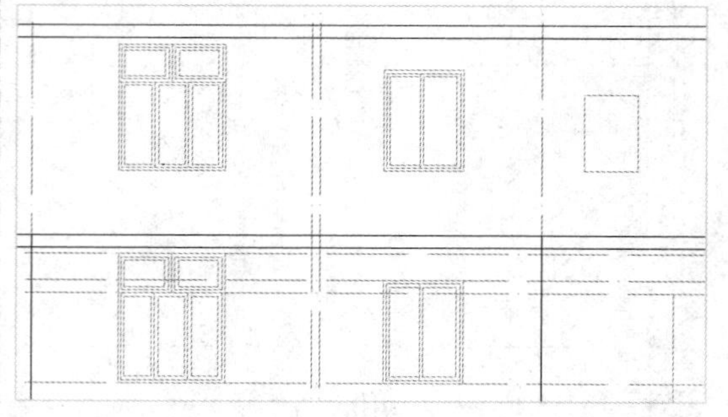

STEP 04 偏移矩形

在命令行中输入 O（偏移）命令，按【Enter】键确认，根据命令行提示进行操作，将绘制的矩形向内偏移两次，偏移距离为 50，如下图所示。

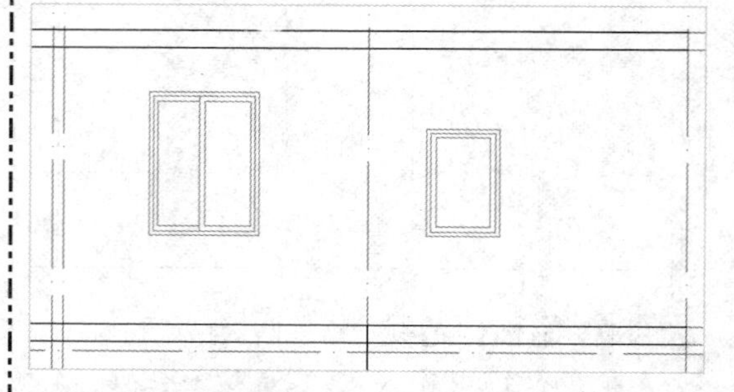

STEP 05 偏移轴线

将“阳台”图层置为当前图层，在命令

行中输入 O（偏移）命令，按【Enter】键确认，根据命令行提示进行操作，将由上至下第 3 条轴线垂直向上依次偏移 100、50、800、50、100、1100 和 800 的距离，如下图所示。

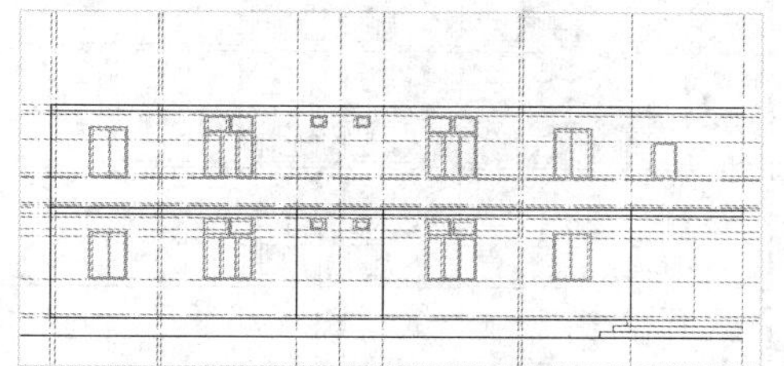

STEP 06 绘制阳台轮廓线

执行“L（直线）”命令，根据偏移的轴线在相应的位置绘制阳台轮廓线，效果如下图所示。

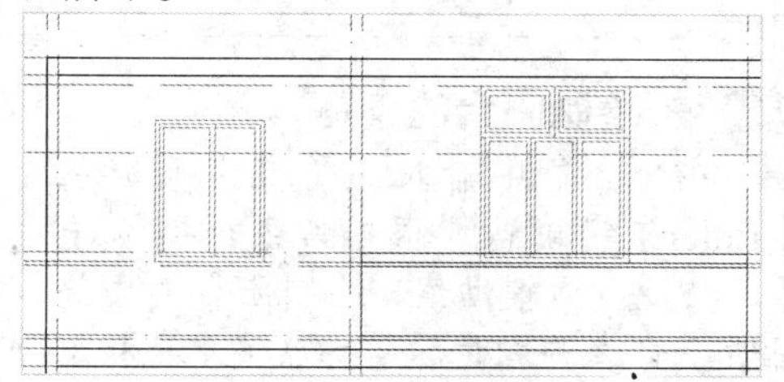

STEP 07 阵列修剪直线

在命令行中输入 AR（阵列）命令，按【Enter】键确认，根据命令行提示进行操作，选择刚绘制的左侧的直线，设置“行数”和“列数”为 1 和 28、“列”的“介于”为 150，阵列直线，执行“TR（修建）”命令，快速修建图形，如下图所示。

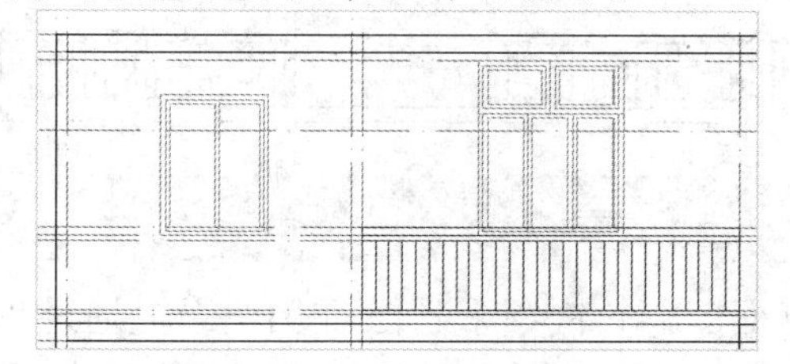

STEP 08 绘制偏移直线

将“窗”图层置为当前图层，在命令行中输入 L（直线）命令，按【Enter】键确认，根据命令行提示进行操作，捕捉所需点，向上引导光标，输入 575 并确认，向右引导光标，输入 1550 并确认，绘制直线，执行“O（偏移）”命令，将绘制的水平直线垂直向上偏移两次，偏离距离为 50，如下图所示。

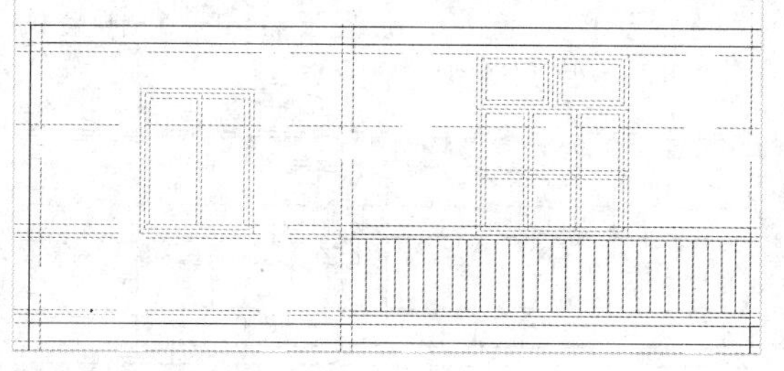

STEP 09 绘制垂直中线

在命令行中输入 L（直线）命令，按【Enter】键确认，根据命令行提示进行操作，连接窗户垂直中线，如下图所示。

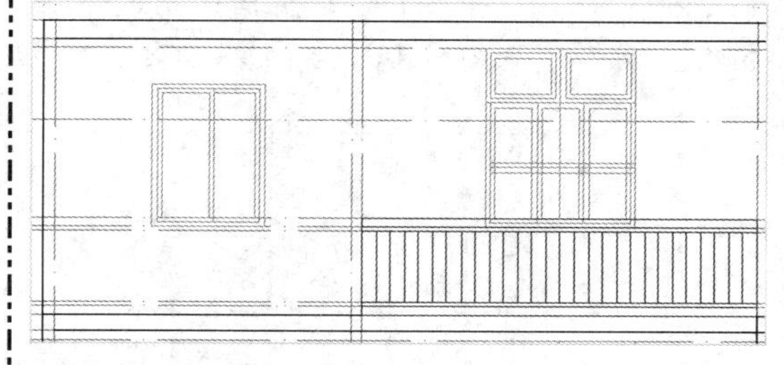

STEP 10 偏移直线

执行“O（偏移）”命令，将绘制的直线向左右各偏移 50 的距离，将刚绘制的第 1 根水平线，向上偏移 625 的距离，如下图所示。

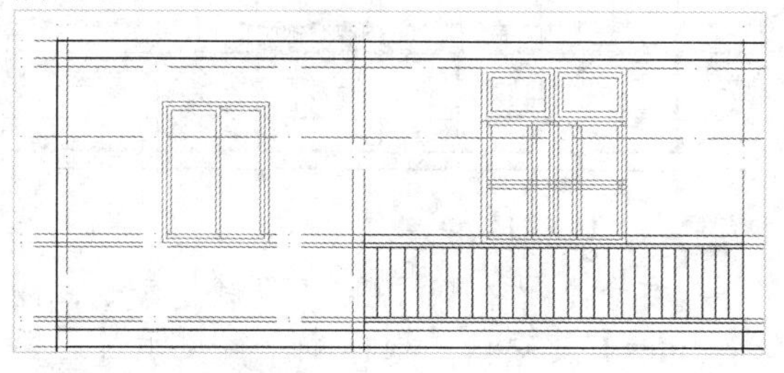

STEP 11 修剪直线

执行“X（分解）”和“TR（修剪）”命令，分解矩形，并修剪多余的线，如下图所示。

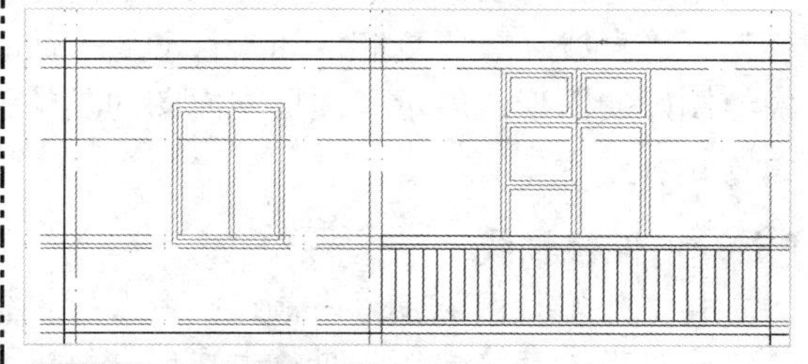

STEP 12 删除镜像处理

执行“E（删除）”和“MI（镜像）”

命令，删除大窗户，镜像阳台和通往阳台的带窗门，如下图所示。

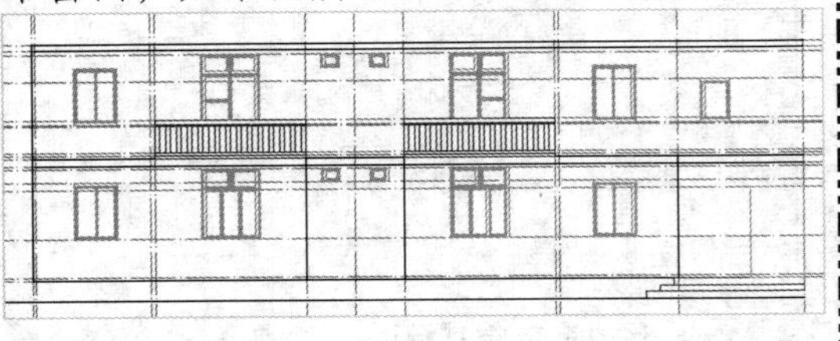

STEP 13 偏移轴线

在命令行中输入 O（偏移）命令，按【Enter】键确认，根据命令行提示进行操作，将第一条水平轴线，垂直向上依次偏移 5 次，偏移距离为 3300，如下图所示。

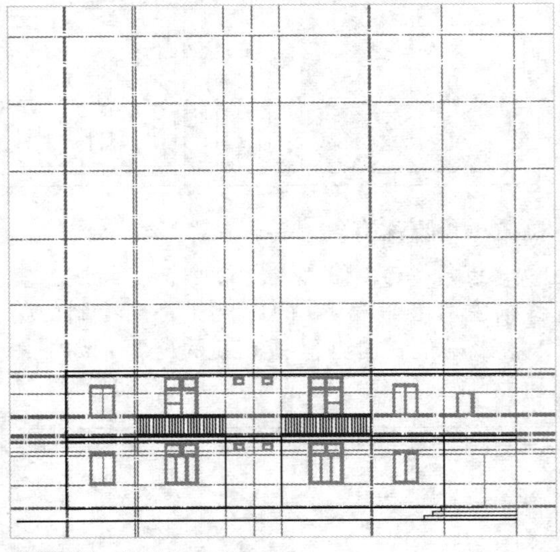

STEP 14 复制标准层

在命令行中输入 CO（复制）命令，按【Enter】键确认，根据命令行提示进行操作，以标准层墙线的左上角点为基点，复制标准层，如下图所示。

STEP 15 绘制阳台的雨篷

在命令行中输入 L（直线）命令，按【Enter】键确认，根据命令行提示进行操作，以轴线为辅助线，绘制阳台的雨篷，并将所绘直线的颜色设置为黑色，效果如下图所示。

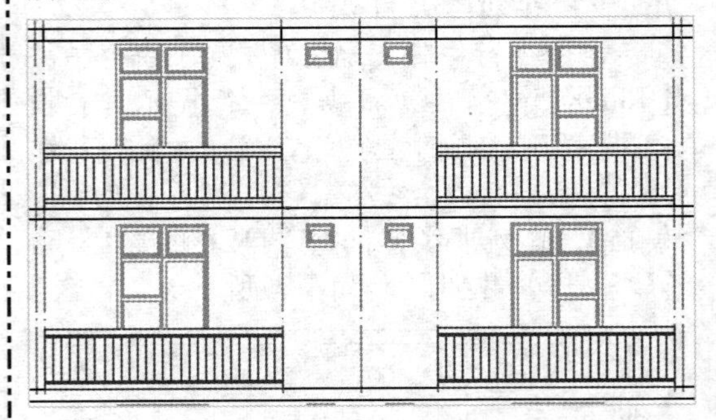

6.2.5 绘制顶层立面图

绘制完标准层立面图后，接下来绘制顶层立面图。在本实例设计过程中，首先通过“偏移”、“直线”、“复制”和“移动”等命令绘制顶层立面图，然后通过“镜像”命令镜像绘制好的图形，展示了顶层立面图的具体设计方法与技巧，其具体操作步骤如下。

素材文件	无	效果文件	第 6 章\顶层立面图.dwg

STEP 01 偏移轴线

将“外墙”图层置为当前，在命令行中输入 O（偏移）命令，按【Enter】键确认，根据命令行提示进行操作，将最上面的轴线垂直向上依次偏移 1000、2200、100 和 200 的距离，如下图所示。

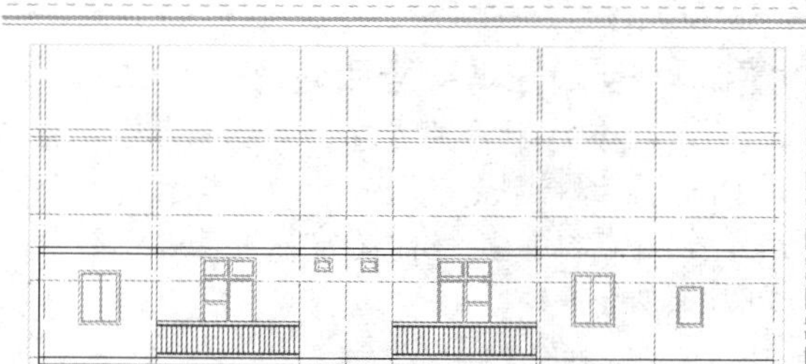

STEP 02 **绘制顶层墙轮廓线**

在命令行中输入 L（直线）命令，按【Enter】键确认，然后根据命令行提示进行操作，根据轴线绘制顶层墙轮廓线，如下图所示。

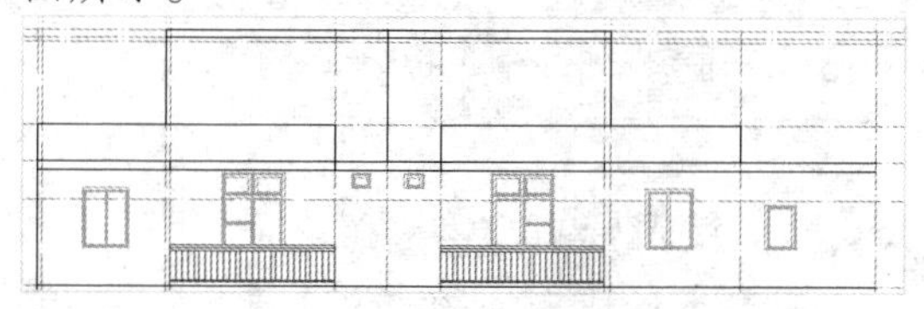

STEP 03 **复制窗户**

在命令行中输入 CO（复制）命令，按【Enter】键确认，根据命令行提示进行操作，选中底层的大窗，捕捉底层大窗的右下角点确定基点，捕捉顶层矩形右上角的端点为第二点，复制窗户，如下图所示。

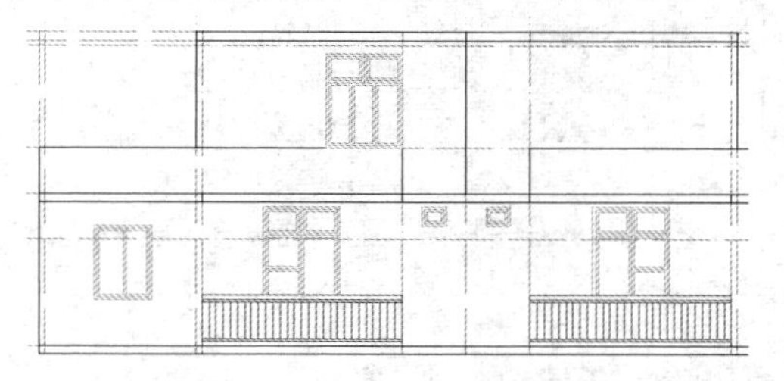

STEP 04 **移动镜像窗户**

在命令行中输入 M（移动）命令，按【Enter】键确认，根据命令行提示进行操作，捕捉底层大窗的右下角点确定基点，输入第二点坐标（@-625,200）并确认，移动窗户，执行“MI（镜像）”命令，镜像窗户，如下图所示。

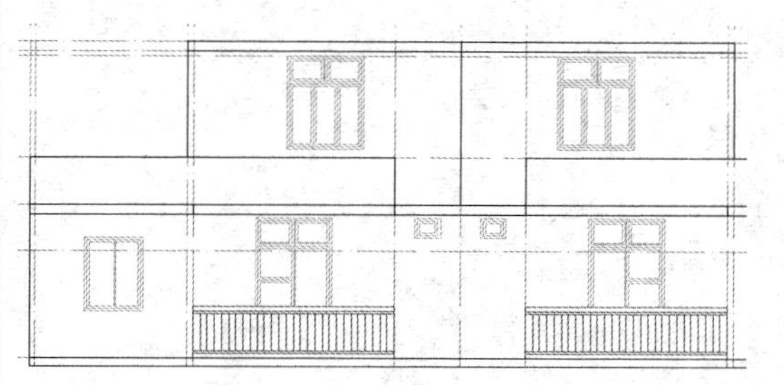

STEP 05 **镜像图形**

在命令行中输入 MI（镜像）命令，按【Enter】键确认，根据命令行提示进行操作，镜像所有绘制好的图形，如下图所示。

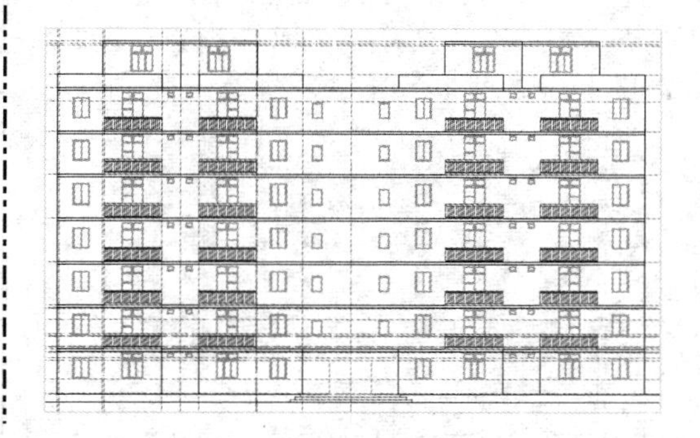

6.2.6 标注尺寸和文字说明

立面图的标注主要是进行楼层标高的注明，楼层标高主要如下：底层层高为 3.5m，标准层层高为 3.3m，顶层层高为 3.5m。标注尺寸和文字说明的具体操作步骤如下。

素材文件	无	效果文件	第 6 章\标注尺寸和文字说明.dwg

STEP 01 **绘制标注符号**

在命令行中输入 L（直线）命令，按【Enter】键确认，根据命令行提示进行操作，任取一点确定第一点，依次输入点坐标（@-5445，0）、（@937<315）及（@937<45）并确认，绘制标注符号，重复执行“L（直线）”命令，在相应的位置绘制长度为 2750 的直线，如下图所示。

STEP 02 **设置文字样式**

显示菜单栏，单击“文字”|“文字样式”命令，弹出“文字样式”对话框，设置各选项，如下图所示。

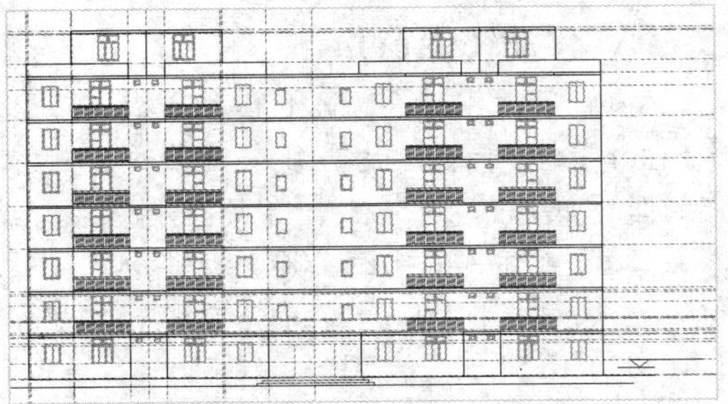

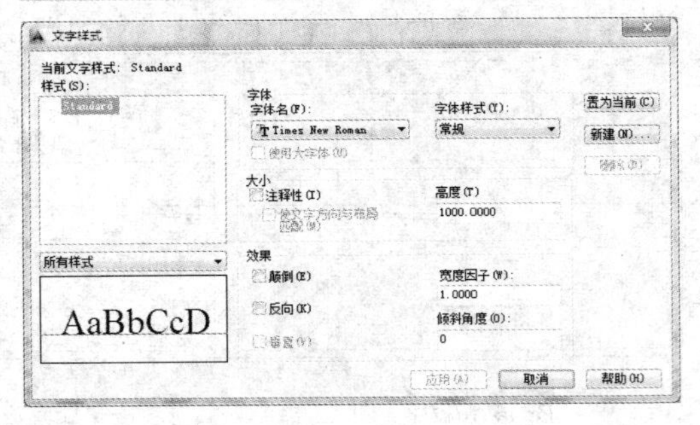

STEP 03 输入文字

单击“确定”按钮，在命令行中输入 TEXT（单行文字）命令，按【Enter】键确认，根据命令行提示进行操作，指定文字的起点，居中对齐文字，在标注符号合适的位置单击，输入相应文字，如下图所示。

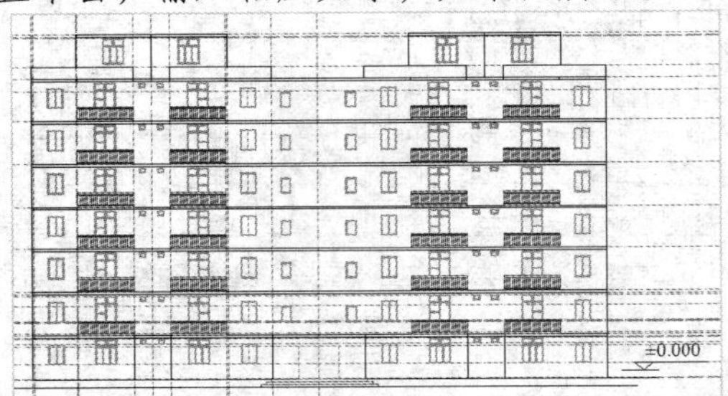

STEP 04 镜像标高符号和直线

在命令行中输入 MI（镜像）命令，按【Enter】键确认，然后根据命令行提示进行操作，镜像绘制的标高符号和直线，如下图所示。

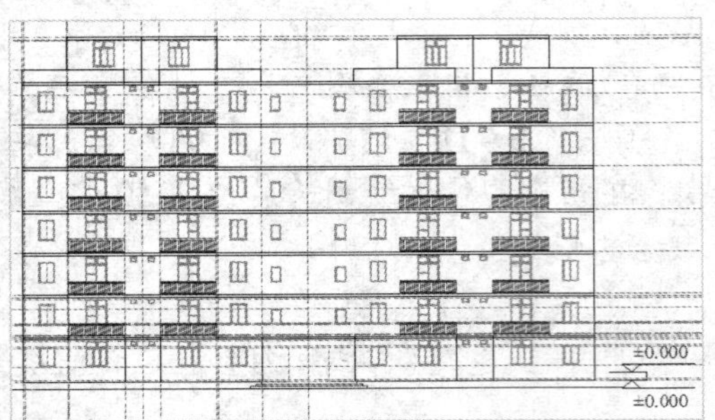

STEP 05 复制标高符号和直线

在命令行中输入 CO（复制）命令，按【Enter】键确认，根据命令行提示进行操作，在相应位置复制标高符号和直线，效果如下图所示。

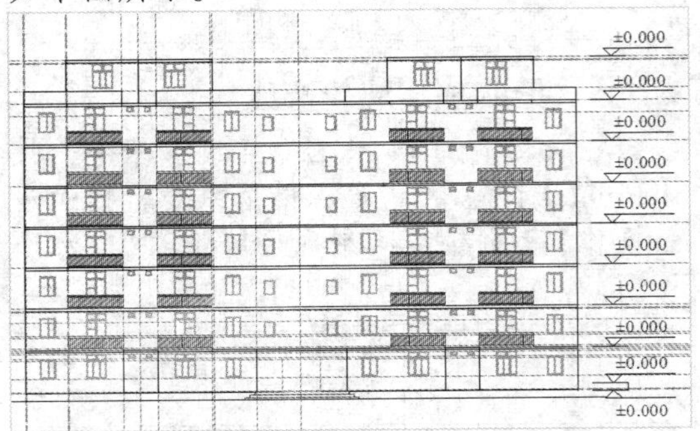

STEP 06 编辑标高文字

在需要修改的文字上双击鼠标左键，弹出“编辑文字”对话框，在“文字”文本框中输入所需文字，单击“确定”按钮，运用同样的方法编辑标高文字，如下图所示。

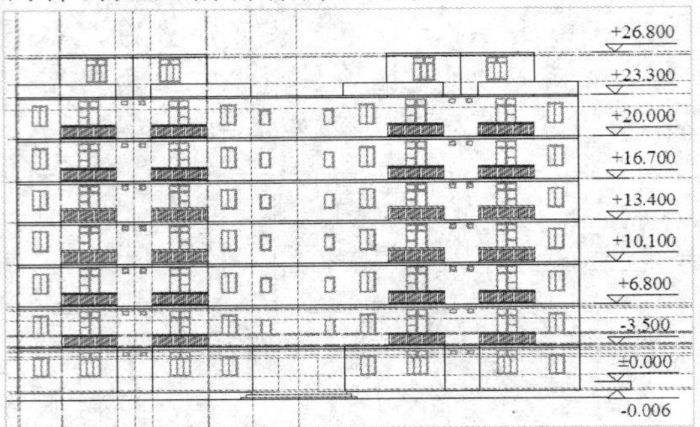

STEP 07 新建文字样式

单击“文字”|“文字样式”命令，弹出“文字样式”对话框，新建文字样式，设置各选项，如下图所示。

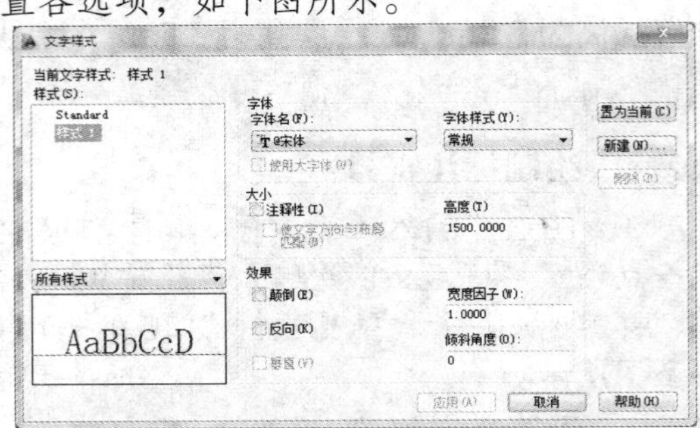

STEP 08 输入图形名称

单击“确定”按钮，在命令行中输入

TEXT（单行文字）命令，按【Enter】键确认，根据命令行提示进行操作，设置“对正”方式为“正中”、“文字高度”为 1500，在合适位置单击，输入图形名称“建筑正立面图 1:100”字样，如下图所示。

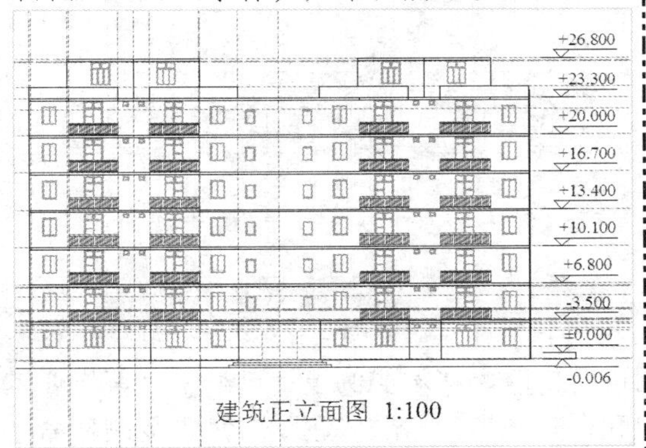

STEP 09 绘制标注定位轴线

隐藏“轴线”图层，在命令行中输入 L（直线）命令，按【Enter】键确认，根据命令行提示进行操作，在所需位置绘制长度为 4362 的两条直线，执行“C（圆）”和“TEXT（单行文字）”命令，绘制半径为 1000 的两个圆，在圆圈内标注 1 和 13，如下图所示。

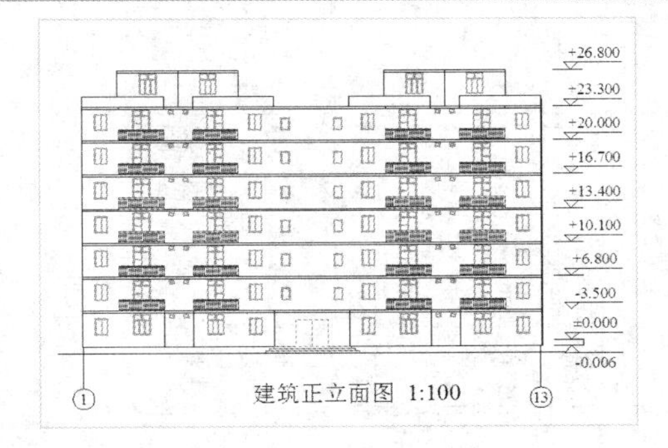

STEP 10 绘制直线

在命令行中输入 L（直线）命令，按【Enter】键确认，根据命令行提示进行操作，在图形名称下方绘制粗细两条直线，完善墙线，如下图所示。

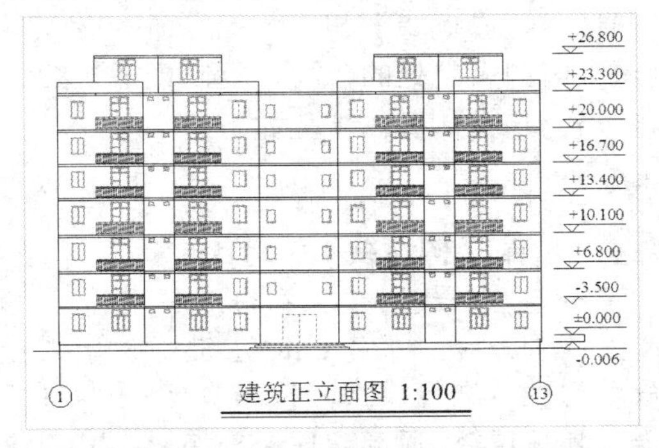

6.3 绘制背立面图

标准的建筑的背立面图的绘制一般是在绘制好的正立面图上进行适当的修改得到的，需根据建筑的前后门窗位置的对比进行修改，以提高绘图效率。

6.3.1 修改正立面图

绘制背立面图之前，首先对上一节绘制的正立面图进行相应的修改。在本实例设计过程中，首先通过“删除”和“修剪”命令删除标准层，然后通过“编辑单行文字”命令修改图名，展示了修改正立面图的具体设计方法与技巧，其具体操作步骤如下。

素材文件	无	效果文件	第 6 章\修改正立面图.dwg

STEP 01 修剪删除处理

打开上一节绘制的正立面图，将其另存为“建筑背立面图”，执行“E（删除）”和“TR（修剪）”命令，删除多余的标准层，只保留底层、一个标准层和顶层，如下图所示。

STEP 02 编辑文字

在命令行中输入 ED（编辑单行文字）命令，按【Enter】键确认，根据命令行提示进行操作，单击图形名称“建筑正立面图 1:100”字样，将其修改为“建筑背立面图 1:100”，如下图所示。

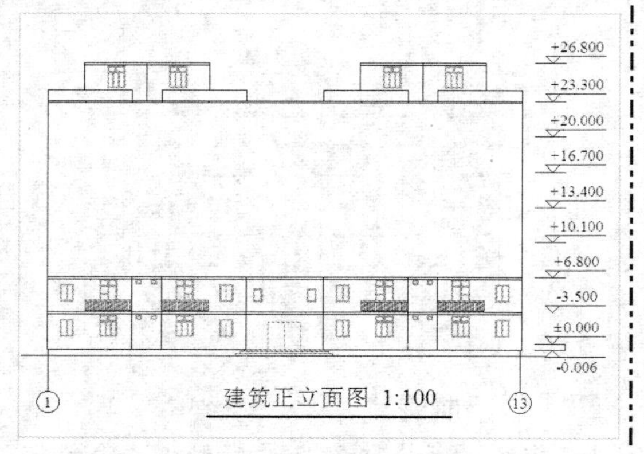

建筑正立面图 1:100

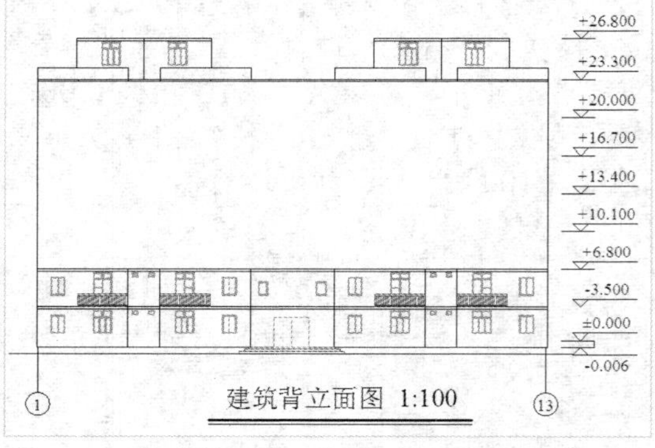

建筑背立面图 1:100

6.3.2 修改底层立面图

修改正立面图完成后，接着对底层立面图进行修改。在本实例设计过程中，首先通过“偏移”、“直线”和“镜像”命令修改窗户和台阶，然后通过“删除”和“复制”命令删除大门和大门处的台阶，复制楼梯处的小窗户，展示了修改底层立面图的具体设计方法与技巧，其具体操作步骤如下。

素材文件	无	效果文件	第 6 章\修改底层立面图.dwg

STEP 01 偏移构造线

显示“轴线”层，在命令行中输入 O（偏移）命令，按【Enter】键确认，根据命令行提示进行操作，选择第 5 条和第 7 条垂直构造线，向右和向左各偏移 120 的距离，如下图所示。

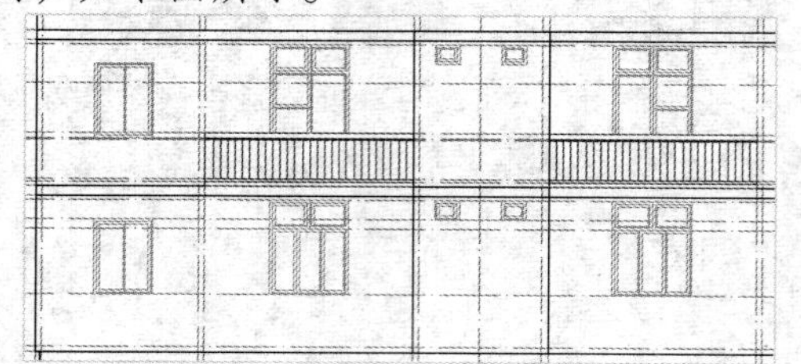

STEP 02 绘制删除墙线

在命令行中输入 L（直线）命令，按【Enter】键确认，根据命令行提示进行操作，绘制两条墙线，删除原来楼梯间的墙线，如下图所示。

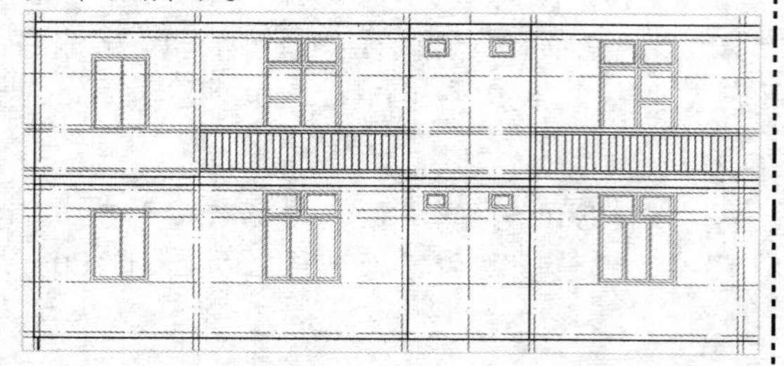

STEP 03 绘制台阶

与绘制正立面图台阶的方法相同，在相应位置绘制背立面图台阶，如下图所示。

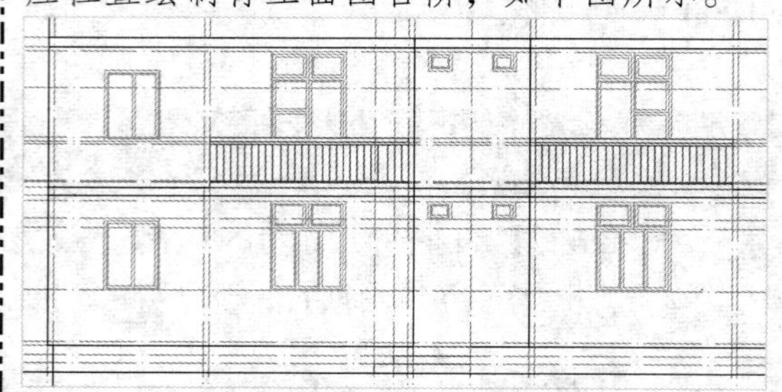

STEP 04 镜像台阶

在命令行中输入 MI（镜像）命令，按【Enter】键确认，根据命令行提示进行操作，指定台阶的右上角，镜像台阶，如下图所示。

STEP 05 **复制窗户**

执行“E（删除）”和“CO（复制）”命令，删除原来的大门、大门处的台阶和楼梯处两个小窗户，复制一个宽 1200 的窗户，如下图所示。

6.3.3 修改标准层立面图

标准层的修改无须进行大的改动，在本实例设计过程中，只需要把最右边的一个窗户修改为宽 1200 的推拉窗即可，展示了修改标准层立面图的具体设计方法与技巧，其具体操作步骤如下。

素材文件	无	效果文件	第 6 章\修改标准层立面图.dwg

STEP 01 **删除复制窗户**

删除 800 的窗户和楼梯处两个小窗户，在命令行中输入 CO（复制）命令，按【Enter】键确认，根据命令行提示进行操作，复制一个宽 1200 的窗户，如下图所示。

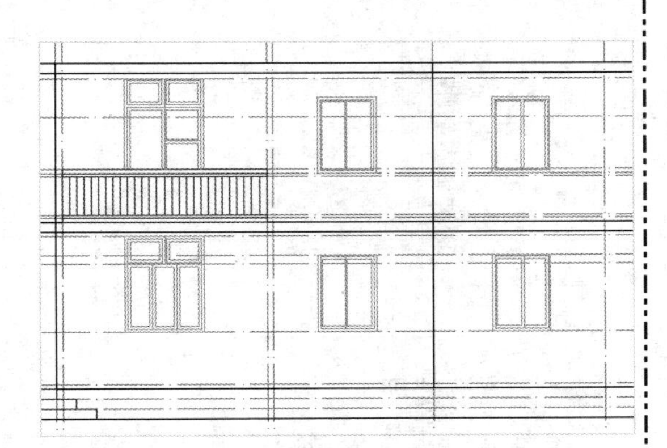

STEP 02 **复制标准层**

在命令行中输入 CO（复制）命令，按【Enter】键确认，根据命令行提示进行操作，选择标准层所有对象，复制标准层，如下图所示。

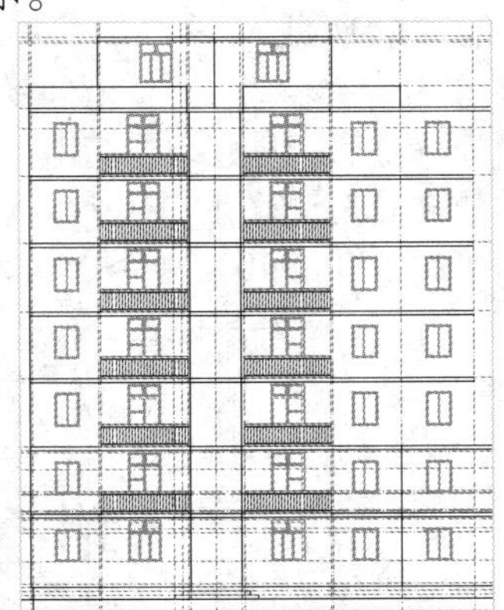

6.3.4 修改顶层立面图

修改完标准层立面图后，接下来修改顶层立面图。在本实例设计过程中，首先通过“矩形”、“偏移”、“修剪”、“复制”和“删除”等命令修改顶层立面图，然后通过“镜像”命令镜像绘制的图形，展示了修改顶层立面图的具体设计方法与技巧，其具体操作步骤如下。

素材文件	无	效果文件	第 6 章\修改顶层立面图.dwg

STEP 01 **绘制矩形**

将“窗”图层置为当前图层，在命令行中输入 REC（矩形）命令，按【Enter】键确认，根据命令行提示进行操作，指定第一个角点，依次输入点坐标（@950,1600）和（@800,1200），绘制矩形，如下图所示。

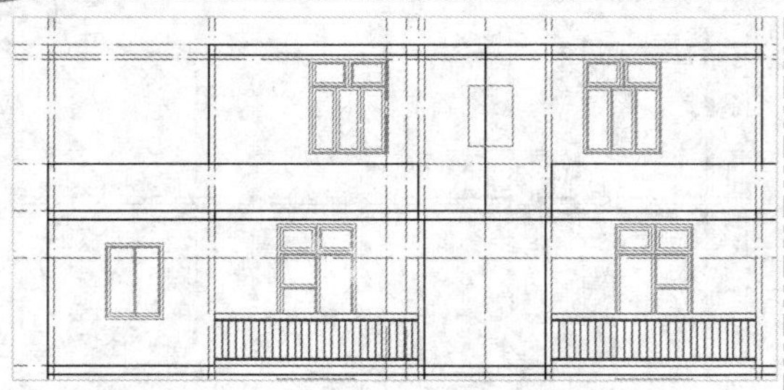

STEP 02 偏移矩形

在命令行中输入 O（偏移）命令，按【Enter】键确认，根据命令行提示进行操作，将刚绘制的矩形向内偏移两次，偏移距离均为 50，如下图所示。

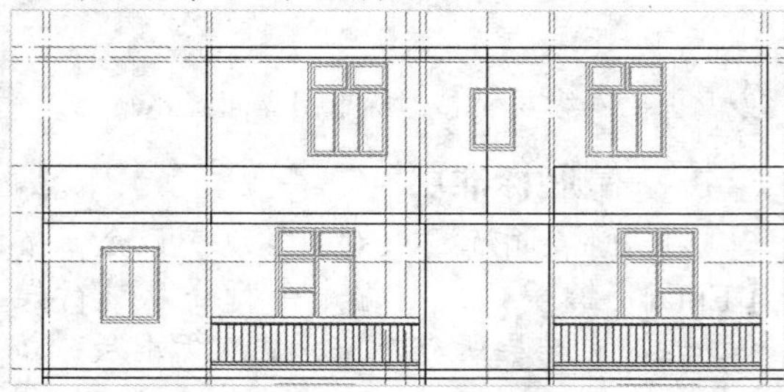

STEP 03 偏移轮廓线

在命令行中输入 O（偏移）命令，按【Enter】键确认，根据命令行提示进行操作，将顶层墙轮廓线向右偏移两次，偏移距离分别为 4200 和 2940，如下图所示。

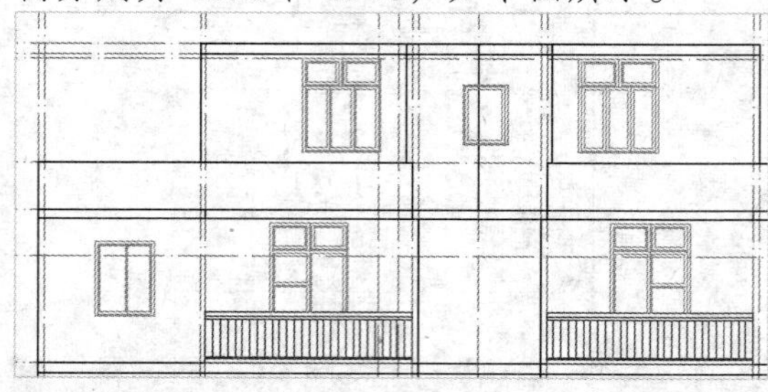

STEP 04 修剪处理

在命令行中输入 TR（修剪）命令，按【Enter】键两次，根据命令行提示进行操作，快速修剪多余的线条，如下图所示。

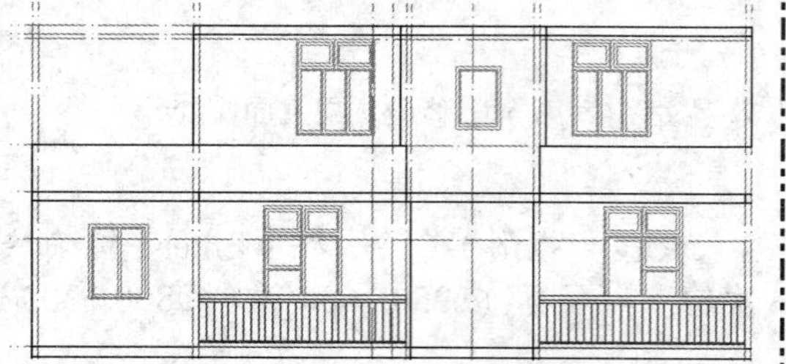

STEP 05 复制窗

在命令行中输入 CO（复制）命令，按【Enter】键确认，然后根据命令行提示进行操作，复制刚绘制的窗至合适位置，如下图所示。

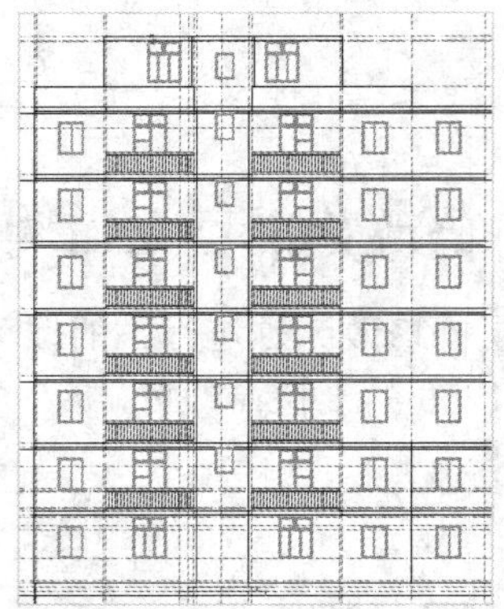

STEP 06 删除图形

执行“E（删除）”命令，删除顶层最右边的窗户、墙线和右边的底层、标准层及顶层，如下图所示。

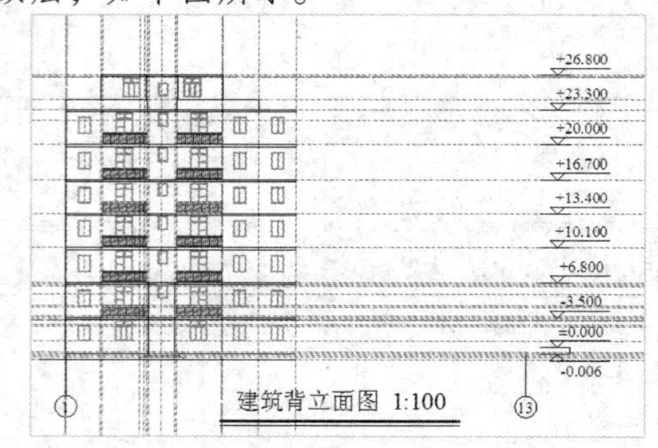

建筑背立面图 1:100

STEP 07 镜像处理

在命令行中输入 MI（镜像）命令，按【Enter】键确认，根据命令行提示进行操作，镜像图形，隐藏“轴线”图层，如下图所示。

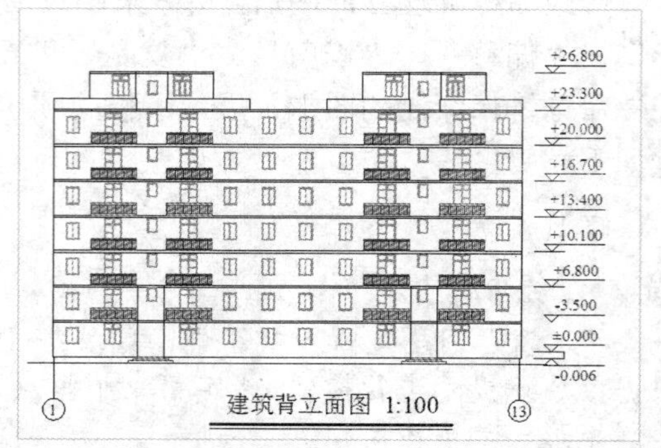

建筑背立面图 1:100

6.4 建筑立面图后期处理

绘制好建筑立面图后，同建筑平面图一样，需要对其进行后期处理，给建筑立面图添加图框和标题，最后进行打印输出，完成建筑立面图的设计。

6.4.1 添加图框和标题

前面绘制了建筑正立面图和背立面图，接下来为其添加图框和标题，这两幅图的大小分别为宽度 53221mm、长度 35590 mm 和宽度 52881mm、长度 34838mm。如果按照 1:100 的比例出图，则宽度为 594mm，长度为 420mm，所以需要添加一个 A2 页面（宽 594mm、长 420mm）的图框，其具体操作步骤如下。

素材文件	第 6 章\A2 图框.dwg	效果文件	第 6 章\添加图框和标题 1.dwg 等

STEP 01 定义块

打开"A2 图框.dwg"素材文件，将其定义为块，如下图所示。

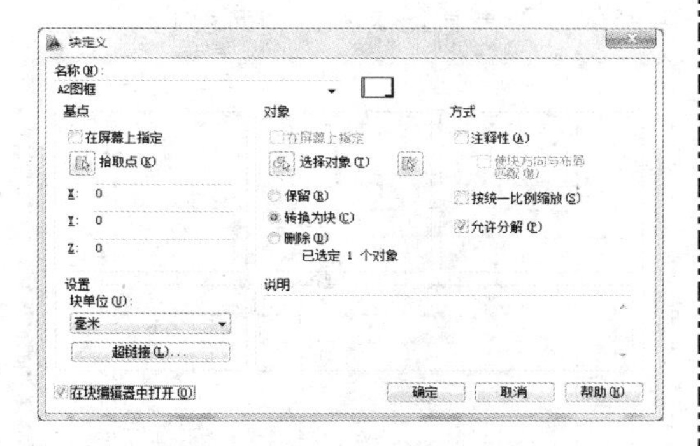

STEP 02 插入块

按照 1:100 的缩放比例插入到建筑正立面图和背立面图文件中，修改名称等内容，如下图所示。

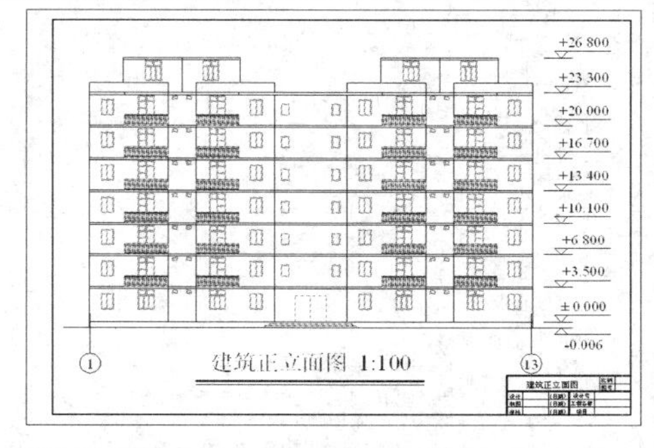

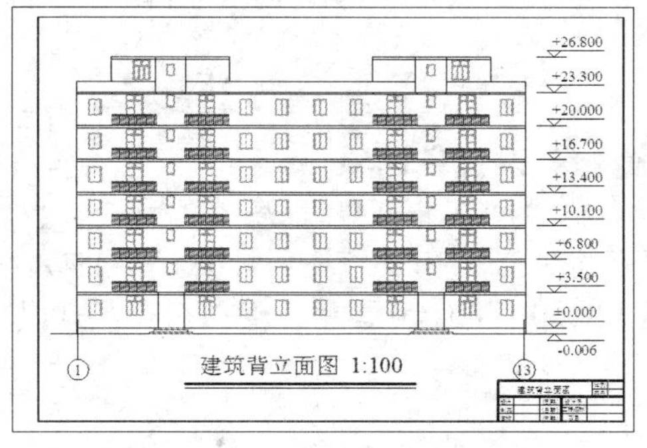

6.4.2 打印输出

使用 AutoCAD 2014 创建建筑立面图之后，通常要打印到图纸上，用来指导工程设计和施工制造；或者生成一份电子图纸，以便通过 Internet 共享和访问。打印的图形可以包含图形的单一视图，或者更为复杂的视图排列。根据不同需要，可以打印一个或多个视口，或设置选项以决定打印的内容和图形在图纸上的布局。

绘制完立面图后，可以把图形切换至布局环境下进行打印，具体操作步骤如下。

素材文件	无	效果文件	第 6 章\建筑正（背）立面图.dwg

STEP 01 设置当前图层

在"功能区"选项板的"默认"选项卡中，单击"图层"面板中的"图层特性"按钮，弹出"图层特性管理器"选项板，将 0 图层置为当前图层，如下图所示。

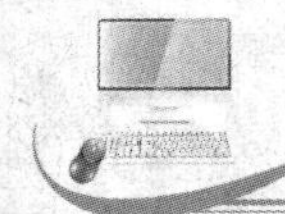

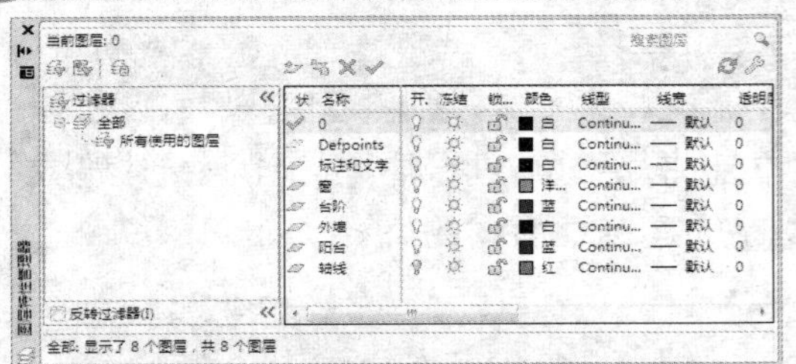

STEP 02 **单击“修改”按钮**

显示菜单栏，单击绘图窗口左下方的“布局 1”标签，切换到“布局 1”模式，单击“文件”|“页面设置管理器”命令，弹出“页面设置管理器”对话框，单击“修改”按钮，如下图所示。

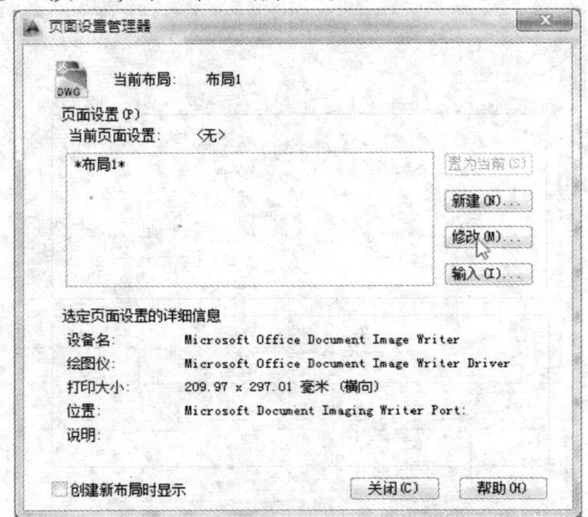

STEP 03 **设置各选项**

弹击“页面设置-布局 1”对话框，在“图纸尺寸”下拉列表框中选择 ISO A2（594.00×420.00 毫米）选项，在“打印样式表”下拉列表框中选择 acad.ctb 选项，在“图形方向”选项区中，选中“横向”单选按钮，根据需要调整比例，如下图所示。

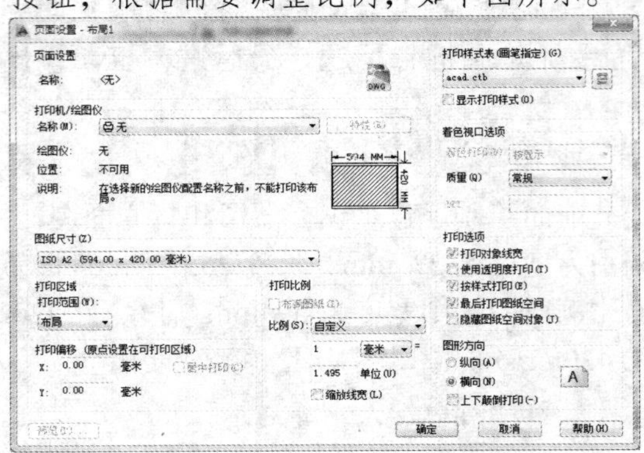

STEP 04 **预览效果**

单击“确定”按钮，返回“页面设置管理器”对话框，单击“关闭”按钮，单击“文件”|“打印预览”命令，预览效果，如下图所示，如果觉得满意，即可打印。

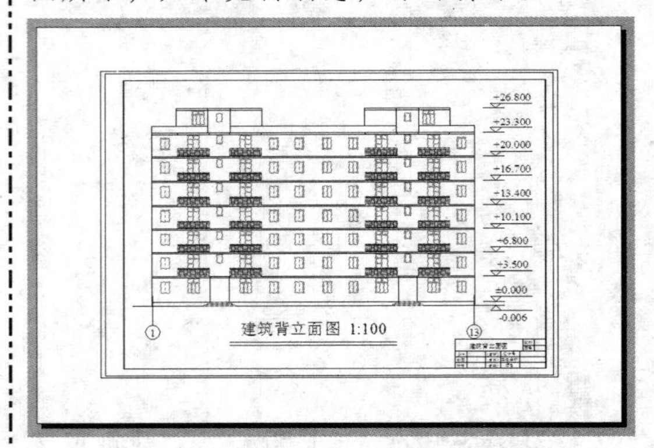

Chapter 07

建筑剖面图设计

章前知识导读

本章结合建筑设计规范和建筑制图要求，详细介绍建筑剖面图的设计和绘制过程。通过本章内容的学习，可以了解工程设计中有关建筑剖面图设计的一般要求及使用 AutoCAD 绘制建筑剖面图的方法和技巧。

重点知识索引

- **建筑剖面图设计基础**
- **绘制建筑剖面图**
- **建筑剖面图后期处理**

效果图片赏析

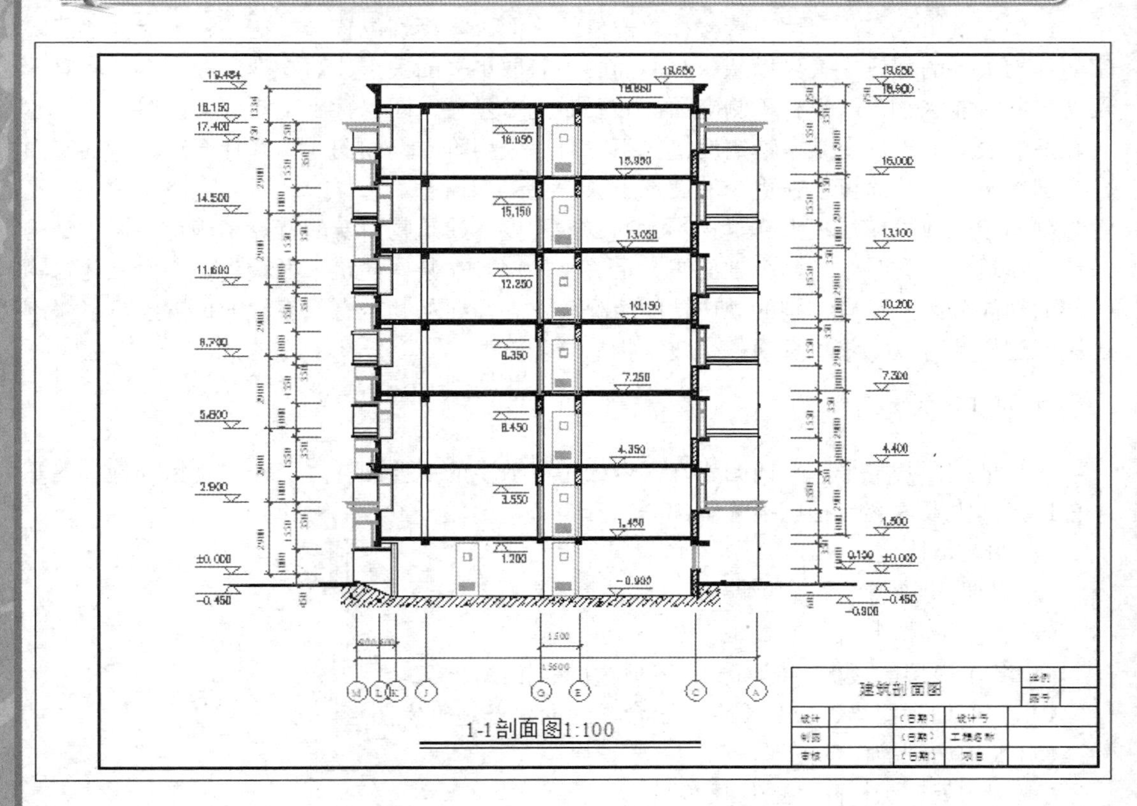

1-1剖面图1:100

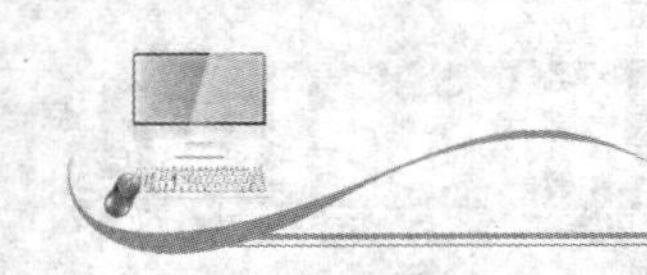

7.1 建筑剖面图设计基础

假想用一个或多个垂直于外墙轴线的铅垂平面沿指定的位置将建筑物剖切为两部分，并沿剖切方向进行平行投影得到的平面图形，称为建筑剖面图，简称剖面图。

在绘制建筑剖面图之前，应首先了解剖面图剖切原则、图示内容和图示方法，这样才能将设计意图和设计内容准确地表达出来。建筑剖面图的设计与绘制应遵守国家标准《房屋建筑制图统一标准》（GB/T50001-2001）、《建筑制图标准》（GB/T50104-2001）中的有关规定。

7.1.1 建筑剖面图的基础知识

建筑剖面图是用来表达建筑物竖向构造的方法，主要可以表现建筑物内部的垂直方向的高度、楼层的分层、垂直空间的利用以及简要的结构形式和构造方式，如屋顶的形式、屋顶的坡度、檐口的形式、楼板的搁置方式和搁置位置、楼梯的形式等。

1. 剖切原则

建筑物的剖切原则主要是指剖切平面位置的选择和剖面图的数量。

剖面图的剖切位置，一般是选取在内部结构和构造比较复杂或者有变化、有代表性的部位，如通过出入口、门厅或者楼梯等部位的平面。将剖切位置选择在这种最能表达建筑空间结构关系的部位，就可以从一个剖面图中获取更多的关于建筑物本身的属性的信息。剖切平面一般水平，即平行于侧立面，必要时也可垂直，即平行于正立面。同时，为了达到较好的表达效果，在某些特定的情况下，可以采用阶梯剖面图，即选择合理转折的平面作为剖切平面，从而可以在更少的图形上获得更多的信息。

剖面图的数量应该根据建筑物实际的复杂程度和建筑物自身的特点来确定。对于结构简单的建筑物，有时候一两个剖面图就足够了，但是在某些建筑平面较为复杂而且建筑物内部的功能分区又没有特别的规律性的情况下，就需要从几个有代表性的位置绘制多张剖面图，这样才可以完整地反映整个建筑物的全貌。

2. 图示内容

建筑剖面图是与平、立面图相互配合的不可缺少的重要图样之一，也是指导施工的基本依据，其主要内容包括以下几个部分。

- 图名、比例。
- 必要的定位轴线及其编号。
- 各处墙体剖面的轮廓。
- 各个楼层的楼板、屋面板、屋顶构造的轮廓图形。
- 被剖切到的梁、板、平台、阳台、地面以及地下室图形。
- 被剖切到的门窗图形。
- 剖切处各种构配件的材质符号。
- 一些虽然没有被剖切到，但是可见的部分构配件，如室内的装饰、与剖切平面平行的门窗图形、楼梯段、栏杆的扶手等。

- 室外没有被剖切到的，但是可见的雨水管和水斗等图形。
- 可见部分的底层勒脚和各个楼层的踢脚图形。
- 标高以及必需的局部尺寸的标注。
- 详图索引符号及其他文字说明等。

以上所列内容，可根据具体建筑物的实际情况进行取舍。

3. 图示特点

下面来介绍绘制剖面图的特点及要求。

- 比例：剖面图的比例与平面图、立面图的比例一致，通常采用 1:50、1:100、1:200 的较小比例绘制。
- 图例：由于比例较小，常用构造及配件图例大家可参阅相关的建筑制图书籍和国家标准。

为了清楚地表达建筑各部分的材料及构造层次，当剖面图的比例大于 1:50 时，应在被剖切到的构配件断面上绘制出其材料图例；当剖面图的比例小于等于 1:50 时，则不绘制具体材料图例，而用简化的图例表示其构件断面的材料，如钢筋混凝土的梁、板可在断面处涂黑，以区别砖墙和其他材料。

- 图线：剖面图上的线型按国际规定如下，凡是被剖切到的墙、板、梁等构件的轮廓线用粗实线（b）表示，没有剖切到的可见轮廓如门窗洞、踢脚线、楼梯栏杆、扶手等用中实线（0.5b），门窗扇、图例线、引出线、尺寸线、雨水管等用细实线（0.3b），室内外地坪线用加粗实线（1.4b）。
- 尺寸标注：剖面图应标注外部尺寸、内部尺寸和标高。

沿外墙在垂直方向标注三道尺寸：最外面一道是室外地坪以上的总高尺寸，即从室外地坪到女儿墙压顶面的尺寸；中间一道是层高尺寸；最里面一道是细部尺寸，即勒脚高度、门窗洞高度、垂直方向洞间墙高度及檐口高度等尺寸。

内部尺寸主要是标注室内内墙门窗洞高度、窗台的高度、楼梯栏杆高度等尺寸，屋檐、雨篷等挑出尺寸。

标高部分应标注出室内外地坪、各层楼面、楼梯平台面、屋面、檐口顶面、门窗洞上下口等部位的建筑标高，以及圈梁、过梁、楼梯平台梁、雨篷下底面的结构标高。剖面图上所注标高的位置与平面图相同，均为相对标高。

此外，在水平方向应标注剖切到的墙、柱及剖面图两端的轴线编号和轴线间尺寸，以便与平面图对照阅读。在图的下方注写图名和比例，图名一般按剖面编号命名，如 1-1 剖面图、A-A 剖面图等。

- 详图索引符号：由于剖面图比例较小，某些部位如墙脚、窗台、楼地面、顶棚等不能详细表达，此时可以在剖面图上的该部位处，绘制详图索引符号，另用详图表示其细部构造。楼地面、顶棚墙体内外装修，也可用多层构造引出线的方法说明。

用于剖面图的详图索引符号，应在被剖切的部位绘制剖切位置和引出线。引出线一侧为剖视方向，另一端绘制圆圈，其直径为 10mm，圆圈内用水平直径线将圆分为上下两半，上方用阿拉伯数字注写详图编号，下方注写详图所在图纸编号。如果被索引详图绘在同一张图纸上，可在下半圆中间绘制一段水平细实线。详图索引符号如下图所示。

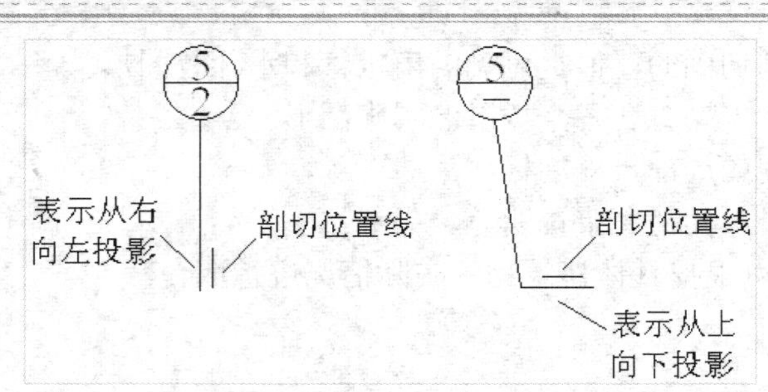

详图索引符号

7.1.2 建筑剖面图的设计思路

剖面图表示建筑物在垂直方向上房屋各部分的组合关系。剖面设计主要分析建筑物各部分应有的高度、建筑层、建筑空间的组合和利用，以及建筑剖面中的结构与构造关系等。它和房屋的使用、造价和节约用地等有密切关系，也反映了建筑标准的一个方面。其中一些问题需要平、剖面结合在一起研究，才能具体确定下来。例如，平面中房间的分层安排、各层面积大小和剖面中房屋层数的通盘考虑，大厅式平面中不同高度房间竖向组合的平剖面关系，以及垂直交通联系的楼梯间中层高和进深尺寸的确定等。

- 剖面形状

房间的剖面形状主要根据房间的功能要求确定，同时必须考虑剖面形状与组合后垂直各部分空间的特点、具体的物质技术、经济条件和空间的艺术效果等方面的影响，既要实用又要美观。

- 层高与净高比

对矩形剖面建筑而言，层高是指该层楼地面到上一层楼面之间的垂直距离；而房间的净高是指楼地面到结构层（梁、板）底面或悬吊顶棚下表面之间的垂直距离，一般情况下，净高小于层高。

层高通常是根据使用要求，如室内家具、设备、人体活动、采光通风、技术经济条件以及室内空间比例等因素要求，综合考虑而确定的。在定层高之前，一般先要确定室内的净高。而房间的净高与人体活动尺度有很大关系，一般情况应不低于 2.2 米。

其次，不同类型的房间，由于使用人数不同、房间面积大小不同，对净高要求也不同。对于住宅中的卧室、起居室，因使用人数少、房间面积小，净高可低一些，一般大于 2.4 米，层高在 2.8 米左右；中学的教室，由于使用人数较多、面积较大，净高宜高一些，一般取 3.3 米左右，层高在 3.6～3.9 米之间。

- 层数

房屋层数主要从建筑本身的使用要求、规划要求、建筑技术的要求这 3 方面来考虑。

建筑使用性质不同，层数也有所不同，用于儿童、门诊之类的房屋一般低层为好，用于集中住宅的房屋可建多层或高层。

规划往往重视与环境的关系，决定建筑物层数时要求做到改善城市面貌，节约用地，与周围建筑物、道路、绿化相协调。

建筑技术的核心反映在建筑的结构、材料及施工水平上，技术条件不同，所选建筑的层数也不同，如砖混结构用于低层，钢筋混凝土框架结构可建多层，而高层钢结构可建造高层。

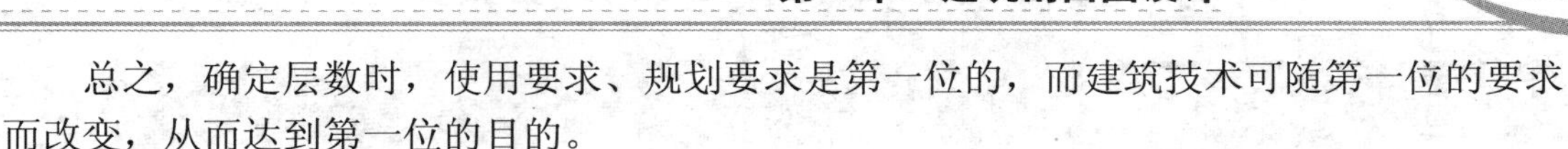

总之，确定层数时，使用要求、规划要求是第一位的，而建筑技术可随第一位的要求而改变，从而达到第一位的目的。

- 空间组合

建筑剖面空间的组合，主要是由建筑物中各类房间的高度和剖面形状、房屋的使用要求和结构布置特点等因素决定的。在进行建筑空间组合时，应根据使用性质和使用特点将各房间进行合理的垂直分区，做到分区明确、使用方便、流线清晰、合理利用空间，同时应注意结构合理、设备管线集中。

7.1.3 建筑剖面图的绘制方法

建筑剖面图的设计一般是在完成平面图和立面图的设计之后进行。绘制建筑剖面图有两种基本方法：一般方法和三维模型法。

一般情况下，设计者在绘制建筑剖面图时采用的是 AutoCAD 系统提供的二维绘图命令。这种绘图方法简便、直观，从时间和经济效益来讲都比较合算，它的绘制只需以建筑平面图和立面图为生成基础，根据建筑形体的情况绘制。这种方法适宜于从底层开始向上逐层设计，相同的部分逐层向上阵列或复制，最后再进行适当修改即可。

三维模型法是以现有平面图为基础，基于建筑立面图提供的标高、层高和门窗等相关设计资料，将未来剖面图中可能剖到或看到的部分保留，然后从剖切线位置把与剖视方向相反的部分删去，从而得到剖面图的三维模型框架，以它为基础，即可生成剖面图。但是，从三维表面模型生成的剖面图还很不完善，需要在以后的编辑修改过程中做很多的后期工作。因此，从总体上来说，使用三维模型法绘制剖面图工作烦琐、效率低下，一般不采用。

本章将以一般方法讲述绘制剖面图的具体过程和步骤。

- 绘制建筑物的室内地坪线和室外地坪线、各个定位轴线以及各层的楼面、层面，并根据轴线绘制所有的墙体断面轮廓以及尚未被剖切到的可见的墙体轮廓。
- 绘制剖面门窗洞位置、楼梯平台、女儿墙、檐口以及其他所有的可见轮廓线。
- 绘制各种梁（如门窗洞口上方的水平过梁、被剖切的承重梁、可见的但未被剖切的主次梁）的轮廓和具体的断面图形。
- 绘制楼梯、室内的固定设备、室外的台阶、阳台及其他可见的一切细节。
- 标注必要的尺寸及建筑物各个楼层地面、屋面、平台面的标高。
- 添加详细的索引符号及必要的文字说明。
- 添加图框和标题，并打印输出。

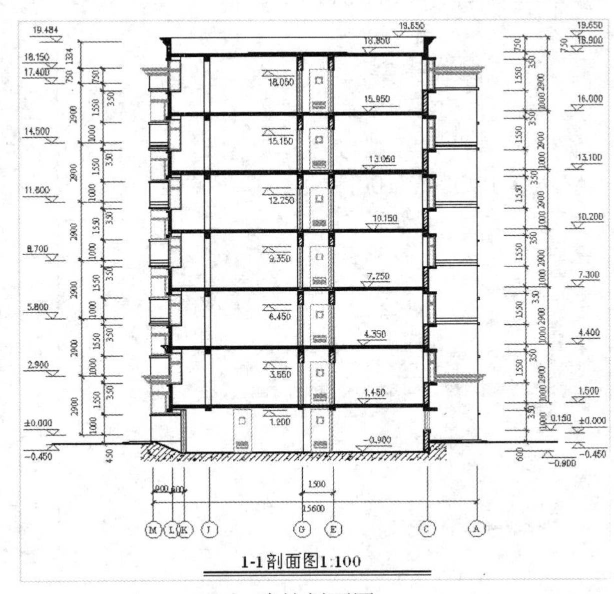

建筑剖面图

按照上述步骤，用 AutoCAD 2014 设计并绘制完成的建筑剖面图，如右图所示。

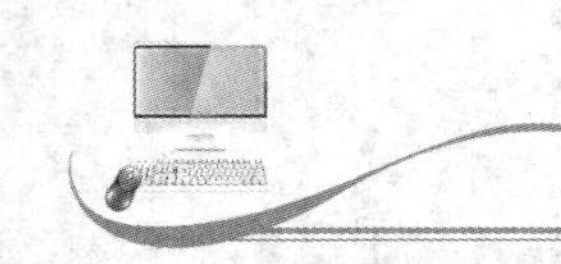

7.2 绘制建筑剖面图

绘制建筑剖面图需要先设置绘图环境，然后依次绘制底层剖面图、标准层剖面图和顶层剖面图，下面来分别介绍相关内容。

7.2.1 设置绘图环境

同平面图和立面图的绘制一样，首先要设置绘图环境，为图形绘制做好前期准备，其具体操作步骤如下。

素材文件	无	效果文件	第 7 章\设置绘图环境.dwg

STEP 01 新建图层

新建一个空白文件，并将其保存，在“默认”选项卡中，单击“图层”面板中的“图层特性”按钮，弹出“图层特性管理器”选项板，依次创建“轴线”、“门窗”、“墙体”和“标注和文字”4 个图层，颜色自定，设置“轴线”图层的“线型”为 ACAD_ISO04W100，如下图所示。

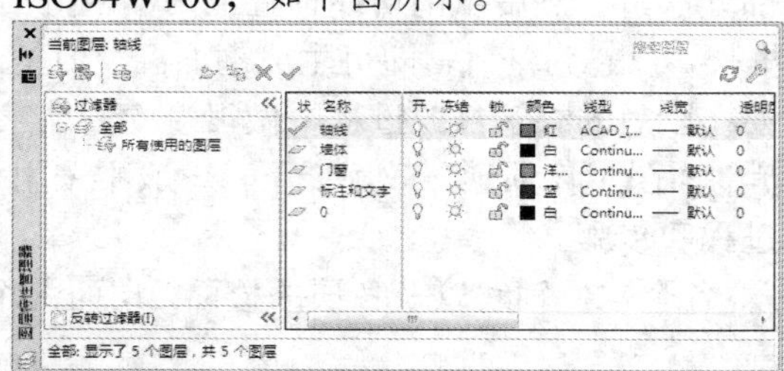

STEP 02 设置线型

显示菜单栏，单击“格式”|“线型”命令，弹出“线型管理器”对话框，选择 ACAD_ISO04W100 线型，设置“全局比例因子”为 50，如下图所示。

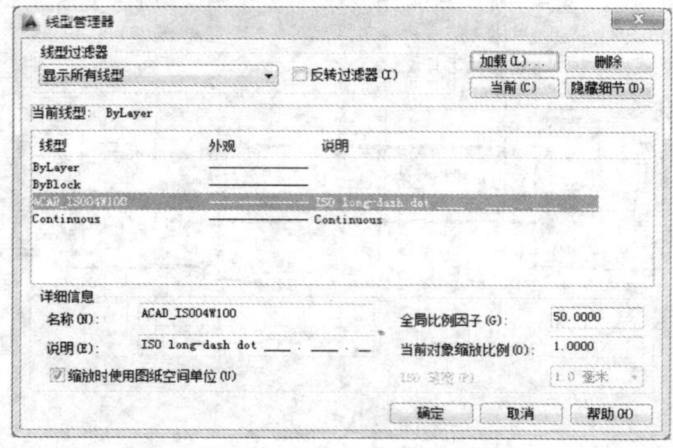

STEP 03 单击“修改”按钮

单击“确定”按钮，单击“格式”|“标注样式”命令，弹出“标注样式管理器”对话框，单击“修改”按钮，如下图所示。

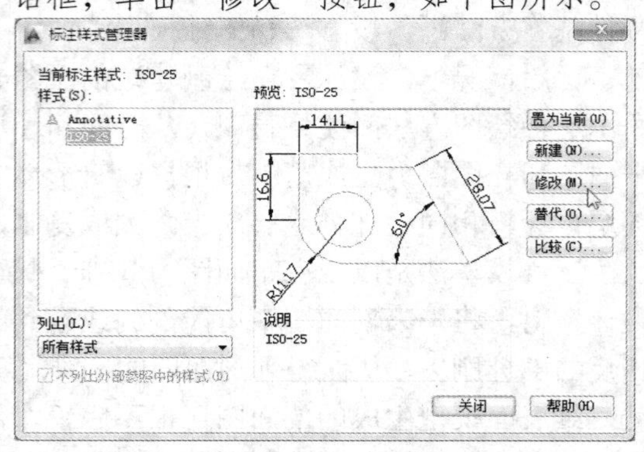

STEP 04 设置各选项

弹出“修改标注样式：ISO-25”对话框，在“线”选项卡中，在“尺寸界线”选项区的“超出尺寸线”数值框中输入 150，在“起点偏移量”数值框中输入 300，如下图所示。

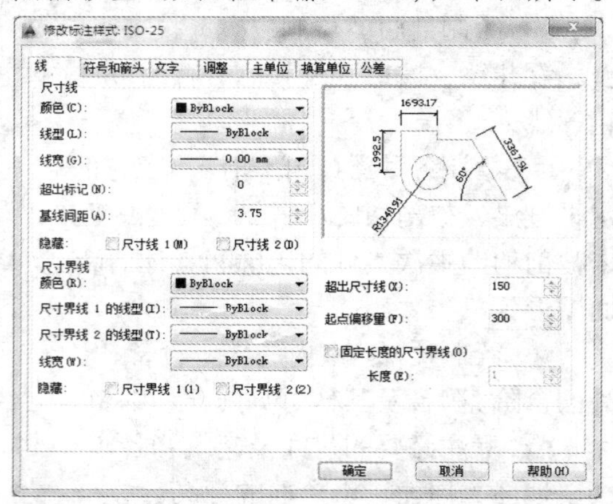

STEP 05 设置各选项

切换至“符号和箭头”选项卡中，设置“第一个”和“第二个”为“建筑标记”，在“箭头大小”数值框中输入 200，如下图所示。

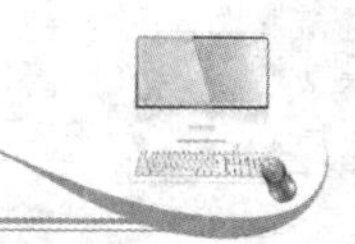

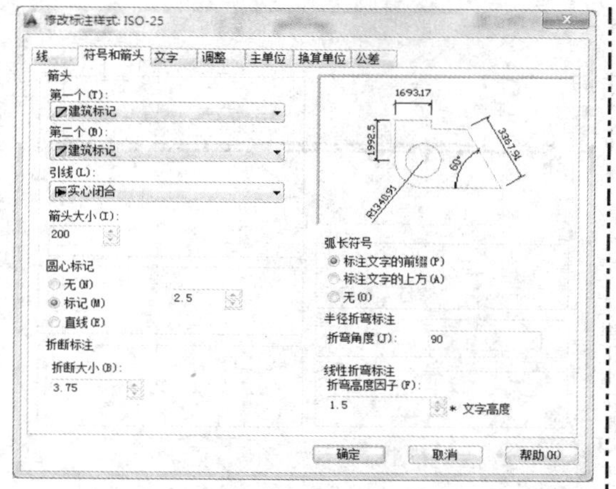

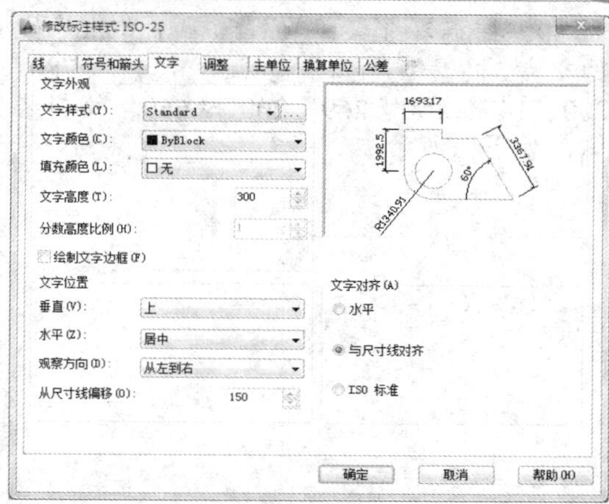

STEP 06　设置各选项

切换至“文字”选项卡中，设置“文字高度”为 300、“从尺寸线偏移”为 150，如下图所示。

STEP 07　设置各选项

切换至“调整”选项卡中，选中“尺寸线上方，不带引线”单选按钮，如下图所示，单击“确定”按钮，返回“标注样式管理器”对话框，单击“关闭”按钮，即可完成绘图环境的设置。

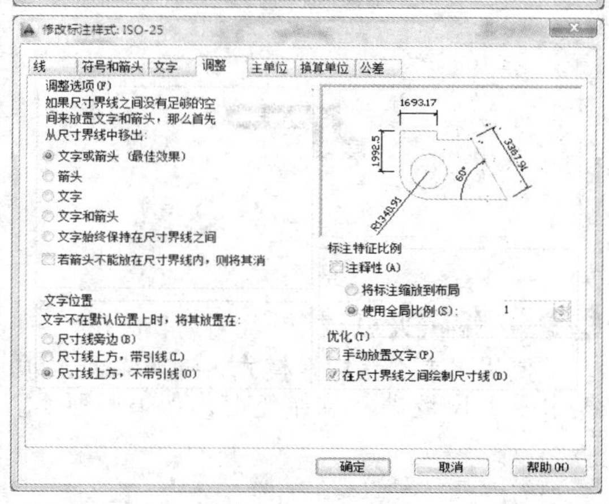

7.2.2　绘制底层剖面图

设置完绘图环境后，接下来绘制底层剖面图。在本实例设计过程中，首先通过“构造线”、“偏移”命令绘制辅助线，然后通过“多段线”、“偏移”、“直线”和“矩形”等命令绘制底层剖面图并进行图案填充，展示了底层剖面图的具体设计方法与技巧，其具体操作步骤如下。

素材文件	无	效果文件	第 7 章\底层剖面图.dwg

STEP 01　绘制构造线

将“轴线”图层设置为当前层，在命令行中输入 XL（构造线）命令，按【Enter】键确认，根据命令行提示进行操作，绘制水平和垂直的两条构造线，如下图所示。

STEP 02　偏移构造线

在命令行中输入 O（偏移）命令，按【Enter】键确认，根据命令行提示进行操作，选择垂直构造线，沿水平方向依次向右偏移 1440、240、960、240、4260、240、1260、240、4260、240 和 2400 的距离，选择水平构造线，沿垂直方向依次向上偏移 450、1800 和 100 的距离，如下图所示。

STEP 03　绘制墙体

将“墙体”层设置为当前层，在命令行中输入 PL（多段线）命令，按【Enter】键确认，根据命令行提示进行操作，指定线宽

为 50，捕捉第 3 条垂直线和第 1 条水平线的交点，根据需要引导光标，依次输入 780、200、149、100、269、200 和 660，绘制墙体，如下图所示。

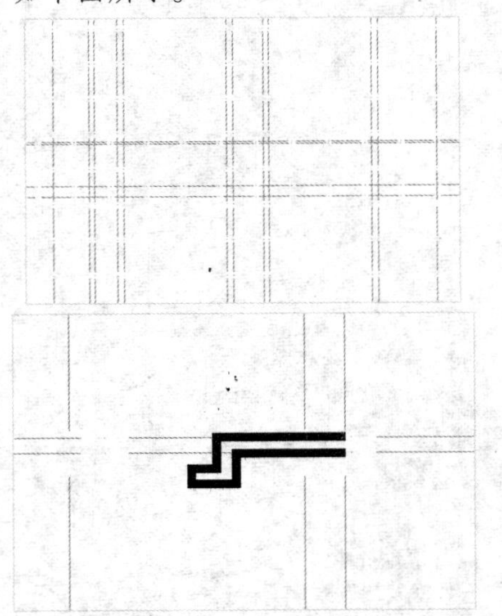

STEP 04 编辑夹点

使用“夹点编辑”模式，将两条底层顶板水平多段线进行拉伸处理，如下图所示。

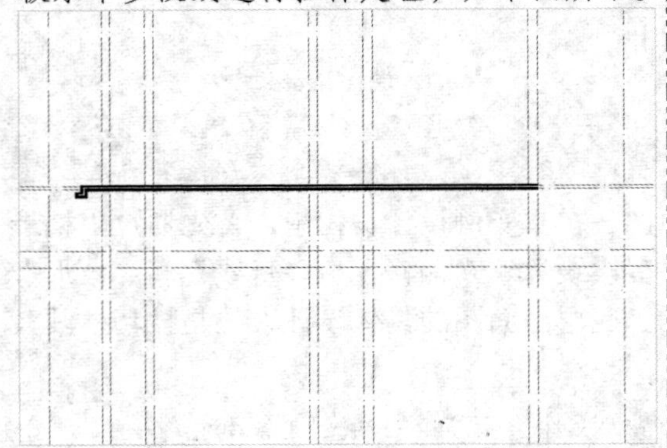

STEP 05 绘制并复制梁

执行“PL（多段线）”命令，绘制梁，指定线宽为 50，捕捉第 4 条垂直线和第 1 条水平线的交点，根据需要引导光标，依次输入 250、240 和 250，执行“CO（复制）”命令，复制梁到相应位置，如下图所示。

STEP 06 绘制底层顶板的右端

执行“PL（多段线）”命令，绘制底层顶板的右端，指定线宽为 50，捕捉第 9 条垂直线和第 1 条水平线的交点，根据需要引导光标，依次输入 220、400、80、680 和 300，效果如下图所示。

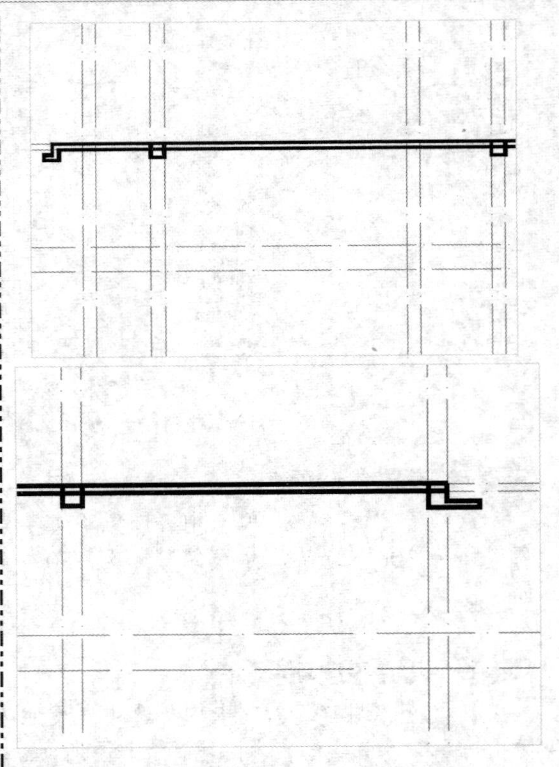

STEP 07 绘制底层地板的左端部

执行“PL（多段线）”命令，绘制底层地板的左端部，指定线宽为 50，捕捉第 1 条垂直线和第 2 条水平线的交点，输入点坐标（@0,100），确定第一角点，根据需要引导光标，输入 160 并确认，依次捕捉点，效果如下图所示。

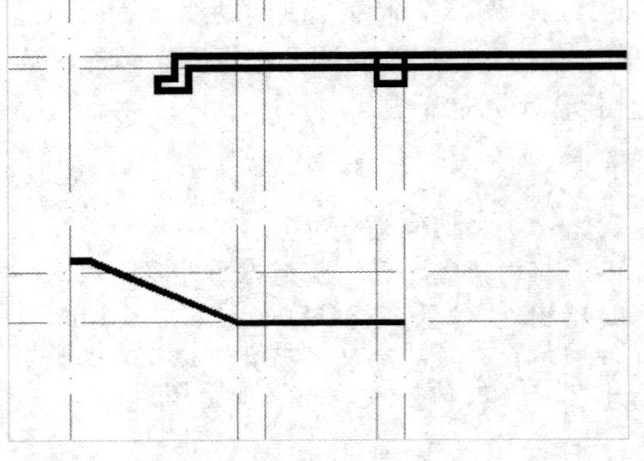

STEP 08 绘制底层剖切线

执行“PL（多段线）”命令，捕捉刚绘制多段线的起点，根据需要引导光标，输入 60、100 和 4878 并确认，重复执行“PL（多段线）”命令，绘制出底层剖切线，效果如下图所示。

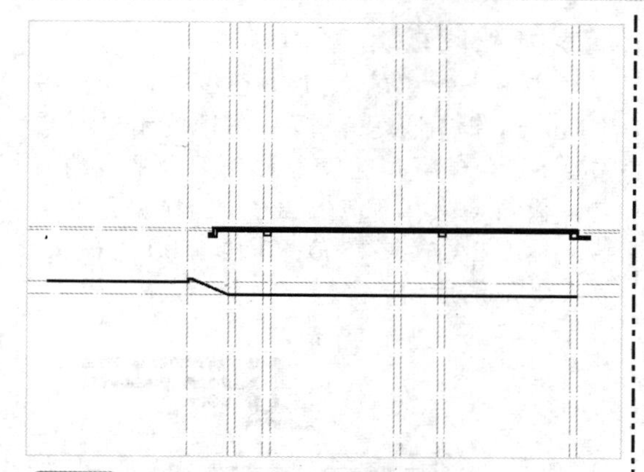

STEP 09　绘制底层地板的右端部

执行“PL（多段线）”命令，绘制底层地板的右端部，指定线宽为 50，捕捉第 11 条垂直线和第 3 条水平线的交点，根据需要引导光标，依次输入 520、80、80、320、1045、240、450 和 6230，效果如下图所示。

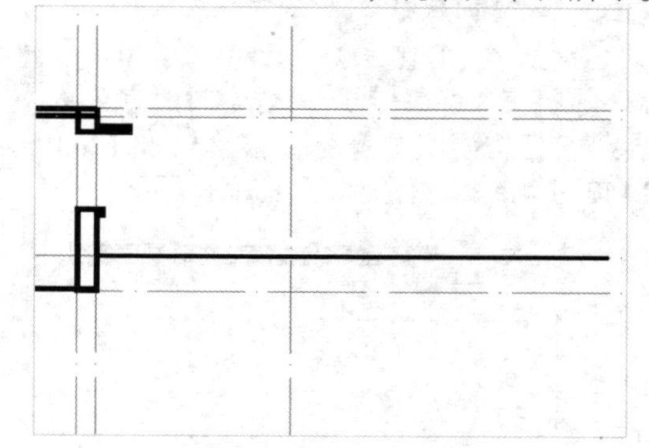

STEP 10　偏移轴线

将“门窗”层设置为当前层，在命令行中输入 O（偏移）命令，按【Enter】键确认，根据命令行提示进行操作，选择第 2 条水平轴线，沿垂直方向向下偏移 150 的距离，如下图所示。

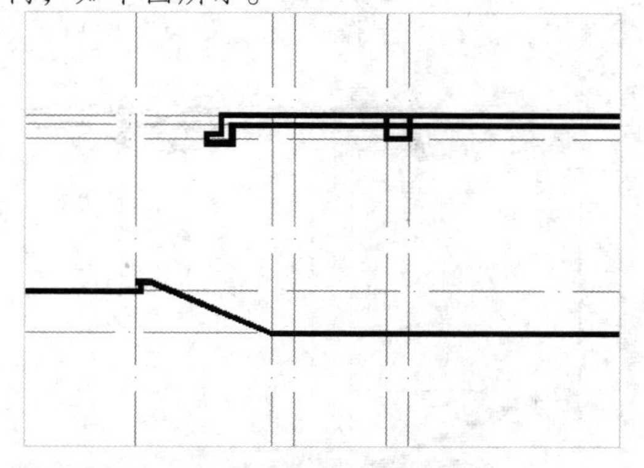

STEP 11　绘制右端剖切到的门和窗

执行“PL（多段线）”命令，绘制右端剖切到的门和窗，指定线宽为 0，捕捉第 2 条垂直线和第 3 条水平线的交点，输入点坐标（@101,0），指定第一角点，根据需要引导光标，输入 2100 并确认，效果如下图所示。

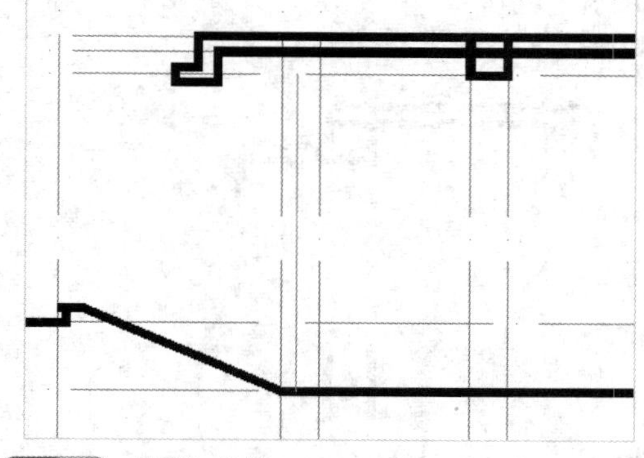

STEP 12　偏移直线

在命令行中输入 O（偏移）命令，按【Enter】键确认，根据命令行提示进行操作，将刚绘制的直线向左偏移 39.96 的距离，如下图所示。

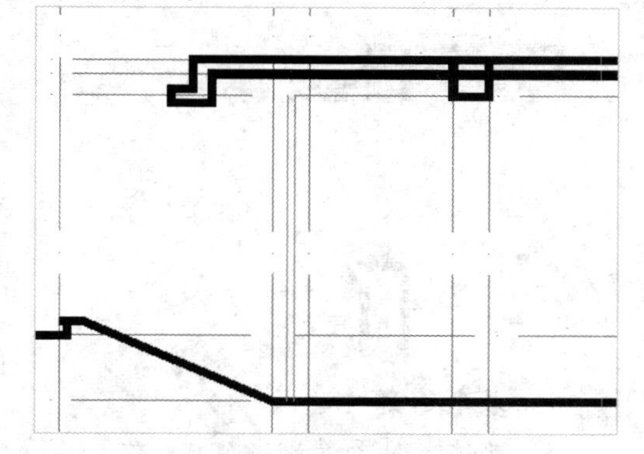

STEP 13　绘制其他剖切到的门和窗

重复步骤 11 和步骤 12，在相应的位置绘制其他剖切到的门和窗，如下图所示。

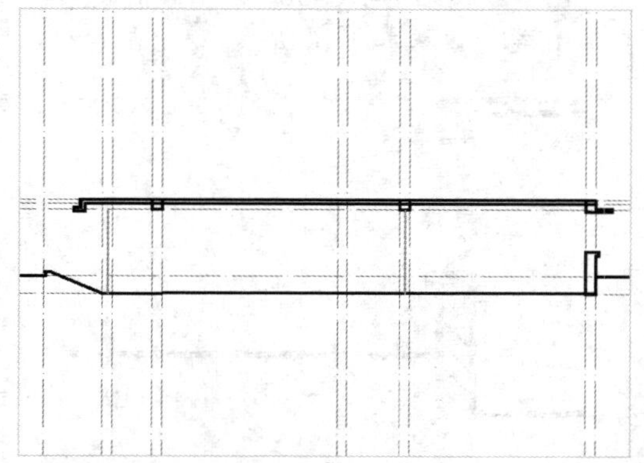

STEP 14 **绘制直线**

在命令行中输入 L（直线）命令，按【Enter】键确认，根据命令行提示进行操作，捕捉第 11 条垂直线和第 3 条水平线的交点，输入点坐标（@20,-50），指定第一角点，沿垂直方向向下引导光标，输入 1000，效果如下图所示。

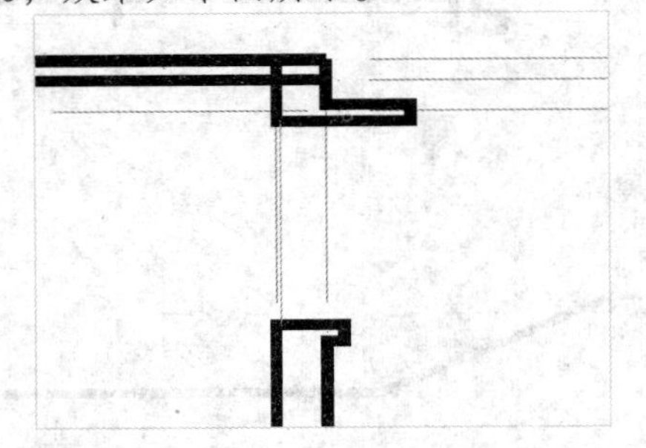

STEP 15 **偏移直线**

在命令行中输入 O（偏移）命令，按【Enter】键确认，根据命令行提示进行操作，将刚绘制的直线向右偏移 3 次，偏移距离为 80，如下图所示。

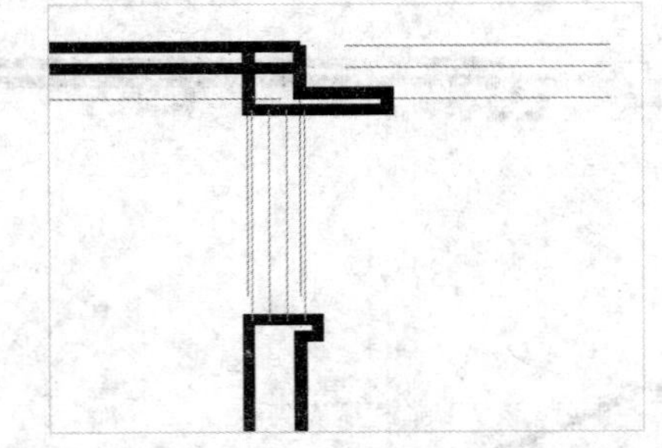

STEP 16 **填充图案**

将“墙体”图层置为当前层，在命令行中输入 H（图案填充）命令，按【Enter】键确认，弹出“图案填充创建”选项卡，设置“图案”为 JIS-RC-30、“比例”为 4，填充图案，效果如下图所示。

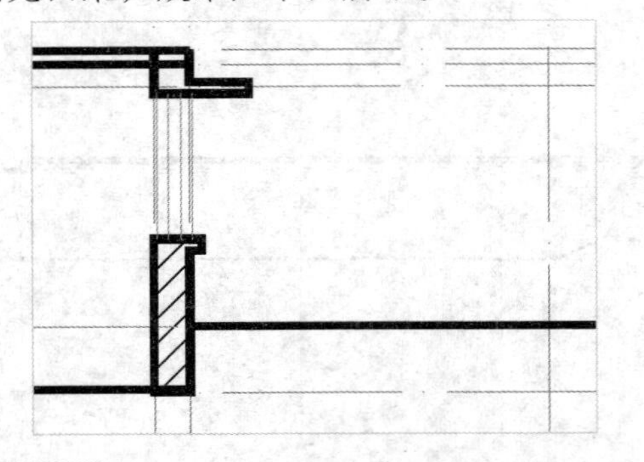

STEP 17 **绘制直线**

在命令行中输入 L（直线）命令，按【Enter】键确认，根据命令行提示进行操作，捕捉第 2 条垂直线和第 3 条水平线的交点，输入点坐标（@0,-200），根据需要引导光标，依次输入 1500、80 和 1500 并确认，效果如下图所示。

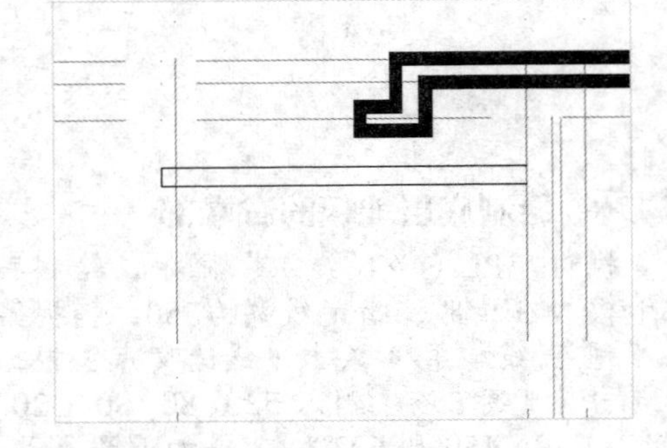

STEP 18 **绘制直线**

执行“L（直线）”命令，继续绘制墙体，捕捉第 1 条垂直线和刚绘制的直线的交点，根据需要引导光标，依次输入 1263 和 1440 并确认，效果如下图所示。

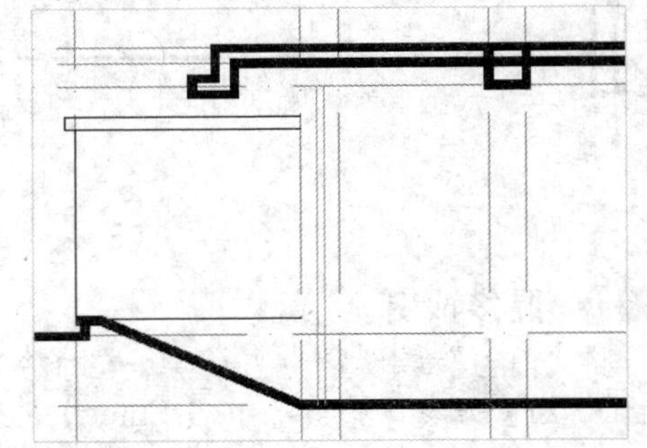

STEP 19 **绘制墙体**

重复执行“L（直线）”命令，捕捉所需角点，继续绘制墙体，效果如下图所示。

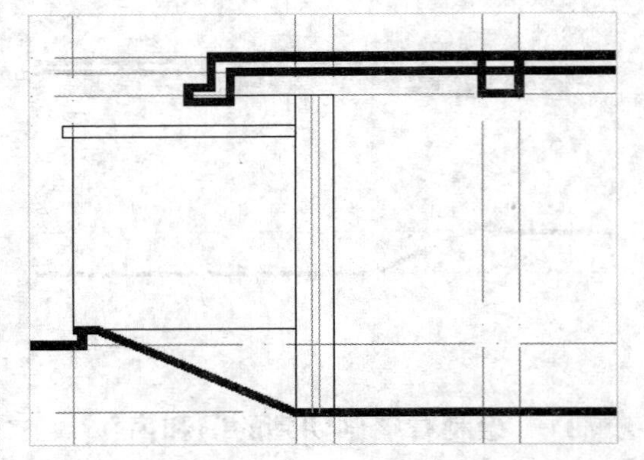

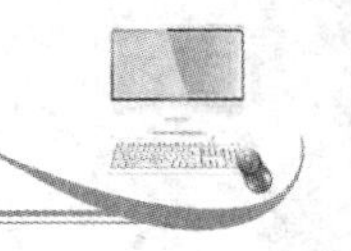

STEP 20　绘制和左端相邻的门

将“门窗”图层置为当前层，在命令行中输入 REC（矩形）命令，按【Enter】键确认，根据命令行提示进行操作，捕捉第 5 条垂直线和第 5 条水平线的交点，依次输入点坐标（@1079.45,0）和（@900,2100），效果如下图所示。

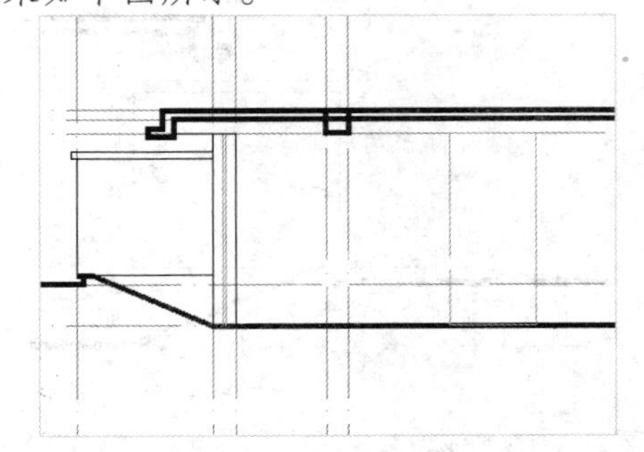

STEP 21　绘制矩形

在命令行中输入 REC（矩形）命令，按【Enter】键确认，根据命令行提示进行操作，捕捉刚绘制矩形的左下端点，依次输入点坐标（@150,210）和（@600,315），确定两对角点的位置，效果如下图所示。

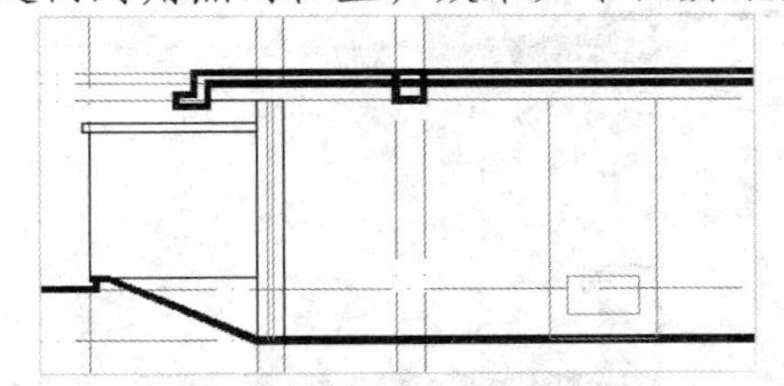

STEP 22　绘制矩形

执行“REC（矩形）”和“O（偏移）”命令，捕捉矩形的左下端点，依次输入点坐标（@300,1417）和（@300,315），绘制矩形，将绘制的矩形向内偏移 18.75 的距离，如下图所示。

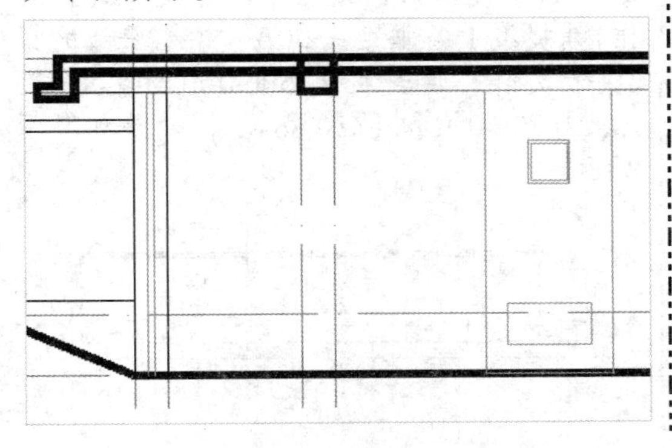

STEP 23　分解偏移处理

执行“X（分解）”和“O（偏移）”命令，将绘制的右下方矩形分解，选择底边，沿垂直方向向上偏移 5 次，偏移距离为 52.5，如下图所示。

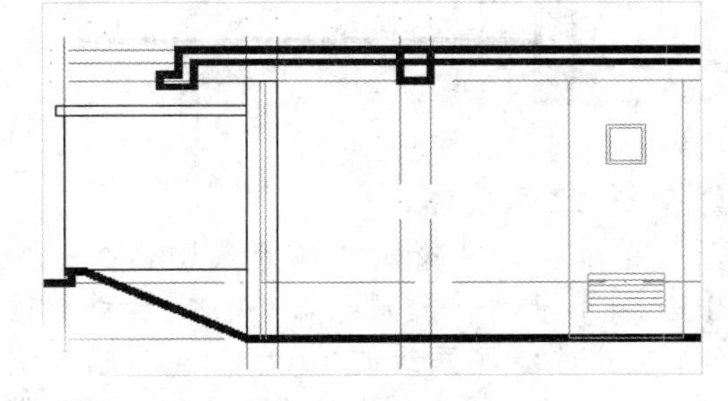

STEP 24　复制门

在命令行中输入 CO（复制）命令，按【Enter】键确认，根据命令行提示进行操作，复制刚绘制的门，如下图所示。

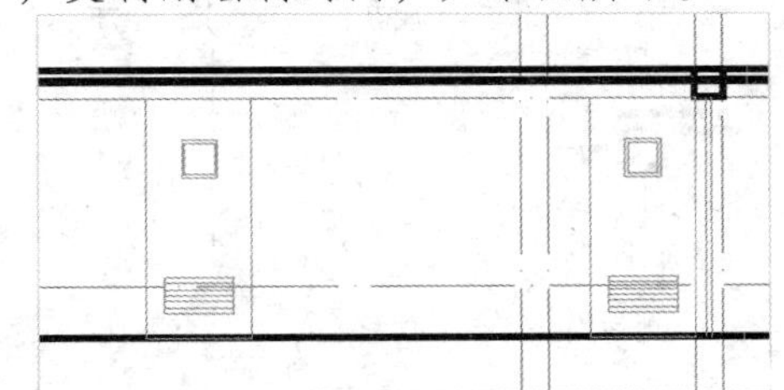

STEP 25　绘制墙线

在命令行中输入 L（直线）命令，按【Enter】键确认，根据命令行提示进行操作，绘制多条墙线，如下图所示。

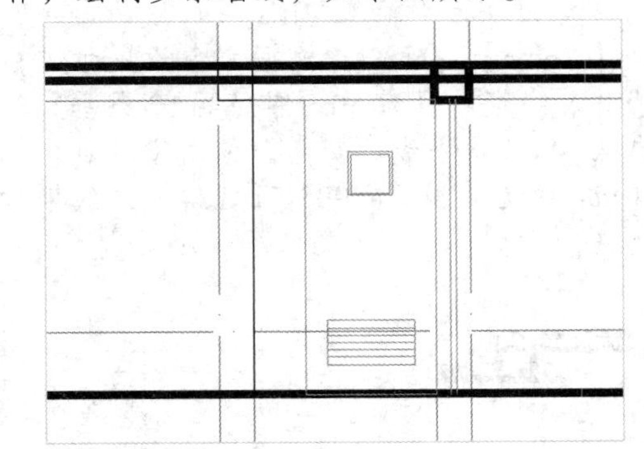

STEP 26　绘制直线

在命令行中输入 L（直线）命令，按【Enter】键确认，根据命令行提示进行操作，捕捉第 12 条垂直线和第 4 条水平线的交点，依次输入点坐标（@0,100）和（@0,2895.99），绘制直线，如下图所示。

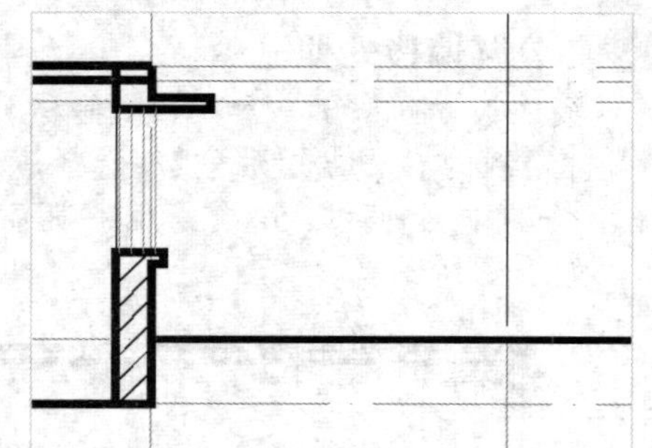

STEP 27 **绘制墙体**

在命令行中输入 L（直线）命令，按【Enter】键确认，根据命令行提示进行操作，捕捉刚绘制直线的下端点，根据需要引导光标，依次输入 1270、80、80 和 80，继续绘制墙体，重复执行“L（直线）”命令，捕捉刚绘制直线的下端点，根据需要引导光标，依次输入 900、100、2400 并输入 C 闭合，绘制右端部的地面，如下图所示。

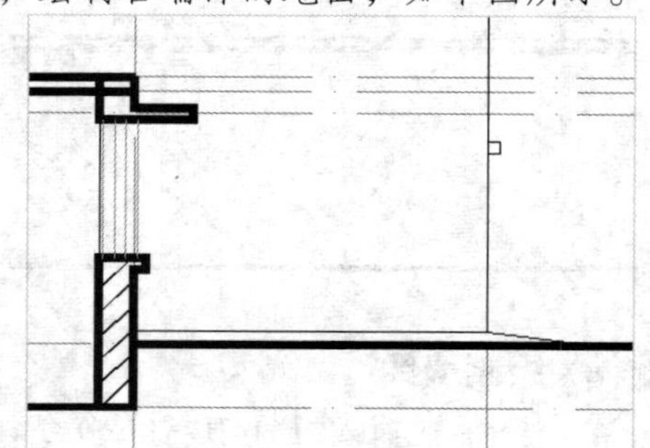

STEP 28 **绘制地面**

在命令行中输入 PL（多段线）命令，按【Enter】键确认，根据命令行提示进行操作，指定线宽为 50，捕捉第 12 条垂直线和第 4 条水平线的交点，依次输入点坐标（@-600,0）和（@905.54<174），效果如下图所示。

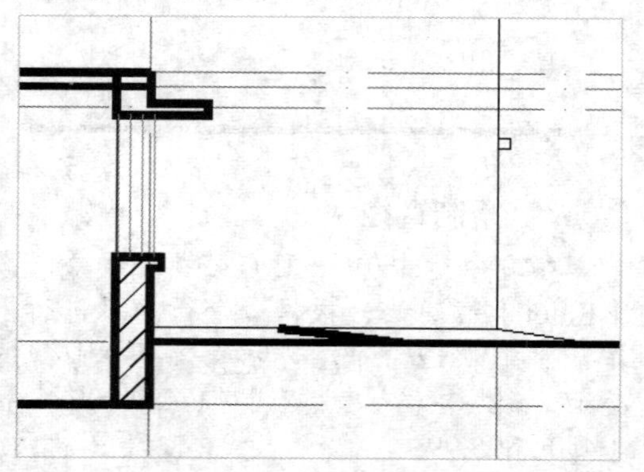

STEP 29 **绘制左端部的地面**

执行“L（直线）”命令，绘制左端部的地面，捕捉第 1 条垂直线和第 4 条水平线的交点，依次输入点坐标（@-1860,0）、（@965.90<6）和（@900,0），效果如下图所示。

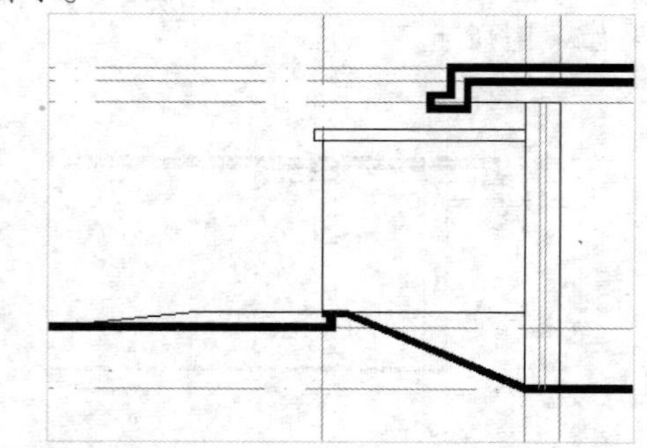

STEP 30 **填充图案**

在命令行中输入 H（图案填充）命令，按【Enter】键确认，弹出“图案填充创建”选项卡，设置“图案”为 SOLID，填充图案，效果如下图所示。

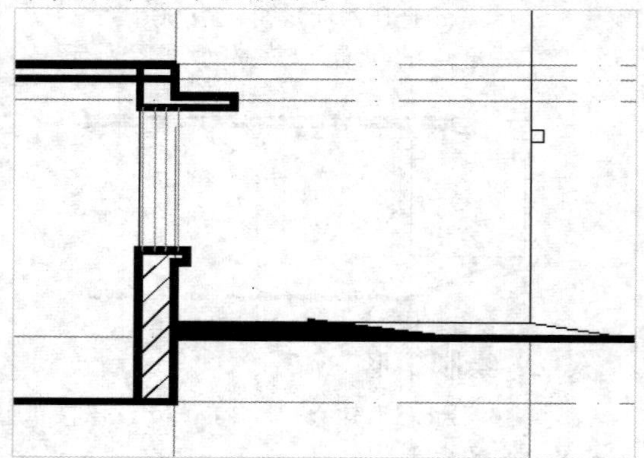

STEP 31 **绘制直线**

在命令行中输入 L（直线）命令，按【Enter】键确认，根据命令行提示进行操作，捕捉第 1 条垂直线和第 4 条水平线的交点，依次输入点坐标（@-500,0）、（@0,-870）、（@14736,0）和（@0,864），效果如下图所示。

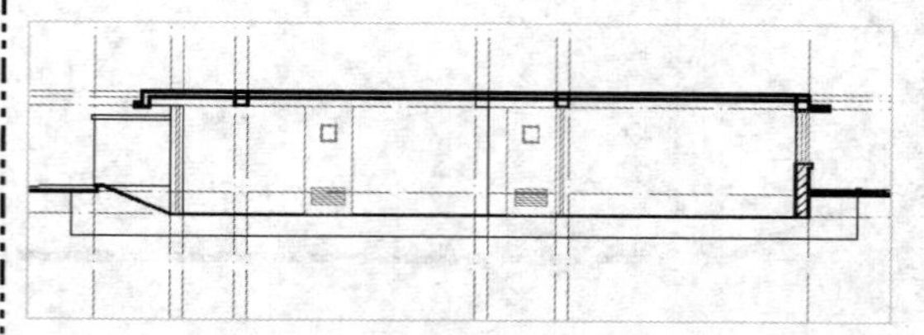

STEP 32 填充图案

在命令行中输入 H（图案填充）命令，按【Enter】键确认，弹出“图案填充创建”选项卡，设置“图案”为 ANSI31、“比例”为 50，填充图案，效果如下图所示。

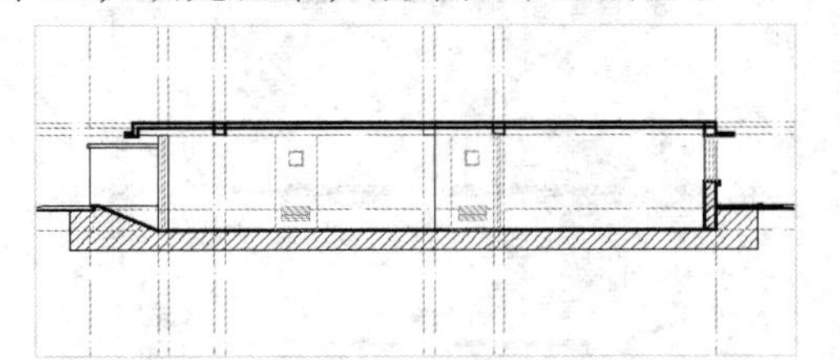

STEP 33 填充图案

执行“H（图案填充）”命令两次，设置“图案”分别为 AR-CONC 和 SOLID，设置“比例”分别为 4 和 0，填充图案，填充相同的区域，隐藏“轴线”层，删除地板多余的线段，效果如下图所示。

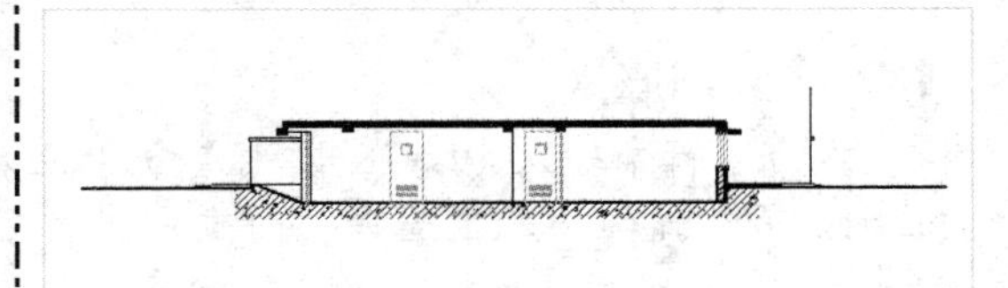

7.2.3 绘制标准层剖面图

绘制完底层剖面图后，接下来绘制标准层剖面图。在本实例设计过程中，首先通过“偏移”和“多段线”命令绘制标准层剖面图的墙体，然后通过“直线”、“偏移”、“修剪”、“复制”等命令绘制标准层门窗及屋檐装饰并进行图案填充，展示了标准层剖面图的具体设计方法与技巧，其具体操作步骤如下。

素材文件	无	效果文件	第 7 章\标准层剖面图.dwg

STEP 01 偏移水平构造线

显示“轴线”图层，在命令行中输入 O（偏移）命令，按【Enter】键确认，根据命令行提示进行操作，将最上方的水平构造线沿垂直方向依次向上偏移 2800 和 100 的距离，如下图所示。

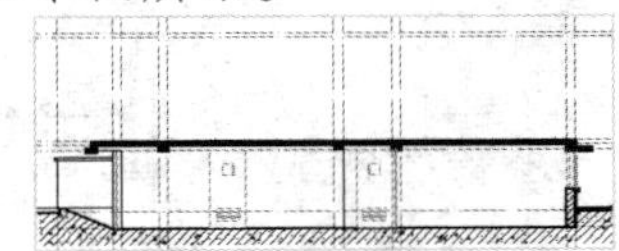

STEP 02 绘制左端剖切到的墙体

将“墙体”图层置为当前，在命令行中输入 PL（多段线）命令，按【Enter】键确认，根据命令行提示进行操作，捕捉墙体左端的右下角，依次输入点坐标（@0,1350）、（@-200,0）、（@0,-80）、（@80,0）和（@0,-1170），绘制左端剖切到的墙体，如下图所示。

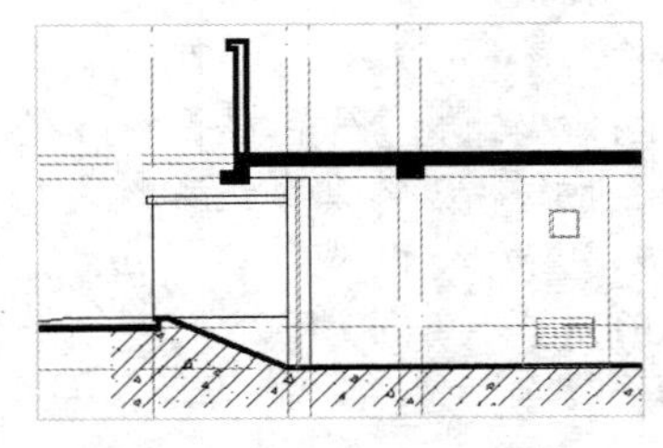

STEP 03 绘制右端剖切到的墙体

在命令行中输入 PL（多段线）命令，按【Enter】键确认，根据命令行提示进行操作，捕捉右端墙体的左下角点，依次输入点坐标（@0,1350）、（@636,0）、（@0,-80）、（@-400,0）和（@0,-1190），绘制右端剖切到的墙体，如下图所示。

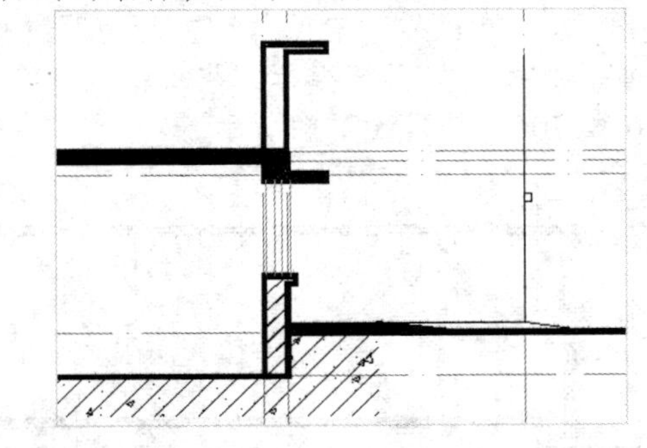

STEP 04 绘制墙体

在命令行中输入 PL（多段线）命令，按【Enter】键确认，根据命令行提示进行操作，捕捉第 11 条垂直线和第 1 条水平线的交点，根据需要引导光标，依次输入 12480、219.99、77.82、80、179、200 和 12378.82，输入 C 闭合墙体，绘制标准层顶板左端剖切到的墙体，如下图所示。

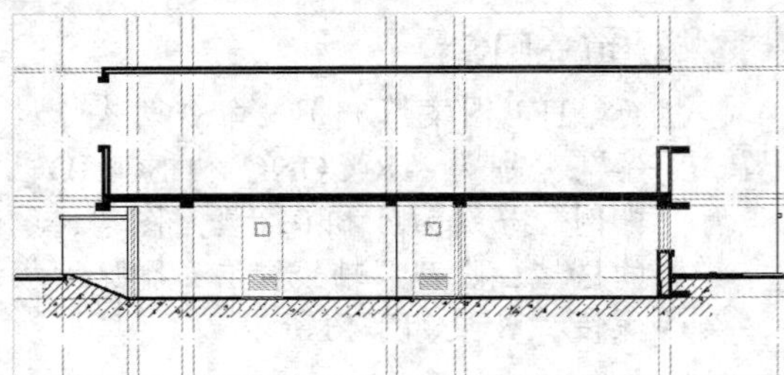

STEP 05 **绘制墙体**

在命令行中输入 PL（多段线）命令，按【Enter】键确认，根据命令行提示进行操作，捕捉第 4 条垂直线和第 2 条水平线的交点，根据需要引导光标，依次输入 250、240 和 250，效果如下图所示。

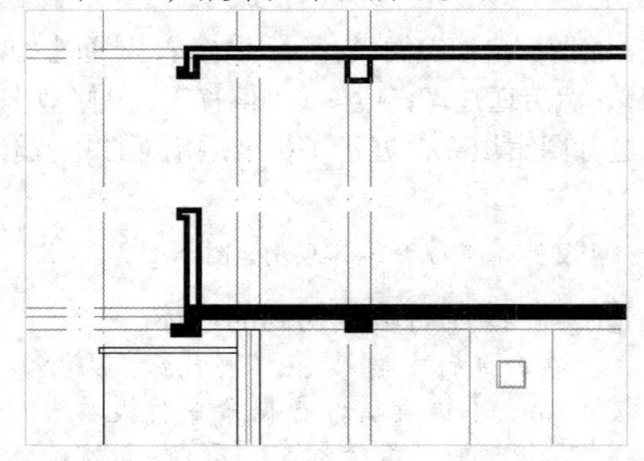

STEP 06 **绘制墙体**

在命令行中输入 PL（多段线）命令，按【Enter】键确认，根据命令行提示进行操作，捕捉第 6 条垂直线和第 2 条水平线的交点，根据需要引导光标，依次输入 700、240 和 700，效果如下图所示。

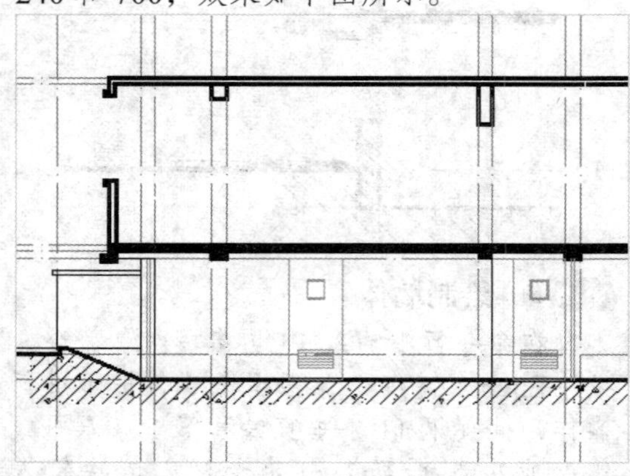

STEP 07 **绘制墙体**

在命令行中输入 PL（多段线）命令，按【Enter】键确认，根据命令行提示进行操作，捕捉第 6 条垂直线和第 2 条水平线的交点，根据需要引导光标，依次输入 200、240 和 200，重复操作，在相应的位置绘制标准层顶板剖切到的墙体，如下图所示。

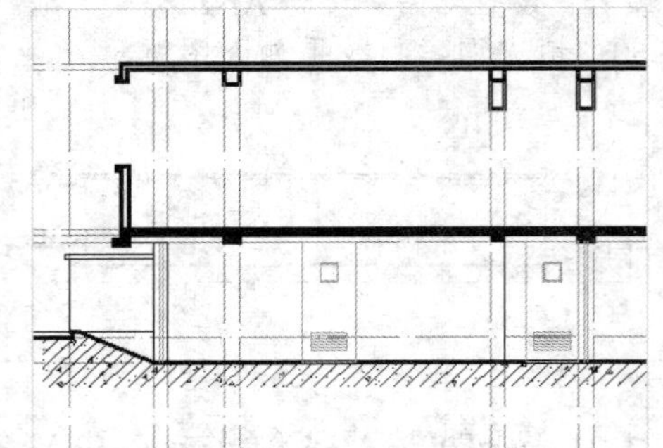

STEP 08 **绘制顶板右端剖切到的墙体**

在命令行中输入 PL（多段线）命令，按【Enter】键确认，根据命令行提示进行操作，捕捉第 11 条垂直线和第 1 条水平线的交点，根据需要引导光标，依次输入 220、396、80、636 和 300，绘制标准层顶板右端剖切到的墙体，如下图所示。

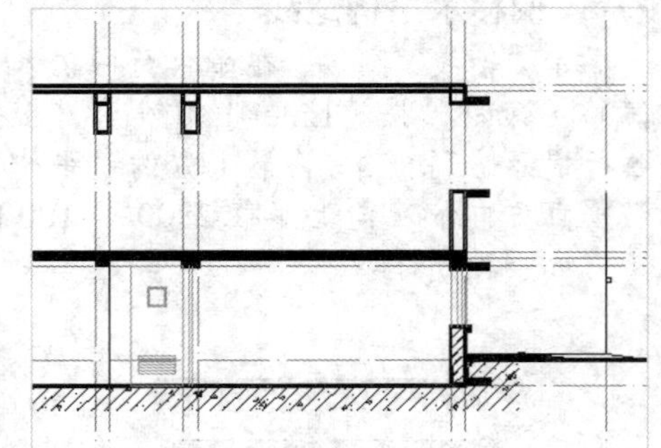

STEP 09 **绘制标准层左端的窗户**

将“门窗”图层置为当前，在命令行中输入 L（直线）命令，按【Enter】键确认，根据命令行提示进行操作，捕捉第 2 条垂直线和墙体上边的交点，根据需要引导光标，输入点坐标（@-1450,0）和（@0,1585）效果如下图所示。

STEP 10 **绘制窗户**

在命令行中输入 L（直线）命令，按【Enter】键确认，然后根据命令行提示进行操作，捕捉第 2 条垂直线和墙体上边的交点，依次输入点坐标（@-60,30）、（@-1360,0）、（@0,1005）和（@880,0），效果如下图所示。

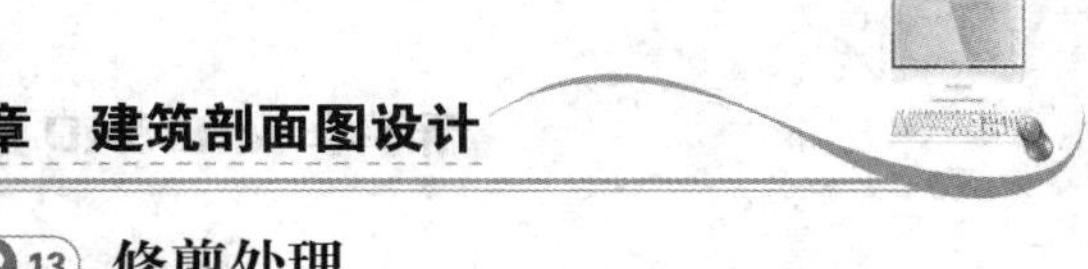

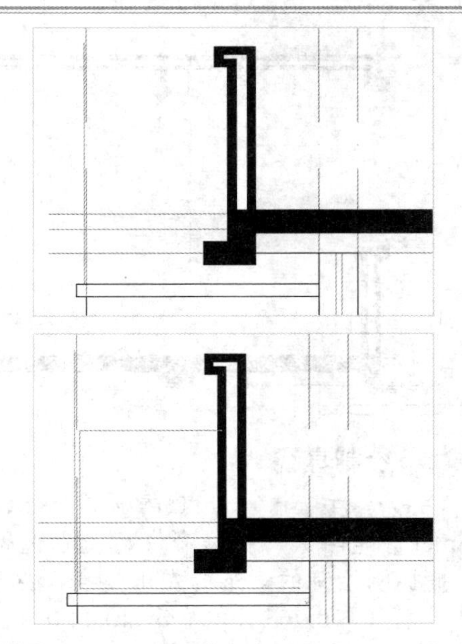

STEP 11　偏移垂直线

在命令行中输入 O（偏移）命令，按【Enter】键确认，根据命令行提示进行操作，将刚绘制的最左侧垂直线水平向右依次偏移 70、620、70、140、10 和 20 的距离，如下图所示。

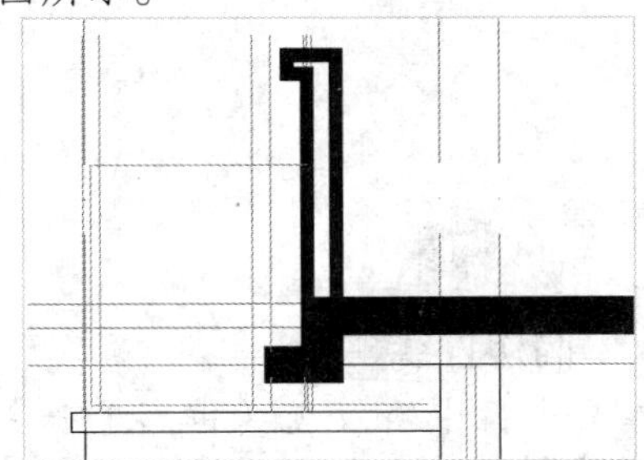

STEP 12　偏移水平线

在命令行中输入 O（偏移）命令，按【Enter】键确认，根据命令行提示进行操作，将刚绘制的第一条水平线垂直向上依次偏移 40、925、70、40、375、40、25 和 40 的距离，如下图所示。

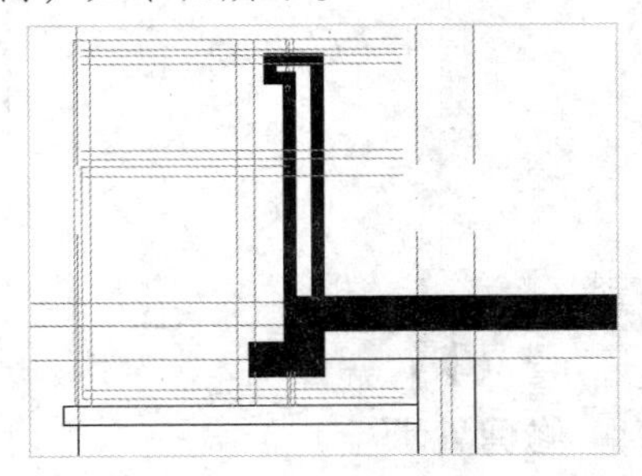

STEP 13　修剪处理

在命令行中输入 TR（修剪）命令，按【Enter】键两次，根据命令行提示进行操作，快速修剪多余的线条，如下图所示。

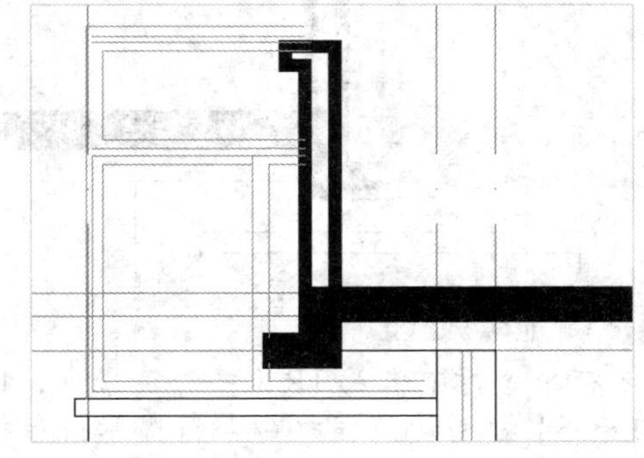

STEP 14　延伸处理

在命令行中输入 EX（延伸）命令，按【Enter】键确认，根据命令行提示进行操作，延伸相应直线，如下图所示。

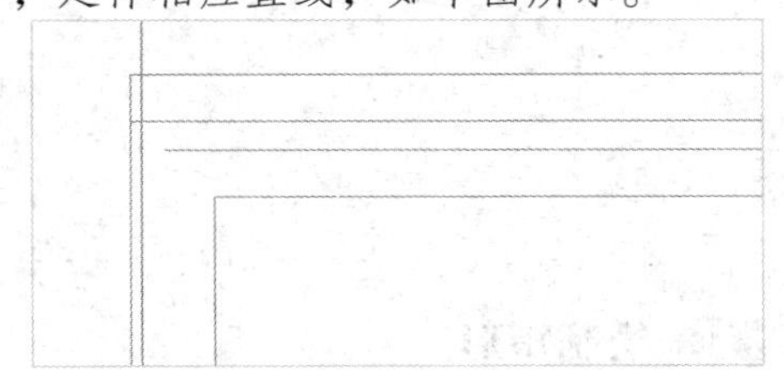

STEP 15　绘制直线

在命令行中输入 L（直线）命令，按【Enter】键确认，然后根据命令行提示进行操作，捕捉直线的端点，连接直线，如下图所示。

STEP 16　绘制图形

在命令行中输入 L（直线）命令，按【Enter】键确认，根据命令行提示进行操作，捕捉延伸直线的左端点，依次输入点坐标（@-92.19,0）、（@0,40）和（@92.19,0），绘制图形，如下图所示。

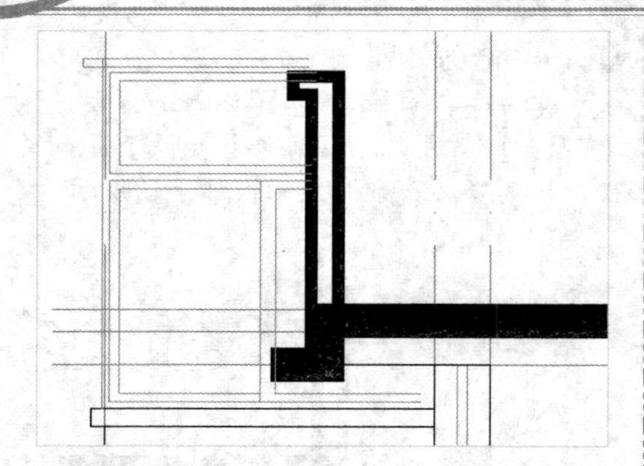

STEP 17 **修剪处理**

在命令行中输入 TR（修剪）命令，按【Enter】键两次，根据命令行提示进行操作，快速修剪多余的线条，如下图所示。

STEP 18 **绘制矩形**

在命令行中输入 REC（矩形）命令，按【Enter】键确认，根据命令行提示进行操作，捕捉窗户的第 3 条水平线的右端点，依次输入点坐标（@9.55,9.76）和（@540.44,1490），绘制标准层左端另一个窗户，如下图所示。

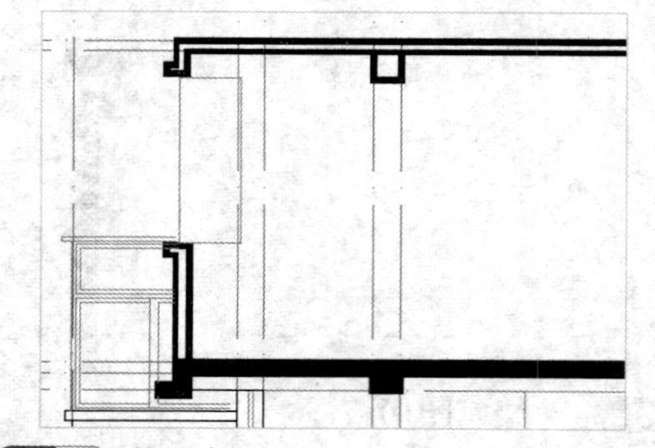

STEP 19 **偏移矩形**

在命令行中输入 O（偏移）命令，按【Enter】键确认，根据命令行提示进行操作，将刚绘制的矩形向内偏移 40 的距离，如下图所示。

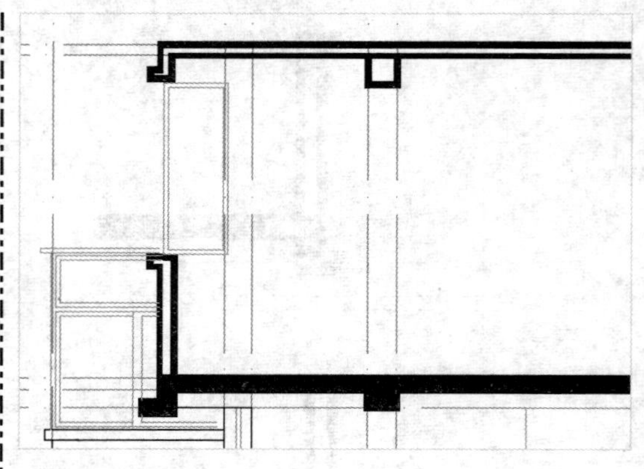

STEP 20 **绘制直线**

在命令行中输入 L（直线）命令，按【Enter】键确认，根据命令行提示进行操作，捕捉刚绘制的矩形的左下角点，依次输入点坐标（@0,965）和（@540.44,0），绘制直线，如下图所示。

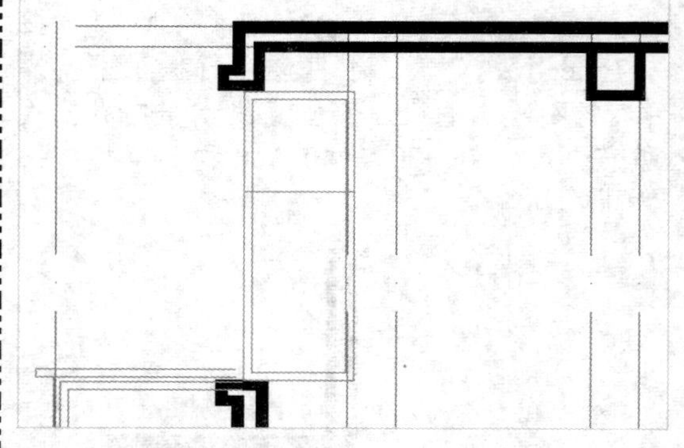

STEP 21 **偏移直线**

在命令行中输入 O（偏移）命令，按【Enter】键确认，根据命令行提示进行操作，将刚绘制的直线向上依次偏移 40、30 和 40 的距离，如下图所示。

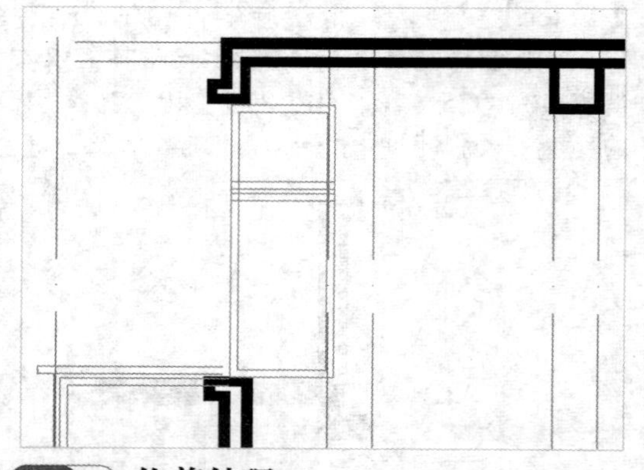

STEP 22 **修剪处理**

在命令行中输入 TR（修剪）命令，按【Enter】键两次，根据命令行提示进行操作，快速修剪图形，如下图所示。

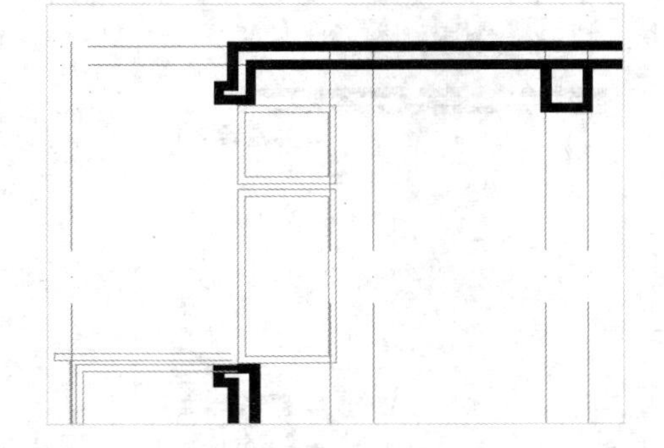

STEP 23　绘制剖切到的门

在命令行中输入 L（直线）命令，按【Enter】键确认，根据命令行提示进行操作，捕捉绘制的墙体的左下角点，依次输入点坐标（@101,0）和（@0,-2100），绘制标准层中间剖切到的门，如下图所示。

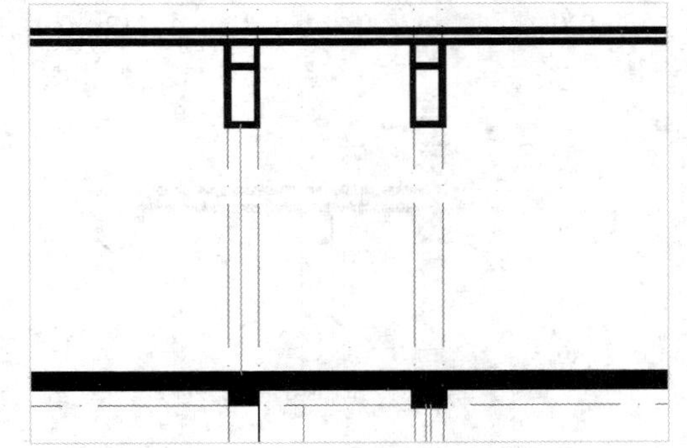

STEP 24　偏移直线

在命令行中输入 O（偏移）命令，按【Enter】键确认，根据命令行提示进行操作，将刚绘制的直线向右偏移 40 的距离，如下图所示。

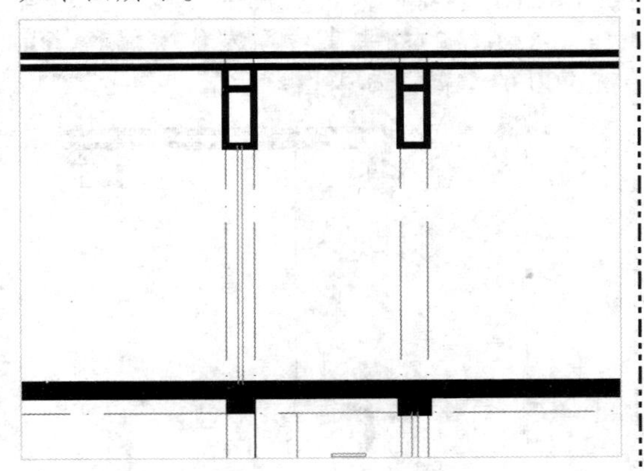

STEP 25　绘制剖切到的门

运用与上述相同的方法，在相应的位置绘制标准层中间剖切到的门，如下图所示。

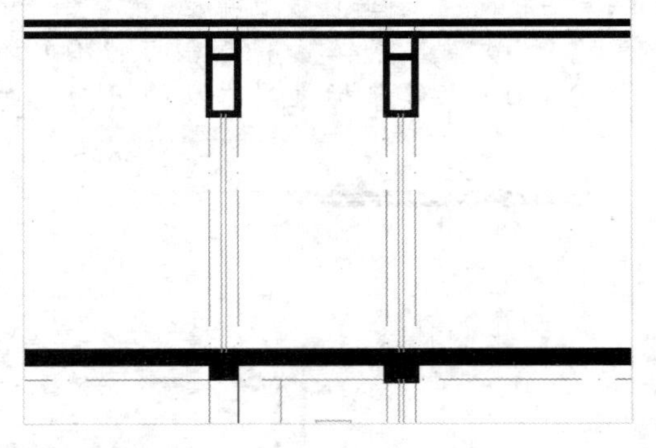

STEP 26　绘制标准层右端的窗户

在命令行中输入 L（直线）命令，按【Enter】键确认，根据命令行提示进行操作，捕捉第 11 条垂直线和第 2 条水平线的交点，依次输入点坐标（@30.17,-230）和（@0,-1490），绘制标准层右端的窗户，如下图所示。

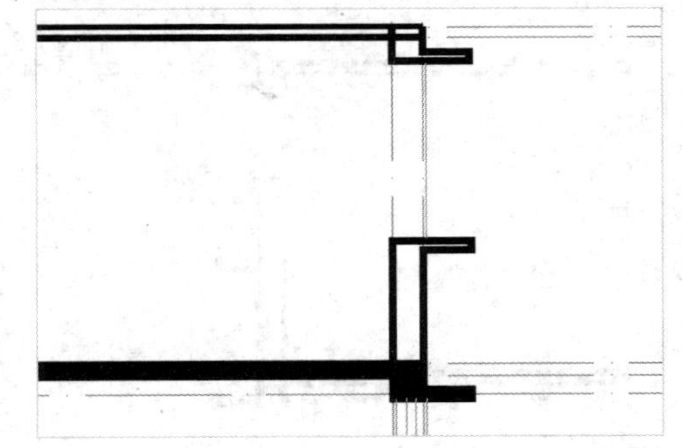

STEP 27　偏移直线

在命令行中输入 O（偏移）命令，按【Enter】键确认，根据命令行提示进行操作，将刚绘制的直线向右依次偏移 40、210 和 40 的距离，如下图所示。

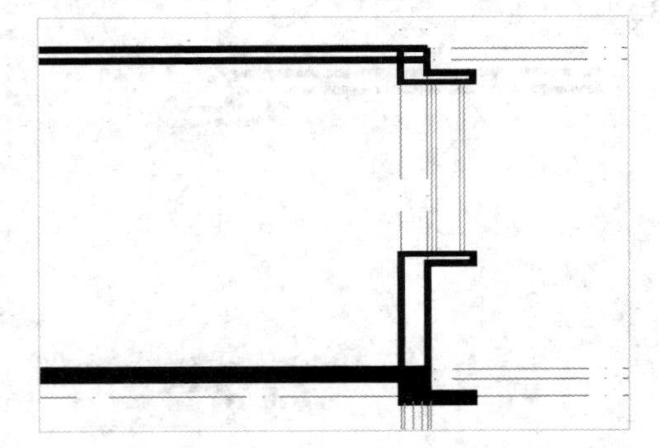

STEP 28 绘制标准层右端的窗户

在命令行中输入 L（直线）命令，按【Enter】键确认，根据命令行提示进行操作，捕捉第 11 条垂直线和第 2 条水平线的交点，依次输入点坐标（@30.17,-270）和（@290,0），绘制标准层右端的窗户，如下图所示。

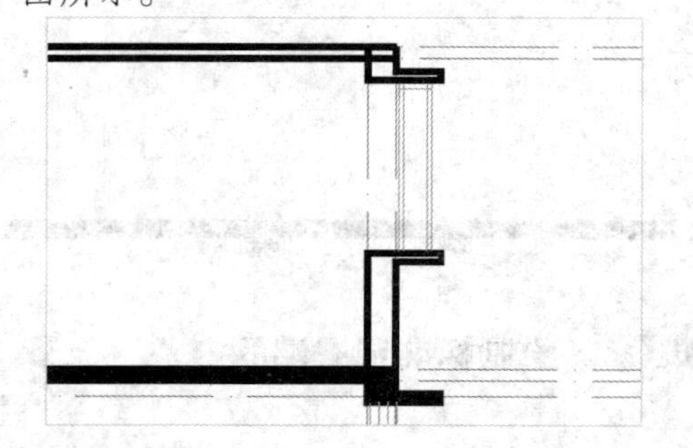

STEP 29 偏移直线

在命令行中输入 O（偏移）命令，按【Enter】键确认，根据命令行提示进行操作，将刚绘制的直线向下依次偏移 375、40、30、40 和 925 的距离，如下图所示。

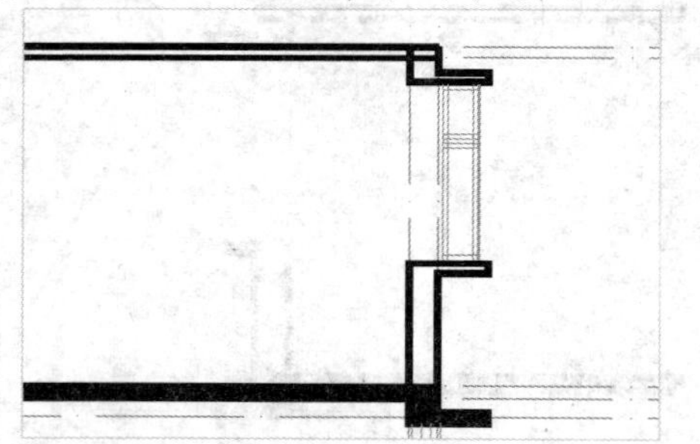

STEP 30 偏移直线

在命令行中输入 O（偏移）命令，按【Enter】键确认，根据命令行提示进行操作，将左边的窗户线向左依次偏移 30.17、240 的距离，将最右侧的窗户线向右偏移 30.17 的距离，如下图所示。

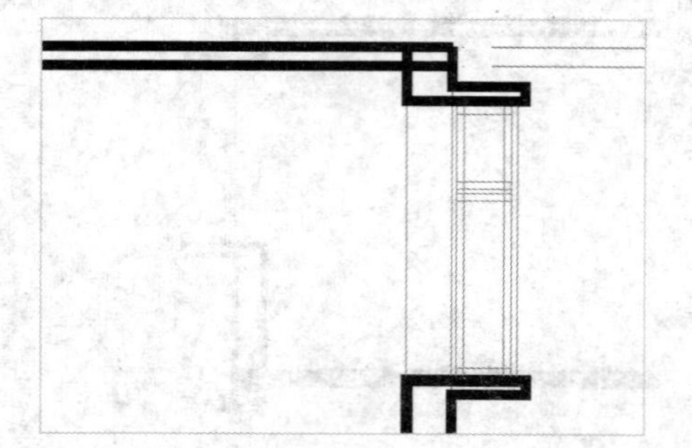

STEP 31 修剪处理

在命令行中输入 TR（修剪）命令，按【Enter】键两次，根据命令行提示进行操作，快速修剪图形，如下图所示。

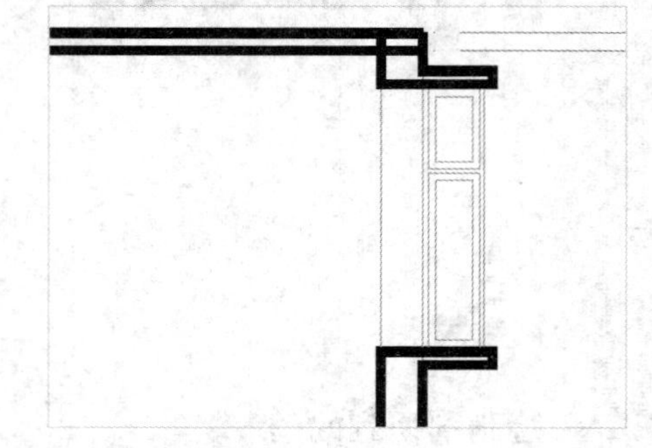

STEP 32 绘制墙体

将“墙体”图层置为当前，在命令行中输入 L（直线）命令，按【Enter】键确认，根据命令行提示进行操作，捕捉第 2 条垂直线和第 2 条水平线的交点，依次输入点坐标（@60,0）、（@0,-1749）和（@-480,0），绘制标准层上没有剖切到的墙体，效果如下图所示。

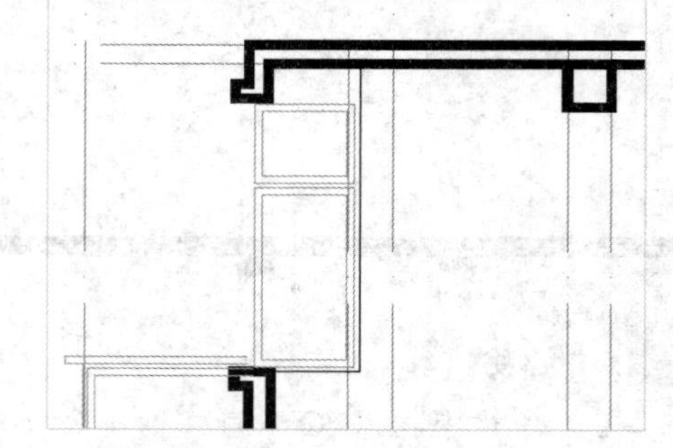

STEP 33 偏移垂直线

在命令行中输入 O（偏移）命令，按【Enter】键确认，根据命令行提示进行操作，将刚绘制的垂直线向左依次偏移 600 和 900 的距离，如下图所示。

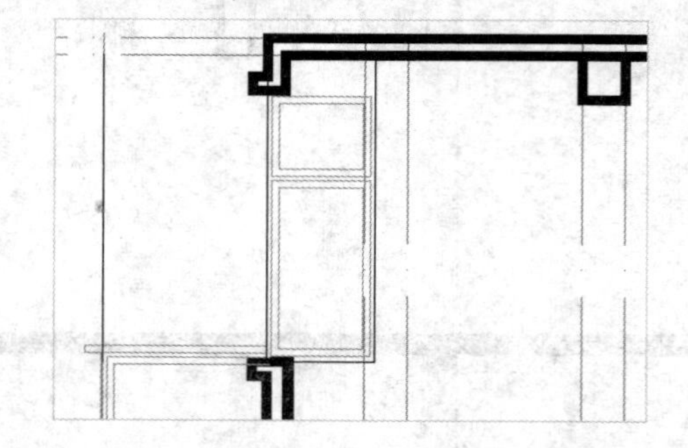

STEP 34 **偏移水平直线**

在命令行中输入O（偏移）命令，按【Enter】键确认，根据命令行提示进行操作，将刚绘制的水平直线向上偏移1549的距离，如下图所示。

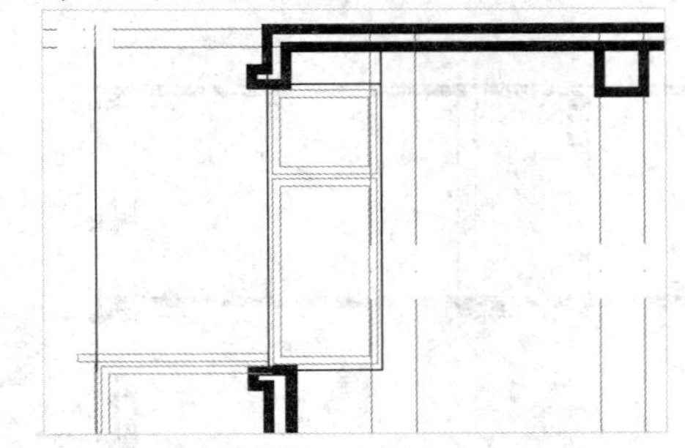

STEP 35 **绘制墙体**

在命令行中输入L（直线）命令，按【Enter】键确认，根据命令行提示进行操作，捕捉选择矩形的左下角点，依次输入点坐标（@0,16.52）、（@-980.39,0）、（@0,80）和（@980.39,0），绘制标准层上没有剖切到的墙体，如下图所示。

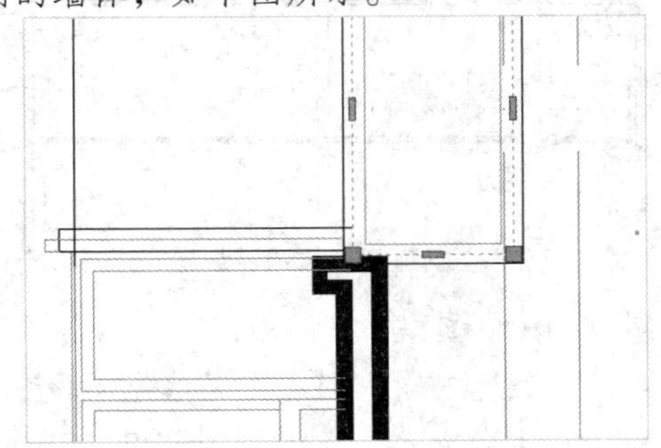

STEP 36 **偏移直线**

在命令行中输入O（偏移）命令，按【Enter】键确认，根据命令行提示进行操作，将选择的直线垂直向上依次偏移109、20、140、920和80的距离，如下图所示。

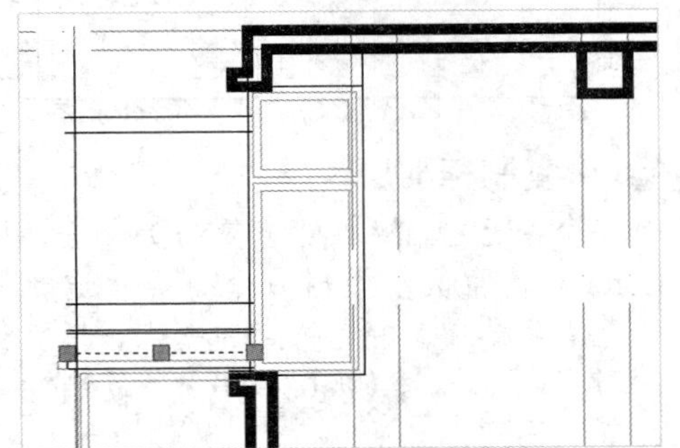

STEP 37 **修剪处理**

在命令行中输入TR（修剪）命令，按【Enter】键两次，根据命令行提示进行操作，快速修剪图形，执行“E（删除）”和“L（直线）”命令，绘制一条短线封闭上部分直线，删除多余的线条，如下图所示。

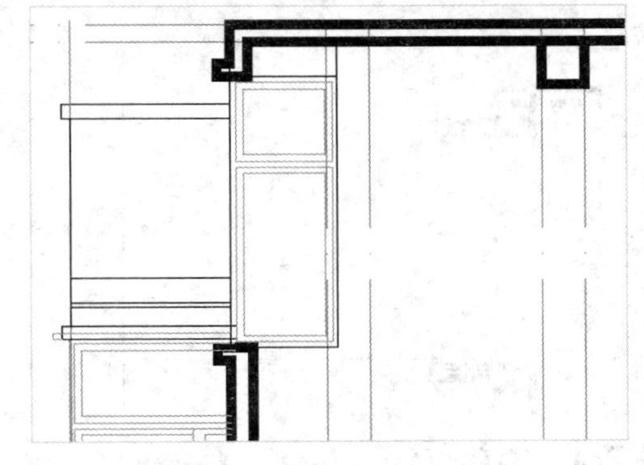

STEP 38 **绘制墙体线**

在命令行中输入L（直线）命令，按【Enter】键确认，根据命令行提示进行操作，按照轴线在相应位置依次绘制墙体线，如下图所示。

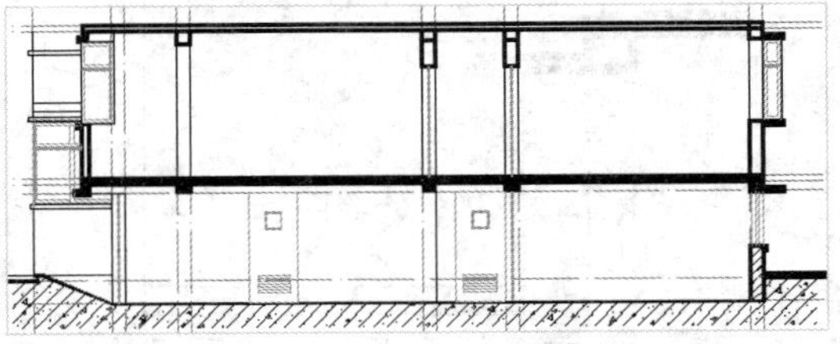

STEP 39 **绘制墙体**

在命令行中输入L（直线）命令，按【Enter】键确认，根据命令行提示进行操作，捕捉选择直线的下端点，输入点坐标（@0,45.99）、（@2049.82,0）和（@0,2954），绘制标准层右端的墙体，如下图所示。

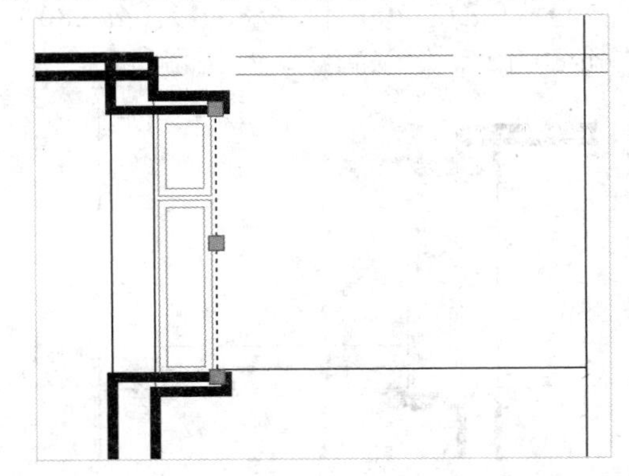

STEP 40 绘制墙体

在命令行中输入 L（直线）命令，按【Enter】键确认，根据命令行提示进行操作，捕捉刚绘制水平直线的右端点，依次输入点坐标（@0,30）、（@80,0）、（@0,-80）和（@-80,0），绘制标准层右端的墙体，如下图所示。

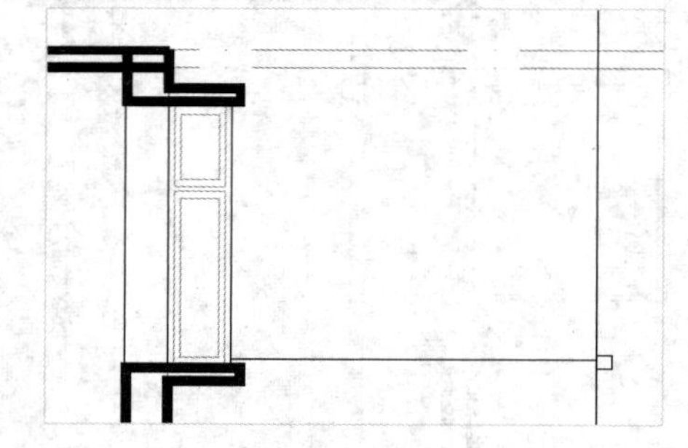

STEP 41 偏移直线

在命令行中输入 O（偏移）命令，按【Enter】键确认，根据命令行提示进行操作，将刚绘制的水平直线向上依次偏移 140、20、140 的距离，如下图所示。

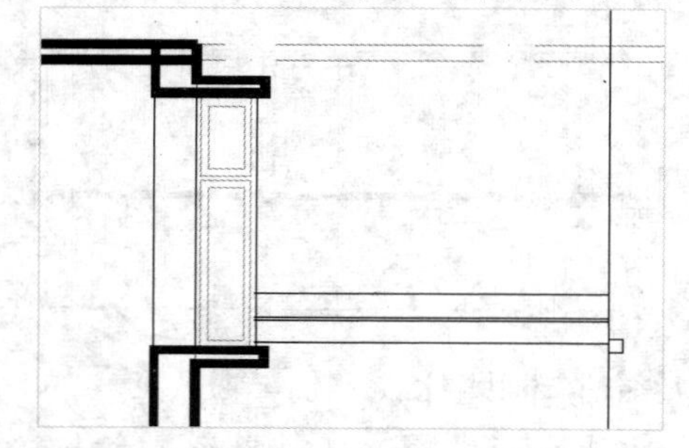

STEP 42 绘制直线

在命令行中输入 L（直线）命令，按【Enter】键确认，根据命令行提示进行操作，捕捉刚绘制水平直线的右端点，依次输入点坐标（@0,1200）和（@80,0）、（@0,80）、（@-80,0），绘制直线，如下图所示。

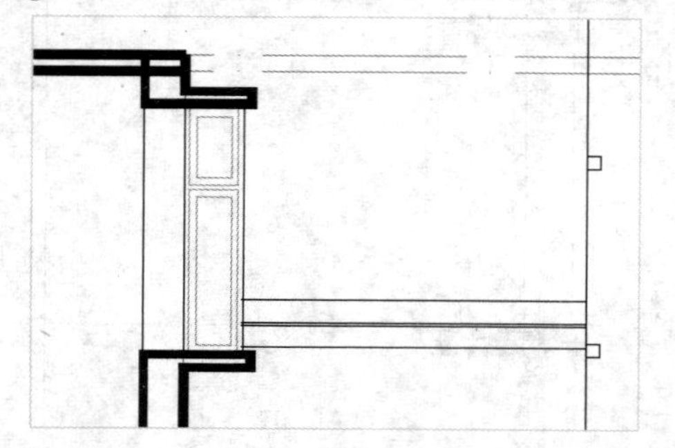

STEP 43 复制门

在命令行中输入 CO（复制）命令，按【Enter】键确认，然后根据命令行提示进行操作，选择门对象，以门的右下角点为基点，向上引导光标至合适位置，效果如下图所示。

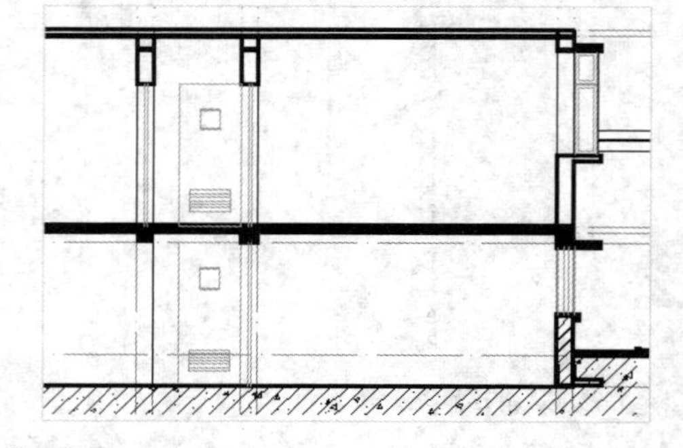

STEP 44 填充图案

在命令行中输入 H（图案填充）命令，按【Enter】键确认，弹出“图案填充创建”选项卡，设置“图案”为 JIS-RC-30、“比例”为 4，填充图案，效果如下图所示。

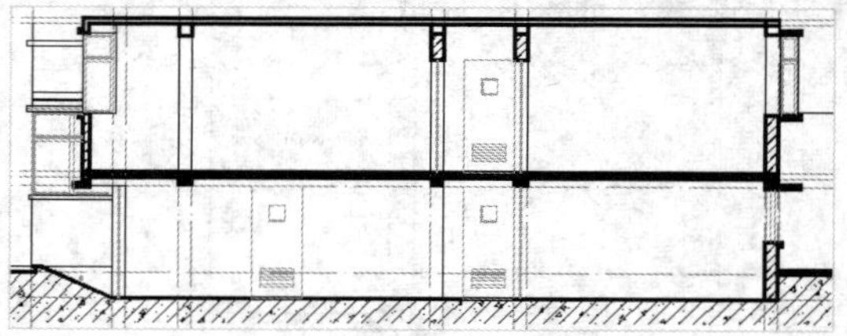

STEP 45 填充图案

在命令行中输入 H（图案填充）命令，按【Enter】键确认，弹出“图案填充创建”选项卡，设置“图案”为 SOLID，填充图案，效果如下图所示。

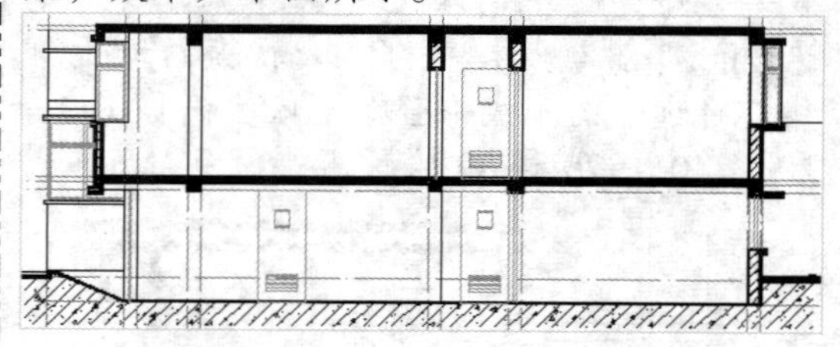

STEP 46 复制标准层

在命令行中输入 CO（复制）命令，按【Enter】键确认，根据命令行提示进行操作，选择标准层，指定一点为基点，指定位移的第二点坐标为（@0,2900），复制标准层，如下图所示。

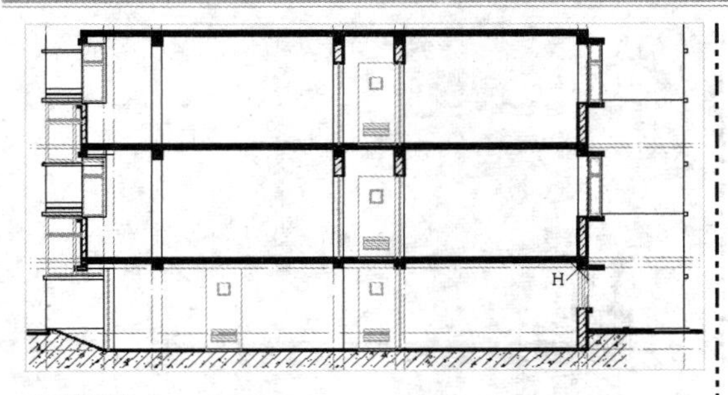

STEP 47　修剪处理

在命令行中输入 TR（修剪）命令，按【Enter】键两次，根据命令行提示进行操作，快速修剪多余的窗线，删除多余的线条，如下图所示。

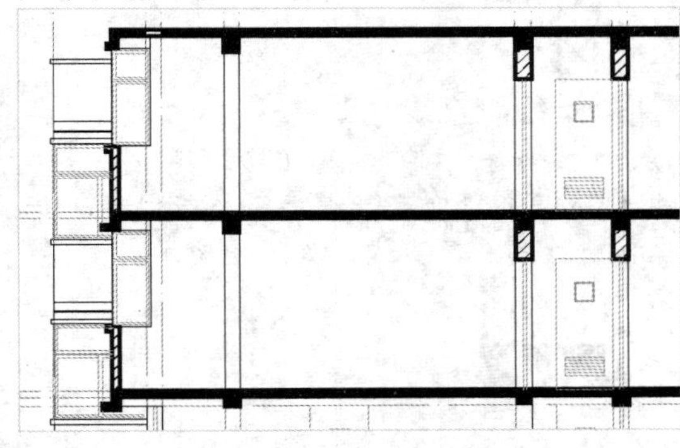

STEP 48　删除窗台线

按【Delete】键，删除第二层左端窗户上的水平窗台线，如下图所示。

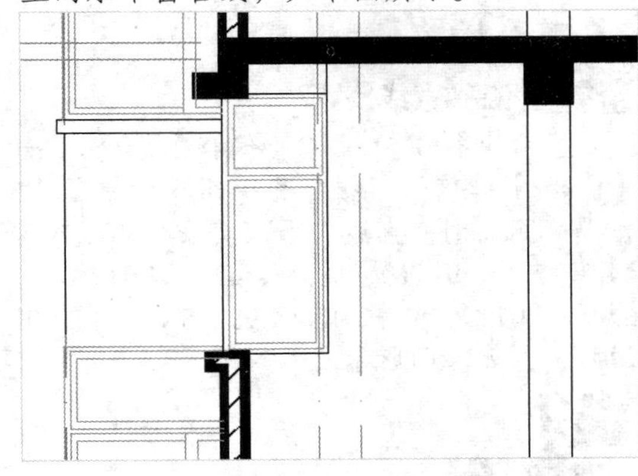

STEP 49　绘制直线

将“门窗”图层置为当前层，在命令行中输入 PL（多段线）命令，按【Enter】键确认，根据命令行提示进行操作，捕捉选择直线的右端点，确定起点，输入点坐标（@-992.19,0）、（@0,40）和（@992.19,0），绘制直线，如下图所示。

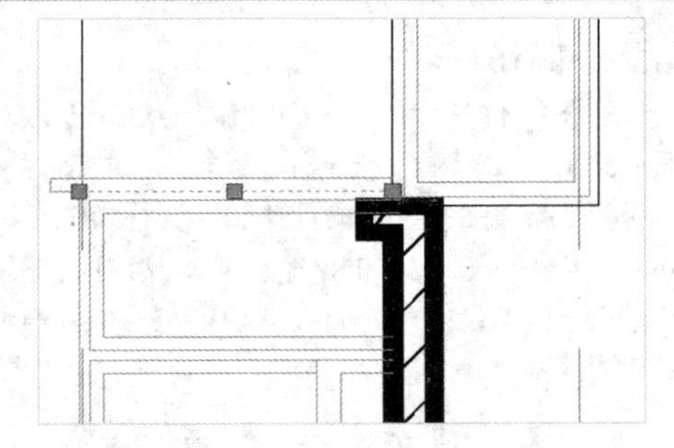

STEP 50　绘制屋板左端边线

单击“工具”|“新建 UCS”|“原点”命令，将坐标移至合适位置，在命令行中输入 PL（多段线）命令，按【Enter】键确认，根据命令行提示进行操作，依次输入点坐标（0,0）、（-16，2）、（-24,5）、（-31,9）、（-38，14）、（-44,19）、（-49,26）、（-53,33）、（-56，40）、（-92,49）、（-85，80）、（-155,80）、（-155,174）、（-183,174）、（-190,221）、（-205,239）、（-217，249）、（-230,258）、（-244,265）、（-258,270）、（-273,273）、（-289,274）、（-318,274）、（-318,314）及（992,314），绘制屋板左端边线，效果如下图所示。

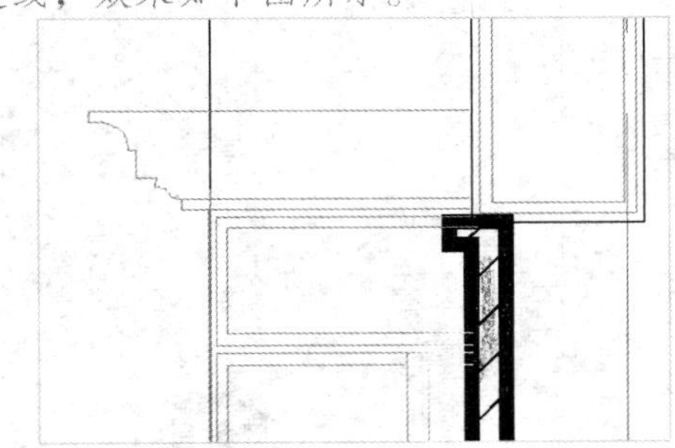

STEP 51　绘制直线

在命令行中输入 PL（多段线）命令，按【Enter】键确认，根据命令行提示进行操作，绘制一条直线，如下图所示。

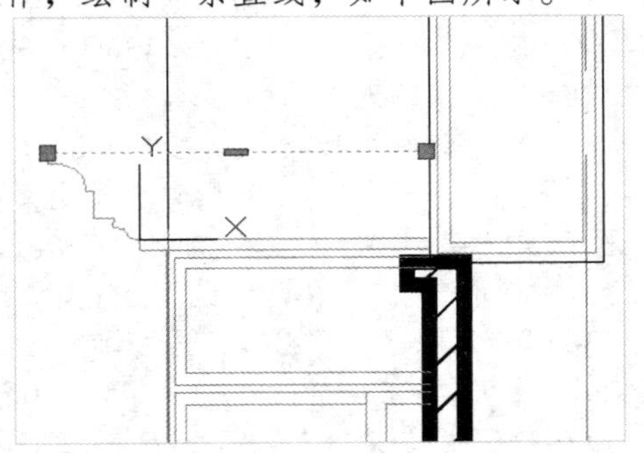

STEP 52 **偏移直线**

在命令行中输入 O（偏移）命令，按【Enter】键确认，根据命令行提示进行操作，将刚绘制的直线向下依次偏移 40、4、4.99、7.01、9、10、18.01、47、94.01、33、6.99、7.01、6.99、7.01、4.99、5 和 4 的距离，如下图所示。

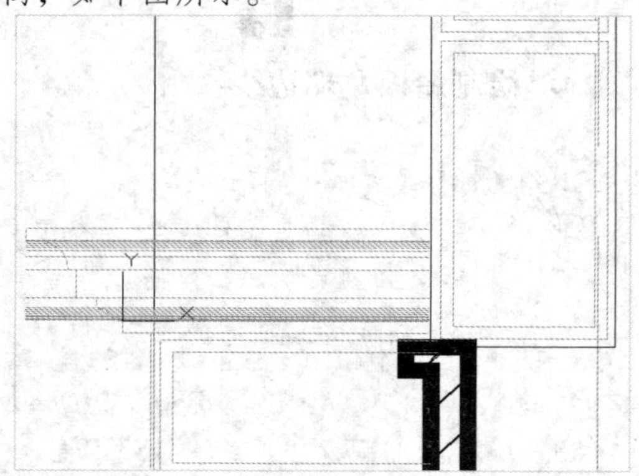

STEP 53 **修剪处理**

在命令行中输入 TR（修剪）命令，按【Enter】键两次，根据命令行提示进行操作，快速修剪图形，如下图所示。

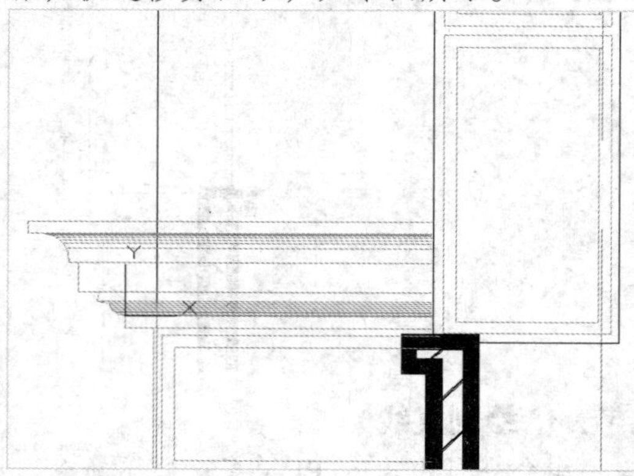

STEP 54 **绘制多段线**

单击"工具"|"新建 UCS"|"原点"命令，在命令行中输入（13832.3600, 314.9958）坐标的新原点并确认，在命令行中输入 PL（多段线）命令，按【Enter】键确认，根据命令行提示进行操作，依次输入点坐标（-0.1237,0）、（2410,0）（2410,-40）、（2381,-40）、（2365,-41）、（2350,-44）、（2336,-49）、（2322,-56）、（2309,-65）、（2297,-75）、（2282,-93）、（2275,-140）、（2247,-140）、（2247,-2348）、（2177,-234）、（2184,-267）、（2148,-274）、（2145,-281）、（2141,-288）、（2136,-295）、（2130,-300）、（2123,-305）、（2116,-309）、（2108,-312）、（2092,-314）、（2092,-354）和（0,-354），绘制屋板右端边线，如下图所示。

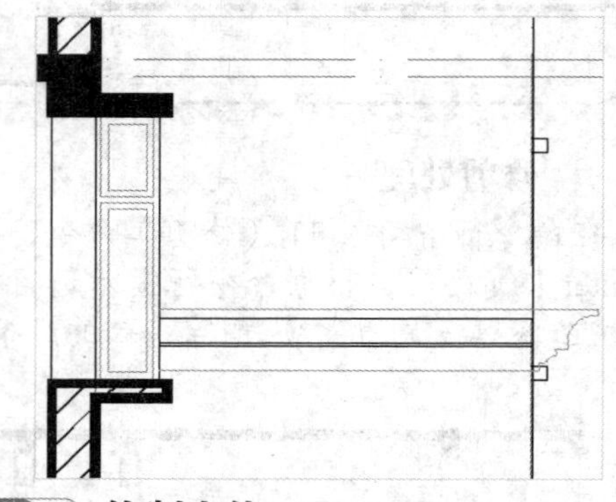

STEP 55 **绘制直线**

在命令行中输入 PL（多段线）命令，按【Enter】键确认，根据命令行提示进行操作，绘制一条直线，如下图所示。

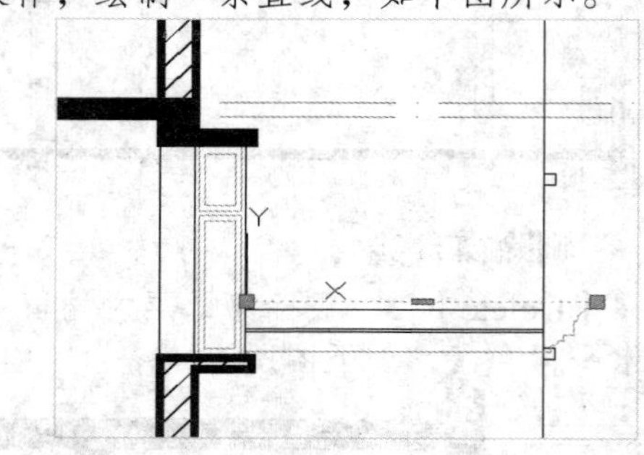

STEP 56 **偏移直线**

在命令行中输入 O（偏移）命令，按【Enter】键确认，根据命令行提示进行操作，将刚绘制的直线向下依次偏移 40、4、4.99、7.01、9、10、18.01、47、94.01、33、6.99、7.01、6.99、7.01、4.99、5、4 和 4.99 的距离，如下图所示。

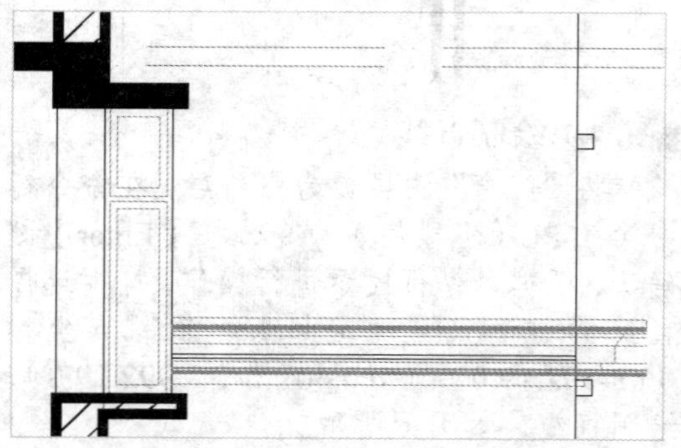

STEP 57 修剪处理

在命令行中输入 TR（修剪）命令，按【Enter】键两次，根据命令行提示进行操作，快速修剪图形，如下图所示。

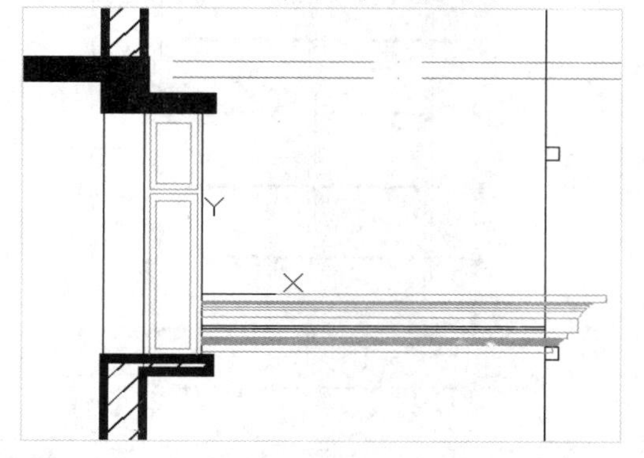

STEP 58 删除墙体线

按【Delete】键，删除第二层右端的墙体线，如下图所示。

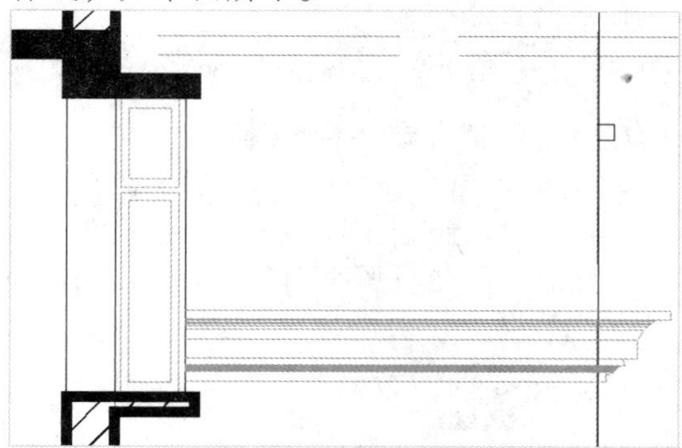

STEP 59 复制屋板左端边线

在命令行中输入 CO（复制）命令，按【Enter】键确认，根据命令行提示进行操作，复制屋板左端边线，如下图所示。

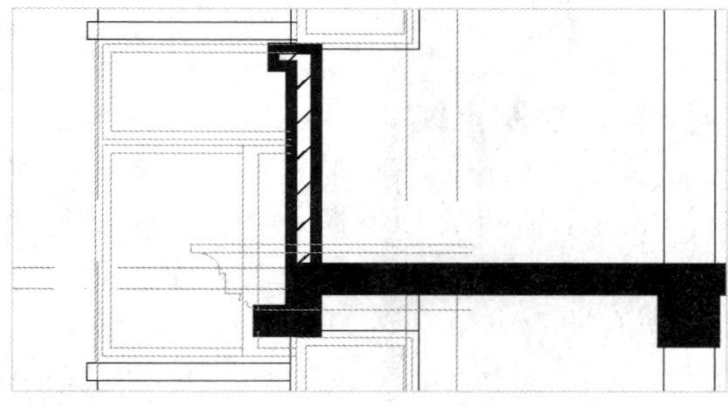

STEP 60 修剪处理

在命令行中输入 TR（修剪）命令，按【Enter】键两次，根据命令行提示进行操作，快速修剪图形，如下图所示。

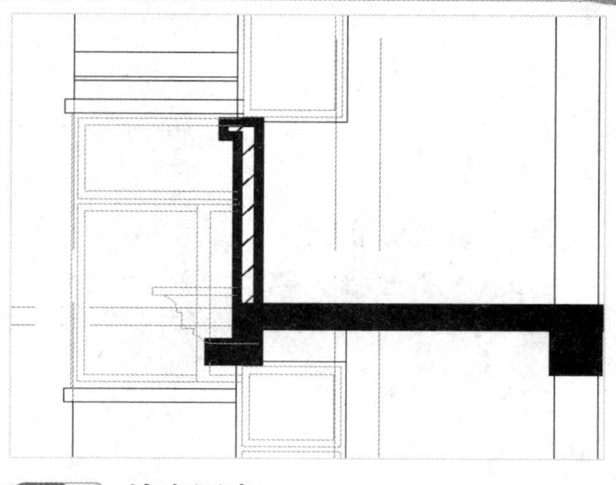

STEP 61 填充图案

在命令行中输入 H（图案填充）命令，按【Enter】键确认，弹出“图案填充创建”选项卡，设置“图案”为 SOLID，填充图案，效果如下图所示。

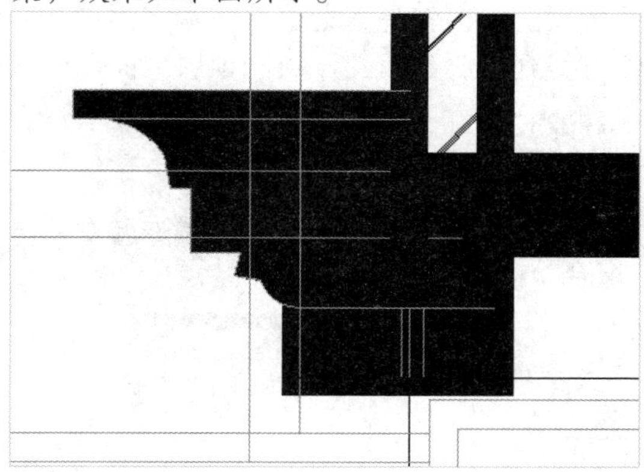

STEP 62 移动线条的图层

选择复制的屋板左端边线，单击“图层”面板中“门窗”右侧的下拉按钮，在弹出的列表框中选择“墙体”选项，移动图层，如下图所示。

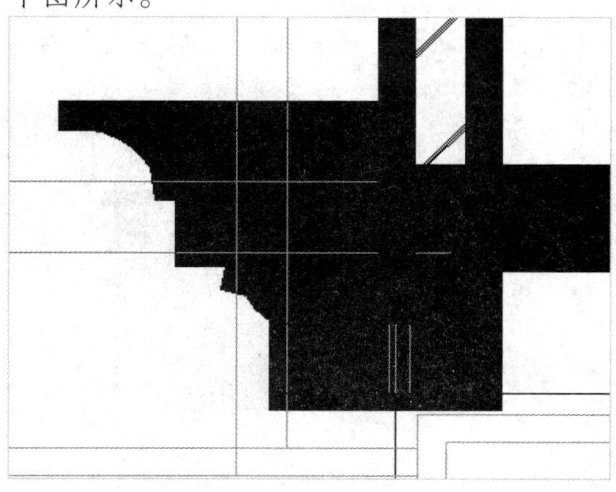

STEP 63 复制标准层

在命令行中输入 CO（复制）命令，按【Enter】键确认，根据命令行提示进行操作，复制标准层，如下图所示。

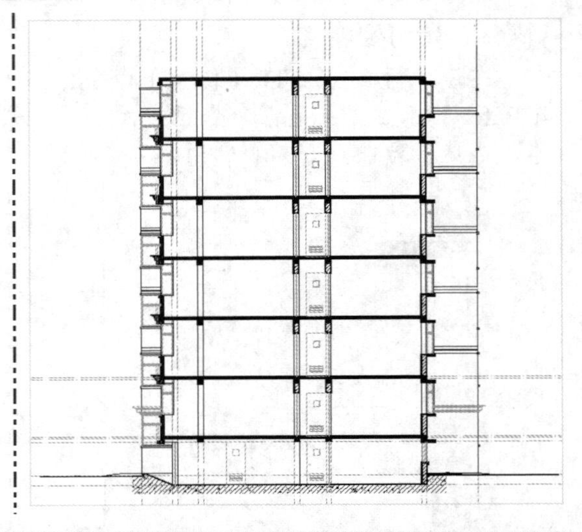

7.2.4 绘制顶层剖面图

顶层，也就是第七层，在本实例设计过程中，只要在这个标准层的基础上进行修改，即可得到顶层剖面图，绘制顶层剖面图的具体操作步骤如下。

素材文件	无	效果文件	第 7 章\顶层剖面图.dwg

STEP 01 删除顶层窗台

按【Delete】键，删除顶层左端窗户的窗台，如下图所示。

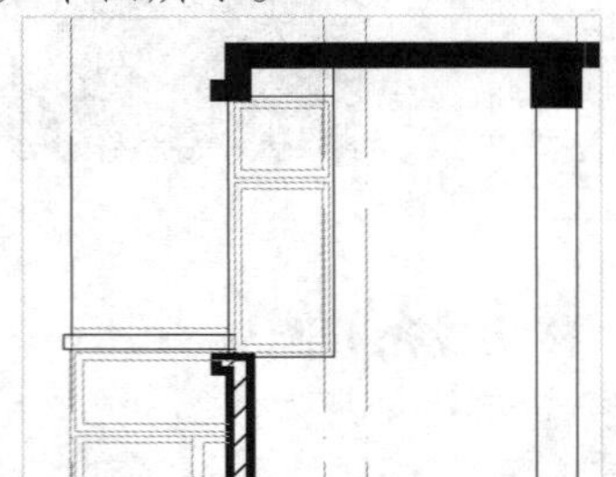

STEP 02 复制左端屋板图案

在命令行中输入 CO（复制）命令，按【Enter】键确认，根据命令行提示进行操作，复制左端屋板图案到顶层合适位置，如下图所示。

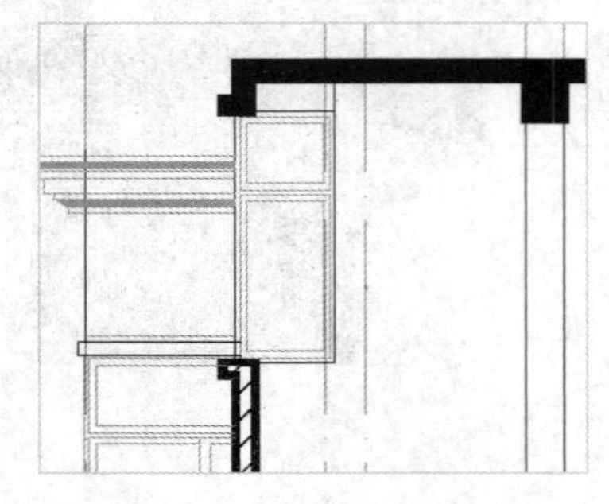

STEP 03 复制右端屋板图案

在命令行中输入 CO（复制）命令，按【Enter】键确认，根据命令行提示进行操作，复制右端屋板图案到顶层合适位置，如下图所示。

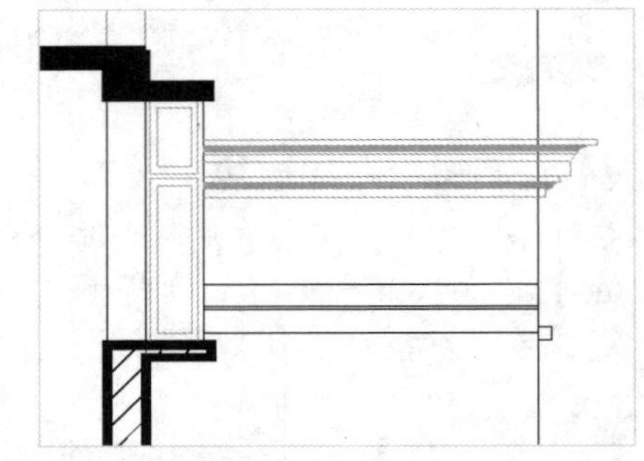

STEP 04 绘制直线

在命令行中输入 L（直线）命令，按【Enter】键确认，根据命令行提示进行操作，捕捉选定直线的右端点，输入点坐标（@-0.18,50）、（@2130,0）、（@0,80）和（@-2130,0），绘制直线，如下图所示。

STEP 05 删除修剪处理

执行“E（删除）”、“TR（修剪）”和“EX（延伸）”命令，删除和修剪顶层右端多余的线段，如下图所示。

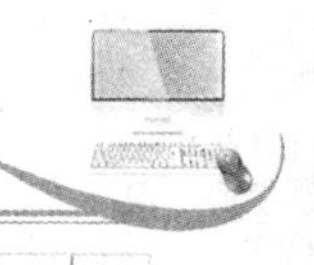

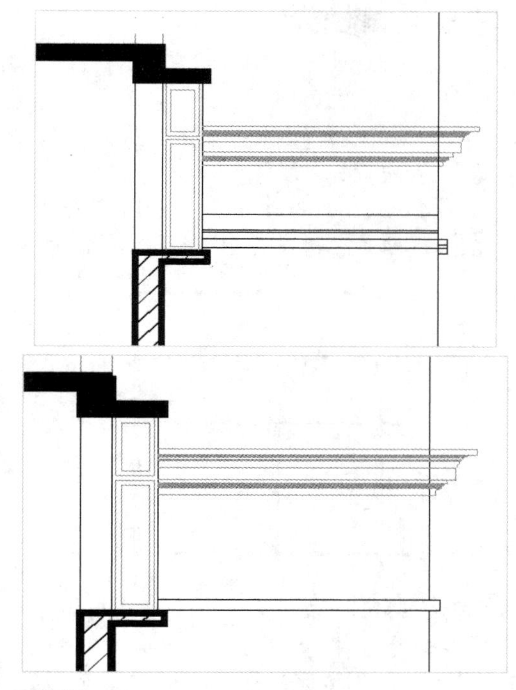

STEP 06 绘制墙体

将“墙体”图层置为当前层，在命令行中输入 PL（多段线）命令，按【Enter】键确认，根据命令行提示进行操作，捕捉左端墙体的右下角点为起点，设置起点和端点宽度均为 50，输入点坐标（@0,1100）、（@-120,0）、（@0,-1020）、（@-78,0）、（@0,-80）及（@198,0），绘制墙体，如下图所示。

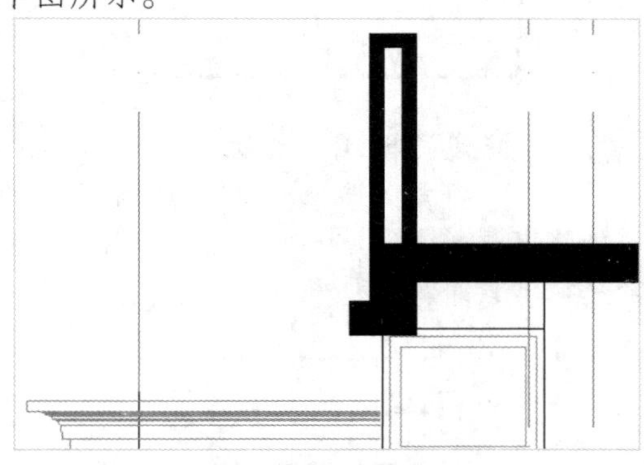

STEP 07 绘制直线

在命令行中输入 L（直线）命令，按【Enter】键确认，根据命令行提示进行操作，捕捉刚绘制墙体的右上角点，输入点坐标（@0,-354）和（@-121,0），绘制直线，如下图所示。

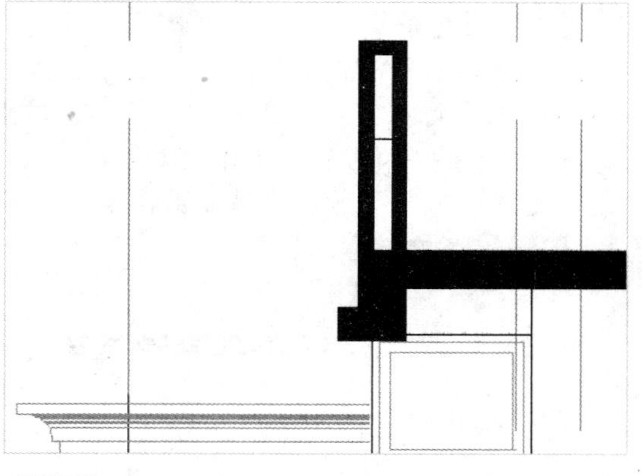

STEP 08 复制檐口

在命令行中输入 CO（复制）命令，按【Enter】键确认，根据命令行提示进行操作，复制檐口到女儿墙的顶部，如下图所示。

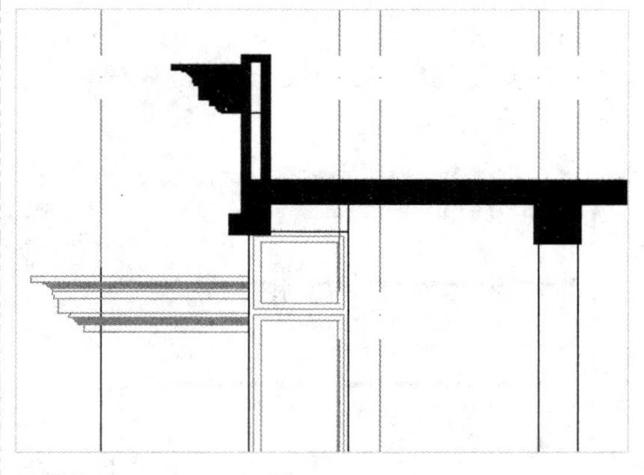

STEP 09 填充女儿墙

在命令行中输入 H（图案填充）命令，按【Enter】键确认，弹出“图案填充创建”选项卡，设置“图案”为 SOLID，填充图案，效果如下图所示。

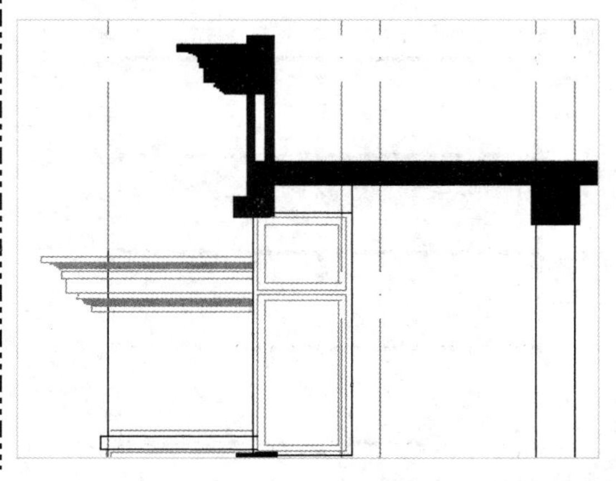

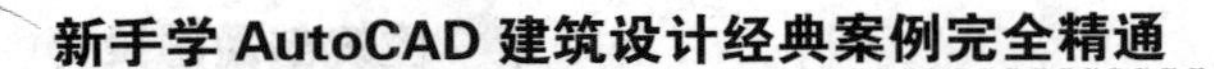

STEP 10 填充图案

在命令行中输入 H（图案填充）命令，按【Enter】键确认，弹出“图案填充创建”选项卡，设置“图案”为 JIS-RC-30、“比例”为 4，填充图案，效果如下图所示。

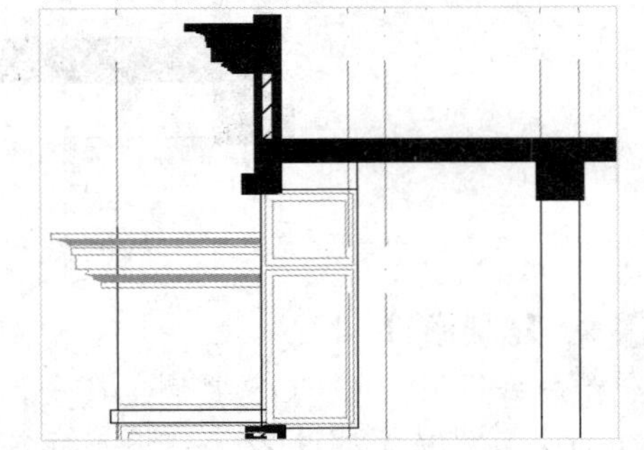

STEP 11 镜像复制女儿墙和檐口

在命令行中输入 MI（镜像）命令，按【Enter】键确认，根据命令行提示进行操作，镜像复制上述绘制的女儿墙和檐口，效果如下图所示。

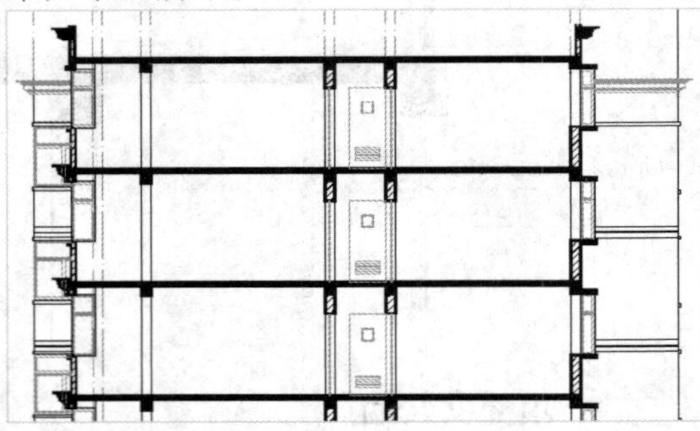

STEP 12 绘制直线

在命令行中输入 L（直线）命令，按【Enter】键确认，根据命令行提示进行操作，连接檐口两个端点，如下图所示。

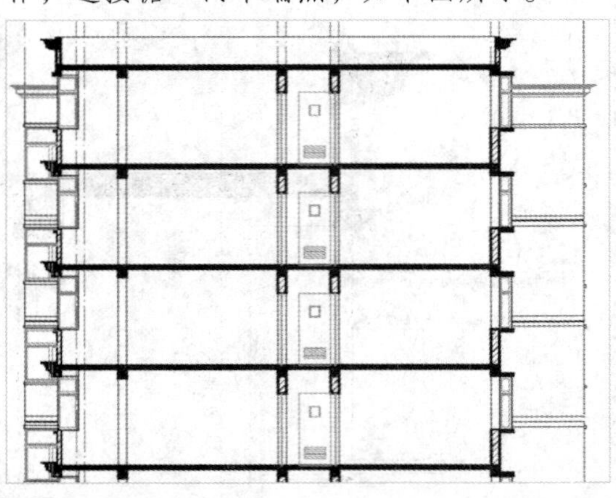

STEP 13 绘制多段线

单击“工具”|“移动 UCS”命令，将坐标移至合适位置，在命令行中输入 PL（多段线）命令，按【Enter】键确认，根据命令行提示进行操作，输入点坐标（0,0）、（3180,43）、（6360,86）、（9242,35）及（12360,-14），输入 C 闭合，如下图所示。

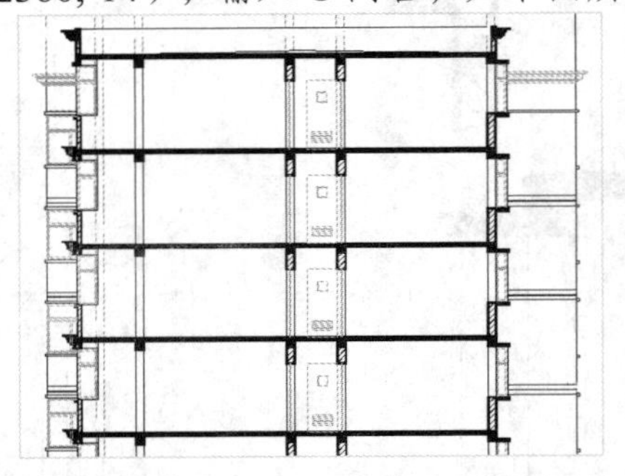

STEP 14 填充图案

在命令行中输入 H（图案填充）命令，按【Enter】键确认，弹出“图案填充创建”选项卡，设置“图案”为 SOLID，填充图案，，效果如下图所示。

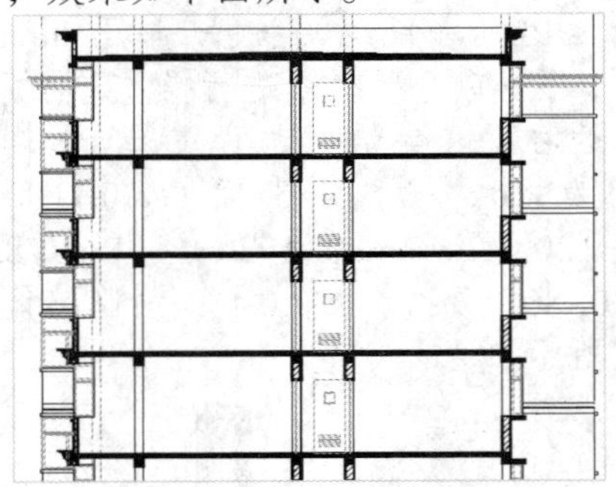

STEP 15 隐藏“轴线”图层

打开“图层特性管理器”选项板，单击“轴线”层前面的“开/关图层”图标，将其隐藏，效果如下图所示。

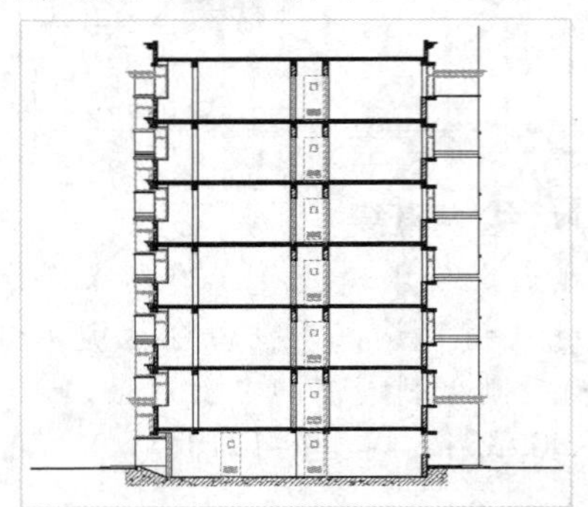

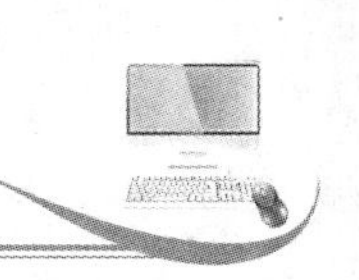

7.3 建筑剖面图后期处理

建筑剖面图绘制完成后和建筑平面图及立面图一样，需要对其进行后期处理，给建筑剖面图标注尺寸和文字说明及添加图框和标题，下面来分别介绍相关内容。

7.3.1 标注尺寸和文字说明

建筑剖面图绘制完成后，接下来标注尺寸和文字说明。在本实例设计过程中，首先通过“连续”和“对齐”命令标注相关尺寸，然后通过“直线”、“圆”和“单行文字”命令标注图名和轴线编号，展示了标注尺寸和文字说明的具体设计方法与技巧，其具体操作步骤如下。

素材文件	无	效果文件	第 7 章\标注尺寸和文字说明.dwg

STEP 01 对齐标注

将“标注和文字”图层置为当前，在命令行中输入 DAL（对齐）命令，按【Enter】键确认，根据命令行提示进行操作，对齐标注相应尺寸，如下图所示。

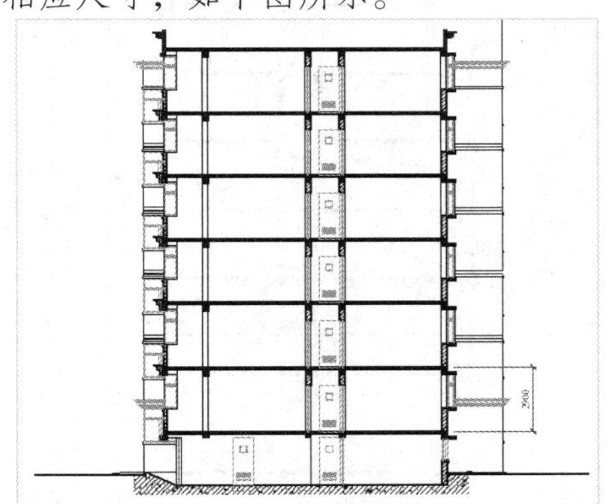

STEP 02 连续标注

在命令行中输入 DCO（连续）命令，按【Enter】键确认，根据命令行提示进行操作，连续标注相应尺寸，如下图所示。

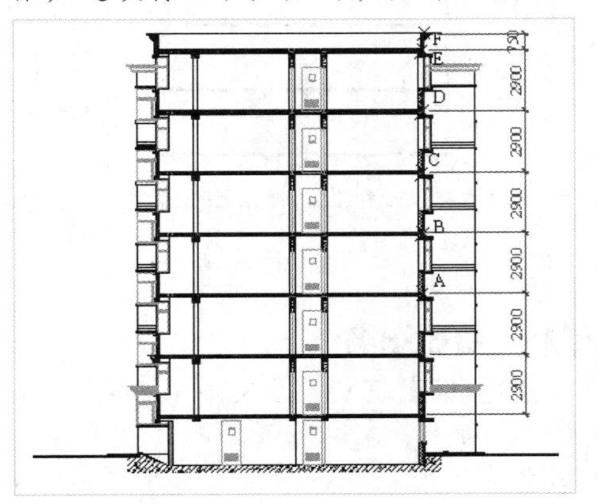

STEP 03 标注其他部分

重复执行“DAL（对齐）”和“DCO（连续）”命令，对图形的其他部分进行尺寸标注，如下图所示。

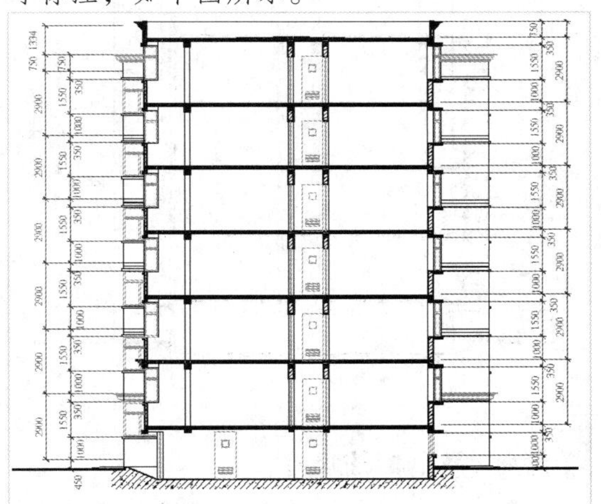

STEP 04 绘制直线

在命令行中输入 L（直线）命令，按【Enter】键确认，然后根据命令行提示进行操作，捕捉相应点，输入点坐标（@0,-1202.77）和（@0,-2680.84），绘制直线，如下图所示。

STEP 05 偏移直线

在命令行中输入 O（偏移）命令，按【Enter】键确认，根据命令行提示进行操作，将刚绘制的直线向右依次偏移 900、600、1200、4500、1500、4500、2400 的距离，如下图所示。

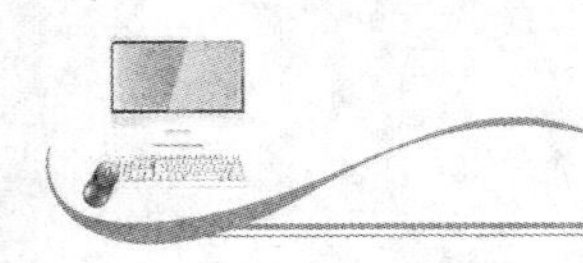

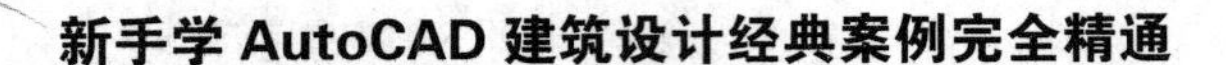

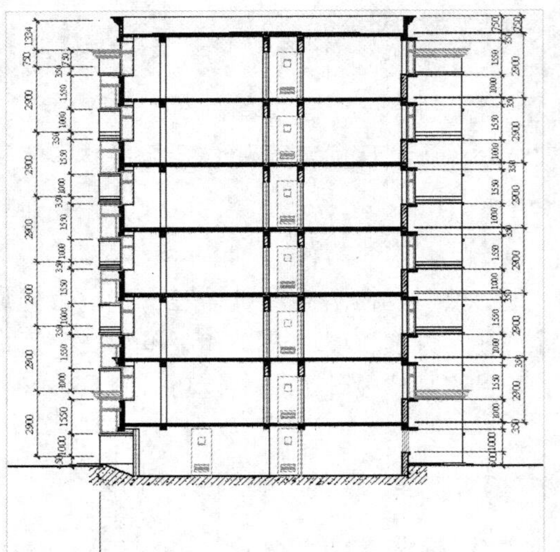

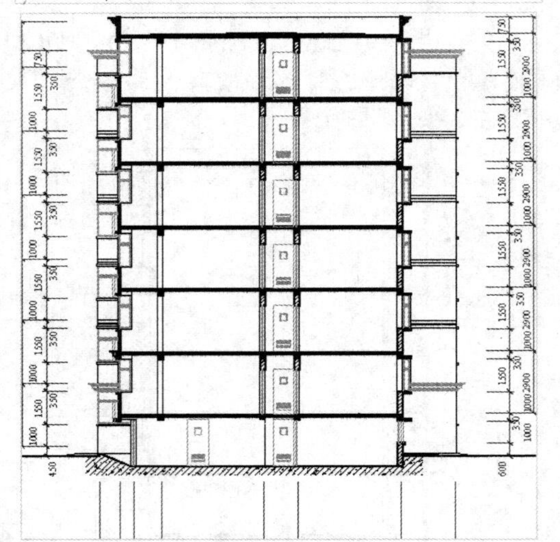

STEP 06 **修整标注尺寸**

在命令行中输入 DAL（对齐）和 DCO（连续）命令，按【Enter】键确认，根据命令行提示进行操作，对图形进行标注，执行"DCO（连续）"、"X（分解）"、"TR（修剪）"和"L（直线）"命令，修整标注尺寸，如下图所示。

STEP 07 **标注标高**

执行"L（直线）"、"TEXT（单行文字）"和"CO（复制）"命令，绘制标高符号并标注标高，如下图所示。

STEP 08 **绘制轴线编号**

执行"C（圆）"、"TEXT（单行文字）"和"CO（复制）"命令，绘制轴线编号的圆圈及相关文字，如下图所示。

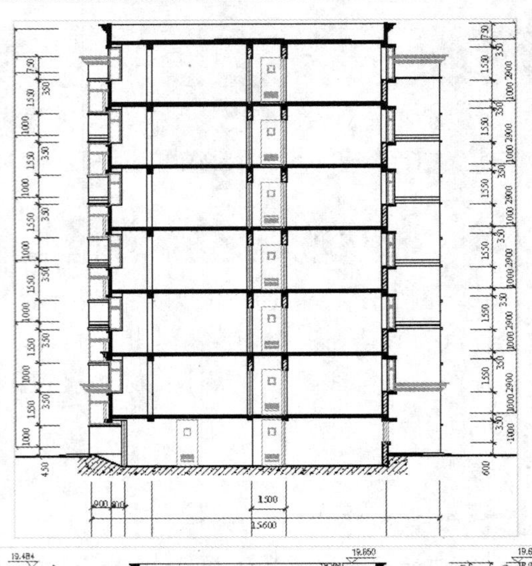

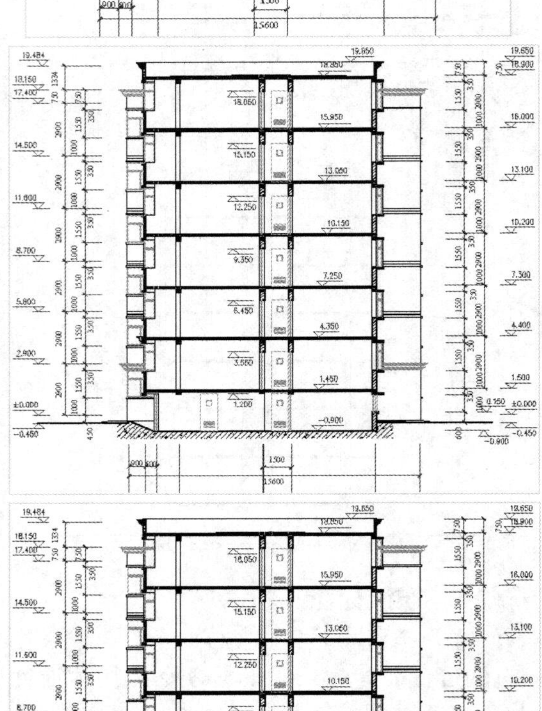

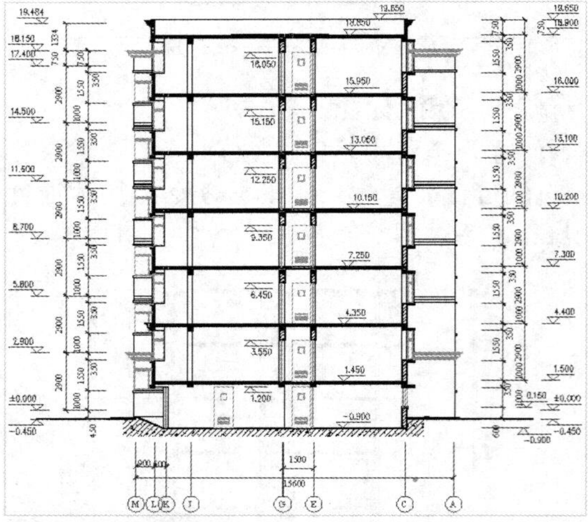

STEP 09 **绘制图名**

执行"TEXT（单行文字）"和"PL（多段线）"命令，在建筑剖面图的正下方标注图形名称，绘制两条线段，如下图所示。

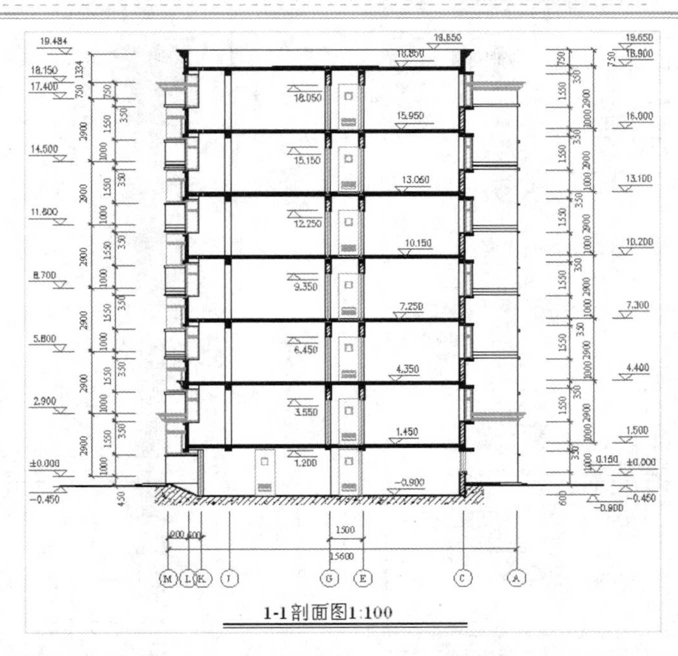

7.3.2　添加图框和标题

接下来为这幅图加上图框和标题，这幅图的大小为：宽度 25395 mm、长度 28144mm。如果按照 1:100 的比例出图，则宽度为 297mm，长度为 420mm，所以需要添加 A3 的图框，其具体操作步骤如下。

素材文件	无	效果文件	第 7 章\建筑剖面图.dwg

STEP 01　选择"A3 图框"文件

将 0 图层置为当前层，在"默认"选项卡的"块"面板中单击"插入"按钮，弹出"插入"对话框，单击"浏览"按钮，弹出"选择图形文件"对话框，选择"A3 图框"文件，如下图所示。

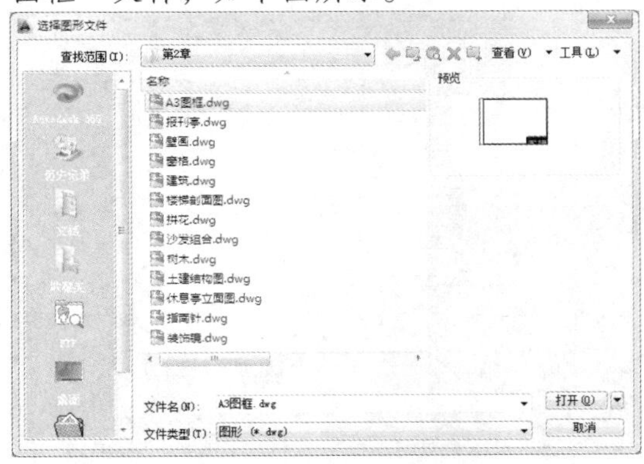

STEP 02　设置各选项

单击"打开"按钮，返回"插入"对话框，选中"插入点"下方的"在屏幕上指定"复选框和"统一比例"复选框，在 X 文本框中输入 100，如下图所示。

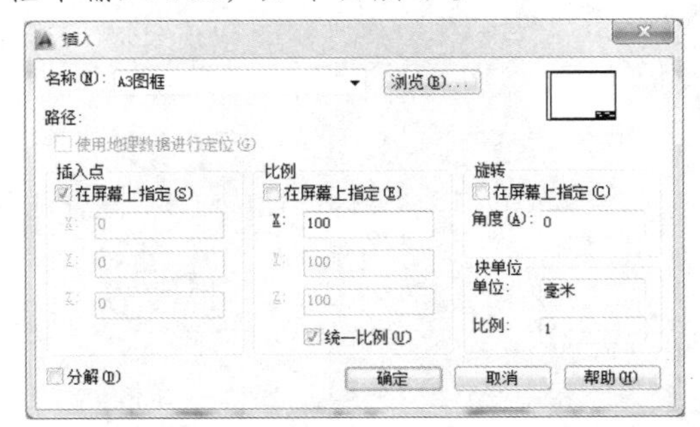

STEP 03　插入图框

单击"确定"按钮，在绘图区中的合适位置单击鼠标左键，将 A3 图框插入到合适位置，如下图所示。

STEP 04　输入文字

双击图框，弹出"编辑块定义"对话框，单击"确定"按钮，进入"块编辑器"模式，双击"(图名)"文字，进入"文字编辑器"模式，输入相应文字，如下图所示。

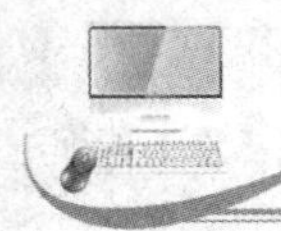

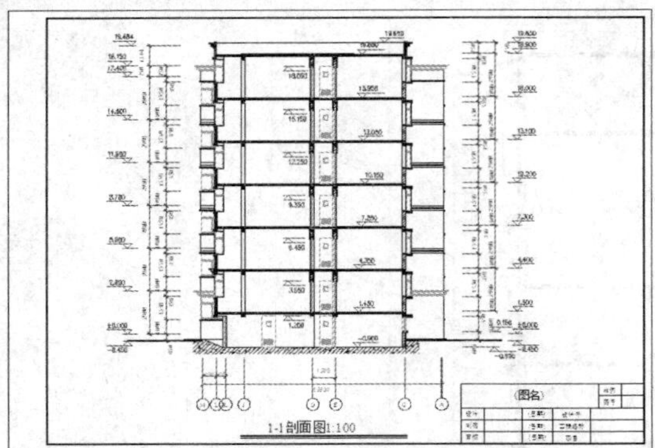

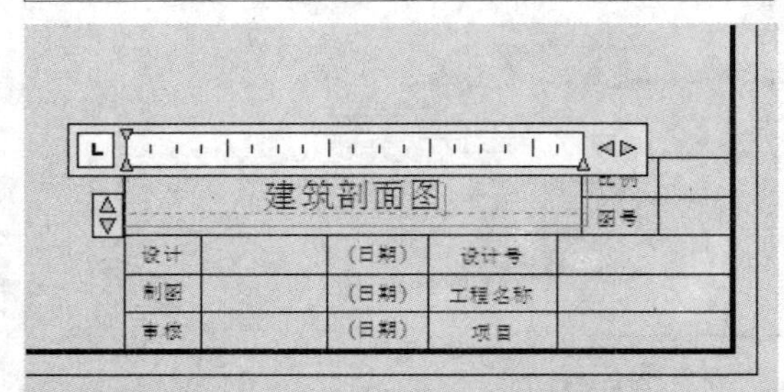

STEP 05 选择相应选项

单击"关闭块编辑器"按钮，弹出"块-未保存更改"对话框，选择"将更改保存到 A3 图框"选项，如下图所示。

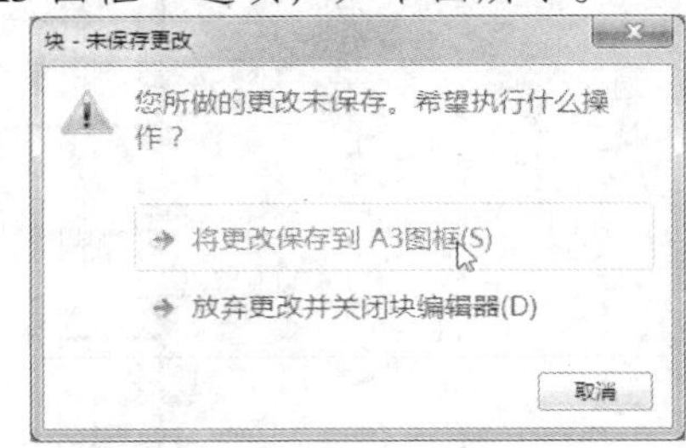

STEP 06 修改图名

执行操作后，返回绘图区，完成图名的修改，如下图所示。

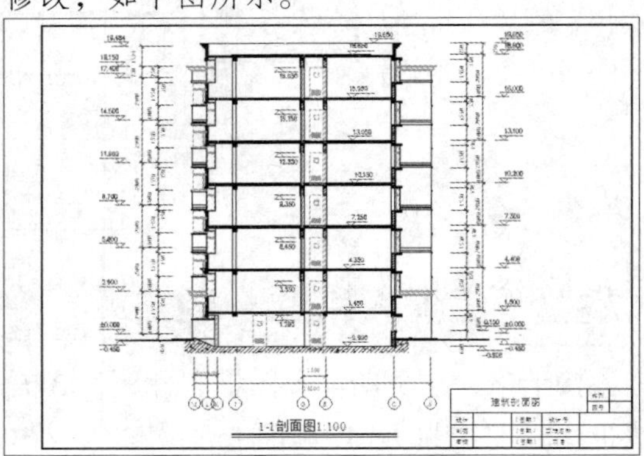

读书笔记

Chapter 08

建筑详图设计

章前知识导读

本章介绍建筑详图的基本知识，结合楼梯踏步、楼梯剖面、外墙身等案例详细讲述建筑详图的设计和绘制过程。通过本章的学习，可以掌握使用中文版 AutoCAD 2014 绘制建筑详图的方法和技巧。

重点知识索引

- 建筑详图概述
- 绘制楼梯踏步详图
- 绘制楼梯剖面详图
- 绘制外墙身详图

效果图片赏析

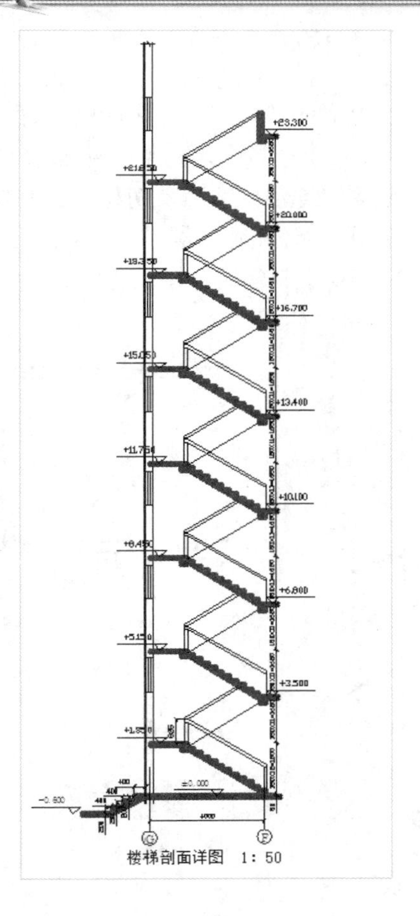

楼梯剖面详图　1：50

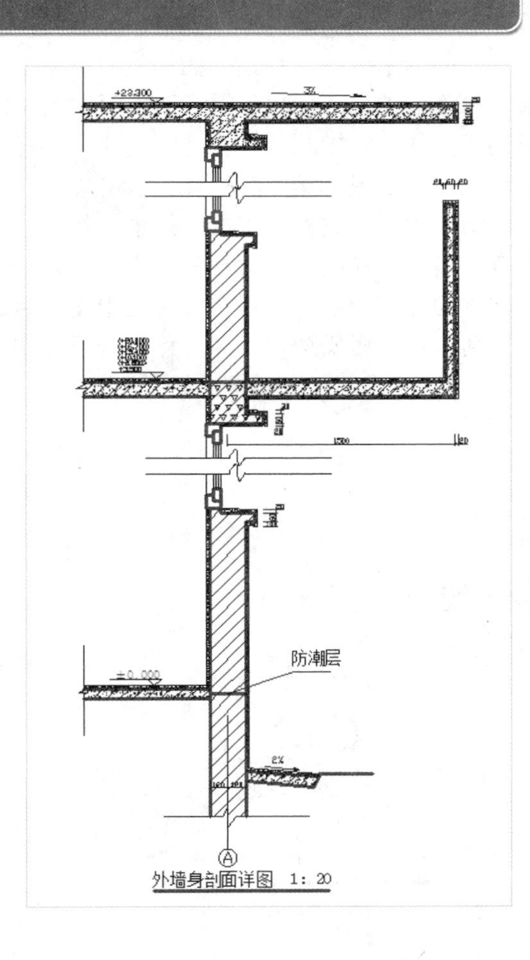

外墙身剖面详图　1：20

8.1 建筑详图概述

对房屋细部或构配件用较大的比例（1:20、1:10、1:5、1:2、1:1 等）将其形状、大小、材料和做法，按正投影图的绘制方法，详细地表示出来的图样，称为建筑详图，简称详图。

8.1.1 建筑详图的主要内容

建筑详图的图示内容主要有如下几个部分。

- 详图的名称、比例。
- 详图符号及其编号以及再需另外绘制详图时的索引符号。
- 建筑结构配件的形状以及其他结构配件的详细构造、层次、有关的详细尺寸和材料图例等。
- 各部位、各个层次的用料、做法、颜色以及施工要求等。
- 定位轴线及其编号。
- 标高的表示。

8.1.2 建筑详图的图示特点

详图的图示方法，视细部的构造复杂程度而定。有时只需一个剖面详图就能表达清楚（如墙身剖面图）；有时还需另加平面详图（如楼梯间、卫生间）或立面详图（如门窗）；有时还要另加一幅轴测图作为补充说明，不过一般施工图中可不绘制。详图的特点，一是比例较大，二是图示详尽清楚（表示构造合理，用料以及做法适宜），三是尺寸标注齐全。

详图的种类和数量与工程的规模、结构的形式、造型的复杂程度等密切相关。常用的详图有：楼梯间详图、门窗详图、卫生间详图、厨房详图、墙体剖面详图等。本章只介绍几个常见的详图的绘制方法，以说明中文版 AutoCAD 2014 绘制建筑详图的方法。

下图所示为楼梯踏步详图、楼梯剖面详图和外墙身详图。

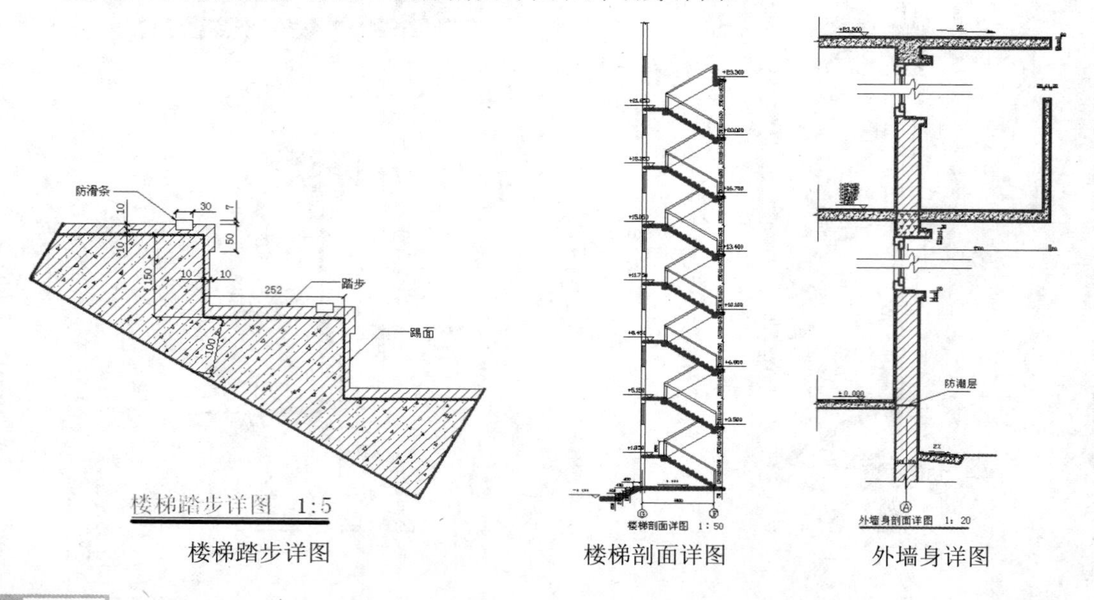

楼梯踏步详图　　楼梯剖面详图　　外墙身详图

8.2 绘制楼梯踏步详图

本节将介绍绘制楼梯踏步详图的具体方法，主要通过设置绘图环境、绘制辅助线、绘制楼梯踏步、填充图案和标注尺寸及文字说明 5 个部分来掌握 AutoCAD 2014 基本的操作方法，帮助读者了解绘制楼梯踏步详图的操作步骤。

8.2.1 设置绘图环境

在绘制楼梯踏步详图之前，应先设置好绘图环境，其具体操作步骤如下。

素材文件	无	效果文件	第 8 章\设置楼梯踏步绘图环境.dwg

STEP 01 新建图层

新建一个空白文件，在"默认"选项卡中，单击"图层"面板中的"图层特性"按钮，弹出"图层特性管理器"选项板，依次创建"辅助线"、"标注"、"楼梯细部"和"剖切线"4 个图层，颜色自定，设置"剖切线"图层的"线宽"为 0.3 毫米，如下图所示。

STEP 02 设置"符号和箭头"选项卡

显示菜单栏，单击"格式"|"标注样式"命令，弹出"标注样式管理器"对话框，单击"修改"按钮，弹出"修改标注样式：ISO-25"对话框，切换至"符号和箭头"选项卡中，设置"第一个"和"第二个"为"建筑标记"、"箭头大小"为 8，如下图所示。

STEP 03 设置"文字"选项卡

切换至"文字"选项卡中，设置"文字高度"为 15、"从尺寸线偏移"为 5，如下图所示。单击"确定"按钮，返回"标注样式管理器"对话框，单击"关闭"按钮，完成标注样式的设置。

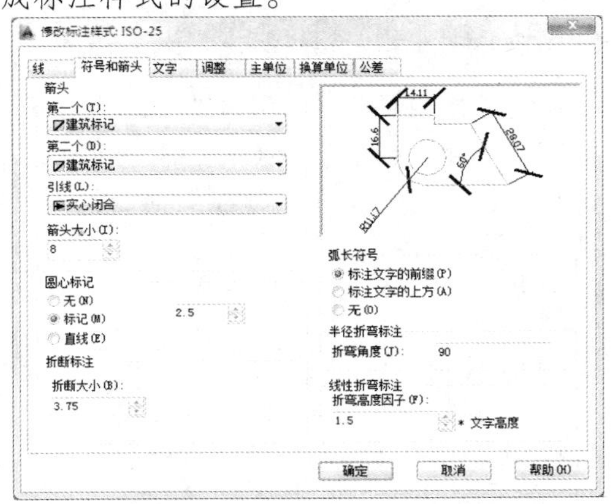

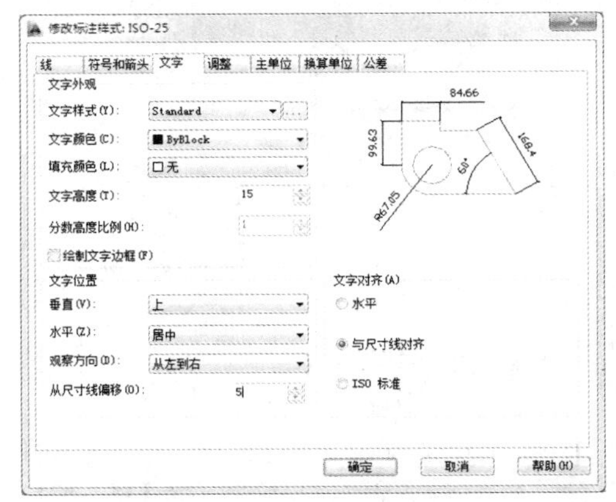

8.2.2 绘制辅助线

在绘制建筑详图时，可以利用辅助线来精确位置。在本实例设计过程中，主要通过"构造线"和"偏移"命令来绘制辅助线，展示了绘制辅助线的具体操作方法，其具体操作步骤如下。

素材文件	无	效果文件	第 8 章\绘制楼梯踏步辅助线.dwg

STEP 01 **绘制构造线**

将"辅助线"图层置为当前，在命令行中输入 XL（构造线）命令，按【Enter】键确认，根据命令行提示进行操作，在绘图区中任取一点，绘制水平和垂直的两条构造线，如下图所示。

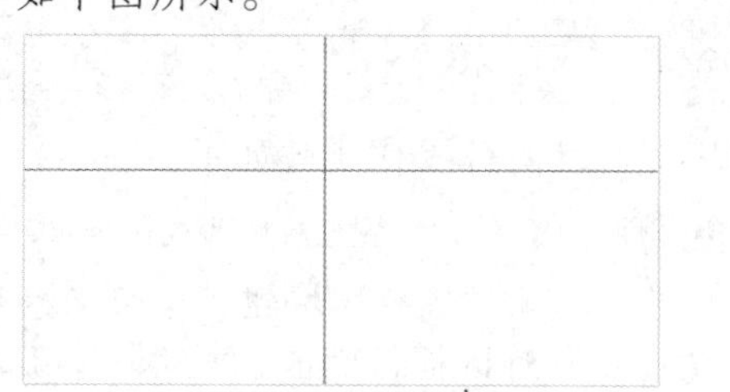

STEP 02 **偏移构造线**

在命令行中输入 O（偏移）命令，按【Enter】键确认，根据命令行提示进行操作，选择垂直构造线，沿水平方向向右偏移 3 次，偏移距离为 252，选择水平构造线，沿垂直方向向上偏移 2 次，偏移距离为 150，如下图所示。

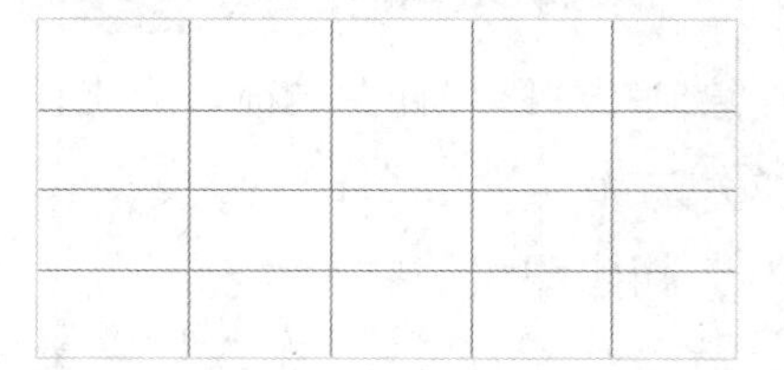

8.2.3 绘制楼梯踏步

在绘制楼梯踏步时，可以通过辅助线来绘制。在本实例设计过程中，首先通过"直线"、"构造线"和"偏移"命令绘制主要阶梯，然后通过"多段线"、"偏移"、"分解"、"直线"、"修剪"和"复制"命令绘制楼梯细部，展示了绘制楼梯踏步的具体设计方法与技巧，其具体操作步骤如下。

素材文件	无	效果文件	第 8 章\绘制楼梯踏步.dwg

STEP 01 **绘制楼梯踏步线**

将"剖切线"图层置为当前，在命令行中输入 L（直线）命令，按【Enter】键确认，根据命令行提示进行操作，依次捕捉各交点，绘制楼梯踏步线，如下图所示。

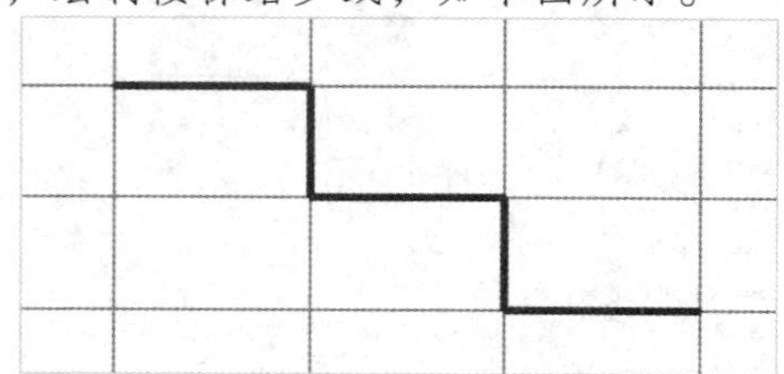

STEP 02 **绘制辅助线**

在命令行中输入 XL（构造线）命令，按【Enter】键确认，根据命令行提示进行操作，绘制一条通过两个踏步的斜辅助线，如下图所示。

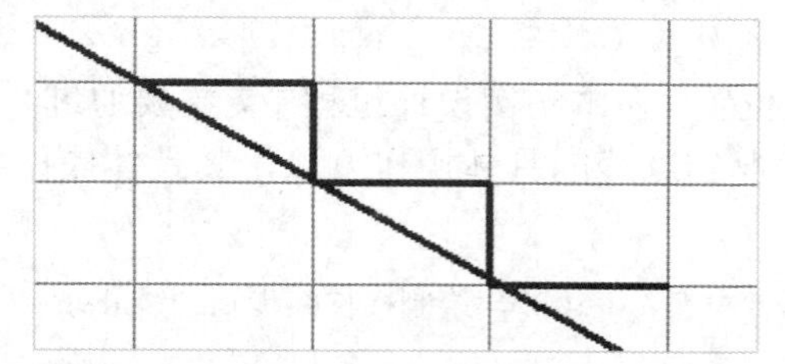

STEP 03 **偏移辅助线**

在命令行中输入 O（偏移）命令，按【Enter】键确认，根据命令行提示进行操作，将斜辅助线垂直向下偏移 100 的距离，删除原来的斜辅助线，如下图所示。

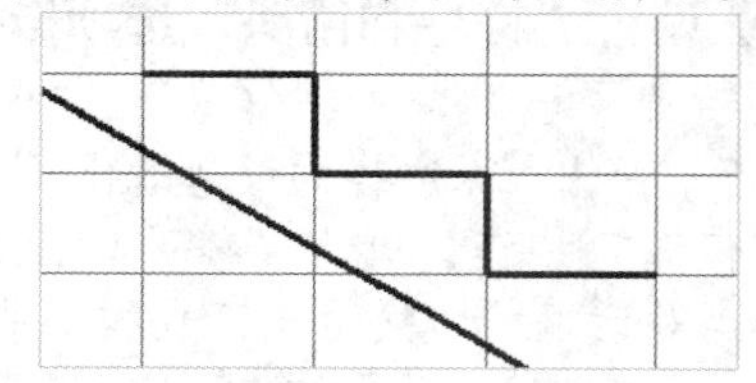

STEP 04 **偏移直线**

将"楼梯细部"图层置为当前，在命令行中输入 PL（多段线）命令，按【Enter】键确认，根据命令行提示进行操作，描出楼梯踏步，执行"O（偏移）"命令，垂直向上偏移两次，偏移距离为 10，如下图所示。

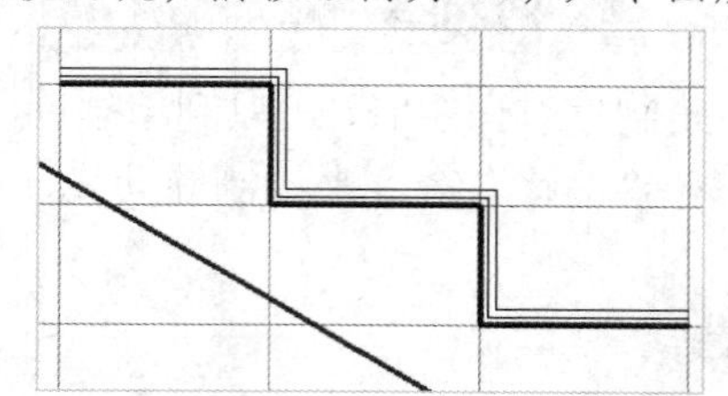

STEP 05　绘制防滑条

执行“X（分解）”和“L（直线）”命令，分解多段线，捕捉第 2 条垂直构造线和第 1 条水平构造线的交点，输入点坐标（@-20,10），确定第一角点，根据需要引导光标，依次输入 17、30、17，绘制防滑条，如下图所示。

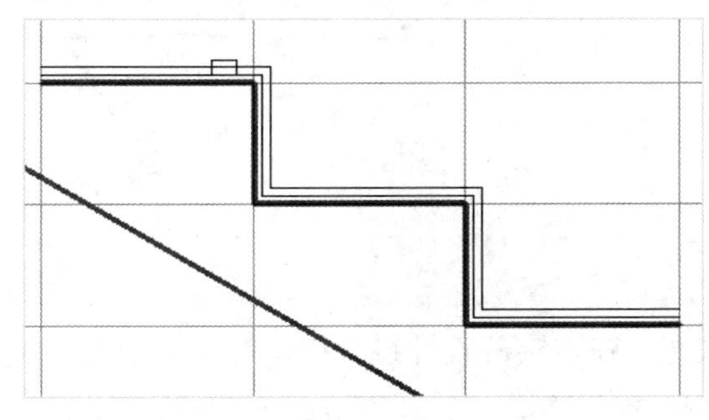

STEP 06　绘制踏脚线

在命令行中输入 L（直线）命令，按【Enter】键确认，根据命令行提示进行操作，捕捉第一个台阶的右上端点，依次输入点坐标（@0,-50）和（@-10,0），绘制一条直线，重复该命令，捕捉第一个台阶的右下端点，绘制一条与中间踏步线垂直的线，如下图所示。

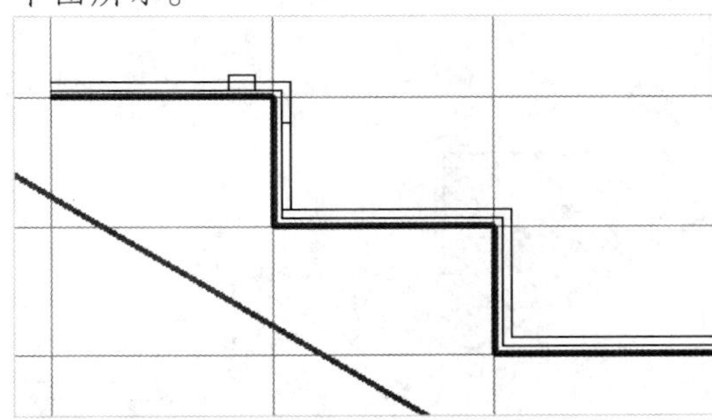

STEP 07　绘制踏脚线

执行“L（直线）”命令，运用与上述相同的方法，在下一级楼梯踏步的相应位置，绘制踏脚线，如下图所示。

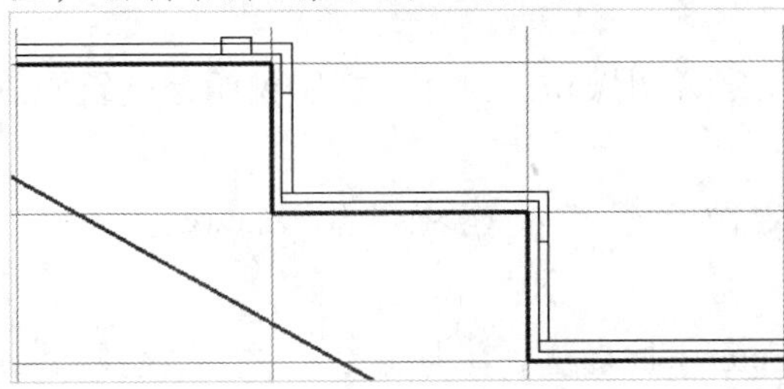

STEP 08　修剪处理

在命令行中输入 TR（修剪）命令，按【Enter】键两次，根据命令行提示进行操作，快速修剪楼梯踏步，如下图所示。

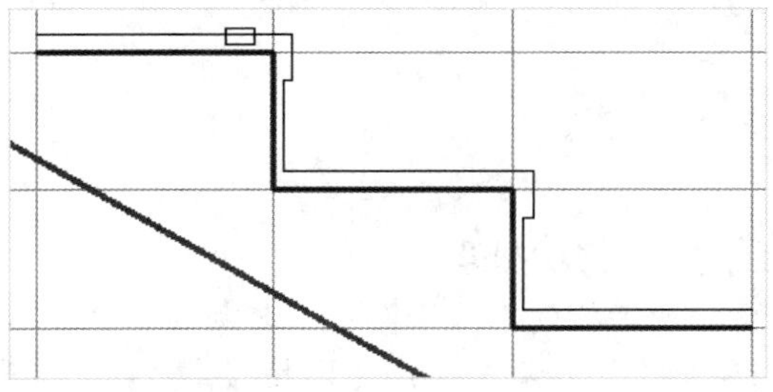

STEP 09　复制防滑条

在命令行中输入 CO（复制）命令，按【Enter】键确认，根据命令行提示进行操作，指定第一个台阶的右上端点为基点，捕捉第二个台阶的右上端点，复制防滑条，效果如下图所示。

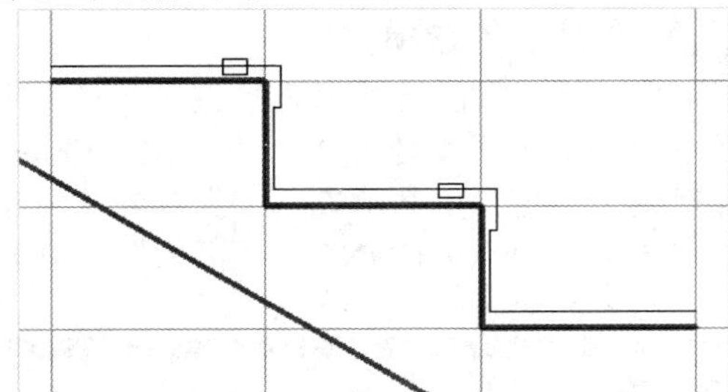

STEP 10　绘制直线

将“剖切线”图层置为当前层，在命令行中输入 L（直线）命令，按【Enter】键确认，根据命令行提示进行操作，绘制两条直线垂直于台阶底部线，如下图所示。

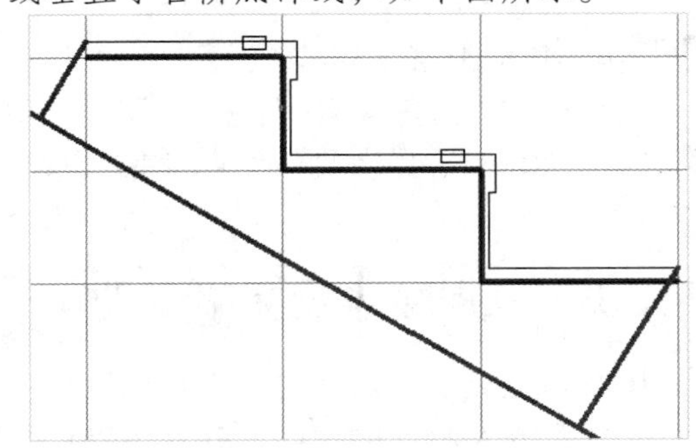

STEP 11　延伸直线

使用“夹点编辑”模式，单击直线上左边的夹点，激活点，向左引导光标，捕捉其与上一步绘制的直线的交点，如下图所示。

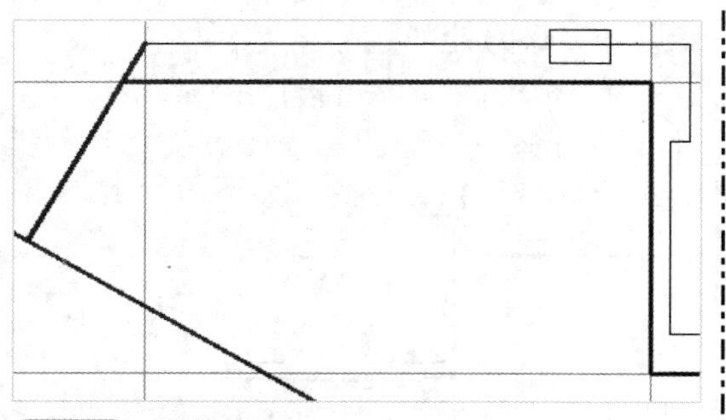

STEP 12 修剪处理

隐藏“辅助线”图层，在命令行中输入TR（修剪）命令，按【Enter】键两次，根据命令行提示进行操作，修剪图形，如下图所示。

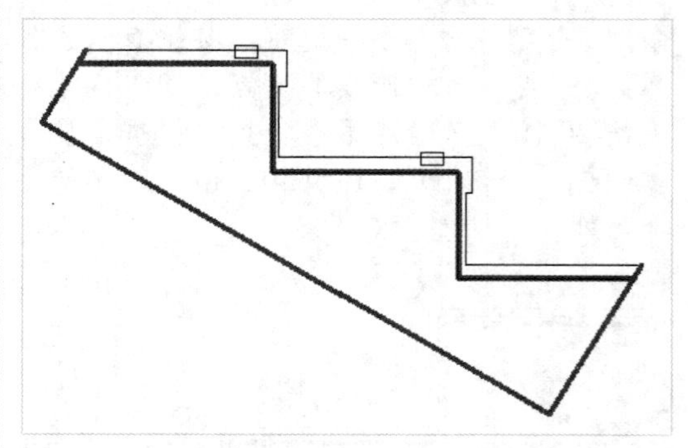

8.2.4 填充图案

绘制完楼梯踏步后，需要对其进行图案填充。在本实例设计过程中，首先确定需要填充图案的范围，然后对其进行填充，其具体操作步骤如下。

素材文件	无	效果文件	第 8 章\填充楼梯踏步图案.dwg

STEP 01 设置各选项

将“标注”图层置为当前图层，在命令行中输入H（图案填充）命令，按【Enter】键确认，弹出“图案填充创建”选项卡，设置“图案”为AR-CONC、“比例”为0.4，如下图所示。

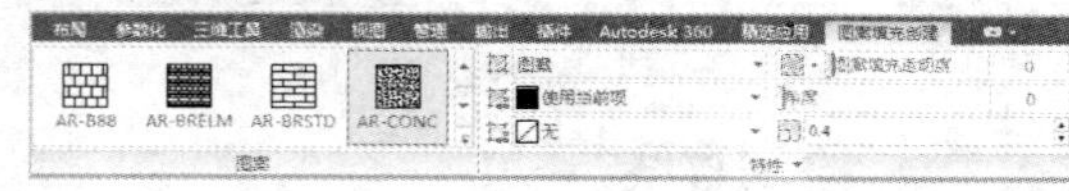

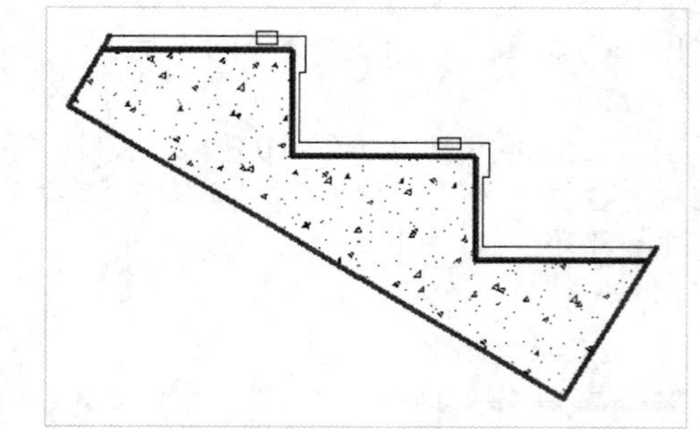

STEP 02 填充图案

单击“拾取点”按钮，在绘图区中要填充图案的区域内单击，按【Enter】键确认，填充图案，如下图所示。

STEP 03 填充图案

执行“H（图案填充）”命令，设置“图案”为ANSI31、“比例”为4，填充图案，如下图所示。

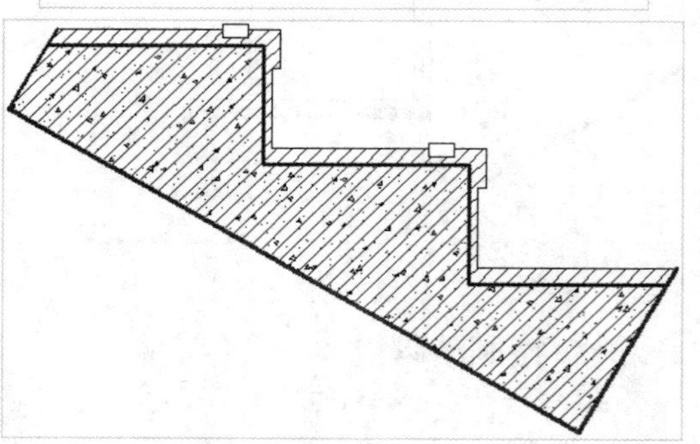

8.2.5 标注尺寸及文字说明

图案填充完后，需要对其进行标注尺寸及文字说明操作，尺寸及文字说明是建筑施工过程中的尺寸及材料的说明，其具体操作步骤如下。

素材文件	无	效果文件	第 8 章\楼梯踏步详图.dwg

STEP 01 标注尺寸

在命令行中输入DLI（线性）命令，按【Enter】键确认，根据命令行提示进行操作，捕捉两端点，标注尺寸，如下图所示。

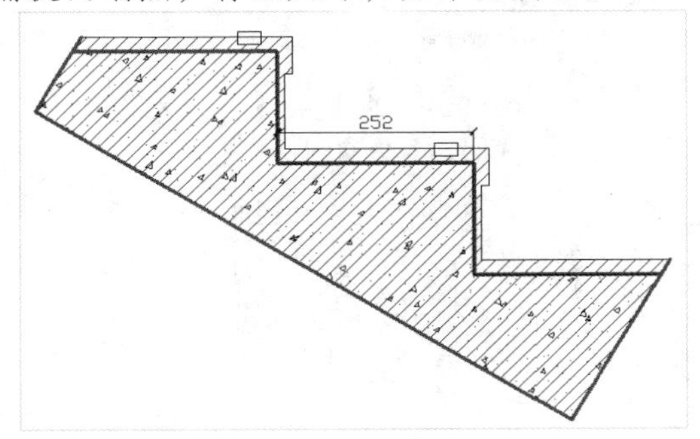

STEP 02 标注尺寸

执行“DLI（线性标注）”命令，在相应位置标注尺寸，如下图所示。

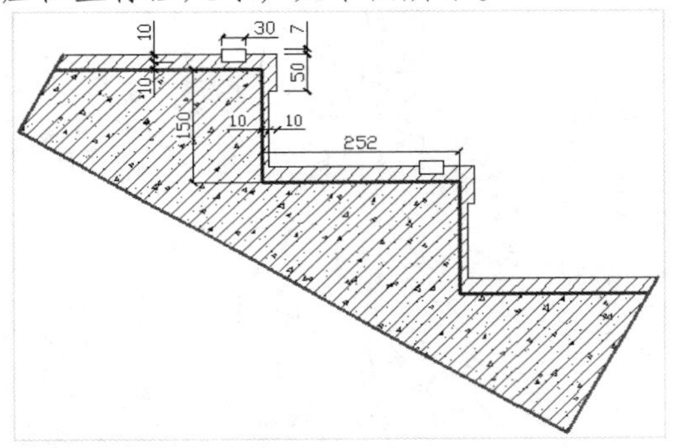

STEP 03 标注尺寸

在命令行中输 DAL（对齐标注）命令，按【Enter】键确定，根据命令行提示进行操作，捕捉相应位置的两角点，标注尺寸，如下图所示。

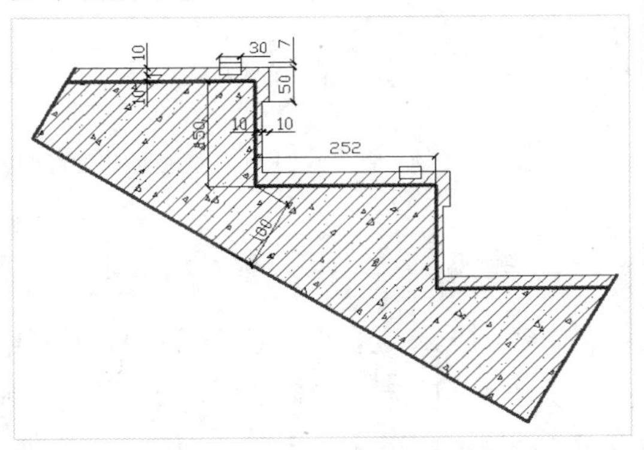

STEP 04 标注文字说明

在命令行中输入 MLEADER（多重引线）命令，按【Enter】键确认，根据命令行提示进行操作，在相应位置标注文字说明，如下图所示。

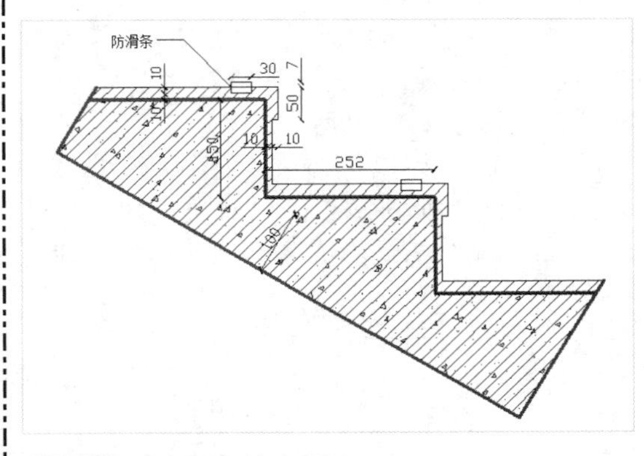

STEP 05 标注文字说明

执行“QLEADER（引线）”、“MT（多行文字）”和“L（直线）”命令，在相应的位置标注“踏步”、“踏面”等文字，在图形下方绘制图名“楼梯踏步详图 1:5”，指定“文字高度”为 30，在图名下方绘制一粗一细两条直线，第一条线宽为 0.3 毫米，效果如下图所示。

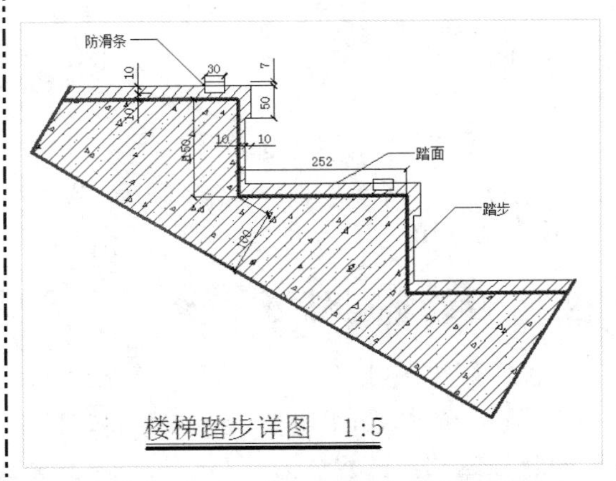

8.3 绘制楼梯剖面详图

楼梯剖面图能清楚地表明楼梯梯段的结构形式、踏步的踏面宽、踢面高、级数以及楼地面、楼梯平台、墙身、栏杆、栏板等构造作法及其相对位置，下面来分别介绍相关内容。

8.3.1 设置绘图环境

在绘制楼梯剖面详图之前，应先设置好绘图环境。在本实例设计过程中，首先新建相应的图层，然后设置相应图层的属性和标注样式，其具体操作步骤如下。

素材文件	无	效果文件	第 8 章\设置楼梯剖面绘图环境.dwg

STEP 01 新建图层

新建一个空白文件，单击“图层”面板中的“图层特性”按钮，弹出“图层特性管理器”选项板，依次创建“辅助线 1”、“辅助线 2”、“标注”、“台阶”、“扶手”和“墙线”6 个图层，颜色自定，然后设置“台阶”图层的“线宽”为 0.3 毫米，如下图所示。

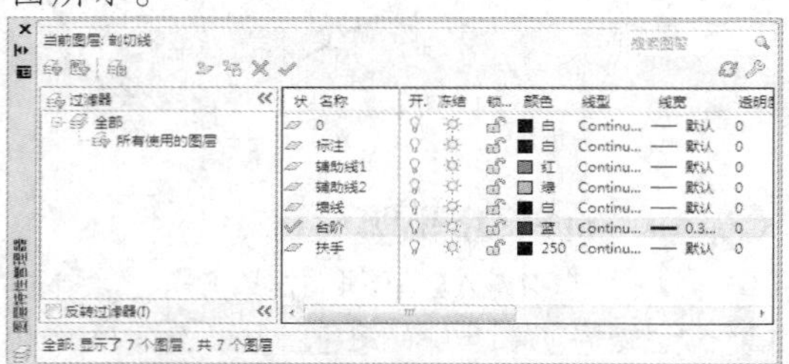

STEP 02 设置“符号和箭头”选项卡

显示菜单栏，单击“格式”|“标注样式”命令，弹出“标注样式管理器”对话框，单击“修改”按钮，弹出“修改标注样式：ISO-25”对话框，切换至“符号和箭头”选项卡中，然后设置“第一个”和“第二个”为“建筑标记”、“箭头大小”为 100，如下图所示。

STEP 03 设置“文字”选项卡

切换至“文字”选项卡中，设置“文字高度”为 150、“从尺寸线偏移”为 100，如下图所示。单击“确定”按钮，返回“标注样式管理器”对话框，单击“关闭”按钮，完成标注样式的设置。

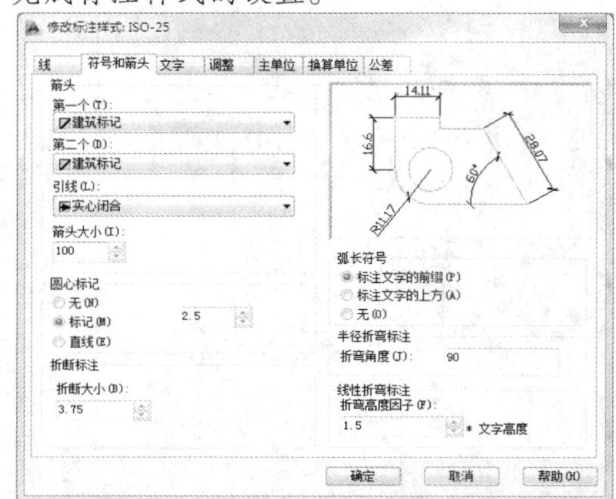

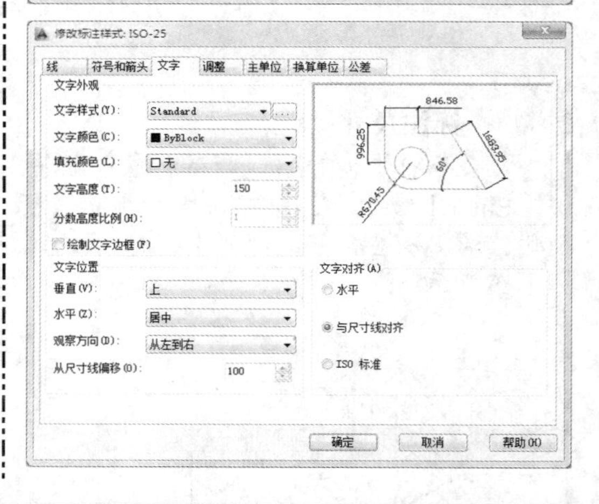

8.3.2 绘制轴线及柱网

设置好绘图环境后，需要绘制轴线及柱网。在本实例设计过程中，首先通过“构造线”和“偏移”命令绘制轴线，然后通过“直线”和“阵列”命令绘制踏步柱网，展示了绘制轴线和柱网的具体设计方法与技巧，其具体操作步骤如下。

素材文件	无	效果文件	第 8 章\绘制轴线及柱网.dwg

STEP 01 绘制构造线

将“辅助线 1”图层置为当前层，执行“XL（构造线）”命令，绘制两条竖直和水平的构造线，如下图所示。

STEP 02 偏移构造线

在命令行中输入 O（偏移）命令，按【Enter】键确认，根据命令行提示进行操作，选择垂直构造线，沿水平方向向右依次偏移 120、1080、120、2680 和 344 的距离，选择水平构造线，沿垂直方向向上依次偏移 1850 和 1650 的距离，如下图所示。

STEP 03 绘制垂直辅助线

将“辅助线 2”图层置为当前层，在命令行中输入 L（直线）命令，按【Enter】键确认，根据命令行提示进行操作，绘制楼梯踏步垂直辅助线，如下图所示。

STEP 04 设置各选项

在命令行中输入 ARRAY（阵列）命令，按【Enter】键确认，根据命令行提示进行操作，选择刚绘制的垂直线对象，设置“类型”为“矩形阵列”、“行数”为 1、“列数”为 13、“行”的“介于”为 1、“列”的“介于”为 252，如下图所示。

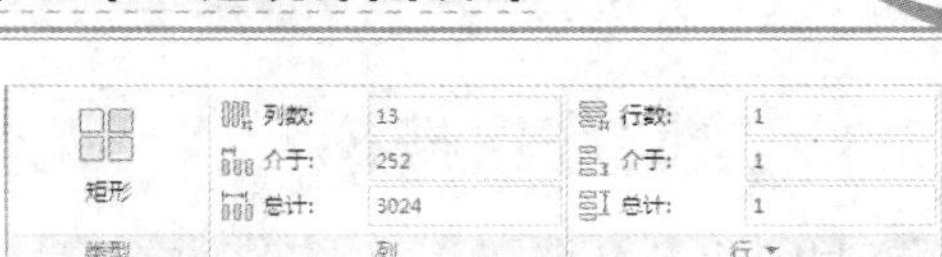

STEP 05 绘制水平直线

按【Enter】键确认，阵列垂直线，在命令行中输入 L（直线）命令，按【Enter】键确认，根据命令行提示进行操作，绘制楼梯踏步水平辅助线，如下图所示。

STEP 06 设置各选项

在命令行中输入 ARRAY（阵列）命令，按【Enter】键确认，根据命令行提示进行操作，选择刚绘制的水平直线对象，设置“行数”为 24、“列数”为 1、“行”的“介于”为-150、“列”的“介于”为 1，如下图所示。

矩形
类型
列数: 1
介于: 1
总计: 1
列
行数: 24
介于: -150
总计: -3450
行

STEP 07 绘制楼梯踏步辅助网格

按【Enter】键确认，阵列水平直线，完成楼梯踏步辅助网格的绘制，效果如下图所示。

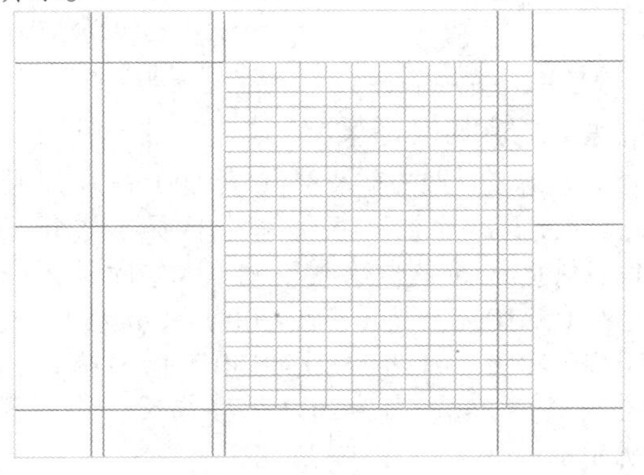

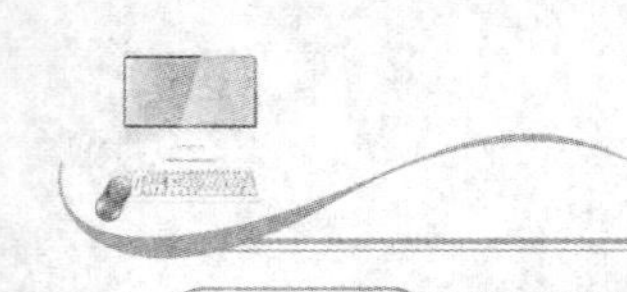

8.3.3 绘制底层楼梯

绘制轴线及柱网后，接着绘制底层楼梯。在本实例设计过程中，首先通过“直线”命令绘制楼梯台阶，然后通过“直线”和“修剪”命令绘制楼梯平台和楼梯梁，展示了绘制底层楼梯的具体设计方法与技巧，其具体操作步骤如下。

素材文件	无	效果文件	第 8 章\绘制底层楼梯.dwg

STEP 01 绘制楼梯踏步

将“台阶”层设置为当前层，在命令行中输入 L（直线）命令，按【Enter】键确认，根据命令行提示进行操作，根据网格线来绘制楼梯踏步，最下层的楼梯踏步高度为 50 个绘图单位，其他高度为 150 个绘图单位，如下图所示。

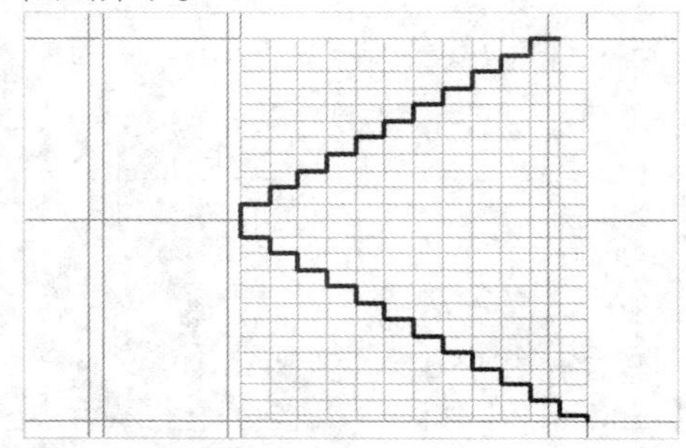

STEP 02 绘制楼梯平台

在命令行中输入 L（直线）命令，按【Enter】键确认，然后根据命令行提示进行操作，绘制厚度为 100 的楼梯平台，如下图所示。

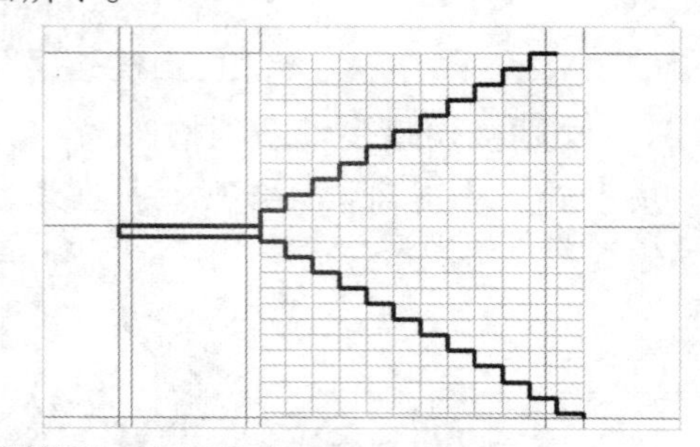

STEP 03 绘制楼梯梁

在命令行中输入 L（直线）命令，按【Enter】键确认，根据命令行提示进行操作，捕捉楼梯平台的左下端点，依次输入点坐标（@1068,0）、（@0,-200）、（@252,0）、（@0,50）、（@2680,-1550）标并确认，绘制宽为 240、高为 300 的楼梯梁，如下图所示。

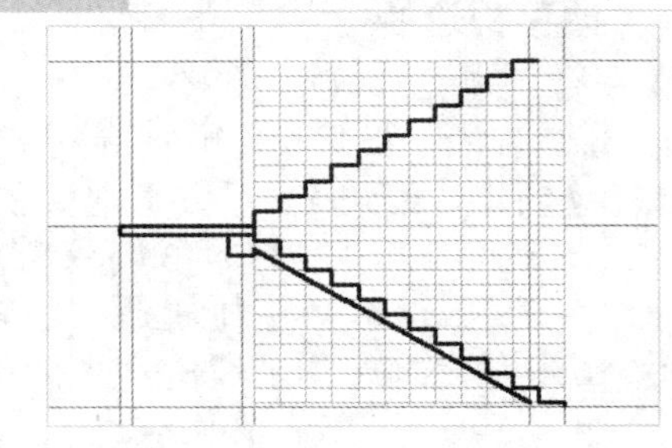

STEP 04 绘制直线

在命令行中输入 L（直线）命令，按【Enter】键确认，根据命令行提示进行操作，捕捉楼梯平台的右下端点及第 1 条水平构造线和第 6 条垂直构造线的交点，绘制直线，如下图所示。

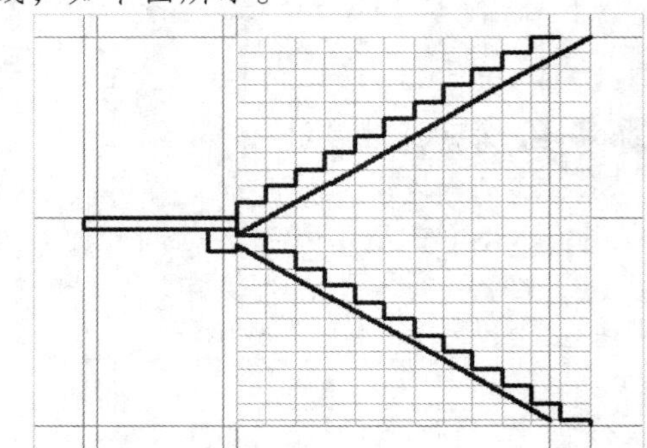

STEP 05 修剪处理

在命令行中输入 TR（修剪）命令，按【Enter】键两次，根据命令行提示进行操作，快速修剪图形，如下图所示。

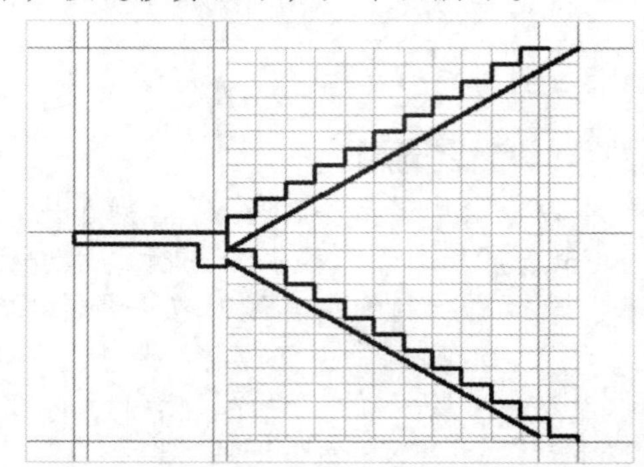

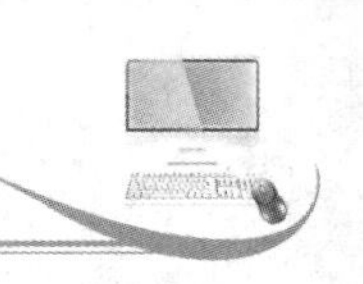

8.3.4 绘制标准层楼梯

绘制底层楼梯后，接着绘制标准层楼梯。在本实例设计过程中，主要通过“复制”、“直线”和“修剪”命令绘制标准层楼梯，展示了绘制标准层楼梯的具体设计方法与技巧，其具体操作步骤如下。

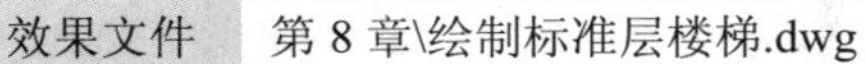

素材文件	无	效果文件	第 8 章\绘制标准层楼梯.dwg

STEP 01 复制楼梯踏步、底板线及平台

在命令行中输入 CO（复制）命令，按【Enter】键确认，根据命令行提示进行操作，选择底层楼梯踏步和底板线，捕捉楼梯踏步第二台阶的右上端点为基点，根据需要引导光标，捕捉另一点，复制图形，如下图所示。

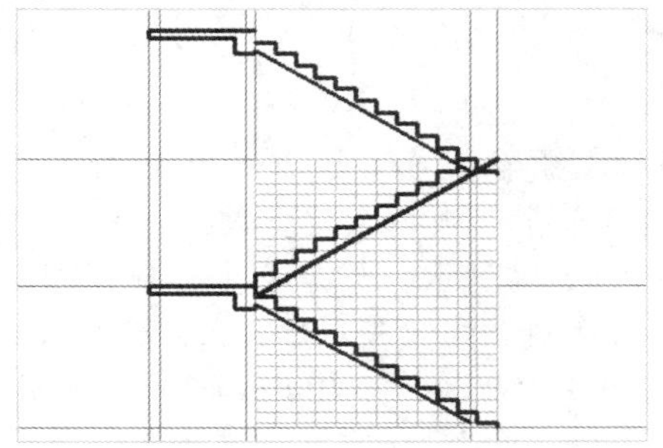

STEP 02 绘制直线

在命令行中输入 L（直线）命令，按【Enter】键确认，根据命令行提示进行操作，捕捉楼梯右下端点，根据需要引导光标，依次输入 150、525、200、429，重新捕捉点，向右引导光标，输入 429，绘制楼梯阳台处及楼板、楼梯梁和另一条楼梯阳台线，如下图所示。

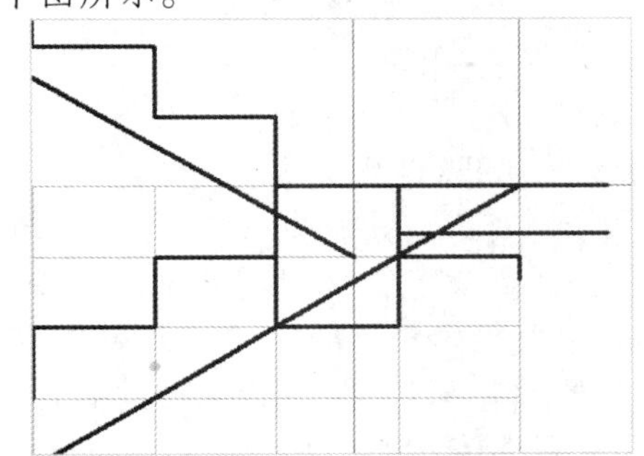

STEP 03 修剪处理

在命令行中输入 TR（修剪）命令，按【Enter】键两次，根据命令行提示进行操作，快速修剪线段，如下图所示。

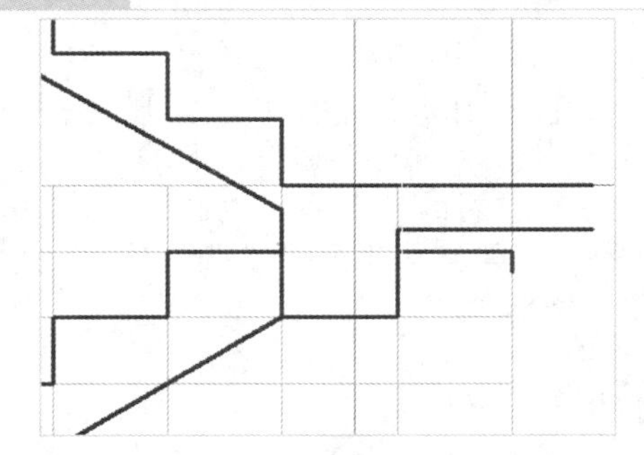

STEP 04 删除处理

执行“L（直线）”和“E（删除）”命令，绘制直线，删除多余的线段，效果如下图所示。

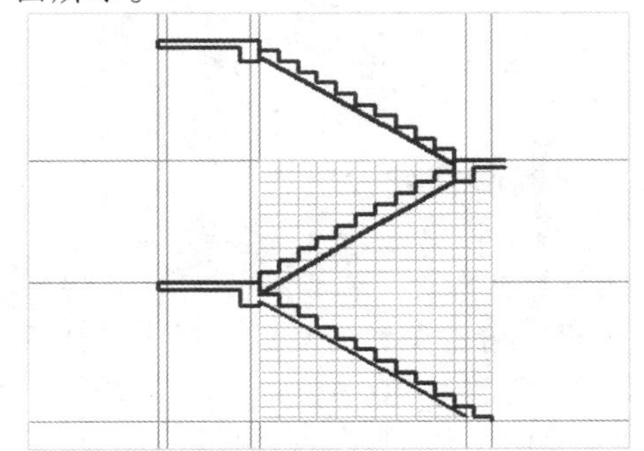

STEP 05 复制楼梯

在命令行中输入 CO（复制）命令，按【Enter】键确认，根据命令行提示进行操作，复制一段带阳台的楼梯到标准层，得到标准层的楼梯图，如下图所示。

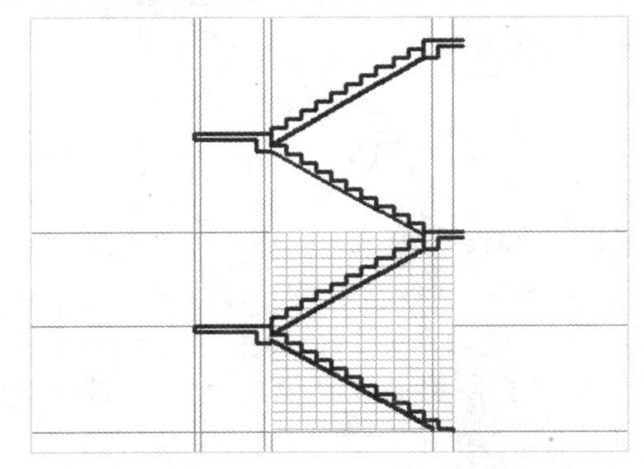

8.3.5 填充楼梯扶手

绘制标准层楼梯后，接着填充楼梯扶手。在本实例设计过程中，首先通过“直线”、“构造线”、“偏移”和“修剪”等命令绘制楼梯扶手，然后通过“复制”、“直线”和“阵列”等命令复制标准层，展示了填充楼梯扶手的具体操作方法，其具体操作步骤如下。

素材文件	无	效果文件	第 8 章\绘制楼梯扶手.dwg

STEP 01 偏移辅助线

在命令行中输入 O（偏移）命令，按【Enter】键确认，根据命令行提示进行操作，将最左侧的辅助线分别向左、右偏移 120 的距离，将其移至“墙线”图层，效果如下图所示。

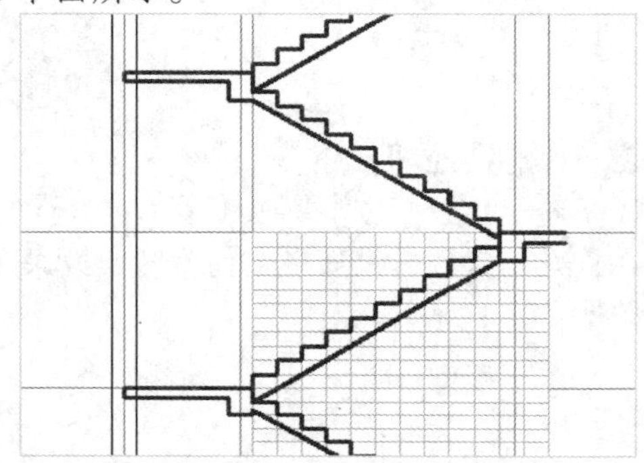

STEP 02 绘制直线

在命令行中输入 L（直线）命令，按【Enter】键确认，根据命令行提示进行操作，捕捉刚向右偏移的墙线和标准层楼板交点，依次输入点坐标（@0,-200）和（@-240,0），绘制直线，如下图所示。

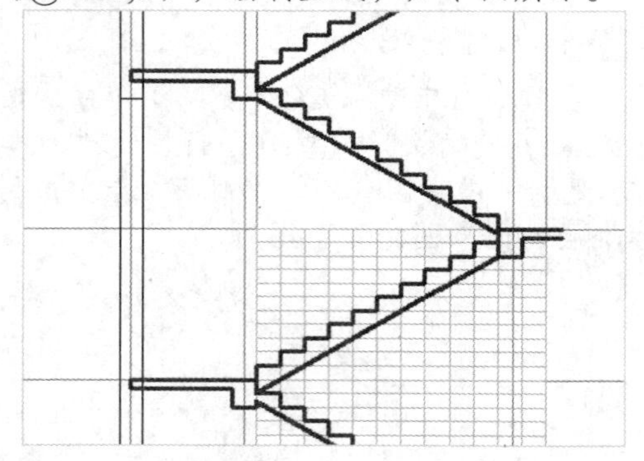

STEP 03 偏移直线

在命令行中输入 O（偏移）命令，按【Enter】键确认，根据命令行提示进行操作，捕捉将刚绘制的直线向下偏移 1200 的距离，如下图所示。

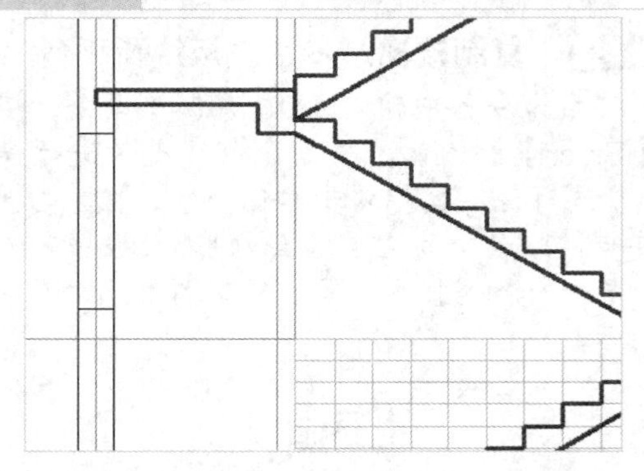

STEP 04 绘制偏移直线

在命令行中输入 L（直线）命令，按【Enter】键确认，根据命令行提示进行操作，刚绘制直线的右端点，依次输入点坐标（@-80,0）和（@0,-1200），绘制一条直线，执行“O（偏移）”命令，将其向左偏移 80 的距离，如下图所示。

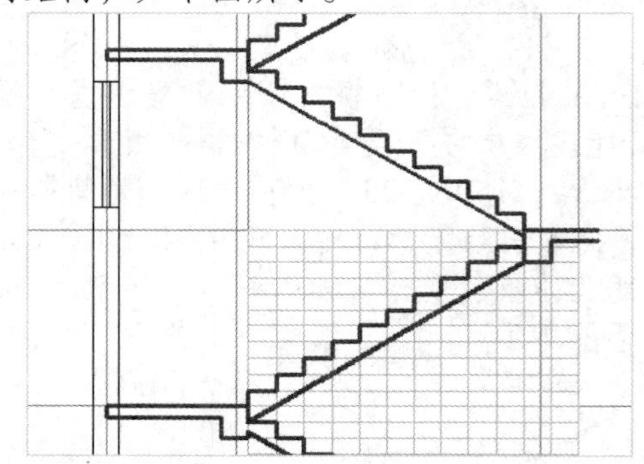

STEP 05 绘制竖直线

将“扶手”图层置为当前层，在命令行中输入 L（直线）命令，按【Enter】键确认，根据命令行提示进行操作，在所需的位置，分别绘制长为 900 的竖直线，如下图所示。

STEP 06 绘制构造线

在命令行中输入 XL（构造线）命令，按【Enter】键确认，根据命令行提示进行操作，捕捉相应的点，绘制构造线作为楼梯扶手，如下图所示。

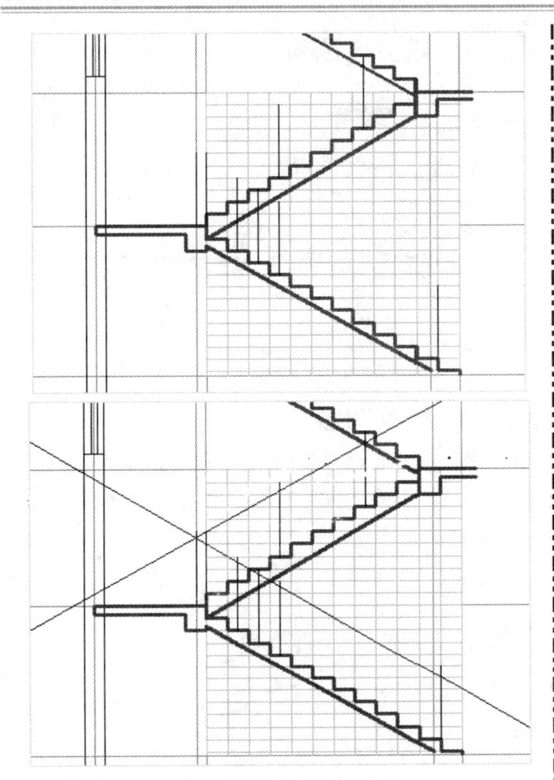

STEP 07　分解偏移处理

执行“X（分解）”和“O（偏移）”命令，分解构造线，将刚绘制的构造线分别向上偏移 94 的距离，如下图所示。

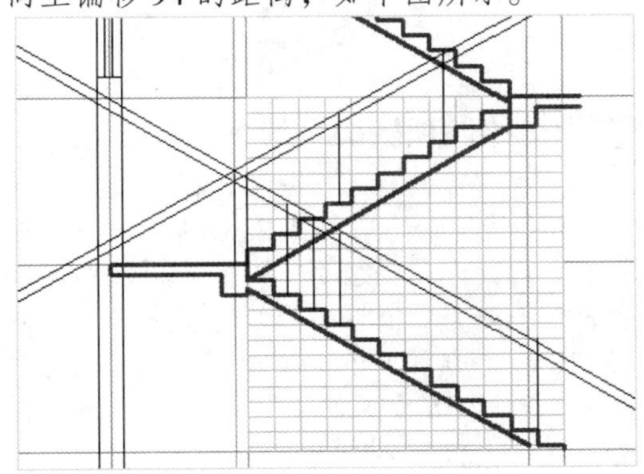

STEP 08　修剪处理

在命令行中输入 TR（修剪）命令，按【Enter】键两次，根据命令行提示进行操作，快速修剪线段，如下图所示。

STEP 09　绘制直线

在命令行中输入 L（直线）命令，按【Enter】键确认，根据命令行提示进行操作，捕捉所需点，绘制直线，如下图所示。

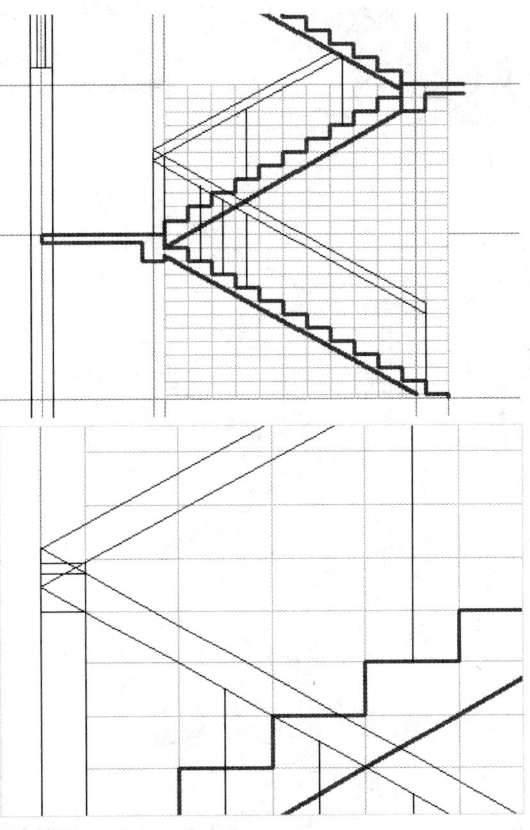

STEP 10　修剪删除处理

执行“TR（修剪）”和“E（删除）”命令，修剪和删除多余的线段，如下图所示。

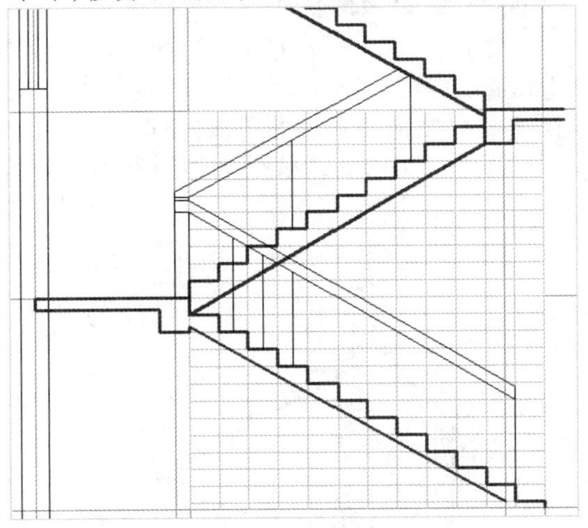

STEP 11　删除楼梯踏步

选中相应位置的楼梯踏步，按【Delete】键将其删除，如下图所示。

STEP 12　绘制楼梯扶手

选中删除踏步后留下的楼梯底板线，单击“图层”面板中“台阶”右侧的下拉按钮，在弹出的列表框中选择“扶手”图层，将其移至“扶手”图层，完成楼梯扶手的绘制，如下图所示。

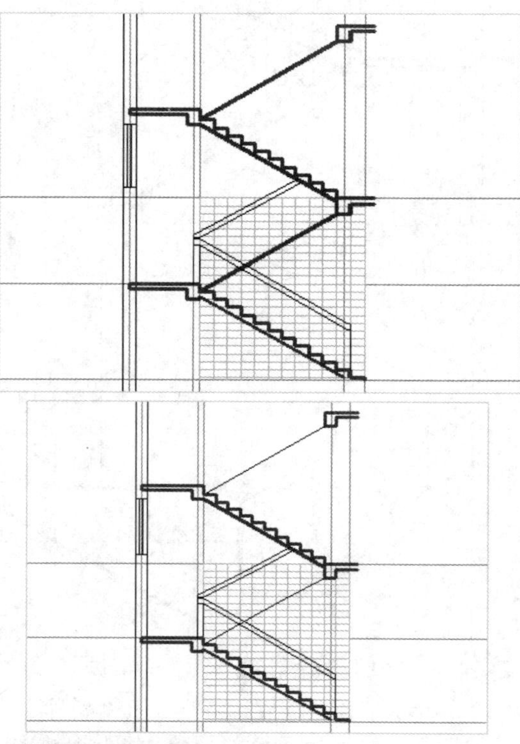

STEP 13 复制楼梯扶手

在命令行中输入 CO（复制）命令，按【Enter】键确认，根据命令行提示进行操作，复制楼梯扶手，并隐藏“辅助线 1”、“辅助线 2”图层，效果如下图所示。

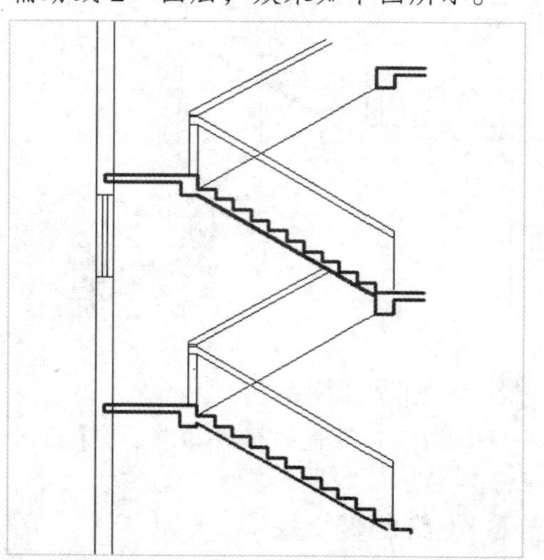

STEP 14 设置各选项

在命令行中输入 ARRAY（阵列）命令，按【Enter】键确认，根据命令行提示进行操作，选择标准层楼梯、扶手及窗户，设置“行数”为 1、“行数”为 7、“行”的“介于”为 3300，如下图所示。

注释	布局	参数化	三维工具	渲染	视图	管理	输出

列		行	
列数:	1	行数:	7
介于:	6961.5	介于:	3300
总计:	6961.5	总计:	19800

STEP 15 阵列图形

按【Enter】键确认，阵列标准层楼梯、扶手及窗户，效果如下图所示。

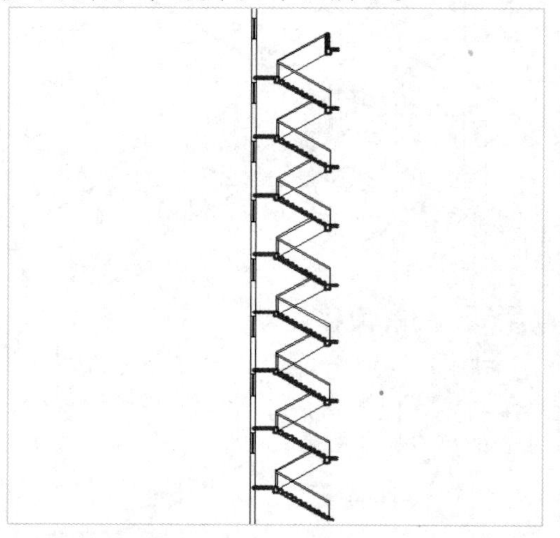

STEP 16 绘制顶层扶手剖面

显示“辅助线 1”图层，在命令行中输入 L（直线）命令，按【Enter】键确认，根据命令行提示进行操作，捕捉最顶层的楼梯梁的左下端点，根据需要引导光标，依次输入 1125、160 和 825 并确认，执行“X（分解）”和“EX（延伸）”命令，绘制顶层扶手剖面，如下图所示。

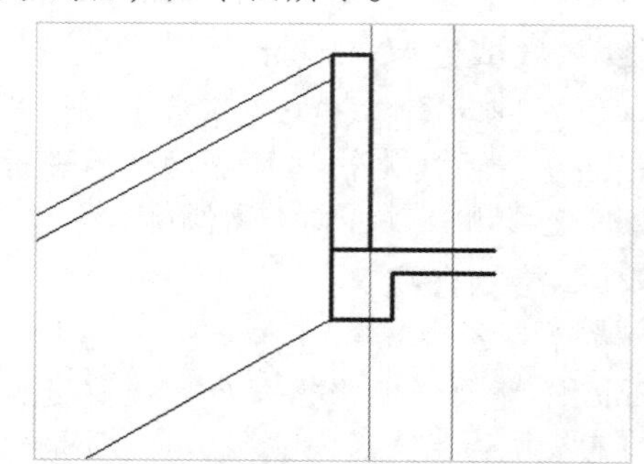

STEP 17 绘制入口台阶线

在命令行中输入 L（直线）命令，按【Enter】键确认，根据命令行提示进行操作，捕捉最底层的楼梯梁的左下端点，根据需要引导光标，依次输入 4528、200、400、200、400、200 和 1039 并确认，绘制入口台阶线，如下图所示。

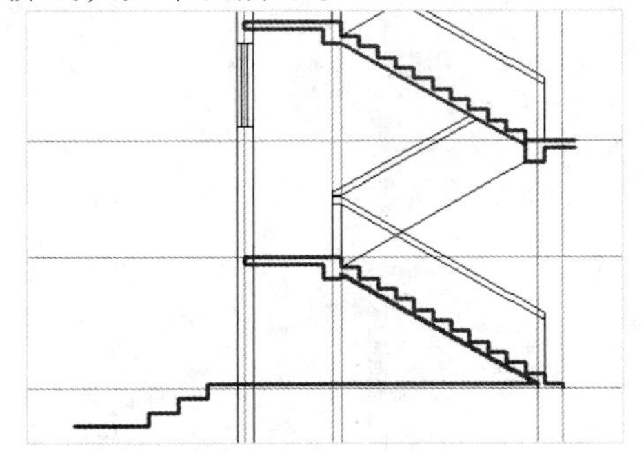

STEP 18 绘制入口阶梯

在命令行中输入 L（直线）命令，按【Enter】键确认，根据命令行提示进行操作，捕捉刚绘制楼梯入口台阶的左端点，根据需要引导光标，依次输入 165、1039、（@1353<27）和 4611 并确认，完成入口阶梯的绘制，如下图所示。

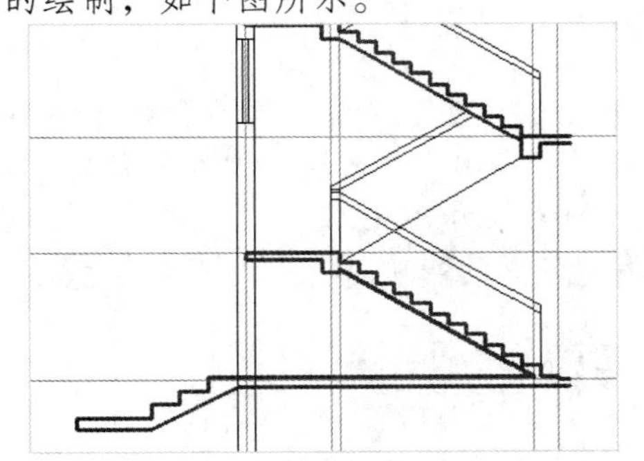

STEP 19 偏移修剪处理

执行“O（偏移）”和“TR（修剪）”命令，将顶层窗户的上边向下偏移 1950 的距离，将底层窗户的下边向下偏移 3936 的距离，作为墙线的修剪边界，修剪偏移边界线以外的墙线，如下图所示。

STEP 20 绘制墙体和楼板的隔断线符号

在命令行中输入 L（直线）命令，按【Enter】键确认，根据命令行提示进行操作，绘制墙体和楼板的隔断线符号，如下图所示。

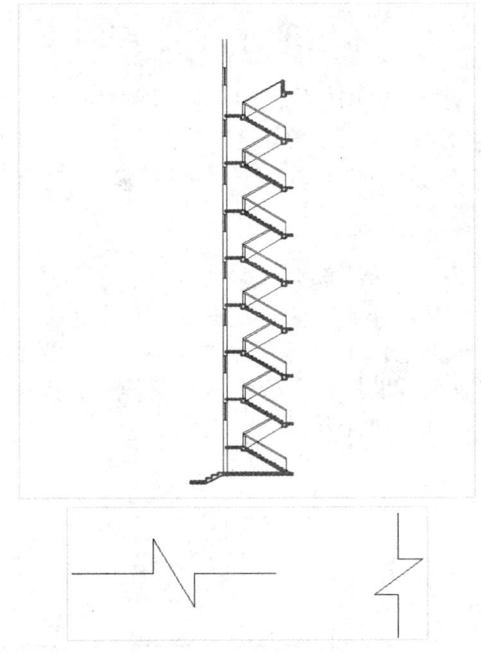

STEP 21 复制墙体隔断线符号

在命令行中输入 CO（复制）命令，按【Enter】键确认，根据命令行提示进行操作，将墙体隔断线符号复制到楼梯顶层，如下图所示。

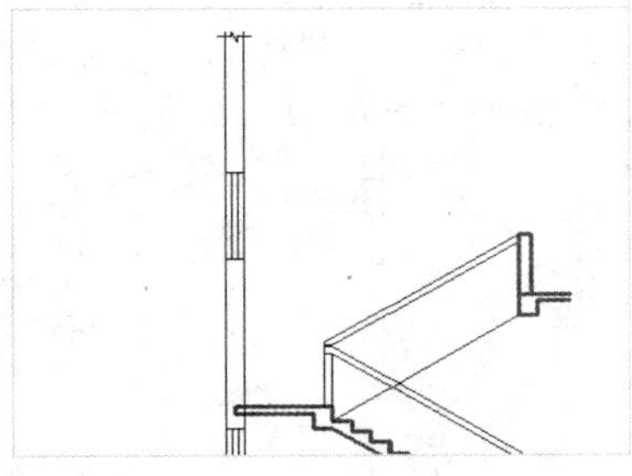

STEP 22 复制楼板隔断线符号

在命令行中输入 CO（复制）命令，按【Enter】键确认，根据命令行提示进行操作，将楼板隔断线符号分别复制到各层楼梯阳台的右端，如下图所示。

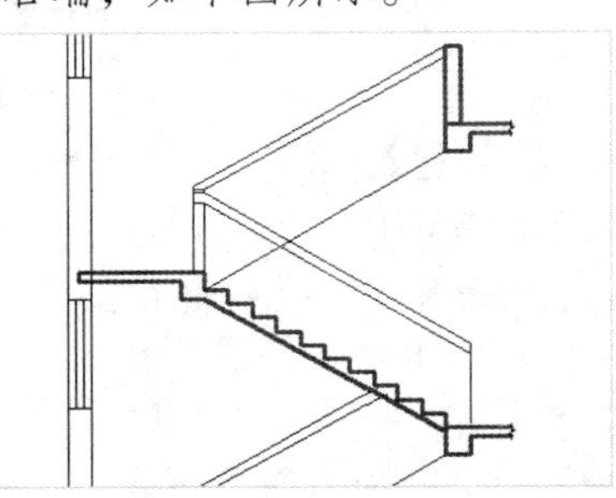

8.3.6 标注尺寸及文字说明

填充楼梯扶手后，接着标注尺寸及文字说明。在本实例设计过程中，主要通过“直线”、“多行文字”、“线性”等命令标注尺寸及文字说明，并进行图案填充，展示了标注尺寸及文字说明的具体设计方法与技巧，其具体操作步骤如下。

素材文件	无	效果文件	第 8 章\楼梯剖面详图.dwg

STEP 01 标注部分尺寸

将“标注”层设置为当前层，在命令行中输入 DLI（线性标注）命令，按【Enter】键确认，根据命令行提示进行操作，标注部分尺寸，如下图所示。

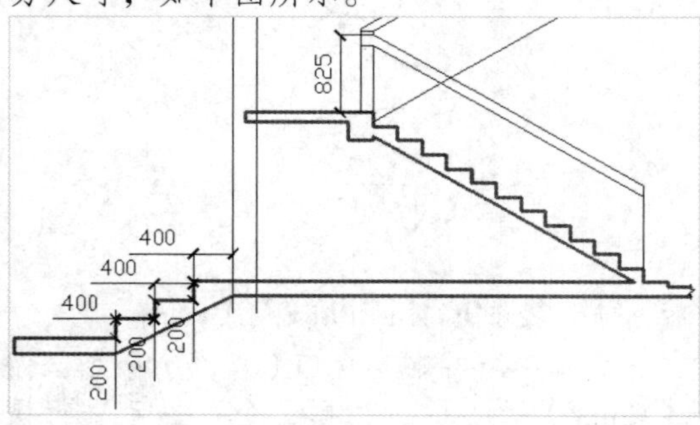

STEP 02 标出具体高度值

执行“L（直线）”和“MTEXT（多行文字）”命令，绘制标高符号，在标高符号上方标出具体高度值，如下图所示。

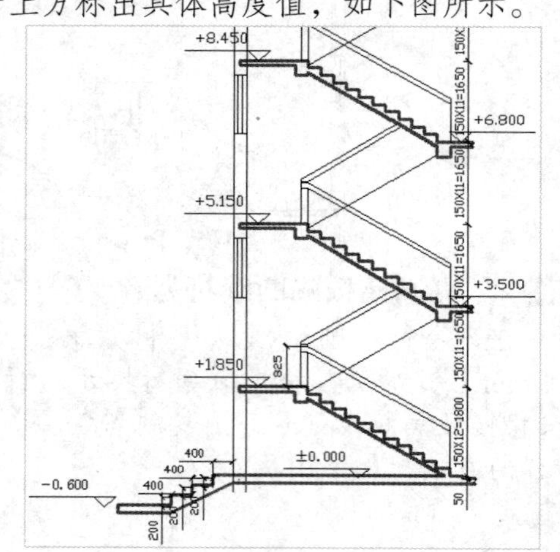

STEP 03 绘制轴线编号

在命令行中输入 C（圆）命令，按【Enter】键确认，根据命令行提示进行操作，绘制一个圆作为轴线编号的圆圈，执行“MTEXT（多行文字）”和“CO（复制）”命令，绘制轴线编号，如下图所示。

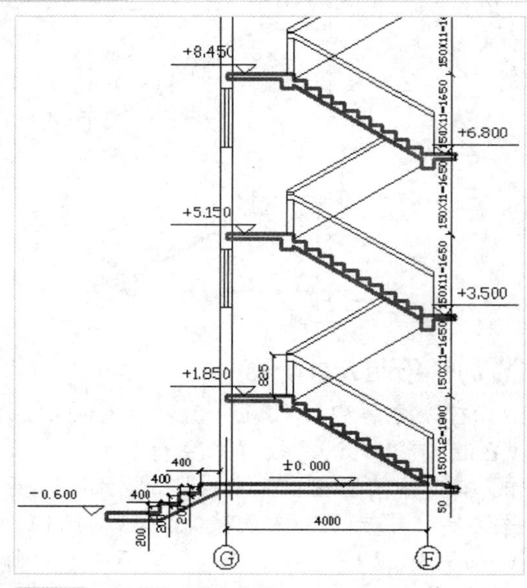

STEP 04 设置“图案”

将“台阶”图层置为当前层，在命令行中输入 H（图案填充）命令，按【Enter】键确认，弹出“图案填充创建”选项卡，设置“图案”为 SOLID，如下图所示。

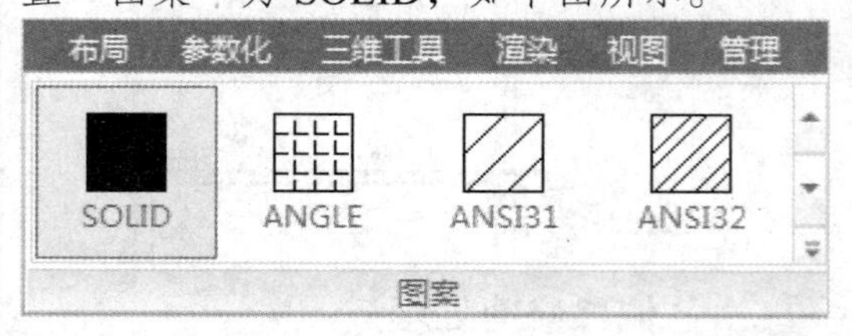

STEP 05 填充图案

单击“边界”面板中的“拾取点”按钮，对需要填充的各个部分进行图案填充，如下图所示。

STEP 06 绘制图名

在命令行中输入 MTEXT（多行文字）命令，按【Enter】键确认，根据命令行提示进行操作，在图形的正下方标注“楼梯剖面详图 1:50”字样，完成楼梯剖面详图的绘制，最终效果如下图所示。

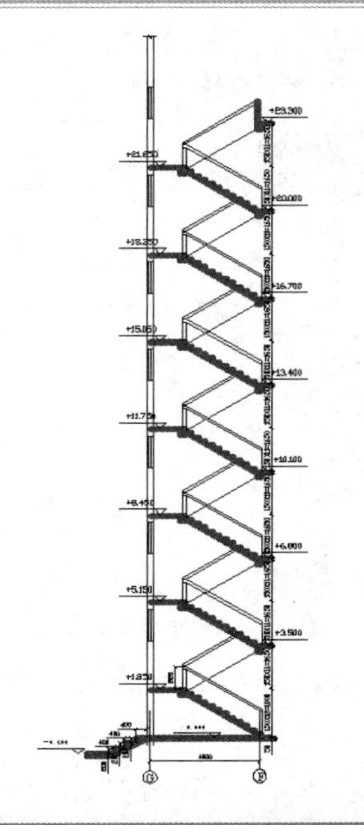

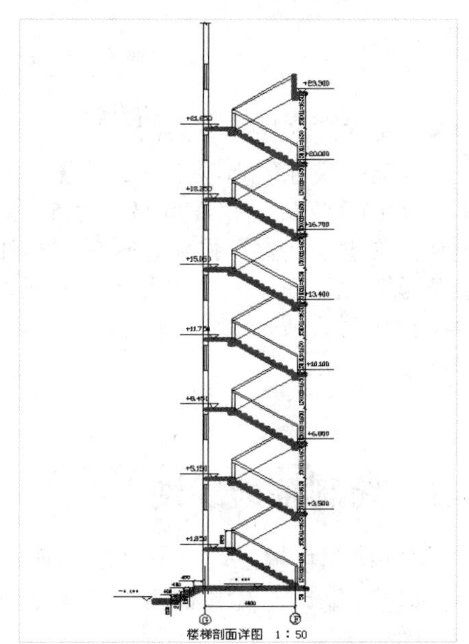

楼梯剖面详图　1：50

8.4 绘制外墙身详图

外墙身详图是假想剖切面将房屋外墙从上到下剖切开，并用较大比例画出其剖面图，实际上就是房屋剖面图的局部放大，下面来分别介绍相关内容。

8.4.1 设置绘图环境

在绘制外墙身详图时，首先需要设置绘图环境。在本实例设计过程中，首先新建相应的图层，然后设置图层的属性和标注样式，其具体操作步骤如下。

素材文件	无	效果文件	第 8 章\设置外墙身绘图环境.dwg

STEP 01 新建图层

新建一个空白文件，单击“图层”面板中“图层特性”按钮，弹出“图层特性管理器”选项板，依次创建“辅助线”、“剖切线”、“细线”和“标注”4 个图层，设置相应图层的颜色及线宽，如下图所示。

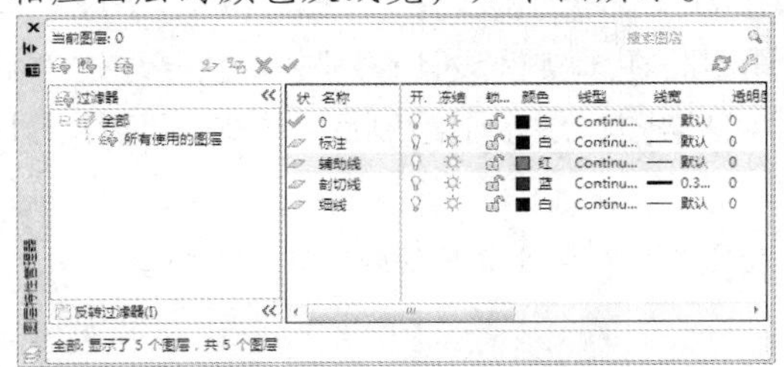

STEP 02 设置“符号和箭头”选项卡

显示菜单栏，单击“格式”|“标注样式”命令，弹出“标注样式管理器”对话框，单击“修改”按钮，弹出“修改标注样式：ISO-25”对话框，切换至“符号和箭头”选项卡中，设置“第一个”和“第二个”为“建筑标记”、“箭头大小”为 5，如下图所示。

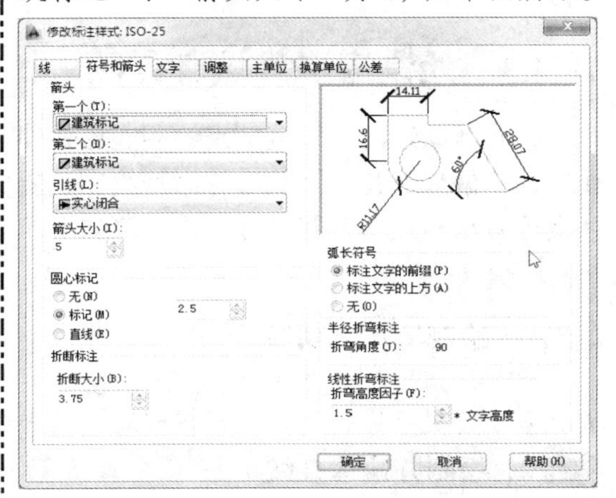

STEP 03 设置“文字”选项卡

切换至“文字”选项卡中，设置“文字高度”为 15、“从尺寸线偏移”为 5，如下图所示，单击“确定”按钮，返回“标注样式管理器”对话框，单击“关闭”按钮，完成标注样式的设置。

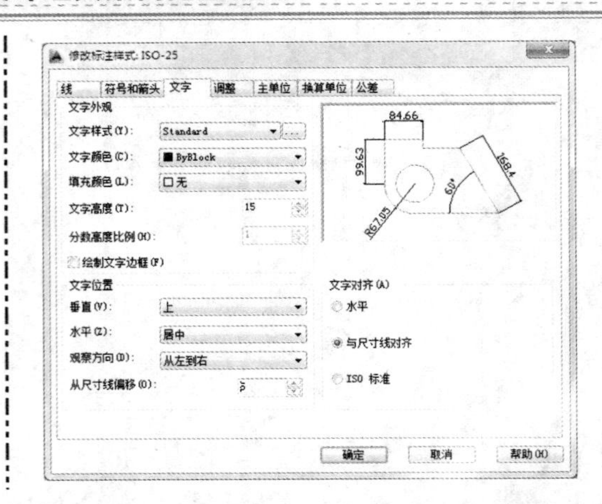

8.4.2 绘制辅助线网

设置好绘图环境后，接下来绘制辅助线网。绘制辅助线网的常用方法是先绘制构造线，然后将其进行偏移，其具体操作步骤如下。

素材文件	无	效果文件	第 8 章\绘制外墙身辅助线网.dwg

STEP 01 绘制构造线

将“辅助线”图层置为当前图层，在命令行中输入 XL（构造线）命令，按【Enter】键确认，根据命令行提示进行操作，在绘图区中任意绘制一条垂直构造线和一条水平构造线，如下图所示。

STEP 02 偏移构造线

在命令行中输入 O（偏移）命令，按【Enter】键确认，根据命令行提示进行操作，将水平构造线向下依次偏移 1200、600 的距离，将垂直构造线向右偏移两次，偏移距离均为 120，如下图所示。

8.4.3 绘制底层外墙身详图

绘制辅助线网后，接下来绘制底层外墙身详图。在本实例设计过程中，主要通过“直线”、“偏移”和“修剪”等命令绘制底层外墙身详图，展示了绘制底层外墙身详图的具体设计方法与技巧，其具体操作步骤如下。

素材文件	无	效果文件	第 8 章\底层外墙身详图.dwg

STEP 01 绘制墙体剖切线

将“剖切线”层设置为当前层，在命令行中输入 L（直线）命令，按【Enter】键确认，根据命令行提示进行操作，根据辅助线网来绘制墙体剖切线，如下图所示。

STEP 02 绘制并偏移直线

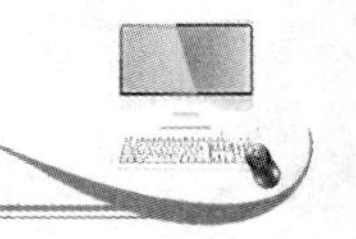

将“细线”层设置为当前层，执行“L（直线）”和“O（偏移）”命令，按照辅助线网来绘制底层地板线，将地板线向下依次偏移 20、40、30 的距离，如下图所示。

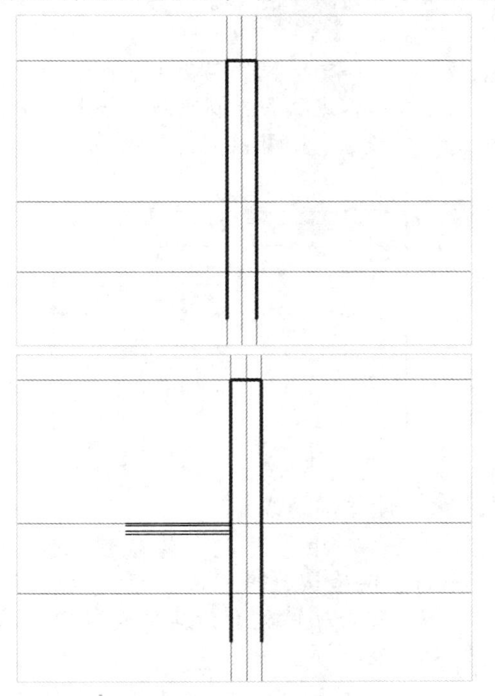

STEP 03　绘制防潮层

将“剖切线”图层置为当前层，在命令行中输入 L（直线）命令，按【Enter】键确认，根据命令行提示进行操作，捕捉第 2 条构造线与墙线的交点，依次输入点坐标（@0,-60）和（@240,0），绘制防潮层，效果如下图所示。

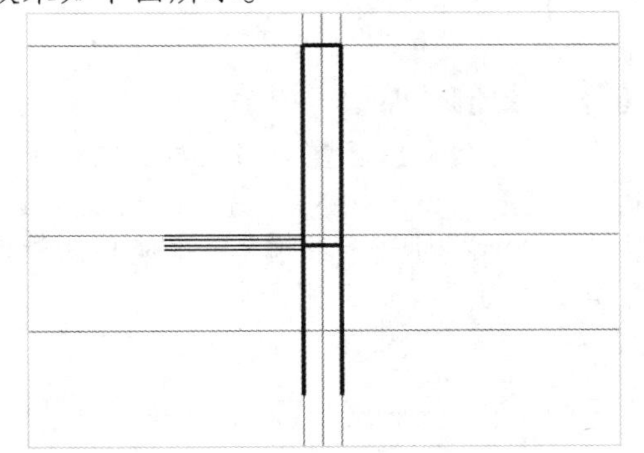

STEP 04　偏移辅助线

在命令行中输入 O（偏移）命令，按【Enter】键确认，然后根据命令行提示进行操作，将第 2 条垂直辅助线向右偏移 600 的距离，得到地面散水的辅助构造线，如下图所示。

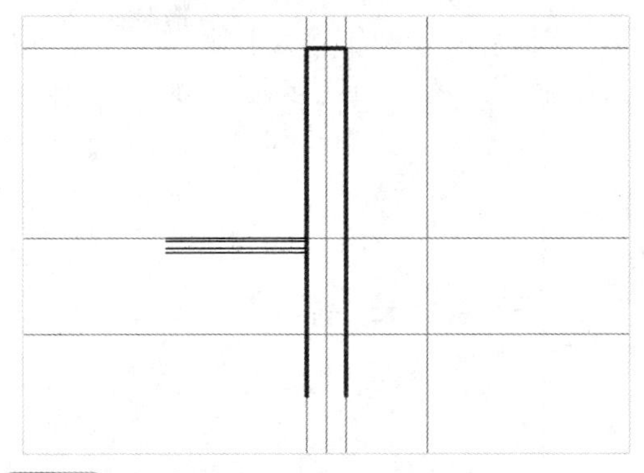

STEP 05　绘制直线

将“细线”图层置为当前层，在命令行中输入 L（直线）命令，按【Enter】键确认，根据命令行提示进行操作，捕捉第 2 条水平辅助线与第 3 条垂直参考线的交点，输入点坐标（@0,39.25），绘制直线，如下图所示。

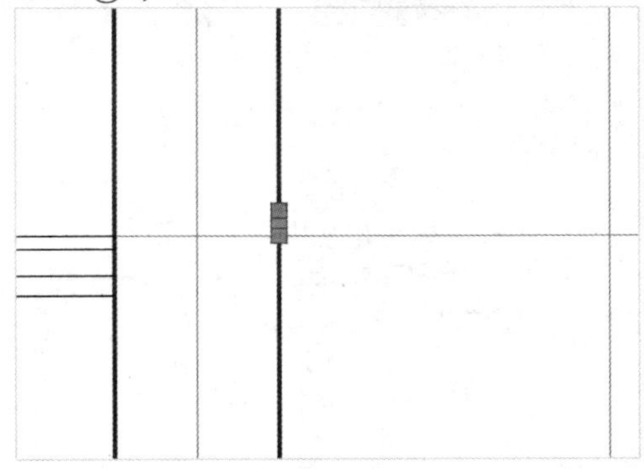

STEP 06　绘制散水线和地面线

在命令行中输入 L（直线）命令，按【Enter】键确认，根据命令行提示进行操作，捕捉第 2 条水平辅助线与第 4 条垂直辅助线的交点，依次输入点坐标（@-1.63,0）和（@0,-19.93），重复“L（直线）”命令，捕捉相同点为第一点，输入点坐标（@350.39,0）并确认，绘制散水线和地面线，如下图所示。

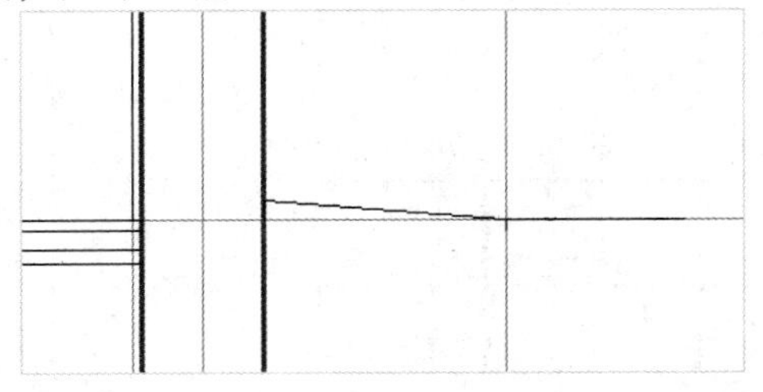

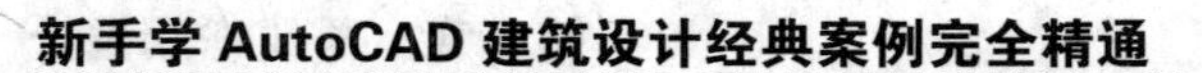

STEP 07 偏移并绘制直线

执行“O（偏移）”和“L（直线）”命令，将散水线向下依次偏移20、70的距离，将偏移线的右端连接起来，如下图所示。

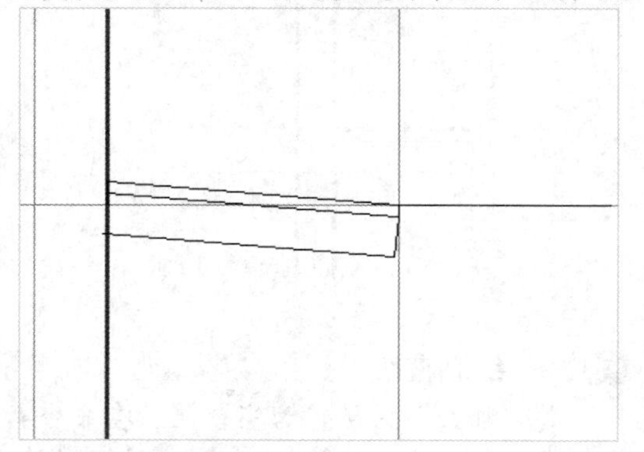

STEP 08 移动图层

选中相应的线条，在“图层”面板中单击“细线”右侧的下拉按钮，在弹出的列表框中选择“剖切线”层，将其移至该层，效果如下图所示。

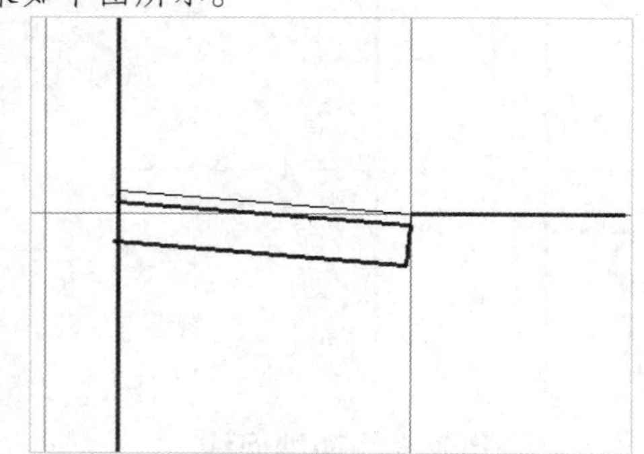

STEP 09 偏移辅助构造线

在命令行中输入O（偏移）命令，按【Enter】键确认，根据命令行提示进行操作，将最上边的水平构造线向下依次偏移10、20、60、20和10的距离，将墙体左边和右边所在的垂直构造线分别向右偏移80和60的距离，得到墙体端部的辅助构造线，如下图所示。

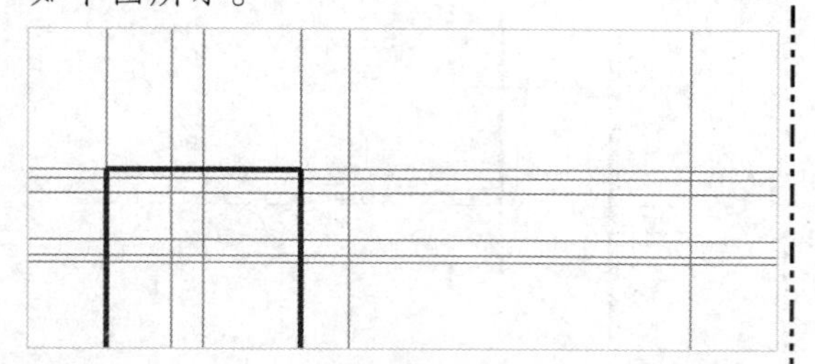

STEP 10 绘制修剪处理

将“剖切线”图层置为当前图层，执行“L（直线）”和“TR（修剪）”命令，捕捉第1条水平辅助线和第2条垂直辅助线的交点，根据辅助线，绘制直线，修剪删除多余的墙体线条，如下图所示。

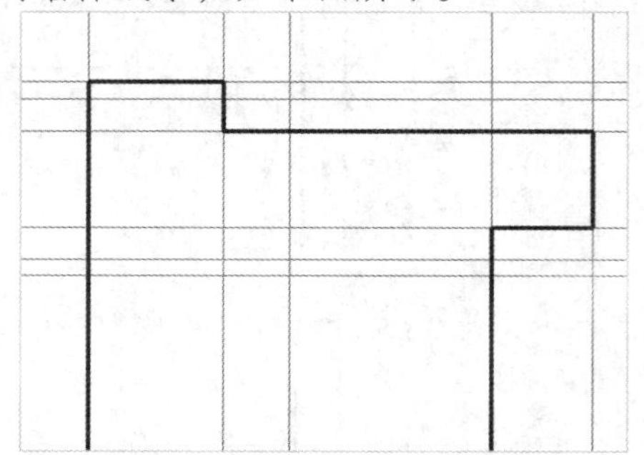

STEP 11 偏移辅助线

在命令行中输入O（偏移）命令，按【Enter】键确认，根据命令行提示进行操作，将墙体外围的辅助线向外偏移20的距离，如下图所示。

STEP 12 绘制抹面层

将“细线”图层置为当前层，在命令行中输入L（直线）命令，按【Enter】键确认，根据命令行提示进行操作，根据偏移的辅助线绘制抹面层，如下图所示。

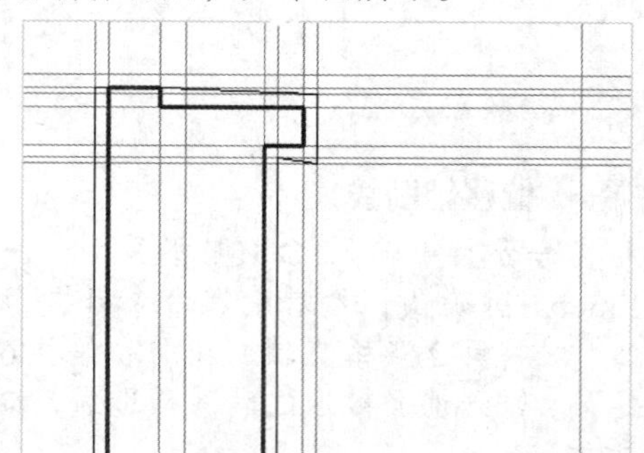

STEP 13　绘制窗台底座

将“剖切线”图层置为当前层，在命令行中输入L（直线）命令，按【Enter】键确认，根据命令行提示进行操作，捕捉墙体的右上端点，根据需要引导光标，依次输入100、89.27、48.45、41.78、51.55、78.11、51.55和36.33，并连接起点，绘制窗台底座，如下图所示。

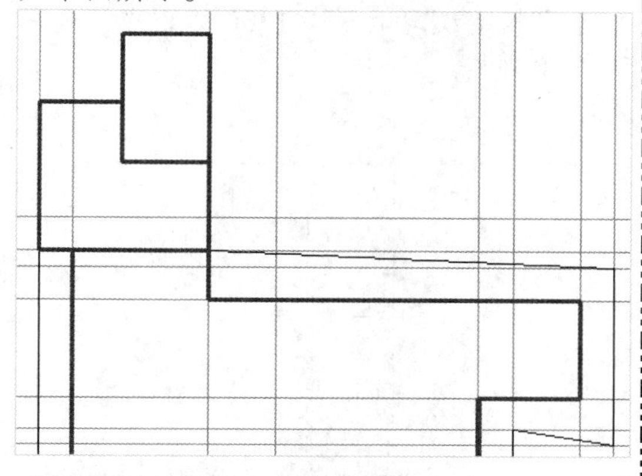

STEP 14　绘制隔断线

执行“L（直线）”命令，绘制隔断线，隔断线距离墙体的右上端点236.57，如下图所示。

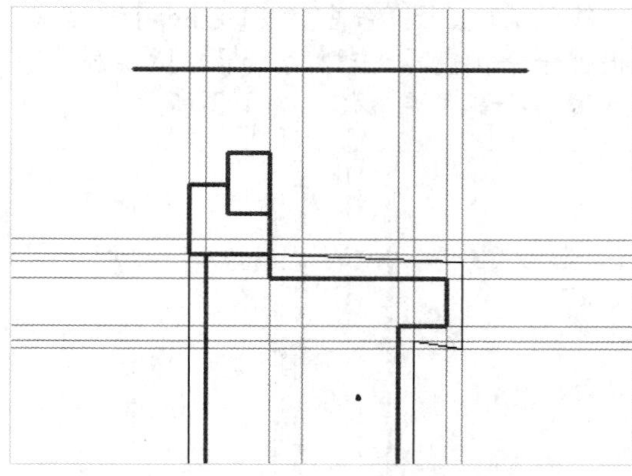

STEP 15　绘制直线

将“细线”图层置为当前图层，在命令行中输入L（直线）命令，按【Enter】键确认，根据命令行提示进行操作，捕捉所需的点，绘制直线，如下图所示。

STEP 16　移动图层

选中相应的线条，在“图层”面板中单击“细线”右侧的下拉按钮，在弹出的列表框中选择“剖切线”层，将其移至该层，效果如下图所示。

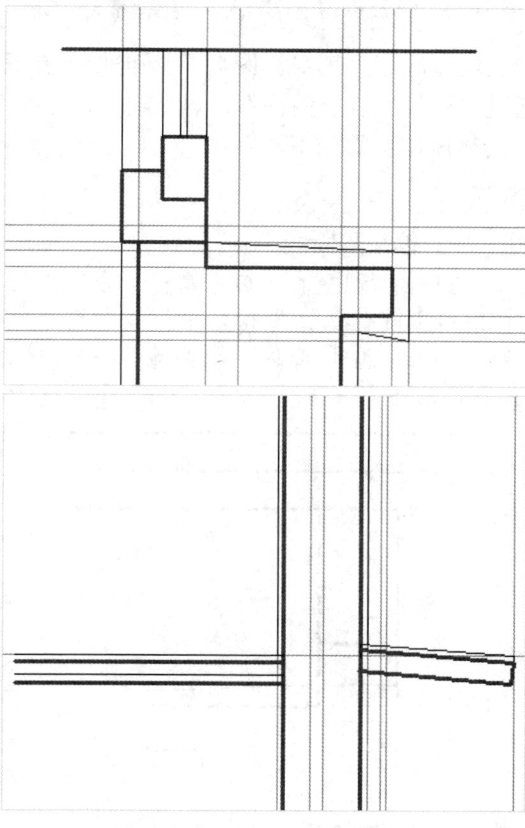

STEP 17　偏移隔断线

在命令行中输入O（偏移）命令，按【Enter】键确认，根据命令行提示进行操作，将上方的隔断线向上偏移100的距离，隐藏“辅助线”图层，效果如下图所示。

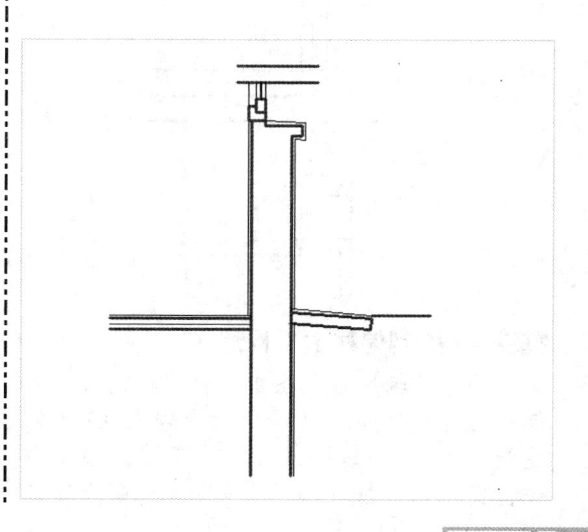

8.4.4 绘制标准层外墙身详图

绘制底层外墙身详图后，接下来绘制标准层外墙身详图。在本实例设计过程中，主要通过“镜像”、“偏移”、“直线”、“圆”和“修剪”等命令，绘制标准层外墙身详图，其具体操作步骤如下。

素材文件	无	效果文件	第 8 章\标准层外墙身详图.dwg

STEP 01 偏移隔断线

在命令行中输入 O（偏移）命令，按【Enter】键确认，根据命令行提示进行操作，将最上边的隔断线向下偏移 50 的距离，如下图所示。

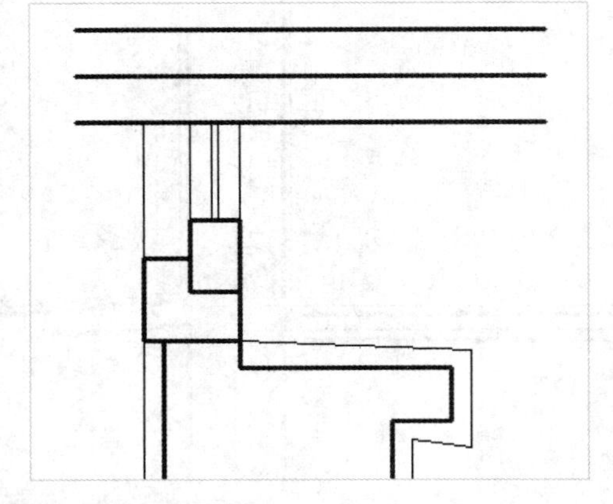

STEP 02 镜像窗户

在命令行中输入 MI（镜像）命令，按【Enter】键确认，根据命令行提示进行操作，选择窗户图形对象，捕捉刚偏移的直线左端点为镜像点，镜像窗户，如下图所示。

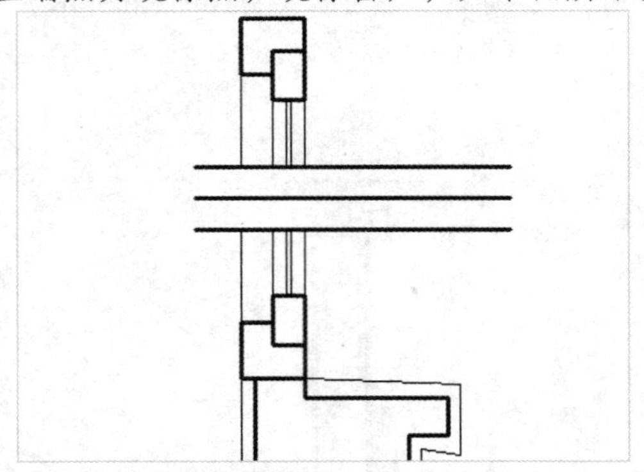

STEP 03 绘制偏移水平构造线

显示“辅助线”图层，将“辅助线”图层置为当前图层，在命令行中输入 XL（构造线）命令，按【Enter】键确认，根据命令行提示进行操作，绘制一条通过窗户顶部的水平构造线，执行“O（偏移）”命令，将水平构造线向上偏移 1300 的距离，效果如下图所示。

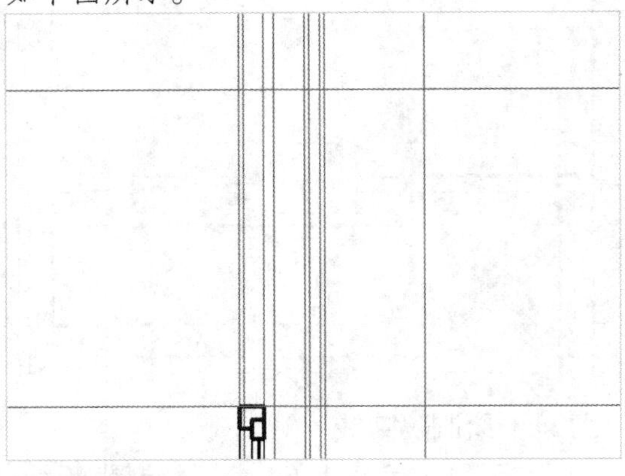

STEP 04 绘制主要墙体

将“剖切线”图层置为当前，在命令行中输入 L（直线）命令，按【Enter】键确认，根据命令行提示进行操作，根据所绘制的辅助线，绘制主要墙体，如下图所示。

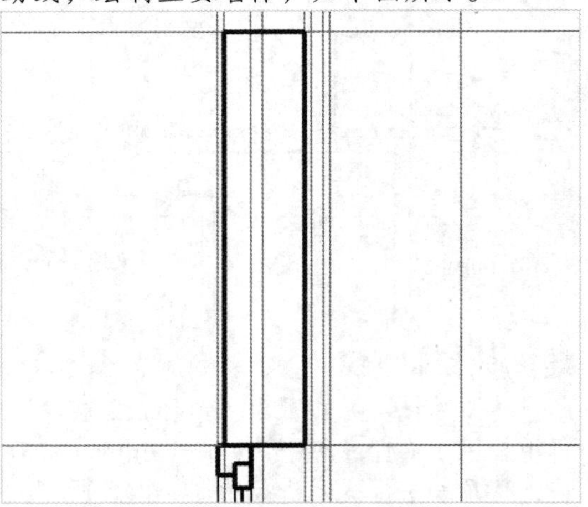

STEP 05 复制底层墙体端部

在命令行中输入 CO（复制）命令，按【Enter】键确认，根据命令行提示进行操作，将底层墙体端部复制到标准层对应的位置，如下图所示。

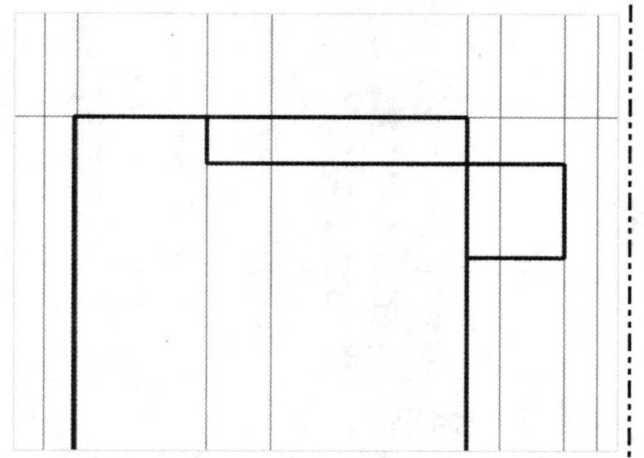

STEP 06 修剪处理

在命令行中输入 TR（修剪）命令，按【Enter】键两次，根据命令行提示进行操作，修剪掉多余的线条，如下图所示。

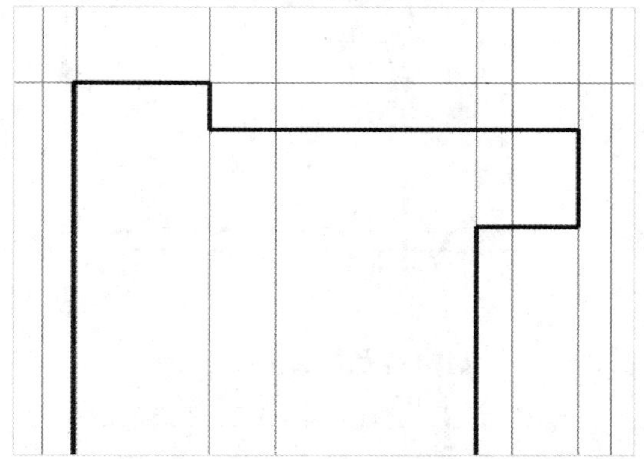

STEP 07 偏移辅助线

在命令行中输入 O（偏移）命令，按【Enter】键确认，根据命令行提示进行操作，选择第 8 条垂直参考线，沿水平方向向右依次偏移 40 和 20 的距离，选择第 2 条水平参考线，沿垂直方向向上偏移 60 的距离，如下图所示。

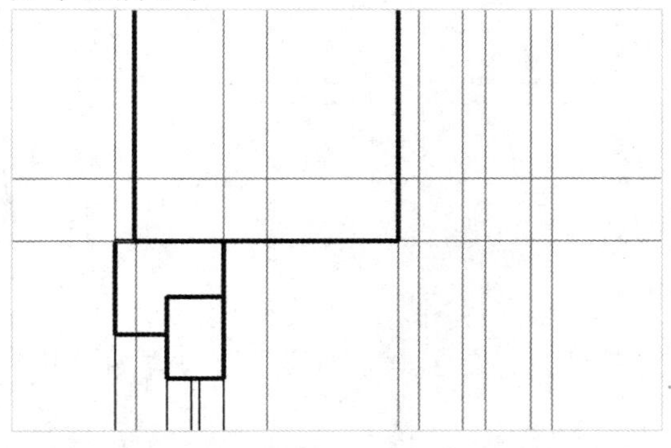

STEP 08 连通墙体

执行“L（直线）”和“TR（修剪）命令，绘制一个 120×60 的矩形，修剪掉多余的线段，使得墙体连通，如下图所示。

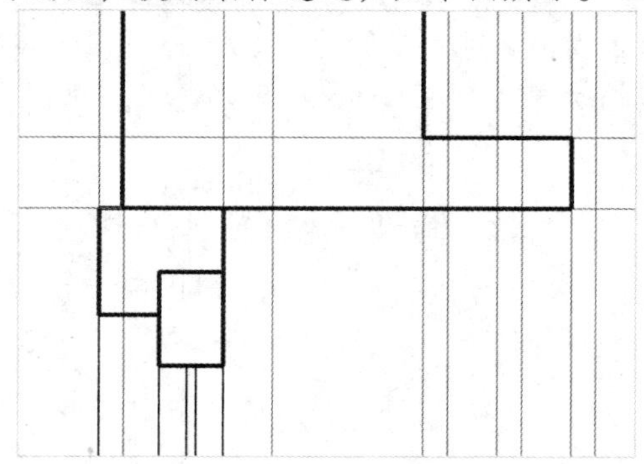

STEP 09 偏移构造线

在命令行中输入 O（偏移）命令，按【Enter】键确认，根据命令行提示进行操作，选择第 3 条水平参考线，沿垂直方向向上偏移 300 的距离，将新生成的构造线向下依次偏移 10 和 100 的距离，如下图所示。

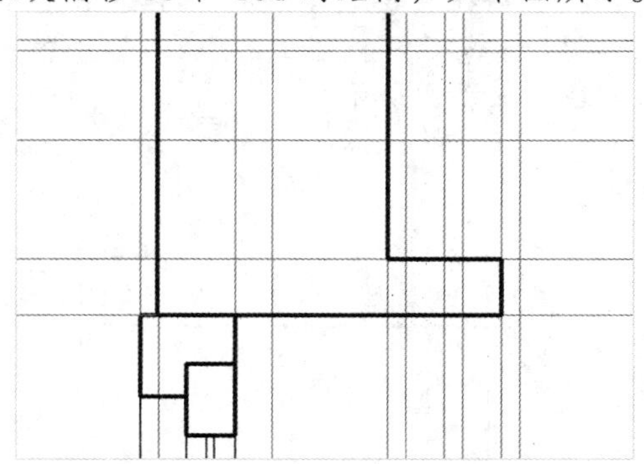

STEP 10 绘制标准层楼板

在命令行中输入 L（直线）命令，按【Enter】键确认，根据命令行提示进行操作，根据辅助线来绘制标准层楼板，效果如下图所示。

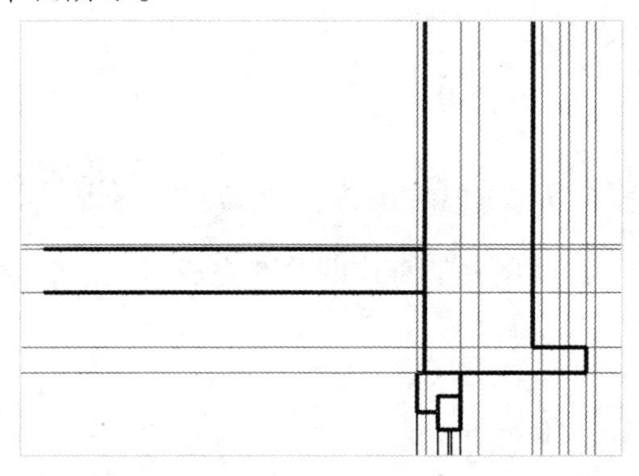

STEP 11 **绘制抹面层**

执行“O（偏移）”和“L（直线）”命令，将墙体外围垂直辅助线向外偏移 20 的距离，得到抹面层的辅助构造线，按照辅助线绘制抹面层，隐藏“辅助线”图层，效果如下图所示。

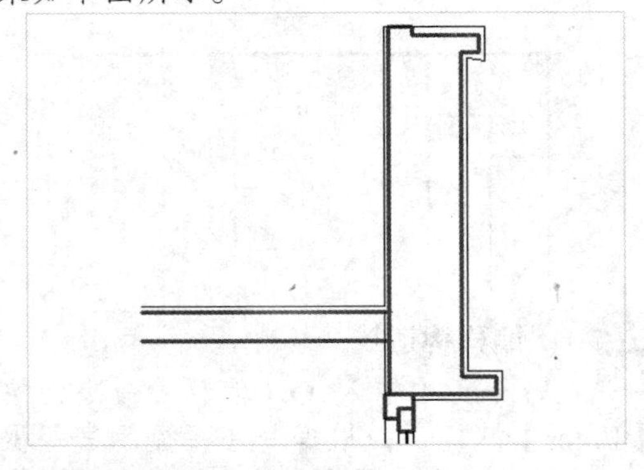

STEP 12 **绘制窗檐的滴水构造**

执行“C（圆）”和“TR（修剪）”命令，在窗檐抹面层上绘制一个半径为 8.68 的小圆，修剪掉多余的线段，得到窗檐的滴水构造，如下图所示。

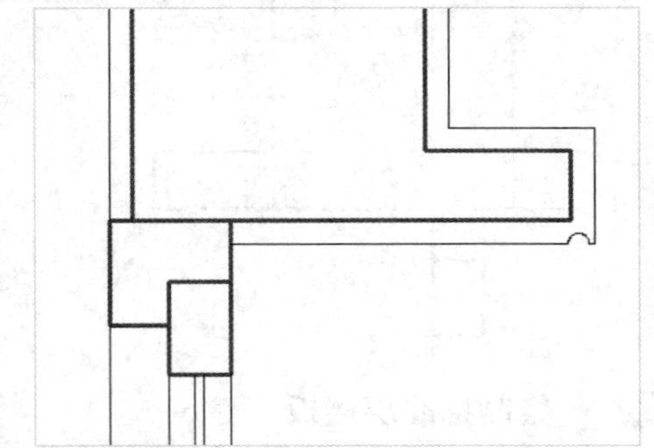

STEP 13 **绘制阳台**

执行“O（偏移）”和“L（直线）”命令，将第 1 条水平辅助线向上偏移 180 的距离，将墙体中轴线向右依次偏移 1500 和 60 的距离，按照辅助线绘制阳台，如下图所示。

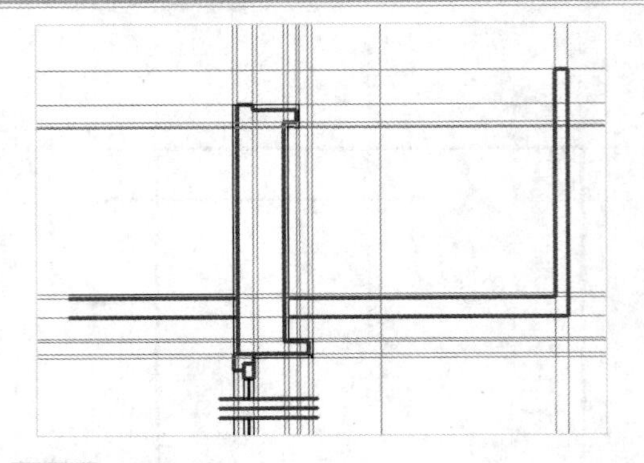

STEP 14 **绘制抹面层**

执行“O（偏移）”和“L（直线）”命令，将墙体外围垂直辅助线向外偏移 20 的距离，得到抹面层的辅助构造线，根据辅助线绘制抹面层，如下图所示。

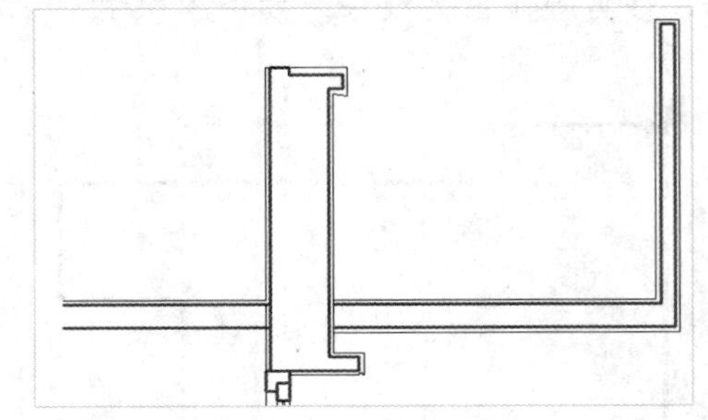

STEP 15 **复制窗台及隔断线**

在命令行中输入 CO（复制）命令，按【Enter】键确认，根据命令行提示进行操作，将底层的窗台及隔断线复制到标准层的最上方，如下图所示。

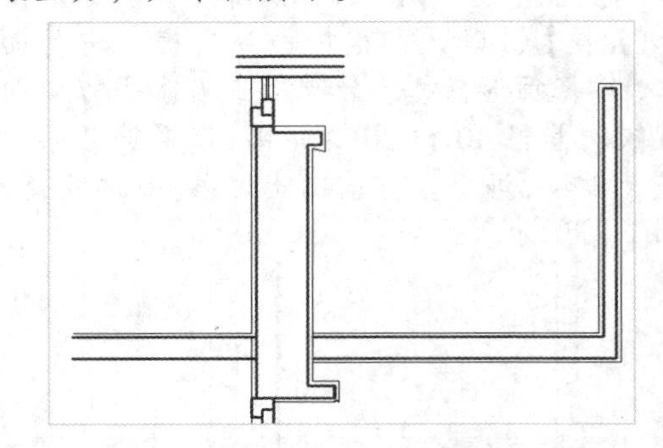

8.4.5 绘制顶层外墙身详图

标准层外墙身详图绘制完成后，接着绘制顶层外墙身详图。在本实例设计过程中，主要通过“复制”、“修剪”、“直线”和“样条曲线”等命令绘制顶层外墙身详图，其具体操作步骤如下。

素材文件	无	效果文件	第 8 章\顶层外墙身详图.dwg

STEP 01 复制图形

在命令行中输入CO（复制）命令，按【Enter】键确认，根据命令行提示进行操作，将标准层一部分复制到对应的位置，如下图所示。

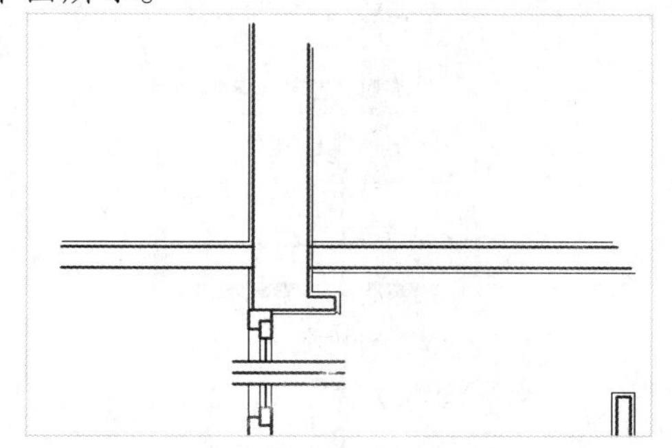

STEP 02 绘制顶层的楼板和雨篷

执行“TR（修剪）”和“L（直线）”命令，修剪掉多余的线条，绘制顶层的楼板和雨篷，如下图所示。

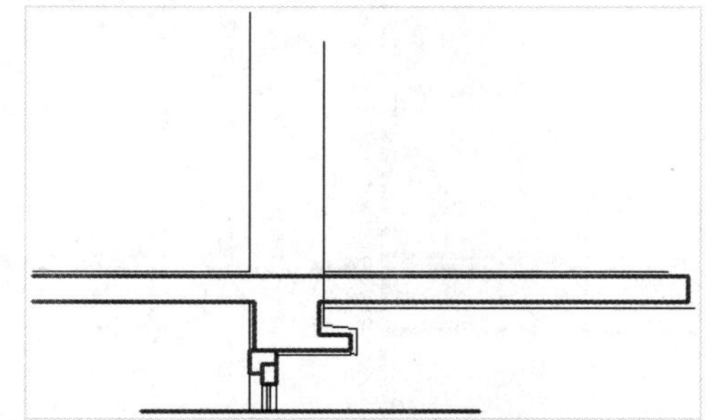

STEP 03 绘制顶层抹面

执行“TR（修剪）”和“L（直线）”命令，配合“夹点编辑”模式，绘制顶层抹面，效果如下图所示。

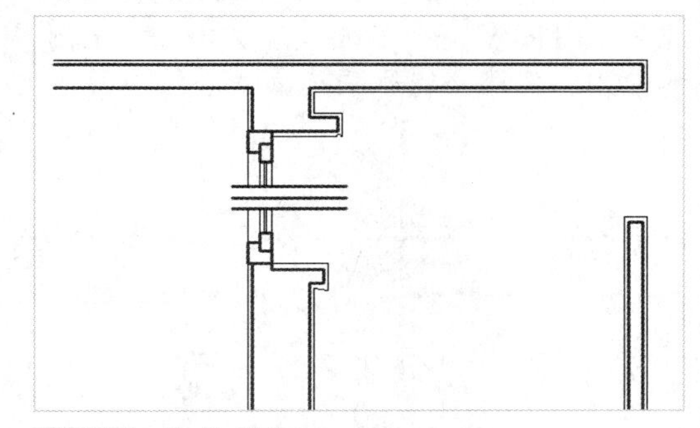

STEP 04 修剪处理

执行“L（直线）”和“TR（修剪）”命令，在图形的左部绘制一条垂直线，把出头的线条全部修剪掉，效果如下图所示。

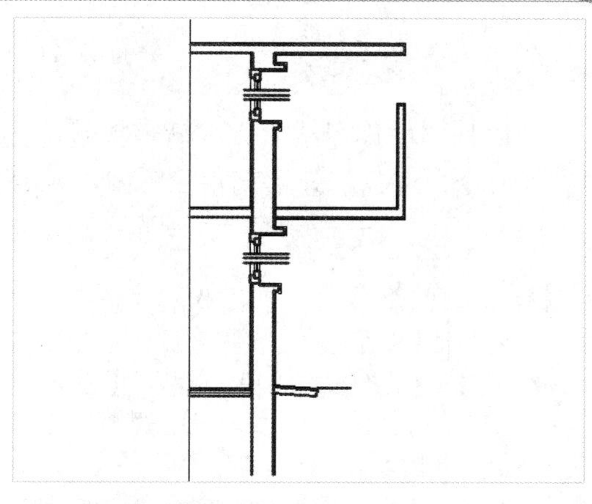

STEP 05 复制隔断符号

删除掉原来的隔断符号，然后执行“L（直线）”、“SPL（样条曲线）”和“CO（复制）”命令，在原来的位置处绘制上隔断符号，将隔断符号复制到其他位置，如下图所示。

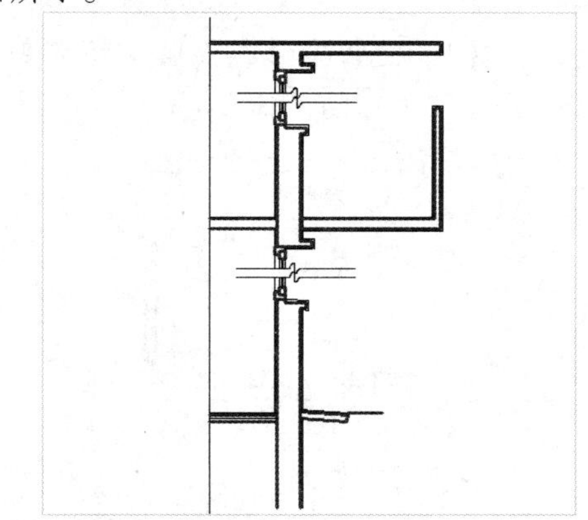

STEP 06 绘制隔断符号

重复步骤5的操作，绘制隔断符号，如下图所示。

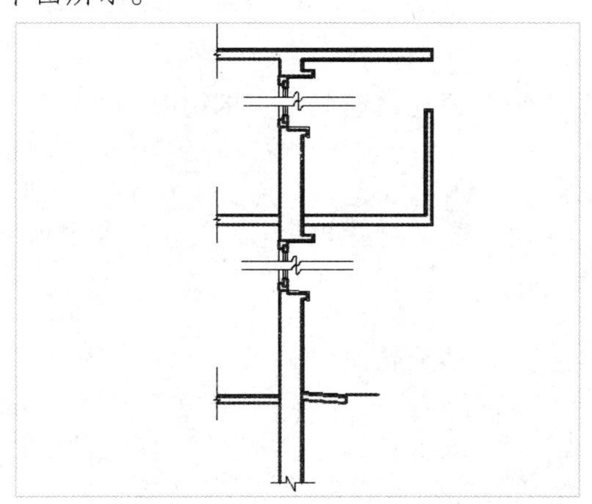

8.4.6 填充图案

顶层外墙身详图绘制完成后，接着填充图案。在本实例设计过程中，主要通过“图案填充”命令，将各部分填充相应图案，展示了填充图案的操作方法，其具体操作步骤如下。

素材文件	无	效果文件	第 8 章\填充外墙身详图图案.dwg

STEP 01 设置各选项

将“标注”层设置为当前层，在命令行中输入 H（图案填充）命令，按【Enter】键确认，弹出“图案填充创建”选项卡，设置“图案”为 ANSI31、“角度”为 0、“比例”为 500，如下图所示。

STEP 02 填充墙体剖切面的图案

单击“边界”面板中的“拾取点”按钮，在绘图区中要填充图案的区域内单击鼠标左键，按【Enter】键两次，填充墙体剖切面的图案，如下图所示。

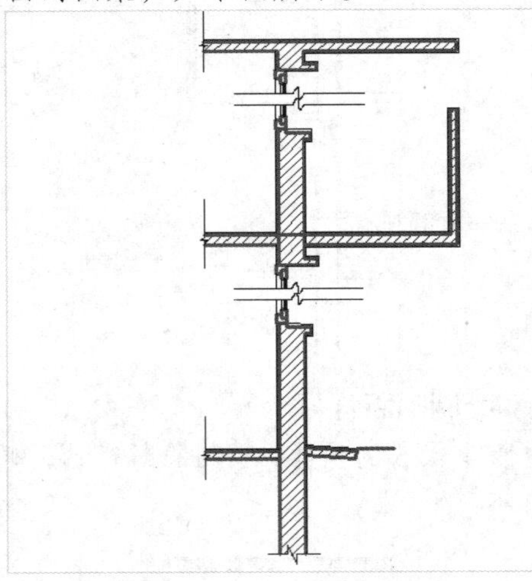

STEP 03 填充钢筋混凝土剖切面

执行“H（图案填充）”命令，设置“图案”为 AR-CONC、“角度”为 0、“比例”为 10，填充钢筋混凝土剖切面，效果如下图所示。

STEP 04 填充抹面层图案

执行“H（图案填充）”命令，设置“图案”为 AR-SAND、“角度”为 0、“比例”为 10，填充抹面层图案，如下图所示。

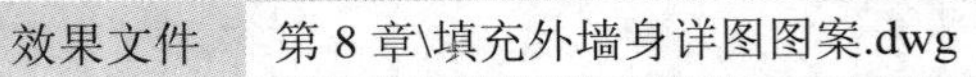

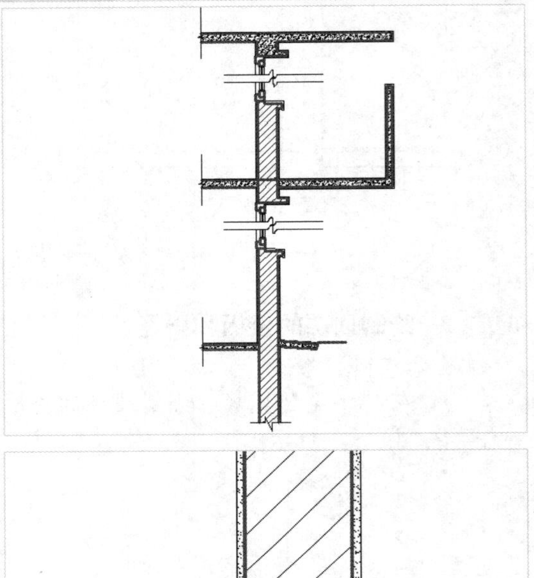

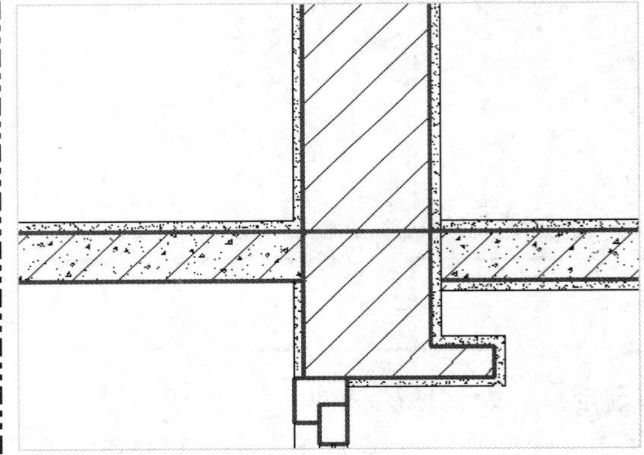

STEP 05 填充图案

执行“H（图案填充）”命令，设置“图案”为 TRIANG、“角度”为 0、“比例”为 200，将部分进行填充，如下图所示。

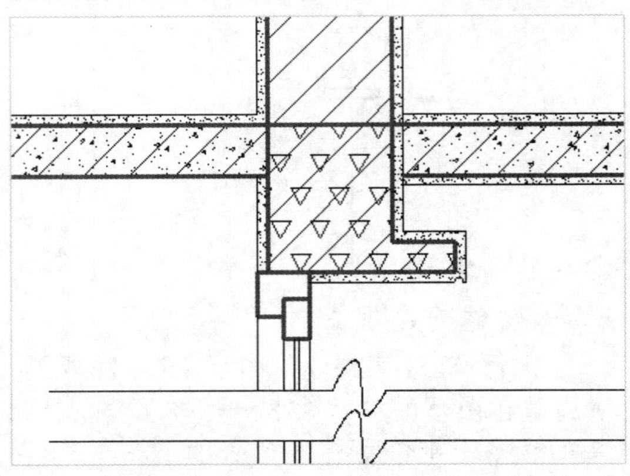

8.4.7 标注尺寸及文字说明

填充完图案后，接下来标注尺寸和文字说明。在本实例设计过程中，主要通过“线性”、“直线”、“复制”、“多行文字”和“圆”命令，标注尺寸、轴线编号及文字说明，展示了标注尺寸及文字说明的具体设计方法与技巧，其具体操作步骤如下。

素材文件	无	效果文件	第 8 章\建筑外墙身详图.dwg

STEP 01 标注尺寸

在命令行中输入 DLI（线性）命令，按【Enter】键确认，根据命令行提示进行操作，标注各细部的具体尺寸，如下图所示。

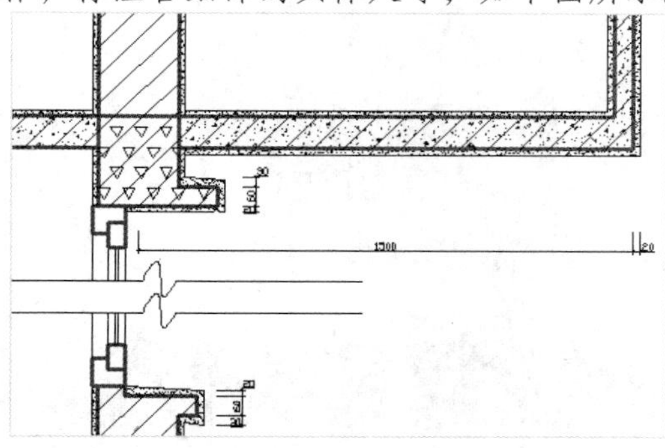

STEP 02 绘制标高符号

执行“L（直线）”、“CO（复制）”和“MT（多行文字）”命令，绘制一个标高符号，将标高符号复制到底层内地面上，在标高符号上方标出具体高度值±0.000，效果如下图所示。

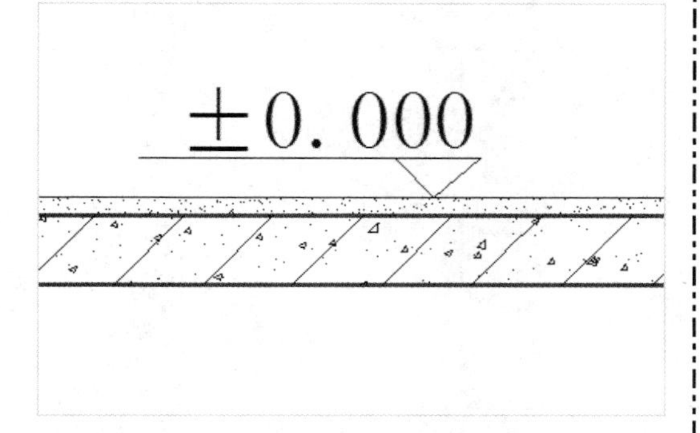

STEP 03 标注高度

执行“CO（复制）”和“MT（多行文字）”命令，把标高符号复制至标准层室内楼面上，在标高符号上方标出具体高度值+3.500 和其他标准层的具体高度值，如下图所示。

STEP 04 标注其他部分尺寸

执行“L（直线）”、“MT（多行文字）”和“H（图案填充）”命令，标注其他部分的尺寸，如下图所示。

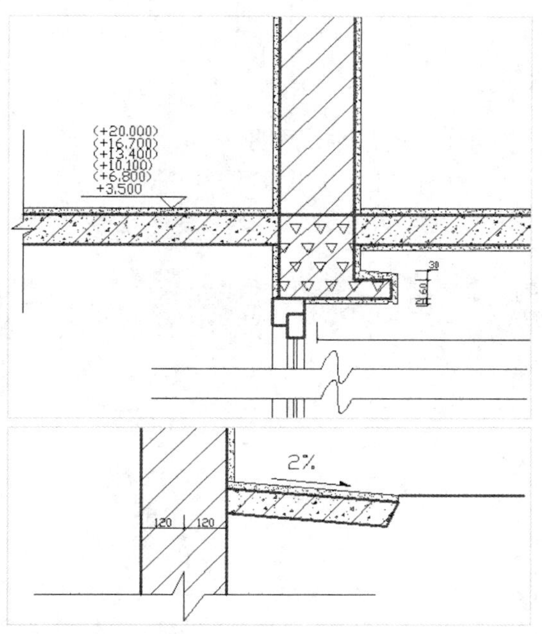

STEP 05 标注顶层标高

运用与上述相同的操作方法，标注顶层标高，如下图所示。

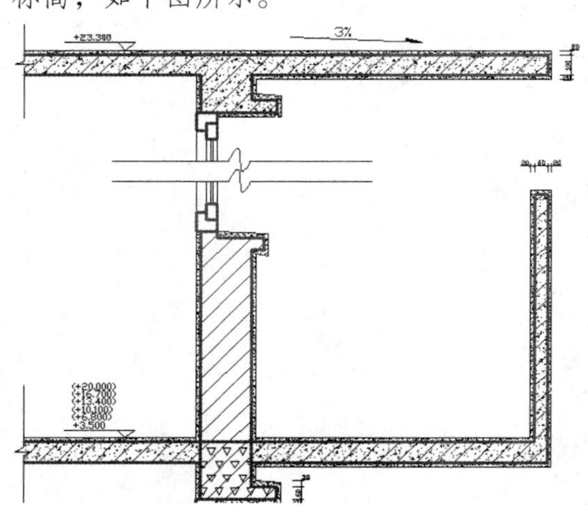

STEP 06 绘制轴线编号

执行"C（圆）"、"L（直线）"和"MT（多行文字）"命令，绘制轴线编号A，如下图所示。

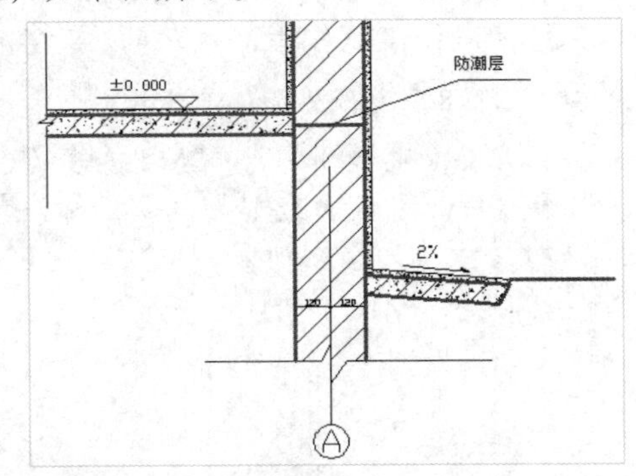

STEP 07 标注文字说明

执行"L（直线）"和"MT（多行文字）"命令，在合适位置标注"防潮层"字样，在图纸的正下方标上文字说明"外墙身剖面详图 1:20"，在文字的下方标上下划线，完成外墙身剖面详图，效果如下图所示。

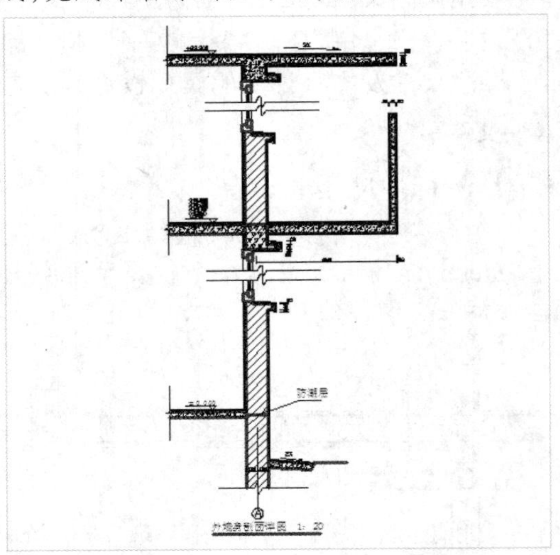

● 读书笔记

Chapter 09

建筑水电工程图设计

章前知识导读

本章主要介绍公共设施的构建和绘制，从不同的角度出发，设计出各种实用的室外公共设施。通过本章的学习，重点学习绘图技巧，读者可以掌握更丰富的设计应用技巧和编辑技能，从而轻松提高绘图效率。

重点知识索引

- 绘制给排水工程图
- 绘制电气工程图

效果图片赏析

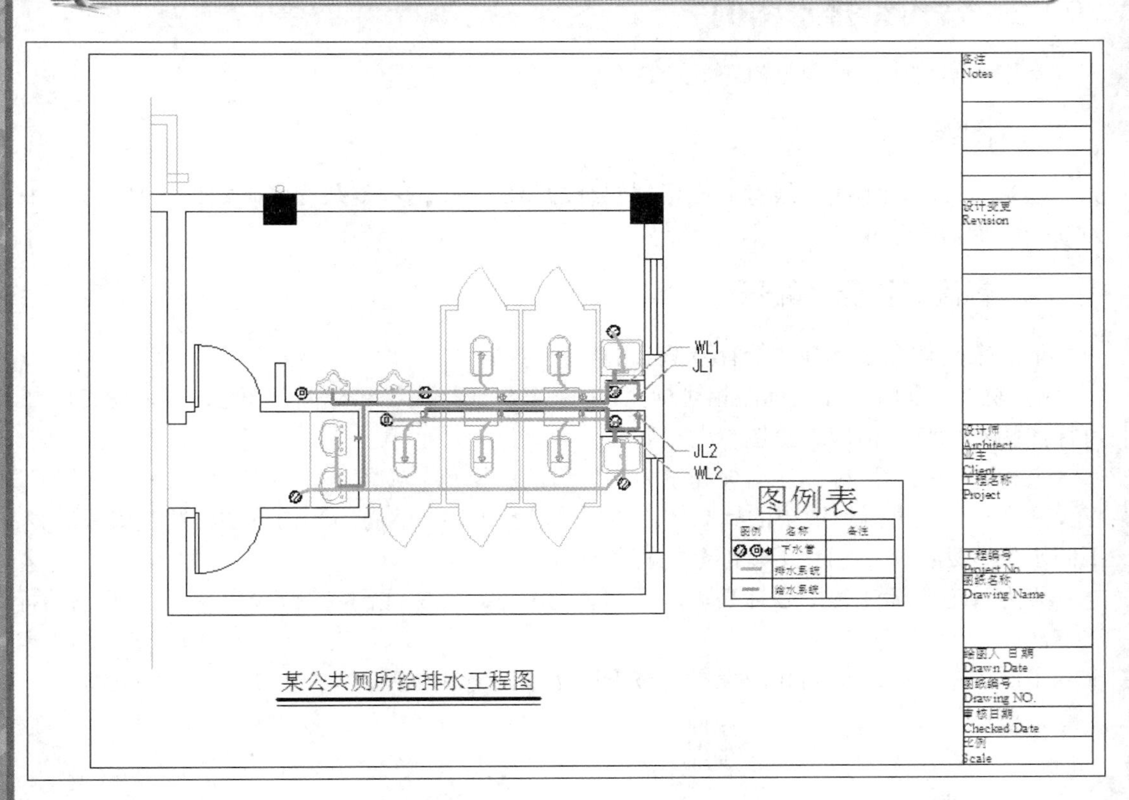

某公共厕所给排水工程图

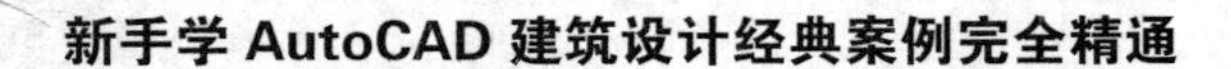

9.1 绘制给排水工程图

建筑给排水工程图是表示房屋内部的卫生设备、用水器具的种类、规格、安装位置、安装方法及其管道的配置情况和相互关系的图样。它主要包括平面布置图、系统原理图、屋顶平面图、设备安装详图和施工说明等配套组成的施工工程图。

9.1.1 给排水工程图概述

给排水工程图与其他专业工程图一样，要符合投影原理和视图、剖面、断面等基本画法的规定。另外，由于给排水工程图的主要表达对象是各类管道，这些管道的基本特点是：截面形状简单规则；管道长度远远超过管道的直径；分布范围广，纵横交叉，相互连接；管道附件众多；这些附件与附属设备一般都有标准的规则和基本统一尺寸，所以国家标准制定了许多图例来统一表达。

给排水工程图应符合 GB/T50001《房屋建筑制图统一标准》、GB/T50103《总图制图标准》、GB/T50106《给水排水制图标准》以及其他现行国家或行业的相关标准、规范的规定。

9.1.2 常用给排水图例

常用的给排水图例包括以下几个部分。

1. 图线

建筑给排水施工图的线宽 b 应根据图纸的类别、比例和复杂程度确定。一般线宽 b 宜为 0.7mm 或 1.0mm。

2. 标高、管径及编号

下面来具体介绍标高、管径及编号的标注方法。

- 标高：室内工程应标注相对标高；室外工程应标注绝对标高，当无绝对标高资料时，可标注相对标高，但应与总图专业一致。

下列部位应标注标高：沟渠和重力流管道的起讫点、转角点、连接点、变尺寸（管径）点及交叉点；压力流管道中的标高控制点；管道穿外墙、剪力墙和构筑物的壁及底板等处；不同水位线处；构筑物和土建部分的相关标高。

压力管道应标注管中心标高，沟渠和重力流管道宜标注沟（管）内底标高。标高的标注方法应符合下列规定。

平面图中，管道标高和沟渠标高按下图所示的方式标注。

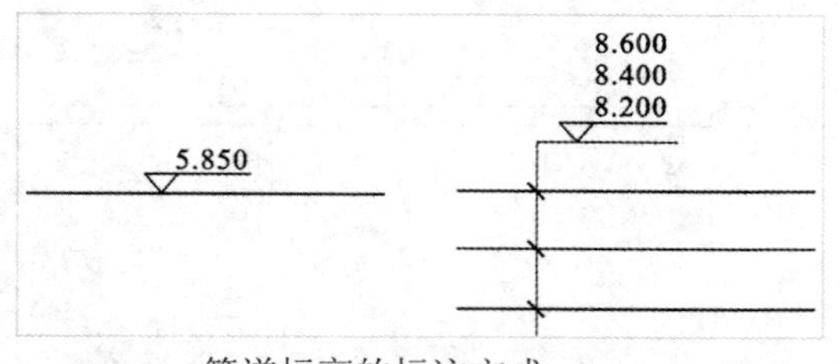

管道标高的标注方式

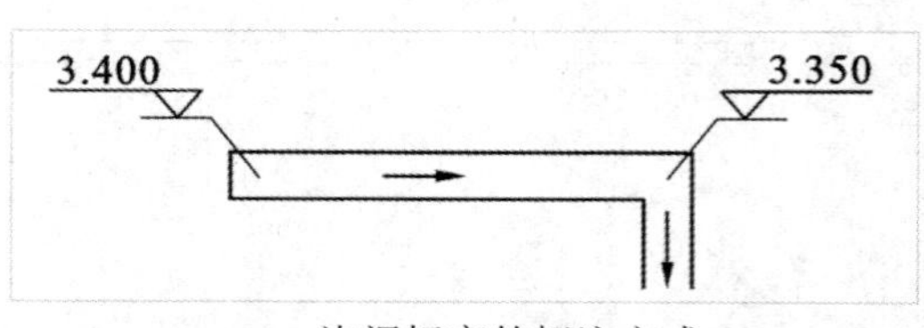

沟渠标高的标注方式

剖面图中，管道及水位的标高按下图所示的方式标注；轴测图中，管道标高按下图所示的方式标注。

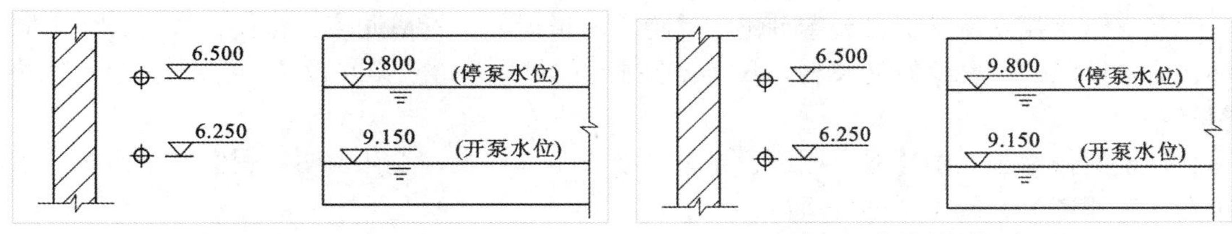

剖面图中管道及水位标高　　　　轴测图中的管道标高

✿ 管径：管径应以 mm 为单位。水煤气输送钢管（镀锌或非镀锌）、铸铁管等管材，管径宜以公称直径 DN 表示（如 DN15、DN50）；无缝钢管、焊接钢管（直缝或螺旋缝）、铜管、不锈钢管等管材，管径宜以外径 D×壁厚表示（如 D108×4、D159×4.5 等）；钢筋混凝土（或混凝土）管、陶土管、耐酸陶瓷管、缸瓦管等管材，管径宜以内径 d 表示（如 d230、d380 等）；塑料管材，管径宜按产品标准的方法表示。当设计均用公称直径 DN 表示管径时，应有公称直径 DN 与相应产品规格对照表。

管径的标注方法应符合下列规定：

单根管道时，管径应该按下图所示的方式标注；多根管道时，管径应该按下图所示的方式标注。

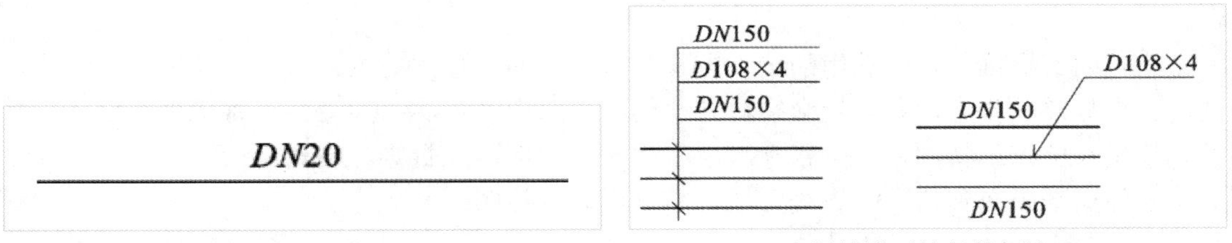

单根管道时管径的标注　　　　多根管道时管径的标注

✿ 编号：当建筑物的给水引入管或排水排出管的数量超过 1 根时，宜进行编号，编号应该按下图所示的方法表示。

建筑物穿越楼层的立管，其数量超过 1 根时宜进行编号，编号应该按下图所示的方法表示。

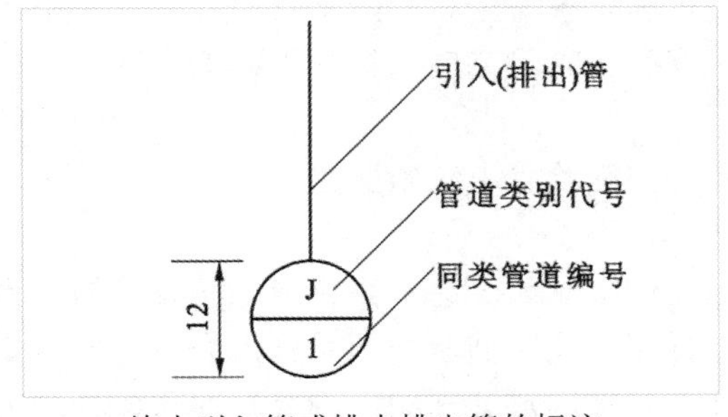

给水引入管或排水排出管的标注

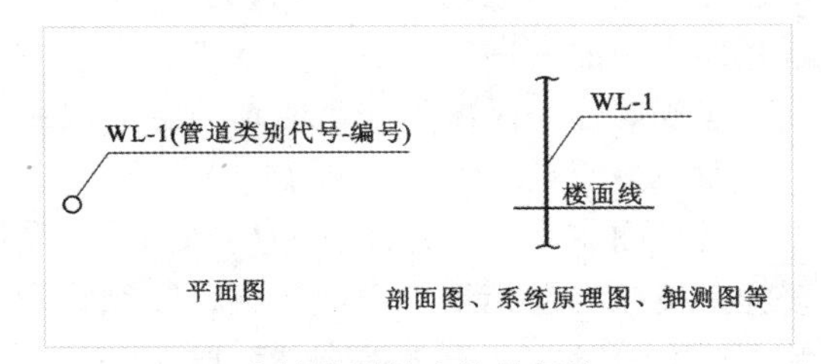

穿越楼层的立管的标注

在总平面图中，当给排水附属构筑物的数量超过 1 个时，宜进行编号。编号方法为：构筑物代号－编号；给水构筑物的编号顺序宜为：从水源到干管，再从干管到支管，最后到用户；排水构筑物的编号顺序宜为：从上游到下游，先干管后支管。

当给排水机电设备的数量超过 1 台时，宜进行编号，并应有设备编号与设备名称对照表。

3. 常用给排水图例

在《给水排水制图标准》中列出了管道、管道附件、管道连接、管件、阀门、给水配件、消防设施、卫生设备及水池、小型给水排水构筑物、给水排水设备、仪表等共计 11 类图例。

建筑给排水施工图一般由图纸目录、主要设备材料表、设计说明、图例、平面图、系统图（轴测图）、施工详图等组成。

室外小区给排水工程，根据工程内容还应包括管道断面图、给排水节点图等。下面介绍各部分的主要内容。

- 平面布置图

给水、排水平面图表达了给水、排水管线和设备的平面布置情况。

根据建筑规划，在设计图纸中，用水设备的种类、数量、位置，均要给出给水和排水平面布置；各种功能管道、管道附件、卫生器具、用水设备，如消火栓箱、喷头等，均使用各种图例表示；各种横干管、立管、支管的管径、坡度等，均应标出。平面图上管道都用单线绘出，沿墙敷设时不注管道距墙面的距离。

一张平面图上可以绘制几种类型的管道，一般来说给水和排水管道可以在一起绘制。若图纸管线复杂，也可以分别绘制，以图纸能清楚地表达设计意图而图纸数量又很少为原则。

建筑内部给排水，以选用的给水方式来确定平面布置图的张数。底层及地下室必绘；顶层若有高位水箱等设备，也必须单独绘出。建筑中间各层，如卫生设备或用水设备的种类、数量和位置都相同，绘一张标准层平面布置图即可；否则，应逐层绘制。

在各层平面布置图上，各种管道、立管应编号标明。

- 系统图

系统图，也称“轴测图”，其绘法取水平、轴测、垂直方向，完全与平面布置图比例相同。系统图上应标明管道的管径、坡度，标出支管与立管的连接处，以及管道各种附件的安装标高，标高的±0.00 应与建筑图一致。系统图上各种立管的编号应与平面布置图相一致。系统图均应按给水、排水、热水等各系统单独绘制，以便于施工安装和概预算应用。

系统图中对用水设备及卫生器具的种类、数量和位置完全相同的支管、立管，可不重复完全绘出，但应用文字标明。当系统图立管、支管在轴测方向重复交叉影响识图时，可断开移到图面空白处绘制。

建筑居住小区的给排水管道一般不绘系统图，但应绘管道纵断面图。

- 施工详图

凡平面布置图、系统图中局部构造因受图面比例限制而表达不完善或无法表达的，为使施工概预算及施工不出现失误，必须绘出施工详图。通用施工详图系列，如卫生器具安装、排水检查井、雨水检查井、阀门井、水表井、局部污水处理构筑物等，均有各种施工标准图，施工详图宜首先采用标准图。

绘制施工详图的比例以能清楚绘出构造为根据选用。施工详图应尽量详细注明尺寸，不应以比例代替尺寸。

- 设计施工说明及主要材料设备表

用工程绘图无法表达清楚的给水、排水、热水供应、雨水系统等管材、防腐、防冻、防露的做法；或难以表达的诸如管道连接、固定、竣工验收要求、施工中特殊情况技术处理措施，或施工方法要求必须严格遵守的技术规程、规定等，可在图纸中用文字写出设计施工说明。工程选用的主要材料及设备表，应列明材料类别、规格、数量，设备品种、规格和主要尺寸。

此外，施工图还应绘出工程图所用图例。所有以上图纸及施工说明等应编排有序，写出图纸目录。

9.1.3　建筑给排水施工图的识读

1. 室内给排水施工图的识读方法

阅读主要图纸之前，应当先看说明和设备材料表，然后以系统图为线索深入阅读平面图、系统图及详图。

阅读时，应三种图相互对照来看。先看系统图，对各系统做到大致了解。看给水系统图时，可由建筑的给水引入管开始，沿水流方向经干管、立管、支管到用水设备；看排水系统图时，可由排水设备开始，沿排水方向经支管、横管、立管、干管到排出管。

平面图的识读

室内给排水管道平面图是施工图纸中最基本和最重要的图纸，常用的比例是 1:100 和 1:50 两种。它主要表明建筑物内给排水管道及卫生器具和用水设备的平面布置。图上的线条都是示意性的，同时管材配件如活接头、补心、管箍等也不画出来，因此在识读图纸时还必须熟悉给排水管道的施工工艺。

在识读管道平面图时，应该掌握的主要内容和注意事项如下。

（1）查明卫生器具、用水设备和升压设备的类型、数量、安装位置、定位尺寸。

（2）弄清给水引入管和污水排出管的平面位置、走向、定位尺寸、与室外给排水管网的连接形式、管径及坡度等。

（3）查明给排水干管、立管、支管的平面位置与走向、管径尺寸及立管编号。从平面图上可清楚地查明是明装还是暗装，以确定施工方法。

（4）消防给水管道要查明消火栓的布置、口径大小及消防箱的形式与位置。

（5）在给水管道上设置水表时，必须查明水表的型号、安装位置以及水表前后阀门的设置情况。

（6）对于室内排水管道，还要查明清通设备的布置情况，清扫口和检查口的型号和位置。

系统图的识读

给排水管道系统图主要表明管道系统的立体走向。在给水系统图上，卫生器具不画出来，只需画出水龙头、淋浴器莲蓬头、冲洗水箱等符号；用水设备如锅炉、热交换器、水箱等则画出示意性的立体图，并在旁边注以文字说明。

在排水系统图上也只画出相应的卫生器具的存水弯或器具排水管。在识读系统图时，应掌握的主要内容和注意事项如下。

（1）查明给水管道系统的具体走向，干管的布置方式、管径尺寸及其变化情况，阀门的设置，引入管、干管及各支管的标高。

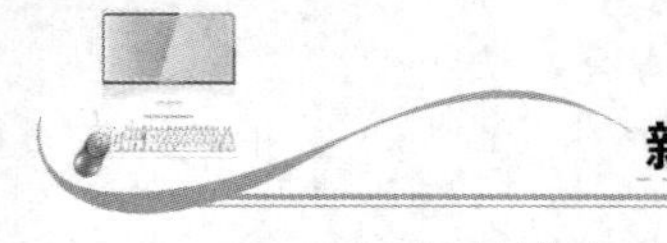

（2）查明排水管道的具体走向，管路分支情况、管径尺寸与横管坡度，管道各部分标高，存水弯的形式，清通设备的设置情况，弯头及三通的选用等。识读排水管道系统图时，一般按卫生器具或排水设备的存水弯、器具排水管、横支管、立管、排出管的顺序进行。

（3）系统图上对各楼层标高都有注明，识读时可据此分清管路是属于哪一层的。

详图的识读

室内给排水工程的详图包括节点图、大样图、标准图，主要是管道节点、水表、消火栓、水加热器、开水炉、卫生器具、套管、排水设备、管道支架等的安装图及卫生间大样图等。这些图都是根据实物用正投影法画出来的，图上都有详细尺寸，可以供安装时直接使用。

2. 室外给排水施工图的识读方法

室外给排水工程图主要有平面图、断面图和节点图 3 种图样。

室外给水排水平面图的识读

室外给水排水平面图表示室外给水排水管道的平面布置情况。

下图中表示了 3 种管道：给水管道、污水排水管道和雨水排水管道。

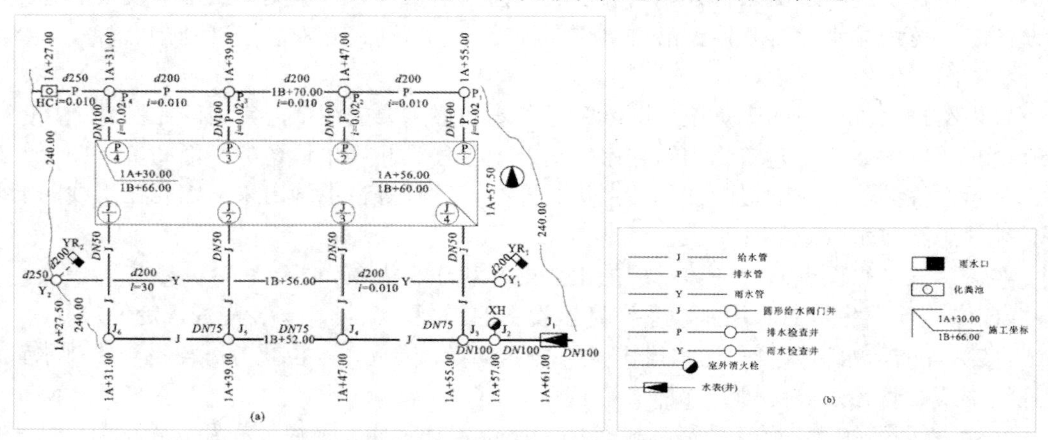

给水管道、污水排水管道和雨水排水管道

室外给水排水管道断面图的识读

室外给水排水管道断面图分为给水排水管道纵断面图和给水排水管道横断面图两种，其中，常用给水排水管道纵断面图。室外给水排水管道纵断面图是室外给水排水工程图中的重要图样，它主要反映室外给水排水平面图中某条管道在沿线方向的标高变化、地面起伏、坡度、坡向、管径和管基等情况。

下面仅介绍室外给水排水管道纵断面图的识读。

（1）管道纵断面图的识读步骤

管道纵断面图的识读步骤分为 3 步：首先看是哪种管道的纵断面图，然后看该管道纵断面图形中有哪些节点；其次在相应的室外给水排水平面图中查找该管道及其相应的各节点；最后在该管道纵断面图的数据表格内查找其管道纵断面图中各节点的有关数据。

（2）管道纵断面图的识读

某室外给水排水平面图分为给水、污水排水和雨水管道的纵断面图。

室外给水管道纵断面图的识读，下图所示为给水管道的纵断面图。

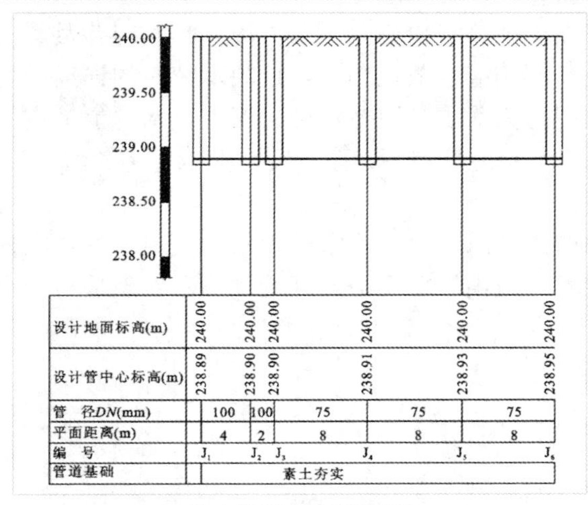

给水管道的纵断面图

室外污水排水管道纵断面图的识读，下图所示为污水排水管道的纵断面图。

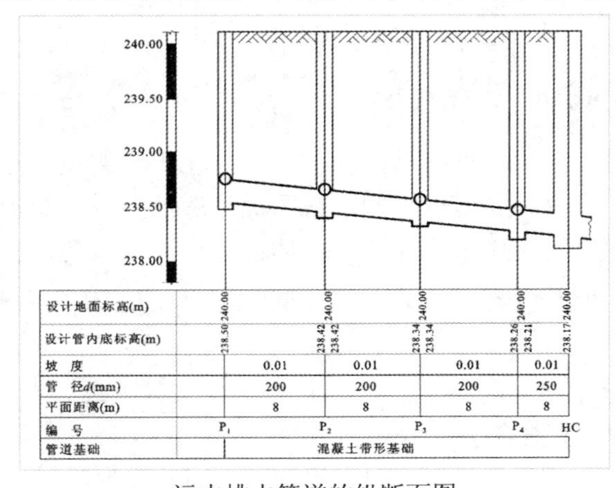

污水排水管道的纵断面图

室外雨水管道纵断面图的识读，下图所示为雨水管道的纵断面图。

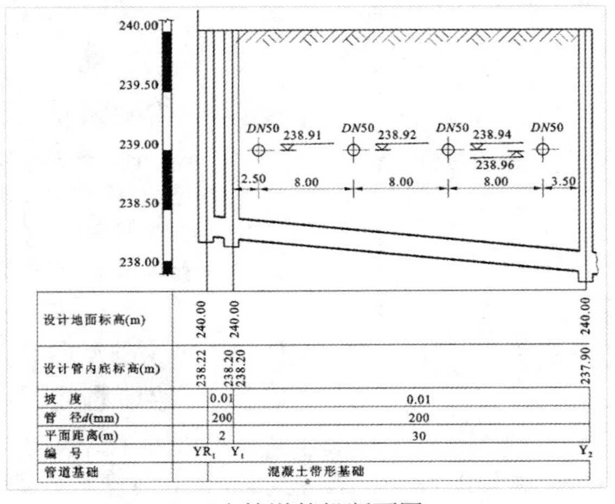

雨水管道的纵断面图

✿ 室外给水排水节点图的识读

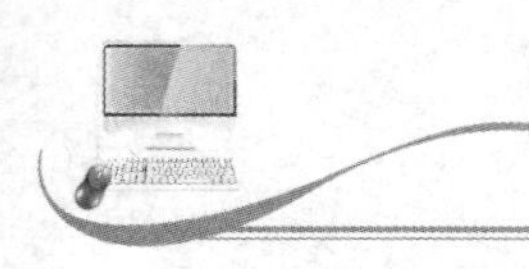

在室外给水排水平面图中，对检查井、消火栓井和阀门井及其内的附件、管件等均不作详细表示。为此，应绘制相应的节点图，以反映本节点的详细情况。

室外给水排水节点图分为给水管道节点图、污水排水管道节点图和雨水管道节点图 3 种图样。通常需要绘制给水管道节点图，而当污水排水管道、雨水管道的节点比较简单时，可不绘制其节点图。

识读室外给水管道节点图时，可以将室外给水管道节点图与室外给水排水平面图中相应的给水管道图对照着看，或由第一个节点开始，顺着看至最后一个节点止。下图所示为给水管道的节点图。

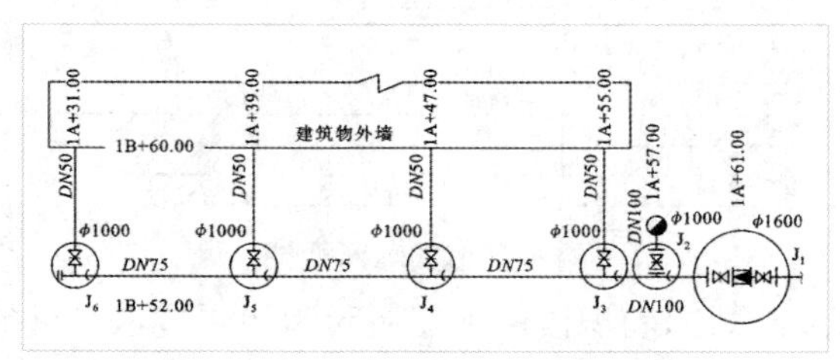

给水管道的节点图

9.1.4 卫生间给排水平面图

卫生间给排水一般采用的是小流水段施工方法，在本实例设计过程中，首先通过“多段线”、“直线”、“缩放”等命令绘制水管图标，然后通过“矩形”和“复制”命令绘制排水管道，展示了卫生间给排水平面图的具体设计方法与技巧，其具体操作步骤如下。

素材文件	第 9 章\平面图.dwg、图框.dwg	效果文件	第 9 章\卫生间给排水工程图.dwg

STEP 01 打开素材

单击快速访问工具栏中的“打开”按钮，打开素材图形，如下图所示。

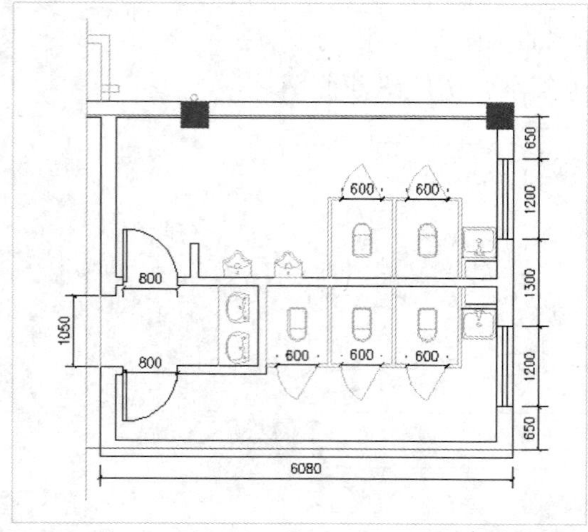

STEP 02 删除处理

在命令行中输入 E（删除）命令，按【Enter】键确认，根据命令行提示进行操作，擦除尺寸标注及零碎线条，如下图所示。

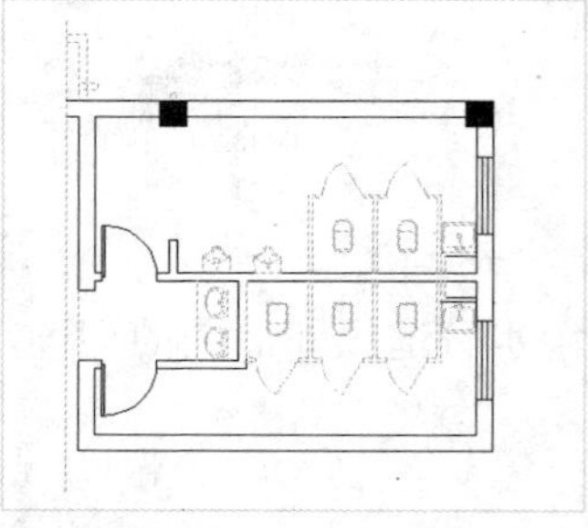

STEP 03 绘制圆形

在命令行中输入 PL（多段线）命令，按【Enter】键确认，根据命令行提示进行操作，在绘图区任意一点单击鼠标左键，指定起点和终点的宽度均为 10，输入 A（圆弧）、R（半径）70、A（角度）359，绘制圆形，如下图所示。

STEP 04 绘制直线

在命令行中输入 L（直线）命令，按【Enter】键确认，然后根据命令行提示进行操作，在圆弧内绘制几条随意斜线，如下图所示。

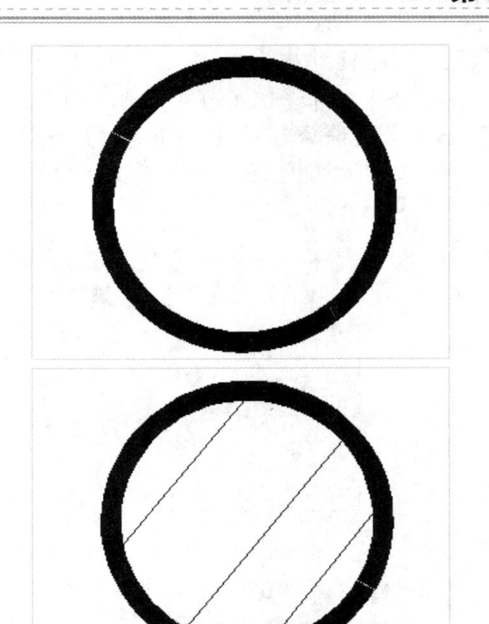

STEP 05　绘制矩形

在命令行中输入 CO（复制）命令，按【Enter】键确认，根据命令行提示进行操作，复制刚绘制的圆弧，执行“REC（矩形）”命令，在其中绘制一个合适大小的矩形，如下图所示。

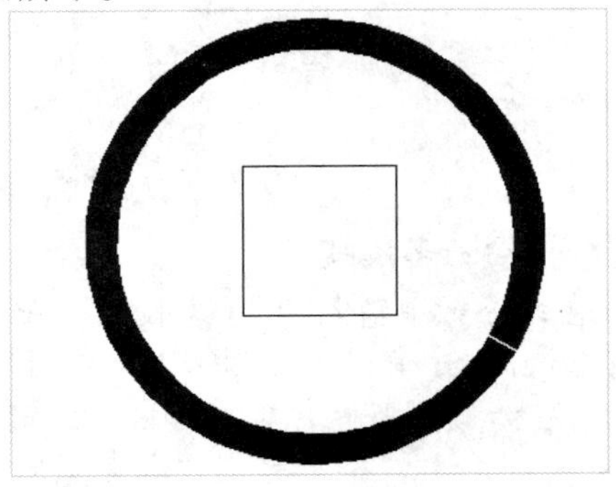

STEP 06　绘制十字线

在命令行中输入 CO（复制）命令，按【Enter】键确认，根据命令行提示进行操作，复制刚绘制的圆弧，执行“L（直线）”命令，在圆弧内绘制十字线，如下图所示。

STEP 07　缩放图形对象

在命令行中输入 SC（缩放）命令，按【Enter】键确认，根据命令行提示进行操作，将图形缩放至原大小的 0.5 倍，如下图所示。

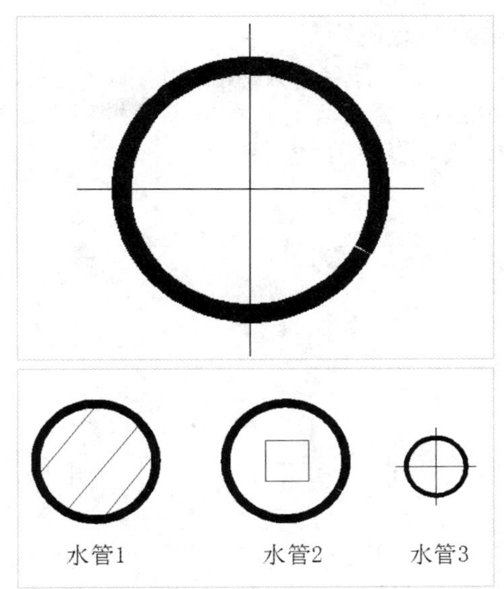

STEP 08　复制水管

在命令行中输入 CO（复制）命令，按【Enter】键确认，根据命令行提示进行操作，复制相应水管至合适位置，如下图所示。

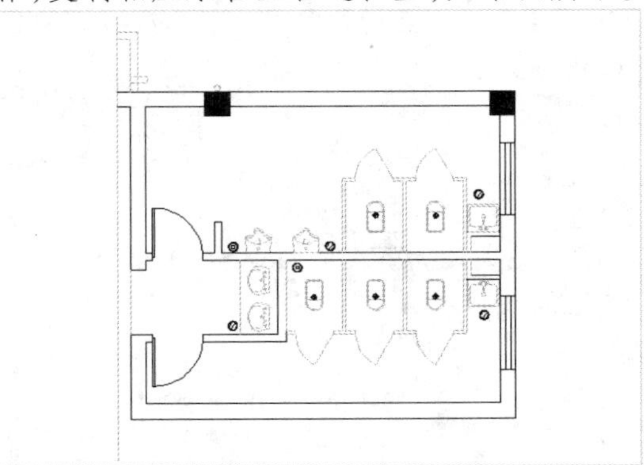

STEP 09　绘制矩形

在命令行中输入 REC（矩形）命令，按【Enter】键确认，根据命令行提示进行操作，绘制合适大小的矩形，如下图所示。

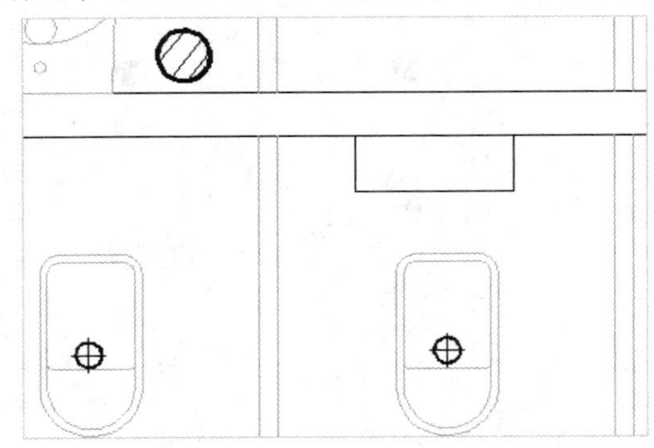

STEP 10 复制矩形

在命令行中输入CO（复制）命令，按【Enter】键确认，根据命令行提示进行操作，复制矩形，如下图所示。

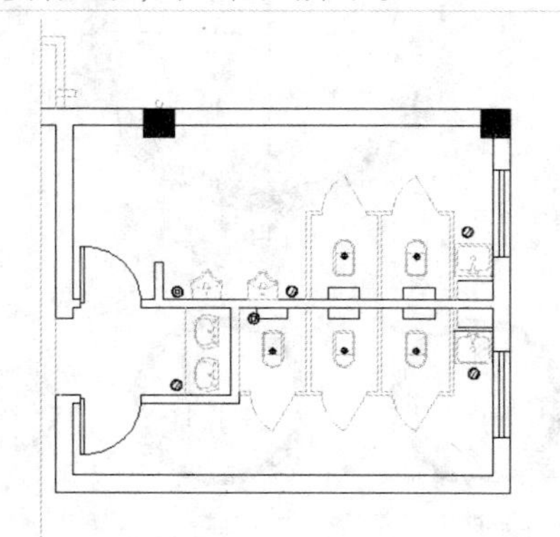

STEP 11 设置各选项

设置刚绘制的矩形"线型"的"颜色"为洋红，单击"格式"|"线型"命令，弹出"线型管理器"对话框，设置"线型"为CENTER、"全局比例因子"为40，如下图所示。

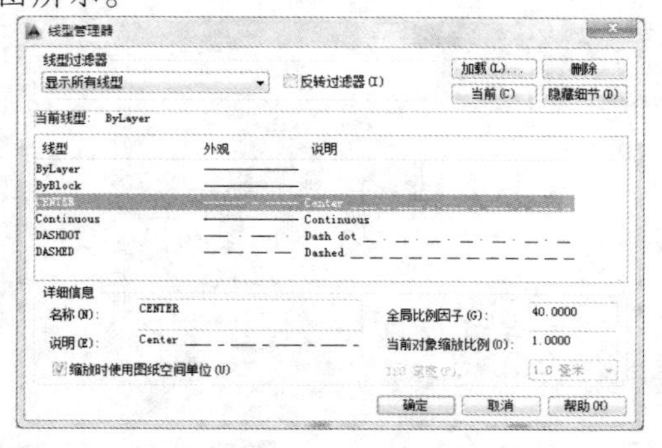

STEP 12 更改线型

单击"确定"按钮，即可更改线型，效果如下图所示。

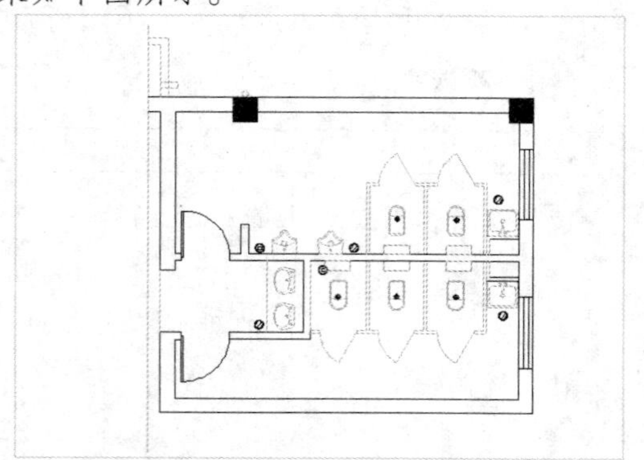

STEP 13 复制排水管

在命令行中输入CO（复制）命令，按【Enter】键确认，根据命令行提示进行操作，复制排水管，将相应水管设置为洋红，如下图所示。

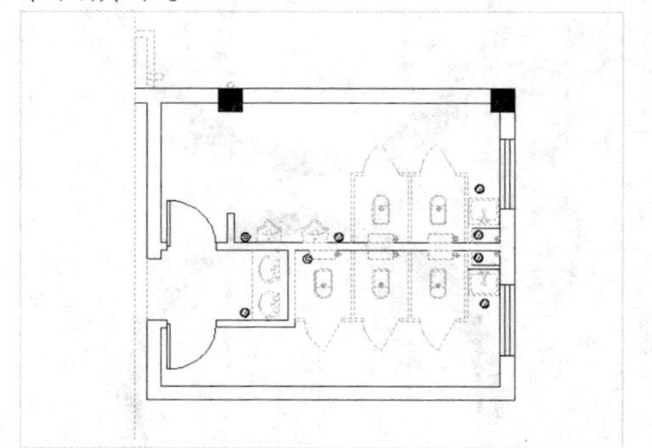

STEP 14 设置各选项

将"排水"图层置为当前，设置"颜色"为52，单击"格式"|"线型"命令，弹出"线型管理器"对话框，设置"线型"为DASHED、"全局比例因子"为20，如下图所示。

STEP 15 绘制多段线

在命令行中输入PL（多段线）命令，按【Enter】键确认，根据命令行提示进行操作，在绘图区任意位置单击鼠标左键，输入W（宽度），指定起点和端点宽度均为30，绘制多段线，效果如下图所示。

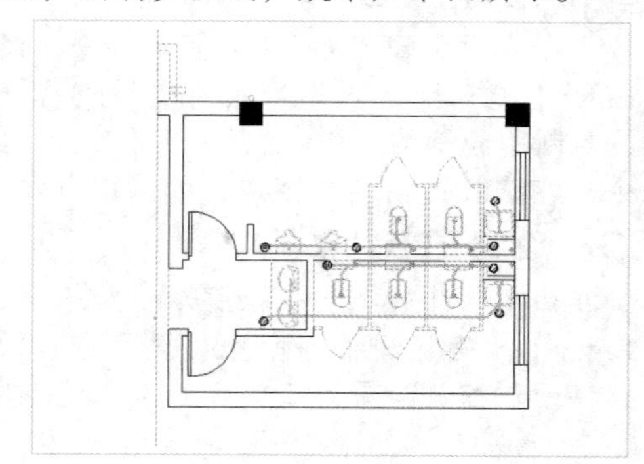

STEP 16　设置各选项

在命令行中输入 LA（图层）命令，按【Enter】键确认，弹出“图层特性管理器”选项板，将“给水”图层置为当前层，设置“颜色”为洋红、“线型”为 DASHDOT，如下图所示。

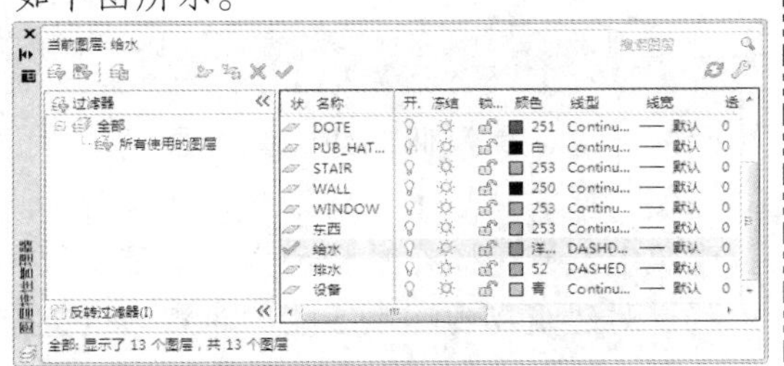

STEP 17　绘制给水系统

执行“PL（多段线）”和“L（直线）”命令，绘制给水系统，如下图所示。

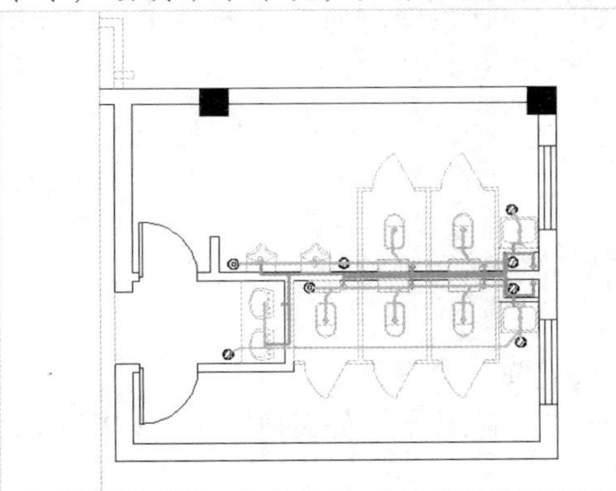

STEP 18　设置当前标注样式

在命令行中输入 D（标注样式）命令，按【Enter】键确认，弹出“标注样式管理器”对话框，将 DIMN 标注样式置为当前，如下图所示。

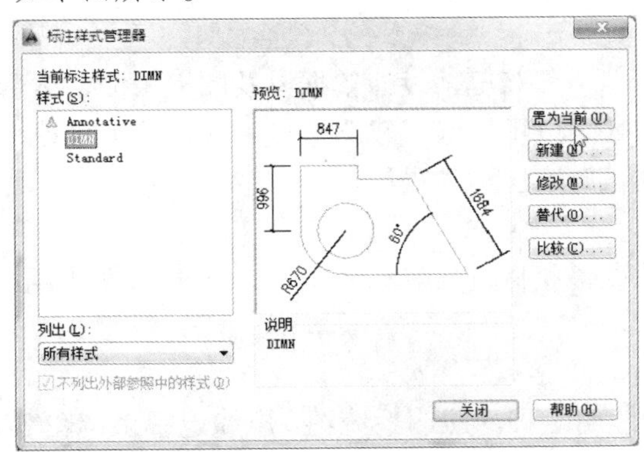

STEP 19　标注管道

在命令行中输入 QLEADER（引线）命令，按【Enter】键确认，根据命令行提示进行操作，标注管道，如下图所示。

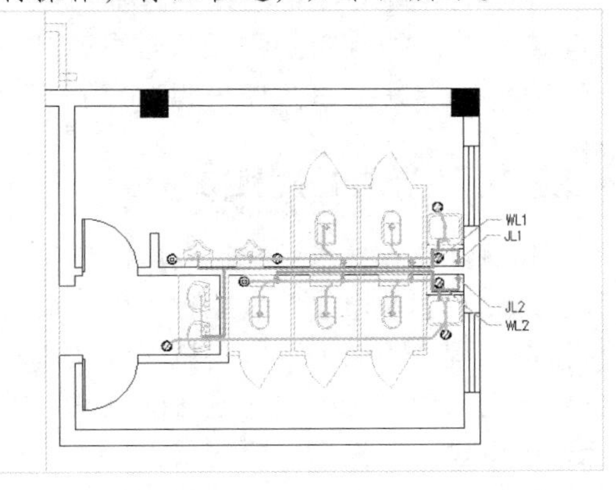

STEP 20　绘制图签

执行“L（直线）”、“O（偏移）”和“MT（多行文字）”命令，绘制图签，效果如下图所示。

图例表

图例	名称	备注
	下水管	
	排水系统	
	给水系统	

STEP 21　绘制图名

执行“L（直线）”和“MT（多行文字）”命令，绘制图名，如下图所示。

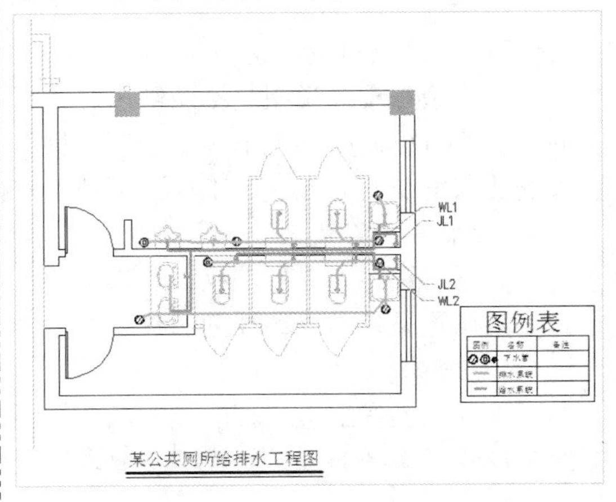

9.2 绘制电气工程图

电气设计通过电气工程图描述电气设备或系统的工作原理以及有关组成部分的连接关系，并且在工程图标准中对电气工程图的制图规则作了详细的规定。随着电气技术的发展，电气设计得到了广泛的应用。

9.2.1 电气工程图概述

随着经济和技术的飞速发展，伴随城市化步伐的加快，建筑业已成为当今最具活力的行业之一。建筑电气安装工程发生了很大变化，致使大量的新技术、新工艺、新设备、新材料在工程中不断涌现，科技含量大增，从而使建筑电气施工图在数量和内容上都有很大变化。例如建筑物内用电设备的剧增，用电量上升，对建筑物内配电线路的布置、电气安全、用电设备等提出了新的要求。

9.2.2 电气施工图的特点及组成

电气施工图所涉及的内容往往根据建筑物功能的不同而有所不同，主要有建筑供配电、动力与照明、防雷与接地、建筑弱电等方面，用以表达不同的电气设计内容。

1. 电气工程图的特点

电器工程图主要包括以下几个特点。

- 建筑电气工程图大多是采用统一的图形符号并加注文字符号绘制而成的。
- 电气线路都必须构成闭合回路。
- 线路中的各种设备、元件都是通过导线连接成为一个整体的。
- 在进行建筑电气工程图识读时，应阅读相应的土建工程图及其他安装工程图，以了解相互间的配合关系。
- 建筑电气工程图对于设备的安装方法、质量要求以及使用维修方面的技术要求等往往不能完全反映出来，所以在阅读图纸时有关安装方法、技术要求等问题，要参照相关图集和规范。

2. 电气施工图的组成

- 图纸目录与设计说明

图纸目录与设计说明包括图纸内容、数量、工程概况、设计依据以及图中未能表达清楚的各有关事项，如供电电源的来源、供电方式、电压等级、线路敷设方式、防雷接地、设备安装高度及安装方式、工程主要技术数据、施工注意事项等。

- 主要材料设备表

主要材料设备表包括工程中所使用的各种设备和材料的名称、型号、规格、数量等，它是编制购置设备、材料计划的重要依据之一。

- 系统图

系统图包括变配电工程的供配电系统图、照明工程的照明系统图、电缆电视系统图等。系统图反映了系统的基本组成、主要电气设备、元件之间的连接情况以及它们的规格、型号、参数等。

❁ 平面布置图

平面布置图是电气施工图中的重要图纸之一，如变配电所电气设备安装平面图、照明平面图、防雷接地平面图等，用来表示电气设备的编号、名称、型号及安装位置、线路的起始点、敷设部位、敷设方式及所用导线型号、规格、根数、管径大小等。通过阅读系统图，了解系统基本组成之后，就可以依据平面图编制工程预算和施工方案，然后组织施工。

❁ 控制原理图

控制原理图包括系统中各所用电气设备的电气控制原理，用以指导电气设备的安装和控制系统的调试运行工作。

❁ 安装接线图

安装接线图包括电气设备的布置与接线，应与控制原理图对照阅读，进行系统的配线和调校。

❁ 安装大样图（详图）

安装大样图是详细表示电气设备安装方法的图纸，对安装部件的各部位注有具体图形和详细尺寸，是进行安装施工和编制工程材料计划时的重要参考。

9.2.3 电气施工图的阅读方法

（1）首先熟悉电气图例符号，弄清图例、符号所代表的内容。常用的电气工程图例及文字符号可参见国家颁布的《电气图形符号标准》。

（2）针对一套电气施工图，一般应先按以下顺序阅读，再对某部分内容进行重点识读。

❁ 看标题栏及图纸目录：了解工程名称、项目内容、设计日期及图纸内容、数量等。

❁ 看设计说明：了解工程概况、设计依据等，了解图纸中未能表达清楚的各有关事项。

❁ 看设备材料表：了解工程中所使用的设备、材料的型号、规格和数量。

❁ 看系统图：了解系统基本组成，主要电气设备、元件之间的连接关系以及它们的规格、型号、参数等，掌握该系统的组成概况。

❁ 看平面布置图：了解电气设备的规格、型号、数量及线路的起始点、敷设部位、敷设方式和导线根数等。平面图的阅读可按照以下顺序进行：电源进线-总配电箱干线-支线-分配电箱-电气设备。

❁ 看控制原理图：了解系统中电气设备的电气自动控制原理，从而指导设备安装调试工作。

❁ 看安装接线图：了解电气设备的布置与接线。

❁ 看安装大样图:了解电气设备的具体安装方法、安装部件的具体尺寸等。

（3）抓住电气施工图要点进行识读。在识图时，应该抓住要点进行识读，有以下几个方面：

❁ 在明确负荷等级的基础上，了解供电电源的来源、引入方式及路数。

❁ 了解电源的进户方式是由室外低压架空引入还是电缆直埋引入。

❁ 明确各配电回路的相序、路径、管线敷设部位、敷设方式以及导线的型号和根数。

❁ 明确电气设备、器件等的平面安装位置。

（4）结合土建施工图进行阅读。电气施工与土建施工结合得非常紧密，施工中常常涉

及各工种之间的配合问题。电气施工平面图只反映了电气设备的平面布置情况，结合土建施工图的阅读还可以了解电气设备的立体布设情况。

（5）熟悉施工顺序，便于阅读电气施工图。如识读配电系统图、照明与插座平面图时，就应该首先了解室内配线的施工顺序。

- 根据电气施工图确定设备安装位置、导线敷设方式、敷设路径及导线穿墙或楼板的位置。
- 结合土建施工进行各种预埋件、线管、接线盒、保护管的预埋。
- 装设绝缘支持物、线夹等，敷设导线。
- 安装灯具、开关、插座及电气设备。
- 进行导线绝缘的测试、检查及通电试验。
- 工程验收。

（6）识读时，施工图中各图纸应协调配合阅读。对于具体工程来说，为说明配电关系时需要有配电系统图；为说明电气设备、器件的具体安装位置时需要有平面布置图；为说明设备工作原理时需要有控制原理图；为表示元件连接关系时需要有安装接线图；为说明设备、材料的特性、参数时需要有设备材料表等。这些图纸各自的用途不同，但相互之间是有联系并协调一致的。在识读时应根据需要，将各图纸结合起来识读，以达到对整个工程或分部项目全面了解的目的。

9.2.4 照明灯具及配电线路的标注形式

1. 照明灯具的标注形式

灯具的标注是在灯具旁按灯具标注规定标注灯具数量、型号、灯具中的光源数量和容量、悬挂高度和安装方式。灯具光源按发光原理分为热辐射光源（如白炽灯和卤钨灯）和气体放电光源（荧光灯、高压汞灯、金属卤化物灯）。常用光源的类型、型号如下图所示。

常用光源的类型、型号

照明灯具的标注格式为：

a—b(c×d×L)/e f

2. 配电线路的标注形式

配电线路的标注用以表示线路的敷设方式及敷设部位，采用英文字母表示。

配电线路的标注格式为：

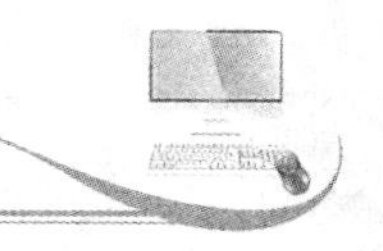

a—b(c×b)e—f

照明配电箱的标注，如下图所示。

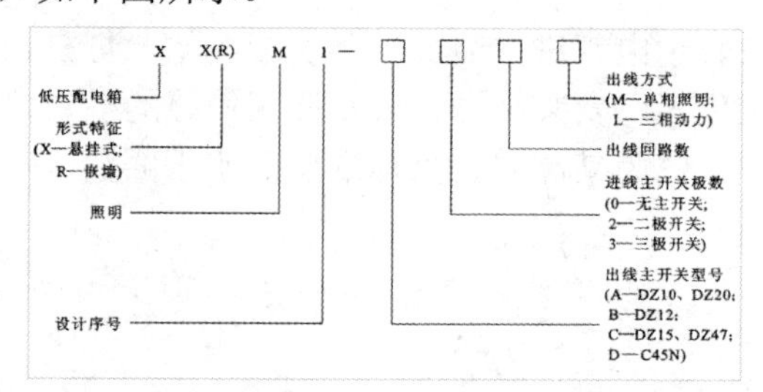

照明配电箱的标注

开关及熔断器的表示，也为图形符号加文字标注，其中文字标注的格式一般如下图所示。若需要标注引入线的规格，则标注如下图所示。

$$a\frac{b}{c/i} \qquad a\text{-}b\text{-}c/i$$

文字标注的格式

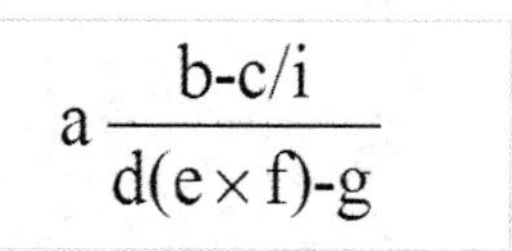

标注引入线的规格

3. 照明配电系统图

照明配电系统图是用图形符号、文字符号绘制的，用以表示建筑照明配电系统供电方式、配电回路分布及相互联系的建筑电气工程图，能集中反映照明的安装容量、计算容量、计算电流、配电方式、导线或电缆的型号、规格、数量、敷设方式及穿管管径、开关及熔断器的规格型号等。通过照明系统图，可以了解建筑物内部电气照明配电系统的全貌，它也是进行电气安装调试的主要图纸之一。

照明系统图的主要内容包括以下几个方面：

- 电源进户线、各级照明配电箱和供电回路，表示其相互连接形式。
- 配电箱型号或编号，总照明配电箱及分照明配电箱所选用计量装置、开关和熔断器等器件的型号、规格。
- 各供电回路的编号，导线型号、根数、截面和线管直径，以及敷设导线长度等。
- 照明器具等用电设备或供电回路的型号、名称、计算容量和计算电流等。

例如，住宅楼照明配电系统图如下图所示。

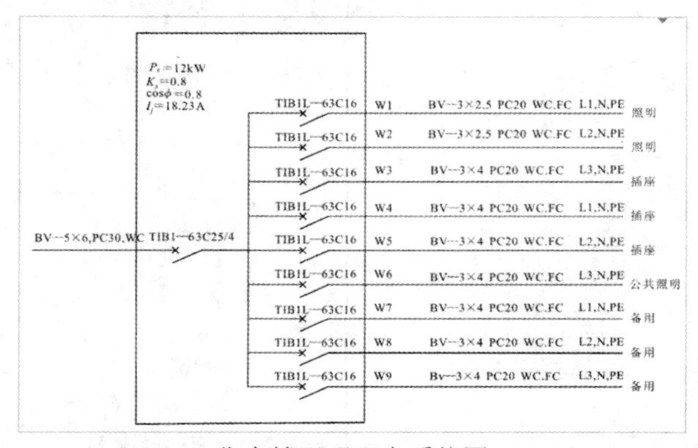

住宅楼照明配电系统图

4. 照明平面图

照明平面图主要用来表示电源进户装置、照明配电箱、灯具、插座、开关等电气设备的数量、型号规格、安装位置、安装高度，表示照明线路的敷设位置、敷设方式、敷设路径、导线的型号规格等，下图为某高层公寓标准层照明平面图。

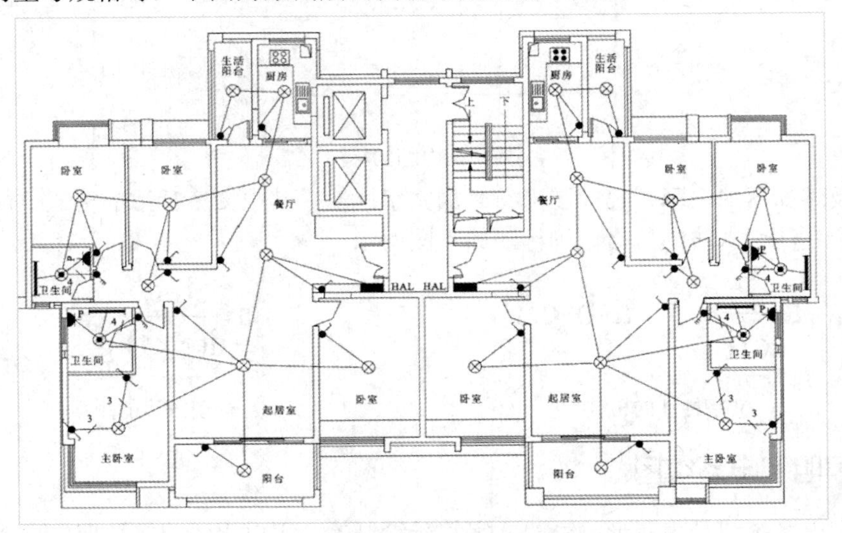

高层公寓标准层照明平面图

9.2.5 某别墅供电施工图

在进行建筑的时候，电路的布置是尤为重要的一环。供电施工图主要是为建筑施工人员提供合理的电路布置，在布置电路时，要充分考虑到房主的生活习惯，以及电路的合理化。因此，本节主要介绍供电施工图设计的相关知识，使读者可以熟练掌握供电施工图的设计方法。

素材文件	第 9 章\供电施工图.dwg、图框.dwg	效果文件	第 9 章\供电施工图.dwg

STEP 01 打开素材

单击快速访问工具栏中的“打开”按钮，在弹出的“选择文件”对话框中打开素材图形，如下图所示。

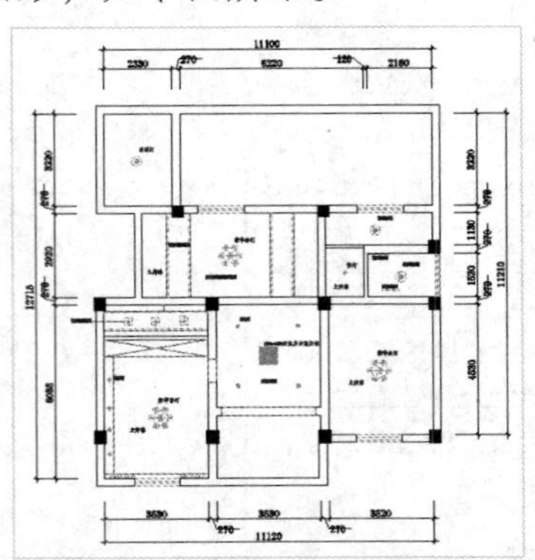

STEP 02 新建图层

在命令行中输入 LA（图层）命令，按【Enter】键确认，弹出“图层特性管理器”选项板，新建“开关”、“电线”和“插座”图层，并将“开关”图层置为当前图层，如下图所示。

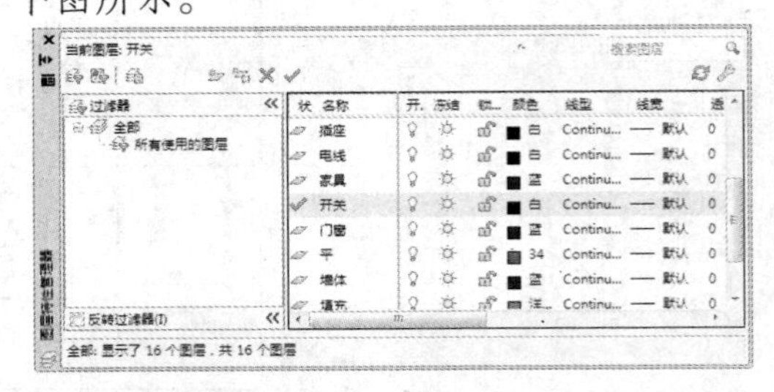

STEP 03 绘制直线

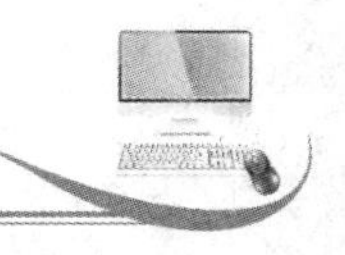

在命令行中输入 L（直线）命令，按【Enter】键确认，根据命令行提示进行操作，任意捕捉一点，依次输入（@-150,0）、（@0,-200）、（@0,-500）和（@-150,0），绘制直线，如下图所示。

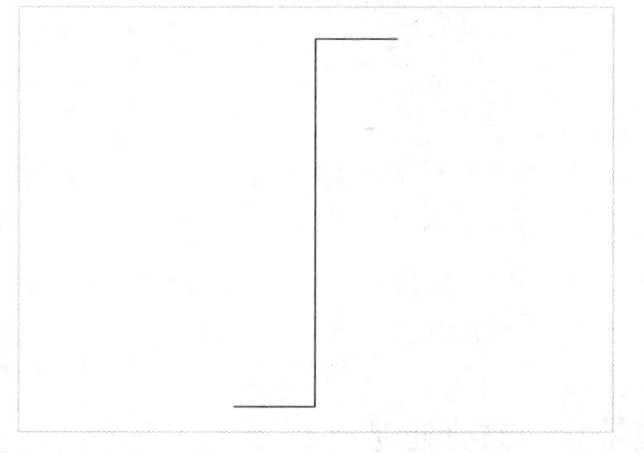

STEP 04 旋转图形

在命令行中输入 RO（旋转）命令，按【Enter】键确认，根据命令行提示进行操作，选取旋转对象，以相应的点为基点，输入-45 并确认，旋转图形，如下图所示。

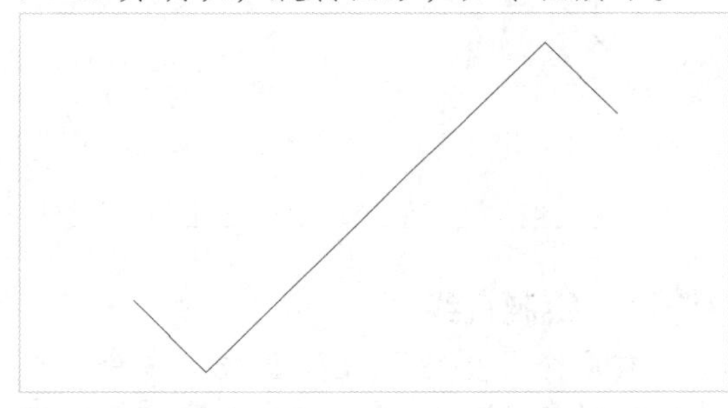

STEP 05 捕捉中心点

在命令行中输入 DO（圆环）命令，按【Enter】键确认，根据命令行提示进行操作，输入圆内径为 0，按【Enter】键确认，输入圆外径为 100 并确认，在绘图区中捕捉合适的中心点，如下图所示。

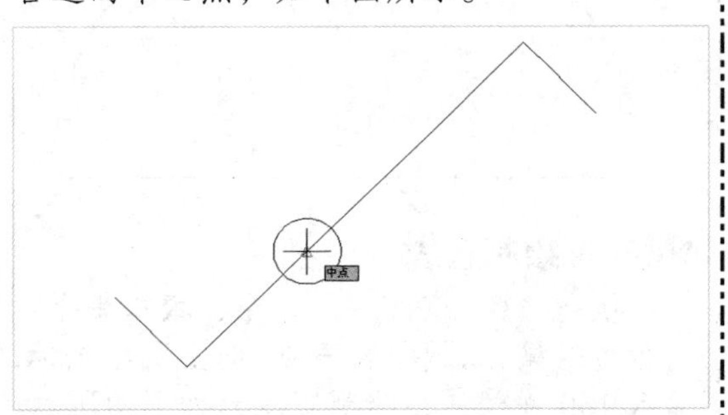

STEP 06 绘制圆环

单击鼠标左键并按【Enter】键确认，即可绘制圆环，效果如下图所示。

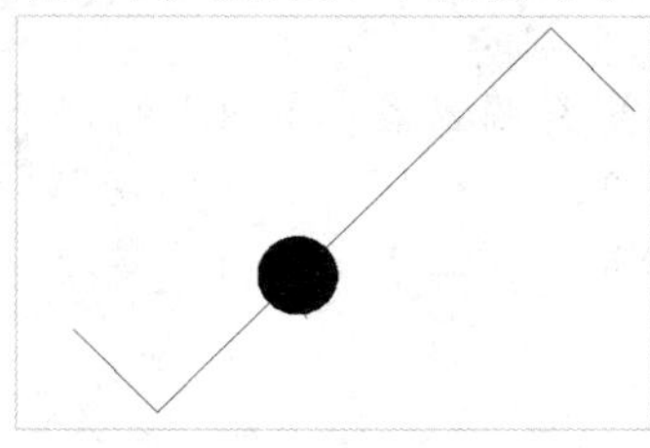

STEP 07 复制图形

在命令行中输入 CO（复制）命令，按【Enter】键确认，根据命令行提示进行操作，选择合适的图形，以相应的点为基点，复制图形，如下图所示。

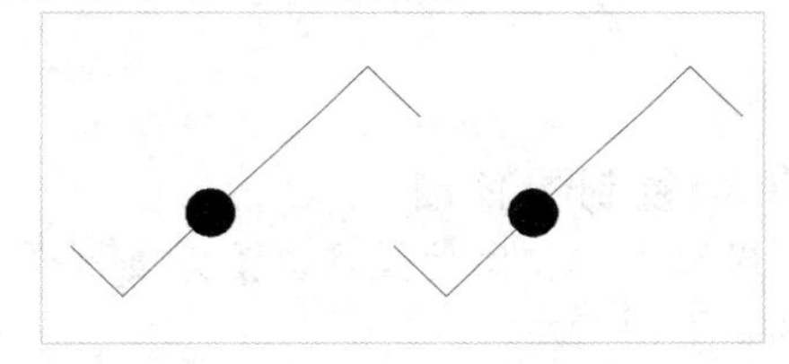

STEP 08 复制直线

重复执行“CO（复制）”命令，根据命令行提示进行操作，以相应的直线为复制对象，以相应的点为基点和目标点，复制直线，如下图所示。

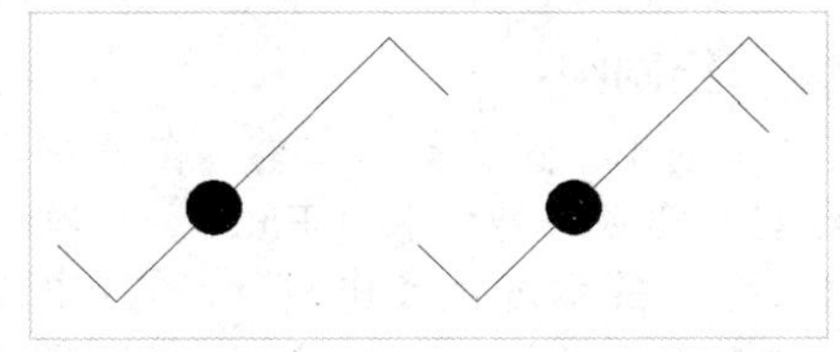

STEP 09 复制图形

重复执行“CO（复制）”命令，根据命令行提示进行操作，以最左侧的图形为复制对象，复制图形；用与上述相同的方法，复制相应的直线，如下图所示。

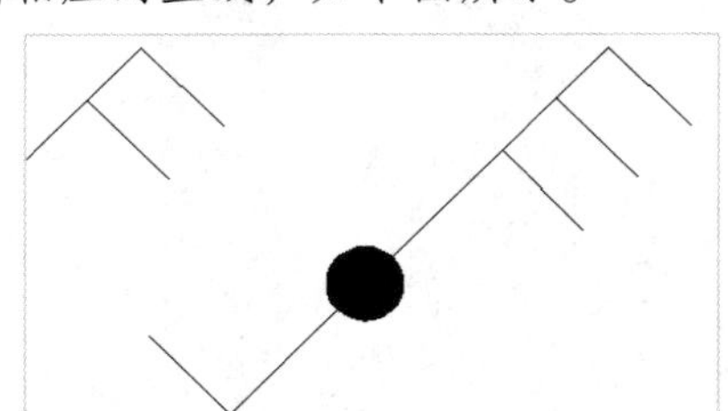

STEP 10 **复制图形**

重复执行“CO（复制）”命令，根据命令行提示进行操作，在绘图区中选取相应的直线为复制对象，在合适的点上单击鼠标左键，指定复制基点，在图形的左下端点上单击鼠标左键，确定目标点，复制图形，如下图所示。

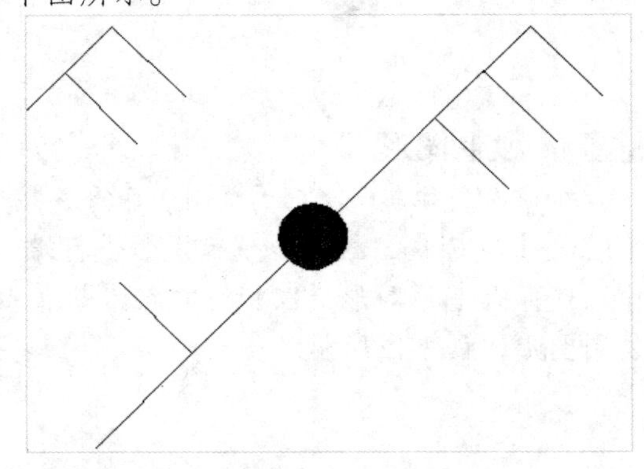

STEP 11 **复制图形**

用与上述相同的操作方法，复制图形，效果如下图所示。

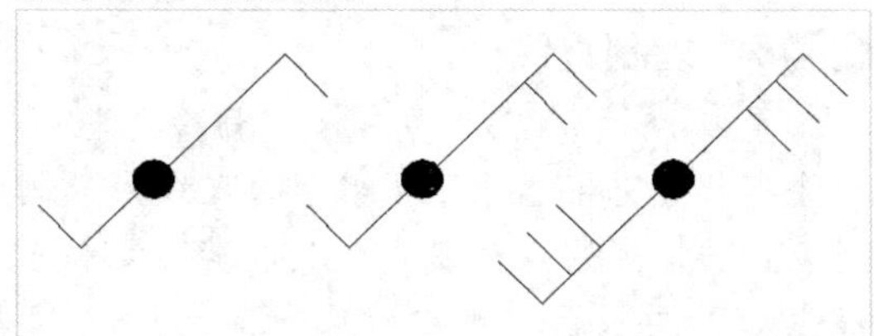

STEP 12 **绘制圆**

将“插座”图层置为当前，在命令行中输入 C（圆）命令，按【Enter】键确认，根据命令行提示进行操作，在绘图区中任取一点为圆心，输入 160 并确认，绘制圆，如下图所示。

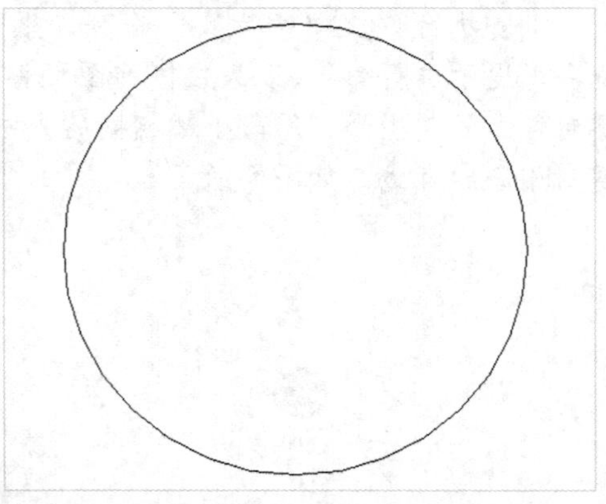

STEP 13 **绘制直线**

在命令行中输入 L（直线）命令，按【Enter】键确认，根据命令行提示进行操作，绘制一条过圆心的直线，如下图所示。

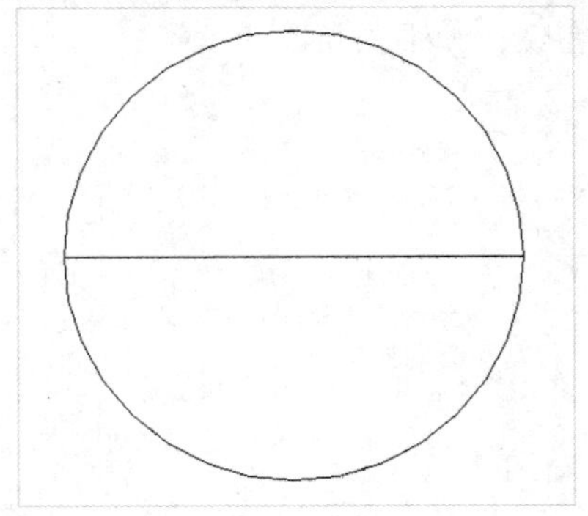

STEP 14 **修剪处理**

在命令行中输入 TR（修剪）命令，按【Enter】键确认，根据命令行提示进行操作，快速修剪图形，如下图所示。

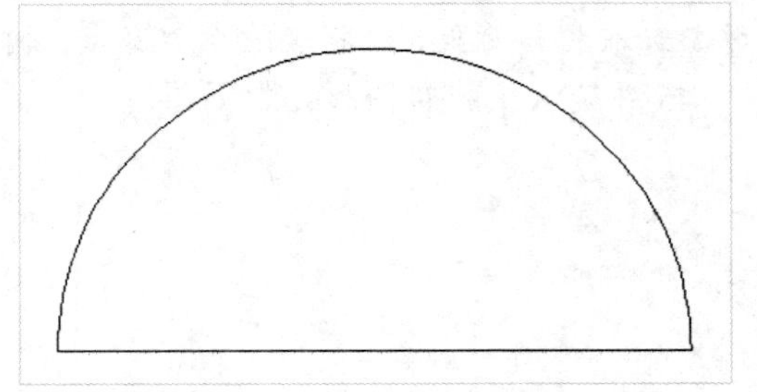

STEP 15 **绘制直线**

在命令行中输入 L（直线）命令，按【Enter】键确认，根据命令行提示进行操作，输入 FROM，按【Enter】键确认，捕捉象限点，输入（@-160,0）和（@320,0）并确认，绘制直线，如下图所示。

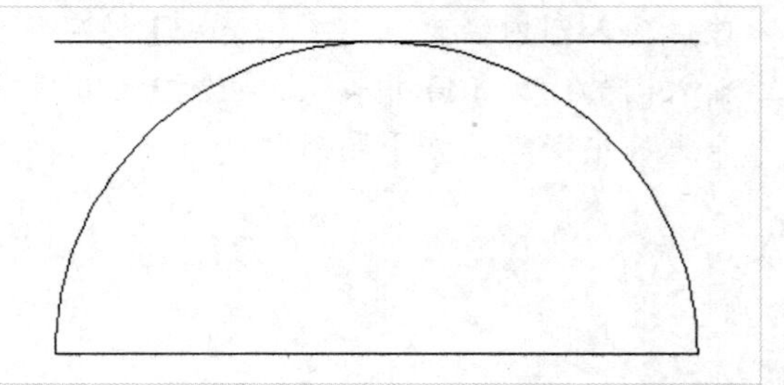

STEP 16 **绘制直线**

执行“L（直线）”命令，根据命令行提示进行操作，捕捉象限点，向上引导光标，输入 160 并确认，绘制直线，如下图所示。

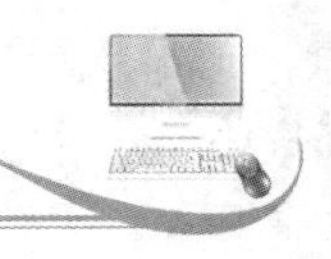

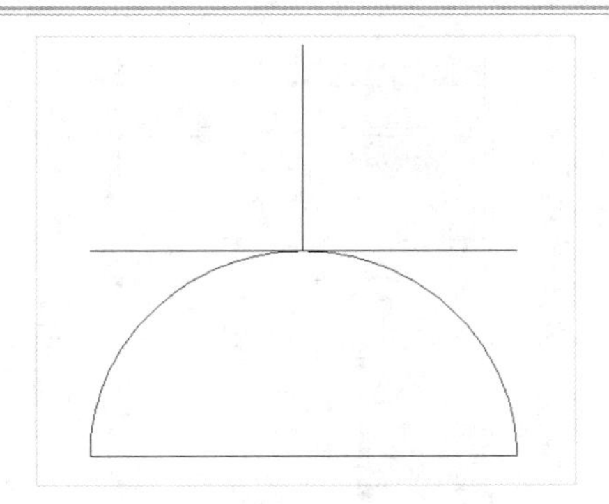

STEP 17　设置“图案”

在命令行中输入 H（图案填充）命令，按【Enter】键确认，弹出“图案填充创建”选项卡，设置“图案”为 SOLID，如下图所示。

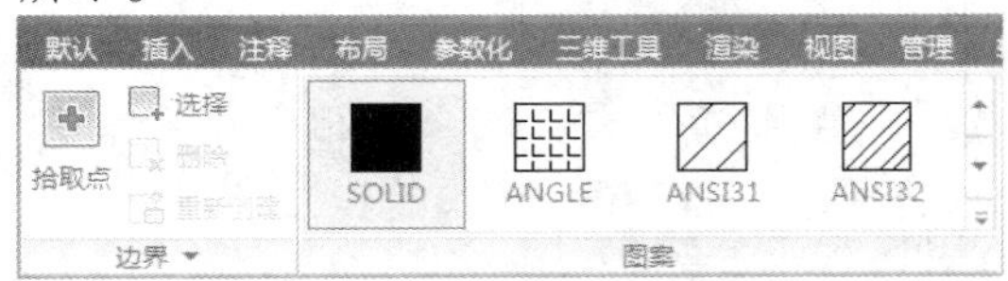

STEP 18　填充图案

单击“边界”面板中的“拾取点”按钮 ，在图形中的合适区域单击鼠标左键，按【Enter】键确认，创建图案填充，如下图所示。

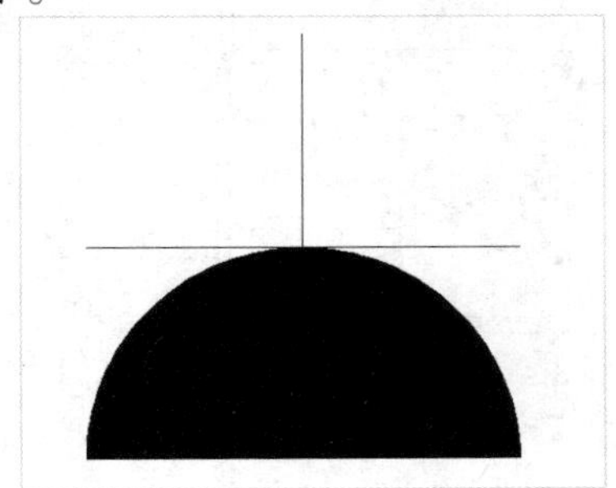

STEP 19　复制图形

在命令行中输入 CO（复制）命令，按【Enter】键确认，根据命令行提示进行操作，在绘图区中选择插座图形，以相应的点为基点，复制图形，如下图所示。

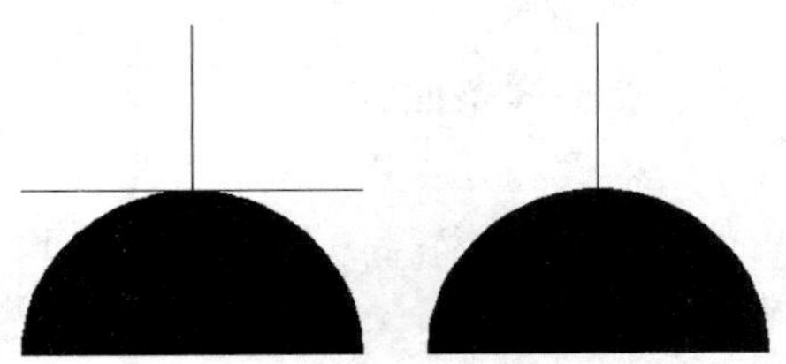

STEP 20　绘制斜线

在命令行中输入 L（直线）命令，按【Enter】键确认，然后根据命令行提示进行操作，捕捉最近点，并在命令行中输入（@160<45）并确认，绘制一条斜线，如下图所示。

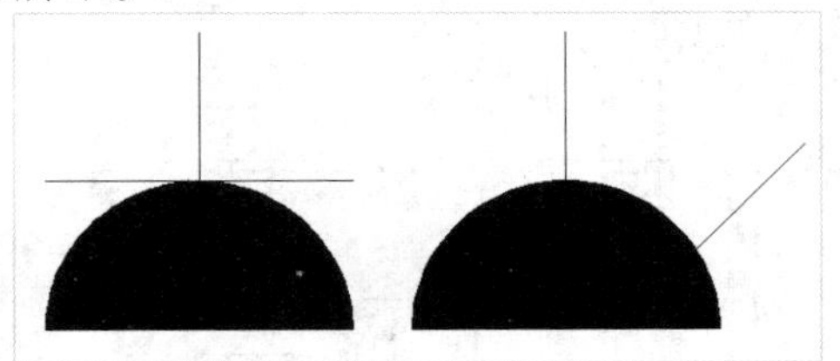

STEP 21　绘制图形

执行“C（圆）”和“TEXT（单行文字）”命令，在绘图区中任取一点为圆心，绘制一个半径为 300 的圆，在圆内输入文字 A，并将其移至合适位置，如下图所示。

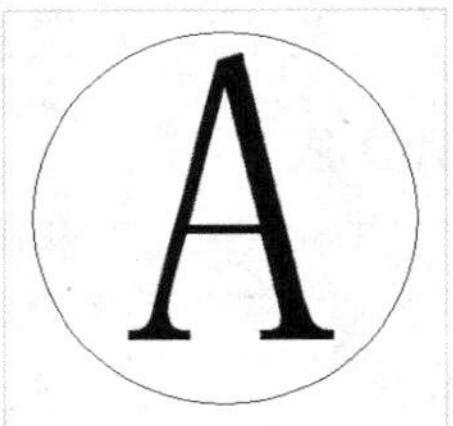

STEP 22　复制图形

在命令行中输入 CO（复制）命令，按【Enter】键确认，根据命令行提示进行操作，选择开关的第一个图形对象，捕捉其圆心点为基点，以相应的点为目标点，复制图形，如下图所示。

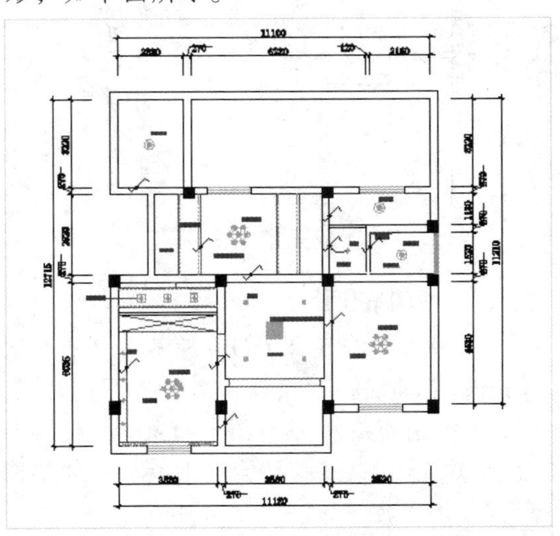

STEP 23 复制图形

在命令行中输入 CO（复制）命令，按【Enter】键确认，根据命令行提示进行操作，选择开关的第二个图形对象，捕捉其圆心点为基点，以相应的点为目标点，复制图形，如下图所示。

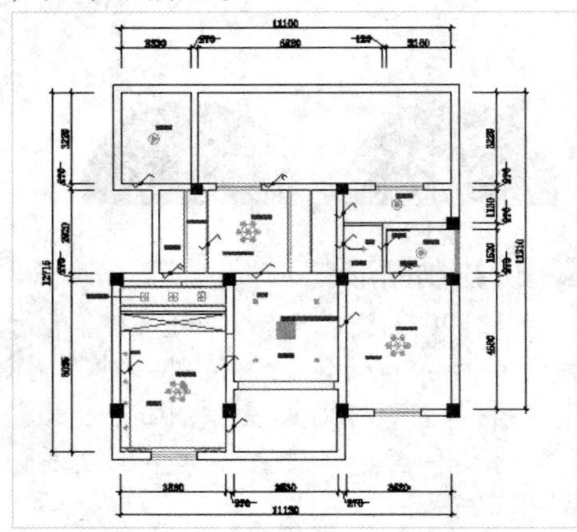

STEP 24 复制图形

在命令行中输入 CO（复制）命令，按【Enter】键确认，根据命令行提示进行操作，选择开关的第三个图形对象，捕捉其圆心点为基点，以相应的点为目标点，复制图形，如下图所示。

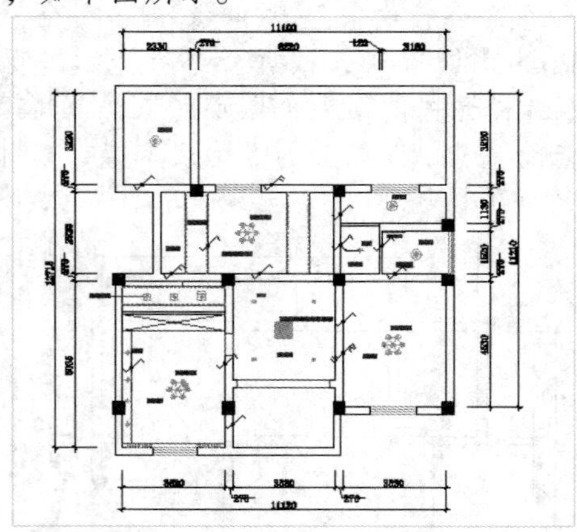

STEP 25 复制图形

在命令行中输入 CO（复制）命令，按【Enter】键确认，根据命令行提示进行操作，选择插座的第一个图形对象，捕捉其圆心点为基点，以相应的点为目标点，复制图形，如下图所示。

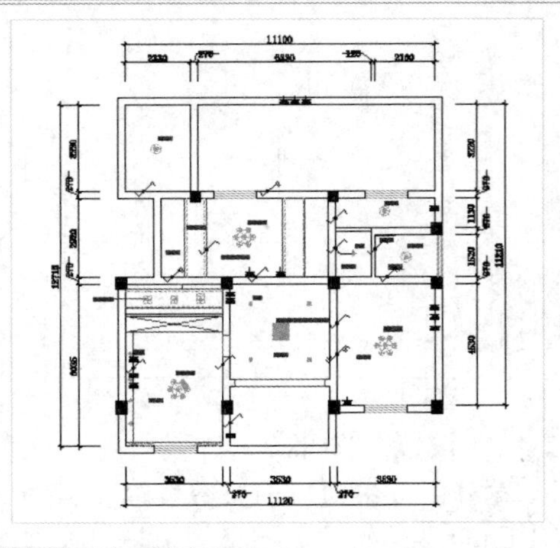

STEP 26 旋转图形

在命令行中输入 RO（旋转）命令，按【Enter】键确认，根据命令行提示进行操作，分别捕捉复制后图形的相应点为基点，旋转图形，如下图所示。

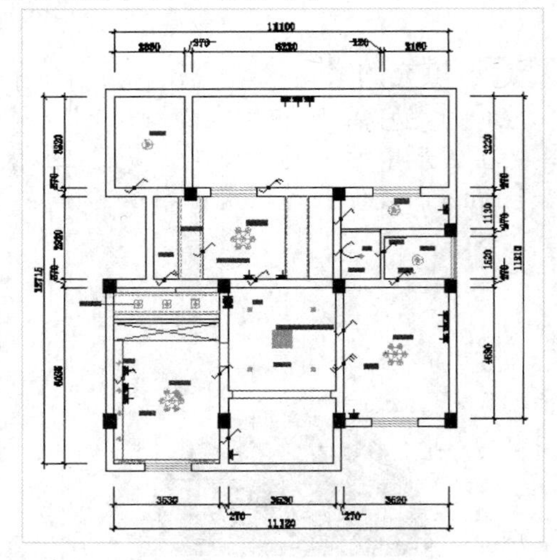

STEP 27 复制图形

在命令行中输入 CO（复制）命令，按【Enter】键确认，根据命令行提示进行操作，选择插座的第二个图形对象，捕捉其圆心点为基点，以相应的点为目标点，复制图形，如下图所示。

STEP 28 绘制样条曲线

将“电线”图层置为当前图层，在命令行中输入 SPL（样条曲线）命令，按【Enter】键确认，根据命令行提示进行操作，在灯具与开关之间用样条曲线连接，如下图所示。

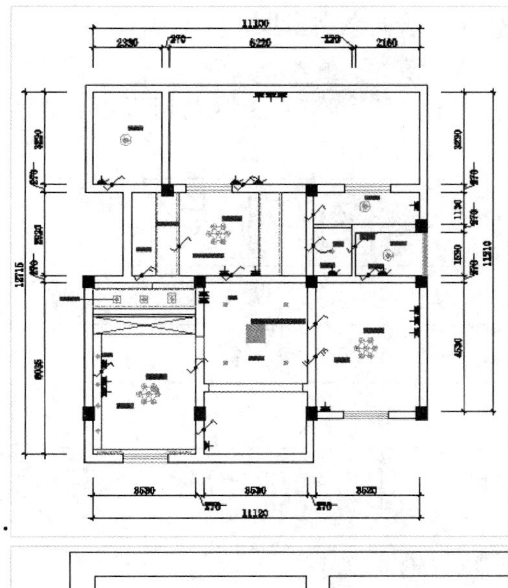

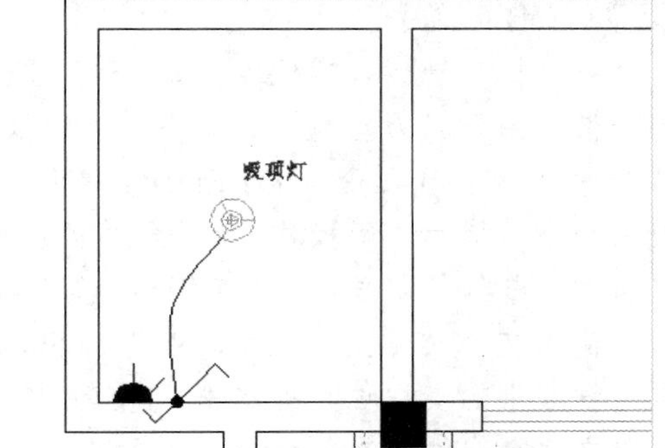

STEP 29 绘制其他的样条曲线

运用与上述相同的操作方法，绘制其他的样条曲线，如下图所示。

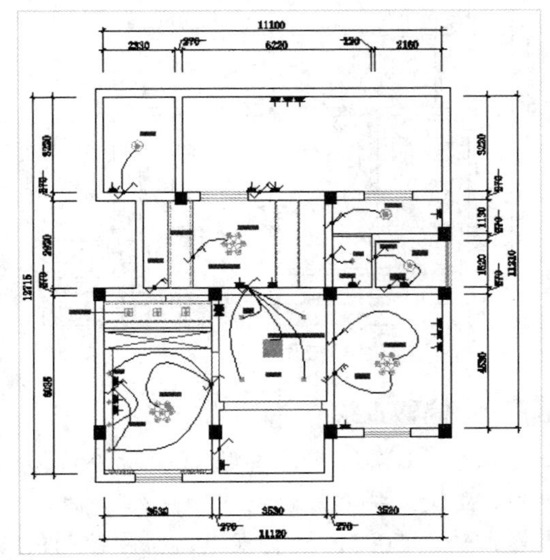

STEP 30 修改文本

在命令行中输入 CO（复制）命令，按【Enter】键确认，根据命令行提示进行操作，选择相应的对象，捕捉其圆心点为基点，以相应的点为目标点，复制图形，依次双击各文本，修改文本，如下图所示。

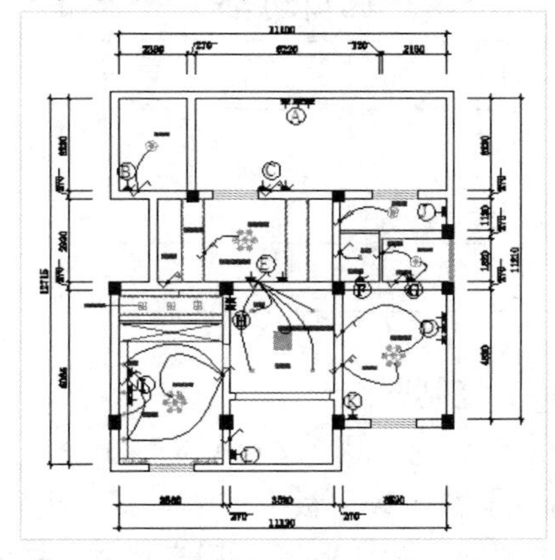

STEP 31 设置表格参数

在命令行中输入 TABLE（表格）命令，按【Enter】键确认，弹出“插入表格”对话框，设置表格参数，如下图所示。

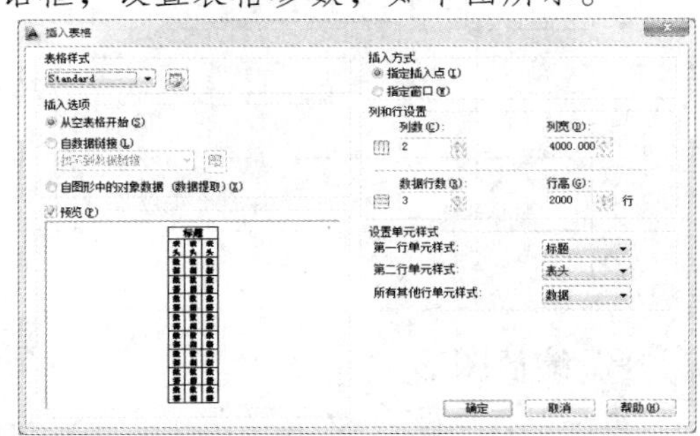

STEP 32 编辑表格

单击“确定”按钮，在绘图区中指定插入点，按【Esc】键确认，插入表格，选择表格，拖曳相应夹点，编辑表格，效果如下图所示。

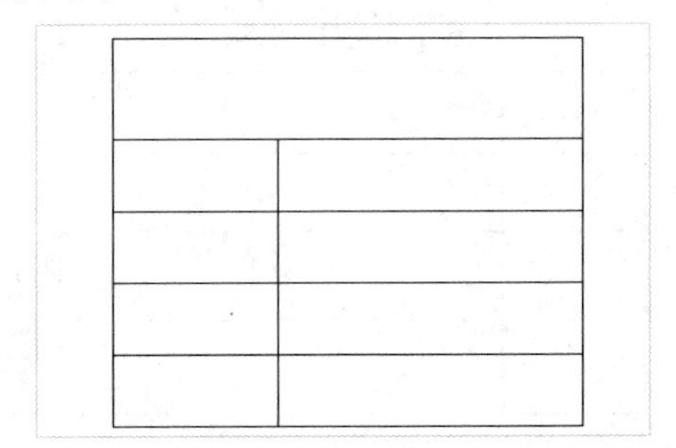

STEP 33 输入文字

双击表格，输入相应的文字，并调整文字大小，如下图所示。

图例表	

STEP 34 复制图形

在命令行中输入 CO（复制）命令，按【Enter】键确认，根据命令行提示进行操作，将图形中的灯具复制到表格中，并将相应的图块分解，删除不需要的图形，如下图所示。

图例表	

STEP 35 缩放图形

在命令行中输入 SC（缩放）命令，按【Enter】键确认，根据命令行提示进行操作，选择合适的灯具，指定圆心点为基点，输入缩放因子 0.4 并确认，缩放图形，效果如下图所示。

图例表	

STEP 36 添加文字说明

双击表格，输入相应的文字，并调整文字大小和位置，即可为对应的图形添加文字说明，如下图所示。

图例表	
	吸顶灯
	豪华吊顶
	筒灯
	工艺吊灯

STEP 37 输入文字

将表格移动到合适位置，缩放至合适比例，将 0 图层置为当前，在命令行中输入 MT（多行文字）命令，按【Enter】键确认，根据命令行提示进行操作，捕捉合适角点和对角点，弹出文本框和“文字编辑器”选项卡，输入文字，设置“文字高度”为 500，在绘图区中的空白位置处单击，创建文字，调整文字至合适位置，如下图所示。

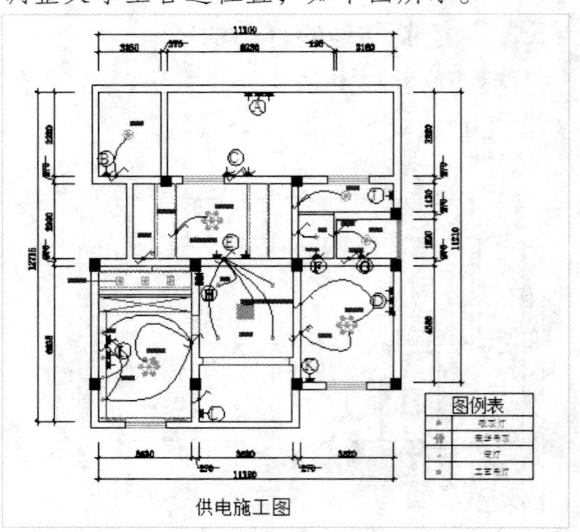

供电施工图

STEP 38 偏移直线

执行“L（直线）”和“O（偏移）”命令，捕捉文字下方合适的端点，向右引导光标，输入 5000，绘制直线，将刚绘制的直线向下偏移 250 的距离，如下图所示。

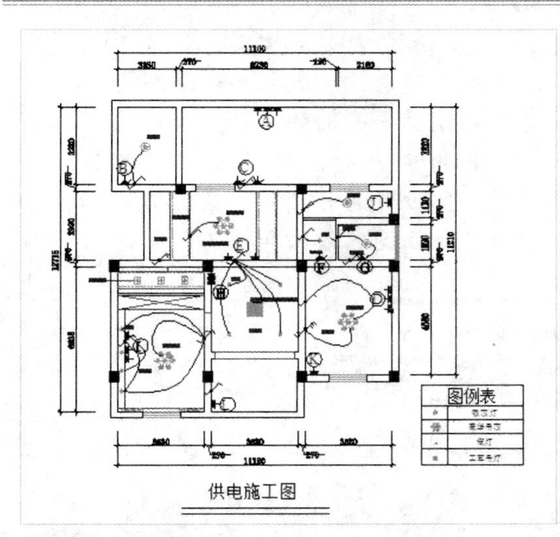

STEP 39 绘制多段线

在命令行中输入 PL（多段线）命令，按【Enter】键确认，根据命令行提示进行操作，捕捉上方直线的左端点，设置线宽为 70，绘制多段线，如下图所示。

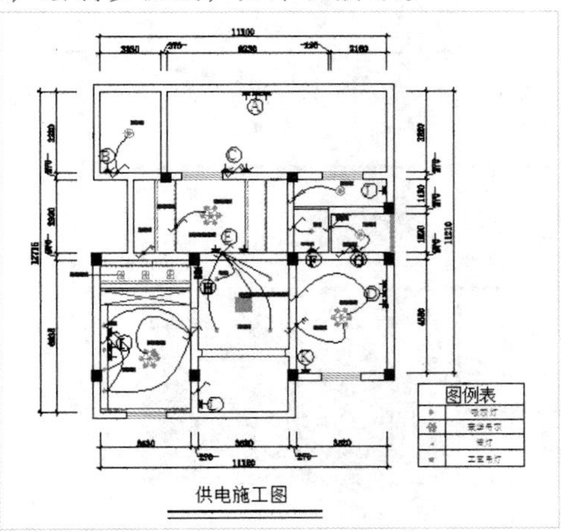

STEP 40 选择“图框”文件

在命令行中输入 I（插入）命令，按【Enter】键确认，弹出“插入”对话框，单击“浏览”按钮，弹出“选择图形文件”对话框，在其中选择“图框”文件，如下图所示。

STEP 41 插入图框

单击“打开”按钮，返回“插入”对话框，单击“确定”按钮，在绘图区的合适位置单击鼠标左键，插入图框，如下图所示。

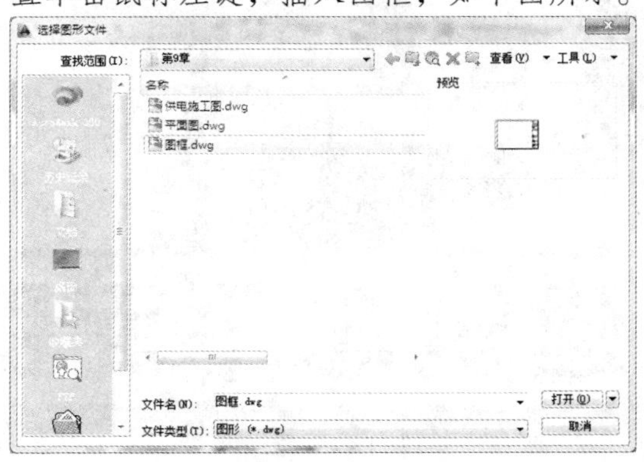

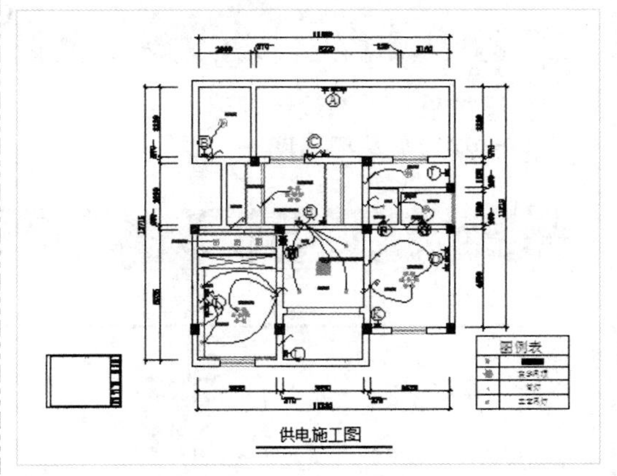

STEP 42 缩放图框

执行“SC（缩放）”和“M（移动）”命令，选择图框为缩放对象，以合适的点为基点，缩放图框，将图框移至合适位置，此时即可完成供电施工图的创建，效果如下图所示。

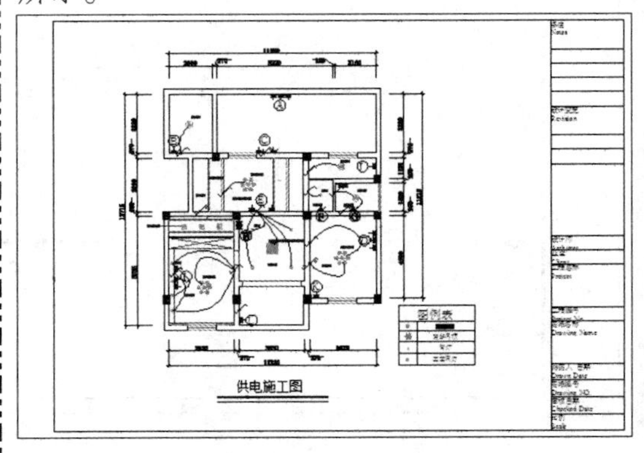

Chapter 10

章前知识导读

本章结合建筑设计规范和建筑制图要求，详细介绍建筑总平面图的设计和绘制过程。通过本章内容的学习，可以了解工程设计中有关建筑总平面图设计的一般要求及使用 AutoCAD 绘制建筑总平面图的方法和技巧。

建筑总平面图设计

重点知识索引

- 建筑总平面图设计基础
- 绘制建筑总平面图
- 建筑总平面图后期处理

效果图片赏析

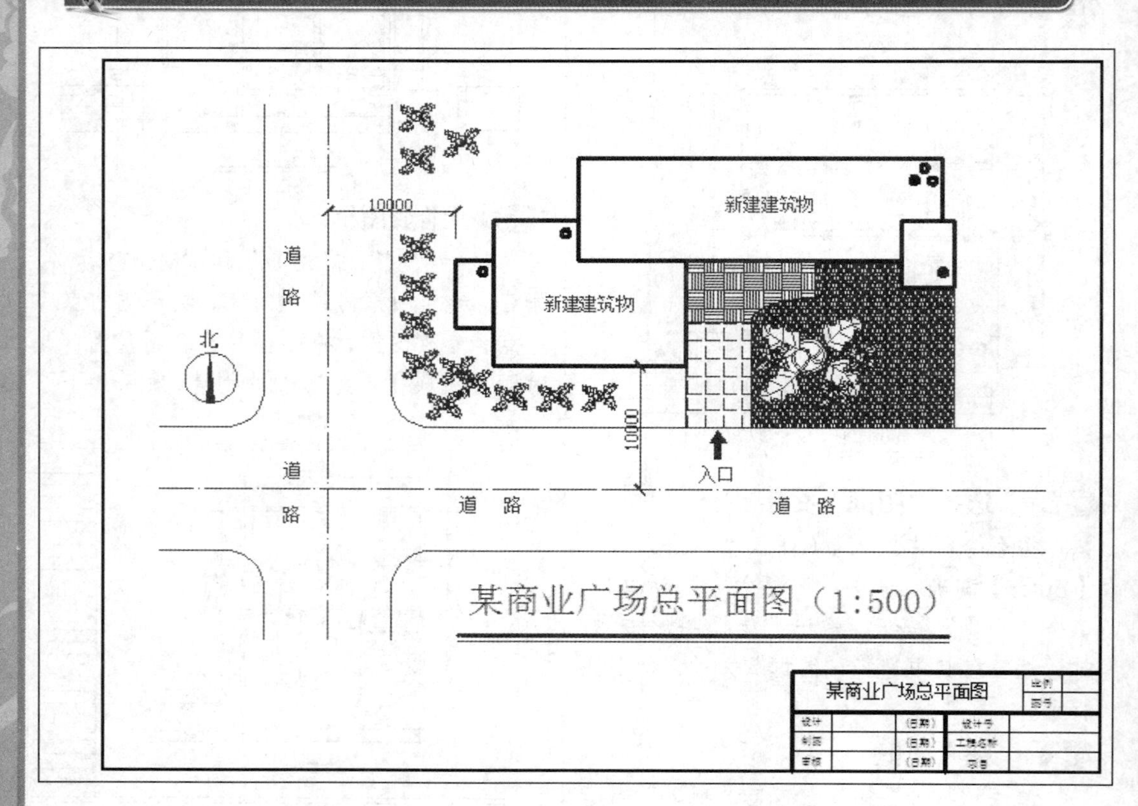

10.1 建筑总平面图设计基础

建筑总平面图是建筑施工图的一种，反映了建筑物的总体布局。在绘制建筑总平面图之前，首先要了解总平面图的相关知识及其设计思路。

10.1.1 建筑总平面图的基础知识

将拟建建筑四周一定范围内的新建、拟建、原有和拆除的建筑物、构筑物连同其周围的地形地物状况，用水平投影方法和相应的图例所绘制出的图样，即为建筑总平面图（或称建筑总平面布置图），简称总平面图。

总平面图主要反映建筑基地的形状、大小、地形、地貌，新建建筑的具体位置、朝向、平面形状和占地面积，新建建筑与原有建筑物、构筑物、道路、绿化等之间的关系。因此，总平面图是新建筑的施工定位、施工放线、土方施工及现场布置的重要依据，也是规划设计水、暖、电等专业工程平面图和绘制管线综合图的依据。总平面图主要包括以下内容。

- 比例

由于总平面图所表达范围较大，所以都采用较小比例绘制。国家标准《建筑制图标准》（GB/T50104-2001）规定：总平面图应采用 1:500、1:1000 或者 1:2000 的比例绘制。

- 图例

由于总平面图采用较小的比例绘制，所以总平面图上的建筑、道路、桥梁、绿化等内容都是用图例表示的。如果在总平面图中使用了“国标”上没有的图例，应在图纸的适当位置全部列出，并加以说明。

- 新建建筑的定位

新建建筑的具体位置，一般根据原有建筑或道路来定位，并以米（m）为单位标注出定位尺寸。

当新建成片的建（构）筑物或较大的公共建筑时，为了保证放线准确，也常采用坐标来确定每一建筑物及道路转折点等的位置。在地形起伏较大的地区，还应该绘制出地形等高线。

- 新建建筑的朝向和风向

用指北针或带有指北针的风向频率玫瑰图（简称玫瑰图）来表示新建建筑的朝向及该地区常年风向频率。指北针按“国标”规定绘制，如下图所示。

指北针用细实线绘制，圆的直径为 24mm，指北针尾部宽度为 3mm。风玫瑰是在 16 个方位线上，用端点与中心的距离表示当地这一风向在一年中发生次数的多少。粗实线表示全年风向，虚线表示夏季风向，风向由各方位吹向中心，风向最长的为主导风向，如下图所示。

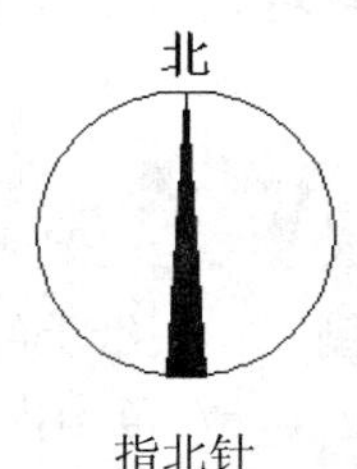

指北针

带有指北针的风向频率玫瑰图

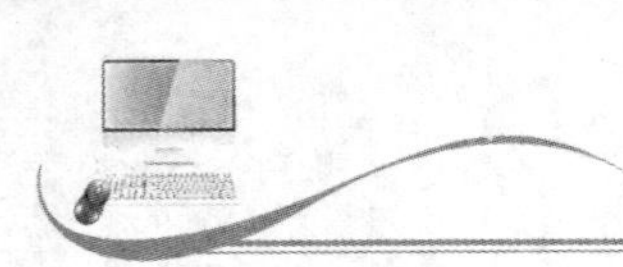

✿ 尺寸标注和名称标注

总平面图上应标注新建建筑的总长、总宽及与周围建筑、道路的间距尺寸；新建建筑室内地坪和室外整平地面的绝对标高尺寸；各建（构）筑物的名称。总平面图上标注的尺寸及标高，一律以米为单位，标注到小数点后两位。

标高是用来表达建筑各部位（如室内外地面、窗台、楼层、露面等）高度的标注方法。图中用标高符号加注尺寸数字表示。标高分为绝对标高和相对标高两种。我国把青岛附近黄海的平均海平面定为标高零点，其他各地的高程都以此为基准，得到的数值即为绝对标高；把建筑底层室内地面定为零点，建筑其他各部的高程都以此为基准，得到的数值即为相对标高。建筑施工图中，除了总平面图外，都标注相对标高。

10.1.2 建筑总平面图的设计思路

建筑设计不是简单地用 AutoCAD 绘图，而是通过 AutoCAD 将设计意图表达出来。因此，任何一幅建筑施工图的设计和绘制都有一定的要求和依据，从而也就有一定的思路和方法。

每幢建筑物总是处于一个特定的环境之中，因此，建筑单体的设计，要充分考虑和周围环境的关系，例如原有建筑物的状况、道路的走向、基地面积大小以及绿化等方面和新建建筑物的关系。新设计的单体建筑，应使所在基地形成协调的室外空间组合和良好的室外环境。

✿ 基地的大小和形状

建筑平面组合的方式与基地的大小和形状有着密切的关系。一般情况下，当场地规模平坦时，对于规模小、功能单一的建筑，常采用简单规整的矩形平面，对于建筑功能复杂、规模较大的公共建筑，可根据功能要求，结合基地情况，采取“L”形、“I”形、“口”形等组合形式；当场地平面不规则或较狭窄时，要根据使用性质，结合实际情况，充分考虑基地环境，采取不规则平面布置方式。

✿ 基地的地形地貌

当建筑物处于平坦地形时，平面组合的灵活性较大，可以有多种布局方式。但在地势起伏较大、地形复杂的情况下，平面组合将受到多方面因素的制约。而如果能充分结合环境，利用地形，也会设计出层次分明、空间丰富的组合方式，赋予建筑物以鲜明的特色。例如，在坡地上进行平面设计应掌握的原则是依山就势，充分利用地势的变化，妥善解决好朝向、道路、排水以及景观要求。

✿ 建筑物朝向

影响建筑物朝向的因素主要有日照和风向。根据我国所处地理位置，建筑物南向或南偏东、偏西少许角度能获得良好的日照。

正确的朝向，可改变室内气候条件，创造舒适的室内环境。例如，在住宅设计中合理地利用夏季主导风向，是解决夏季通风降温的有效手段。

10.1.3 建筑总平面图的绘制方法

建筑总平面图是一水平投影图，绘制时按照一定的比例，在图纸上绘制建筑的轮廓线及其他设施的水平投影的可见线，以表示建筑物和周围设施在一定范围内的总体布置情况。

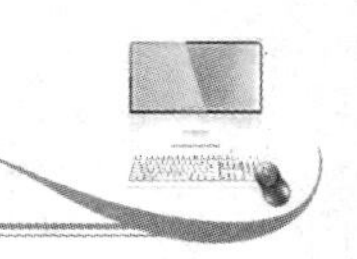

一般建筑总平面图的绘制步骤如下。

- 设置绘图环境。
- 绘制道路。
- 绘制各种建（构）筑物。
- 绘制建筑物局部和绿化的细节。
- 尺寸标注和文字说明。
- 添加图框和标题。
- 打印输出。

按照上述步骤，用 AutoCAD 设计并绘制完成建筑总平面图，效果如下图所示。

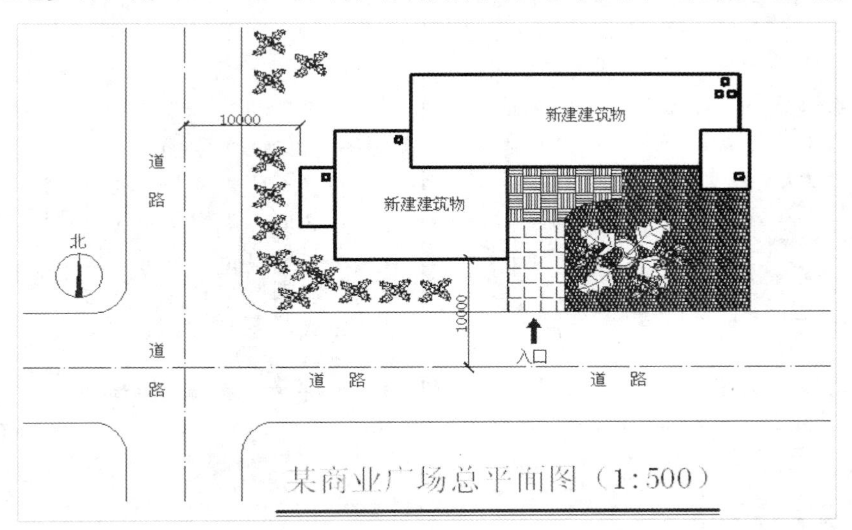

建筑总平面图

10.2 绘制建筑总平面图

通过前面的学习，已经知道了绘制建筑总平面图的方法和步骤，下面将进行建筑总平面图的绘制。整个绘制过程包括：设置绘图环境、绘制轴线网、绘制新建建筑物、绘制辅助设施共 4 个部分，下面分别进行介绍。

10.2.1 设置绘图环境

绘图之前首先要设置好绘图环境，在本实例设计过程中，通过“新建图层”和“修改标注样式”来设置绘图环境，展示了设置绘图环境的具体设计方法与技巧，其具体操作步骤如下。

素材文件	无	效果文件	第 10 章\设置绘图环境.dwg

STEP 01 新建图层

新建一个空白文件，在“默认”选项卡中，单击“图层”面板中的“图层特性”按钮，弹出“图层特性管理器”选项板，依次创建“轴线”、“标注和文字”、“建筑”、“辅助设施”和“图框”5 个图层，设置“轴线”图层的“线型”为 ACAD_ISO04W100，颜色自定，设置“建筑”图层的“线宽”为 0.3 毫米，如下图所示。

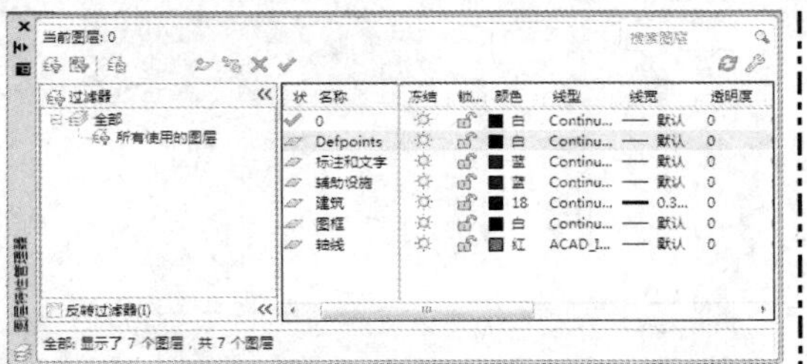

STEP 02 设置各选项参数

显示菜单栏，单击“格式”|“标注样式”命令，弹出“标注样式管理器”对话框，单击“修改”按钮，弹出“修改标注样式：ISO-25”对话框，在“线”选项卡中，在“尺寸界线”选项区的“超出尺寸线”数值框中输入 1.25，在“起点偏移量”数值框中输入 0.63，如下图所示。

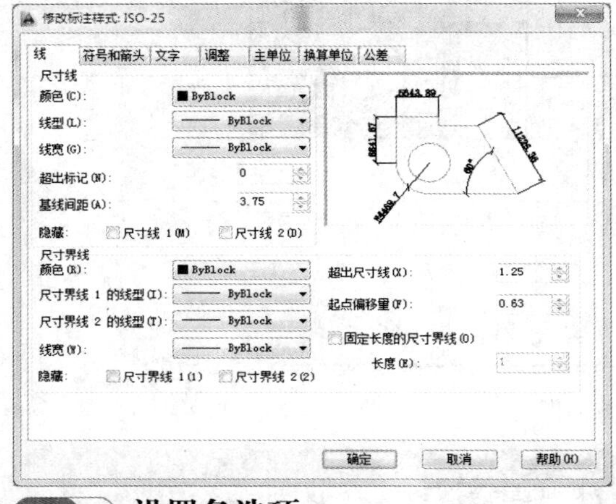

STEP 03 设置各选项

切换至“符号和箭头”选项卡中，设置“第一个”和“第二个”为“建筑标记”，在“箭头大小”数值框中输入 800，如下图所示。

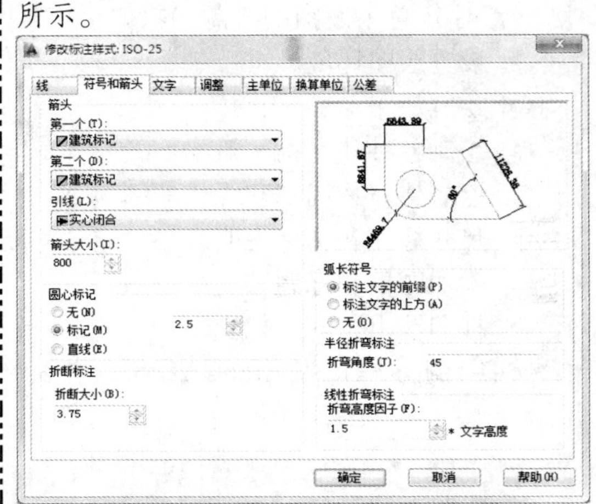

STEP 04 设置各选项

切换至“文字”选项卡，设置“文字高度”为 300、“从尺寸线偏移”为 150，如下图所示，单击“确定”按钮，返回“标注样式管理器”对话框，单击“关闭”按钮，即可完成绘图环境的设置。

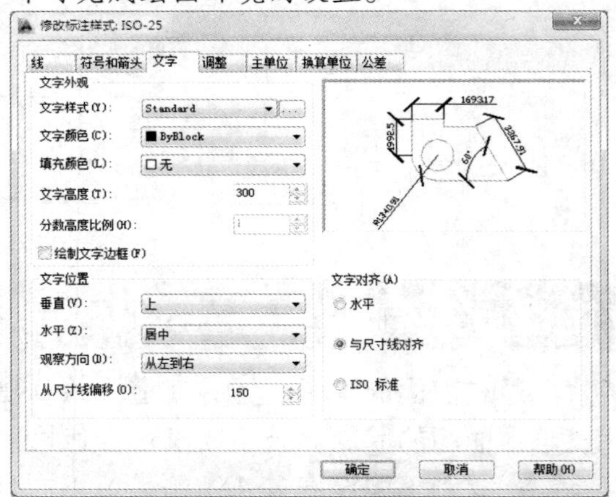

10.2.2 绘制轴线网

设置完绘图环境后，接下来绘制轴线网。在本实例设计过程中，通过“构造线”和“偏移”命令绘制轴线网，其具体操作步骤如下。

素材文件	无	效果文件	第 10 章\绘制轴线网.dwg

STEP 01 绘制构造线

将“轴线”图层置为当前，在命令行中输入 XL（构造线）命令，按【Enter】键确认，根据命令行提示进行操作，绘制水平和垂直的两条构造线，如下图所示。

STEP 02 偏移水平构造线

在命令行中输入 O（偏移）命令，按【Enter】键确认，然后根据命令行提示进行操作，将水平构造线沿垂直方向向下依次偏移 5100、3300、2100、3300 和 3000 的距离，如下图

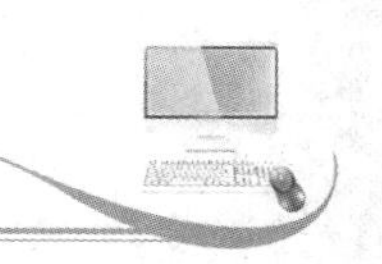

所示。

STEP 03　偏移垂直构造线

在命令行中输入 O（偏移）命令，按【Enter】键确认，根据命令行提示进行操作，将垂直构造线沿水平方向向右依次偏移 3000、6600、5400、3000、8400、8400、3300 和 900 的距离，如下图所示。

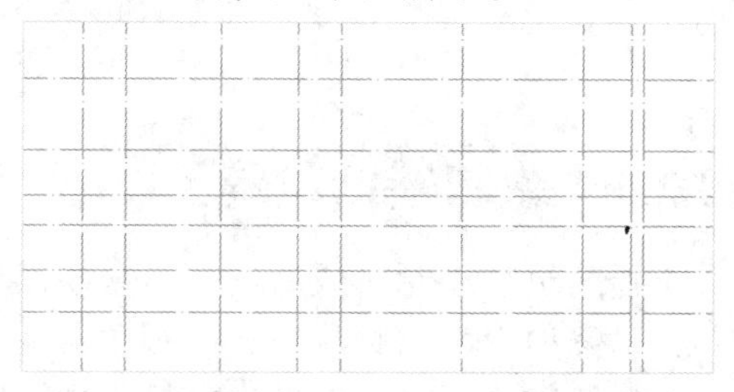

10.2.3　绘制新建建筑物

轴线网绘制完成后，接下来绘制新建建筑物。在本实例设计过程中，首先通过“直线”命令绘制建筑轮廓线，然后通过“圆”和“复制”命令绘制建筑物的层标记，展示了新建建筑物的具体设计方法与技巧，其具体操作步骤如下。

素材文件	无	效果文件	第 10 章\绘制新建建筑物.dwg

STEP 01　绘制建筑物主要轮廓

将“建筑”图层置为当前，在命令行中输入 L（直线）命令，按【Enter】键确认，根据命令行提示进行操作，在轴线网上依次捕捉点，绘制建筑物主要轮廓，如下图所示。

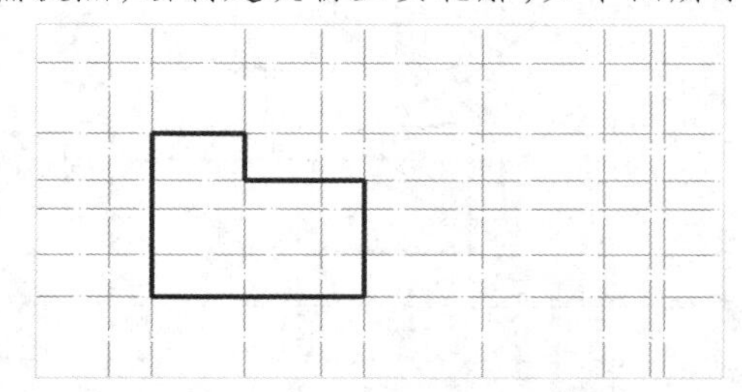

STEP 02　绘制建筑轮廓

在命令行中输入 L（直线）命令，按【Enter】键确认，根据命令行提示进行操作，在轴线网上依次捕捉点，绘制建筑轮廓，如下图所示。

STEP 03　绘制圆

在命令行中输入 C（圆）命令，按【Enter】键确认，根据命令行提示进行操作，在合适位置指定圆心，绘制一个半径为 300 的圆，如下图所示。

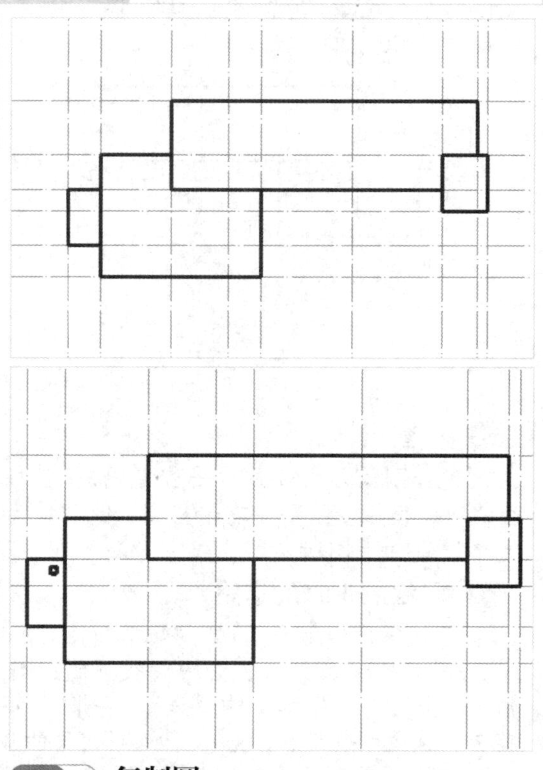

STEP 04　复制圆

在命令行中输入 CO（复制）命令，按

【Enter】键确认，根据命令行提示进行操作，复制圆至合适位置（一个圆表示建筑物为一层，三个圆表示建筑物为三层），效果如下图所示。

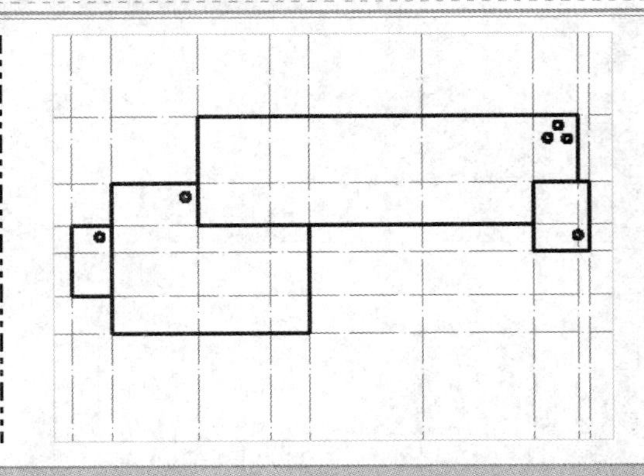

10.2.4 绘制辅助设施

新建建筑物绘制完成后，接下来绘制辅助设施。在本实例设计过程中，首先通过“偏移”、“修剪”、“删除”和“圆角”等命令绘制道路，然后通过“缩放”和“复制”等命令添加植物，展示了辅助设施的具体设计方法与技巧，其具体操作步骤如下。

素材文件	无	效果文件	第 10 章\绘制辅助设施.dwg

STEP 01 偏移水平构造线

将“辅助设施”图层置为当前，在命令行中输入 O（偏移）命令，按【Enter】键确认，根据命令行提示进行操作，选择最下方的水平构造线，垂直向下偏移 3 次，偏移距离为 5000，如下图所示。

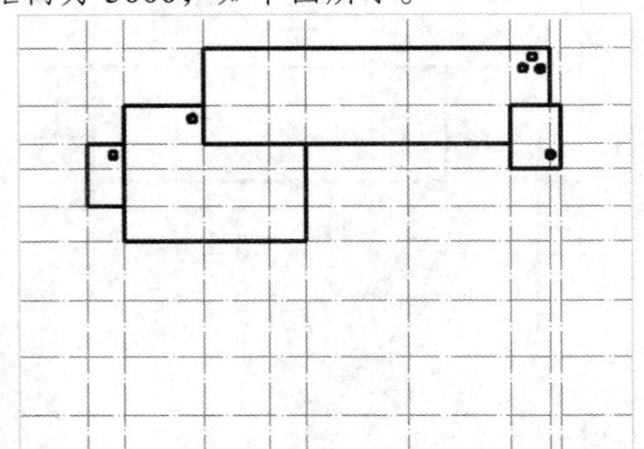

STEP 02 套用格式

选择刚偏移的 3 条水平构造线，将其移至“辅助设施”图形并套用格式，使其作为道路线，如下图所示。

STEP 03 绘制垂直的道路

在命令行中输入 O（偏移）命令，按【Enter】键确认，根据命令行提示进行操作，选择最左侧的垂直构造线，水平向左偏移 3 次，偏移距离为 5000，选择刚偏移的 3 条垂直构造线，将其移至“辅助设施”图形并套用格式，使其作为道路线，如下图所示。

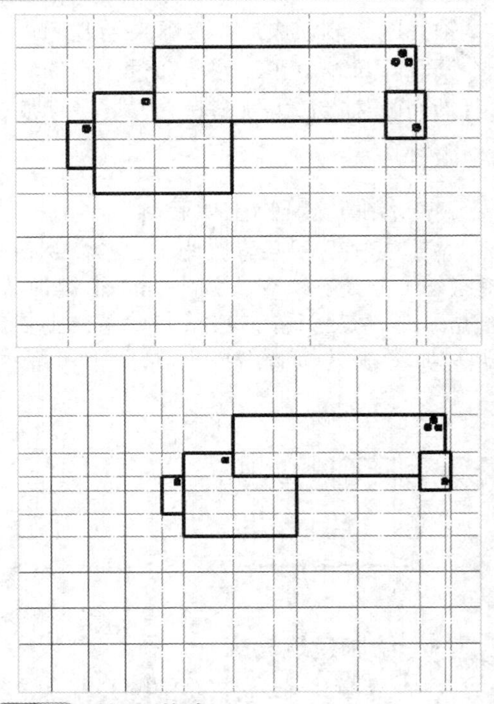

STEP 04 偏移道路

在命令行中输入 O（偏移）命令，按【Enter】键确认，选择相应道路，根据相应尺寸，偏移出多条道路，如下图所示。

STEP 05 修剪处理

在命令行中输入 TR（修剪）命令，按【Enter】键两次，根据命令行提示进行操作，修剪道路线，把道路交叉处多余的线条

修剪掉，如下图所示。

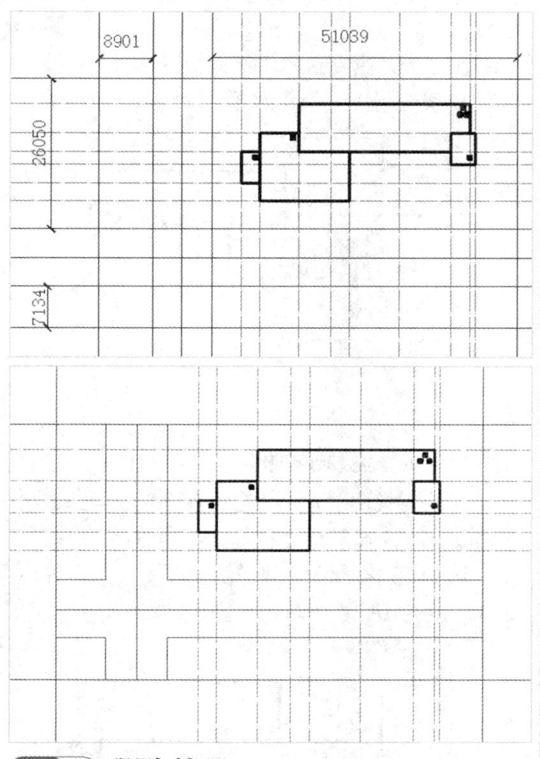

STEP 06　删除处理

在命令行中输入 E（删除）命令，按【Enter】键确认，根据命令行提示进行操作，选择外围构造线，删除偏移出的外围构造线，如下图所示。

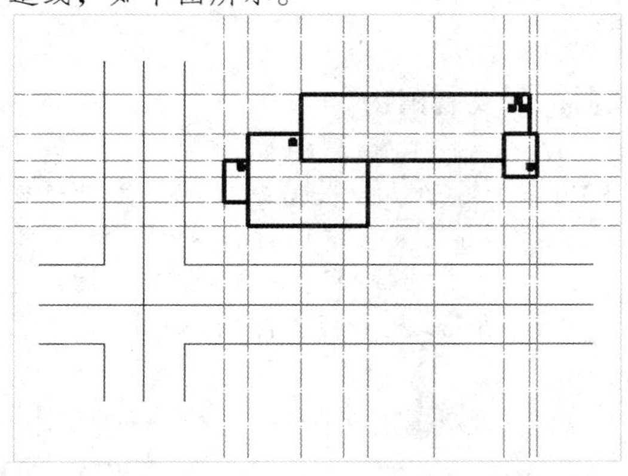

STEP 07　圆角处理

在命令行中输入 F（圆角）命令，按【Enter】键确认，根据命令行提示进行操作，设置圆角半径为 3000，在交叉路口进行圆角处理，如下图所示。

STEP 08　选择“特性”选项

选择没有倒角的道路线，在绘图区中单击鼠标右键，在弹出的快捷菜单中选择“特性”选项，如下图所示。

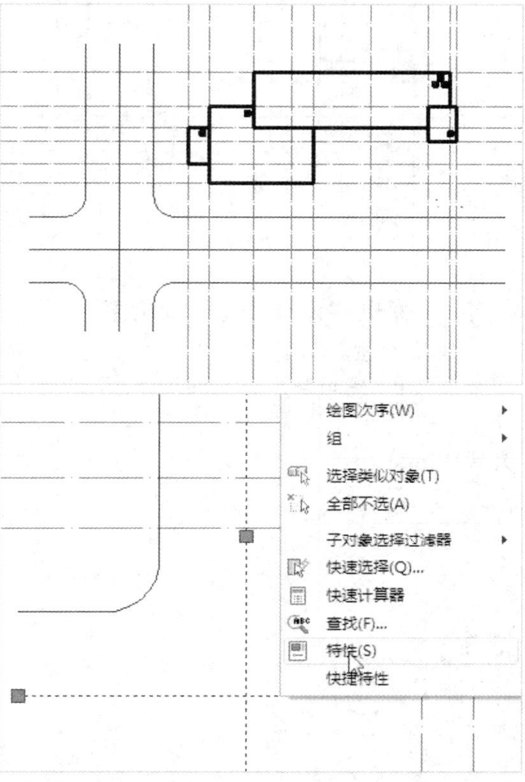

STEP 09　选择线型

弹出“特性”选项板，单击“线型”右侧的下拉按钮，在弹出的列表框中选择 ACAD_ISO04W100 选项，更改线型的特性，如下图所示。

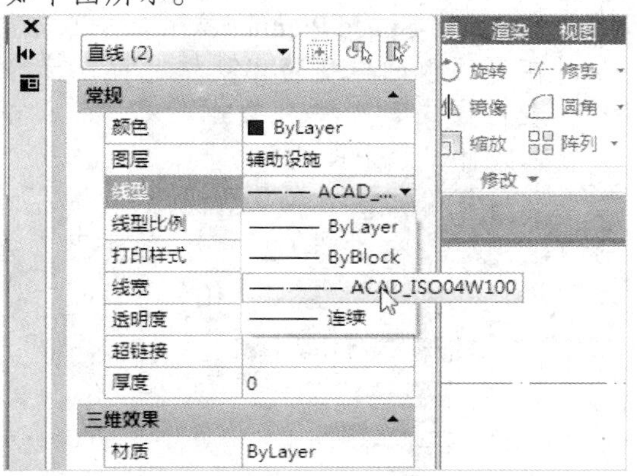

STEP 10　效果预览

执行操作后，即可更改选择道路的线型，效果如下图所示。

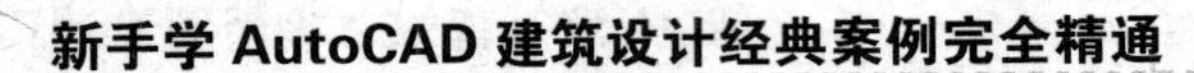

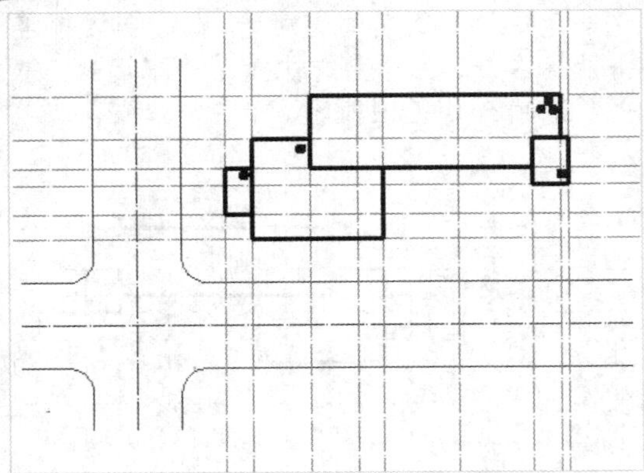

STEP 11 弹出“设计中心”选项板

隐藏“轴线”图层，显示菜单栏，单击“工具”|“选项板”|“设计中心”命令，弹出“设计中心”选项板，该选项板的左边为“Windows 资源管理器”，如下图所示。

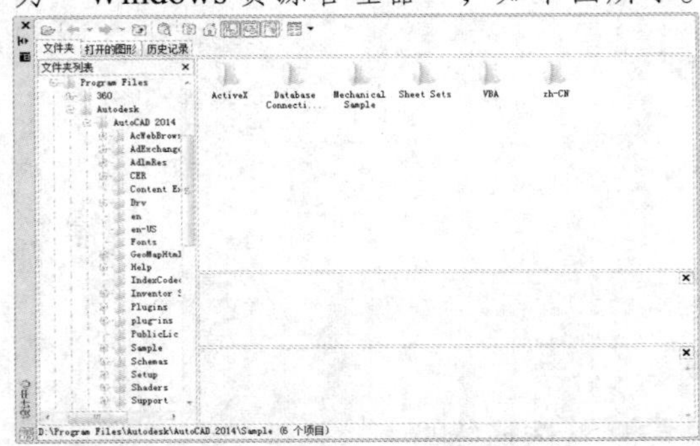

STEP 12 双击“块”文件

在 AutoCAD 2014 的安装目录下找到 Sample 文件夹，在文件夹中找到 zh-CN 文件夹，在文件夹中找到 DesignCenter 文件夹，在 Home-Space Planner 文件夹中单击，此时在选项板的右边将出现块、标注样样式、表格样式等文件，双击该文件夹中的“块”文件，如下图所示。

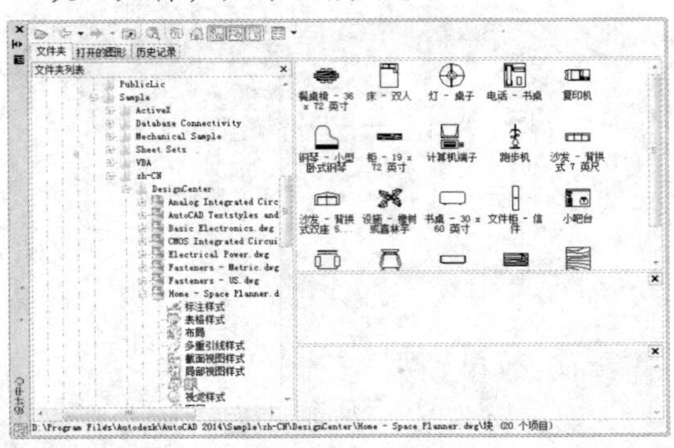

STEP 13 拖曳“植物”图标

此时选项板的右边将出现家庭布局中植物、桌子、柜子等模块，在“植物”图标上按住鼠标左键不放，将其拖曳到绘图窗口中的合适位置，效果如下图所示。

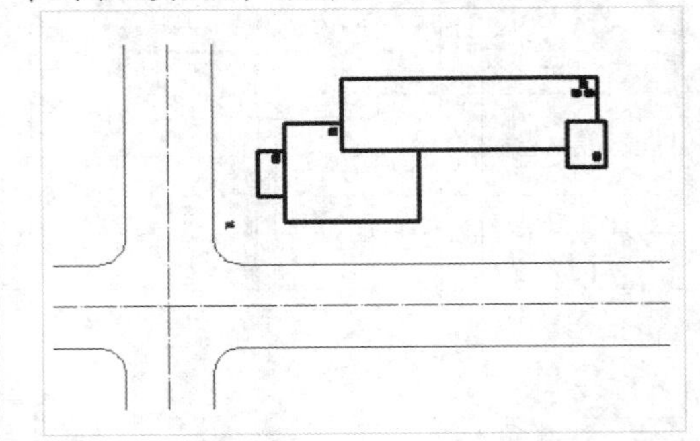

STEP 14 放大植物图例

在命令行中输入 SC（缩放）命令，按【Enter】键确认，根据命令行提示进行操作，选择植物图例，设置“指定比例因子”为 3，放大植物图例，如下图所示。

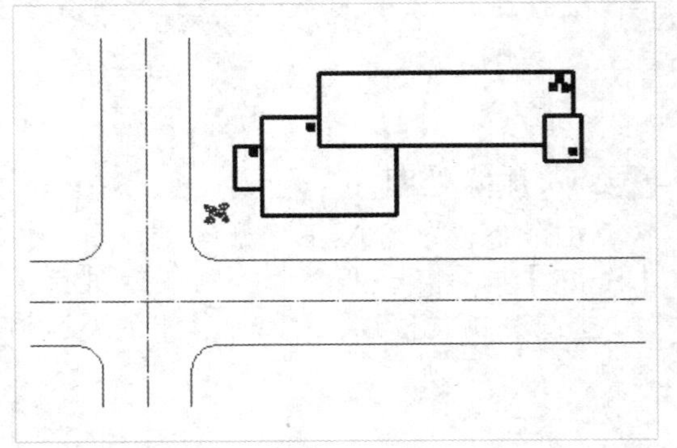

STEP 15 复制植物

在命令行中输入 CO（复制）命令，按【Enter】键确认，根据命令行提示进行操作，复制植物至合适位置，执行“SC（缩放）”命令，选择植物图例，设置“指定比例因子”为 3，放大植物图例，如下图所示。

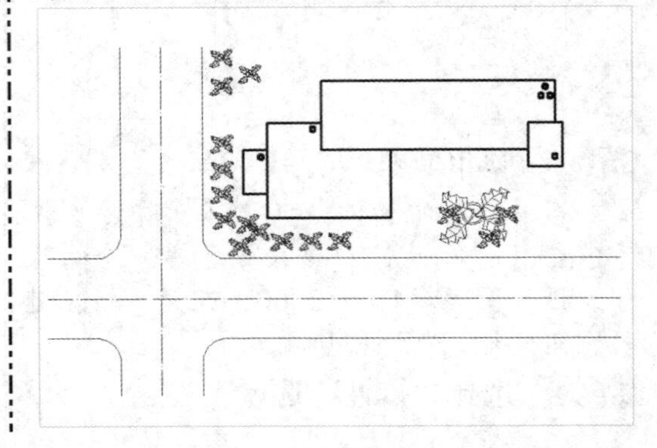

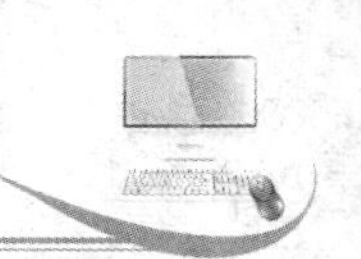

10.3 建筑总平面图后期处理

绘制好建筑总平面图后，接下来对建筑总平面图需要填充的部分进行填充，然后绘制指向标、标注尺寸和文字说明、添加图框和标题，最后进行打印输出，下面来分别介绍相关内容。

10.3.1 填充图案

建筑总平面图绘制完成后，接下来对需要填充图案的部分进行填充处理。在本实例设计过程中，首先通过“直线”、“偏移”、“椭圆”和“修剪”等命令绘制填充范围，然后进行图案填充，展示了填充图案的具体设计方法与技巧，其具体操作步骤如下。

素材文件	无	效果文件	第 10 章\填充图案.dwg

STEP 01 绘制垂直直线

将“标注和文字”图层置为当前，在命令行中输入 L（直线）命令，按【Enter】键确认，根据命令行提示进行操作，在合适位置捕捉点，绘制一条垂直直线，如下图所示。

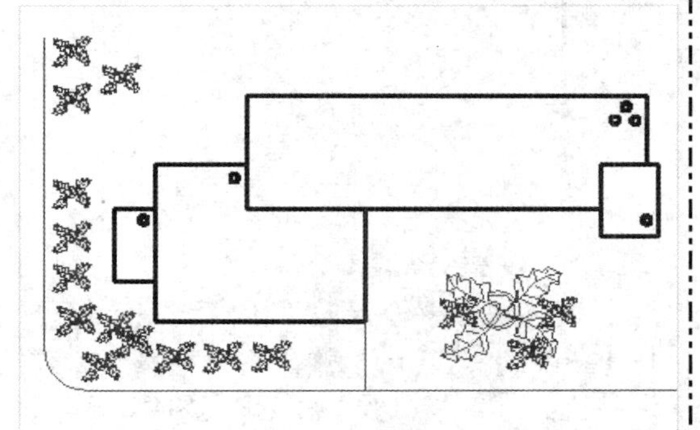

STEP 02 绘制水平直线

在命令行中输入 L（直线）命令，按【Enter】键确认，根据命令行提示进行操作，在合适位置捕捉点，绘制一条水平直线，如下图所示。

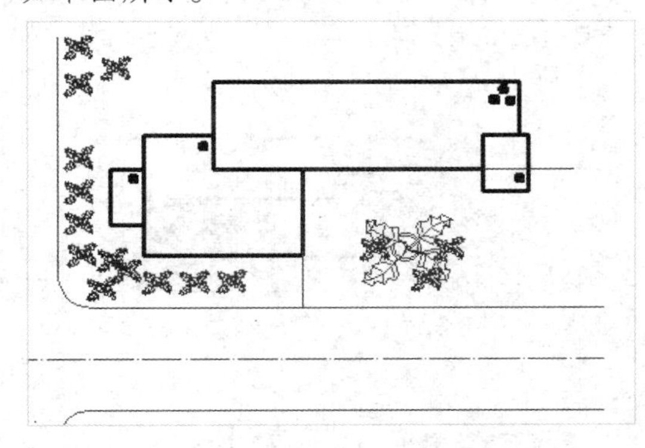

STEP 03 偏移直线

在命令行中输入 O（偏移）命令，按【Enter】键确认，根据命令行提示进行操作，选择垂直直线，沿水平方向向右偏移 2 次，选择水平直线，沿垂直方向向下偏移 1 次，偏移距离均为 5000，效果如下图所示。

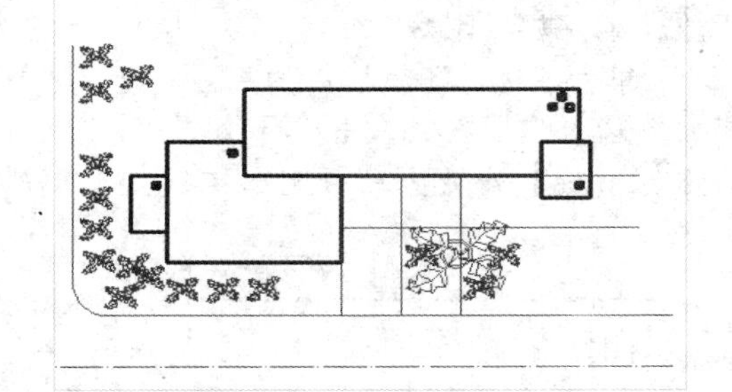

STEP 04 绘制椭圆

在命令行中输入 EL（椭圆）命令，按【Enter】键确认，根据命令行提示进行操作，捕捉圆心，指定轴端点为 5000，指定另一条半轴长度为 2000，绘制椭圆，如下图所示。

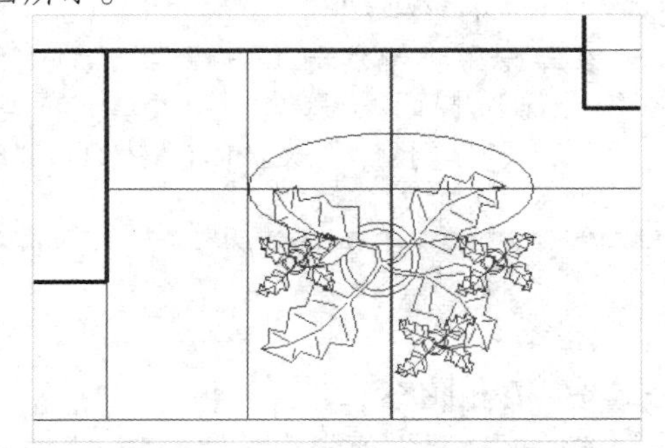

STEP 05 修剪处理

在命令行中输入 TR（修剪）命令，按【Enter】键两次，根据命令行提示进行操作，快速修剪多余的线条，如下图所示。

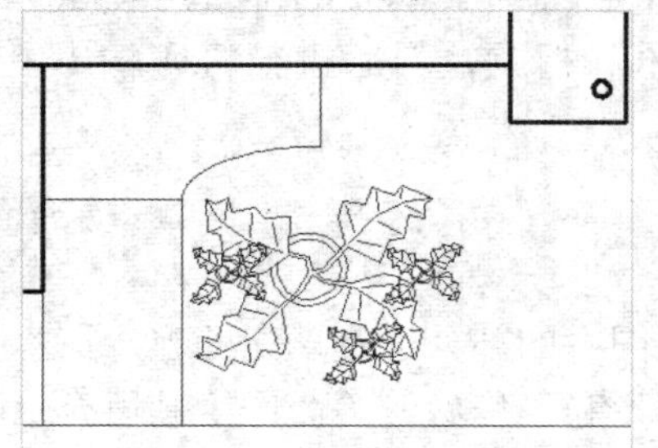

STEP 06 设置各选项

在命令行中输入 H（图案填充）命令，按【Enter】键确认，弹出“图案填充创建”选项卡，设置“图案”为 ANGLE、“比例”为 200，如下图所示。

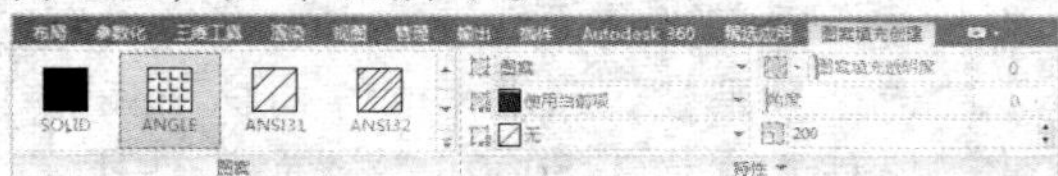

STEP 07 填充图案

单击“边界”面板中的“拾取点”按钮，返回绘图区，单击需要填充的位置，按【Enter】键确认，填充图案，如下图所示。

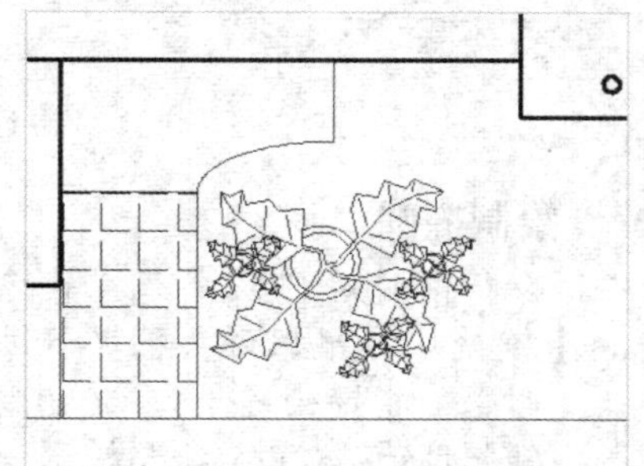

STEP 08 设置各选项

在命令行中输入 H（图案填充）命令，按【Enter】键确认，弹出“图案填充创建”选项卡，设置“图案”为 AR-PARQ1、“比例”为 5，如下图所示。

STEP 09 填充图案

单击“边界”面板中的“拾取点”按钮，返回绘图区，单击需要填充的位置，按【Enter】键确认，即可填充图案，效果如下图所示。

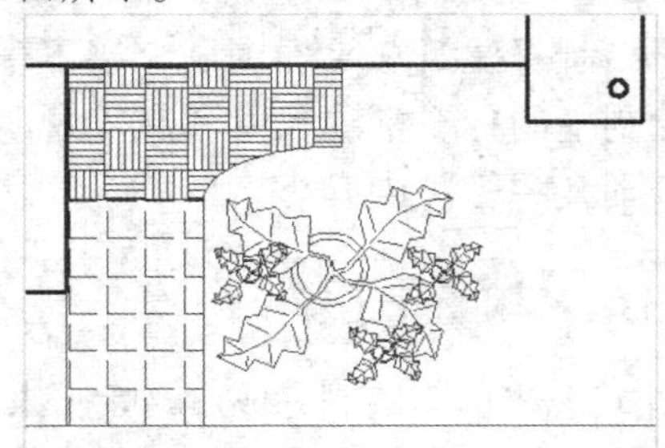

STEP 10 绘制垂直直线

在命令行中输入 L（直线）命令，按【Enter】键确认，根据命令行提示进行操作，在合适位置捕捉点，绘制一条垂直直线，如下图所示。

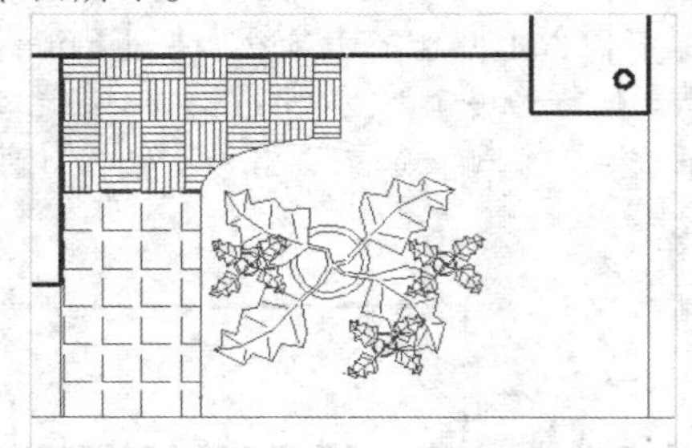

STEP 11 设置各选项

在命令行中输入 H（图案填充）命令，按【Enter】键确认，弹出“图案填充创建”选项卡，设置“图案”为 AR-RSHKE、“比例”为 1，如下图所示。

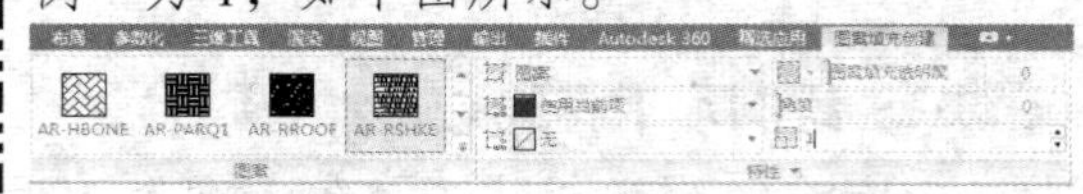

STEP 12 填充图案

单击“边界”面板中的“拾取点”按钮，返回绘图区，单击需要填充的位置，并按【Enter】键确认，即可填充图案，如下图所示。

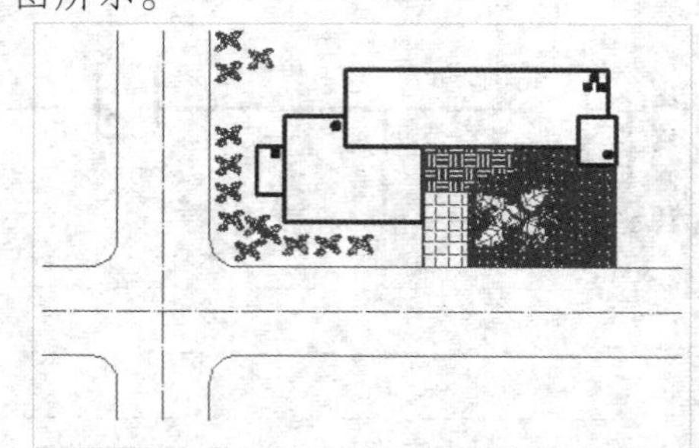

10.3.2 绘制指向标

完成图案的填充后，接下来绘制指向标。在本实例设计过程中，首先通过“圆”和“直线”命令绘制指向标的形状并进行图案填充，然后通过“单行文字”命令标注方向，展示了指向标的具体设计方法与技巧，其具体操作步骤如下。

素材文件	无	效果文件	第 10 章\绘制指向标.dwg

STEP 01 绘制箭头

在命令行中输入 PL（多段线）命令，按【Enter】键确认，根据命令行提示进行操作，绘制第 1 段线段，指定起点宽度和端点宽度均为 425.9，向上引导光标，长度为 1365.43，绘制第 2 段线段，指定起点宽度为 1285.49，指定端点宽度为 0，长度为 843，如下图所示。

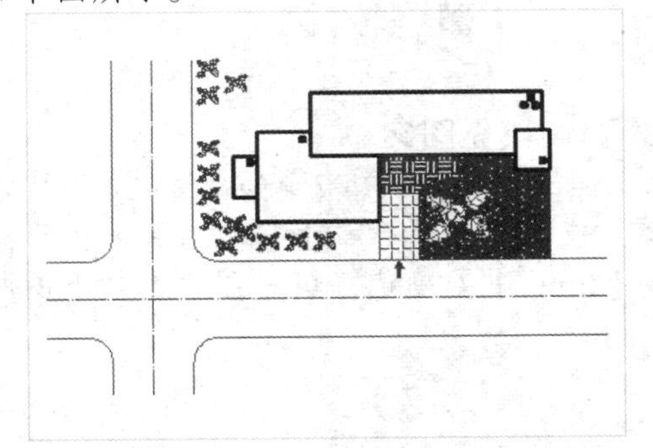

STEP 02 设置“文字样式”

显示菜单栏，单击“格式”|“文字样式”命令，弹出“文字样式”对话框，在“字体”选项区的“字体名”下拉列表框中选择“宋体”选项，然后在“高度”文本框中输入 1000，如下图所示。

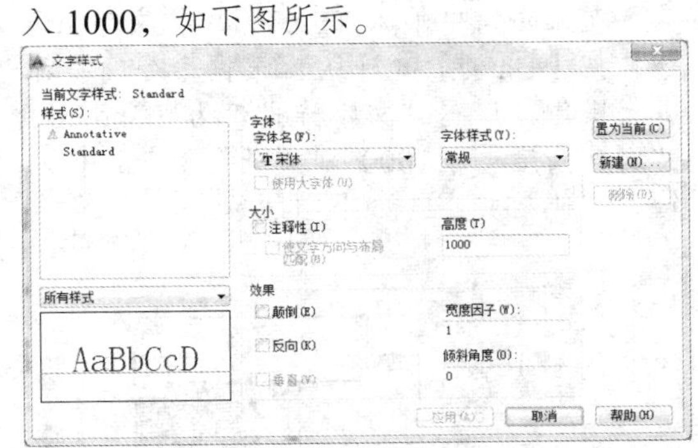

STEP 03 标注文字

在命令行中输入 MT（多行文字）命令，按【Enter】键确认，根据命令行提示进行操作，设置“文字样式”为 Standard、“文字高度”为 1000、“对正”为“正中”，标注“入口”文字，如下图所示。

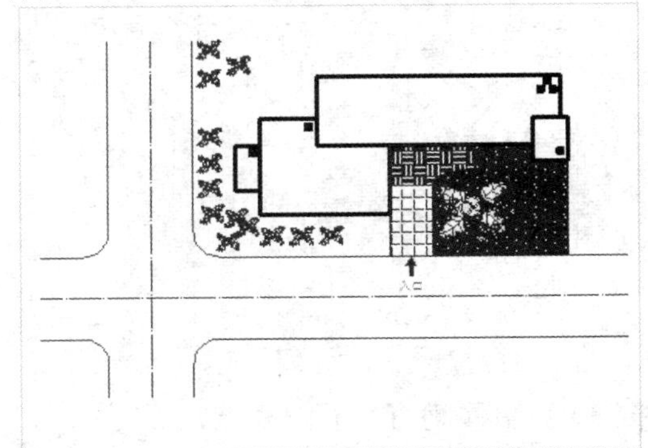

STEP 04 绘制圆

在命令行中输入 C（圆）命令，按【Enter】键确认，根据命令行提示进行操作，在合适位置绘制一个半径为 2000 的圆，效果如下图所示。

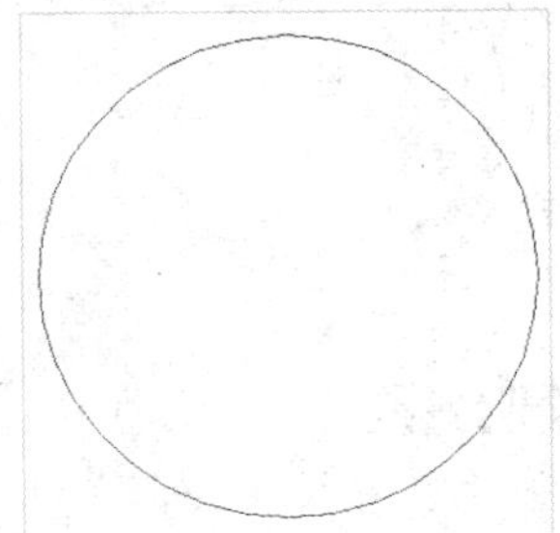

STEP 05 选中相应复选框

在状态栏中的“对象捕捉”按钮□上单击鼠标右键，在弹出的快捷菜单中选择“设置”选项，弹出“草图设置”对话框，在“对象捕捉”选项卡中，选中“圆心”和“象限点”复选框，如下图所示。

STEP 06 绘制垂直直径

在命令行中输入 L（直线）命令，按【Enter】键确认，然后根据命令行提示进行操作，捕捉象限点，绘制垂直直径，如下图所示。

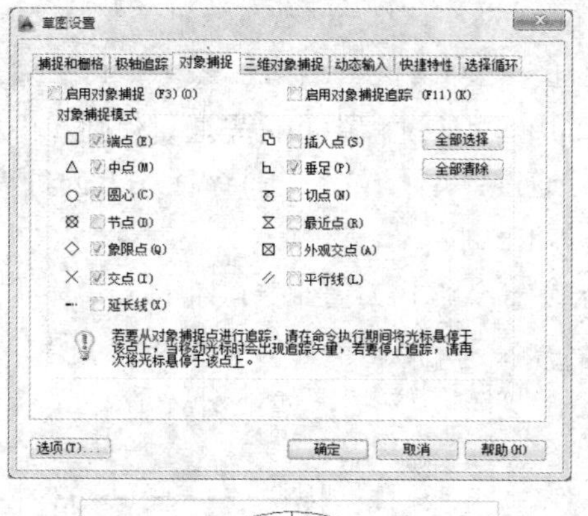

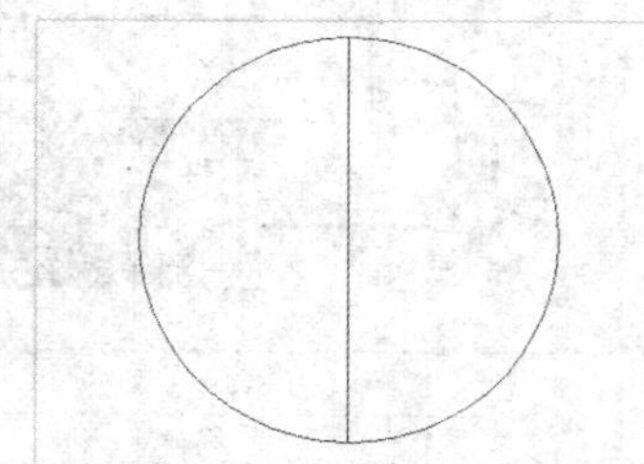

STEP 07 偏移垂直直径

在命令行中输入 O（偏移）命令，按【Enter】键确认，根据命令行提示进行操作，将刚绘制的垂直直径，沿水平方向向左、向右各偏移 250 的距离，如下图所示。

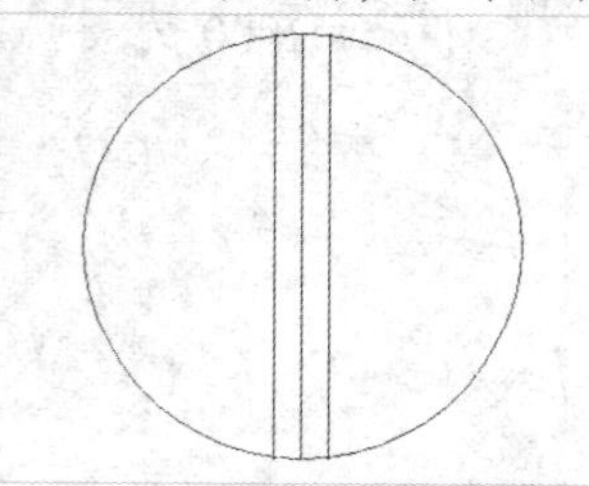

STEP 08 绘制斜线

在命令行中输入 L（直线）命令，按【Enter】键确认，根据命令行提示进行操作，捕捉垂直直径的上端点，连接偏移出弦的下端点，绘制斜线，如下图所示。

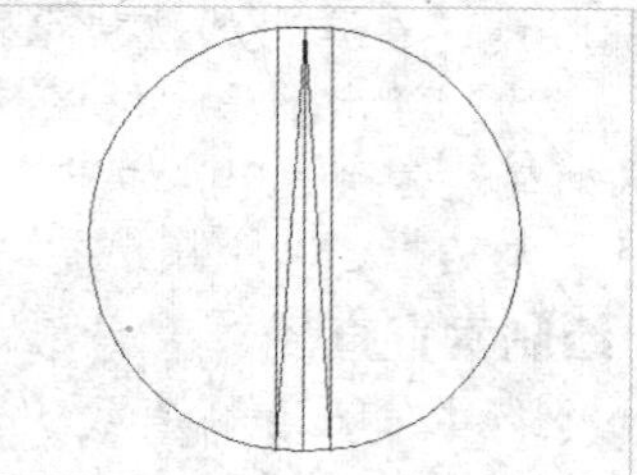

STEP 09 删除处理

在命令行中输入 E（删除）命令，按【Enter】键确认，根据命令行提示进行操作，删除垂直直径和偏移出的两条弦，效果如下图所示。

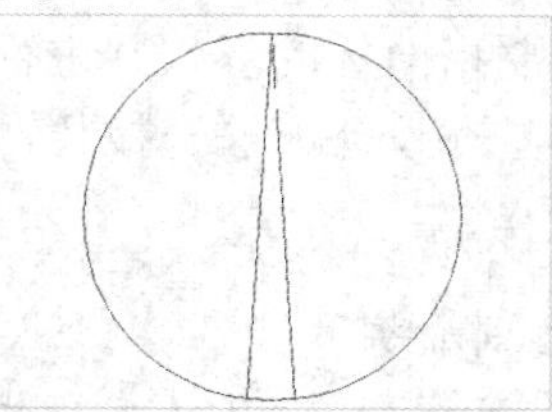

STEP 10 设置各选项

在命令行中输入 H（图案填充）命令，按【Enter】键确认，弹出“图案填充创建”选项卡，设置“图案”为 SOLID，如下图所示。

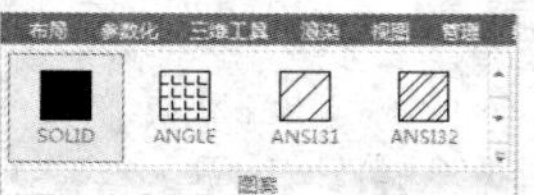

STEP 11 填充图案

单击“边界”面板中的“拾取点”按钮 ，返回绘图区，单击需要填充的位置，按【Enter】键确认，填充图案，如下图所示。

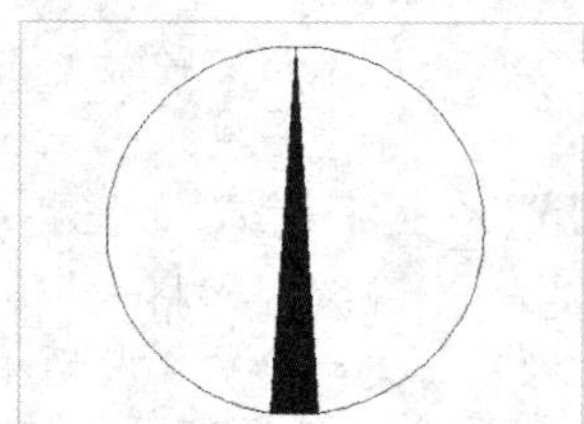

STEP 12 输入文字

在命令行中输入 TEXT（单行文字）命令，按【Enter】键确认，根据命令行提示进行操作，设置“文字样式”为 Standard、“文字高度”为 1000、“对正”为“正中”，输入“北”文字，如下图所示。

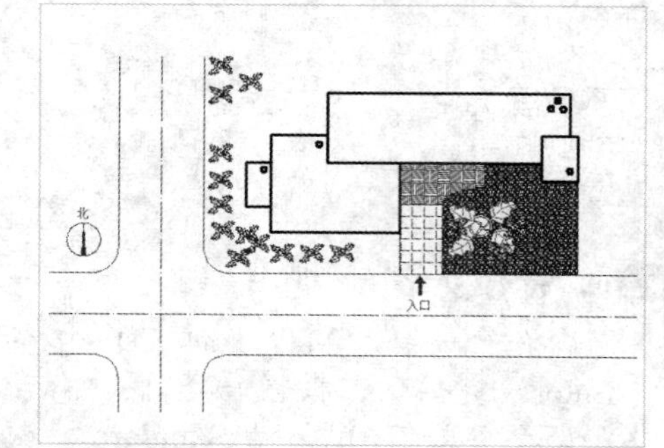

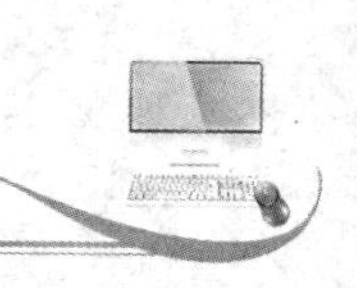

10.3.3 标注尺寸及文字说明

完成建筑总平面图的基本图形后，需要开始标注尺寸和文字说明，具体操作步骤如下。

素材文件	无	效果文件	第 10 章\标注尺寸及文字说明.dwg

STEP 01 标注尺寸

在命令行中输入 DLI（线性）命令，按【Enter】键确认，根据命令行提示进行操作，在相应位置标注尺寸，如下图所示。

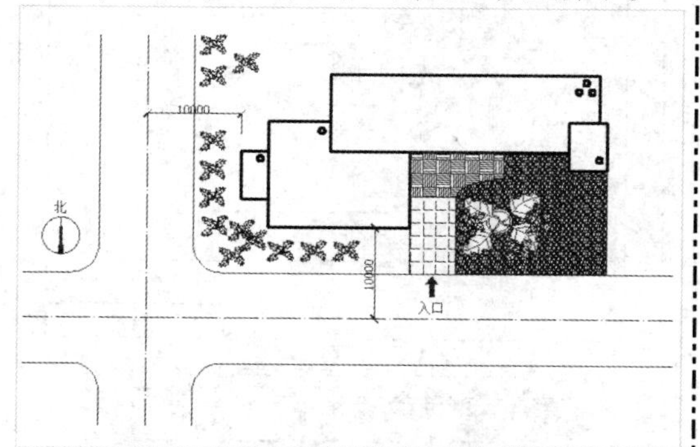

STEP 02 输入文字

在命令行中输入 MT（多行文字）命令，按【Enter】键确认，根据命令行提示进行操作，依次捕捉合适的基点和对角点，弹出文本框和“文字编辑器”选项卡，在文本框中输入“道路”文字，设置“字体”为宋体、“文字高度”为 1000，在空白位置单击鼠标左键，创建多行文字，如下图所示。

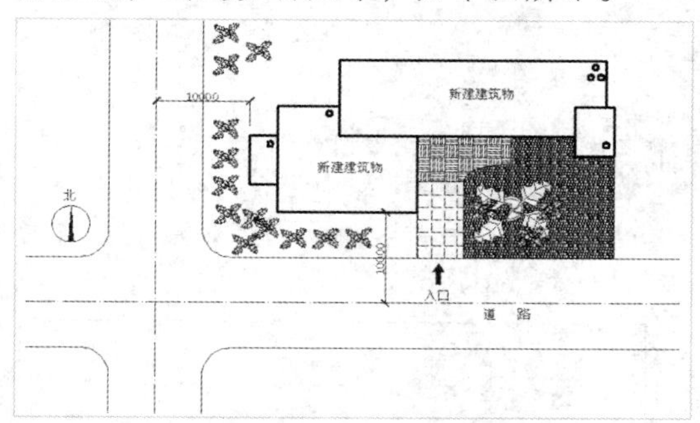

STEP 03 复制文字

在命令行中输入 CO（复制）命令，按【Enter】键确认，根据命令行提示进行操作，选中“道路”文字，并复制至合适位置，适当地调整文字，如下图所示。

STEP 04 绘制图名

在命令行中输入 MT（多行文字）命令，按【Enter】键确认，根据命令行提示进行操作，依次捕捉合适的基点和对角点，弹出文本框和“文字编辑器”选项卡，在文本框中输入相应文字，设置“文字高度”为 2000，在空白位置单击鼠标左键，创建多行文字，绘制图名，如下图所示。

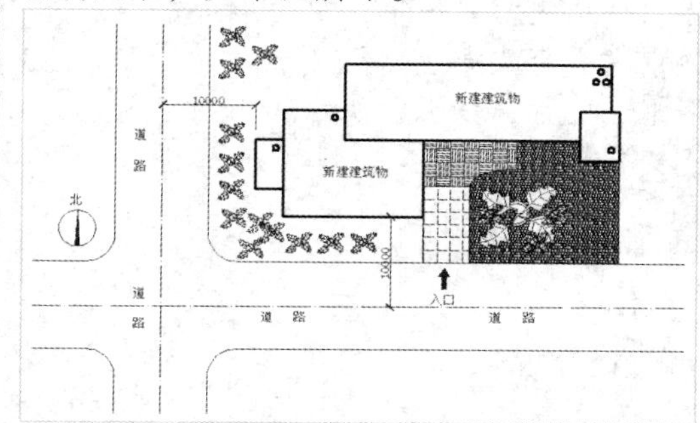

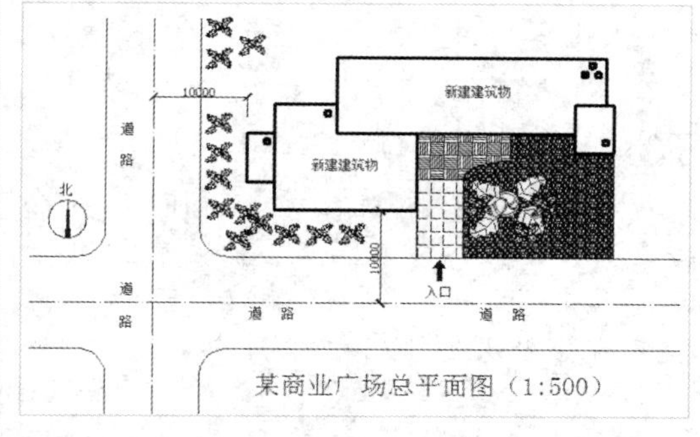

STEP 05 添加下划线

在命令行中输入 PL（多段线）命令，按【Enter】键确认，然后根据命令行提示进行操作，在图名下方绘制两条直线，如下图所示。

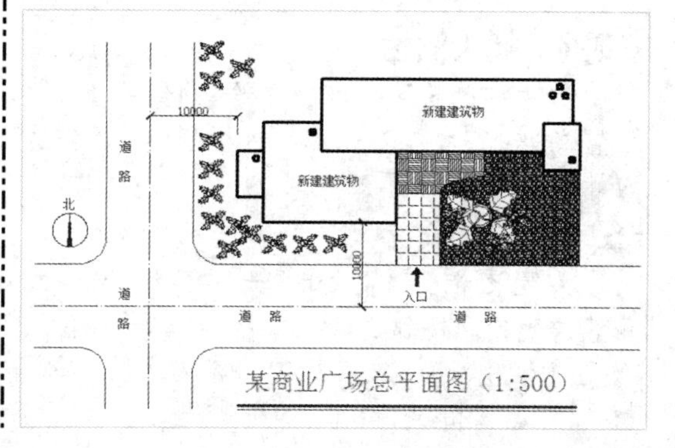

10.3.4 添加图框和标题

接下来为这幅图加上图框和标题，这幅图的大小为：宽度 43184 毫米、长度 69940 毫米。如果按照 1:200 的比例出图，则宽度为 297 毫米、长度为 420 毫米，所以需要添加 A3 的图框，其具体操作步骤如下。

素材文件	第 10 章\A3 图框.dwg	效果文件	第 10 章\添加图框和标题.dwg

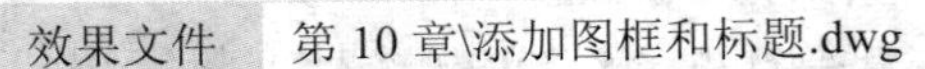

STEP 01 选择“A3 图框”文件

将“图框”图层置为当前，单击“默认”选项卡的“块”面板中的“插入”按钮，弹出“插入”对话框，单击“浏览”按钮，弹出“选择图形文件”对话框，选择“A3 图框”文件，如下图所示。

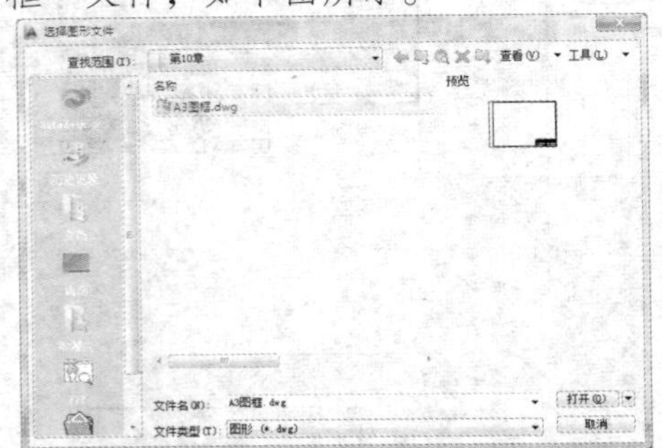

STEP 02 设置各选项

单击“打开”按钮，返回“插入”对话框，选中“插入点”下方的“在屏幕上指定”复选框和“统一比例”复选框，在 X 文本框中输入 200，如下图所示。

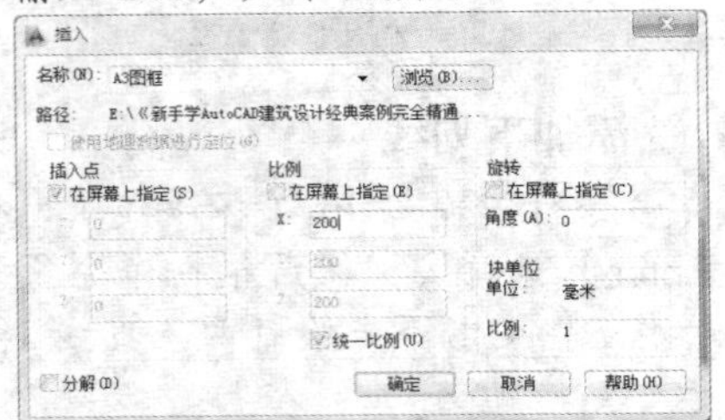

STEP 03 插入图框

单击“确定”按钮，在绘图区中的合适位置单击鼠标左键，将 A3 图框插入到合适位置，如下图所示。

STEP 04 输入文字

双击图框，弹出“编辑块定义”对话框，单击“确定”按钮，进入“块编辑器”模式，双击“（图名）”文字，进入“文字编辑器”模式，输入相应文字，如下图所示。

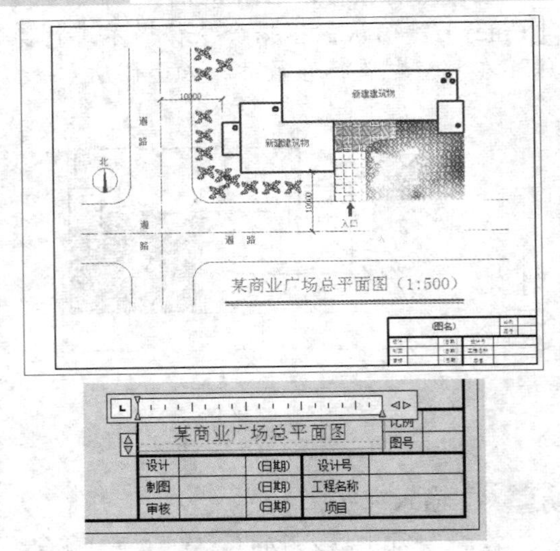

STEP 05 选择相应选项

单击“关闭块编辑器”按钮，弹出“块-未保存更改”对话框，选择“将更改保存到 A3 图框”选项。

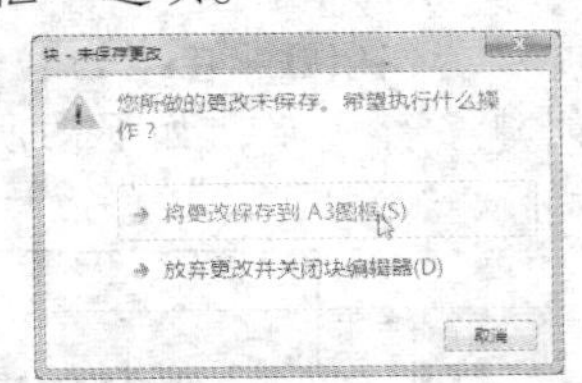

STEP 06 修改图名

执行操作后，返回绘图区，完成图名的修改，如下图所示。

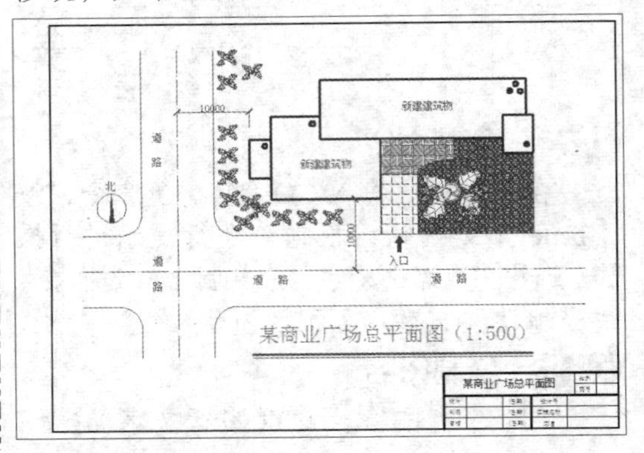

读者服务卡

亲爱的读者：

衷心感谢您购买和阅读了我们的图书，为了给您提供更好的服务，帮助我们改进和完善图书出版，请您抽出宝贵时间填写本表，十分感谢。

读者资料

姓名：____________ 性别：□男 □女　　年龄：_______ 文化程度：___________

职业：____________ 电话：_________________ 电子信箱：______________________

通信地址：________________________________ 邮编：_________________________

调查信息

1. 您是如何得知本书的：

□网上书店　□书店　□图书网站　□网上搜索

□报纸/杂志　□他人推荐　□其他

2. 您对电脑的掌握程度：

□不懂　□基本掌握　□熟练应用　□专业水平

3. 您想学习哪些电脑知识：

□基础入门　□操作系统　□办公软件　□图像设计

□网页设计　□三维设计　□数码照片　□视频处理

□编程知识　□黑客安全　□网络技术　□硬件维修

4. 您决定购买本书有哪些因素：

□书名　□作者　□出版社　□定价

□封面版式　□印刷装帧　□封面介绍　□书店宣传

5. 您认为哪些形式使学习更有效果：

□图书　□上网　□语音视频　□多媒体光盘　□培训班

6. 您认为合理的价格：

□低于 20 元　□20～29 元　□30～39 元　□40～49 元

□50～59 元　□60～69 元　□70～79 元　□80～100 元

7. 您对配套光盘的建议：

光盘内容包括：□实例素材　□效果文件　□视频教学　□多媒体教学

□实用软件　□附赠资源　□无需配盘

8. 您对我社图书的宝贵建议：____

您可以通过以下方式联系我们。

邮箱：北京市 2038 信箱　　邮编：100026

网址：http://www.china-ebooks.com　　电话：010-80127216

E-mail：joybooks@163.com　　传真：010-81789962